石油石化职业技能培训教程

净水工

(下册)

中国石油天然气集团有限公司人事部 编

石油工業出版社

内 容 提 要

本书是由中国石油天然气集团有限公司人事部统一组织编写的《石油石化职业技能培训教程》中的一本。本书包括净水工应掌握中级工操作技能及相关知识,高级工操作技能及相关知识、技师操作技能及相关知识,并配套了相应等级的理论知识练习题,以便于员工对知识点的理解和掌握。

本书既可用于职业技能鉴定前培训,也可用于员工岗位技术培训和自学提高。

图书在版编目(CIP)数据

净水工. 下册/中国石油天然气集团有限公司人事部编. —北京:石油工业出版社,2019. 12
石油石化职业技能培训教程
ISBN 978-7-5183-3655-5

Ⅰ. ①净… Ⅱ. ①中… Ⅲ. ①石油加工厂-工业用水-净水-技术培训-教材 Ⅳ. ①TE685. 3

中国版本图书馆 CIP 数据核字(2019)第 222895 号

出版发行:石油工业出版社
(北京市安定门外安华里 2 区 1 号 100011)
网 址:www. petropub. com
编辑部:(010)64251613
图书营销中心:(010)64523633
经 销:全国新华书店
印 刷:北京中石油彩色印刷有限责任公司

2019 年 12 月第 1 版 2022 年 4 月第 2 次印刷
787 毫米×1092 毫米 开本:1/16 印张:28
字数:720 千字

定价:90. 00 元
(如发现印装质量问题,我社图书营销中心负责调换)
版权所有,翻印必究

《石油石化职业技能培训教程》

编　委　会

主　任：黄　革

副主任：王子云

委　员（按姓氏笔画排序）：

丁哲帅　马光田　丰学军　王正才　王勇军
王　莉　王　焯　王　谦　王德功　邓春林
史兰桥　吕德柱　朱立明　朱耀旭　刘子才
刘文泉　刘　伟　刘　军　刘孝祖　刘纯珂
刘明国　刘学忱　李忠勤　李振兴　李　丰
李　超　李　想　杨力玲　杨明亮　杨海青
吴　芒　吴　鸣　何　波　何　峰　何军民
何耀伟　邹吉武　宋学昆　张　伟　张海川
陈　宁　林　彬　罗昱恒　季　明　周宝银
周　清　郑玉江　赵宝红　胡兰天　段毅龙
贾荣刚　夏申勇　徐周平　徐春江　唐高嵩
常发杰　蒋国亮　蒋革新　傅红村　褚金德
窦国银　熊欢斌

《净水工》编审组

主　　编：刘睿诚

参编人员（按姓氏笔画排序）：

王　丽　田　华　邢珏莹　张　龙　张一婷

贾双喜　梅文迪

参审人员（按姓氏笔画排序）：

王有东　司　莹　杨炳林　徐　静

PREFACE 前言

随着企业产业升级、装备技术更新改造步伐不断加快，对从业人员的素质和技能提出了新的更高要求。为适应经济发展方式转变和“四新”技术变化要求，提高石油石化企业员工队伍素质，满足职工鉴定、培训、学习需要，中国石油天然气集团有限公司人事部根据《中华人民共和国职业分类大典(2015 年版)》对工种目录的调整情况，修订了石油石化职业技能等级标准。在新标准的指导下，组织对“十五”“十一五”“十二五”期间编写的职业技能鉴定试题库和职业技能培训教程进行了全面修订，并新开发了炼油、化工专业部分工种的试题库和教程。

教程的开发修订坚持以职业活动为导向，以职业技能提升为核心，以统一规范、充实完善为原则，注重内容的先进性与通用性。教程编写紧扣职业技能等级标准和鉴定要素细目表，采取理实一体化编写模式，基础知识统一编写，操作技能及相关知识按等级编写，内容范围与鉴定试题库基本保持一致。特别需要说明的是，本套教程在相应内容处标注了理论知识鉴定点的代码和名称，同时配套了相应等级的理论知识练习题，以便于员工对知识点的理解和掌握，加强了学习的针对性。此外，为了提高学习效率，检验学习成果，本套教程为员工免费提供学习增值服务，员工通过手机登录注册后即可进行移动练习。本套教程既可用于职业技能鉴定前培训，也可用于员工岗位技术培训和自学提高。

净水工教程分上、下两册，上册为基础知识、初级工操作技能及相关知识，下册为中级工操作技能及相关知识、高级工操作技能及相关知识、技师操作技能及相关知识。

本工种教程由大庆油田有限责任公司任主编单位，参与审核的单位有大庆油田有限责任公司、宝鸡石油机械有限责任公司、玉门油田分公司、吉林石化分公司等。在此表示衷心感谢。

由于编者水平有限，书中错误、疏漏之处请广大读者提出宝贵意见。

编者

2019 年 9 月

CONTENTS 目录

第一部分　中级工操作技能及相关知识

第二部分　高级工操作技能及相关知识

第三部分　技师操作技能及相关知识

理论知识练习题

附　录

第一部分

中级工操作技能及相关知识

模块一　管理净水主体工艺

项目一　相关知识

一、混凝工艺

ZBA002 影响混凝的因素

(一)影响混凝的因素

1. 水温的影响

水温对混凝效果有较大的影响,水温过高或过低都对混凝不利,最适宜的混凝水温为20~30℃。水温低时,絮凝体形成缓慢,絮凝颗粒细小,混凝效果较差,原因:(1)因为无机盐混凝剂水解反应是吸热反应,水温低时,混凝剂水解缓慢,影响胶体颗粒脱稳;(2)水温低时,水的黏度变大,胶体颗粒运动的阻力增大,影响胶体颗粒间的有效碰撞和絮凝;(3)水温低时,水中胶体颗粒的布朗运动减弱,不利于已脱稳胶体颗粒的异向絮凝;(4)水温过高时,混凝效果也会变差,主要由于水温高时混凝剂水解反应速度过快,形成的絮凝体水合作用增强、松散不易沉降,在污水处理时,产生的污泥体积大,含水量高,不易处理。

2. 水的 pH 值的影响

水的 pH 值对混凝效果的影响很大,主要从两方面来影响混凝效果,一方面是水的 pH 值直接与水中胶体颗粒的表面电荷和电位有关,不同的 pH 值下胶体颗粒的表面电荷和电位不同,所需要的混凝剂量也不同;另一方面,水的 pH 值对混凝剂的水解反应有显著影响,不同混凝剂的最佳水解反应所需要的 pH 值范围不同,因此,水的 pH 值对混凝效果的影响也因混凝剂种类而异。聚合氯化铝的最佳混凝除浊 pH 值范围在 5~9。

3. 水的碱度的影响

由于混凝剂加入原水中后,发生水解反应,反应过程中要消耗水的碱度,特别是无机盐类混凝剂,消耗的碱度更多。当原水中碱度很低时,投入混凝剂因消耗水中的碱度而使水的 pH 值降低,如果水的 pH 值超出混凝剂最佳混凝 pH 值范围,将使混凝效果受到显著影响。当原水碱度低或混凝剂投量较大时,通常需要加入一定量的碱性药剂,如石灰等来提高混凝效果。

4. 水中浊质颗粒浓度的影响

水中浊质颗粒浓度对混凝效果有明显影响,浊质颗粒浓度过低时,颗粒间的碰撞概率大大减小,混凝效果变差;过高则需投高分子絮凝剂,如聚丙烯酰胺,将原水浊度降到一定程度以后再投加混凝剂进行常规处理。

5. 水中有机污染物的影响

水中有机物对胶体有保护稳定作用,即水中溶解性的有机物分子吸附在胶体颗粒表面好像形成一层有机涂层一样，将胶体颗粒保护起来，阻碍胶体颗粒之间的碰撞，阻碍混凝剂与胶体颗粒之间的脱稳凝集作用，因此，在有机物存在条件下胶体颗粒比没有有机物时更难脱稳，混凝剂量需增大。可投加高锰酸钾、臭氧、氯等为预氧化剂，但需考虑是否产生有毒的副产物。

6. 混凝剂种类与投加量的影响

由于不同种类的混凝剂的水解特性和使用的水质情况不完全相同，因此应根据原水水质情况优化选用适当的混凝剂种类。对于无机盐类混凝剂，要求形成能有效压缩双电层或产生强烈电中和作用的形态，对于有机高分子絮凝剂，则要求有适量的官能团和聚合结构，有较大的相对分子质量。一般情况下，混凝效果随混凝剂投量增高而提高，但当混凝剂的用量达到一定值后，混凝效果达到顶峰，再增加混凝剂用量则会发生再稳定现象，混凝效果反而下降。理论上最佳投量是使混凝沉淀后的净水浊度最低，胶体滴定电荷与 ζ 电位值都趋于 0。但由于考虑成本问题，实际生产中最佳混凝剂投量通常兼顾净化后水质达到国家标准并使混凝剂投量最低。

7. 混凝剂投加方式的影响

混凝剂投加方式有干投和湿投两种。由于固体混凝剂与液体混凝剂甚至不同浓度的液体混凝剂之间，其能压缩双电层或具有电中和能力的混凝剂水解形态不完全一样，因此投加到水中后产生的混凝效果也不一样。如果除投加混凝剂外还投加其他助凝剂，则各种药剂之间的投加先后顺序对混凝效果也有很大影响，必须通过模拟实验和实际生产实践确定适宜的投加方式和投加顺序。

8. 水力条件的影响

投加混凝剂后，混凝过程可分为快速混合与絮凝反应两个阶段，但在实际水处理工艺中，两个阶段是连续不可分割的，在水力条件上也要求具有连续性。由于混凝剂投加到水中后，其水解形态可能快速发生变化，通常快速混合阶段要使投入的混凝剂迅速均匀地分散到原水中，这样混凝剂能均匀地在水中水解聚合并使胶体颗粒脱稳凝聚，快速混合要求有快速而剧烈的水力或机械搅拌作用，而且短时间内完成。进入絮凝反应阶段后，此时要使已脱稳的胶体颗粒通过异向絮凝和同向絮凝的方式逐渐增大成具有良好沉降性能的絮凝体，因此，絮凝反应阶段搅拌强度和水流速度应随絮凝体的增大而逐渐降低，避免已聚集的絮凝体被打碎而影响混凝沉淀效果。同时，由于絮凝反应是一个絮凝体逐渐增长的缓慢过程，如果混凝反应后需要絮凝体增长到足够大的颗粒尺寸通过沉淀去除，需要保证一定的絮凝作用时间，如果混凝反应后是采用气浮或直接过滤工艺，则反应时间可以大大缩短。

ZBA003 混凝剂的溶解方法

（二）常见混凝剂的溶解与使用方法

1. 混凝剂的溶解方法

1）PAC 的溶解方法

（1）PAC 为无机高分子化合物，易溶于水，有一定的腐蚀性；

（2）根据原水水质情况不同，使用前应先做小试求得最佳用药量（参考用量范围：20～800μg/g）；

（3）为便于计算，实验小试溶液配置按质量体积比（*m*/*V*），一般配为 2%～5%，如配 3%

溶液：称 3g 的 PAC，盛入洗净的 200mL 量筒中，加清水约 50mL，待溶解后再加水稀释至 100mL 刻度，摇匀即可；

（4）使用时液体产品配成 5%~10%的水液，固体产品配成 3%~5%的水液（按商品质量计算）；

（5）使用配制时按固体：清水=1：5（m/V）左右先混合溶解后，再加水稀释至上述浓度即可；

（6）低于 1%溶液易水解，会降低使用效果；浓度太高易造成浪费，不容易控制加药量；

（7）加药按求得的最佳投加量投加；

（8）运行中注意观察调整，如沉淀池矾花少、余浊大，则投加量过少，如沉淀矾花大且上翻，余浊高，则加药量过大，应适当调整；

（9）加药设施应防腐。

2）聚合硫酸铁（PFS）的溶解与使用方法

（1）溶液配制。

① 使用时一般将其配制成 5%~20%溶液（质量浓度）。

② 一般情况下当日配制当日使用，配药如用自来水，稍有沉淀物属正常现象。

（2）加药量的确定。

加药量因原水性质各异，应根据不同情况，现场调试或做烧杯混凝试验，取得最佳使用条件和最佳投药量以达到最好的处理效果。

① 取原水 1L，测定其 pH 值。

② 调整其 pH 值为 6~9。

③ 用 2mL 注射器抽取配制好的 PFS 溶液，在强力搅拌下加入水样中，直至观察到有大量矾花形成，然后缓慢搅拌，观察沉淀情况，记下所加的 PFS 量，以此初步确定 PFS 的用量。

④ 按照上述方法，将废水调成不同 pH 值后做烧杯混凝试验，以确定最佳用药 pH 值。

⑤ 若有条件，做不同搅拌条件下用药量，以确定最佳的混凝搅拌条件。

⑥ 根据以上步骤所做试验，可确定最佳加药量、混凝搅拌条件等。注意混凝过程 3 个阶段的水力条件和形成矾花状况。

（3）凝聚阶段。

凝聚阶段是药剂注入混凝池与原水快速混凝在极短时间内形成微细矾花的过程，此时水体变得更加浑浊，它要求水流能产生激烈的湍流，烧杯实验中宜快速（250~300r/min）搅拌 10~30s，一般不超过 2min。

（4）絮凝阶段。

絮凝阶段是矾花成长变粗的过程，要求适当的湍流程度和足够的停留时间（10~15min），至后期可观察到大量矾花聚集缓缓下沉，形成表面清晰层。烧杯实验先以 150r/min 搅拌约 6min，再以 60r/min 搅拌约 4min 至呈悬浮态。

（5）沉降阶段。

沉降阶段是在沉降池中进行的絮凝物沉降过程，要求水流缓慢，为提高效率一般采用斜管（板式）沉降池（最好采用气浮法分离絮凝物），大量的粗大矾花被斜管（板）壁阻挡而沉积于池底，上层水为澄清水，剩下的粒径小、密度小的矾花一边缓缓下降，一边继续相互碰撞结大,至后期余浊基本不变。烧杯实验宜以 20~30r/min 慢搅 5min,再静沉 10min,测余浊。

ZBA004 药剂的投加方式

2. 混凝剂的投加方式

1)泵前投加

这种方式安全可靠,一般适用于取水泵房距水厂较近的情况(不大于 150m),当取水泵房距水厂处理构筑物较远时,不易采用泵前投加。

2)高位水池重力投加

当取水泵房距水厂较远时,应建造高架溶液池,利用重力将药液投入水泵压水管上,或者投加在混合池入口处。这种投加方式安全可靠,但溶液池位置较高。

3)水射器投加

这种投加方式设备简单,使用方便,溶液池高度不受太大限制,但水射器效率较低,易磨损。

4)泵投加

泵投加有利于药液与水的混合。

ZBA001 常用净水剂的卫生要求

3. 常用混凝剂的卫生要求

水厂中使用的混凝剂都应进行过卫生安全性评价,卫生安全性评价的卫生要求是:

(1)饮用水化学药品在规定的投加量使用时,处理后水的一般感官指标应符合 GB 5749—2006《生活饮用水卫生标准》的要求。

(2)有毒物质指标的要求:

① 饮用水化学药品带入饮用水的有毒物质是 GB 5749—2006 中规定的物质时,该物质的允许限值不得大于相应规定值的 10%。有毒物质分为金属(砷、硒、汞、镉、铬、铅、银)、无机物、有机物、放射性物质 4 类。

② 饮用水化学处理剂带入饮用水中的有毒物质在 GB 5749—2006 中未做规定的,可参考国内外相关标准判定,其容许限值不得大于相应限值的 10%。

③ 如果饮用水化学处理剂带入饮用水中的有毒物质无依据可确定容许限值,必须按饮用水化学处理剂毒理学安全性评价程序和方法确定该物质在饮用水中最高容许浓度,其容许限值不得大于该容许浓度的 10%。

(3)样品的采集和保存。

正确的采集方法、合理的保存和及时送检是保证饮用水化学处理剂的分析质量的必要前提,根据饮用水化学处理剂的物理形态不同,应按各类化学处理剂的检验规则要求进行样品采集。

混凝剂应选用具有生产许可证和卫生许可证企业的产品,并执行索证(生产许可证、卫生许可证、产品合格证及化验报告)及验收制度。

首次使用混凝剂前,应分别按照 GB/T 17218—1998《饮用水化学处理剂卫生安全性评价》GB/T 17219—1998《生活饮用水输配水设备及防护材料的安全性评价标准》进行卫生安全评价,评价合格方可投入使用。

每批混凝剂在新进厂和久存后投入使用前必须按照有关质量标准进行抽检;未经检验或者检验不合格的,不得投入使用。次氯酸钠溶液等净水原材料在使用期间也应加强检测,根据浓度变化适时调整投加量。

主要净水原材料的检验项目和检验方法应符合表 1-1-1 规定。

表 1-1-1　净水原材料的检验项目和检验方法

原材料种类	原材料名称	检验项目	检验方法标准
混凝剂 絮凝剂	聚合氯化铝	氧化铝的质量分数、盐基度、密度、水不溶物的质量分数、pH 值、氨态氮的质量分数、砷的质量分数、铅的质量分数、镉的质量分数、汞的质量分数、六价铬的质量分数	GB 15892—2009《生活饮用水用聚氯化铝》
	硫酸铝	氧化铝的质量分数、pH 值、不溶物的质量分数、铁的质量分数、铅的质量分数、砷的质量分数、汞的质量分数、六价铬的质量分数、镉的质量分数	HG 2227—2004《水处理剂 硫酸铝》
	聚丙烯酰胺（PAM）	外观、固含量、丙烯酰胺单体含量、溶解时间、筛余物	GB/T 17514—2017《水处理剂 阴离子与非离子型聚丙烯酰胺》
氧化剂 消毒剂	高锰酸钾	高锰酸钾含量、镉含量、铬含量、汞含量、流动性、粒度	GB/T 1608—2017《工业高锰酸钾》
	次氯酸钠	有效氯、游离碱（以 NaOH 计）、铁、重金属（以 Pb 计）、砷	GB 19106—2013《次氯酸钠》
	二氧化氯	二氧化氯（ClO_2）的质量分数、密度、pH 值、砷的质量分数、铅的质量分数	GB/T 20783—2006《稳定性二氧化氯溶液》
	漂白粉	有效氯、水分、总氯量与有效氯之差、热稳定系数	HG/T 2496—2006《漂白粉》

ZBA005 絮凝方式的分类

ZBA010 絮凝池的分类

（三）絮凝方式的分类

絮凝是使投加混凝剂并经充分混合后的原水，在水流作用下使微絮粒相互接触碰撞，以形成更大絮粒的过程。国内采用的絮凝形式颇多，和混凝设备一样可分为两大类：水力絮凝和机械絮凝。水力絮凝又有隔板、折板、栅条、网格等多种形式。

1. 机械絮凝

机械絮凝具有较好的絮凝效果，其絮凝过程中的速度梯度可不受进水流量变化的影响，但增加了机械设备，维修工作量大。

2. 网格絮凝

网格絮凝具有能量消耗低、占地面积小、土建投资较省、施工方便的优点，但也存在着投药量大、G 值（速度梯度）不足的缺点，且当原水浊度较低时，絮凝效果不佳。

3. 折板絮凝

折板絮凝池是 20 世纪 80 年代初开始兴起的一种高效絮凝设施，经近几年实践和调查，折板絮凝的效果比较稳定，目前已得到广泛应用。它采用水力絮凝，无须外加能量，絮凝时间短，水头损失不大，絮体碰撞机会多，絮凝效果好。折板絮凝池占地小、投资省，并对原水水温、水质、浊度变化的适应性强，特别是平行信道折板布置的应用，更具有适应水量变化的特点。

（四）各种絮凝池的特点

絮凝池的作用是将脱稳胶粒形成大而密实的絮凝体。絮凝池形式分为水力搅拌和机械搅拌两类。

ZBA006 隔板絮凝池的特点

1. 隔板絮凝池

隔板絮凝池的构造比较简单，进水流量大，能承受突然的水量变化，施工管理方便，目前用于大型水厂。隔板絮凝池有往复式和回转式两种，后者是在前者的基础上加以改进而成。在往复式隔板絮凝池内，水流做180°转弯，局部水头损失较大，而这部分能量消耗往往对絮凝效果作用不大。因为180°的急转弯会使絮体有破碎可能，特别在絮凝后期。回转式隔板絮凝池内水流做90°转弯，局部水头损失大为减小，絮凝效果也有所提高。

优点：构造简单、施工和管理方便、效果有保证，所以成为大型水厂经常采用的工艺形式，被广泛应用。

缺点：因为水量过小时，隔板间距过狭不便施工和维修。流量变化大者，絮凝效果不稳定，与折板及网格式絮凝池相比，因水力条件不甚理想，水头损失较大，因水流条件不理想而使能量中的大部分成为无效消耗，从而延长了絮凝时间，增大了絮凝池容积。特别是在水流流经拐角时，速度以离散数值方式变小，而不是由大到小平稳地过渡，这样消耗的能量大但并不利于絮凝颗粒的成长。虽然在急剧转弯下会增加颗粒之间的碰撞概率，但不合理的速度梯度分布易造成絮凝池前部速度梯度过小而达不到最高效率的颗粒碰撞，而后部拐角处由于速度梯度过高，撞击过大，而易使聚集好的絮体破碎，结果导致絮体颗粒密实程度不一。这样在设计时间内，被打碎的絮体随水流进入沉淀池，影响出水效果，而密实的絮体在未进入沉淀池时，已过早地在絮凝池后部下沉。时间一长，在絮凝池末端的廊道内易形成“沙丘”状的沉积物，阻碍水流通道，降低了絮凝效果。如将絮凝池末端的廊道封闭，以此缩短絮凝时间，疏松的絮体易过早地进入沉淀池，更易使出水效果恶化。

ZBA007 折板絮凝池的特点

2. 折板絮凝池

折板絮凝池指的是水流以一定流速在折板之间通过而完成絮凝过程的构筑物，按水流通过折板间隙数可分为单通道和多通道，按照水流方向可将折板絮凝池分为竖流式和平流式，根据折板布置方式不同又分为同波折板和异波折板两种形式。

优点：絮凝时间短，容积小，絮凝效果好。

缺点：造价高。

折板絮凝池适用于水量变化不大的水厂。

ZBA008 网格（栅条）絮凝池的特点

3. 网格（栅条）絮凝池

网格絮凝池，又名栅条絮凝池，指的是在沿流程一定距离的过水断面中设置栅条或网格，通过栅条或网格的能量消耗完成絮凝过程的构筑物。

优点：絮凝时间短，絮凝效果好，构造简单。

缺点：水量变化影响絮凝效果，存在末端池底积泥现象，网格容易滋生藻类，堵塞网眼。

ZBA009 机械絮凝池的特点

4. 机械絮凝池

机械搅拌絮凝池主要由桨板、叶轮、旋转轴、隔墙、池壁组成，是广泛应用于科研、教学和生产中的絮凝装置，通过机械搅拌絮凝池的实验，不仅可以选择投加药剂的种类、数量，还可以确定混凝的最佳条件。

机械搅拌絮凝池内设搅拌机,搅拌靠机械力实现,即叶片搅拌完成絮凝过程。叶片可以做旋转运动,也可以做上、下往复运动,目前我国多采用旋转方式。该絮凝池具有处理效率高,絮凝效果良好,不受水量变化的影响,单位面积产水量较大,对水温、水质变化的适应性强等优点,目前已广泛应用于各种水处理工艺。其缺点是设备昂贵,造价高,运营费用高于隔板絮凝池;其次,它在运行过程中存在反应池短流和水量不稳定造成的反应强度不足,絮体沉降性能差,污泥在絮凝反应中的利用率不高,絮凝效果不甚理想等问题。

ZBA011 高浊度水絮凝的方法

(五)高浊度水絮凝的方法

高浊度水是指含沙量或浊度较高,水中泥沙具有分选、干扰和约制沉降特征的原水,按照是否出现清晰的沉降界面,可分为界面沉降高浊度水和非界面沉降高浊度水两类。

界面沉降高浊度水是在沉降过程中分选、干扰和约制沉降作用明显,出现清晰浑液面的高浊度水,含沙量一般大于10kg/m^3,以黄河流域的高浊度水为典型代表。

非界面沉降高浊度水是在沉降过程中虽有分选、干扰和约制沉降作用,但不出现清晰浑液面的高浊度水,浊度一般大于3000NTU,以长江上游高浊度水为典型代表。

分选、干扰和约制沉降是指水中泥沙在下沉过程中,存在粗、细颗粒的分选下沉,颗粒之间产生水力干扰,互相制约,随着浓度的增加,最终呈现水中泥沙颗粒群整体下沉的现象。

高浊度水沉淀(澄清)处理混凝剂和絮凝剂的选用,应通过试验或参照相似条件下的运行经验并进行技术经济比较后确定。

当设计药剂投加设施时,应按药剂品种各成系统,投加设施应设置切换、放空、清洗的措施。当采用新型药剂或复合药剂作为生活饮用水处理的混凝剂或絮凝剂时,应进行毒理鉴定,符合国家现行相关标准要求后方可使用。

高浊度水处理应采用固含量为90%、二次水解的白色或微黄色颗粒或粉末状聚丙烯酰胺产品,使用时应先经20~40目格网筛分散均匀,投入药剂搅拌池(罐)中加水快速搅拌60~90min即可注入药剂溶液池(罐)中,配制成浓度为1%~2%的溶液。当使用胶状聚丙烯酰胺时,应先经栅条分割成条状或碎块状后,再投入搅拌池(罐)中注水搅拌60~120min,配制成浓度为1%~2%的溶液。搅拌池(罐)应设置投药、进水、出液和放空系统;搅拌器宜采用涡轮式或推进式,并应设置导流筒,搅拌桨外缘线速宜为50~60m/min;池壁应设置挡板等扰流装置。

聚丙烯酰胺药液可采用计量泵或水射器投加;投加浓度宜为0.1%~0.2%。当采用水射器投加时,药剂投加浓度应为水射器后混合溶液的浓度。

投加聚丙烯酰胺药液的计量设备必须采用聚丙烯酰胺药液进行标定。聚丙烯酰胺的投加剂量应通过试验或参照相似条件的运行经验确定;当含沙量相同时,聚丙烯酰胺的投加量与泥沙粒度有关,可对泥沙进行颗粒组成与投药量的相关性试验并确定最佳投药量。聚丙烯酰胺单体的残留浓度必须符合现行国家标准GB 5749—2006《生活饮用水卫生标准》的规定。原水泥沙浓度较高、颗粒组成较细、有微污染的高浊度水的处理,应采用两种或多种药剂联合投加,包括聚丙烯酰胺与聚合氧化铝(铁)的两次投加,以及复配药剂的一次投加。投加方式应通过试验或参照相似条件的使用经验确定。当两种药剂联合投加时,宜先投加聚丙烯酰胺或其他高分子絮凝剂,经快速混合后,间隔30~60s再投加混凝剂。原水的浊度和水温越低,两次投加的时间间隔应越长。当采用聚丙烯酰胺和聚合氯化铝(铁)的联合投加时,必须使先投加的药剂经过充分混合后,再投加第二种药剂。当采用复配药剂时,可一次性投加。非界面沉降高浊度水处理,宜在一级预沉池投加聚丙烯酰胺絮凝剂,在二级沉淀(澄清)池投加混凝剂,并应使出水浊度满足滤池进水水质要求。受污染高浊度水处理中,根据原水水质特点,除可采用两种药剂联合投加和强化常规处理工艺措施外,也可选用对水中有机污染物具有高效氧化和分解功能的复合药剂。

ZBA012 计量泵的定义

(六)计量泵

1. 定义

计量泵,又称定量泵或比例泵,是一种可以满足各种严格的工艺流程需要,流量可以在0~100%范围内无级调节,用来输送液体(特别是腐蚀性液体)的特殊容积泵,属于往复式容积泵,用于精确计量的,通常要求计量泵的稳定性精度不超过±1%。随着现代化工业朝着自动化操作、远距离自动控制这一形势的不断发展,计量泵的配套性强、适应介质(液体)广泛的优势尤为突出。

计量泵的突出特点是可以保持与排出压力无关的恒定流量。使用计量泵可以同时完成输送、计量和调节的功能,从而简化生产工艺流程。使用多台计量泵,可以将几种介质按准确比例输入工艺流程中进行混合。由于其自身的突出性能,计量泵如今已被广泛地应用于石油化工、制药、食品等各工业领域中。

2. 组成

计量泵由电动机、传动箱、缸体三部分组成。

传动箱部件由蜗轮蜗杆机构、行程调节机构和曲柄连杆机构组成。

缸体部件由泵头、吸入阀组、排出阀组、柱塞和填料密封件组成。

ZBA013 计量泵的工作原理

3. 工作原理

工作原理:电动机经联轴器带动蜗杆并通过蜗轮减速使主轴和偏心轮做回转运动,由偏心轮带动弓形连杆的滑动调节座内做往复运动。当柱塞向后移时,泵腔内逐渐形成真空,吸入阀打开,吸入液体;当柱塞向前移动时,吸入阀关闭,排出阀打开,液体在柱塞向前运动时排出,在泵的往复循环工作中定量地排放液体。

计量泵靠旋转调节手轮,带动调节螺杆转动,从而改变弓形连杆间的间距,改变柱塞(活塞)在泵腔内移动行程来决定流量的大小,实现流量调节。调节手轮的刻度决定柱塞行程,精确率为95%。

4. 特点

(1)计量泵性能优越,其中隔膜式计量泵不泄漏,安全性能高,计量输送精确,流量可以从零到最大定额值范围能任意调节,压力可从常压到最大允许范围内任意选择。

(2)调节直观清晰,工作平稳、无噪声、体积小、质量小、维护方便,可并联使用。

(3)计量泵品种多、性能全、适用输送-30~450℃,黏度为0~800mm^2/s,最高排出压力可达64MPa,流量范围在0.1~20000L/h,计量精度在±1%以内。

(4)根据工艺要求计量泵可以手动调节和变频调节流量,也可实现遥控和计算机自动控制。

ZBA014 计量泵主要部件的作用

5. 主要部件的作用

由于动力驱动和流体输送的不同,计量泵大致可分为柱塞式和隔膜式两种类型。隔膜计量泵与复合材料的优良耐腐蚀性相结合，已成为流体计量应用中的主要泵型，也是最常见的计量泵类型。

计量泵的液力端是和介质接触的一端，动力端是给予隔膜运动能量的一端。

隔膜式计量泵由泵头、隔膜、单向阀、阀球等部件组成。一个完整的液力端包括泵头、隔膜、底阀、背板和安装螺栓。

底阀的作用：底阀本身有一定的重量，可以保持吸液管线伸直并且使吸液管线垂直于化学药桶。另外它也是一个逆止阀，保持化学药液的正向流动。底阀还有助于改善泵的重复精度和正常吸液。底阀内有滤网可以防止固体颗粒被吸入吸液管线，小的固体颗粒吸入可能会导致计量泵隔膜破损。底阀还包括连接件，用来连接吸液管。

注射阀的作用：注射阀可应用于排液管线和注射点的连接，但不能用作隔离设备或者用作防止虹吸的保护。在要求不是太高的场合中，注射阀可以产生 0.05MPa 的背压。

除此之外，计量泵还包含附属配件，如冲洗设备，浮子开关等。

冲洗设备的作用：冲洗设备用来清洗计量泵泵头和排液管线，主要应用在计量的化学药品易于凝固或者计量泵需要经常处于闲置状态的情况下。

浮子开关的作用：浮子开关是控制储药桶液位的非常关键的设备。当液位降低时，浮子下沉，开关内触点闭合，此触点可用于控制计量泵，例如停止和启动计量泵，也可以用于接通报警/指示灯指示储药桶空。通过浮子的反向动作，浮子开关可以应用于收集罐，指示收集罐已满同时停止计量泵。

二、浮沉工艺

ZBB005　悬浮颗粒在静水中的沉降类型

（一）沉淀

1. 悬浮颗粒在静水中的沉淀作用

悬浮颗粒在水中的沉降，根据其浓度及特性，可分为 4 种基本类型：自由沉降、絮凝沉降、拥挤沉降、压缩沉降。

1）自由沉降

颗粒在沉降过程中呈离散状态，其形状、尺寸和质量均不改变，下沉速度不受干扰，如沉砂池。

2）絮凝沉降

在沉降过程中各颗粒之间能相互黏结，其尺寸、质量会随深度的增加而逐渐变大，沉速也增大，例如混凝沉淀池、初沉池的后期、二次沉池中初期的沉降。悬浮物的去除率与沉淀速度、深度有关。

3）拥挤沉降

颗粒在水中的浓度较大时，其间相互靠得很近，在下沉过程中彼此受到周围颗粒作用力的干扰，但颗粒间的相对位置不变，作为一个整体而成层沉降。

在清水和浑水之间形成明显的界面，沉降过程实际上就是这个界面的下沉过程，例如高浊度水的沉淀、二次沉淀池后期的沉降。

当悬浮物质的数量占液体体积的 1%左右时就会出现此现象。

4）压缩沉降

压缩沉降又称作污泥浓缩。颗粒在水中的浓度很高时会相互接触。上层颗粒的重力作用可将下层颗粒间的水挤压出界面，使颗粒群被压缩到沉淀池底部的污泥斗中或污泥浓缩池中。浓缩的过程是不断排除孔隙水的过程。

沉淀池是应用沉淀作用去除水中悬浮物的一种构筑物。沉淀池在废水处理中广为使用。

2. 沉淀的类型

沉淀按水中固体颗粒的性质可分为自然沉淀、混凝沉淀与化学沉淀。

自然沉淀：原水中不加混凝剂，完全借助颗粒自身重力作用在水中下沉的过程。在处理高浑浊度原水时，由于原水含泥量很高，采用预沉池使大量泥沙沉降下来的工艺就属自然沉淀。

混凝沉淀：原水中常有细小悬浮物或胶体杂质，它们不能靠自身下沉，这时要向水中投加混凝剂，经过混凝可形成大而重的矾花，借助重力在水中下沉的过程。

化学沉淀：在某些特殊水的处理中，投加药剂使水中溶解杂质结晶后沉淀的过程。

ZBB004 沉淀池的选择

3. 沉淀池的类型

沉淀池有多种类型，按照水流方向分为竖流式、平流式和辐流式。竖流式沉淀池是水流向上，颗粒向下完成沉淀的构筑物，由于表面负荷小，处理效果差，基本上已不采用；辐流式沉淀池水从中心流向周边，流速逐渐减小的圆形池，主要用于高浊水的预沉。目前，我国净水厂常用的沉淀池为平流沉淀池和斜管（板）沉淀池。平流沉淀池池身较浅，高程上很难布置，不宜与虹吸滤池、无阀滤池配套。

选择沉淀池时应考虑以下主要因素：

（1）废水量的大小。如果处理水量大，可考虑采取平流式、辐流式沉淀池，如果水量小，可采用竖流式或斜流式沉淀池。

（2）悬浮物质的沉陷性能与泥渣性质。流动性差、相对密度大的污泥，需用机械排泥，应考虑平流式或辐流式沉淀池，而黏性大的污泥不宜采用斜板式沉淀池，以免堵塞。

（3）占地面积。竖流式、斜流式沉淀池占地面积较小，而在地下水水位高、施工困难的地区应采用平流式沉淀池。

（4）造价高低与运行管理水平。平流式沉淀池造价低，而斜流式、竖流式沉淀池造价较高。从管理水平方面考虑，竖流式沉淀池排泥较方便，管理较简单，而辐流式沉淀池需要较高的管理水平。

ZBB001 斜板（管）沉淀池各部位的作用

4. 斜板（管）沉淀池

斜板（管）沉淀池是根据“浅层沉淀理论”发展起来的，过去曾经把普通平流式沉淀池改建成多层多格的池子，使沉降面积增加。

在斜板（管）沉淀池中，按照水流流过斜板（管）的方向，水流可分为上向流、下向流和平向流 3 种。水流由下向上通过斜管或斜板，沉淀物由上向下，它们的方向正好相反，这种形式称作上向流（也称异向流）。水流向下通过斜管或斜板与沉淀物的流向相同，这种形式称作下向流（也称同向流）。水流以水平方向流动的方式，称为平向流。

斜板（管）沉淀池的结构与一般沉淀池相同，由进口、沉淀区、出口与集泥区 4 个部分组成，只是在沉淀区设置有许多斜管或斜板。

1)斜板(管)沉淀池技术要求

(1)进水区。

水流从水平方向进入沉淀池,进水区主要有穿孔墙、缝隙墙和下向流斜管进水等形式,使水流在池宽方向上布水均匀,其要求和设计布置与平流式沉淀池相同。为了使上向流斜管均匀出水,需要在斜管以下保持一定的配水区高度,并使进口断面处的水流速度不大于0.02~0.05m/s。

(2)斜板(管)的倾斜角。

斜板与水平方向的夹角称为倾斜角,倾斜角 θ 越小,截留速度 u_0 越小,沉降效果越好,但为使污泥能自动滑下排泥通畅,θ 值不能太小,对于上向流,斜板(管)沉淀池,θ 一般不小于55°~60°。对于下向流斜板(管)沉淀池因排泥比较容易,一般不小于30°~40°。

(3)斜板(管)的形状与材质。

为了充分利用沉淀池的有限容积,斜(管)都设计成截面为密集型的几何图形,其中有正方形、长方形、正六边形和波纹形等。为了便于安装,一般将几个或几百个斜管组成一个整体,作为一个安装组件,然后在沉淀区安放几个或几十个这样的组件。

斜板(管)的材料要求轻质、坚固、无毒、价廉。目前使用较多的有纸质蜂窝、薄塑料板等。蜂窝斜管可以用浸渍纸制成,并用酚醛树脂固化定形,一般做成正六边形,内切圆直径为25mm。塑料板一般用厚0.4mm的硬聚氯乙烯板热压成形。

(4)斜板(管)的长度与间距。

斜板(管)的长度越长,沉降效率越高,但斜板斜管过长,制作和安装都比较困难,而且长度增加到一定程度后,再增加长度对沉降效率的提高却是有限的,而长度过短,进口过渡段(进口过渡段指水流由斜管进口端的紊流过渡到层流的区段)长度所占的比例增加,有效沉降区的长度相应减小,斜管过渡段的长度为100~200mm较为合理。

上向流斜板长度一般为0.8~1.0m,不宜小于0.5m。在截面速度不变的情况下,斜板间距或管径越小,管内流速越大,表面负荷也就越高,因此池体体积可以相应减少,但斜板间距或管径过小,加工困难,而且易于堵塞。目前在给水处理中采用的上向流沉淀池,斜板间距或管径为25~40mm。

(5)出水区。

为了保证斜板(管)出水均匀,出水区集水装置的布置也很重要。集水装置由集水支管和集水总渠组成。集水支槽有带孔眼的集水槽、三角锯齿堰、薄型堰和穿孔管等形式。

斜管出口到集水孔的高度(即清水区高度)与集水支管之间的间距有关,应满足式(1-1-1):

$$h \geqslant \frac{\sqrt{3}}{2}L \tag{1-1-1}$$

式中　h——清水区高度,m;

L——集水支管之间的间距,m。

一般 L 的值为1.2~1.8m,所以 h 为1.0~1.5m。

(6)颗粒的沉降速度 u_0。

斜板间内的水流速度与平流式沉淀池的水平流速基本相当,一般为10~20mm/s。当采

用混凝处理时 $u_0=0.3\sim0.6mm/s$。

ZBB002 小间距斜板沉淀池的优势

2)小间距斜板沉淀池

传统沉淀理论认为斜板(管)沉淀池中水流处于层流状态。但事实上通路中水流是脉动的,这是因为当斜板(管)中大的矾花颗粒在沉淀中与水产生相对运动,会在矾花颗粒后面产生小旋涡,这些旋涡的产生与运动造成了水流的脉动。这些脉动对于大的矾花颗粒的沉淀没有什么影响,对于反应不完全小颗粒的沉淀起到顶托作用,因此也影响了出水水质。为了克服这一现象,抑制水流的脉动,小间距斜板沉淀设备应运而生。

为了抑制水流的脉动,可采用小间距斜板,水力阻力大,占沉淀池水流通路水力阻力的主要部分,由此使通过斜板各部分流量均匀,充分发挥每个沉淀面的作用;小间距斜板由于间距明显减小和抑制了斜板中的水流脉动,矾花沉淀距离也明显变短,使更多小颗粒可以沉淀下来,而小矾花是否沉淀下来是决定沉淀池最终出水水质的关键因素。小间距斜板的下部入水侧矾花浓度高,当含有矾花的水流流经此区时,产生了强烈的沉淀卷吸作用。

小间距斜板沉淀池的优势:

(1)沉淀面积与排泥面积相等,消除了侧向约束。

(2)由于间距明显减小,矾花沉淀距离也明显变短,使更多小颗粒可以沉淀下来,而小矾花是否沉淀下来是决定沉淀池最终出水水质的关键因素。

(3)由于斜板间距减小,水力阻力增大,水流在沉淀池中流量分布更均匀,基本消除了池头池尾的差别,与斜管相比明显改善了沉淀条件。

ZBB003 斜板(管)沉淀池的运行参数

3)斜板(管)沉淀池的运行参数

(1)斜板(管)沉淀池的底部配水区高度不宜小于15m,以便均匀配水。为了使水流均匀地进入斜板(管)下的配水区,絮凝池出口一般应考虑整流措施,可采用缝隙栅条配水或穿孔墙配水,出口流速在0.15m/s以下。

(2)斜板(管)倾角越小,则沉淀面积越大,沉淀效率越高,但对排泥不利,生产上一般都采用60°。

(3)斜板(管)沉淀池的表面负荷 q[单位为 $m^3/(m^2\cdot h)$]是一个重要的技术经济参数,可表示为:

$$q=Q/A \tag{1-1-2}$$

式中 Q——流量,m^3/h;

A——沉淀池清水区表面积,m^2。

相关规范规定斜板(管)沉淀池的表面负荷为 $9\sim11m^3/(m^2\cdot h)$,目前生产上倾向采用较小的表面负荷以提高沉淀池出水水质。

斜板(管)内流速(单位为m/h)可表示为:

$$v=Q/(F'\sin\theta) \tag{1-1-3}$$

式中 Q——沉淀池的流量,m^3/h;

F'——斜板(管)的净出口面积,m^2;

θ——轴线与水平的夹角,即水平倾角,(°)。

(4)排泥设施。斜板(管)沉淀池的排泥设施有3种:中小型规模的池子采用穿孔管放在V形槽内,排泥槽高度宜在12~15m;还可以用小斗虹吸排泥;较大的池子可采用机械排泥。

(5)清水区和集水系统。集水系统可分为穿孔集水管和集水槽。为了集水均匀,清水区深度一般在0.8~1.0m。

(6)沉淀池总高度。

沉淀池增高度可通过式(1-1-4)计算:

$$h=h_1+h_2+h_3+h_4+h_5 \tag{1-1-4}$$

式中 h_1——排泥槽高度,m;

h_2——配水区高度,m;

h_3——斜板(管)垂直高度,m;

h_4——清水区高度,m;

h_5——弦超高,m。

从理论上讲,斜板(管)的倾角 θ 越小,则沉淀面积越大,截留速度越小,沉淀效果越好。对于矾花颗粒来讲,一般认为倾角 θ 在35°~45°时效果最好,但为使排泥通畅,生产上倾角 θ 一般为60°。

从实践和理论上讲,斜板(管)长度长些,沉淀效果可以增加,但斜板(管)过长,造价高,安装困难,沉淀效果提高也困难。一般生产上 $L=800\sim1000$mm。

斜(管)径是指正方形边长,六角形内接圆直径或矩形的高度。斜管管径越小。则颗粒沉淀距离越短,沉淀效果越好,但管径太小不仅加工困难,成本高,而且排泥也受影响。目前斜管管径都采用25~40mm。

斜板(管)中上升流速越小,沉淀会越好,但过小的流速显现不出其优点,达不到提高产水量的目的。一般在倾角60°时,管内流速为2.5~5.0mm/s,处理低温水时,流速可适当降低。

5. 各类沉淀池的应用

ZBB006　各类沉淀池的应用

1)平流式沉淀池

平流式沉淀池由进水口、出水口、水流部分和污泥斗三个部分组成。池体平面为矩形,进口设在池长的一端,一般采用淹没进水孔,水由进水渠通过均匀分布的进水孔流入池体,进水孔后设有挡板,使水流均匀地分布在整个池宽的横断面。沉淀池的出口设在池长的另一端,多采用溢流堰,以保证沉淀后的澄清水可沿池宽均匀地流入出水渠。堰前设浮渣槽和挡板以截留水面浮渣。水流部分是池的主体,池宽和池深要保证水流沿池的过水断面布水均匀,依设计流速缓慢而稳定地流过。池的长宽比一般不小于4,池的有效水深一般不超过3m。污泥斗用来积聚沉淀下来的污泥,多设在池前部的池底以下,斗底有排泥管定期排泥。平流式沉淀池多用混凝土筑造,也可用砖石圬工结构,或用砖石衬砌的土池。平流式沉淀池构造简单,沉淀效果好,工作性能稳定,使用广泛,但占地面积较大。若加设刮泥机或对密度较大沉渣采用机械排除,可提高沉淀池工作效率。

2)竖流式沉淀池

竖流式沉淀池池体平面为圆形或方形。废水由设在沉淀池中心的进水管自上而下排入池中,进水的出口下设伞形挡板,使废水在池中均匀分布,然后沿池的整个断面缓慢上升。

悬浮物在重力作用下沉降入池底锥形污泥斗中,澄清水从池上端周围的溢流堰中排出。溢流堰前也可设浮渣槽和挡板,保证出水水质。这种池占地面积小,但深度大,池底为锥形,施工较困难。

3)辐流式沉淀池

池体平面多为圆形,也有方形的。直径较大而深度较小,直径为20~100m,池中心水深不大于4m,周边水深不小于1.5m。废水自池中心进水管入池,沿半径方向向池周缓慢流动。悬浮物在流动中沉降,并沿池底坡度进入污泥斗,澄清水从池周溢流入出水渠。

4)新型沉淀池

近年设计成的新型斜板或斜管沉淀池主要就是在池中加设斜板或斜管,可以大大提高沉淀效率,缩短沉淀时间,减小沉淀池体积,但有斜板、斜管易结垢,长生物膜,产生浮渣,维修工作量大,管材、板材寿命低等缺点。

此外,近年来正在研究试验的还有周边进水沉淀池、回转配水沉淀池以及中途排水沉淀池等。

沉淀池有各种不同的用途,如在曝气池前设初次沉淀池可以降低污水中悬浮物含量,减轻生物处理负荷;在曝气池后设二次沉淀池可以截流活性污泥。此外,还有在二级处理后设置的化学沉淀池,即在沉淀池中投加混凝剂,用以提高难以生物降解的有机物、能被氧化的物质和产色物质等的去除效率。

ZBB007 气浮工艺的适用条件

(二)气浮

气浮法是以微细气泡作为载体,黏附水中的悬浮颗粒上,使其视密度小于水,然后颗粒被气泡挟带浮升至水面与水分离去除的方法。气浮法目前在给水、工业废水和城市污水处理方面都有应用。

1. 气浮工艺适用条件

形成气泡的大小和强度取决于空气释放时各种用途条件和水的表面张力大小(表面张力是大小相等方向相反分别作用在表面层相互接触部分的一对力,它的作用方向总是与液面相切)。气泡半径越小,泡内所受附加压强越大,泡内空气分子对气泡膜的碰撞概率也越高、越剧烈。因此要获得稳定的微细泡,气泡膜强度要保证。气泡小,浮速快,对水体的扰动小,不会撞碎絮粒。并且可增大气泡和絮粒碰撞概率。但并非气泡越细越好,气泡过细影响上浮速度,因而影响气浮池的大小和工程造价。此外投加一定量的表面活性剂,可有效降低水的表面张力系数,加强气泡膜牢度。向水中投加高溶解性无机盐,可使气泡膜牢度削弱而使气泡容易破裂或变大。

因此气浮法处理工艺必须满足以下基本条件:

(1)气浮机必须向水中提供足够量的微小气泡;

(2)必须使废水中的污染物质能成悬浮状态;

(3)必须使气泡与悬浮物质产生黏附作用;

(4)必须将上浮在水面上的三相体用一定的方法和措施排出设备体外。

ZBB008 气浮池的特点

2. 气浮池的特点

(1)气浮法适用于低浑浊度原水、含藻类较多或含有机质较多的原水。这类原水所含有的杂质颗粒细小,加注混凝剂后形成的矾花小而轻,易被气泡托起。

(2)气浮法是一种快速的固液分离法,它仅仅在十几分钟内即可完成固液分离,而且出水浑浊度低、出水水质稳定,即使一般认为不易沉淀的细小矾花也能被气泡托起上浮去除。

(3)与沉淀池、澄清池的停留时间和总高度相比,气浮法水在气浮池停留时间最短,池深最浅,占地面积最小。

(4)由于借助气泡进行固液分离,泥渣含水率低,排除方便,但浮渣中有较多微小气泡,故当浮渣不做污泥处理直接排入水体时,易漂浮水面,给环境造成一定的影响。

3. 气浮法的分类

(1)电解气浮法:运行时借助电解作用,在两个电极区不断产生氢、氧和氯气等微气泡,废水中的悬浮颗粒黏附于气泡上上浮到水面而被去除。该方法工艺简单,设备小,但电耗大。

(2)散气气浮法:空气通过微细孔扩散装置或微孔管或叶轮后,以微小气泡的形式分布在污水中进行气浮处理的过程,包括扩散板曝气气浮法和叶轮气浮法。

优点:简单易行。

缺点:气泡较大,气浮效果不好。

(3)溶气气浮法:包括加压溶气气浮和溶气真空气浮,加压溶气气浮是空气在加压条件下溶于水中,而在常压下析出。溶气真空气浮是空气在常压或加压条件下溶于水中,在负压条件下析出。

ZBB009　气浮法适用的对象

4. 气浮法适用对象

(1)固液分离:污水中固体颗粒粒度小,密度接近或低于水,很难利用沉淀法实现固液分离的各类污水。

(2)在给水方面,可以用于高含藻水源、低温低浊水源、受污染水源和工业原料盐水的净化。

(3)液液分离:从污水中分离油类。

(4)生物处理剩余污泥浓缩。

(5)要求获得比重力沉淀更高的水力负荷和固体负荷,或用地受到限制的场合。

5. 气浮法技术要求

1)矾花结构

矾花结构要求疏松,因此投加混凝剂是必要的,但投药量不必很大。

2)气泡尺寸

气泡尺寸越小,达到吸附平衡所需要的时间越短,此外,大气泡上升速度快,不仅会打碎矾花颗粒,而且会造成水流旋涡,严重地干扰矾花的稳定上升,因此,产生微细气泡的设备对净水效果十分重要。

3)气泡数量

实践表明,气浮法需要有一定量的微气泡,一般气水比要大于1%,与之相应的溶气水回流比不小于5%~12%。

4)絮凝条件

混凝时间对生成的絮体粒径有很大关系,气浮法要求絮体的粒径、结构与沉淀或澄清对絮体的粒径、结构的要求完全相反,它需要产生的絮体细而密。它对矾花的快速生成十分重要。

5)设计参数

(1)水流接触室内的停留时间不少于60s。

(2)絮凝时间为10~20min。

(3)气浮池内水流停留时间为15~30min。

ZBB011 气浮专用的设备

6. 气浮专用设备

气浮设备较其他固液分离设备具有投资少、占地面极小、自动化程度高、操作管理方便等特点,在实践中应根据废水处理工艺、废水的水质水量等特点进行有针对性的选择与使用。下面分析比较几种气浮设备。

1)电解气浮设备

电解气浮设备是用不溶性阳极和阴极直接电解废水。靠电解产生的氢和氧的微小气泡将已絮凝的悬浮物载浮至水面,达到固液分离的目的。电解法产生的气泡尺寸远小于溶气气浮和散气气浮产生的气泡尺寸,而且不产生紊流。该设备去除的污染物范围广,对有机物废水除降低BOD外,还有氧化、脱色和杀菌作用,对废水负载变化的适应性强,生成污泥量少,占地少,不产生噪声,近年来发展很快。电解气浮设备目前尚存在电解能耗及极板损耗较大、运行费用较高等问题,因此限制了该种设备的推广使用。

2)散气气浮设备

散气气浮设备是靠高速旋转叶轮的离心力所造成的真空负压状态将空气吸入,成为微细的空气泡而扩散于水中,气泡由池底向水面上升并黏附水中的悬浮物一起带至水面,达到固液分离的目的,形成的浮渣不断地被缓慢旋转的刮渣板刮出池外。水流的机械剪切力与扩散板产生的气泡较大(直径达1mm左右),不易与细小颗粒和絮凝体相吸附,反而易将絮体打碎,因此,散气气浮不适用于处理含颗粒细小与絮体的废水。散气气浮设备气浮时间约为30min,溶气量达0.51m^3/m^3(气/水)。

旋转叶轮周边线速度约为12.5m/s。该设备应用范围有油漆、制革、炼油、印染、化学、乳品加工、纤维生产、造纸、食品饮料、屠宰、纺织、机械加工、市政污水等小型污水处理工程。

3)溶气真空气浮设备

溶气真空气浮设备是使空气在常压或加压下溶于水中,而在负压下析出的气浮设备。真空式气浮设备优点是气泡的形成、它与颗粒的黏附以及气泡和颗粒絮凝体的上浮都在稳定的环境中进行,絮凝体破坏的可能性小,整个气浮过程所需要的能耗量小。其缺点是水中溶气量有限,不适用于含浓度大于250~300mg/L悬浮物的废水;另一缺点是要求有密封的容器,在容器内还需要装有刮渣机械,结构复杂,因此在工程实际中使用较少。该设备可能得到的空气量因受到能够达到的真空度(一般运行真空度40kPa)的影响,析出的微细泡量很有限,且构造复杂,运行维修不方便,现已逐步淘汰。

4)加压溶气气浮设备

加压溶气气浮设备是将清水加压至$(3\sim4)\times10^5$Pa,同时加入空气,使空气溶解于水,然后骤然减至常压,溶解于水的空气以微小气泡形式(气泡直径为20~100μm),从水中析出,将水中的悬浮物颗粒载浮于水面,从而实现固液分离。加压溶气气浮设备是目前应用范围较为广泛的一种气浮设备,该设备可以广泛应用于各类废水处理(尤其是含油废水处理)、污泥浓缩及给水处理。

加压溶气气浮设备主要有空气饱和设备、空气释放及与废水相混合的设备、固液或液液分离设备三部分组成。根据原水中所含悬浮物的种类、性质、处理效率,可分为全部加压溶气气浮、部分加压溶气气浮和回流加压溶气气浮 3 种。

目前加压溶气气浮法应用最广,与其他气浮设备相比,加压溶气气浮设备具有以下特点:

(1)在加压条件下,空气溶解度大,供气浮用的气泡数量多,能够确保气浮效果;

(2)溶入的气体经骤然减压释放,产生的气泡不仅微细、粒度均匀、密集度大,而且上浮稳定,对液体扰动小,因此特别适用于疏松絮凝体、细小颗粒的固液分离;

(3)工艺过程及设备比较简单,便于管理、维护;

(4)特别是部分回流式加压溶气气浮设备,处理效果显著、稳定,并能较大地节约能耗。

7. 气浮设备构造

(1)反应池,一般采用孔室或隔板反应池。

(2)气浮池,包括配水区、接触区、浮渣层、分离区、清水区、出水渠 6 个部分。

(3)刮渣机,用来刮气浮池上部浮渣。

(4)回流泵房,溶气压力在 0.3~0.5MPa,回流量为出水量 5%~10%。

(5)溶气缸,内设莲蓬头、塑料穿孔板或瓷环做填料以增加水气接触面积。提高溶气效率,容积以 10%的回流量计算。

(6)释放器。原水经加药进入絮凝池,经絮凝后的水进入气浮池的接触室,与溶气释放器释放出的微气泡相遇,絮体与气泡黏附后进入分离室进行渣水分离,渣上浮至池水表面,定期刮入排渣槽,清水由集水管引入滤池,其中部分清水给回流泵加压,进入压力溶气罐,在溶气罐内完成溶气过程。空气由空压机提供,溶气后的气水由溶气水管经溶气释放器供气。

溶气释放器是气浮法净水效果的关键,它要求产生的气泡细微、均匀且稳定。刮渣机采用桁架式,行车速度 1m/min,方向与出水方向相反。

ZBB012 气浮池的运行管理

8. 气浮池的运行管理

(1)溶气压力是气浮运行的关键之一,溶气压力一般为 0.3~0.5MPa。若溶气压力过高,就会出现过多的剩余气泡。运行经验证明,溶气压力大小与水温有关,当水温较低时,则要求溶气压力较常温下要高些,主要原因是水温低,水的动力黏滞系数 μ 增大,反应条件变差,需要气泡数增加,因此,要相应提高溶气压力。

ZBB010 气浮法与沉淀法比较

(2)在投入运行前,首先检查设备是否正常,要调试压力溶气系统和溶气释放系统。

① 释放器要加强检查维修,为防止堵塞需在溶气水管道上加设滤网,滤网要经常检修。

② 刮渣时要防止影响出水水质,刮渣时应适当提高池内水位,避免浮渣下沉。对于粗大的杂质颗粒和浮渣沉到池底,可通过气浮池的排泥设备适时排泥。

水处理中,气浮法能够分离那些颗粒密度接近或者小于水的细小颗粒,适用于活性污泥絮体不易沉淀或易于产生膨胀的情况,但是产生微细气泡需要能量,经济成本较高。沉淀法能够分离那些颗粒密度大于水能沉降的颗粒,而且固液的分离一般不需要能量,但是沉淀池一般占地面积较大。

与沉淀法相比,气浮法的优点:气浮过程增加了水中的溶解氧、浮渣含氧、不易腐化,有利于后续处理;气浮池表面负荷高,水力停留时间短,池深浅,体积小;浮渣含水率低,排渣方便;投加絮凝剂处理废水时,所需的药量较少。

与沉淀法相比,气浮法的缺点:耗电多,每立方米废水比沉淀法多耗电 0.02~0.04kW·h,运营费用偏高;废水悬浮物浓度高时,减压释放器容易堵塞,管理复杂。

ZBB013 澄清池的工作过程

(三)澄清池

1. 澄清池的工作过程

原水通过混凝和沉淀最终达到泥水分离,也就是说水中脱稳杂质通过碰撞结合成相当大的絮凝体,然后在沉淀池内下沉,澄清池则是将混合、反应、沉淀 3 个工艺结合在一起的构筑物。

当脱稳杂质随水流与泥渣层接触时,便被泥渣层阻留下来,使水获得澄清。这种把泥渣层作为接触介质的过程,实际上也是絮凝过程,一般称为接触絮凝。在絮凝的同时,杂质从水中分离出来,清水在澄清池上部被收集。

通常在澄清池开始运转时,在原水中加入较多的混凝剂,并适当降低负荷,经过一段时间运转后,逐步形成泥渣层。当原水浑浊度降低时,为了加速泥渣层的形成,也可人工投加黏土。从泥渣充分利用的角度而言,平流式沉淀池单纯为了颗粒的沉降,池底沉泥还具有相当的接触絮凝活性未被利用。澄清池则充分利用活性泥渣的絮凝作用,澄清池的排泥措施能不断排除多余的失去活性的泥渣,其排泥量相当于新形成的活性泥渣量。泥渣层始终处于新陈代谢状态中,使泥渣层始终保持接触絮凝的活性。

2. 各型澄清池的特点

澄清池一般按接触絮粒形成的方式可分为泥渣过滤型和泥渣循环型两种。泥渣过滤型澄清池的工作情况是,加药后的原水从下向上流过处于悬浮状态的泥渣层,水中杂质和泥渣颗粒碰撞,发生絮凝和吸附,泥渣颗粒逐渐增大,沉速随之增加,因此,虽然澄清池上升流速较高,泥渣也不会被带走。泥渣层中已失去了吸附和凝聚能力的泥渣被及时排除,使澄清池始终保持较高的出水量和较好的水质。目前使用的悬浮澄清池就是这种类型。泥渣循环澄清池是利用机械或水力搅拌,使泥渣在池内不断循环。泥渣在循环的过程中,可以更好地发挥泥渣的接触絮凝和吸附水中杂质的作用,泥渣在循环过程中颗粒变大,沉速不断加快,从而提高澄清效果,机械加速澄清池和水力循环澄清池就属于这种类型的澄清池。

1)悬浮澄清池

悬浮澄清池分 3 格,每格平面是长方形,锥形底,两边为澄清室,中间为泥渣浓缩室。加过混凝剂的原水经过气水分离器(气水分离器是一个敞开的水槽和水桶,水在其中停留几秒钟,使空气从水中分离出来)后从穿孔配水管流入澄清室,水流自下而上通过悬浮泥渣层,使水中胶体杂质被悬浮泥渣层吸附截留,穿过悬浮层的清水从穿孔集水槽流出,送滤池进一步过滤处理或直接供用户。悬浮泥渣层中不断增加的泥渣,由排泥窗口进入泥渣浓缩室,浓缩后定期排除。

悬浮泥渣层是澄清池净水效果好坏的关键。所谓的悬浮泥渣层,就是当加过混凝剂的原水进入澄清池,经过混合反应后在澄清池中形成矾花,当澄清池中的上升流速过大时,水流将矾花带走,反之,矾花慢慢下沉在池底。如果上升流速恰好使矾花颗粒所受到的阻力与其自身重力相等，矾花颗粒处于悬浮状态，随着原水不断通过，处于悬浮状态的矾花颗粒逐渐累积，当达到一定程度后，就能够形成起净水作用的悬浮泥渣层。如果原水浑浊度高，悬浮泥渣层形成就快，否则形成慢，甚至需要几天时间。如果原水浑浊度、上升流速、加注混凝剂量适当，可以在几小时内形成一定浓度的悬浮层。原水浑浊度较低时，可在澄清池进口处投加泥浆，人为地增加泥渣颗粒，同时适当多加些混凝剂和减少进水量，就会加快形成悬浮泥渣层。

悬浮澄清池一般用于小型水厂。目前新设计的悬浮澄清池较少，其中主要原因是处理效果受水质、水量等变化影响较大，上升流速也较小。为提高悬浮澄清池效率，可在澄清池内增设斜管。

悬浮澄清池的运行管理：

(1)空池启动运行时，应采用较小的上升流速(进水量可控制在设计水量的1/3～1/2)及适当增加混凝剂投加量(为正常投剂的15～20倍)，必要时适当投加黏土促进泥渣形成。当出水悬浮物含量降至20mg/L下，同时悬浮泥渣层达到排泥窗口以下0.3m时，即表明悬浮层已经形成，这时可逐渐增加进水量至设计值，然后减小投药量至正常投加量。

(2)测定悬浮层沉降比(通常用100mL量筒量取100mL水样)用来指导加药量和排泥。

(3)悬浮澄清池一般不宜间歇运行。

(4)在运转中改变水量不宜过于频繁，一般在短时间内(20～30min)水量变化不宜超过10%～20%。

2)脉冲澄清池

脉冲澄清池是在悬浮澄清池基础上加以改进的一种澄清池，其净水原理与悬浮澄清池相同。它的特点是澄清池的上升流速发生周期性的变化，这种变化是由脉冲发生器引起的。当上升流速较小时，泥渣悬浮层收缩，浓度增大而使颗粒排列紧密；当上升流速较大时，泥渣悬浮层膨胀，悬浮层不断产生周期性的收缩和膨胀，不仅有利于微粒絮凝，微粒与活性泥渣进行接触絮凝，还可以使悬浮层的浓度分布在全池内趋于均匀，防止颗粒在池底沉积。

脉冲发生器有多种形式，下面以钟罩脉冲澄清池的工艺流程为例进行介绍。

加过混凝剂后原水由进水管进入进水室，当水位上升到高水位时，钟罩内产生虹吸，进水室内大量水流过中央管、清水井、配水渠道，由穿孔配水管孔口高速喷出，水流在稳流板下部进行混合反应，再经稳流板之间的缝隙向上流出。当进水室水位降低至低水位时，钟罩虹吸破坏，停止进水，进水室水位又上升。如此循环反复，悬浮泥渣层中不断增加的泥渣进入泥渣浓缩室定期排除，因此来讲，脉冲澄清池出水量是周期性变化的，也就是说，在短时间内池中进入较大水量，上升流速增大，使悬浮层上升起来，然后在较长时间内池中停止或少量进水又让悬浮层下沉，这种悬浮层周期性的上下脉动称为“脉冲”。

脉冲发生器有多种形式，如真空式、虹吸式、钟罩式、浮筒式等，它们池体的构造基本相近，都包括配水区、澄清区、集水系统和排泥系统。

脉冲澄清池运行管理：

(1)启动：

① 调整进水量到设计流量，记录充水和放水时间、高低水位差等。

② 在悬浮层未形成前需适当加大投药量（通常多加 20%～30%），以促使悬浮层形成（一般 4～8h），然后逐步减小到正常投药量；测定悬浮层 5min 沉降比。

（2）正常运行：

① 每小时测定 5min 沉降比和出水浑浊度，确定增减投药量和控制排泥。

② 运行时水量不应突变，增加水量以不超过 20%为限，并提前增加药量。

③ 要保证脉冲发生器正常可靠工作，使悬浮层处于稳定状态。

④ 澄清池最好连续运转，如间歇运行时，需放空池子进行冲洗。

（3）脉冲澄清池的排泥：

脉冲澄清池运行正常与否，关键是排泥问题，掌握排泥周期是保证出水水质的重要环节。脉冲澄清池排泥要根据悬浮层的沉降比来决定，一般当悬浮层沉降比达到 20%以上时应进行排泥，也有根据运行经验来进行排泥的。但按悬浮层沉降比来指导排泥较为合理。每次排泥时间不应超过 10min。

由于原水水质突然变化，或者投药量不够，排泥周期过长，进水量突然增加，排气不畅，空气窜入悬浮层把泥渣带入清水区等都会引起脉冲澄清池"翻浑"。此时应迅速查明原因，及时采取相应措施，如迅速排泥，增加投药量，减少水量，疏通排水管等。脉冲澄清池对大、中、小水量均可适应，池体可做成方形或长方形。

3）机械加速澄清池

机械加速澄清池主要由第一反应室、第二反应室、导流室、分离室组成，整个池体上部为圆桶形，下部为截头圆锥形。加过药剂的原水在第一反应室和第二反应室内与高浓度的回流泥渣相接触，达到较好的絮凝效果，结成大而重的絮凝体，在分离室中进行分离。清水向上流，泥渣向下回流，完成澄清作用。

原水由进水管通过环形三角配水槽的缝隙均匀流入第一反应室。因原水中可能含有气体，积在三角槽顶部，故应安装透气管。混凝剂投注点按实际情况和运转经验确定，可加在水泵吸水管内，也可由投药管加入澄清池进水管、三角配水槽等处，也可数处同时加注药剂。

搅拌设备由提升叶轮和搅拌桨组成。提升叶轮装在第一和第二反应室的分隔处，搅拌设备的作用是：（1）提升叶轮将回流水从第一反应室提升至第二反应室，使回流水中的泥渣不断在池内循环；（2）搅拌桨使第一反应室内的水体和进水迅速混合，泥渣随水流处于悬浮和环流状态。因此，搅拌设备使接触絮凝过程在第一、第二反应室内充分进行。为了充分发挥泥渣接触絮凝作用，可使泥渣在池内循环流动，回流流量为进水流量的 3～5 倍。泥渣循环利用机械抽升。

搅拌设备宜采用无级变速电动机驱动，以便根据进水水质和水量变动而调整回流量或搅拌强度，但生产实践证明，一般转速在 5～7r/min 较为合适。

第二反应室设有导流板，用以消除因叶轮提升时所引起的水的旋转，使水流平稳地经导流室流入分离室。分离室中下部分为泥渣层，上部为清水层，清水层需有 15～20m 深度，以便在排泥不当而导致泥渣层厚度变化时，仍可保证出水水质。

下沉的泥渣一部分进入泥渣浓缩室，经浓缩后的泥渣定期排除，大部分泥渣沿斜坡从分离室下端的回流缝又回到第一反应室，就这样循环流动。

机械加速澄清池的特点：

(1)机械加速澄清池利用机械搅拌设备使池中的泥渣回流从而提高净水效果。对水温、水量变化有一定的适应性,同时它利用回流泥渣,增加了颗粒浓度和接触介质,提高混凝效果,净水效果较为稳定。

(2)机械加速澄清池中多余的泥渣从悬浮层进入浓缩室,不同于悬浮和脉冲澄清池从悬浮层表面进入浓缩室,通常悬浮层下部泥渣颗粒较大,在池内停留时间较长,吸附性能较差,先排除这些老化泥渣,留下吸附性较好的泥渣。

机械加速澄清池运行管理:

(1)搅拌设备的控制与管理。叶轮或集板外缘适宜的线速度是澄清池净水效果好坏的关键,而适当的转速是运行管理的关键。运行实践表明,大中型澄清池,其叶轮或集板外缘的线速度在0.5m/s左右为宜。

(2)搅拌桨的技术数据控制。搅拌桨的作用是为颗粒碰撞提供动力,适宜的技术参数也是净水作用的关键,一般来讲,其长度是第一反应室高度的1/3~1/2;它的总面积为第一室横截面积的10%~15%。具体数据还应根据水源及不同池型在运行中参考改进。

(3)沉降比的控制。沉降比是机械加速澄清池运行的重要参数,第二反应室、导流室的沉降比就是在其中取100mL的泥水摇匀后静止5min,观察泥渣沉积高度,确定沉降比。通常澄清池沉降比在10%~20%较为适宜,超过20%时,应考虑进行排泥。沉降比低,说明反应室内水中所含的颗粒浓度不够,使接触絮凝效果不好;沉降比过高,可能是悬浮泥渣上浮,池中积泥过多,需要及时排泥,沉降比可以通过调节排泥周期、调节加药量来控制。

(4)排泥控制。正常排泥是保持机械加速澄清池正常运行的重要环节,它一般以沉降比为控制指标,当沉降比高于20%,出水水质变坏时,需及时排泥。加速澄清池的排泥可分为浓缩室排泥(小排泥)和通过第一反应室内放空管排泥(大排泥),大排泥主要是排除池中已失去活性沉积于底部的污泥,按进水浑浊度不同,一般24~28h排泥一次。小排泥按沉降比指标进行。

(5)机械加速澄清池还要进行定期冲洗维护,一般6~9个月进行一次,以便清除池底积泥,检修刮泥、搅拌设备,疏通排泥管道。

(6)机械加速澄清池宜连续运行,以保证活性泥渣的正常工作。如需间歇运行时,当澄清池停止进水后,搅拌设备应继续以较低转速运行,防止悬浮泥渣沉积于池底,间歇时间不宜超过24h。如需较长时间停运,应排空泥渣,防止泥渣沉积时间过长压实堵塞排泥管道和泥渣发酵影响水质。

(7)空池投运。空池投运时,进水量应控制在设计水量的50%~60%。同时适当增加投药量并适当降低搅拌机转速防止矾花破碎,促使悬浮泥渣尽快形成。当出水水质达到要求后,把进水量调整到设计水量,投药量亦降至正常水平,搅拌转速恢复到正常状况。

ZBB014　机械搅拌澄清池的投运

机械加速澄清池的投运:

(1)运行前的准备工作:

① 检查池内机械设备的空池运行情况。

② 进行原水的烧杯试验,取得最佳混凝剂和最佳投药量。

(2)启动运行:

① 启动进水量为设计水量的1/2~2/3,适当加大投药量(约正常剂量的1~2倍),减小叶轮提升量。并适当向池内投加锅炉灰或黏土,以加快泥渣层形成时间。

② 随着池内泥渣的形成,在不扰动清水区的情况下,尽量加大转速和开启度至适当位置。

③ 在形成泥渣过程中,应定期取样测定池内各部位的泥渣沉降比,若第一反应室及池底部泥渣沉降比逐步提高,可逐步减少加药量。

④ 当泥渣形成后,出水浊度小于10mg/L时,将加药量减至正常值,然后逐渐加大进水量,每次增加水量不超过额定水量的20%,间隔不得低于1h。

⑤ 当泥渣层高度接近导流筒出口时开始排泥,用排泥来控制泥渣层在导流筒出口以下,第二反应室5min泥渣沉降比在10%~20%。

(3)正常运行:

① 澄清池保持稳定的加药量和合格的出水质量,应每隔2~4h记录一次进水流量、压力,测定一次进水浊度、出水浊度、pH值及各部位泥渣沉降比。

② 澄清池的负荷应稳定,不宜大幅度波动,并随时调整加热器的进汽量,保持水温的稳定。

③ 进入澄清池的水应无空气,以避免由于空气的扰动而影响澄清池的出水质量。

④ 当澄清池需要提高(或降低)负荷运行时,应提前20~30min加大(或减少加药量),并调整排污量以提高或降低泥渣层浓度,然后再逐步加大(或减少)负荷。

⑤ 澄清池的中央排泥一般每天排放一次,排泥浓度应控制在约两倍于第一反应室的泥渣浓度。排泥时间不宜过长,以免活性泥渣排出太多,影响澄清池的正常运行。

⑥ 当澄清池停运8~24h重新启动时,应先从底部排出少量泥渣,并控制较大的进水量(或适当加大投药量),使底部泥渣松动、活化后,再调整至额定进水量的2/3左右运行,待出水水质稳定后,再逐渐降低加药量,加大进水负荷至正常进水量运行。

三、过滤工艺

(一)各类型滤池

普通快滤池指的是传统的快滤池布置形式,滤料一般为单层细砂级配滤料或煤、砂双层滤料,冲洗采用单水冲洗,冲洗水由水塔(箱)或水泵供给。除普通快滤池以外,目前经常使用的其他类型的滤池有双阀滤池、虹吸滤池、无阀滤池、移动罩冲洗滤池及V形滤池等。

ZBC001 双阀滤池的特点

1. 双阀滤池

双阀滤池有鸭舌式和双虹吸式两种,它们都省去了进水和排水阀门,从而降低了滤池造价和动力消耗,简化了操作步骤。

鸭舌阀式滤池基本上与普通快滤池相同,在结构上因省去了进水、排水阀门而简化,在操作管理方面较方便,滤池中的工作水位要比洗水槽槽顶低,因此洗水槽的设置要比普通快滤池稍高些。鸭舌阀式滤池将洗水槽槽顶抬高到高于进水鸭舌阀,因而过滤阶段洗砂排水槽不起进水和配水作用,在反冲洗时,排除冲洗水。洗水槽槽顶抬高,在采用原来快滤池的冲洗强度而冲洗质量达不到要求时,要提高冲洗强度,相应的冲洗水量也要增加。

进水鸭舌阀的阀板上附有密度小于水的硬质泡沫塑料可使阀板浮于水面，当冲洗时，关闭清水阀，开启冲洗阀，滤池中水面抬高，由于浮力作用阀板就渐渐盖住进水口，于是停止进水。冲洗时，冲洗水由底部进入自下而上反冲，当冲洗水高于洗砂槽顶时，便溢入槽内排走，由于冲洗水池内待滤水不能利用，因而冲洗水量较大。

2. 虹吸滤池

虹吸滤池是由 6~8 个单元组成的一个平面形状，可以是矩形的，也可以是圆形或多边形的。

虹吸滤池的待滤水由进水槽流入上部的配水槽，经虹吸管流入单元滤池的进水槽，再经过进水堰（调节单滤池的进水量）和布水管流入滤池。水经滤层和配水系统而流入清水槽，再经过出水管流入出水井，通过控制堰流出滤池。

滤池在过滤过程中滤层的含污量不断增加，水头损失不断上升，要保持出水堰口上的水位，即维持一定的滤速，则滤池内的水位应该不断上升，以保持池面与清水集水槽之间一定的水位差，才能克服滤层增长的水头损失。当滤池水位上升到预定的高度时，水头损失达到最大允许值（1.5~2.0m）时，滤层就需要进行冲洗。

虹吸滤池采用小阻力配水系统，每格滤池的冲洗用水来自其余几格的过滤水，所以冲洗水头为出水井堰上水位与排水槽水位的高差。冲洗时，首先破坏进水虹吸管的真空，使该格池不再进水，由于滤池仍在过滤，故滤池水位开始下降，开始下降很快，但很快就下降缓慢。当水位下降到反冲洗排水槽顶时，反冲洗即开始。利用真空系统抽出冲洗虹吸管中的空气，使它形成虹吸，排水虹吸管排水。其他格滤后水从底部配水室经过清水渠进入到被冲洗格的底部配水室，并自下而上经过底部配水室均匀地流过滤池层，使滤层膨胀，处于悬浮状态。冲洗下来的污物随上升水流依次进入排水槽、集水渠、排水虹吸管排出池外。当滤池冲洗干净后，破坏冲洗排水虹吸管的真空，冲洗即告停止，然后再启动进水虹吸管，滤池恢复进水过滤。

虹吸滤池冲洗强度为 $10\sim15L/(m^2\cdot s)$，冲洗历时 5~6min。一格滤池在冲洗时，其他滤池会自动调整滤速，使总出水量变动减少。因此虹吸滤池的总进水量要考虑等于或稍大于一格滤池的反冲洗水量，因此在运行中要避免两格滤池同时冲洗。

ZBC002　虹吸滤池的特点

虹吸滤池的运行特点：

（1）为了防止气阻现象，要求滤后水位高于滤层面。

（2）恒速过滤。

（3）滤池水位可反映过滤工况。

虹吸滤池优点：

（1）虹吸滤池以虹吸管代替普通快滤池的阀门，其控制系统是管径很小的真空管路及容积很小的真空设备，因而造价比较低。

（2）虹吸滤池的进水虹吸管和排水虹吸管均安装在滤池中，布置比普通快滤池紧凑，不需要很大的管廊面积。

（3）由于虹吸滤池采用了小阻力配水系统，因而靠滤后水的一定水位就可以对滤层进行反冲洗，省去了普通快滤池不可缺少的反冲洗水塔或冲洗水泵，说明虹吸滤池在基建总投资方面有一定优越性。它比较适用于日产水量大于 $5000m^3$ 的大中型水厂。虹吸滤池不适用于小型水厂的原因：由于虹吸滤池冲洗的特点，一般一组不得小于6格，每格面积过小，施工复杂，也不经济。

虹吸滤池存在的主要问题：

(1)由于滤层的反冲洗水是由其他各格正在过滤的滤池供给的，它的反冲洗强度完全依靠足够的进水量。因此当滤池在低负荷运转时，滤过水量就有可能保证不了滤格反冲洗时必要的反冲洗强度。长期运转的结果就会使滤层冲洗不清，颗粒表面会积累污泥，甚至在滤层中产生泥球或使滤层板结，过滤周期缩短，影响出水水质。如出水堰高固定，只要其他滤池出水量大于冲洗水量，则冲洗强度不会减小。

(2)整个池深较大，这是虹吸滤池本身的工艺结构所决定的。

(3)初滤水不能排除，但对整个出水水质影响不大。

ZBC003 无阀滤池的特点

3. 无阀滤池

无阀滤池是我国用得较为普通的一种滤池，因为它不用大型阀门，所以称为无阀滤池。无阀滤池有重力式和压力式两种，压力式用于小型分散性给水工程，水量不大于$50m^3/h$。重力式的规模可以大一些，这里重点介绍重力式无阀滤池。

重力式无阀滤池一般为方形，为了保证有足够的冲洗水，往往把两座或三座合建在一起，合用一个冲洗水箱。重力式无阀滤池可以和澄清池或沉淀池配合使用。

无阀滤池由进水管进入虹吸上升管，再经伞形顶盖下面的挡板后，均匀分布在滤料层上，通过承托层，小阻力配水系统进入底部空间，滤后水从底部空间经连通渠上升到冲洗水箱，当水箱水位达到出水渠道的溢流堰顶后，溢入渠内，最后流入清水池。

开始过滤时，滤料层较清洁，虹吸上升管与冲洗水箱中的水位差H为过滤起始水头损失。随着过滤时间的延续，滤料层水头损失逐渐增加，虹吸上升管中水位相应逐渐升高，管内原存空气受到压缩，管内空气压力大于一个大气压，一部分空气将从虹吸下降管出口端穿过水封进入大气。上升管水位随着滤池水头损失的增加而继续上升，直到设定的H，顶端产生溢流，说明已经到期终水头损失，即进入冲洗阶段。

当水位上升到虹吸辅助管的管口时，水从辅助管流下，依靠下降水流在管中形成真空和水流的挟气作用，抽气管不断将虹吸管中的空气抽出，使虹吸管中真空度逐渐增大。当真空度达到一定数值时，虹吸上升管中的水便大量越过管顶落下。因流速较大，能把虹吸管中残存的空气全部带走，这就形成连续虹吸水流，开始冲洗。由于虹吸使滤层上部压力骤降，促使冲洗水箱内的水循着过滤时的相反方向进入虹吸管，滤料层因而受到反冲洗。冲洗废水由排水水封井流入下水道。

在冲洗过程中，冲洗水箱内水位逐渐下降，当水位下降到虹吸破坏管口以下时，虹吸破坏管把小斗中的水吸完，管口与大气相通，虹吸破坏，冲洗即告结束，过滤重新开始。

从开始过滤至冲洗完毕这段时间，即为无阀滤池工作周期，因为当水从辅助管下流时，仅需数分钟便进入冲洗阶段，故辅助管口至冲洗水箱最高水位差为期终允许水头损失值H，一般采用$H=1.5\sim2.0m$。

如果在滤层水头损失还未达到最大允许值而因某种原因需要冲洗时，可进行人工强制冲洗。强制冲洗设备是在辅助管与抽气管连通的三通上部，接一根压力水管（称为强制冲洗管），打开强制冲洗管阀门，在抽气管与虹吸辅助管连接三通处的高速水流，便产生强烈的抽气作用，使虹吸很快形成。

4. 移动冲洗罩滤池

移动冲洗罩滤池又称移动罩滤池，为快滤池的一种类型。实际上它是池体采用虹吸滤池形式，分成多格，为了满足冲洗水量，至少有 6~8 格；一格的冲洗水量由其余各格的过滤水供给；另外把无阀滤池的顶盖和虹吸管部分做成移动式的罩子。当要冲洗时，移动罩就根据设定的时间间隔正好移动到所需要冲洗的一格上，即进行滤池的反冲洗，某滤格的冲洗水来自本组其他滤格的滤后水，这方面吸取了虹吸滤池的优点。移动冲洗罩的作用与无阀滤池伞形盖相同，冲洗时，使滤格处于封闭状态。因此，移动罩滤池具有虹吸滤池和无阀滤池的某些特点。

移动罩滤池的待滤水由进水管经穿孔配水墙及消力栅进入滤池，通过滤层过滤后，水由底部配水室流入钟罩式虹吸管的中心管，当虹吸中心管内水位上升到顶且溢流时，带走虹吸管钟罩和中心管间的空气，达到一定真空度时，虹吸形成。滤后水便从钟罩和中心管间的空间流出，经出水堰流入清水池，滤池内水面标高和出水堰上水位标高之差即为过滤水头。一般取 12~18m。

当某格滤池需要冲洗时，冲洗罩由桁车带动移至该滤格上面就位，并封住滤格顶部，同时用抽气设备抽出排水虹吸管中的空气。当排水虹吸管真空度达到一定值时，虹吸形成，冲洗开始。冲洗水由其余滤格滤后水经小阻力配水系统的配水室配水孔进入滤池，通过承托层和滤料层后，冲洗废水由排水虹吸管排入排水渠。出水堰顶水位和排水渠中水封井上的水位之差即为冲洗水头，一般取 1.0~1.2m。当滤格数较多时，在一格滤池冲洗期间，滤池组仍可继续向清水池供水。冲洗完毕，冲洗罩移至下一滤格，再准备对下一滤格进行冲洗。

ZBC004　移动罩冲洗滤池的特点

移动罩滤池的优缺点：

优点：池体结构简单，无须冲洗水箱或水塔，无大型阀门，管件小，采用泵吸式冲洗罩时，池深较浅，占地面积小，管理方便。

缺点：钟罩维修工作量较大，一格滤池发生问题会影响其他滤池的运行，因此要加强维护，以确保设备的正常运行。移动罩滤池一般适用于大、中型水厂，以便充分发挥冲洗罩使用效率。

ZBC005　V形滤池的特点

5. V 形滤池

V 形滤池是法国德格雷蒙（Degremont）公司设计的一种快滤池，采用气水反冲洗，适用于大中型水厂，在我国运用日益增多。

V 形滤池采用的是由细到粗的单层滤料，缺点就是杂质多被表层滤料所截留，这不利于滤层整个深度的利用，而且局部水头损失增大，使过滤周期缩短并可能因压力降到大气压力下而导致负压力过滤。另外，在冲洗方面，一般滤池单纯用水冲洗，虽然用高强度水冲洗简单易行，但冲洗时，必定要使滤层膨胀呈悬浮状态。这种膨胀会导致滤层产生水力自然分级，其结果是最小粒径的滤料集中在滤层表面，而最大粒径滤料转移到滤层的底部。膨胀的滤层由于水流涡动和对流作用，也可使滤料表面结成的密实污泥层有一部分被带入滤层深部，形成坚硬的大泥球。

根据以上所述 V 形滤池滤料截留杂质以及单用水冲清除滤料表面污泥的机理，对传统的滤层结构和冲洗方式做了改进和提高，其特点如下：

（1）采用较粗较厚单层均匀颗粒的砂滤层。由于V形滤池采用了滤层膨胀的气水同时反冲洗，避免了滤层水力自然分级现象。因此，不仅在过滤开始时，即便在冲洗之后，滤层在全部深度方向依然是粒径均匀的。这种均质滤料有利于杂质的逐层下移，增加了杂质的穿透深度，大大提高了滤层的有效厚度的截污能力。实现了深层截污，在同样的进水水质、滤速等条件下，水头损失增长速度缓慢。因此可以延长过滤周期，降低能耗和动力成本。换言之，在保证同样的出水水质条件下，可以提高过滤速度，即增加过滤水量。

（2）采用独特的冲洗方式。先用气水同时反冲洗，使砂粒受到振动并相互摩擦，附着在砂粒表面的污泥随即被剥离下来，然后停止气水冲洗，单独用水反冲进行漂洗，被剥离下来的污泥随水流带到表面最终进入排水槽。这样清除了由于池面局部死角而造成漂洗起来的杂质又重新回到滤层，因而加快了漂洗速度，可以减少反冲水的用量。同时，由于冲洗时不停止进水，所以不会使其他滤格的流量或滤速有突然增加而使负荷过于变化。此外，采用不使滤层膨胀的气水，同时反冲洗兼有待滤水的表面扫洗。这种砂层不膨胀或微膨胀的冲洗，避免了水力自然分级现象，可以保证不搅乱原来砂层的均匀度和冲洗效果，不会形成对流，避免了泥球的形成。

（3）采用气垫分布空气和专用长柄滤头进行气水分配。长柄滤头上有很多细裂缝，缝隙宽度视滤料尺寸而异，滤头下接一根管段，插入清水廊道内，空气聚集在滤板下即形成气垫层，空气由管段上的小孔进入长柄滤头。气量加大后，气垫层厚度随气加厚，大量空气由缝隙进入长柄滤头，气垫层厚度基本停止增大，反冲洗水则由管底和缝隙下部进入，两者充分混合后，再由滤头缝隙喷出均匀分布在滤池面上。由于滤头的细缝比最细的砂粒粒径还小（一般在0.25~0.40mm），滤头周围不需铺设砾石支撑层，仅需少量粗砂，其高度略高于滤头在滤板上的突出部分就行。粗砂层粒径采用1.2~2.0mm，厚度约为100mm。

（4）采用在池的两侧壁的V形槽进水和池中央的尖顶堰口排水是V形滤池的重要特征，与传统滤池既有排水支槽又有排水总槽有所不同。

V形滤池待滤水由进水总渠经进水气动隔膜阀和方孔后，溢过堰口再经侧孔进入V形槽，待滤水通过V形槽底小孔和槽顶溢流，均匀进入滤池，而后通过砂滤层和长柄滤头流入底部空间，再经方孔汇入中央气水分配渠内，最后由管廊中的水封井、出水堰、清水渠流入清水池，滤速可在7~20m/h的范围内选用，视原水水质、滤料组成等而定。滤速可根据滤池水位变化自动调节出水蝶阀开启度来实现等速过滤。

冲洗时，首先关闭进水阀，但两侧方孔常开。故仍有一部分水继续进入V形槽并经槽底小孔进入滤池，而后开启排水阀将池面水从排水槽中排出直至滤池水面与V形槽顶相平。冲洗操作可采用“气冲、气、水同时反冲”三步，气冲强度一般在14~17L/(m^2·s)内，水冲强度约为4L/(m^2·s)，因水流反冲洗强度小，故滤料不会膨胀，总的冲洗时间约10min，V形滤池冲洗过程全部由程序自动控制。

V形滤池优点：

（1）气水反冲效果好，且冲洗水量大为减少。

（2）由于粒径均匀，反冲洗后不会导致水力分层。

（3）由于粒径大、厚度大，因此滤料层截污能力强，滤料深度方向能充分发挥作用。

(4)滤速大,周期长。

(5)冲洗时,可用部分待滤水作为表面漂洗。

(6)滤池水位稳定,避免了砂层下部产生负压。

(7)不需进水调节阀。

V形滤池缺点:

滤池结构复杂,施工安装要求高,反冲洗操作较繁复,对冲洗泵、鼓风机、气路管道和阀门质量要求较高。

ZBC006　滤料的选择要求

(二)滤料的选择要求

滤料层是滤池的最基本组成部分,好的滤料层应具有截留悬浮物的容量大、滤后水的浑浊度低、反冲洗时容易下沉等性能,这3种性能是不易兼顾的,因而要权衡考虑选择合适的滤料。

滤料的选择要求:

(1)具有足够的机械强度,以防冲洗时滤料产生磨损和破碎现象。

(2)具有足够的化学稳定性,以防滤料与水产生化学反应而恶化水质,尤其不能含有对人类健康和生产有害的物质。

(3)具有一定颗粒级配和适当的空隙率。

(4)滤料应尽量就地取材,货源充足、价廉。

因此,凡具有适当级配、足够机械强度和稳定化学性质的分散粒状材料都可以作为滤料,例如,石英砂、无烟煤、矿石粒以及其他人工制造的,如陶粒、塑料粒、聚苯乙烯等,均可作为滤料,目前应用最广泛的还是石英砂。

所谓滤料级配是指滤池中滤料粒径大小不同的颗粒所占的比例(质量分数)。滤料级配一般采用有效粒径和不均匀系数法与最大粒径和不均匀系数法两种表示方法。

有效粒径和不均匀系统法:用粒径表示滤料颗粒的大小,因为滤料不是球形的,所以直径量度的方法是把不规则的滤料外形包围在内假想的球体直径。为了反映滤粒的均匀程度,用一种叫"K_{80}"的"不均匀系数"作为滤料级配的指标:

$$K_{80}=d_{80}/d_{10} \tag{1-1-5}$$

式中　d_{10}——筛分曲线通过10%质量的砂的筛孔大小,mm;

d_{80}——筛分曲线中通过80%质量的砂的筛孔大小,mm。

d_{10}是指一定质量的滤料用一组标准筛子过筛时,其中通过10%滤料质量的筛孔直径;而d_{80}是指通过80%滤料质量的筛孔直径。d_{10}反映了细颗粒的直径尺寸,d_{80}反映了粗颗粒的直径尺寸。K_{80}越大表示粗细颗粒尺寸相差越大,滤料粒径越不均匀。均匀性越差,下层含污能力越低。滤料层上细下粗的现象严重,这对过滤和冲洗很不利。因为反冲洗时,为满足粗颗粒膨胀要求,细颗粒可能被冲出滤池;若为满足细颗粒膨胀要求,粗颗粒将得不到很好的清洗。

如果K_{80}越接近1,滤料越均匀,过滤和反冲洗效果越好,但滤料价格提高。

到目前为止,滤料层的厚度是根据经验判断决定的。这是因为设计滤层涉及的因素较多,目前尚未提出一个包括各个因素的完整理论。现在仍是根据运行经验选择滤层厚度。滤层厚度可以理解为矾花所穿透的深度和一个保护厚度的和。穿透深度和滤料粒径、滤速以及水质、水的混凝效果都有关系。粒度大，混凝效果差，穿透深度会深一些，一般的情况下，穿透深度为40cm，加上相应的保护厚度为20~30cm，滤层的总厚度应为60~70cm。

ZBC007 滤池的反冲洗用水系统

（三）滤池反冲洗

1. 滤池反冲洗用水系统

供给冲洗水的方式有两种：水泵冲洗、水箱冲洗（或水塔冲洗）。前者投资省，但操作较麻烦，在冲洗的短时间内耗电量大，往往会使厂区电网负荷骤增；后者造价较高，但操作简单，允许在较长时间内向水塔或水箱输水，专用水泵小，耗电较均匀。如有地形或其他条件可利用时，建造冲洗水塔较好。

1）水泵冲洗

水泵流量 Q（单位为L/s）按冲洗强度和滤池面积计算：

$$Q=\text{反冲洗强度}\times\text{滤池面积} \tag{1-1-6}$$

水泵扬程为：

$$H=H_0+h_1+h_2+h_3+h_4+h_5 \tag{1-1-7}$$

式中 H_0——排水槽顶与清水池最低水位之差，m；

h_1——从清水池至滤池的冲洗管道中总水头损失，m；

h_2——排水系统中孔口水头损失，m；

h_3——承托层水头损失，m；

h_4——滤层中水头损失，m；

h_5——备用水头，取1.5~2.0m。

2）水箱冲洗（或水塔冲洗）

冲洗水箱与滤池分建，通常置于滤池操作室屋顶上。水塔或水箱中的水深不宜超过3m，以免冲洗初期和末期的冲洗强度相差过大。水塔或水箱应在冲洗间歇时间内充满，容积按单个滤池冲洗水量的1.5倍计算：

$$V=(1.5qFt\times60)/1000=0.09Fqt \tag{1-1-8}$$

式中 V——水箱或水塔容积，m^3；

q——冲洗强度，$L/(m^2\cdot s)$；

F——滤池面积，m^2；

t——冲洗时间，min。

水箱底部高于排水槽顶的高度：

$$H=H_0+h_1+h_2+h_3+h_4+h_5 \tag{1-1-9}$$

式中 H_0——排水槽顶与清水池最低水位之差，m；

h_1——从清水池至滤池的冲洗管道中总水头损失，m；

h_2——排水系统中孔口水头损失，m；

h_3——承托层水头损失，m；

h_4——滤层中水头损失，m；

h_5——备用水头，取1.5~2.0m。

ZBC008 滤池反冲洗过程的控制

2. 滤池反冲洗过程的控制

滤池冲洗的目的是清除滤层中所截留的悬浮物,使滤池恢复过滤能力。快滤池冲洗方法有高速水流反冲洗、气水反冲洗、表面助冲高速水流反冲洗。

为使滤池反冲洗达到预定目的,反冲洗时应满足下列要求:

(1)冲洗水应均匀分布在整个滤层面积上,反冲洗水中应正常进气泡。

(2)反冲洗水必须保证有足够的上升流速(即有足够的反冲洗强度),使滤层达到一定的膨胀高度。

(3)有一定的反冲洗时间。

(4)冲洗水排除要迅速,不得在池内产生壅水现象。开始冲洗时,速度要缓慢,达到设计冲洗强度时的过程时间至少要30s,否则会扰动承托层,甚至会由于水锤作用而破坏配水系统。

(5)冲洗完后,滤料仍应保持在滤池正常过滤的位置上。

滤池冲洗质量好坏,对滤池的正常运行关系较大,如果冲洗质量不好,对滤后的水质、工作周期、冲洗水量等影响很大,且给安全运行带来许多麻烦。滤池冲洗好坏的重要标志是滤池在冲洗后再开始运行时的水头损失。如果冲洗后,开始运行时的水头损失较前次增加,这就说明冲洗还不够彻底。

在一定的冲洗强度下,滤料颗粒由于水流的作用会膨胀,这时滤料既有向上悬浮的趋势,又有由于自身重力作用而下沉情况。因此,滤料颗粒间会相互碰撞和摩擦。另外,向上的水流剪力也会对滤料冲刷,这样,黏附在滤料表面的杂质得以剥落,滤料得以清洗。

3. 滤料反冲洗控制要素

(1)滤料要保持良好的工作状态,必须要控制适当的过滤周期,及时进行滤池反冲洗。在反冲洗时要有适当的反冲洗强度,使滤层达到一定的膨胀率,滤层颗粒在膨胀过程中互相碰撞摩擦,剥落滤料上黏附的杂质。过滤周期的控制有按水头损失来控制;有的固定一个冲洗周期;也有根据滤后水质(浑浊度)来决定是否要进行反冲洗。一般来说,按规定时间来决定冲洗比较简单,操作者容易掌握;但时间的规定不能一成不变,要根据季节水温变化、滤前水质及滤速的因素来决定,并通过定期测定来调整冲洗周期。一般在恒速过滤的情况下,两次冲洗间的运行周期决定了滤后水质及滤池允许水头损失值;而允许水头损失值决定于滤池表面水位与出水的水位差以及以不形成气阻原则下的水头损失(一般为2m左右)。在恒速过滤的情况下,确定运行周期要兼顾两个因素:水质符合要求的运行周期和水头损失达到允许值的运行周期,二者应相同。在变速过滤的情况下,水头损失变化较小,确定运行周期要考虑滤速的因素。过长的运行周期对冲洗不利,会使滤层含污过多、易结泥球而冲洗不彻底。

(2)冲洗强度合理选择是反冲洗达到良好效果的先决条件。所谓的冲洗强度就是指单位面积滤层在单位时间内所通过的冲洗流量,单位为$L/(m^2 \cdot s)$。

(3)滤层膨胀率。

反冲洗时,滤层膨胀后,所增加的厚度与膨胀前厚度之比,称为滤层膨胀率,可用式(1-1-10)表示:

$$e=(L-L_0)/L_0\times100\% \qquad (1-1-10)$$

式中 e——滤层膨胀率；

L_0——滤层膨胀前厚度，cm；

L——滤层膨胀后厚度，cm。

膨胀率的大小取决于冲洗强度的大小，冲洗强度越大，膨胀率也越大。对一定的滤层厚度、结构及粒径，要有一定的冲洗强度，并有相应的膨胀率。膨胀率过小，颗粒间的碰撞、摩擦和水流剪力不足，使冲洗不彻底；膨胀率过大，滤粒在水位中过于分散而浓度减小，由于颗粒之间距离增大，相互间碰撞、摩擦的概率减少，而且这样增加的冲洗强度也是徒然的，同时还会把滤料冲走，承托层移动，引起漏砂现象。理想的膨胀率应以截留杂质的部分滤料完全膨胀起来，或者下层滤料颗粒刚好浮起来为宜。

(4)当冲洗强度或滤层膨胀率均符合要求时，还要有足够的冲洗时间，否则也不能充分地洗掉滤层中的杂质。因此冲洗时间短，颗粒没有足够的碰撞、摩擦时间。此外冲洗废水来不及及时排走，因冲洗废水浑浊度较高，这些污物会重返滤层，时间一长，滤层将被污泥覆盖而形成泥膜或泥球。冲洗时间一般按冲洗后滤池内废水允许浑浊度来决定，一般为20NTU。

4. 辅助冲洗——气水反冲洗

高速水流反冲洗虽然操作方便，池子和设备较简单，但冲洗耗水量大，冲洗结束后，滤料上细下粗分层明显。采用气水反冲洗方法既能提高冲洗效果，又节省冲洗水量。同时，冲洗时滤层不一定需要膨胀或仅有轻微膨胀，冲洗结束后，滤层不产生或不明显产生上细下粗分层现象，即保持原来滤层结构，从而提高滤层含污能力。但气水反冲洗需增加气冲设备（鼓风机或空气压缩机和储气罐），池子结构及冲洗操作也较复杂，基建投资提高，并使滤池操作复杂，维修工作量增加。目前，新建的V形滤池都采用气水反冲洗。

气水反冲是利用上升空气泡的振动有效地将附着于滤料表面污物擦洗下来，使之悬浮于水中，然后再用水反冲洗把污物排出池外。因为气泡能有效地使滤池表面污物破碎脱落，故水冲洗强度可大大降低。水冲洗强度大小视操作方式不同而异。气水反冲洗操作方式有以下几种：(1)先用空气反冲，然后再用水反冲；(2)先用气水同时反冲，然后再用水反冲；(3)先用空气反冲，然后用气水同时反冲，最后再用水反冲。

操作步骤：(1)将滤池内水位降至清水渠位置，送入压缩空气和反冲洗水。同时冲洗7~10min；(2)关闭压缩空气，水冲洗2~3min，待冲洗废水水质达到要求为止。

（四）真空泵

真空泵是指利用机械、物理、化学或物理化学的方法对被抽容器进行抽气而获得真空的器件或设备。通俗来讲，真空泵是用各种方法在某一封闭空间中改善、产生和维持真空的装置。

按工作原理分类，真空泵基本上可以分为两种类型，即气体捕集泵和气体传输泵，其广泛用于冶金、化工、食品、电子镀膜等行业。

常用真空泵包括干式螺杆真空泵、水环泵、往复泵、滑阀泵、旋片泵、罗茨泵和扩散泵等。

ZBC009 真空泵的启停

1. 真空泵启停

启动前准备：

(1)清理泵体及周围卫生。

(2)检查泵驱动端、非驱动端润滑情况。

(3)确认进口阀全关、出口阀全开。

(4)检查泵体密封处有无渗漏现象,进出口管线、阀门、法兰、压力表接口是否完好,地脚螺栓和联轴器护罩有无松动现象。

(5)通过泵体密封水管向真空泵内送水,盘车,待泵体非驱动端导淋排出水后关闭该导淋。

(6)电动机拆线检修后,检查电动机转向是否符合泵头的转向。

启动:

(1)将操作柱旋钮由"0"位打到"现场",按下"启动"按钮,泵启动。

(2)泵启动后根据出口分液罐排水情况控制泵体密封水的流量大小。

(3)缓慢打开进口阀门,开进口阀时,需注意泵体的声音、振动情况和电流的大小。阀门开到满足工艺所需时,不可无限量地开关。

启动后检查:

(1)驱动端与非驱动端的温度情况。

(2)泵体有无异常振动、异响,进口压力是否符合泵的抽真空压力。

(3)电动机温度情况、电流是否在规定的量程内。

停泵:

(1)停机前先检查系统各相应设备能否进入停机规程中。

(2)关闭进口阀,按下停机按钮。

(3)关闭泵体密封水阀、机封冲洗水阀。

(4)冬季时,打开泵体低点排放堵板,排净泵内介质,防冻。

ZBC010 真空泵的工作原理

2. 真空泵工作原理

1)水(液)环式真空泵

水环真空泵(简称水环泵)是一种粗真空泵,它所能获得的极限真空为2000~4000Pa,串联大气喷射器可达270~670Pa。水环泵也可用作压缩机,称为水环式压缩机,是属于低压的压缩机,其压力范围为$(1\sim2)\times10^5$Pa(表压力)。

水环泵最初用作自吸水泵,而后逐渐用于石油、化工、机械、矿山、轻工、医药及食品等许多行业及工业生产的许多工艺过程中,如真空过滤、真空引水、真空送料、真空蒸发、真空浓缩、真空回潮和真空脱气等。

由于水环泵中气体压缩是等温的,故可抽除易燃、易爆的气体,此外还可抽除含尘、含水的气体,因此,水环泵应用日益增多。在泵体中装有适量的水作为工作液。当叶轮旋转时,水被叶轮抛向四周,由于离心力的作用,水形成了一个决定于泵腔形状的近似于等厚度的封闭圆环。水环的下部分内表面恰好与叶轮轮毂相切,水环的上部内表面刚好与叶片顶端接触(实际上叶片在水环内有一定的插入深度)。此时叶轮轮毂与水环之间形成一个月牙形空间,而这一空间又被叶轮分成和叶片数目相等的若干个小腔。如果以叶轮的下部0°为起点,那么叶轮在旋转前180°时小腔的容积由小变大,且与端面上的吸气口相通,此时气体被吸入,当吸气终了时小腔则与吸气口隔绝;当叶轮继续旋转时,小腔由大变小,使气体被压缩;当小腔与排气口相通时,气体便被排出泵外。综上所述,水环泵是靠泵腔容积的变化来实现吸气、压缩和排气的,因此它属于变容式真空泵。

2)罗茨泵

罗茨泵在泵腔内有2个“8”字形的转子相互垂直地安装在一对平行轴上,由传动比为1的一对齿轮带动做彼此反向的同步旋转运动。在转子之间、转子与泵壳内壁之间保持有一定的间隙,可以实现高转速运行。由于罗茨泵是一种无内压缩的真空泵,通常压缩比很低,故高、中真空泵需要前级泵。罗茨泵的极限真空除取决于泵本身结构和制造精度外,还取决于前级泵的极限真空。为了提高泵的极限真空度,可将罗茨泵串联使用。罗茨泵由于转子的不断旋转,被抽气体从进气口吸入到转子与泵壳之间的空间内,再经排气口排出。由于吸气后转子与泵壳之间是全封闭状态,所以,在泵腔内气体没有压缩和膨胀。但当转子顶部转过排气口边缘,转子与泵壳之间空间与排气侧相通时,由于排气侧气体压强较高,则有一部分气体返冲到转子与泵壳之间空间中去,使气体压强突然增高。当转子继续转动时,气体排出泵外。

3)旋片式真空泵

旋片式真空泵(简称旋片泵)是一种油封式机械真空泵,其工作压强范围为101325~1.33×10^{-2} Pa,属于低真空泵。它可以单独使用,也可以作为其他高真空泵或超高真空泵的前级泵。旋片式真空泵已广泛地应用于冶金、机械、军工、电子、化工、轻工、石油及医药等生产和科研部门。

旋片泵主要由泵体、转子、旋片、端盖、弹簧等组成。在旋片泵的腔内偏心地安装一个转子,转子外圆与泵腔内表面相切(二者有很小的间隙),转子槽内装有带弹簧的两个旋片。旋转时,靠离心力和弹簧的张力使旋片顶端与泵腔的内壁保持接触,转子旋转带动旋片沿泵腔内壁滑动。两个旋片把转子、泵腔和两个端盖所围成的月牙形空间分隔成三部分,当转子按旋转方向旋转时,与吸气口相通的空间的容积是逐渐增大的,正处于吸气过程,而与排气口相通的空间的容积是逐渐缩小的,正处于排气过程,居中的空间的容积也是逐渐减小的,正处于压缩过程。由于空间的容积逐渐增大(即膨胀),气体压强降低,泵的入口处外部气体压强大于空间内的压强,因此将气体吸入。当排气空间与吸气口隔绝时,即转至居中空间的位置,气体开始被压缩,容积逐渐缩小,最后与排气口相通。当被压缩气体超过排气压强时,排气阀被压缩气体推开,气体穿过油箱内的油层排至大气中,通过泵的连续运转达到连续抽气的目的。如果排出的气体通过气道而转入另一级(低真空级),由低真空级抽走,再经低真空级压缩后排至大气中,即组成了双级泵。这时总的压缩比由两级来负担,因而提高了极限真空度。

旋片泵可以抽除密封容器中的干燥气体,若附有气镇装置,还可以抽除一定量的可凝性气体,但它不适于抽除含氧过高的,对金属有腐蚀性的、对泵油会起化学反应以及含有颗粒尘埃的气体。

旋片泵是真空技术中最基本的真空获得设备之一,多为中小型泵,有单级和双级两种。所谓双级,就是在结构上将两个单级泵串联起来,一般多做成双级的,以获得较高的真空度。

旋片泵的抽速与入口压强的关系规定：在入口压强为 1333Pa、1.33Pa 和 1.33×10^{-1}Pa 下，其抽速值分别不得低于泵的名义抽速的 95%、50%和 20%。

4）往复式真空泵

往复式真空泵（简称往复泵）的主要部件是气缸及在其中做往复直线运动的活塞，活塞的驱动是用曲柄连杆机构来完成的。除上述主要部件外还有排气阀和吸气阀。

真空泵运转时，在电动机的驱动下，通过曲柄连杆机构的作用，使气缸内的活塞做往复运动。当活塞在气缸内从左端向右端活动时，由于气缸的左腔体积不断增大，气缸内气体的密度减少而形成抽气过程，此时容器中的气体经过吸气阀进入泵体左腔。当活塞达到最右位置时，气缸内就完全充满了气体。接着活塞从右端向左端运动，此时吸气阀关闭，气缸内的气体随着活塞从右向左运动而逐渐被压缩，当气缸内气体的压强达到或稍大于一个大气压时，排气阀被打开，将气体排到大气中，完成一个工作循环。当活塞再自左向右运动时，又吸进一部分气体，重复前一循环，如此反复下去，直到被抽容器内的气体压力达到要求时为止。

在实际应用中，为了提高抽气效率，泵多半采用双作用气缸，即活塞能在两个方向（往复）上同时进行压缩和抽气，这主要是依靠配气阀门来实现的。国产的 W 型往复泵即是单级的双作用泵。

ZBC011 真空泵的结构

3. 真空泵的结构

真空泵有多种类型，以下以最常见的往复式真空泵为例介绍真空泵结构。

往复泵有干式和湿式之分。干式泵只能抽气体，湿式泵可抽气体和液体的混合物。二者在结构方面没有什么原则性的不同，只是湿式泵内的死空间和配气机构的尺寸比干式泵大一些，因此湿式泵的极限压力要比干式泵的高。往复泵有卧式和立式两种型式（国产为 W 和 WL 型）。立式泵从结构和性能上较为先进，它是卧式泵的更新换代产品。如国产的 WL 系列立式泵与老式 W 型卧式泵相比，有如下优点：

（1）功率消耗平均减少 1/3，节能显著，例如原 W5 功率为 22kW，而 WL-200 为 15kW；原 W4 为 11kW，而 WL-100 为 7.5kW。

（2）占地面积平均减少 2/3，如原 W5 型占地为 $3.8m^2$，而 WL-200 为 $1.2m^2$。

（3）振动降低。WL 系列泵消除了横波劣性振动，噪声平均降低 5dB 以上。

（4）使用寿命长。立式泵由于结构合理，受力均匀，使得各运动部位磨损减轻。

真空泵是一种旋转式变容积气体输送泵，真空泵须有前级泵配合方可使用在较宽的压力范围内有较大的抽速，对被抽除气体中含有灰尘和水蒸气不敏感，广泛用于冶金、化工、食品、电子镀膜等行业。

ZBC012 真空泵的型号

4. 真空泵的型号

真空泵由基本型号和辅助型号两部分组成，两者中间为横直线，如图 1-1-1 所示。

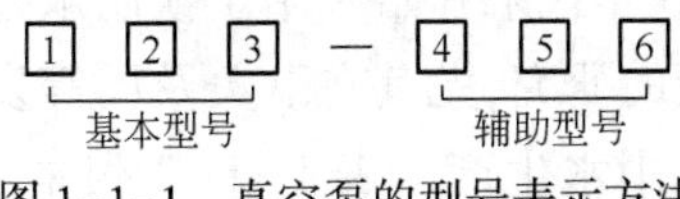

图 1-1-1　真空泵的型号表示方法

1 代表真空泵级（极）数，以阿拉伯数字表示，不分级（极）或单级（极）省略。2 代表真空泵名称，以构成名称的一个（或两个）关键字的汉语拼音第一（或第二）个大写字母表示，如往复泵为 W，水蒸气喷射泵为 P，定片泵为 D，旋片泵为 X，滑阀泵为 H，油扩散泵为 K，增压泵为 Z。3 代表真空泵特征，以其关键字的汉语拼音第一（或第二）个字母大写表示。4 代表真空泵使用特点（多指被抽气体性质），对于可凝性被抽气体，以大写字母“N”表示，对于腐蚀性被抽气体，以大写字母“F”表示，无特指者省略。5 代表真空泵规格或主参数，以阿拉伯数字表示。6 代表真空泵设计序号，从第一次改型设计开始，按字母 A、B、C、…顺序表示。

真空泵型号示例：

W-35B 表示往复真空泵，抽气速率为 35L/s，第二次改型设计；

2X-15A 表示双级旋片式真空泵，抽气速率为 15L/s，第一次改型设计；

XD-63 表示单级多旋片式真空泵，抽气速率为 $63m^3/h$；

ZJ-600 表示罗茨真空泵抽气速率为 600L/s；

Y2-150 表示余摆线真空泵，抽气速率为 150L/s；

3L-160 表示三极溅射离子泵，抽气速率为 160L/s；

F-160 表示分子泵，进气口径为 160mm；

K-800 表示油扩散真空泵，进气口径为 800mm；

2-400 表示油扩散喷射泵，进气口径为 400mm；

S-400 表示升华泵，进气口径为 400mm；

GL-100 表示锆铝吸气剂泵，进气口径为 100mm；

D2-160 表示制冷机低温泵，进气口径为 160mm；

IF-3 表示分子筛吸附泵，装入分子筛质量为 3kg。

水蒸气喷射泵型号编制方法：3P0.63-50/0.6-10 三级水蒸气喷射泵。吸入压力为 0.63kPa，抽气量为 50kg/h，其中可凝性气体量为 10kg/h，工作蒸汽压力为 0.6MPa。

四、深度处理工艺

（一）膜

膜分离技术是目前饮用水深度净化领域中最有发展潜力的技术之一，适用于从无机物到有机物，从病毒、细菌到微粒甚至特殊溶液体系的广泛分离，可充分确保水质，且处理效果基本不受原水水质、运行条件等因素的影响。

膜分离过程为物理过程，不需加入化学药剂，是一种“绿色”技术。作为一种新兴的净水技术，膜分离技术既可解决传统工艺难于解决的诸多问题，又具有使用中的优势，已被大规模应用于饮用水处理系统。但膜分离技术同样存在局限，如反渗透和纳滤操作压力较大、能耗高且出水过纯不宜长期饮用；单独使用超滤和微滤不能有效去除有机物，需与其他工艺联用。膜分离技术自 20 世纪 80 年代末开始应用于饮用水处理，之后受到世界各国水处理工作者的普遍关注，得到了广泛的研究，尤其在欧美及同等发达国家早已得到大规模应用。我国也将膜过滤技术应用于饮用水生产。表 1-1-2 列举了部分有代表性的膜分离饮用水厂。

表 1-1-2　部分代表性膜分离饮用水厂

投产时间	国家	水厂	规模,m^3/d	工艺	说明
1987	美国	科罗拉多州 Keystone	105	微滤	中空聚丙烯,孔径为 0.2mm,世界第一座膜分离水厂
1994	挪威	—	200~300	—	已有 20 家
1999	法国	Mery Sur Oise	140000	纳滤	世界首家大型纳滤水厂
1999	芬兰	Laitila	600	反渗透纳滤	除铝
1999	美国	Manitowoe	55000	微滤	除孢子虫
2002	英国	—	80000	—	—
2001	荷兰	Heemskerk	55000	超滤反渗透	—
2001	苏格兰	—	3200	纳滤	去除消毒副产物
2001	新西兰	Tauranga	36000	微滤	解决杆菌芽孢问题
2001	美国	Boca Raton	150000	纳滤	世界最大的纳滤水厂
~2000	美国	—	10000 以上	—	已有 42 家
~2000	欧洲	—	10000 以上	—	已有 33 家
~2000	日本	—	—	—	膜滤制水能力达到 400 多万吨
2003	英国	Claylane	160000	—	英国最大的膜法处理供水厂
~2003	新加坡	Chestnut	273000	微絮凝超滤	新加坡最大的超滤水厂
2006	加拿大	Lakeview	261000	臭氧活性炭超滤	世界最大的二级深度处理水厂
2002	中国	大庆市	—	臭氧活性炭纳滤	国内首例大型应用纳滤的工程
2006	中国	天津杨柳青	5000	微絮凝超滤	国产超滤饮用水厂示范工程

1. 膜和膜分离的分类

ZBD001　膜的分类

膜的分类方法有很多种,比较通用的有 3 种:按膜的性质分类、按膜的结构分类以及按膜的作用机理分类。按膜的性质分类,可将膜分为生物膜和合成膜两大类;按膜的结构分类,可将膜分为致密膜和多孔膜两大类。多孔膜主要用于微滤和超滤,致密膜主要用于反渗透和纳滤。膜的作用机理与膜在结构上的分类有密切的关联。

ZBD002　膜分离的分类

膜分离的性能可根据膜的孔径或截留相对分子质量(MWCs)来评价。压力驱动的膜分离工艺可根据有效去除杂质的尺寸大小来分类,有反渗透(RO)、纳滤(NF)、超滤(UF)和微滤(MF)(图 1-1-2)。微滤膜孔径大于 0.1μm,主要将悬浮的颗粒和溶解的溶质分离,并去除水中 99%的细菌和部分病毒。超滤膜的孔径范围在 0.01~0.1μm。纳滤膜可有效地截留多价离子,如钙和锰,主要用于软化水的处理。反渗透几乎截留所有水中的溶质,可用于海水淡化、高纯水、医药用水的制备及饮用水深度处理。

ZBD003　膜技术的原理

2. 膜分离技术的原理

膜分离技术是通过膜的选择性透过实现的,是以压力为推动力,依靠膜的选择透过性进行分离的技术。膜的分离原理实际上就是利用膜的筛分作用,将不同大小的物质分离。

各级滤膜过滤图谱如图 1-1-2 所示。

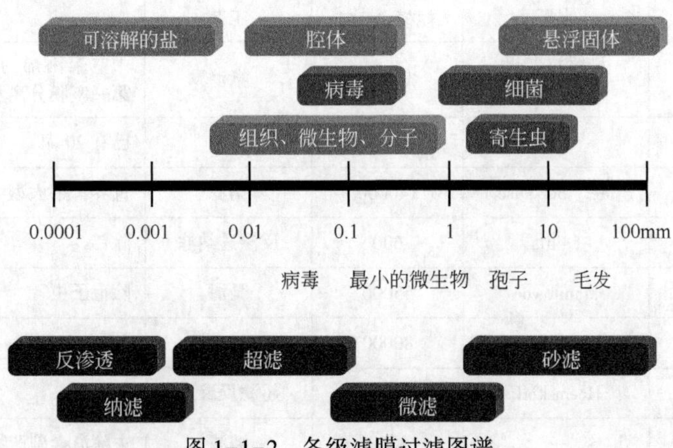

图 1-1-2 各级滤膜过滤图谱

3. 膜分离工艺与常规工艺性能比较

膜分离工艺与常规工艺的性能比较见表 1-1-3。

表 1-1-3 膜分离工艺与常规工艺相关性能比较

项目	常规工艺	膜法工艺				
	砂滤	MF	UF	NF	RO	ED（电渗析）
驱动力	重力	压力	压力	压力	压力	电动势
输送液	水	水	水	水	水	离子溶液
最小去除物质	悬浮颗粒	胶体、细菌	大分子（>10^5）有机物质、病毒	相对小分子质量有机物（>300）及二价金属离子	绝大部分溶解物	—
公称孔径 m	10^{-2}~10^{-7}	10^{-2}~10^{-7}	10^{-7}~10^{-8}	10^{-8}~10^{-10}	10^{-9}~10^{-10}	10^{-9}~10^{-10}
截留相对分子质量或直径	—	0.1~0.2μm	8000~500000 0.01μm~1nm	300~10000	—	—
典型操作压力 bar	0.1~2	0.2~2	0.5~5	5~20	20~80	1~3
典型水通量 L/(m^2·h)	2000~10000	100~1000	50~200	20~50	10~50	—
耗能 kW·h/m^3	—	0.15~0.2	0.24~0.6	0.6	1.0~2.5	—
预处理	混凝、沉淀	粗滤或网滤	粗滤或网滤	MF 或 UF	MF 或 UF	MF 或 UF 或 RO

4. 膜分离技术水处理效果

微滤、超滤、纳滤等膜分离水处理效果见表1-1-4。

表1-1-4　膜分离饮用水处理的效果

参数	处理后水质	典型的去除率	去除效果				
			MF	UF	NF	化学药剂+UF/MF	活性炭+UF/MF
浊度	<0.3NTU	>97%	★	★	★	★	★
色度	<5	>90%	部分	部分	★		★
铁	<0.5mg/L	>80%	部分	部分	★	★	★
锰	<0.02mg/L	>90%	部分	部分	★		★
铝	<0.2mg/L	>90%	部分	部分	★	★	部分
硬度	—	—	无	无	中等~好	无	无
三卤甲烷	<0.2	—	部分	部分	90%~99%	<60%	<70%
卤乙酸	—	—	无	部分	>80%	<32%	—
TOC	—	—	20%~49%	<50%	90%~99%	<80%	<75%
大肠菌群	0	100%	LRV>6	100%	100%	100%	100%
粪大肠菌	0	100%	LRV>6.7	100%	100%	100%	100%
隐孢子虫	0	100%	100%	100%	100%	100%	100%

5. 膜的集成

ZBD004　膜的集成

在解决某一具体分离目标时，往往需要综合几个膜过程(或与其他处理方法相结合)，使之各尽所长，这样能获得最佳的分离效果，取得最佳经济效益，这一过程称之为集成膜过程。集成膜技术是以膜技术为核心，融合其他水处理技术，或与其他水处理方法相结合，达到最佳处理效果的技术，在集成膜过程中，需要具备软件和硬件两方面的条件，例如反渗透和电除盐技术集成属于膜处理与离子交换技术的合成。

6. 超滤

1)膜表面传质方程(薄膜理论模型)

由于超滤膜的选择透过性，溶质被膜截留，积累在膜的高压侧表面，造成膜表面到主体溶液之间溶液的浓度梯度，促使溶质从膜表面和边界层向主体溶液扩散。膜和边界层的传质情况如图1-1-3所示。

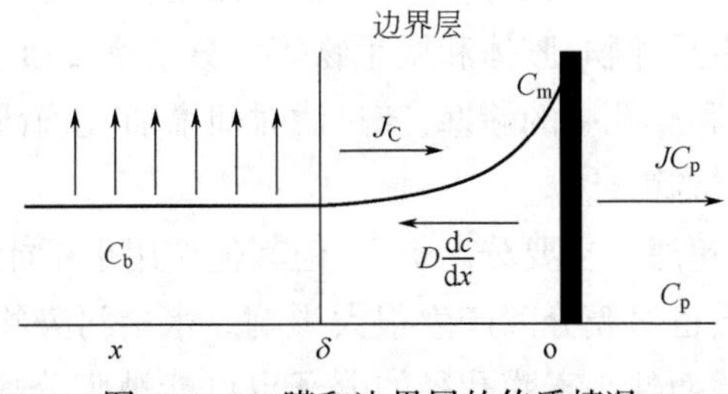

图1-1-3　膜和边界层的传质情况

假设在距离膜表面δ处，料液仍是完全混合的，溶质浓度C_b在膜表面附近形成边界层，溶质浓度逐渐增大，在膜表面处达到最大值C_m。溶质流向膜的对流通量为J_C，如溶质未被完全截留，则存在一个透过膜的溶质通量 JC_p，膜表面处溶质的积累会产生流向料液主体的扩散通量，当溶质以对流方式流向膜的通量等于渗透通量与反向扩散通量之和时，体系达到稳态，即：

$$J_C+\frac{D\mathrm{d}C}{\mathrm{d}x}=J_{C_p} \tag{1-1-11}$$

边界条件为 $x=0, C=C_m; x=\delta, C=C_b$，积分得：

$$\frac{(C_m-C_p)}{C_b-C_p}=e^{\frac{J\delta}{D}} \tag{1-1-12}$$

扩散系数 D 与边界层厚度 δ 之比称为传质系数 k，即：

$$k=\frac{D}{\delta} \tag{1-1-13}$$

膜的真实截留率 R 为：

$$R=1-\frac{C_p}{C_m} \tag{1-1-14}$$

则式(1-2-12)变为：

$$\frac{C_m}{C_b}=\frac{e^{\frac{J}{R}}}{\left[R+(1-R)e^{\frac{J}{k}}\right]} \tag{1-1-15}$$

$\frac{C_m}{C_b}$称为浓差极化膜数。当溶质被完全截留时，$C_p=0$，式(1-2-12)可变为：

$$J=k\ln\frac{C_m}{C_b}\text{或}\frac{C_m}{C_b}=e^{\frac{J}{k}} \tag{1-1-16}$$

这就是质量传递的基本方程，它表明了与浓差极化有关的两个参数（通量与传质系数）以及决定这两个参数的因素即膜与流体力学性质。另外通过调节通量与传质系数可以减少膜的浓差极化现象，从而减轻膜的污染。

ZBD005 超滤的基本理论

2）超滤的基本理论

超滤的分离机理可以描述为与膜孔径大小相关的筛分过程。以膜两侧的压力差为驱动力，以超滤膜为过滤介质，在一定压力作用下，当水流过膜表面时，只允许水、无机盐、小分子物质透过膜，而阻止水中悬浮物、胶体和微生物等大分子物质通过。这种筛分作用通常造成污染物在膜表面的截留和膜孔中的堵塞，随过滤时间增加，逐渐形成超滤动态膜。超滤动态膜也能对水中污染物进行筛分。

虽然物理筛分作用是超滤的主要分离机理，但其他作用也不能忽略，水中污染物的特性和膜材料的物理、化学性质也对膜分离产生很大影响。水中污染物对膜表面和膜孔的吸附是超滤分离的另一机理，从而使小于膜孔径的分子也可能被膜分离。超滤对水中溶解质的分离主要通过如下作用：

（1）膜表面的物理筛分作用；

（2）膜孔中的堵塞作用；

(3)膜表面及膜孔内的吸附作用。

超滤的基本原理就是对物质进行物理筛分的过程。超滤膜的孔径范围在0.01~0.1μm，可截留相对分子质量10000~30000的物质。超滤膜去除水中杂质的过程属于筛分过程。在超滤过程中，由于被截留的杂质在膜表面上不断积累，会产生浓差极化现象。

3)超滤相关术语

ZBD006 超滤相关术语

(1)正常工作时透过滤膜的那部分水，称为产水。

(2)单位时间内单位膜面积的产水量，称为通量。

(3)从中空纤维膜丝的产水侧把等于或优于透过液质量的水输向进水侧，与过滤过程的水流方向相反，称为反洗。

(4)在中空纤维膜膜丝外侧即原水侧加入具有一定浓度和特殊效果的化学药剂，通过循环流动、浸泡等方式，将膜外表面在过滤过程中形成的污物清洗下来的方式，称为分散清洗。

(5)产水侧和原水进出口压力平均值差异，称为透膜压差。

(6)用配置好的酸碱清洗液或杀菌剂、化学药剂从进水侧进入超滤，从浓水侧和产水侧回流至清洗水箱循环进行清洗的方式，称为化学清洗。

ZBD007 超滤膜的材料

4)超滤膜的材料

在水处理中主要已应用的膜材料有纤维素类、芳香杂环类、聚砜类、聚烯烃类、含氟聚合物等。纤维素膜属于有机膜材料，其特点是热稳定性差、易压密、易降解、适应的pH值范围窄。继纤维素之后，产量最大的膜材料是聚砜类，聚砜类膜材料包括聚醚砜、聚砜酰胺等。聚烯烃类膜材料包括聚乙烯、聚丙烯、聚丙烯腈、醋酸乙烯酯等。金属和玻璃都可以作为膜材料制作膜。各种超滤膜材料主要性能比较见表1-1-5。

表1-1-5　超滤膜材料主要性能比较

膜材料	代表	优点	缺点
纤维素酯类	CA、CTA、CA-CN	亲水性好，成孔性好，材料来源方便，成本低	耐酸碱性能差，耐溶剂性能差，使用温度低
聚砜类	PS、SPS、PES	优良的机械性能和耐高温、耐化学侵蚀性，使用温度范围广，pH值范围广，耐氯性能好	膜为疏水性，易被污染
聚烯烃类	PP、PAN	机械强度好，耐热、耐化学性能较好，目前使用最多	亲水性较差，易被污染
含氟类材料	PVDF、PTFE	品质最好，具有优良的机械强度和耐高温、耐化学侵蚀性；使用温度范围广，可在强酸、强碱和各种有机溶剂条件下使用	材料疏水性强

(二)活性炭及炭滤池

1. 活性炭

活性炭是一类多孔性的含碳物质，由于其较强的吸附能力而广泛应用于食品工业、制药业的杂质去除及脱色、环境污染的治理、工业催化剂及军用催化剂的载体等。活性炭获得广泛应用的原因，在于其表面积高达1200~1300m^2，甚至更大，可以吸附去除多种化学物质，以及能够从不宜使用其他技术的、含量极微的体系中进行吸附。

ZBD008 活性炭的表面化学性质

1)活性炭的表面化学性质

活性炭的表面化学性质主要取决于活性炭表面的化学官能团,化学官能团可分为含氧官能团和含氮官能团,含氧官能团又可分为酸性官能团和碱性官能团:酸性官能团有羧基、酚羟基、醌型羰基、正内酯基及环式过氧基等,碱性氧化物普遍认为是苯丙吡的衍生物或类吡喃酮结构基团。酸性氧化物使活性炭具有极性的性质,有利于吸附各种极性较强的化合物;碱性化合物易吸附极性较弱或非极性物质。炭本来是疏水性物质,但随着表面硫化物的增加,极性也有增加的趋势。适当调节 pH 值,对含酸性表面氧化物的炭吸附作用是会有影响的。活性炭的吸附能力一般以物理吸附为主体,没有极性,是可逆的。活性炭在 pH 值高的碱性条件下,对带负电荷的有机物吸附较差,而在 pH 值低的酸性条件下则相反。

ZBD009 活性炭的性能指标

2)活性炭的性能指标

活性炭的主要特点在于其发达的孔隙结构。活性炭细孔分为大孔、过渡孔、微孔。在饮用水处理中,影响活性炭处理效果和运行成本的主要性能指标为吸附值(主要为碘值、亚甲蓝值、丁烷值、四氯化碳值、糖蜜值、单宁酸值)、强度和摩擦系数、pH、灰分、粒径大小和粒度分布、水分和可溶物等。传统的衡量和评价活性炭的一般性能指标的是碘吸附值、亚甲蓝吸附值、四氯化碳吸附值。水中大分子有机物的吸附量主要取决于活性炭的孔径分布,而不是活性炭的比表面积。评价活性炭对水中污染物净化效能更直接的办法就是用配水或现场水做吸附试验,分析高锰酸钾指数、UV254(水中一些有机物在 254nm 波长紫外光下的吸光度,反映的是水中天然存在的腐殖质类大分子有机物以及含 C=C 双键和 C=O 双键的芳香族化合物的多少)浊度、溶解氧等项目,以评价对浊度、天然有机物(NOM)和微污染物的去除效果。

ZBD010 活性炭的吸附原理

3)活性炭的吸附原理

活性炭具有芳香环式结构,善于吸附芳香族有机物及含 3 个碳原子以上的其他有机物。活性炭是一种非极性吸附剂,对水中非极性、弱极性有机物质有很好的吸附能力。活性炭吸附作用主要来源于物理表面吸附作用。对于物理吸附,它的选择性低,可以多层吸附,脱附相对容易,这有利于活性炭吸附饱和后的再生。活性炭在制备过程中,炭的表面形成了多种官能团,对水中的部分离子有化学吸附作用。活性炭表面形成的官能团的作用机理是络合螯合作用,它的选择性较高,属单层吸附,并且脱附较为困难。

活性炭对不带电物质吸附力较强,对带电物质(如阴离子)的吸附较弱。对后者的吸附与溶液的 pH 值有关:在酸性溶液中吸附较强,碱性溶液中吸附较弱。活性炭可以去除多种重金属离子。

ZBD011 活性炭的选择方法

4)活性炭的选择方法

因为活性炭品种较多、性能不一、用途各异、价格昂贵,而所处理水质又各不相同,可能会因选型不当而出现活性炭使用周期缩短,更换频繁,经济费用巨大的现象,所以用于饮用水处理的活性炭的选定,就显得尤为重要。因原水水质和活性炭产品的性能差异较大,对活性炭的选型必须进行吸附试验,以选择活性炭的规格以及最佳的炭层厚度等工艺参数。

饮用水处理中,对所选活性炭的主要要求是其应具有较好的吸附性能,再生后性能恢复较好,化学稳定性好,机械性能好,其次是价格适中,来源方便。综合起来,活性炭选择主要的考虑因素可以分为以下几个方面:(1)吸附性能,吸附性能是颗粒活性炭作为滤料首要考虑的因素。(2)机械性能,较大量使用活性炭时,压降和床层膨胀是设计炭池的必要因素。(3)经济性指标,首先是指活性炭的价格,其次还有活性炭在使用中的运行成本。(4)其他因素。在活性炭的性能指标中,灰分和可溶物是活性炭中杂质成分的表征,它直接影响活性炭出水水质和活性炭成本。pH 值是活性炭表面化学性质的重要表征指标,它对活性炭吸附性能起到重要作用。

ZBD012　活性炭滤池的布置方式

2. 活性炭滤池

1)活性炭滤池的布置方式

为了满足更为严格的饮用水水质要求,在饮用水处理流程中,往往在快砂滤池之后再建造活性炭滤池,专门用以处理有机微污染物。无论是新建或现有水厂,活性炭池的布置都可以分为两种,即位于过滤之前和过滤之后,称为吸附过滤和后吸附过滤。过滤和吸附在一个滤池中完成,称为吸附滤池,吸附滤池一般设置在过滤之前。后吸附过滤,即活性炭池放在常规快滤池以后,这种布置用得最多。进入炭池的水其中大部分杂质已在砂滤池中截留,活性炭池只需要去除溶解性有机物是后吸附过滤的优点,由中、上层的活性炭和下层的石英砂组成双层滤料,较适用于原有的快滤池改造。后吸附过滤较吸附过滤有四方面优越性:对水源水质的适用性强、对有机物去除效率高、活性炭使用寿命长、反冲洗强度和频率大为降低。

ZBD013　活性炭滤池的反冲洗

2)活性炭滤池的反冲洗

活性炭滤池的冲洗过程和普通快滤池相同,具体流程可参照普通快滤池冲洗过程。反冲洗的目的是使活性滤层膨胀起来以便擦洗炭粒上的黏附杂质。滤层冲洗以后,可按颗粒大小分成一定层次,以提高炭的利用率。活性炭很轻,设计时可考虑75%~100%的膨胀率,但通常按50%膨胀率考虑,滤池应有足够的超高部分,以减少冲洗时活性炭的损失。如果原来的快滤池采用砂-煤双层滤料,因无烟煤和活性炭的密度相近,反冲洗系统可不必做很大的改动。

ZBD014　活性炭滤池的接触时间

3)活性炭滤池的接触时间

活性炭滤池空床接触时间用字母 EBCT 表示。活性炭滤池接触时间是指滤池中活性炭所占的容积除以滤池的流量。活性炭滤池接触时间可以按活性炭层的高度除以滤速计算。活性炭池运行过程中,需要更换活性炭的时间或再生频率都和空床接触时间有关,水处理时的空床接触时间在5~25min。活性炭滤池空床接触时间是理论的停留时间,而实际的停留时间应考虑滤层的空隙率,活性炭滤池过滤时,由于孔隙逐渐堵塞,会发生变化,从计算方便的角度考虑,用空床接触时间而不用实际停留时间。

项目二　绘制加药间工艺平面图

一、准备工作

(一)工具、材料

A4 图纸若干,桌子 1 张,椅子 1 把,2 号绘图板 1 张,三角尺 1 把,铅笔若干,橡皮若干。

(二)人员

1 人操作,持证上岗,劳动保护用品穿戴齐全。

二、操作规程

序号	工序	操作步骤
1	选择图纸画边框线	(1)选择 A4 图。 (2)绘制边框线
2	按给定的尺寸绘制加药间工艺平面图	(1)绘制储药池,按要求标注尺寸。 (2)在储药池布置搅拌设施。 (3)绘制混凝剂溶液池,按要求标注尺寸。 (4)在混凝剂溶液池布置搅拌设施。 (5)绘制助凝剂溶液池,按要求标注尺寸。 (6)绘制助凝剂溶液池,按要求标注尺寸。 (7)绘制管线,要求管线走向正确。 (8)标注管附件:进出口有阀门,所有药池有排污阀门。 (9)画出流量计
3	清理场地	清理场地,收工具

三、技术要求

(1)先设置框形图形,待整个图的框架定位后,再进行连线,尽量避免更改。

(2)先将所有的图形及其格式设置好,定位之后再添加文字。

四、注意事项

(1)在规定时间内完成,到时停止答卷。

(2)图片干净整洁,布局合理。

项目三　绘制加药间巡回检查路线图

一、准备工作

(一)工具、材料

答题纸若干,桌子 1 张,椅子 1 把,2 号绘图板 1 张,三角尺 1 把,铅笔若干,橡皮若干。

(二)人员

1 人操作,持证上岗,劳动保护用品穿戴齐全。

二、操作规程

序号	工序	操作步骤
1	绘制	(1)绘制边框线。 (2)在给定的图面上绘制巡回检查路线
2	标注	(1)用数字标注重要检查点。 (2)标注检查点检查内容
3	清理场地	清理场地,收工具

三、技术要求

(1)先设置框形图形,待整个图的框架定位后,再进行连线,尽量避免更改。
(2)先将所有的图形及其格式设置好,定位之后再添加文字。

四、注意事项

(1)在规定时间内完成,到时停止答卷。
(2)图片干净整洁,布局合理。
(3)字迹工整,标注清楚。

项目四　计算水厂混凝剂单耗

一、准备工作

(一)工具、材料

答题纸1张,桌子1张,椅子1把,碳素笔若干,计算器1台。

(二)人员

1人操作,持证上岗,劳动保护用品穿戴齐全。

二、操作规程

序号	工序	操作步骤
1	计算	(1)确定沉淀池日排泥次。 (2)计算排泥用水量。 (3)确定滤池日反冲洗次数。 (4)计算反冲洗用水量。 (5)计算水厂日自耗水量。 (6)计算水厂日原水进水量。 (7)计算水厂日供水量。 (8)计算水厂日用混凝剂量。 (9)计算水厂混凝剂单耗
2	清理场地	清理场地,收工具

三、技术要求

(1)在审题的过程中要弄清楚题的要求和题目中给的已知条件。
(2)注意题干给定条件的单位,需要转换单位的要注意转换。

四、注意事项

(1)计算题书写一定要规范。
(2)需要标明单位的不要省略单位名称。
(3)书写步骤尽可能详细,不要省略相关步骤。

项目五　配制混凝药剂

一、准备工作

(一)工具、材料

桌子1张,凳子1把,电子天平1台,钥匙1把,称量纸若干,烧杯若干,容量瓶若干,搅拌棒2只,答题纸1张,计算器1台。

(二)人员

1人操作,持证上岗,劳动保护用品穿戴齐全。

二、操作规程

序号	工序	操作步骤
1	准备工作	选择工具、用具及材料
2	溶解混凝剂	(1)确定配制混凝剂克数并称量,做好记录。 (2)确定所需水量并量取,做好记录。 (3)在烧杯中将混凝剂进行溶解,配制成1%浓度的混凝剂溶液,并做好记录
3	配制混凝剂	(1)根据所选容器,量取溶解好的混凝剂并做好记录。 (2)记录所需水量并进行量取。 (3)利用容量瓶或烧杯进行配制,配制成0.1%的混凝剂液体,并做好记录
4	记录	记录好称量所需药剂数量
5	清理场地	清理现场,仪器洗净,摆好

三、技术要求

(1)用于洗涤烧杯的溶剂总量不能超过容量瓶的标线,一旦超过,必须重新进行配制。

(2)称量质量不要超过电子天平称量范围,称量过程中注意轻拿轻放。

(3)不能在容量瓶里进行混凝剂的溶解,应将混凝剂在烧杯中溶解后转移到容量瓶里。

四、注意事项

(1)不能用手直接接触药剂。

(2)避免取用受潮结块的药剂。

(3)容量瓶只能用于配制溶液,不能长时间或长期储存溶液。

(4)容量瓶用毕应及时洗涤干净,塞上瓶塞,并在塞子与瓶口之间夹一条纸条,防止瓶塞与瓶口粘连。

项目六　投入运行加药系统

一、准备工作

(一)设备

加药系统1套,反应沉淀池1套,转子流量计2个。

(二)工具、材料

工服1套,手套1副。

(三)人员

1人操作,持证上岗,劳动保护用品穿戴齐全。

二、操作规程

序号	工序	操作步骤
1	准备工作	选择工具、用具及材料
2	检查投加系统	(1)检查投加系统是否正常。 (2)检查储药池液位、投药管路、药泵油位油质、阀门、配件
3	开阀门	依次打开投加池的出口阀、投加泵的进口阀
4	启动投加泵	(1)启动药泵,检查药泵运行情况、压力。 (2)根据需要确定泵的频率及冲程
5	调节转子流量计	(1)打开投药泵出口阀。 (2)打开流量计进口阀、出口阀。 (3)调整流量计
6	更换标识	更换药泵标识牌
7	检查系统运行情况	(1)检查药池。 (2)检查药泵。 (3)检查压力表。 (4)检查流量计。 (5)检查电压。 (6)检查电流频率
8	巡视反应沉淀池	巡视反应沉淀池水质情况
9	记录	做好运行记录
10	清理场地	清理场地,收工具

三、技术要求

(1)投入运行前要确认系统运行状况。

(2)不能用投药泵进口阀控制流量。

(3)禁止先启动投药泵,后打开进口阀门、出口阀门。

四、注意事项

(1)启动过程中如果发现管道出现泄漏情况，应该及时停机进行维修。

(2)发现设备隐患时，及时停止操作，避免发生事故。

(3)注意及时调整流量，保证沉淀池出水水质符合要求。

项目七　停止运行加药系统

一、准备工作

(一)设备

加药系统 1 套，反应沉淀池 1 套，转子流量计 2 个。

(二)工具、材料

工服 1 套，手套 1 副。

(三)人员

1 人操作，持证上岗，劳动保护用品穿戴齐全。

二、操作规程

序号	工序	操作步骤
1	准备工作	选择工具、用具及材料
2	停投加药泵	(1)关闭加药泵出口阀，按停止按钮停泵。 (2)冲程归零，关闭加药泵进口阀
3	停转子流量计	(1)关闭转子流量计进口阀门、出口阀门。 (2)关闭泵进出口管线上所有阀门
4	检查药泵	检查药泵油位、油质
5	检查投加泵、储药池	(1)检查储药池液位。 (2)检查药泵控制柜电压、电流。 (3)更换药泵状态标识牌
6	记录	做好停运记录
7	清理场地	清理场地，收工具

三、技术要求

(1)停止运行前要确认系统运行状况。

(2)停泵后，注意观察机泵停止是否异常。

(3)检查油质、油位情况。

四、注意事项

(1)检查投加池液位，不能过低。

(2)机泵周边不得有影响运转的杂物。

项目八　检查投入运行前反应沉淀池

一、准备工作

(一)设备

反应沉淀池 1 套。

(二)工具、材料

工服 1 套,手套 1 副。

(三)人员

1 人操作,持证上岗,劳动保护用品穿戴齐全。

二、操作规程

序号	工序	操作步骤
1	准备工作	选择工具、用具及材料
2	运行前检查	(1)检查沉淀池集水槽有无堵塞。 (2)检查沉淀池斜板(管)。 (3)检查斜板(管)。 (4)检查反应池网格。 (5)检查过渡段网格。 (6)检查沉淀池排泥设施。 (7)检查排泥机各部分阀门。 (8)检查反应沉淀池进口管线及阀门。 (9)检查反应池卫生。 (10)检查转子流量计及药剂投加管线
3	清理场地	清理场地,收工具

三、技术要求

(1)巡检时注意辨听刮泥、刮渣、排泥设备是否有异常声音。

(2)当原水浑浊度和进水量发生变化时,要采取相应措施。

(3)在夏季气温较高时期,注意斜板(管)及池壁藻类滋生情况,及时处理。

四、注意事项

(1)检查是否有部件松动等,查出问题及时调整或修复。

(2)发现其他影响反应沉淀池运行的异常情况,及时汇报并处理。

项目九　绘制滤池剖面图

一、准备工作

(一)工具、材料

A4 图纸若干,桌子 1 张,椅子 1 把,绘图板 1 张,三角尺 1 把,铅笔若干,橡皮若干。

(二)人员

1 人操作,持证上岗,劳动保护用品穿戴齐全。

二、操作规程

序号	工序	操作步骤
1	选择图纸画边框线	(1)选择 A4 图。 (2)绘制边框线
2	根据所给平面图绘剖面图	(1)平面图标注剖线。 (2)标注集水槽。 (3)标注滤料。 (4)标注承托层。 (5)标注配水区。 (6)标注滤后水池。 (7)用文字说明集水槽作用。 (8)用文字说明滤料层作用。 (9)用文字说明承托层作用。 (10)用文字说明配水区作用。 (11)用文字说明滤后水池作用
3	清理场地	清理场地,收工具

三、技术要求

(1)先设置框形图形,待整个图的框架定位后,再进行连线,尽量避免更改。

(2)先将所有的图形及其格式设置好,定位之后再添加文字。

四、注意事项

(1)在规定时间内完成,到时停止答卷。

(2)图片干净整洁,布局合理。

项目十　投运活性炭滤池

一、准备工作

(一)设备

炭滤池 1 座。

(二)工具、材料

工作梯1架,木板1块,200mm活动扳手2把,8~36mm梅花扳手1套,450mm管钳1把。

(三)人员

1人操作,持证上岗,劳动保护用品穿戴齐全。

二、操作规程

序号	工序	操作步骤
1	准备工作	劳保用品穿戴齐全,工具、设备准备齐全
2	运行前的检查	(1)检查进水廊道内及活性炭滤层表面有无杂物,滤层表面是否平坦。 (2)检查炭滤池进水指标是否符合运行要求。 (3)检查炭滤池所有阀门是否正常,并且确认所有阀门均处于远程控制状态。 (4)检查确认炭滤池反冲洗系统及其附属设备是否正常,控制状态是否处于正常位置
3	投入运行过程	(1)确认余臭氧分析仪工作正常。 (2)确认系统运行的控制状态处于“自动”状态。 (3)关闭反冲洗进水阀,翻板阀、反冲进气阀、放气阀、放空阀,打开滤池进水阀。 (4)当滤池液位上升到规定液位时,打开清水出水阀,通过PID进行开度调节,达到恒水头过滤。 (5)待滤池进入运行状态后,将控制方式转换到“自动”控制状态

三、技术要求

(1)滤池进水指标必须符合要求。

(2)反冲系统、附属设备必须检查,且处于正常状态。

(3)阀门开启顺序必须正确。

(4)反冲后控制方式需转换到“自动”。

四、注意事项

(1)操作过程中要求佩戴劳保用品。

(2)操作过程中注意所有阀门的状态。

(3)必须确认余臭氧分析仪的工作状态。

(4)炭滤池运行正常后注意出水状况。

项目十一　测定炭滤池的反冲洗强度

一、准备工作

(一)设备

炭滤池1座。

(二)工具、材料

标尺1个,计时表1块,计算器1个。

（三）人员

1人操作，持证上岗，劳动保护用品穿戴齐全。

二、操作规程

序号	工序	操作步骤
1	准备工作	劳保用品穿戴齐全，工具、设备准备齐全
2	测量方法	用泵冲洗炭滤池测定冲洗强度
3	用泵冲洗的滤池冲洗强度的测定	(1)在滤池内用标尺标定一段固定高度。 (2)滤池进行反冲洗时，迅速关闭排水阀。 (3)水流稳定后，用秒表测定事先标定好的一段固定高度水流上升所需的时间，重复操作3次，取所用时间平均值。 (4)利用冲洗强度公式计算： $q=\frac{1000H}{t}$ 式中 q——冲洗强度，$L/(s \cdot m^2)$； H——滤池内标定的高度，m； t——水位上升 H 时所需的时间，s

三、技术要求

(1)滤池内设定的高度必须固定。

(2)水流稳定后方可进行测定。

(3)测定工作要重复进行3次。

四、注意事项

(1)操作过程中要求佩戴劳保用品。

(2)计算结果要准确。

模块二　管理净水辅助工艺

项目一　相关知识

一、预处理工艺

ZBE001　化学预氧化的定义

(一)化学预氧化

化学预氧化可利用电位较高的氧化剂氧化能力来氧化分解或转化水中污染物,同时分解破坏水中污染物的结构,削弱污染物对常规处理工艺的不利影响,强化常规处理工艺的除污效能。在传统给水处理工艺中,可在多个点加入氧化剂,氧化剂在不同点起着不同的作用,而标准氧化还原电位则是衡量氧化剂能力的重要指标。常见的化学预氧化方法有高锰酸盐预氧化、二氧化氯预氧化、过氧化氢预氧化、臭氧预氧化、紫外线预氧化等技术。

化学预氧化的目的主要是去除水中有机污染物和控制氯化消毒副产物,从而保障饮用水的安全性,此外预氧化还有除藻、除臭和味,除铁锰和氧化助凝等方面的作用。目前能够用于给水处理的氧化剂主要有臭氧、高锰酸盐、氯、二氧化氯、过氧化氢等。二氧化氯预氧化与有机污染物反应具有高度选择性,生成的可吸附有机卤化物极少,几乎不产生三氯甲烷等消毒副产物,能够有效控制藻类等水生生物繁殖,在给水处理中过量的投加二氧化氯与水中有机物及其他还原成分作用可生成对人体有害的副产物,为了控制二氧化氯副产物亚氯酸盐超标,我国规定余二氧化氯不得超过0.7mg/L。

ZBE002　化学预氧化的目的

高锰酸钾最早应用于饮用水处理的主要目的之一就是去除水中的铁锰物质,既能够被用作预氧化剂,又能提高混凝效果。高锰酸钾可使藻类细胞向周围介质超量释放生化聚合物,氧化后产生的水和二氧化锰吸附在藻类表面,它的吸附能力能够有效地控制预氯化所造成的藻类细胞内物质外泄,防止藻类污染和对后续过滤工艺的影响,氯能杀灭部分藻类,但氯会与水中有机物反应生成消毒副产物,并且会产生臭味。

ZBE003　有机物对水处理的影响

(二)有机污染物

水体中的有机污染物主要为天然有机物和人工合成有机物,人工合成有机物则大多是有毒有机物。一般水中的有机污染物有胶体、耗氧有机物、藻类有机物、有毒有机污染物。

胶体主要是水中存在的细菌、藻类、大分子有机化合物。当水体受到有机污染物污染时,胶体的稳定性会增加。耗氧有机物包括蛋白质、脂肪、氨基酸、碳水化合物等。耗氧有机物一般不具毒性,易为微生物分解。这类有机物通过消耗水中的溶解氧,恶化水质,破坏水体功能;水中耗氧有机物的分解常释放出营养物质,易分解,容易引起水体的富营养化。藻类有机物是藻类的分泌物及藻类尸体分解产物的总称。藻类在生长过程中由于新陈代谢和从体内排出的一些代谢残渣以及细胞分解的产物,是从藻类中分离出来的一类有机物,一部分溶于水中进入水厂,当藻类数量小于500个/mL时,一般不会引起水厂滤池堵塞。

ZBE004 水体富营养化形成的原因

(三)水体富营养化

1. 水体富营养化形成的原因

随着水体富营养化日趋严重,水华大量发生,在草食性鱼类摄食作用下,沉水植物消失,湖泊进入浮游植物占优势的状态,这种湖泊被称为藻型湖泊。由于湖泊流速缓慢,水体更新周期长,相对于其他水体,富营养化问题比较严重。水体富营养化形成的主要原因是工业和生活污水中的营养物质,如氮、磷,排入水体,使水生生物得到营养后大量生长,水体透明度下降,溶解氧升高,给水处理工艺造成很大困难,净水成本大幅度上升。

ZBE005 水体富营养化对水处理的危害

2. 水体富营养化对水处理的危害

水体富营养化的水体接纳了过多的氮、磷等营养物质,导致藻类及其他水生生物过量繁殖,藻类大量生长使得水体感官性状下降,富营养化对水厂运行不利的影响会造成藻类堵塞滤池。

ZBE006 湖泊富营养化污染的危害

3. 湖泊富营养化污染的危害

1)水质恶化

(1)污染使湖水固有的物理特征遭到破坏。在富营养水体中生长着以蓝藻、绿藻为优势种类的大量水藻。由于表层水体悬浮着密集的水藻,使水质变得浑浊,水体透明度明显降低,湖水感官性状大大下降。藻类死亡后沉入水底,在细菌作用下分解,使湖水中的悬浮物和有机物的浓度增加。

(2)由于表层有密集的藻类,使阳光在穿射过程中被藻类吸收而衰减,因而溶解氧的来源也就随之减少。藻类死后不断的腐烂分解,消耗深层水体中大量的溶解氧,使水体中溶解氧含量降低。

(3)水的色度、臭味增加。

(4)藻类能够分泌、释放有毒物质,有害人体健康。

(5)增加制水成本,降低制水效率。

2)水生生态系统破坏

水体出现富营养状态,水体正常的生态平衡被扰乱,生物种群量会显示出剧烈的波动,这种生物种类演替就会导致水生生物的稳定性和多样性降低。富营养化水源水具有藻类含量高、有机物含量高、氮和磷含量高的特点。

湖泊特殊的水流特点决定了底泥污染也是导致其水质污染的一个重要因素。湖泊水中藻类死亡后沉入水体,使水体色度、臭味增加。底质对水体的污染,一是消耗水中的溶解氧,造成底部贫氧或厌氧状态;二是沉积物质的再悬浮,造成水体的二次污染;三是向水体释放氮和磷。

水体富营养化使水体失去原有功能,使正常的水体生态平衡被扰乱,造成湖泊老化。湖泊富营养化时,水中存在着致癌、致畸、致突变“三致”物质。

ZBE007 藻类的概念

(四)水中藻类

1. 水中藻类的来源及分类

藻类通常是指一群在水中以浮游方式生活、能进行光合作用的自养型微生物,其同化产物绿藻为淀粉,个体大小一般在 2~200μm,其种类繁多,均含叶绿素,在显微镜下观察是带绿色的有规则的小个体或群体。藻类的共同祖先是细菌。

有些藻类产生藻毒素，不利水体安全，但有些藻类在氧化塘进行废水处理中，能够释放氧气给其他好氧微生物，以利于水处理，藻类还可能引起赤潮或水华现象。原水中藻类含量的数量级达到 10^5 以上时，就会对净水工艺产生不利影响。

藻类大多数是单细胞种类，生理上类同于植物细胞，只是细胞较小，仅悬浮于液体介质中。藻类可划分为：蓝藻门、硅藻门、绿藻门、甲藻门、裸藻门等，在不同的水体类型和营养条件下，会出现不同的优势藻属。

ZBE008 藻类的来源

藻类植物可以说是从原始的光合细菌发展而来的。藻类涵盖了原核生物、原生生物界和植物界。温度是影响藻类地理分布的主要因素。光照是决定藻类垂直分布的决定性因素。水体的化学性质也是藻类出现及其种类组成的重要因素。藻类植物多数生活在淡水和海水中。如蓝藻裸藻容易在富营养水体中大量出现，并时常形成水华；蓝藻生长在含有机质的水体中，可产生孢子进行无性繁殖，夏秋季节过量繁殖，形成水华；硅藻、金藻常大量存在于山区贫营养的湖泊中；绿球藻类和隐藻类在小型池塘中常大量出现。此外，生活于同一水域的各藻类相互间的影响对它们的出现和繁盛也有重要作用，某些藻类能分泌物质抑制其他藻类的形成和发展。在繁殖过程中，硅藻是可出现特殊的复大孢子繁殖的藻类。绿藻由于体内含有淀粉，在遇到碘后，会变成紫黑色。

ZBE009 藻类的分类

藻类植物的种类繁多，目前已知有 3 万种左右。细胞和植物细胞在结构上是相似的，有活性的细胞质膜，有一系列高度分化的细胞器和内含物，包括细胞壁、核、色素和色素体、储藏物质、鞭毛。其中蓝藻细胞为原核细胞，其余所有藻类都属于真核细胞。原核蓝藻结构保守，代谢途径多样化，不进行细胞分化，真核藻类在结构上高分化，代谢途径保守。绿藻、门藻类无典型细胞核。而螺旋藻含有大量人类必需氨基酸的蛋白质，是人类理想的食品。蓝藻和红藻光合色素相似，都不产生运动细胞，但两者在其他方面特征相差很远，没有亲缘关系。

2. 水中藻类生长的因素及影响

ZBE010 藻类的污染

1）藻类的污染及对水体的影响

藻类是原生生物界一类真核生物，主要水生，无维管束，能进行光合作用，由于水体的富营养化日益严重，导致水中藻类大量滋生，在处理水中难以处理，污染水质，使得水质出现臭和味、腥味。藻类物质在滤池中大量繁殖，会使过滤周期缩短。藻类对常规净水工艺会造成干扰混凝过程、堵塞滤池、影响过滤效果，使得过滤效果不理想。藻类会使得水质浊度升高，滋生的污染物、放线菌、藻类、真菌导致水产生臭味，有些藻类会在一定的环境下产生毒素。

ZBE011 影响藻类生长的因素

2）影响藻类生长的因素

（1）温度。

对于大多于藻类来说，最适合生长的温度为 18～25℃。

（2）光线。

ZBE012 藻毒素的危害

藻类生命活动能量主要来源是光。

藻类在一定的环境下会产生藻毒素，微囊藻毒素是分布最广、最复杂的一种毒素，因此研究藻类生长因素的同时，对其研究也最为深入。

微囊藻毒素的特性具有易溶于水中、非常稳定、不挥发、抗 pH 值变化、不易被吸附于颗粒悬浮物或沉积物中。温度、pH 值、光照对于微囊藻毒素的合成为重要环境因子。微囊藻毒素是靠肝脏来作为作用器官的。

ZBE013 水厂出厂水水蚤增多的原因

(五)水源污染物的危害与控制措施

1. 水蚤

1)水厂出厂水水蚤增多的原因

长期以来人类在肆意对自然资源开采利用时,对其再生与可持续发展未给予重视,造成了资源日益枯竭的恶性后果,然而由于捕食关系的影响,水蚤的生存压力得到了极大的缓解,脱离了上级捕食的制约,鱼类的急剧减少使生存压力降低,而在水体富营养化引起藻类大量繁殖为其提供丰富的营养,为水体中的浮游生物提供了丰富的饵料,为其生存和发展提供了空间,致使水蚤造成大量繁殖。

尽管净水厂出水都保持一定的余氯,对细菌总数有严格的控制,但在配水管网中仍常出现细菌再生长现象。剑水蚤具有很强的抗氧化性,常规的消毒工艺很难将其杀灭,且它的游动性很强,使其能够穿透滤池,具有非常坚硬且厚的体表甲壳同时具备很强的抗氧化性。细菌、剑水蚤的大量滋生再繁殖会造成管网水质恶化,穿透滤池的水蚤随之进入管网,严重时可堵塞水表、水龙头。

ZBE014 水蚤的控制方法

2)水蚤的控制方法

(1)可以从水源治理入手,通过恢复水体原有的生态平衡来抑制水蚤的滋生,利用生态系统中的食物链的摄取原理和生物的相生相克关系,通过鱼类的生物作用来抑制水蚤的滋生。

(2)利用化学氧化法灭活水蚤使其失活,进而对其进行去除控制。通过各个水厂的实验对比,二氧化氯是最有效杀灭剑水蚤的药剂,而在活性炭滤池中,要灭活水蚤只能选用食盐来作为药剂用以去除杀死剑水蚤。水蚤的活性会直接影响混凝沉淀工艺去除的效率。水蚤在滤池中滋生,大量水蚤在滤池中出现不仅会堵塞滤料、缩短反冲洗时间,还会造成滤后水中水蚤密度极度增加。

ZBE015 摇蚊虫的产生

2. 摇蚊虫

1)摇蚊虫的产生

摇蚊虫(红虫)大多为滤食性生物,以水中的藻类、细菌、水生植物和小动物为食,因此,富营养化的水体有利于摇蚊虫的生长繁殖。随着水环境污染的加剧、水体富营养化日益严重、藻类大量繁殖,导致摇蚊虫在湖泊、水库、河流中被污染的水域中大量滋生。

供水系统的摇蚊虫污染可能来自以下的方面:

(1)摇蚊虫污染的原水将大量摇蚊幼虫及其虫卵带入水厂的水处理系统中,能够适应水厂水环境的摇蚊虫种类在水厂构筑物中生长繁殖。

(2)水厂周边环境条件差,附近的沟渠或其他水域滋生了大量摇蚊虫,这些摇蚊虫在水厂构筑物中产卵,一旦水厂的水质适合摇蚊虫生长,卵孵化后可能以水厂构筑物为新的繁衍场所,进而污染供水系统。

(3)二次供水水箱内。

摇蚊虫爆发需要在温度、湿度、光照适宜的条件。摇蚊虫的适应能力非常强,对水环境的适应范围非常广,只要有充足的有机质,就能发现摇蚊虫及其幼虫。许多二次供水设施设计不合理，如水箱内多余的隔离墙，拐角处容易积污藏垢，进出水管位置不当，消防水管与生活水池连通等，此外，二次供水水箱缺乏管理，清洗、消毒不及时，使水箱内混入污物也有利摇蚊虫进入产卵、繁殖。

ZBE016　摇蚊虫的防治技术

2）摇蚊虫的防治技术

摇蚊虫防治技术的应用应针对摇蚊虫的生物学特点以及污染的范围和特点。从防治对象来分，有针对摇蚊幼虫的防治方法，还有针对卵和成虫的预防和控制方法；从防治技术原理上来分，有物理防治方法、化学防治方法和生物防治方法。为了杜绝摇蚊幼虫在构筑物中的越冬现象，消除内源性污染，需要每年1~2月彻底清洗反应池、沉淀池和清水池一次。

（1）物理防治方法。

摇蚊虫的物理防治技术包括微滤、紫外灯诱蚊、清洗超声波、喷雾等方法。研究表明，超声波对摇蚊虫有明显的杀灭作用，对一龄幼虫杀灭效果最好。在水处理过程中强化混凝过滤也是减少摇蚊虫污染的重要措施。紫外线灭活摇蚊虫具有高效性、广谱性、简单性。

（2）化学防治方法。

化学防治是应用最广泛的摇蚊虫防治方法，由于供水系统的特殊性，投加的化学药剂应充分考虑人类健康的安全性，因此，一般采用的化学药剂主要限于水处理中常用的对摇蚊虫具有灭活作用的氧化剂。光诱吸蚊、紫外光灭蚊、超声波灭蚊都不能杜绝摇蚊虫在沉淀池壁上产卵，目前只有喷雾驱蚊可以实现杜绝摇蚊虫在池壁产卵。

（3）生物防治方法。

生物防治方法主要利用摇蚊虫在水生态中的食物链作用，通过发生在污染的水域放养以摇蚊虫为食的鱼类，控制摇蚊虫的生长繁殖。

（4）微生物防治方法。

微生物控制方法是利用对摇蚊虫具有选择性杀灭作用的生物制剂杀灭摇蚊虫，从而达到控制其滋生、繁殖和爆发的目的。

二、消毒工艺

ZBF001　消毒剂的主要作用机理

（一）消毒剂消毒

1. 消毒剂的主要作用

消毒并非要把水中微生物全部消灭，只是要消除水中致病微生物的致病作用。给水处理中的混凝沉淀和过滤在去除悬浮物、降低水的浊度同时，也去除了大部分微生物。消毒剂是通过细胞的细胞壁侵入细胞，改变细胞壁和细胞膜的渗透性能达到消毒的作用的。

ZBF002　消毒剂的作用过程

2. 消毒剂的选择

饮用水消毒主要通过消毒剂来完成。水的消毒方法很多，包括氯及氯化物消毒、臭氧消毒、紫外线消毒及某些重金属离子消毒等。大多数常用消毒剂能够破坏对生物功能至关重要的酶系统。在消毒剂中，中性分子的消毒剂消毒效果更好、更有效。

ZBF006　影响消毒效果的因素

1）氯化消毒

水的氯化消毒是饮用水中使用最为广泛、技术最成熟的方法。氯是成本比较低的氧化消毒剂，水中的氯可氧化有关的物质有无机还原物、氨、氨基酸、蛋白质和含碳物质，氯与无机还原物质的反应一般很迅速并能进行化学计量，而氯与有机物的反应一般很慢，并且反应程度与氯的浓度和投加量有关，温度、pH 值也是影响氯消毒效果的因素。

（1）氯消毒。

氯消毒经济有效，使用方便，应用最为广泛。氯消毒主要通过次氯酸起作用，次氯酸为很小的中性分子，只有它才能扩散到带负电的细菌表面，并通过细菌的细胞壁穿透到细菌内部，当次氯酸分子到达细菌内部时，能起氧化作用破坏细菌的酶系统而使细菌死亡。只有氯系制剂消毒方式对细胞壁起作用。

ZBF008 加氯量的控制

加氯量高于需氯量才能保证一定的剩余氯。加氯量等于需氯量加上剩余氯量。一般地表水混凝前的加氯量为 1.0～2.0mg/L。当从感官角度出发时，氯量一般宜在 0.6～1.0mg/L。

（2）二氧化氯消毒。

二氧化氯在常温常压下是一种黄绿色气体，具有与氯相似的刺激性气味，极不稳定，气态和液态的二氧化氯均易爆炸，故必须以水溶液形式现场制取。二氧化氯易溶于水，其溶解度约为氯的 5 倍。二氧化氯水溶液的颜色随浓度增加而由黄色转为橙色。在给水处理中，1mol 氯和 2mol 亚氯酸钠反应可生成 2mol 二氧化氯。二氧化氯既是消毒剂又是氧化能力很强的氧化剂。作为消毒剂，二氧化氯对细菌的细胞壁有较强的吸附和穿透能力，从而有效地破坏细菌内含巯基的酶，二氧化氯可快速控制微生物蛋白质的合成，因此二氧化氯对细菌、病毒等有很强的灭活作用。

ZBF010 二氧化氯投加量的确定

城市供水水质标准中建议管网末梢水的二氧化氯剩余浓度不低于 0.02mg/L；用于除铁、除锰、除藻时一般投加 0.5～3.0mg/L；用于出厂饮水消毒最终处理时一般加 0.1～1.4mg/L，水温较低时，投加量可增大。实践中的二氧化氯的投加量一般为 0.1～5.0mg/L，与水质和加药处理的目的有关。

ZBF011 二氧化氯投加点的选择

二氧化氯的投加点一般设在混凝剂加注前的 5min 左右，预处理时二氧化氯的投加点根据二氧化氯与被去除物质所需的反应时间而定，接触时间为 15～30min。二氧化氯在除臭时的投加点一般设在滤后。

ZBF012 二氧化氯的投加方式

二氧化氯的投加方式与加氯方式相似，一般用负压管道抽吸二氧化氯气体，用水射器投加在压力管道中，加注点后宜设置管道混合器。在水池内投加时可采用各种扩散装置。与二氧化氯直接接触的管材和设备可用玻璃钢和钛制造。

二氧化氯投加时的溶液浓度一般为 6～8mg/L，浓度不宜过高。气体浓度必须控制在防爆浓度以下，低于 10%。

（3）氯胺消毒。

在水中含有有机物和酚时，氯胺消毒不会产生氯臭和氯酚臭，能保持水中余氯较久，适用于供水管网较长的情况。采用氯胺消毒时，一般先加氯，待其与水充分混合后再加氯，这样可减少氯臭，当水中含酚时，这种投加顺序可避免产生氯酚恶臭，但当管网较长，主要目的是为了维持余氯较为持久。

ZBF009 氯胺投加量的确定

气态氨无色，液态氨也无色，易挥发，都有刺激性气味，氯/氨的投加比例过大，会导致氯胺被氧化从而降低出水余氯。为了防止氯酚臭时，氯/氨的投加比例等于或小于 1，在消毒处理中先氯后氨的杀菌效果稍好些。

氯化消毒的杀菌能力较强，有持续灭菌作用和一定的除藻、除臭、除味的能力，但氯化消毒还能生成有害的非挥发性卤化有机物，如果水中含有溴化物，氯会把溴氧化成氢溴酸，会与天然有机物反应生成相对应的溴化物消毒副产物，如溴仿和溴代乙酸。

ZBF007　氯化消毒的危害

(4)次氯酸钠消毒。

次氯酸钠是用发生器的钛阳极电解食盐水而制成的，次氯酸钠也是强氧化剂和消毒剂，但消毒效果不如氯强。

次氯酸盐消毒作用的机理本质上与投加氯气相同，也是通过水解反应生产消毒所需的次氯酸，但次氯酸形式的氯比次氯酸根离子的杀菌效率高。当温度升高时，次氯酸与生物酶的作用加快。一般当氯化合物所处环境的 pH 值升高时，其水解程度增加，产生的杀菌力升高。

ZBF018　次氯酸钠的应用

固态次氯酸钠是很容易分解和潮解的白色粉末，受热迅速分解，有爆炸的危险，稳定性不如次氯酸钙。工业次氯酸钠为无色或淡黄绿色的水溶液，有效氯含量为5%~15%。

由于次氯酸是弱酸，所以次氯酸钠盐的水溶液因水解而呈现碱性，产品次氯酸钠溶液的 pH 值为10.6~11.2。如果水的硬度较大，则次氯酸钠水解后产生的碱性能沉淀水中的钙镁离子。为此应对调配次氯酸钠药液的水进行软化处理，或在投配溶液中维持0.05%(质量浓度)的六偏磷酸铵，或对调配好的次氯酸钠药液进行沉淀处理，防止在加药管线和加药设备内产生结垢现象。

次氯酸钠一般用于小型水厂和游泳池，其消毒和氧化功能是其水解后的次氯酸钠的作用，还原产物是氯离子。

由于次氯酸钠易分解，通常采用次氯酸钠发生器现场制取，就地投加，不宜储运，制作成本就是食盐和电耗费用。

2)漂白粉消毒

漂白粉需配成溶液加注，溶解时现调成糊状物，然后再加水配成1.0%~2.0%浓度的溶液。当投加在滤后水中时，溶液必须经过4~24h 澄清，以免杂质带进清水中；若加入浑水中，则配制后可立即使用。漂白粉消毒一般用于小水厂或临时性给水。

3)臭氧消毒

在常温常压下，臭氧是淡蓝色的具有强烈刺激性的气体。臭氧密度为空气的1.7倍，易溶于水，在空气或水中均易分解消失。臭氧对人体健康有影响，空气中臭氧浓度达到1000mg/L 即有生命危险，故在水处理中散发出来的臭氧必须处理。臭氧既是消毒剂，又是氧化能力很强的氧化剂。在水中投入臭氧进行消毒或氧化通称臭氧化。

作为消毒剂，由于臭氧在水中不稳定，易消失，故在臭氧消毒后，往往仍需投加少量氯、二氧化氯以维持水中剩余消毒剂。臭氧作为氧化剂以氧化去除水中有机污染物的作用应用更为广泛，它的消毒机理实际上仍是氧化作用，臭氧氧化可迅速杀灭细菌、病毒等。臭氧生产设备较复杂，投资较大，电耗也较高。

ZBF017　臭氧的制备方法

(1)臭氧的制备方法。

由于臭氧是一种不稳定的气体，不能储存运输，因而必须在使用现场制备。生产臭氧的方法根据工作原理和原料的不同有电解法、辐射法、紫外线法、等离子体射流法及电晕放电法几种，但大多数臭氧发生器均采用放电法制造臭氧。

放电法产生臭氧又称无声放电或电晕放电，它应用高压交流电作用于空气或纯氧，使氧气分子离解出的氧原子与氧气结合产生臭氧，主要的放电法有：

① 含氧酸电解生产臭氧。在电解含氧酸如硫酸、高氯酸、高氯酸盐、磷酸等时，含氧基团可在电极上放电，所生成的高能态氧原子中有一部分也能生成臭氧，电解阳极由于和水解的产物接触，化学稳定性十分重要。

② 纯水电解生产臭氧。所采用的电解液不能与臭氧起化学反应，电解产物不能腐蚀或钝化电极，水中的各种离子不能先于水分子在电极放电。水在阳极失去电子生成氧气和臭氧同时还产生副反应，而在阴极处由于采用了特殊的电极，而不是氢的析出。

ZBF016 臭氧生产系统的组成

（2）臭氧生产系统的组成。

臭氧生产系统一般包括：

① 臭氧发生器供气系统，其能耗一般占整个消毒系统的15%~40%。

② 臭氧发生器及其供电系统，一般其投资占整个消毒系统的60%以上，运行费用占60%~80%。

③ 臭氧接触设备。

④ 臭氧尾气处置系统。

⑤ 系统仪表控制设备。

按照设备功能，臭氧生产系统可分为空气处理装置、臭氧发生装置和电源装置三部分。

空气中最常用的气源是空气。空气气源制取臭氧的电耗最高，占地也最大，制氧机供电电耗为其次，液氧气源电耗最低。采用空气气源制造臭氧的成本比采用商品液氧略低，但现场制氧生产臭氧的综合成本最低。对于臭氧使用量较大的系统，采用氧气或富氧空气生产臭氧比较经济。空气气源适用于较小规模的臭氧生产系统，商品液氧适用于中等规模的系统而制氧机适用于较大规模的臭氧生产。

空气气源所生产的臭氧气体的臭氧浓度一般为10~20mg/L，空气气源高达3.5%（质量分数），实践中采用含氧浓度85%以上的富氧空气生产臭氧的效率几乎与纯氧气源生产臭氧相同。商品液氧存放在保温的高压储存罐内，储量一般不低于最大日供氧量的3天的用量，使用时采用特殊的蒸发器将液氧汽化。由于臭氧发生器所要求的最佳氧气浓度往往为90%~95%，因此汽化后的氧气中通常还要添加少量氮气或空气，为此要配备一定容量的氮气储罐或空气压缩机以及相应的气体混配器。一般臭氧发生器生产臭氧的浓度和绝对产量大致随着气压的升高而降低。臭氧生产的电耗随气压的变化没有一定的规律，与设备的机构设计有关。

空气冷却器：空气在经过压缩以后温度会升高。高温的空气对生产臭氧不利，供气温度过高也会使臭氧发生器产生的臭氧加速分解，因此空气在压缩以后要进行冷却。使用冷冻器时，流出冷冻器的气体温度为2~5℃。改变空气的温度和压力都可以去除原料气源中的大部分水分，但是增加了全系统设备造价和维护的费用。

过滤器：粉尘杂质会破坏干燥器、臭氧发生器和微孔气泡扩散的工作，降低设备的寿命。干燥器和臭氧发生器的供气都必须去除粉尘和微粒。

干燥器：气体湿度对臭氧生产的影响，原料气的湿度对臭氧的生产效率有很大的影响。

3. 消毒副产物

ZBF003 消毒副产物的概念

1)消毒副产物组成

饮用水中的消毒副产物包括天然地表水体中的有机物,它们主要来源于大气降水,这些有机物包括天然有机物和人工合成有机物。

天然有机物主要包括腐殖酸类物质、藻类及其代谢产物以及氨基酸等小分子有机物。腐殖酸类物质包括腐殖酸、富里酸和胡敏酸,主要来源于动植物残骸被微生物分解后的产物。

2)消毒副产物前体物质

进入水体的各种人工合成有机物质和天然有机物在消毒过程中都有可能和消毒剂发生反应而生成消毒副产物,所以将这些能生成消毒副产物的有机物称为消毒副产物的前体物质。饮用水中消毒副产物前体物质主要来自原水中的腐殖质。消毒副产物的前体物质是相对某一种消毒剂而言的,在水中状态主要为溶解态、悬浮态或吸附态。

3)消毒副产物形成数量和种类的影响因素

消毒副产物的形成量主要与水中的有机物含量有关。消毒剂的氧化还原电位越高,生成的副产物就越多。对于不受有机物污染的水源或在消毒前通过前处理把形成氯消毒副产物的前期物预先去除,水中微生物往往会黏附在悬浮颗粒上,给水处理中的混凝沉淀和过滤在去除悬浮物、降低水的浊度的同时,也去除了大部分微生物。氯消毒的自来水中含有许多卤代烃类消毒副产物。产生这些物质的主要原因是氯在消毒过程中与水中原有的微量有机物产生了复杂的化学反应。

形成的消毒副产物的种类、数量和分布比例显然与消毒剂的种类和投加方式以及有机物的性质、浓度、温度、pH 值、消毒接触时间等环境条件有关,并且还与水中的有机物的含量有关。

4. 消毒剂主要性质比较

ZBF004 消毒剂主要性质的比较

1)卤素消毒

卤素单质的消毒机理主要是使微生物的酶系统迅速灭活。卤素中,由于氟的化学活动性太大,毒性强,不易产生和保存,所以未用于消毒处理中。

(1)氯、氯氨和次氯酸盐。

氯、氯氨和次氯酸盐是目前使用最为广泛的消毒剂。饮用水的液氯消毒使用最为广泛,最便宜。氯还可以用于管道系统和设备的预消毒以及游泳池消毒,并且进行工业用水的杀生。

(2)二氧化氯。

二氧化氯是氯的氧化物,消毒机理与一般卤素不同。二氧化氯的氧化和消毒效果好,消毒副产物少,当前被认为是最有可能全面取代传统氯消毒的药剂。

(3)溴。

溴是一种红褐色的卤素,它在常压下为液体,所以比压缩气体容易处理。溴有强腐蚀性,能产生非常有刺激的烟气,其液体会烧伤皮肤。溴一般采用海水、盐湖水制备,使用和储存形式比氯方便安全;在泳池条件下形成的溴氨的杀菌效率优于氯氨;对眼睛的刺激性较小;消毒副产物不产生讨厌的气体,单价比氯高。

2）过氧化氢消毒

过氧化氢是氢的过氧化物，是一种不可燃的油状无色液体，过氧化氢溶液为无色透明液体，很不稳定，浓过氧化氢与易燃物、有机物接触能一起剧烈地燃烧。高浓度的过氧化氢有腐蚀性。

3）过氧乙酸

过氧乙酸为无色液体，有醋酸气味，易溶于水和有机溶液，杀菌速度较快，分解产物无毒。

4）高锰酸钾消毒

固态的高锰酸钾是紫黑色粒状或针状晶体，有蓝色金属光泽，无臭味，不易溶解。高锰酸钾的水溶液为紫色，有甜涩味，容易因光照、二氧化锰和其他杂质的催化作用而分解，产生棕色的二氧化锰沉淀。高锰酸钾在酸性条件下是强氧化剂，能氧化水中的大部分有机物质，在中性和碱性介质中能分解成二氧化锰并放出活性氧。

ZBF021 高锰酸钾投加量的确定

在普通情况下，2mg/L 高锰酸钾 24h 接触时间可获得满意的消毒效果，但高锰酸钾的消毒能力要弱于臭氧和氯，接触时间需要很长。当投量高达 10mg/L/时，对于霍乱弧菌，接触时间需要 2h，而痢疾杆菌要 4h，伤寒杆菌要 24h。高锰酸钾与水中有机物的反应比较容易，因此水中有机物的存在对消毒的干扰比较大。

ZBF022 高锰酸钾消毒的优缺点

高锰酸钾消毒的优点：

（1）高锰酸钾可以用来氧化吸附引起臭味的有机物，可以与许多水中的杂质如二价铁、锰、硫、氰、酚等反应，由于有机物被氧化，因此会减少处理水中 THM（三卤甲烷）、氯酚和其他氧化消毒副产物的产生，使水的致突变活性大大降低。

（2）采用高锰酸钾消毒的水不会产生臭、味和有毒的消毒副产物。

（3）能够杀灭很多门类的藻类和微生物，甚至部分原生物和蠕虫。

（4）投加和检测比较方便。

（5）反应产物为水合的二氧化锰，它有一定的吸附和助凝作用。

（6）高锰酸钾可以和活性炭联用，二者都有去除氯代物前驱物质的作用。联用时对水中有机物的去除效率远高于其各自单独使用的效率，但使用时应注意，活性炭会还原高锰酸钾，所以两者不宜同时使用，高锰酸钾宜在絮凝剂投加前投加。

高锰酸钾的缺点：

（1）接触时间长（特别适合长距离输送的预氧化）。

（2）投加过量会引起出厂水色度升高。长期过量投加，反应产物水含二氧化锰，易使滤料板结。

（3）高锰酸钾价格较贵。

5. 化学消毒剂的分类

化学消毒剂主要分为两大类：氧化型消毒剂和非氧化型消毒剂。氧化型消毒剂包括氯、臭氧、二氧化氯；非氧化型消毒剂包括了一些特殊的高分子有机化合物和表面活性剂。

氧化型消毒剂往往是通过灭活微生物的某种特殊酶而起消毒作用，或者通过氧化使细胞质产生破坏性降解。

非氧化型消毒剂的杀菌机理和氧化型消毒剂有所不同，它不是通过灭活某种微生物的生命物质来进行杀菌的，而是通过与细胞构成物质的结合来扰乱生物细胞的结构，改变这些构成物质的功能特性，使微生物的正常生活过程不能进行。

氧化型消毒剂的来源比较广泛，化学稳定性比较差，非氧化型消毒剂的杀菌能力相对弱。

（二）原料储存

ZBF013 盐酸的储存

1. 盐酸

盐酸储存的库房温度不能超过30℃，湿度要在85%以下。盐酸有刺激性气味，且有腐蚀性，盐酸的储存要有明确的装置标识，储罐间距至少1m。对于易泄漏有害介质的管道及设备应尽量露天布置，以便于毒气扩散。

ZBF014 氯酸钠的储存规定

2. 氯酸钠

固态的次氯酸钠是很容易分解和潮解的白色粉末，受热迅速分解，有爆炸的危险，稳定性不如次氯酸钙。次氯酸钠易溶，溶液容易被光和热分解，微量的金属如铁、铜、锰及其合金等会催化次氯酸钠的分解，在pH值接近11的碱性条件下和没有重金属离子时较稳定。次氯酸钠溶液应避光保存于阴凉通风的库房。常压下氯酸钠加热到300℃易分解放出氧气。

ZBF015 亚氯酸钠的储存规定

3. 亚氯酸钠

常温下亚氯酸钠易溶于水而形成橙褐色溶液，亚氯酸钠稀溶液在常温下具有化学稳定性。

工业用亚氯酸钠的纯度为50%~80%，是橙色雪片状的盐，与酸反应时会迅速生成二氧化氯气体。温度高于175℃时亚氯酸钠迅速分解，释放出氧和足够的热，使分解得以进行，因此在密闭容器内会引起爆炸。

亚氯酸钠有强氧化性，存放在密闭的缸筒内。亚氯酸钠在封闭或溶液状态下是稳定的，但在有机物存在时十分易燃，因此不允许其溶液在地上干燥，必须用水冲洗，尽量不溅起水花，且不能与木屑、有机物、尘埃、磷、炭、硫等物质接触。

亚氯酸钠的库房内应设置有快速的冲洗设施。在加药间和药库附近应设置紧急洗涤池和喷淋装置，并且供水装置应与报警系统联动。

ZBF020 高锰酸钾的储存要求

4. 高锰酸钾

高锰酸钾固体粉粒的自然堆密度为800~1200kg/m^3，固体对钢铁没有腐蚀性，但会侵蚀橡胶和某几种塑料，其固体大量储存时有燃烧的危险，溶液和干态物质在与有机物或易氧化物接触时可能会爆炸。高锰酸钾常配成1%~6%的稀溶液备用。

（三）消毒剂常规指标的测定方法

ZBF023 余氯的测定方法

1. 余氯测定方法

常用的余氯测定方法有碘量法、邻联甲苯胺比色法及邻联甲苯胺-亚砷酸盐法等。

1）碘量法

在酸性条件下次氯酸钠将碘离子氧化成元素碘，析出的元素碘用硫代硫酸钠还原滴定，用淀粉指示滴定终点。

2）邻联甲苯胺比色法

邻联甲苯胺可在酸性条件下被氯、氯胺和其他氧化剂氧化成黄色化合物。当pH值低于1.3时颜色深度与氧化剂量成正比。

3）邻联甲苯胺-亚砷酸盐法

本法利用亚砷酸盐的还原性可测定自由性和化合性余氯，并可排出能与邻联甲苯胺反应的物质的干扰。

4）电位滴定法

电位滴定法精确完全，能区分自由性和化合性余氯。该方法可用 pH 值为 6~7.5 的亚砷酸基苯的标准液定量还原自由性余氯，在有碘化钾和 pH 值为 3.5~4.5 的条件下亚砷酸基苯能定量还原化合性余氯。测定自由性余氯时，三氯化氮、二氧化氯、卤素、银对其均有干扰，但其他能干扰邻联甲苯胺比色法的物质（锰、亚硝酸、铁等）基本无影响。该方法技术要求较高，不适合现场测定。

5）DPD 法

DPD 指的是 *N*,*N*-二乙基对苯二胺试剂，DPD 法是一种能够比较准确地区分自由性余氯和结合性余氯的氯测定方法。该方法简单可靠，但难以区分次氯酸和次氯酸根离子。

6）氯的连续测定仪器

氯的连续测定仪器的工作原理主要有两种：一种是根据电极电位原理，利用特殊构造的电极、溶液 pH 值和使用的化学药剂的性质测定溶液的电位求出氯的浓度；另一种是根据比色法原理的连续光电比色技术。

ZBF024 二氧化氯的检测方法

2. 二氧化氯测定方法

1）吸收光谱法

（1）直接光吸收法，可以利用相应波长的紫外线进行浓度测定。

（2）一般吸收光谱法，某些无色的化学物质能被氧化成有色物质，因此可以测定在一定条件下的显色产物的吸光度来间接测定氧化剂的浓度。

2）示差光度法

某些显色试剂在氧化剂的作用下会褪色或变色，因此可以根据标准显色曲线与变色反应后的差别来测定氧化剂的浓度，常用的方法有：

（1）罗丹明 B 示差光度法：罗丹明 B 被认为是在低浓度测定中对二氧化氯选择性较好、灵敏度高的试剂。

（2）甲酚红：采用甲酚红试剂在 573nm 波长时进行测定。

3）滴定法（碘量法、OTO 法、DPD 法）

一般认为用连续滴定碘量法测定水中常量的二氧化氯、氯、亚氯酸和氯酸是可行的，但分析误差较大，测定低浓度的氯氧化物是比较困难的。碘量法主要用作标准化校验二氧化氯溶液，一般不适用于生产实际中水样的二氧化氯测定。

DPD 能在氧化剂的作用下被氧化成稳定的红色半醌型阳离子基团，可用比色法、分光光度法或吸收光谱法测定。DPD 法是余氯测定中常见的方法，也可用于测定亚氯酸和溴。检测二氧化氯的 DPD 指示剂显色不稳定是导致数据精密度下降的主要原因，因此需加快操作步骤的速度。

4）流动注射分析法

流动注射分析系统（FIA 法）一般由载流驱动系统、进样装置、混合反应装置和检测记录系统构成。测定时由进样装置将一定体积的试样注入载流，试样与载流中的试剂反应生成可检测的产物,由于各种系统和装置工作原理的不同和组合方式的不同而产生了 FIA-光度分析法、FIA-离子选择电极法、FIA-原子吸收光谱法等。FIA 系统的特点是仪器比较简单、分析速度快、所需取样量少和自动化程度较高,能与多种检测方式联用,能够进行非平衡状态下的分析,最低检出限为 18μg/L 到数个 μg/L。

(四)消毒设备

ZBG001 二氧化氯发生器的结构特性

1. 二氧化氯发生器

1)二氧化氯发生器的结构特性

二氧化氯发生器由供料系统、反应系统、吸收系统、安全系统和控制系统构成,发生器外壳为 PVC 材料。二氧化氯发生器的材料具有极强的耐腐蚀性。在常规双原料发生器中,必须仔细控制酸投加量,以维持二氧化氯溶液的 pH 值在 2~3。设计合理的常规双原料发生器溶液中剩余的过量氯接近 7%,常规发生器的产率为 90%。

ZBG002 二氧化氯投加系统的主要部件

2)二氧化氯投加系统的主要部件

二氧化氯投加系统的主要部件有水射器、计量泵、温度控制器、进气口、安全阀、电接点压力表、原料罐。

当动力水经过水射器时,内部产生高压。计量泵的作用是输送原料和调节流量。原料液位传感器是保护设备安全运行的装置之一,当任何一种原料用完时,计量泵将停止。温度控制器是二氧化氯投加系统加热控制机构,保证原料反应的最佳温度。

ZBG003 二氧化氯发生器安全阀的工作原理

3)二氧化氯发生器安全阀的工作原理

安全阀为设备操作及运行不当时特定的泄压途径。安全阀打开后,全面检查排除故障,将防护盖打开,把安全塞重新塞紧即可。安全阀对于反应系统保护起保护作用。当安全阀故障会引起发生器爆炸。

ZBG004 二氧化氯发生器背压阀的工作原理

4)二氧化氯发生器背压阀的工作原理

背压阀能够在计量泵的出口保持一定的压力,确保计量精度,同时也防止工艺压力低于吸入压力时产生虹吸,此时,背压阀能消减由于虹吸产生的流量及压力的波动。当二氧化氯发生系统压力比设定压力小时,背压阀膜片在弹簧弹力作用下会堵塞管路;反之,当二氧化氯发生系统压力比设定压力大时,背压阀膜片压缩弹簧会接通管路。在泵的排出冲程,压力作用于隔膜,将其抬离泵座,从而使计量的物料通过背压阀;当排出流量减小到零时(吸入冲程),隔膜复位,将泵出口和阀门之间的低压物料与外界隔离,从而在泵的出口单向阀保持一个恒定压力。在管路或是设备容器压力不稳的状态下,背压阀能保持管路所需的压力。

ZBG005 二氧化氯发生器电接点压力表的工作原理

5)二氧化氯发生器电接点压力表的工作原理

电接点压力表是保护设备安全运行的部件之一,其工作原理是:当水射器前端动力水压低于设定值,水射器不能正常工作时,该仪表传送信号给控制器,控制计量泵停止进料,以确保设备安全运行。当电接点压力表故障时,可能导致二氧化氯发生器泄压。

ZBG006 二氧化氯发生器的工作原理

6)二氧化氯发生器的工作原理

由计量泵将氯酸钠水溶液与盐酸溶液按一定比例输送到反应器中,在一定温度和负压条件下进行充分反应,产出以二氧化氯为主、氯气为辅的消毒气体,经水射器吸收与水充分混合形成消毒液后,投入被消毒水体中。亚氯酸钠酸分解法制备二氧化氯是自氧化还原反应。在常规双原料发生器中,pH 值控制不稳会导致二氧化氯产率降低。

2. 加氯设备

人工操作的加氯设备主要包括加氯机(手动)、氯瓶和校核氯瓶质量的磅秤等。

1)加氯机

加氯机是安全、准确地将来自氯瓶的氯输送到加氯点的设备。加氯机的形式很多,可根据加氯量大小,操作要求等选用。

ZBG007 氯瓶的歧管系统

2)氯瓶

氯瓶是一种储氯的钢制压力容器,干燥氯气或液态氯对钢瓶无腐蚀作用,但遇水或受潮则会严重腐蚀金属,所以必须严格防止水或潮湿空气进入氯瓶,氯瓶内保持一定的余压也是为了防止潮气进行氯瓶。

大中型加氯系统在安全性、自动控制等方面要求比小型系统要高,当加氯量较大时,蒸发器内部的气压就会下降。氯瓶上端出氯口安装有气态氯歧管及连接多个氯瓶的液态氯歧管,通过这些管来联系各个氯瓶,将液氯输送给蒸发器系统,蒸发器的主要作用是平衡各个氯瓶的压力。

ZBG008 泄压阀的工作原理

3)泄压阀

泄压阀组件应设在蒸发器气体出口与第一个手动阀门之间,当因误操作使阀门隔断或在管道堵塞时可自动释放超压气体。通常采用牺牲阳极的方法保护蒸发器的内胆,阳极材料常用镁。当氯气管线的压力释放阀的释放管要独立接到室外,不能再接分支管。如果漏氯吸收系统出现故障,需要在1h内处理一个氯瓶的泄漏量。

ZBF019 影响紫外线杀菌的因素

(五)紫外线消毒

影响紫外线消毒效率的因素有灯管温度、光源辐射强度及其分布方式、水层厚度等。

1. 灯管温度

低压灯管的最佳工作温度是41℃左右。中高压灯管工作时的发热量较大,水温不会明显影响其工作性能。此外在系统初运行时,消毒器的进水温度和环境温度通常应在5℃以上,否则会造成灯管点火启动困难。

2. 光源的辐射强度及其分布方式

紫外线辐射强度是影响消毒效果的最基本因素,辐射强度应大于100$\mu m/cm^2$(距离1m处)为合格,正在使用中的灯管辐射强度最低应达到70$\mu m/cm^2$,但必须延长照射时间,光源的分布要求均匀分布。

3. 水层厚度

紫外线穿透水层的深度与水质有很大的关系。波长为200~390nm的紫外线照射水层的有效作用深度为12cm。超薄的水层对紫外线的衰减越少,消毒效率也越高;但对于一定流量的水流而言,薄的水层意味着流速提高和处理时间缩短,为此必须加大辐射剂量,或者是加长辐射处理时间。

4. 水流分布状态

为了保证一定的处理时间,消毒室内的水流最好呈推流状态,而在同一推进断面上的水流应呈紊流状态。这样可以增加紫外线和水中微生物的作用概率,提高消毒效果。水流平均速度一般不低于0.3m/s。

5. 杀灭微生物所需的最小剂量

杀灭微生物所需的最小剂量与微生物种类和生活状态有关,此外消毒效果还受微生物的数量影响,当水中的大肠杆菌指数或细菌总数增加时,消毒效率会降低。

6. 水质

水中的藻类、铁盐、色度、胶态物质、有机物油类以及悬浮物都会吸收紫外线,要从水质分析数据判定水介质对紫外线的衰减程度是很困难的。为了保证消毒效果,要对一些紫外线衰减率较高的水分析原因并进行适当的预处理。水的硬度对淹没式紫外线装置的工作也有一定的影响。硬度较高的水容易在灯管设备的水接触面上结垢,结垢后会降低消毒效果,增加设备维护的工作量。

项目二　清洗二氧化氯发生器过滤器

一、准备工作

(一)设备

Y 型二氧化氯发生器过滤器 1 套。

(二)工具、材料

防毒面具 1 个,链钳 1 个,细毛刷 1 个,橡胶手套 1 副,清水若干。

(三)人员

1 人操作,持证上岗,劳动保护用品穿戴齐全。

二、操作规程

序号	工序	操作步骤
1	准备工作	选择工具、用具及材料
2	拆卸过滤器	(1)正确穿戴防毒面具及橡胶手套。 (2)先关闭过滤器的进口阀,再关闭出口阀。 (3)用链钳套住要拆卸过滤器的压盖并逆时针旋动,将压盖卸下。 (4)抽取过滤器滤芯
3	清洗过滤器	将取下的滤芯用清水冲洗,冲洗至滤芯恢复堵前状态,如冲洗不净可用软毛刷刷洗
4	安装过滤器	将滤芯放回过滤器中,用手简单固定压盖,再用链钳拧紧压盖
5	清理场地	清理场地,收工具

三、技术要求

(1)链钳拆卸过滤器的压盖要逆时针旋动。

(2)过滤器滤芯要彻底清洗。

(3)清洗后的滤芯要放回过滤器中,并用链钳拧紧压盖。

四、注意事项

(1)操作过程中要求佩戴防毒面具。

(2)操作过程中要求穿戴橡胶手套。

项目三　检查运行中二氧化氯发生器

一、准备工作

(一)设备

Y 型二氧化氯发生器过滤器 1 套。

(二)工具、材料

200mm 活动扳手 1 个,试电笔 1 个。

(三)人员

1 人操作,持证上岗,劳动保护用品穿戴齐全。

二、操作规程

序号	工序	操作步骤
1	准备工作	选择工具、用具及材料
2	操作步骤	(1)检查设备工作电压是否正常,应为 380(1±10%)V。 (2)检查进料计量泵工作是否正常,是否存在堵塞现象。 (3)检查二氧化氯发生器出口压力是否正常并读数。 (4)检查反应釜的液位是否正常。 (5)检查安全阀状态是否正常,安全阀是否频繁跳动。 (6)检查水射器是否有堵塞
3	清理场地	清理场地,收工具

三、技术要求

(1)判断进料泵是否存在堵塞现象。
(2)判断安全阀是否正常。
(3)保证水射器不能堵塞。

四、注意事项

(1)要检查设备工作电压是否符合要求。
(2)要求严格遵守操作规程进行操作。

项目四　投运二氧化氯系统

一、准备工作

(一)设备

RJ7000 二氧化氯发生器 1 套,10m^3 盐酸罐 1 个,20m^3 氯酸钠罐 2 个。

(二)工具、材料

盐酸1罐,氯酸钠1罐。

(三)人员

1人操作,持证上岗,劳动保护用品穿戴齐全。

二、操作规程

序号	工序	操作步骤
1	检查水压	(1)打开动力水阀门。 (2)将水压调至0.3~0.4MPa,检查水压
2	检查设备	检查计量泵有无泄漏、控制面板参数设定是否正常
3	检查阀门	检查进料阀门、总阀门、各投加点阀门开关位置,检查安全阀
4	检查反应液位	检查反应液位有无液体,从进气口向反应器加水至一半液位
5	检查电源	检查电源
6	打开计量泵, 设置设备冲程	打开动力水阀门,将水压力调至0.3MPa以上,打开计量泵开关,设置计量泵冲程至80%
7	设定温度及流量	设置设备运行设定温度为50~80℃;流量的设定根据水中余氯量的大小来修正;通过调节运行频率来实现
8	记录	做好运行记录
9	清理场地	清理场地,收工具

三、技术要求

(1)操作前要打开动力水阀门。

(2)检查各种阀门的开关位置。

(3)检查反应液位,如果不在要求范围应调整液位。

(4)应根据余氯量来修正温度。

四、注意事项

(1)严格遵守操作规程进行操作。

(2)管道中的空气要求排空。

项目五　切换运行中计量泵

一、准备工作

(一)设备

计量泵2台。

(二)工具、材料

8号活动扳手1把,管钳1把。

（三）人员

1人操作，持证上岗，劳动保护用品穿戴齐全。

二、操作规程

序号	工序	操作步骤
1	准备工作	选择工具、用具及材料
2	启动备用计量泵	（1）检查润滑油。 （2）检查压力表手阀及压力表。 （3）检查各紧固螺栓。 （4）检查电动机送电情况，否则联系送电。 （5）将行程设置为0%。 （6）全开入口阀。 （7）全开出口阀。 （8）启动计量泵。 （9）调节行程来调节流量
3	停用运行计量泵	（1）将行程设置为0%。 （2）停运行计量泵。 （3）全关入口阀。 （4）全关出口阀
4	清理场地	清理场地，收工具

三、技术要求

（1）确认润滑油油质良好。

（2）泵出入口管件不能有松动。

（3）要求正确设置行程。

（4）出入口阀门要求全关。

四、注意事项

（1）严格遵守操作规程进行操作。

（2）确保送电情况。

项目六　根据需要调整二氧化氯投加量

一、准备工作

（一）设备

二氧化氯发生器1套。

（二）工具、材料

工服1套，防腐手套1副，记录本1个，钢笔1只（考生自备）。

（三）人员

1人操作，持证上岗，劳动保护用品穿戴齐全。

二、操作规程

序号	工序	操作步骤
1	准备工作	选择工具、用具及材料
2	调整二氧化氯投加量	(1)检测二氧化氯余量。 (2)计算所需二氧化氯发生器冲程或频率,计算公式为: $$\frac{M_1h_1}{M_2h_2}=\frac{z_1}{z_2}$$ 式中　M_1——调整前冲程,m; M_2——调整后冲程,m; h_1——调整前频率,Hz; h_2——调整后频率,Hz; z_1——调整前二氧化氯余量,mg/L; z_2——调整后二氧化氯余量,mg/L。 (3)按照计算结果调整冲程或频率。 (4)观察计量泵是否运行正常。 (5)再次检测二氧化氯余量,要求在 0.10~0.80mg/L
3	记录	做好记录
4	清理场地	清理场地,收工具

三、技术要求

(1)调整之前需要检测二氧化氯余量。

(2)要熟知计算公式。

(3)会调节二氧化氯冲程和频率。

(4)调整投加量后需间隔一定时间后再检测二氧化氯余量。

四、注意事项

(1)严格遵守操作规程进行操作。

(2)要做好记录。

项目七　投运臭氧发生器系统前准备

一、准备工作

(一)设备

臭氧发生器 1 套,空压机 1 套,干燥器 1 套,余臭氧分析仪 1 套,臭氧浓度分析仪 1 套。

(二)工具、材料

工服 1 套。

(三)人员

1 人操作,持证上岗,劳动保护用品穿戴齐全。

二、操作规程

序号	工序	操作步骤
1	准备工作	选择工具、用具及材料
2	气源系统开机前检查	(1)进入液氧站确认氧气气源状态、确认出气管压力表、流量计正常。 (2)进入臭氧制备间确认空压机急停键关闭。 (3)确认氮气投加系统中所有阀门处于开启状态。 (4)检查干燥器前后过滤器状态是否正常，如异常，请及时清洗。 (5)确认氮气投加流量计开关状态
3	臭氧发生器启动前检查	(1)在臭氧系统配电间合上整套系统的电源开关。 (2)进入臭氧发生器车间，将保险钥匙插入电源柜相应位置，关闭电源保险后将电源柜打开，将电源柜内的空气开关打到“ON”。关闭电源柜门，打开电源保险后，取下保险钥匙。 (3)消除主 PLC 和臭氧发生器显示的报警。 (4)消除主 PLC 和臭氧发生器显示的报警。 (5)通过主 PLC 查看尾气破坏装置温度，达到 40℃以上开启尾气破坏装置
4	臭氧接触池运行前准备	(1)臭氧接触池进水前，需要打开人孔进行排气。 (2)臭氧接触池进水平稳后，封闭人孔
5	记录	做好记录，准确填写日报表
6	清理场地	清理场地，收工具

三、技术要求

(1)进入臭氧制备间前要确认空压机急停键关闭。

(2)过滤器状态如果异常，要及时清洗。

(3)消除主 PLC 和臭氧发生器显示的报警。

(4)达到合理露点后才能运行发生器。

四、注意事项

(1)进入液氧站前要确认氧气气源状态。

(2)要求严格遵守操作规程进行操作。

模块三　管理维护设备

项目一　相关知识

一、给水管线

ZBH001 管道质量检查

在管道敷设完毕后,进行外观检查,主要是对基础、管道、阀门井及其附属构筑物等的质量进行检查,检查所进行的试验包括管道水压、气压、气密或泄漏试验。

质量检查施工程序为试压前准备→确认试压条件→开始升压→停压检验→缓慢卸压→填写试压报告,做好质量标识→恢复管道原有状态。

注意事项:

(1)安装较长的管道时,应采取分段试压,否则管内空气难以排净,影响试压的准确性。

(2)在管道工程质量检查与验收中,一般给水管道管径小于400mm时,只进行降压试验,不做漏水量试验。在管道工程质量检查与验收中,一般给水管道管径大于400mm时,既要做降压试验又要做漏水量试验。

(3)管道降压试验标准是指在规定试验压力下观察10min后,压力表落压不超过49kPa。管道试压分段长度不宜过长,一般在1000m左右,管线穿越特殊地段时,可单独进行试压。

二、相关测量仪表

(一)电磁流量计

ZBH002 电磁流量计的概述

1. 概述

电磁流量计(ElectromagneticFlowmeters,简称EMF)是20世纪50—60年代随着电子技术的发展而迅速发展起来的新型流量测量仪表,是应用电磁感应原理,根据导电流体通过外加磁场时感生的电动势来测量导电流体流量(通常流量指单位时间内流过管道某一截面的流体数量)的一种仪器。电磁流量计的流通能力比水表要大,且内部无运动部件,没有磨损,使用寿命也比水表长。

电磁流量计(图1-3-1)主要由磁路系统、测量导管、电极、外壳、衬里和转换器等部分组成。

图1-3-1　电磁流量计产品图

磁路系统:作用是产生均匀的直流或交流磁场。直流磁路用永久磁铁来实现,其优点是结构比较简单,受交流磁场的干扰较小,但它易使通过测量导管内的电解质液体极化,使正电极被负离子包围，负电极被正离子包围，即电极的极化现象，并导致两电极之间内阻增大，因而严重影响仪表正常工作。当管道直径较大时，永久磁铁相应也很大，笨重且不经济，所以电磁流量计一般采用 50Hz 工频电源激励产生的交变磁场。

测量导管：作用是让被测导电性液体通过。为了使磁力线通过测量导管时磁通量被分流或短路，测量导管必须采用不导磁、低电导率、低热导率和具有一定机械强度的材料制成，可选用不导磁的不锈钢、玻璃钢、高强度塑料、铝等。

电极：作用是引出和被测量成正比的感应电势信号。电极一般用非导磁的不锈钢制成，且被要求与衬里齐平，以便流体通过时不受阻碍。它的安装位置宜在管道的垂直方向，以防止沉淀物堆积在其上面而影响测量精度。

外壳：应用铁磁材料制成，具有隔离外磁场干扰的作用。

衬里：在测量导管的内侧及法兰密封面上有一层完整的电绝缘衬里。它直接接触被测液体，其作用是增加测量导管的耐腐蚀性，防止感应电势被金属测量导管管壁短路。衬里材料多为耐腐蚀、耐高温、耐磨的聚四氟乙烯塑料、陶瓷等。

转换器：由液体流动产生的感应电势信号十分微弱，受各种干扰因素的影响很大，转换器的作用就是将电极检测到的感应电势信号 Ex 放大并转换成统一的标准信号并抑制主要的干扰信号。

ZBH003 电磁流量计的特点

2. 性能特点

电磁流量计主要特点：(1)测量管内基本无压损，不易堵塞，对浆液类测量具有独特的适应性；(2)直管段要求低；(3)低频矩形波励磁，不受工频及现场集散干扰的影响，工作稳定可靠；(4)变送器躯体可采用全不锈钢，加装衬里材料后具有防酸、防碱、防腐蚀能力；(5)现场显示型转换器可采用专用的智能芯片，参数设定方便；(6)变送器内部可设自校系统，可随时对变送器常数及出厂校验值进行自校，便于调试和维修；(7)测量范围宽，一般工业用被测介质流速在 2~4m/s 为宜，而电磁流量计满量程流速可设定在 0.2~10m/s，所以在工业领域应用广泛，电磁流量计对水的流速越高，测量误差越小；(8)其插入式可在不断流状态下进行安装或拆卸；(9)使用范围广，可应用于化工、冶金、造纸、食品、石油、城市供水等领域；(10)电磁流量计测量范围大，通常为 20：1~50：1，可选流量范围宽，一般常用口径(如口径为 15mm)的电磁流量计测量范围为 0.06~6.36m^3/h；(11)电磁流量计的口径范围比其他品种流量仪表宽，从几毫米到 3m；(12)可测量正反双向流量，也可测脉动流量，只要脉动频率低于激磁频率很多；(13)仪表输出本质上是线性的；(14)易于选择与流体接触件的材料品种，可应用于腐蚀性流体。

ZBH004 压力表的概述

(二)压力表

1. 概述

压力表是指以大气压力为基准，用于测量小于或大于大气压力的仪表。在工业过程控制与技术测量过程中，机械式压力表的弹性敏感组件由于具有很高的机械强度以及生产方便等特性，得到越来越广泛的应用。压力表通过表内的敏感元件（波登管、膜盒、波纹管）的弹性形变，再由表内机芯的转换机构将压力形变传导至指针，引起指针转动来显示压力。

2. 结构

压力表(图 1-3-2)主要由溢流孔、指针、玻璃面板、节流阀等构成。

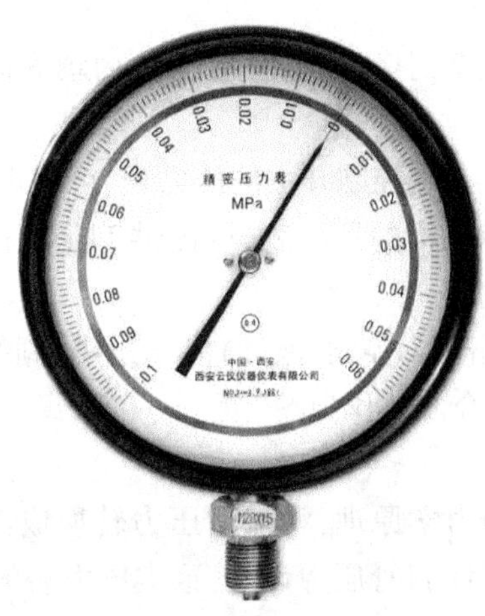

图 1-3-2　压力表产品图

若发生波登管爆裂的紧急情况,内部压力将通过溢流孔向外界释放,可以防止玻璃面板的爆裂。为了保持溢流孔的正常性能,需在表后面留出至少 10mm 的空间,不能改造或塞住溢流孔。

ZBH005　压力表的分类

3. 压力表的分类及其应用

1) 按测量精确度分类

压力表按照测量精确度分类可分为精密压力表、一般压力表。精密压力表的测量精度等级分别为 0.05 级、0.1 级、0.16 级、0.25 级、0.4 级;一般压力表的测量精确度等级分别为 1.0 级、1.6 级、2.5 级、4.0 级。

2) 按指示压力的基准不同分类

压力表按照指示压力的基准不同可分为一般压力表、绝对压力表、差压表。一般压力表以大气压力为基准;绝对压力表以绝对压力零位为基准;差压表测量两个被测压力之差。

3) 按测量范围分类

压力表按照测量范围分类可分为真空表、压力真空表、微压表、低压表、中压表及高压表。真空表用于测量小于大气压力的压力值;压力真空表用于测量小于和大于大气压力的压力值;微压表用于测量小于 60000Pa 的压力值;低压表用于测量 0~6MPa 的压力值;中压表用于测量 10~60MPa 的压力值;高压表用于测量 100MPa 以上的压力值。

4) 按测量介质特性的不同分类

(1) 一般型压力表:用于测量无爆炸、不结晶、不凝固、对铜和铜合金无腐蚀作用的液体、气体或蒸气的压力。

(2) 耐腐蚀性压力表:用于测量腐蚀性介质的压力,常用的有不锈钢型压力表、隔膜型压力表等。

(3) 防爆型压力表:用于环境有爆炸性混合物的危险场所,如防爆电接点压力表、防爆变送器等。

(4)专用型压力表:由于被测介质的特殊性,在压力表上应有规定的色标,并注明特殊介质的名称。氧气表必须标以红色“禁油”字样,氢气用深绿色下横线色标,氨气用黄色下横线色标等。

(5)耐震压力表:表壳制成全封密结构,且在壳体内填充阻尼油,其作用在工作环境振动或介质压力脉动的测量场所。

(6)电接点压力表:带有电接点控制开关的压力表,可实现发讯报警或控制功能。

(7)远传压力表:带有远传机构的压力表,可提供工业工程中所需要的电信号(如电阻信号或标准直流电流信号)。

(8)隔膜压力表:使用的隔离器(化学密封)能通过隔离膜片,将被测介质与仪表隔离,以便测量强腐蚀、高温、易结晶介质的压力。

5)按结构原理不同分类

(1)液柱式压力表:根据静力学原理,将被测压力转换成液柱高度来进行压力测量的,包括U形管压力计、单管压力计、斜管压力计等,这类压力表的优点是结构简单,反应灵敏,测量准确;缺点是受到液体密度的限制,测压范围较窄,在压力剧烈波动时,液柱不易稳定,而且对安装位置和姿势有严格要求。液柱式压力表一般仅用于测量低压和真空度,多在实验室中使用。

(2)弹性式压力表:根据弹性组件受力变形的原理,将被测压力转换成组件的位移来测量压力的,常见的有弹簧管压力表、波纹管压力表、膜片(膜盒)式压力表。这类压力表结构简单,牢固耐用,价格便宜,工作可靠,测量范围宽,适用于低压、中压、高压多种生产场合,是工业中应用最广泛的一类压力测量仪表。不过弹性式压力表的测量精度不是很高,且多数采用机械指针输出,主要用于生产现场的就地指示。当需要信号远传时,必须配上附加装置。

(3)压力传感器和压力变送器:利用物体某些物理特性,通过不同的转换组件将被测压力转换成各种电量信号,并根据这些信号的变化来间接测量压力的。根据转换组件的不同,压力传感器和压力变送器可分为电阻式、电容式、应变式、电感式、压电式、霍尔片等形式。这类压力测量仪表的最大特点就是输出信号易于远传,可以方便地与各种显示、记录和调节仪表配套使用,从而为压力集中监测和控制创造条件,在生产过程自动化系统中被大量采用。

6)按显示方式分类

压力表按显示方式可分为指针压力表、数字压力表。

ZBH006 压力表表盘的读取

4. 压力表表盘读取方法

1)压力表的读数方法

看压力表时,应使眼睛对准表盘刻度,眼睛、指针和刻度三者成垂直于表盘的直线,待压力稳定后读数;若压力不稳,指针摆动,应多读取几次(即读取指针的最大值和最小值),取算术平均值。

2)压力表技术参数

压力表的技术参数包括精确度等级、外径、径向、轴向。

(1)压力表精确度等级:以它的允许误差占表盘刻度值的百分数来划分的,精度等级数越大允许误差占表盘刻度极限值越大。压力表的量程越大,同样精度等级的压力表,它测得压力值的绝对值允许误差越大。经常使用的压力表的精度为2.5级、1.5级。

压力表的准确度等级是反映被检表与精密表进行比对中,指示值与真实值接近的准确程度。它等于最大基本误差绝对值与测量上限比值的百分数,是依据校验中所产生误差的大小来决定的。压力表越精密,则测量结果越精确、可靠。但不能认为选用的仪表精度越高越好。因为越精密的仪表一般价格越贵,操作和维护越费事。因此,在满足工艺要求的前提下,应尽可能选用精度较低、价廉耐用的仪表。

(2)压力表外径:表盘所指示的整个盘面,一般分大、中、小3种,小的一般为60mm以下,中等的为60~150mm,大的为150mm以上。通过盘面玻璃或其他透明材料的表盘可以看到指针的示数,便于观测和记录。

(3)压力表径向、轴向:径向指压力表的连接口径与表盘成I形;轴向指压力表的连接口径与表盘成T形。

ZBH007　压力表的维护

5. 压力表日常维护

要使压力表保持灵敏准确,除了合理选用和正确安装以外,在使用过程中还应加强对压力表的维护和检查。

压力表本身存在的危险性很低,特别是与其所监视的生产系统相比,危险性几乎可忽略不计。压力仪表的使用之所以需要受到高度重视,在于压力仪表是自动连锁装置、传感装置和保护装置的前提,是各种反应装置获取压力信息的唯一途径。

压力表在生产系统中的作用无可替代,压力仪表运行时存在的细微问题都可能是安全上的隐患,特别是用于易燃、易爆、腐蚀、毒性等有害物质监控的压力仪表,一旦压力测量出现误差,可能会直接导致有害物质的泄漏,造成巨大的环境灾难。压力仪表的安全使用是每一个企业应尽的责任,更是每一个操作者的义务,这就要求压力表的使用企业从根本上提高压力仪表使用的安全性,从体制上减少压力仪表安全隐患的发生,为压力仪表的使用提供良好的环境。

(1)压力表应保持洁净,表盘上的玻璃应明亮清晰,使表盘内指针指示的压力值能清楚易见,表盘玻璃破碎或表盘刻度模糊不清的压力表应停止使用。

(2)压力表的连接管要定期吹洗,以免堵塞,特别是用于有较多油垢或其他黏性物质的气体的压力表连接管,更应经常吹洗。

(3)要经常检查压力表指针的转动与波动是否正常,检查连接管上的旋塞是否处于全开位置。

(4)压力表必须定期校验,具体可以根据使用情况进行分析:

① 压力表运行3个月后就得对其进行一次一级保养,主要是检查压力表能否回零,查看三通旋塞及存水弯管接头是否泄漏,检查并冲洗存水弯管,确保畅通。

② 压力表运行一年后就得对其进行一次二级保养,这时可以将压力表拆卸下来,送计量部门校验并铅封。拆卸检查存水弯管,螺纹应完好。拆卸检查三通旋塞,研磨密封面,保证严密不泄漏,其连接螺纹应完好无损。存水弯管、三通旋塞应除锈、涂刷油漆。

(5)当压力表在运行中发现失准时,必须及时更换。更换的压力表必须是经过计量部门校验合格的有铅封的、在校验有效期的压力表或有出厂合格证明的新表。换表之前,必须将三通旋塞旋至冲洗压力表的位置,将存水弯管内的污物冲洗干净。将三通旋塞旋至使存水弯管存水的位置,用扳手取下旧表,换上新的压力表。将三通旋塞旋至正常工作时的位置,使新表投入运行。

以上就是有关压力表的维护保养方法,压力表校验仪使用一阶段以后,要定期清洗内部油路,换入新鲜介质,以免被检表带入的不洁物质淤塞管路,腐蚀机体。只有正确使用及注意仪器仪表的保养维护工作,才能延长压力表的使用寿命及测量结果的准确性。

使用压力表时应避免以下情况发生:

(1)安装配置不规范。现行规程规范中对压力表的配置、安装、使用、维护、检验等均有明确规定要求,而实际装配时,减少次要部位或双(多)表监控处的设置只数,盘径与量程不适合工作要求,易燃、易爆、有毒、腐蚀等特殊条件环境下采用特殊仪表等,随意改变规范规定的情况突出。

(2)日常使用维护不重视。使用时不定期进行检查、清洗,无使用情况记录,以及存在表针不归零位或波动严重、防爆孔保护膜脱落、表盘腐蚀或玻璃破碎、表盘不清扫等现象。

(3)检测检定工作不落实。压力表一般检定周期为半年。强制检定是保障压力表技术性能可靠、量值传递准确、有效保证安全生产的法律措施。由于一些使用单位对压力表的安全作用认识不到位,不提前申请检定,超检定周期使用现象很严重,特别是新购压力表必须经检定合格后方可安装使用。

ZBH008 阀门的维护

三、相关阀门

(一)阀门的日常维护

阀门与其他机械产品一样,也是需要维护保养的。这项工作做得好,可以延长阀门的使用寿命。

1. 阀门保管维护

(1)保管维护的目的是不让阀门在保管中损坏或降低质量。而实际上,保管不当是阀门损坏的重要原因之一。

(2)阀门保管应该井井有条,小阀门放在货架上,大阀门可在库房地面上整齐排列,不能乱堆乱垛,不要让法兰连接面接触地面。这不仅为了美观,主要是保护阀门不致碰坏。由于保管和搬运不当,手轮打碎,阀杆碰歪,手轮与阀杆的固定螺母松脱丢失等,这些不必要的损失应该避免。

(3)对短期内暂不使用的阀门,应取出石棉填料,以免产生电化学腐蚀、损坏阀杆。

(4)阀门进出口要用蜡纸或塑料片封住,以防进去脏东西。

(5)对能在大气中生锈的阀门加工面要涂防锈油,加以保护。

(6)放置室外的阀门,必须盖上油毡或苫布之类防雨、防尘物品,存放阀门的仓库要保持清洁干燥。

2. 阀门使用维护

(1)使用维护的目的在于延长阀门寿命和保证启闭可靠。

(2)阀杆螺纹经常与阀杆螺母摩擦,要涂一点黄干油、二硫化钼或石墨粉,起润滑作用。

(3)不经常启闭的阀门,也要定期转动手轮,对阀杆螺纹添加润滑剂,以防咬住。

(4)室外阀门,要对阀杆加保护套,以防雨、雪、尘土锈污。如阀门系机械待动,要按时对变速箱添加润滑油。

(5)要经常保持阀门的清洁。

(6)要经常检查并保持阀门零部件完整性。如手轮的固定螺母脱落,要配齐、不能凑合使用,否则会磨圆阀杆上部的四方,逐渐失去配合可靠性,乃至不能开动。

(7)不要依靠阀门支持其他重物,不要在阀门上站立。

(8)阀杆,特别是螺纹部分,要经常擦拭,对已经被尘土弄脏的润滑剂要换成新的,因为尘土中含有硬杂物,容易磨损螺纹和阀杆表面,影响使用寿命。

(二)阀门常见故障及原因

ZBH009　阀门的常见故障

ZBH010　阀门无法开启的常见原因

1. 常见故障

常见故障一是阀杆操作不灵活;二是手轮、手柄和扳手损坏;三是阀门泄漏。

2. 常见故障的原因

阀杆操作不灵活的原因:

(1)阀杆与它相配合件加工精度低、配合间隙过小,表面粗糙度大;

(2)阀杆、阀杆螺母、支架、压盖、填料等件装配不正,它们的轴线不在一条直线上;

(3)填料压得过紧,抱死阀杆;

(4)阀杆弯曲;

(5)梯形螺纹处不清洁,积满了脏物和磨粒,润滑条件差;

(6)螺母松脱,梯形螺纹滑丝;

(7)转动的阀杆螺母与支架滑动处的润滑条件差,中间混入磨粒、使其磨损或咬死,或者因长期不操作而锈死;

(8)操作不良,使阀杆和有关部件变形、磨损和损坏;

(9)阀杆与传动装置连接处松脱或损坏;阀杆被顶死或关闭件被卡死。

手轮、手柄和扳手的损坏的原因:

(1)使用长杠、管钳或使用撞击工具致使手轮、手柄或扳手损坏;

(2)手轮、手柄或扳手的紧固件松脱;

(3)手轮、手柄和扳手与阀杆连接件(如方孔、键槽或螺纹)磨损,不能传递扭矩。

阀体和阀盖产生泄漏的原因:

(1)制造质量不高,阀体和阀盖本体上有砂眼、松散组织、夹碴等缺陷;

(2)天冷冻裂,焊接不良,存在着夹渣、未焊透、应力裂纹等缺陷,铸铁阀门被重物撞击后损坏。

阀门的泄漏。泄漏故障填料的原因占的比例为最大:

(1)填料选用不对,不耐介质的腐蚀。不耐阀门的高压或真空、高温或低温的使用;

(2)填料安装不对,存在着以小代大、螺旋盘绕、接头不良、上紧下松等缺陷,填料超过使用期,已经老化,丧失弹性,阀杆精度不高,有弯曲、腐蚀、磨损等缺陷;

(3)填料圈数不足,压盖未压紧,压盖、螺栓和其他部件损坏,使压盖无法压紧;

(4)操作不当,用力过猛等;

(5)压盖不同轴,压盖与阀杆间隙过小或过大,致使阀杆磨损,填料损坏。

阀门泄漏的第二个原因是垫片处泄漏,其原因是:

(1)垫片选用不对,不耐介质的腐蚀,不耐高压或真空、高温或低湿的使用;

(2)操作不平稳,引起阀门压力、温度上下波动、特别是温度的波动;

(3)垫片的压紧力不够或者连接处无预紧间隙;

(4)垫片装配不当,受力不均;

(5)静密封面加工质量不高,表面粗糙、不平、横向划痕、密封副互不平行等缺陷;

(6)静密封面和垫片不清洁,混入异物等。

阀门密封面是阀门的核心部位,长期使用易产生渗漏。渗漏的形式有4种,即密封面的泄漏、密封圈连接处的泄漏、关闭件脱落产生的泄漏和密封面间嵌入异物的泄漏。

密封面的渗漏的原因:

(1)密封面研磨不平,不能形成密合线;

(2)阀杆与关闭件的连接处顶心悬空、不正或磨损;

(3)阀杆弯曲或装配不正,使关闭件歪斜;

(4)密封面材质选用不当或没有按工况条件选用阀门,密封面容易产生腐蚀、冲蚀、磨损;

(5)经过表面处理的密封面剥落或因研磨过大,失去原来的性能。

密封圈连接处的泄漏的原因:

(1)密封圈碾压不严;

(2)密封圈与本体焊接、堆焊结合不良;

(3)密封圈连接螺纹、螺钉、压圈松动;

(4)密封圈连接面被腐蚀。

四、电动机

(一)概述

电动机(Motors)是把电能转换成机械能的一种设备,它利用通电线圈(也就是定子绕组)产生旋转磁场并作用于转子(如鼠笼式闭合铝框)形成磁电动力旋转扭矩。电动机主要由定子与转子组成,通电导线在磁场中受力运动的方向跟电流方向和磁感线(磁场方向)方向有关。

ZBI001 电动机的分类

(二)分类

电动机按工作电源种类划分,可分为直流电动机和交流电动机。直流电动机按结构及工作原理可划分为无刷直流电动机和有刷直流电动机。有刷直流电动机可划分为永磁直流电动机和电磁直流电动机。电磁直流电动机可划分为串励直流电动机、并励直流电动机、他励直流电动机和复励直流电动机。永磁直流电动机可划分为稀土永磁直流电动机、铁氧体永磁直流电动机和铝镍钴永磁直流电动机。交流电动机可分为同步电动机和异步电动机。同步电动机可划分为永磁同步电动机、磁阻同步电动机和磁滞同步电动机。异步电机可划分为感应电动机和交流换向器电动机。感应电动机可划分为三相异步电动机、单相异步电动机和罩极异步电动机等。交流换向器电动机可划分为单相串励电动机、交直流两用电动机和推斥电动机。电动机的分类方法如图1-3-3所示。

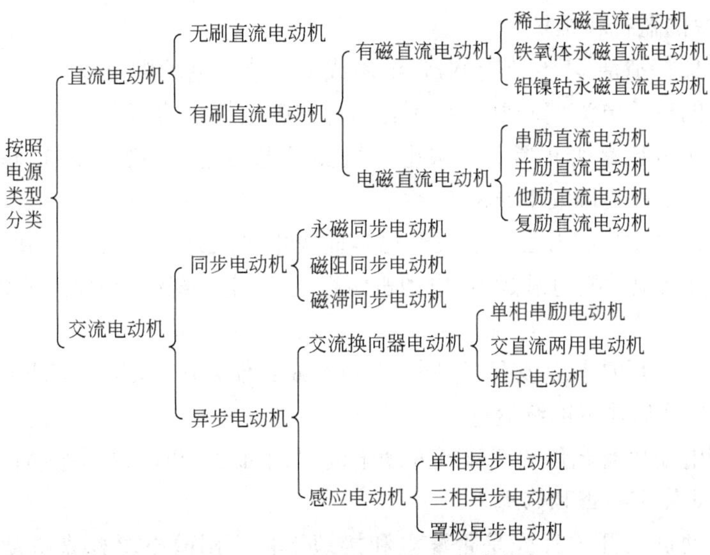

图 1-3-3　电动机按电源类型分类的方法

(三)电动机的性能指标

ZBI002　电动机的性能指标

衡量电动机性能的主要指标有效率、功率、启动转矩等。

1. 效率

电动机的效率就是它的输出功率和输入功率之比,通常用百分数表示。电动机的输出功率与输入功率之所以不同,主要是电动机在运行过程中会产生 3 种损耗,一是铁芯损耗,即铁损,这是一种与负载大小无关的固定损耗;二是机械损耗,这是克服轴承摩擦及风扇阻力所消耗的功率,其大小与转速有关,也属于一种固定损耗;三是绕组损耗,也称铜损,这是定子和转子绕组中的等效电阻在电流通过时所消耗的功率,铜损与电流大小有关,即随负载大小而变化,是一种可变损耗。一般电动机的效率在 0.7~0.93,空载与轻载时效率都很低。

2. 功率

电动机的功率一般指它的额定功率,即在额定电压下能够长期正常运转的最大功率,即电动机在制造厂所规定的额定情况下运行时,其输出端的机械功率,单位一般为千瓦(kW)。

3. 启动转矩

启动转矩是电动机启动时产生的转矩,通常是额定转矩的 1.25 倍,启动转矩大的电动机性能好。如果启动转矩太小,电动机不能带负荷启动。

4. 启动电流

异步电动机在刚启动时的电流称为启动电流。启动电流通常是额定电流的 6 倍左右,当转速逐渐增加到稳定转速后,电流才趋于额定值。启动电流过大会影响电网电压,还会影响电动机本身寿命和正常使用。

5. 最大转矩

最大转矩代表电动机所能拖动最大负荷时的转矩,一般用额定转矩的倍数表示。

6. 转动惯量

转动惯量代表电动机从启动到稳定转速所需的时间。电动机转动惯量小,转速很快就可以达到稳定转速,这样启动电流存在的时间就缩短了,这对电动机的运行有好处。

ZBI003 电动机运行中的巡护

(四)运行中的监视和维护

(1)应经常保持清洁,不允许有水滴、油滴或杂物落入电动机内部。

(2)电动机的运行电流(负载电流)不得超过铭牌上规定的额定电流。

(3)注意电源电压是否正常。一般电动机要求电源电压的变化不得超过额定电压的±7%,三相电压的差别不得大于5%。

(4)注意监视电动机的升温。监视升温是监视电动机运行状况的直接可靠的办法,当电动机的电压过低、电动机过载运行、电动机两组运行、定子绕组短路时,都会使电动机的温度不正常地升高。

(5)电动机在运行时不应该有摩擦声、尖叫声或其他杂声,如发现有不正常声音应及时停车检查,消除故障后才可继续运行。

(6)当闻到电动机有烧焦的气味或发现电动机内部冒烟时,说明电动机的绕组绝缘已遭受破坏,应立即停车检查和修理。

(7)检查电动机及开关外壳是否漏电和接地不良。用验电笔检查电动机及开关外壳时,如发现金属外壳带电,说明设备已漏电,应立即停车处理。

五、电路的测量与保护

(一)电压表与电流表

1. 电流表

1)概述

电荷的定向移动形成电流,把正电荷移动的方向规定为电流的方向,在电源外部,电流的方向从电源的正极到负极,电流的方向与自由电子定向移动的方向相反。

电流的单位为安培,用字母 A 表示,常用的单位有毫安(mA)、微安(μA),它们的换算关系为 1A=1000mA,1mA=1000μA。

电流表是指用来测量交、直流电路中电流的仪表,在电路图中,电流表的符号为“Ⓐ”。

2)工作原理

电流表是根据通电导体在磁场中受磁场力的作用而制成的。电流表内部有一个永磁体,在极间产生磁场,在磁场中有一个线圈,线圈两端各有一个游丝弹簧,弹簧各连接电流表的一个接线柱,弹簧与线圈间由一个转轴连接,转轴上装有指针。电流表接通后,磁场力的大小随电流增大而增大,从而带动转轴和指针偏转,就可以通过指针的偏转程度来观察电流的大小。

3)分类

电流表可分为直流电流表、交流电流表和数显电流表。

(1)直流电流表:主要采用磁电系或电动系测量机构,这些测量机构的测量基本量是电流,可用来直接测小电流。对于大量值的直流电流,磁电系测量机构要使用分流器,也就是并联电阻。它的作用是将大部分被测电流分流。对约 10A 以下的电流多采用内附分流器;对更大的电流值,则使用专用分流器。

(2)交流电流表:可采用电磁系或电动系测量机构。为使磁电系测量机构也能用于测量交流电流,可利用整流器或热电偶等器件先将交流转换为直流;由它们组合而成的电表分别称为整流式电流表、热电式电流表。为扩大量程，整流式电流表也采用分流器来进行大电流的测量，电磁系电流表则是采用加粗线圈导线、减少匝数的方法。

（3）数显电流表。数显电流表是利用模-数转换原理测量电流值，并以数字形式显示测量结果的仪表。数显电流表分为单相数显电流表和三相数显电流表，该表具有变送、LED（或 LCD）显示和数字接口等功能，通过对电网中各参量的交流采样，以数字形式显示测量结果。经 CPU 进行数据处理，将三相（或单相）电流、电压、功率、功率因数、频率等电参量由 LED（或液晶）直接显示，同时输出 0～5V、0～20mA 或 4～20mA 相应的模拟电量，与远动装置 RTU 相连，并带有 RS-232 或 485 接口。

4）电流表的使用方法

（1）看清接线柱上标的量程，看清每大格电流值和每小格电流值。

（2）使用时规则：

① 电流表要串联在电路中。

② 电流要从电流表的正接线柱流入，负接线柱流出，否则指针反偏。

③ 被测电流不要超过电流表的最大测量值。被测电流超过电流表的最大测量值时，不仅测不出电流值，电流表的指针还会被打弯，甚至表被烧坏。

④ 选择量程：实验室用电流表有两个量程，0～0.6 和 0～3A。测量时，先选大量程，用开关试触，若被测电流在 0.6～3A 可测量，若被测电流小于 0.6A 则换用小的量程，若被测电流大于 3A 则换用更大量程的电流表。绝对不允许不经用电器直接把电流表连到电源两极上。

2. 电压表

ZBI005 电压的计算方法

1）概述

电压，也称作电势差或电位差，是电路中自由电荷定向移动形成电流的原因。电压的国际单位制为伏特（V，简称伏），常用的单位还有毫伏（mV）、微伏（μV）、千伏（kV）等。它们之间的换算关系是：1kV＝1000V，1V＝1000mV，1mV＝1000μV。

电路中任意两点间的电位差称为两点的电压。串联电路中两端总电压等于各元器件两端电压。并联电路的电源电压等于各支路两端电压。并联电路中，各支路两端电压相等。

电阻是表示导体对电流阻碍作用大小的物理量，字母 R 表示，单位为欧姆（Ω），常用单位还有千欧（kΩ）和兆欧（MΩ），单位间的换算关系：$1M\Omega = 1000k\Omega = 10^6\Omega$。

根据欧姆定律，导体中的电流跟导体两端的电压成正比，跟导体的电阻成反比，即：

$$I = U/R \tag{1-3-1}$$

根据分压定律，串联电路中各部分电路两端电压与其电阻成正比，即：

$$U_1/U_2 = R_1/R_2 \tag{1-3-2}$$

分流定律：并联电路中，流过各支路的电流与其电阻成反比。即 $I_1/I_2 = R_2/R_1$。

电压表是测量电压的一种仪器，有 3 个接线柱，1 个是负接线柱，2 个是正接线柱，电压表的正极与电路的正极连接，负极与电路的负极连接，且必须与被测用电器并联。传统的指针式电压表内有一个磁铁和一个导线线圈，通过电流后，会使线圈产生磁场，线圈通电后在磁铁的作用下会旋转，电流的磁效应制作的电流越大，所产生的磁力越大，表现出的就是电压表上的指针的摆幅越大。扩大交流电压表的量程采用配用电压互感器的方法。为了把电压表的测量范围扩大 10 倍，倍率器的电阻值应是表内阻的 9 倍。

2）分类

电压表可分为直流电压表和交流电压表。直流类型电压表主要采用磁电系电表和静电系电表的测量机构；交流类型电压表主要采用整流式电表、电磁系电表、电动系电表和静电系电表的测量机构。

电压表按工作频率分类可分为超低频（1kHz 以下）、低频（1MHz 以下）、视频（30MHz 以下）、高频或射频（300MHz 以下）、超高频（300MHz 以上）电压表。

电压表按测量电压量级分类可分为电压表（基本量程为 V 量级）、毫伏表（基本量程为 mV 量级）。

电压表按检波方式分类可分为均值电压表、峰值电压表和有效值电压表。

电压表按电路组成形式分类可分为检波-放大式电压表、放大-检波式电压表和外压式电压表。

电压表按磁系统分类可分为磁电系电压表、电磁系电压表和电动系电压表。

3）电压表的使用方法

（1）电压表要并联在电路中，要测某个用电器或某部分电路两端的电压，必须把电压表跟这个用电器或这部分电路并联起来。

（2）电压表的“+”“-”接线柱接法要正确，连接电压表时必须使电流从“+”接线柱流进电压表，从“-”接线柱流出电压表。

（3）被测电压不要超过电压表的量程。在不能事先估测被测电压超没超过量程时，必须要试触，就是先把电压表一个接线柱接好，另一个接线柱不接，而用要接的线头迅速碰接一下此接线柱，如果发现指针超过量程，则此电压表不能用，需要更换更大量程的电压表。在有许多量程的情况下，要先试触最大量程，如果发现指针没有超过量程，则可使用。但是如果发现指针偏转很小，应用小量程测量电压值，使读数更精确些。

4）测量电压注意事项

（1）要注意校零。

在使用电压表之前，要把电压表的指针调整到零刻度线的位置。一般电压表出厂时都已经校完零了，但也有的电压表在出厂时、运输中、使用后指针不指零了，仍要重新校零，否则实验读数会不准确。

（2）要注意电压表的量程。

被测电压不要超过电压表的最大测量范围，超过范围使用会把电压表烧坏。

（3）要注意最小分度的电压值。

由于两个量程共享一个刻度盘，所以还必须知道每个量程的最小分度表示多少电压值以免读错。

ZBI004 电流和电压的测量选择

3. 电压表及电流表的选用

电流表和电压表的测量机构基本相同，但在测量线路中的连接有所不同。

当被测量是直流时，应选直流表，即磁电系测量机构的仪表，如测量直流电流通常用磁电式安培表；测量直流电压通常用磁电式伏特表。

当被测量是交流时，应注意其波形与频率，电磁系仪表常用于交流电流和电压的精密测量，如测量交流电流通常用电磁式安培表；测量交流电压通常用电磁式伏特表。

(二)电能表

ZBI007 电能表的概述

1. 概述

电能表是用来测量电能的仪表,又称电度表、火表、千瓦小时表。

电能表的工作原理:当把电能表接入被测电路时,电流线圈和电压线圈中就有交变电流流过,这两个交变电流分别在它们的铁芯中产生交变的磁通;交变磁通穿过铝盘,在铝盘中感应出涡流;涡流又在磁场中受到力的作用,从而使铝盘得到转矩(主动力矩)而转动。负载消耗的功率越大,通过电流线圈的电流越大,铝盘中感应出的涡流也越大,使铝盘转动的力矩就越大,即转矩的大小跟负载消耗的功率成正比。功率越大,转矩也越大,铝盘转动也就越快,铝盘转动时,又受到永久磁铁产生的制动力矩的作用,制动力矩与主动力矩方向相反;制动力矩的大小与铝盘的转速成正比,铝盘转动得越快,制动力矩也越大。当主动力矩与制动力矩达到暂时平衡时,铝盘将匀速转动。负载所消耗的电能与铝盘的转数成正比。铝盘转动时,带动计数器,把所消耗的电能指示出来。这就是电能表工作的简单过程。

电能表按原理分可分为感应式和电子式两大类:

(1)感应式电能表采用电磁感应的原理把电压、电流、相位转变为磁力矩,推动铝制圆盘转动,圆盘的轴(蜗杆)带动齿轮驱动计度器的鼓轮转动,转动的过程即时间量累积的过程。因此感应式电能表的好处就是直观、动态连续、停电不丢数据。

感应式电能表对工艺要求高,材料涉及广泛,有金属、塑料、宝石、玻璃、稀土等,对此,产品的相关材料标准都有明确的规定和要求。

感应式电能表的生产工艺复杂,生产环境对温度、湿度和空气净化度的要求较高,但早已成熟和稳定,工装器具也全面配套。

(2)电子式电能表运用模拟或数字电路得到电压和电流向量的乘积,然后通过模拟或数字电路实现电能计量功能。由于应用了数字技术,分时计费电能表、预付费电能表、多用户电能表、多功能电能表纷纷登场,进一步满足了科学用电、合理用电的需求。

ZBI008 电能表铭牌的内容

2. 电能表的使用

1)铭牌

电能表的铭牌示例如图 1-3-4 所示。

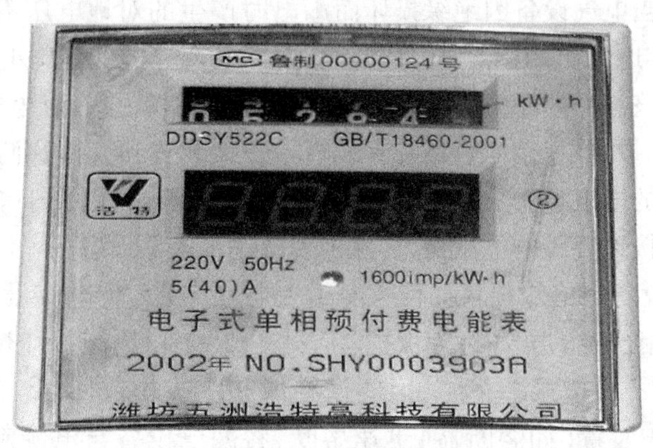

图 1-3-4　电能表铭牌

电能表从测量原理上可分为感应式电能表(机械表)、电子式电能表,图 1-3-4 中电能表为电子式电流表；按测量精度可分为0.2S级、0.5S级、0.5级、1.0级、2.0级，动力计量部的《外供能源管理规定》要求外供用户的电能表精度不低于1.0级。

(1)图1-3-4中电能表型号为DDSY522C，其中第一位“D”代表电能表；第二位“D”代表单相（“T”代表三相四线，“S”代表三相三线）；第三位“S”代表电子式；第四位“Y”代表预付费（“D”代表多功能表，“F”代表多费率，“X”代表无功表）。

(2)电能表按规格可分为三相三线制、三相四线制、单相制，图1-3-4中电能表属于单相制。

(3)GB/T18460—2001中“GB”为国家标准代号，“18460”为序号，“2001”为标准发布日期。

(4)“鲁制00000124”表示山东省技术监督局颁发制造企业的计量器具制造许可证号。

(5)“②”表示电能表的准确度为2级。

(6)“NO. SHY0003903A”表示为每块表编号。

(7)“1600imp/(kW·h)”表示仪表记录的无功电能与相应的测试输出之间关系的值，即每小时闪烁1600次。

(8)“220V”表示电能表的参比电压，对电能表性能和准确度的测量就是在这个电压下进行的，它也是电能表运行的理想电压。

(9)“50Hz”表示电能表的参比频率，是电能表运行时的额定频率。

(10)“5(40)A”表示电能表的基本（额定）电流和最大电流，对于直接式表是基本电流。

2)电能表读数

当电能表不经互感器而直接接入电路时，可以从电度能表上直接读出实际电度能数；如果电能表利用电流互感器或电压互感器扩大量程时，实际消耗电能应为电度能表的读数乘以电流变比或电压变比。

ZBI006 接地接零保护常识

（三）接地接零保护常识

所谓保护接地，就是将正常情况下不带电而在绝缘材料损坏后或其他情况下可能带电的电器金属部分（即与带电部分相绝缘的金属结构部分）用导线与接地体可靠连接起来的一种保护接线方式。接地保护一般用于配电变压器中性点不直接接地（三相三线制）的供电系统中，用以保证当电气设备因绝缘损坏而漏电时产生的对地电压不超过安全范围。如果家用电器未采用接地保护，当某一部分的绝缘损坏或某一相线碰及外壳时，家用电器的外壳将带电，人体触及该绝缘损坏的电器设备外壳（构架）时，就会有触电的危险。相反，若将电器设备做了接地保护，单相接地短路电流就会沿接地装置和人体这两条并联支路分别流过。一般地说，人体的电阻大于1000Ω，接地体的电阻按规定不能大于4Ω，所以流经人体的电流就很小，而流经接地装置的电流很大，这样就减小了电器设备漏电后人体触电的危险。

为了防止电气设备因绝缘损坏而使人身遭受触电危险，将电气设备的金属外壳与供电变压器的中性点相连接的方式称为保护接零。当某一相绝缘损坏使相线碰壳，外壳带电时，由于外壳采用了保护接零措施，因此该相线和零线构成回路，单相短路电流很大，足以使线路上的保护装置（如熔断器）迅速熔断，将漏电设备与电源断开，从而避免人身触电的可能性。保护接零适用于1000V以下的中性点接地良好的三相四线制供电系统。施工现场电气系统严禁利用大地作相线或零线，保护零线不得装设开关或熔断器，保护零线严禁兼作他用,且重复接地线应与保护零线相连接。城市低压公用配电网内不应采用保护接零方式。

接地保护与接零保护统称保护接地,是为了防止人身触电事故、保证电气设备正常运行所采取的一项重要技术措施。这两种保护的不同点主要表现在三个方面:一是保护原理不同,接地保护的基本原理是限制漏电设备对地的泄漏电流,使其不超过某一安全范围,一旦超过某一整定值保护器就能自动切断电源;接零保护的原理是借助接零线路,使设备在绝缘损坏后碰壳形成单相金属性短路时,利用短路电流促使线路上的保护装置迅速动作;二是适用范围不同,单相用电设备采用三孔插座供电时,其中大孔可视具体情况采用保护接零或保护接地。

六、自控设备

(一)计算机系统

一个完整的计算机系统是由硬件系统和软件系统两大部分组成的。硬件是指计算机的各种看得见,摸得着的实实在在的物理设备的总称,包括组成计算机的电子的、机械的、磁的或光的元器件或装置,是计算机系统的物质基础;软件是指在硬件系统上运行的各类程序、数据及有关资料的总称。硬件是软件建立和依托的基础,软件是计算机系统的灵魂。没有硬件对软件的物质支持,软件的功能则无法发挥。所以硬件和软件相互结合构成了一个完整的计算机系统,只有硬件和软件相结合才能充分发挥计算机系统的功能。

ZBJ001 计算机硬件系统的组成

1. 计算机硬件系统

计算机硬件的基本功能是接受计算机程序的控制来实现数据输入、运算、数据输出等一系列根本性的操作。虽然计算机的制造技术从计算机出现到今天已经发生了极大的变化,但在基本的硬件结构方面一直沿袭着冯·诺伊曼的传统框架,即计算机硬件系统由运算器、控制器、存储器、输入设备、输出设备五大部件构成。图 1-3-5 列出了一个计算机系统的基本硬件结构,图中实线代表数据流,虚线代表指令流,计算机各部件之间的联系就是通过这两股信息流动来实现的。原始数据和程序通过输入设备送入存储器,在运算处理过程中,数据从存储器读入运算器进行运算,运算的结果存入存储器,必要时再经输出设备输出。指令也以数据形式存于存储器中,运算时指令由存储器送入控制器,由控制器控制各部件的工作。

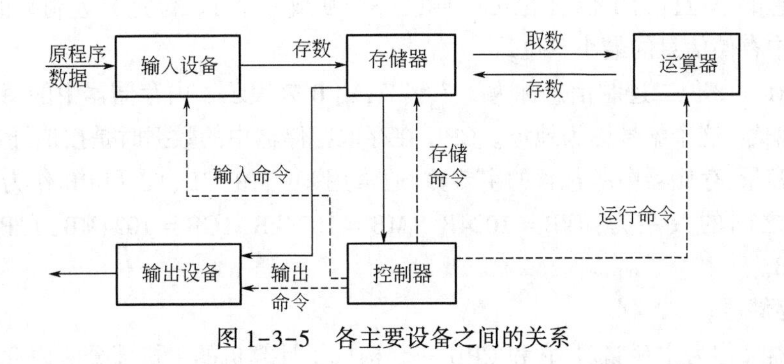

图 1-3-5 各主要设备之间的关系

由图 1-3-5 可知,输入设备负责把用户的信息(包括程序和数据)输入到计算机中;输出设备负责将计算机中的信息(包括程序和数据)传送到外部媒介,供用户查看或保存;存储器负责存储数据和程序并根据控制命令提供这些数据和程序,它包括内存(储器)和外存(储器);运算器负责对数据进行算术运算和逻辑运算(即对数据进行加工处理);控制器负责对程序所规定的指令进行分析、控制并协调输入、输出操作或对内存的访问。

下面分别对硬件系统各部分进行介绍。

1)中央处理器

中央处理器简称 CPU(Central Processing Unit),它是计算机系统的核心,中央处理器包括运算器和控制器两个部件。

计算机所发生的全部动作都是 CPU 的控制。其中,运算器主要完成各种算术运算和逻辑运算,是对信息加工和处理的部件,由进行运算的运算器件及用来暂时寄存数据的寄存器、累加器等组成。控制器是对计算机发布命令的"决策机构",用来协调和指挥整个计算机系统的操作,它本身不具有运算功能,而是通过读取各种指令并对其进行翻译、分析,而后对各部件做出相应的控制。控制器主要由指令寄存器、译码器、程序计数器、操作控制器等组成。

中央处理器是计算机的心脏,CPU 品质的高低直接决定了计算机系统的档次。能够处理的数据位数是 CPU 的一个最重要的性能标志,人们通常所说的 8 位机、16 位机、32 位机即指 CPU 同时处理 8 位、16 位、32 位的二进制数据。

2)存储器

存储器是计算机的记忆和存储部件,用来存放信息。对存储器而言,容量越大,存储速度越快越好。计算机中的操作需要大量地与存储器交换信息,存储器的工作速度相对于 CPU 的运算速度要低很多,因此存储器的工作速度是制约计算机运算速度的主要因素之一。计算机存储器一般分为两部分:一个是包含在计算机主机中的内存储器,它直接和运算器、控制器交换数据,容量小,但存取速度快,用于存放那些正在处理的数据或正在运行的程序;另一个是外存储器,它间接和运算器、控制器交换数据,存取速度慢,但存储容量大,价格低廉,用来存放暂时不用的数据。

存储器由一些表示二进制数 0 和 1 的物理器件组成,这种器件称为记忆组件或记忆单元。每个记忆单元可以存储一位二进制代码信息(即一个 0 或一个 1)。

位、字节、存储容量和地址等都是存储器中常用的术语。位又称比特(Bit),用来存放一位二进制信息的单位称为 1 位,1 位可以存放一个 0 或一个 1。位是二进制数的基础单位,也是存储器中存储信息的最小单位。

字节(Byte):8 位二进制信息称为一个字节,用 B 来表示。内存储器中的每个字节各有一个固定的编号,这个编号称为地址。CPU 在存取存储器中的数据时是按地址进行的。

存储器容量:存储器中所包含的字节数,通常用 kB、MB、GB、TB 和 PB 作为存储器容量单位。它们之间的关系为:1kB = 1024B,1MB = 1024kB,1GB = 1024MB,1TB = 1024MB,1PB = 1024TB。

(1)内存储器。

内存储器又称为主存储器,它和 CPU 一起构成了计算机的主机部分。内存储器由半导体存储器组成,存取速度较快,由于价格上的原因,一般容量较小。

内存储器按工作方式的不同可以分为随机存储器 RAM 和只读存储器 ROM 两种。

RAM 即随机存储器，是一种可读写存储器，其内容可以随时根据需要读出，也可以随时重新写入新的信息。这种存储器又可以分为静态 RAM 和动态 RAM 两种。静态 RAM 的特点是存取速度快，但价格也较高，一般用作高速缓存。动态 RAM 的特点是存取速度相对于静态较慢，但价格较低，一般用作计算机的主存。不论是静态 RAM 还是动态 RAM，当电源电压去掉时，RAM 中保存的信息都将全部丢失。RAM 在微机中主要用来存放正在执行的程序和临时数据。

ROM 即只读存储器，是一种内容只能读出而不能写入和修改的存储器，其存储的信息是在制作该存储器时就被写入的。在计算机运行过程中，ROM 中的信息只能被读出，而不能写入新的内容。计算机断电后，ROM 中的信息不会丢失，即在计算机重新加电后，其中保存的信息依然是断电前的信息，仍可被读出。ROM 常用来存放一些固定的程序、数据和系统软件等，如检测程序、BOOT ROM、BIOS 等。只读存储器除了 ROM 外，还有 PROM、EPROM 和 EEPROM 等类型。PROM 是可编程只读存储器，它在制造时不把数据和程序写入，而是由用户根据需要自行写入，一旦写入，就不能再次修改。EPROM 是可擦除可编程只读存储器。与 PROM 器件相比，EPROM 器件是可以反复多次擦除原来写入的内容、重新写入新内容的只读存储器。但 EPROM 与 RAM 不同，虽然其内容可以通过擦除而多次更新，但只要更新固化好以后，就只能读出，而不能像 RAM 那样可以随机读出和写入信息。EEPROM 称为电可擦除可编程只读存储器，也称“Flash 闪存”，目前普遍用于可移动电子硬盘和数码相机等设备的存储器中。不论哪种 ROM，其中存储的信息不受断电的影响，具有永久保存的特点。

(2)外存储器。

内存储器由于技术及价格上的原因，容量有限，不可能容纳所有的系统软件及各种用户程序，因此，计算机系统都要配置外存储器。外存储器又称为辅助存储器，它的容量一般都比较大，而且大部分可以移动，便于不同计算机之间进行信息交流。

ZBJ003　输入设备及输出设备的概念

(3)输入设备。

输入设备是外界向计算机送信息，即用户和计算机系统之间进行信息交换的装置。在计算机系统中，最常用的输入设备是键盘和鼠标。根据不同的用途计算机还可以配置其他一些输入设备，如光笔、数字化仪、扫描仪等。

(4)输出设备。

输出设备的作用是将计算机中的数据信息传送到外部媒介，并转化成某种为人们所认识的表示形式。计算机中最常用的输出设备是显示器和打印机。

显示器是计算机不可缺少的输出设备，它可以方便地查看计算机的程序、数据等信息和经过计算机处理后的结果，它具有显示直观、速度快、无工作噪声、使用方便灵活、性能稳定等特点。

目前显示器的分辨率(指像素点的大小)一般在 1024×768 以上，主要有阴极射线管显示器和液晶显示器。计算机另一种常用的输出设备是打印机，常用的打印机有针式打印机、喷墨打印机和激光打印机。

ZBJ002 计算机软件系统的组成

2. 计算机软件系统

计算机软件(Computer Software)能指示计算机完成特定任务的、以电子格式存储的程序、数据和相关的文档。

1)系统软件

系统软件是用来管理计算机系统中各种独立的硬件,使得它们可以协调工作的,能够有效地运行计算机系统、给应用软件开发与运行提供支持、为用户管理与使用计算机提供方便的一类软件。系统软件包括操作系统、语言处理系统(编译程序、解释程序、汇编程序等)、系统服务程序(监控、检测程序、连接编辑程序、调试程序、其他服务程序等)、数据库管理系统,其中最重要的系统软件是操作系统。

系统软件的主要特征:与具体的应用领域无关,而与计算机硬件系统有很强的交互性,要对硬件共享资源进行调度管理。系统软件中的数据结构复杂,外部接口多样化,用户能够对它反复使用。

ZBJ004 操作系统的概述

操作系统是一种首要的、最基本、最重要的系统软件,也是最庞大、最复杂的系统软件。操作系统的主要作用是充分管理和控制计算机软硬件资源,合理组织计算机工作流程,努力提高计算机的利用率,为用户提供良好的工作环境和友好的操作界面。

操作系统按照用户数目可分为单用户操作系统,多用户操作系统。

操作系统按照处理方式可分为:

(1)批处理系统:系统操作员将作业成批地装入计算机,由操作系统选择作业调入内存加以处理,最后由操作员将运行结果交给用户。批处理系统的目标是提高资源利用率和作业流程的自动化。

(2)分时操作系统:指计算机连接多个终端,系统把主机时间分成若干时间片,采用时间片轮转法的方式处理用户的服务请求,给每个用户分配一段 CPU 时间进行处理。分时操作系统具有同时性、交互性、独占性、及时性。

(3)通用操作系统:分时系统与批处理系统结合,具有“分时优先,批处理在后”的原则。

(4)实时操作系统:指系统能够及时响应事件,并以足够快的速度完成对该事件的处理。实时操作系统的特点是及时响应,即每一信息接收、分析处理和发送过程必须在严格的时间限制内完成,并具有高可靠性。

(5)网络操作系统:网络的心脏和灵魂,是向网络计算机提供服务的特殊的操作系统。它在计算机操作系统下工作,使计算机操作系统增加了网络操作所需要的能力。网络操作系统应具备的特性包括支持多种文件系统、32/64 位操作系统、高可靠性、高安全性、高容错性以及可移植性等。

(6)分布式操作系统:支持分布式处理的软件系统,是在由通信网络互联的多处理机体系结构上执行任务的系统,包括分布式操作系统、分布式程序设计语言及其编译(解释)系统、分布式文件系统和分布式数据库系统等。它是网络操作系统的更高级的形式,保持了网络操作系统的全部功能。

分布式操作系统是一个统一的操作系统;资源进一步共享;透明性,资源共享、分布对用户来讲是透明的;自治性,处于分布式系统的多个主机处于平等地位,无主从关系;处理能力增强、速度更快、可靠性增强。

(7)多媒体操作系统:除具有一般操作系统的功能外,还具有多媒体底层扩充模块,支持高层多媒体信息的采集、编辑、播放和传输等处理功能的系统。

多媒体操作系统通常支持对多媒体声、像及其他多媒体信息的控制和实时处理;支持多媒体的输入/输出及相应的软件接口;对多媒体数据和多媒体设备的管理和控制以及图形用户界面管理等功能,也就是说,它能够像一般操作系统处理文字、图形、文件那样去处理音频、图像、视频等多媒体信息,并能够对各种多媒体设备进行控制和管理。当前主流的操作系统都具备多媒体功能。

2)应用软件

应用软件是针对多种应用需求出现的用于解决各种不同具体应用问题的专门软件。应用软件(表1-3-1)按照开发方式和适用范围分为:

通用应用软件:可以在许多行业和部门中共同使用。

定制应用软件:为不同领域的用户的特定应用要求而专门设计的软件。

表1-3-1　应用软件分类

类别	功能	流行的通用应用软件名称
文字处理	文本编辑、文字处理、桌面排版等	WPS、Word、Wordperfect、Page Maker 等
电子表格	表格定义、计算和处理等	Excel、Lotus 1-2-3 等
图形、图像	图像处理、几何图形绘制等	AutoCAD、Photoshop 等
网络通信	电子邮件、网络文件管理、远程计算、浏览等	Outlook Express、Mail、CC-mail 等
简报软件	幻灯片、演讲报告制作等	PowerPoint、Show Partner 等
统计软件	统计、汇总、分析等	SPSS、SAS、BMDP 等

(二)计算机病毒

ZBJ005　计算机病毒的概述

1. 概念

计算机病毒(Computer Virus)在《中华人民共和国计算机信息系统安全保护条例》中被明确定义,病毒指"编制者在计算机程序中插入的破坏计算机功能或者破坏数据,影响计算机使用并且能够自我复制的一组计算机指令或者程序代码"。

计算机病毒的生命周期:开发期→传染期→潜伏期→发作期→发现期→消化期→消亡期。

计算机病毒是一个程序、一段可执行码,就像生物病毒一样,具有自我繁殖、互相传染以及激活再生等生物病毒特征。计算机病毒有独特的复制能力,它们能够快速蔓延,又常常难以根除。它们能把自身附着在各种类型的文件上,当文件被复制或从一个用户传送到另一个用户时,它们就随同文件一起蔓延开来。

2. 特征

计算机病毒具有传染性、寄生性、衍生性、隐蔽性、潜伏性、可触发性、破坏性等特征。

3. 分类

计算机病毒种类繁多而且复杂,按照方式、特点及特性的不同,可以有多种不同的分类方法。同时,根据不同的分类方法,同一种计算机病毒也可以属于不同的计算机病毒种类。

计算机病毒按破坏性分类，可分为良性病毒、恶性病毒、极恶性病毒、灾难性病毒。

计算机病毒按传染方式分类，可分为：

（1）引导区型病毒：主要通过软盘在操作系统中传播，感染引导区，蔓延到硬盘，并能感染到硬盘中的“主引导记录”。

（2）文件型病毒：文件感染者，也称为“寄生病毒”，它运行在计算机存储器中，通常感染扩展名为 COM、EXE、SYS 等类型的文件。

（3）混合型病毒：具有引导区型病毒和文件型病毒两者的特点。

（4）宏病毒：指用 BASIC 语言编写的病毒程序，寄存在 Office 文档上的宏代码，宏病毒影响对文档的各种操作。

计算机病毒按连接方式分类，可分为：

（1）源码型病毒：攻击高级语言编写的源程序，在源程序编译之前插入其中，并随源程序一起编译、连接成可执行文件。源码型病毒较为少见，亦难以编写。

（2）入侵型病毒：可用自身代替正常程序中的部分模块或堆栈区，因此这类病毒只攻击某些特定程序，针对性强。一般情况下也难以被发现，清除起来也较困难。

（3）操作系统型病毒：可用其自身部分加入或替代操作系统的部分功能，因其直接感染操作系统，这类病毒的危害性也较大。

（4）外壳型病毒：通常将自身附在正常程序的开头或结尾，相当于给正常程序加了个外壳，大部分的文件型病毒都属于这一类。

按照计算机病毒属性的方法进行分类，计算机病毒可以根据下面的属性进行分类。

根据病毒存在的媒体划分：

（1）网络病毒：通过计算机网络传播感染网络中的可执行文件。

（2）文件病毒：感染计算机中的文件（如 COM、EXE、DOC 等）。

（3）引导型病毒：感染启动扇区（Boot）和硬盘的系统引导扇区（MBR）。

还有这 3 种情况的混合型，例如多型病毒（文件和引导型）感染文件和引导扇区两种目标，这样的病毒通常都具有复杂的算法，它们使用非常规的办法侵入系统，同时使用了加密和变形算法。

根据病毒传染渠道划分：

（1）驻留型病毒：这种病毒感染计算机后，把自身的内存驻留部分放在内存（RAM）中，这一部分程序挂接系统调用并合并到操作系统中去，它处于激活状态，一直到关机或重新启动。

（2）非驻留型病毒：这种病毒在得到机会激活时并不感染计算机内存，一些病毒在内存中留有小部分，但是并不通过这一部分进行传染。

根据破坏能力划分：

（1）无害型：除了传染时减少磁盘的可用空间外，对系统没有其他影响。

（2）无危险型：这类病毒仅仅是减少内存、显示图像、发出声音及同类影响。

（3）危险型：这类病毒在计算机系统操作中造成严重的错误。

（4）非常危险型：这类病毒删除程序、破坏数据、清除系统内存区和操作系统中重要的信息。

根据算法划分：

(1)伴随型病毒：这类病毒并不改变文件本身，它们根据算法产生 EXE 文件的伴随体，具有同样的名字和不同的扩展名(COM)，例如 XCOPY.EXE 的伴随体是 XCOPY-COM。病毒把自身写入 COM 文件并不改变 EXE 文件，当 DOS 加载文件时，伴随体优先被执行到，再由伴随体加载执行原来的 EXE 文件。

(2)“蠕虫”型病毒：通过计算机网络传播，不改变文件和资料信息，利用网络从一台机器的内存传播到其他机器的内存，计算机将自身的病毒通过网络发送。有时它们在系统存在，一般除了内存不占用其他资源。

(3)寄生型病毒：除了伴随和“蠕虫”型，其他病毒均可称为寄生型病毒，它们依附在系统的引导扇区或文件中，通过系统的功能进行传播，按其算法不同还可细分为以下几类：

① 练习型病毒，病毒自身包含错误，不能进行很好的传播，例如一些病毒在调试阶段。

② 诡秘型病毒，它们一般不直接修改 DOS 中断和扇区数据，而是通过设备技术和文件缓冲区等对 DOS 内部进行修改，不易看到资源，使用比较高级的技术，利用 DOS 空闲的数据区进行工作。

③ 变型病毒(又称幽灵病毒)，这一类病毒使用一个复杂的算法，使自己每传播一份都具有不同的内容和长度。它们一般的做法是一段混有无关指令的解码算法和被变化过的病毒体组成。

(三)计算机系统维护方法

ZBJ006 计算机系统的维护方法

1. 计算机环境要求

(1)电脑摆放的工作台应平坦、稳定、无振动。

(2)计算机摆放位置应通风良好，有利散热。

(3)计算机应放置在远离产生强磁场的电气设备的周围，避免电磁干扰。

(4)计算机应保持电源供电稳定，尽可能避免与其他的电器共用电气线路，最好能配备 UPS 不间断供电电源。

(5)注意电气安全，确保电源安全接地，保证用户的操作安全及设备的使用安全。

(6)避免阳光直接照射到主机及显示器上，防止机器老化及保护操作人员的视力。

(7)计算机工作环境应保持 10~30℃的温度，以免影响电脑设备的可靠性；应控制工作环境的湿度为 40%~80%，避免电子线路短路或电子元件生锈。为此在使用电脑的房间里应尽可能安装空调。

(8)对机房环境应注意除尘，避免散热不良或影响绝缘。

2. 计算机使用注意事项

(1)开机时应检查电源电压是否稳定及电源的接地情况。

(2)先开外部设备再开主机，先关主机再关外部设备。

(3)不要频繁开关机。

(4)不要带电插拔电源线或各种连接电缆。

(5)为计算机除尘时严禁使用湿布。

(6)不要长时间放置电脑不使用。

3. 计算机日常维护

(1)不要将杂物插入驱动器内,以免损坏驱动器。

(2)当盘片不能弹出时,不能敲打或强行用力取出。

(3)硬盘应注意防震防静电。

(4)当硬盘在读写操作时(指示灯会闪烁),不要直接关闭电源。

(5)硬盘出现故障,应送专业维修部门维修,切忌自行拆开。

(6)要经常清洁显示器,屏幕应用棉花蘸上酒精轻擦,其他位置的尘埃应用干布擦拭。

(7)不要将亮度调到最高或长时间通电,避免烧坏屏幕上的荧光粉。

(8)设置屏幕保护程序保护显示器屏幕。

项目二　读取压力表

一、准备工作

(一)设备

Y-100 量程为 0~1MPa、分度值为 0.02 的压力表 1 块。

(二)人员

一人操作,持证上岗,劳动保护用品穿戴齐全。

二、操作规程

序号	工序	操作步骤
1	检查压力表	检查压力表是否完好、表盘是否清晰、无破损,检查是否有铅封
2	读取示数	(1)水平放置压力表,双眼位于表盘正上方。 (2)计算最小分度值,正确读取示数,并进行估读
3	记录	正确读出水表示数并记录
4	清理场地	将压力表放回原位

三、技能要求

(1)读取示数前应检查压力表外观。

(2)读取压力表示数时必须双眼位于压力表正上方,直视压力表表盘。

四、注意事项

(1)读取示数时压力表应水平放置不得倾斜,避免造成误差。

(2)拿、放压力表时必须轻拿轻放,避免损坏压力表、砸伤人员。

项目三 更换压力表

一、准备工作

(一)工具、材料

生料带若干卷,250mm 管钳 2 把,250mm 活动扳手 2 把,600mm 撬杠 2 把,200mm 三角刮刀 2 把。

(二)设备

压力表 1 块。

(三)人员

一人操作,持证上岗,劳动保护用品穿戴齐全。

二、操作规程

序号	工序	操作步骤
1	准备工作	选择工具、用具及材料
2	选择压力表	(1)对压力表进行外观检查。 (2)根据观察点距离、压力表精度等级、量程选择压力表
3	更换压力表	(1)关掉控制压力表的进水阀门,拧下压力表。 (2)用生料带在压力表进水口处螺纹上顺时针平缠 3~4 圈。 (3)用活动扳手缓慢拧紧压力表。 (4)慢慢打开控制压力表的进水阀门
4	清理场地	清理场地,收工具

三、技能要求

(1)压力表应有检验合格证及铅封。

(2)压力表距观察点小于 1m 时,表盘直径不应小于 100mm;压力表距观察点 3~5m 时,表盘直径不应小于 150mm。

(3)测量压力小于 2. 2MPa 时,压力表精度等级不得低于 1. 5 级,管道试压时压力表等级不得低于 0. 5 级。

(4)安装压力表应注意紧固,开启进水阀后不得有渗漏情况,若有渗漏应及时拆卸,重新缠生料带。

(5)应缓慢拧紧,不得用力过大,避免损坏压力表。

四、注意事项

使用扳手及管钳时应轻拿轻放,避免砸伤。

项目四　识别压力表

一、准备工作

(一)工具、材料

1.6 级 Y-100 量程为 0~1MPa 普通压力表 1 块,1.5 级 Y-100 量程为 0~1MPa 普通压力表 1 块,1.6 级 Y-100 量程为 0~1MPa 耐震压力表 1 块,2.5 级 Y-100 量程为 0~1MPa 真空压力表 1 块,2.5 级 Y-60 量程为 0~0.6MPa 普通压力表 1 块。

(二)人员

一人操作,持证上岗,劳动保护用品穿戴齐全。

二、操作规程

序号	工序	操作步骤
1	识别 1.6 级 Y-100 量程为 0~1MPa 普通压力表	识别、分辨出压力表的型号为 Y-100、等级为 1.6 级、量程为 0~1MPa 及类别为普通压力表
2	识别 1.5 级 Y-100 量程为 0~1MPa 普通压力表	识别、分辨出压力表的型号为 Y-100、等级为 1.5 级、量程为 0~1MPa 及类别为普通压力表
3	识别 1.6 级 Y-100 量程为 0~1MPa 耐震压力表	识别、分辨出压力表的型号为 Y-100、等级为 1.6 级、量程为 0~1MPa 及类别为耐震压力表
4	2.5 级 Y-100 量程为 0~1MPa 真空压力表	识别、分辨出压力表的型号为 Y-100、等级为 2.5 级、量程为 0~1MPa 及类别为真空压力表
5	2.5 级 Y-60 量程为 0~0.6MPa 普通压力表	识别、分辨出压力表的型号为 Y-60、等级为 2.5 级、量程为 0~0.6MPa 及类别为耐震压力表

三、技术要求

必须准确分辨各压力表并清楚写出压力表名称、型号、量程、等级。

四、注意事项

识别、分辨前必须穿戴好手套、工服、工鞋等劳保用品。

项目五　处理阀门故障

一、准备工作

(一)工具、材料

润滑油(钙基脂)少许,$\delta=2$mm 石棉板 0.2m^2,胶质垫 1 只,DN15 闸板阀 1 只,手锤 1 把,250mm 管钳子 2 把,300mm 活动扳手 2 把,剪刀 1 把,240~300mm 阀门扳手 2 把。

(二)人员

一人操作,持证上岗,劳动保护用品穿戴齐全。

二、操作规程

序号	工序	操作步骤
1	准备工作	工具、用具准备齐全
2	检查阀门	(1)用管钳卡住阀杆上部转动阀杆,检查阀杆及阀板。 (2)用手转动阀门手轮,检查阀板下是否有异物。 (3)检查脚垫是否损坏
3	处理方法	(1)判断阀板顶楔脱落后用双扳手松开阀体与阀盖连接螺栓。 (2)更换新阀板或装好脱落的阀板顶楔。 (3)判断阀板下面有异物后,反复开关阀门,增加流速,将异物冲走;如果水冲不见效,可将连接管割开,取出异物,用大、小冲子制作新胶垫并进行更换
4	清理场地	清理场地,收工具

三、技能要求

转动阀门各部件或使用管钳等工具过程中不得用力过猛,防止损坏阀门或因用过猛导致受伤。

四、注意事项

(1)在检查、处理过程中必须佩戴手套进行操作,防止工具滑落砸伤。

(2)检查、处理完毕后,应对所有工具进行回收、清点。

第二部分

高级工操作技能及相关知识

模块一　管理净水主体工艺

项目一　相关知识

一、混凝工艺

GBA001 混凝剂的配制规定

(一)混凝剂的使用和投加点的选择

1. 混凝剂的配制规定

用于生活饮用水的混凝剂或助凝剂产品必须符合卫生计委颁发的《生活饮用水化学处理剂卫生安全评价规范》的要求。

(1)混凝剂和助凝剂品种的选择及其用量,应根据原水混凝沉淀试验结果或参照相似条件下的水厂运行经验等,经综合比较确定。

(2)混凝剂的投配方式可采用湿投或干投。当湿投时,混凝剂的溶解和稀释应按投加量的大小、混凝剂性质选用水力、机械或压缩空气等稀释搅拌方式。湿式投加混凝剂时,溶解次数应根据混凝剂投加量和配制条件等因素确定,一般每日不宜超过3次。

(3)混凝剂投加量较大时,宜设皮带运输机或将固体溶解池设在地下。混凝剂投加量较小时,溶解池可兼作投药池。投药池应设备用池。

(4)混凝剂投配的溶液浓度,可采用5%~20%(按固体重量计算)。

(5)投加混凝剂应设计量设备并采取稳定加注量的措施,一般采用计量泵加注。

(6)混凝剂或助凝剂宜采用自动控制投加。

(7)与混凝剂接触的池内壁、设备、管道和地坪,应根据混凝剂性质采取相应的防腐措施。

(8)加药间应尽量设置在通风良好的地段。室内必须安置通风设备及具有保障工作人员卫生安全的劳动保护措施。加药间宜靠近投药点。加药间的地坪应有排水坡度。

(9)药剂仓库及加药间应根据具体情况,设置计量工具和搬运设备。

(10)混凝剂的固定储备量应按当地供应、运输等条件确定,一般可按最大投加量的15天计算,其周转储备量应根据当地具体条件确定。

(11)计算固体混凝剂和石灰储藏仓库的面积时,当采用混凝剂时堆放高度一般可为1.5~2.0m;当采用石灰时可为1.5m。当采用机械搬运设备时,堆放高度可适当增加。

GBA002 投药工序质量控制的规定

2. 投药工序质量控制规定

混凝能够有效地去除原水中的悬浮物和胶体物质,有效地去除水中微生物、病原菌和病毒,可降低出水浊度和BOD_5,是常规水处理工艺的重要环节,药剂投加的质量控制应符合以下规定:

(1)投加量应以当日原水的混凝搅拌试验推荐值为参考进行投加,并应依据其混凝效果进一步调整,确定合理的加注率。

(2)投加浓度应按制水生产工艺、药剂种类和计量装置的需要进行配制、计量投加。

投加点应根据不同药剂的特点和对混合强度的要求及其在制水工艺中的作用进行选择。混凝剂应加在混合的最佳处,有机高分子助凝剂应加在混合工序之后、絮凝工序的始端。

(3)投加方式应依据原水水质和混凝效果选择,并应因地制宜地选用流量比例投加或其他自动控制方式投加。

GBA003 药剂投加量的控制

3. 混凝剂投加量的控制

据统计,城市净水厂的药剂消耗约占自来水制水成本的20%~30%,若在保证供水水质的前提下采取一定的节药措施,就能降低生产成本,提高水厂的经济效益,实现节能降耗。

影响混凝效果(药剂投加量)的因素比较复杂,其中包括水温、pH值和碱度、水中杂质性质和浓度、外部水利条件等,还与混凝剂产品质量、废水水质水量等有直接关系。不同的废水所选用的药剂不同,当然也可以选择同种药剂,但是,药剂的投加量却是不同的。确定混凝剂使用量的方法主要有现场模拟试验法、数学模拟法和烧杯试验法。

现场模拟试验法:采用现场模拟装置来确定和控制投药量是较简单的一种方法,常用的模拟装置是斜管沉淀器、过滤器或两者并用。当原水浊度较低时,常用模拟过滤器(直径一般为100mm左右);当原水浊度较高时,可用斜管沉淀器或者沉淀器和过滤器串联使用。

采用过滤器的方法:由水厂混合后的水中引出少量水样,连续进入过滤器,连续测定过滤器出水浊度,由此判断投药量是否适当,然后反馈于生产进行投药量的调控。由于是连续检测且检测时间较短(一般十几分钟完成),故能用于水厂混凝剂投加的自动控制系统。不过,此法仍存在反馈滞后现象,只是滞后时间较短。此外,模拟装置与生产设备毕竟存在一定差别,但与实验室试验相比,更接近于生产实际情况。目前我国水厂已采用模拟装置实现加药自动控制。

数学模型法:以若干原水水质参数(如浊度、pH值、水温、碱度等)及水量参数为变量,建立其与投药量之间的相关函数,即数学模型。在水处理中,最好采用前馈和后馈相结合的控制模型。前馈数学模型应选择影响混凝效果的主要参数作为变量,例如原水浊度、pH值、水温、碱度、溶解氧及水量等。前馈控制确定一个给出量,然后以沉淀池出水浊度作为反馈信号来调节前馈给出量。由前馈给出量和反馈调节量就可获得最佳剂量。

烧杯试验法:具有方便、灵活、简单、设备投入少的特点,因而目前在我国的一些水厂(尤其是一些小型水厂)中被广泛采用。这种方法的试验结果只对取样瞬间水质有代表性,存在不连续性和滞后性问题。因此,适宜作为评价混凝剂投量的辅助手段,而不适宜用于混凝投药的在线实时控制。

GBA004 药剂投加点的选择

4. 药剂投加点的选择

混凝剂的投加点一般有以下3处:

(1)预处理阶段:在预处理阶段投加混凝剂的目的是强化预处理效果,增加预处理的去除效率以及去除废水中妨碍微生物生长的有毒物质,以减轻后续生化处理构筑物的负担,保证生化处理效果。

(2) 生化处理阶段:在生化处理阶段投加混凝剂一般是为了增加微生物的絮凝性,使活性污泥能在后续泥水分离设施中分离得更彻底。

(3) 深度处理阶段:在生化处理后投加混凝剂主要是为了去除废水中剩余的、未被生物降解的污染物质,是为了处理后出水达标的一种保障措施。

投加点的选择主要是根据废水进水水质、出水要求以及所选用的工艺流程等因素综合确定。

(二)加药间的设备

GBA006 加药间的工作内容

1. 加药间的工作内容

(1)熟知药剂的反应机理及加药系统的操作知识。

(2)保持工作环境及加药设备的清洁。

(3)在玻璃钢搅拌桶内注入清水至规定液面的2/3处,然后投入规定量的净水剂,再加清水至规定液面,配制成产品要求的浓度药液。

(4)启动搅拌器进行充分搅拌(搅拌时间为1h左右)至净水剂完全溶解,然后停止搅拌。

(5)启动水泵将净水剂溶液提升至储液槽,并注意使液槽液面在槽面20cm处以下,同时注意加药管路阀门的开闭状态。

(6)加药量和运行设备记录每小时记录1次,不得损坏和变更记录。

(7)随时注意搅拌器、水泵和流量计的运行情况,检查管路是否老化、渗漏,发现问题及时汇报处理。

(8)观察来水压力或药液变化等原因引起的加药量的改变,并按照化验结果调整加药量,在调整加药量时应缓慢地操作流量控制阀门。

(9)保护地面防腐层不受损伤,及时清洗可能受到药剂腐蚀的部位。

(10)每月定期清洗玻璃钢搅拌桶和储液槽。

(11)药剂的外包装物分类存放,尤其是盛放药剂的塑料袋或桶要清洗干净,降低原材料的消耗。

(12)做好计量泵的维修和保养工作。

(13)要听从负责人指挥,要爱护设备,不准私自拆修。

GBA007 净水剂的投加设备

2. 净水剂的投加设备

混凝剂的投加方法可分为干法投加和湿法投加两种。干法投加指把药剂直接投放到被处理的水中,该法投加劳动强度大、投配量较难控制、对搅拌机械设备要求高,目前,国内较少使用这种方法。湿法投加指先把药剂配成一定浓度的溶液,再投入被处理原水中,该法投加工艺容易控制、投药均匀性也较好,可采用计量泵、水射器、虹吸定量投药等设备进行投加。

混凝剂投加设备包括计量设备、药液提升设备、投药箱、必要的水封箱及投加设备等,不同投药方式和投药控制系统所用设备也有所不同。投加设备应安全可靠,操作方便,计量准确,设备简单。

药液投加必须有计量设备,并能随时调节。计量设备多种多样,有转子流量计、电磁流量计、苗嘴、计量泵等,应根据具体情况选用。苗嘴只适于人工控制,其他设备既可人工控制,也可自动控制。

混凝剂投加方式：

(1)泵前重力投加：药液加注在水泵吸水管中或吸水喇叭口处，于取水泵房至水厂处理构筑物距离小于150m者。

(2)高位溶液池重力投加：建造高架溶液池，利用重力将药液加入泵后的压力输水管内。

(3)计量泵投加：采用计量泵或耐腐蚀泵配以流量计，从溶液池内抽取药液直接送至加药点。

(4)水射器投加：利用高压水在水射器内形成的真空抽汲作用将药液吸入，同时随水的余压加到原水管中。

GBA008 净水剂投加量的计量

3. 净水剂投加计量装置

1)转子流量计

转子流量计由两个部件组成：从下向上逐渐扩大的锥形管、置于锥形管中且可以沿管的中心线上下自由移动的转子。当测量流体的流量时，被测流体从锥形管下端流入，流体的流动冲击着转子，并对它产生一个作用力（这个力的大小随流量大小而变化）；当流量足够大时，所产生的作用力将转子托起，并使之升高。同时，被测流体流经转子与锥形管壁间的环形断面，这时作用在转子上的力有3个分别是流体对转子的动压力、转子在流体中的浮力和转子自身的重力。流量计垂直安装时，转子重心与锥管管轴会相重合，作用在转子上的3个力都沿平行于管轴的方向。当这3个力达到平衡时，转子就平稳地浮在锥管内某一位置上。对于给定的转子流量计，转子大小和形状已经确定，因此它在流体中的浮力和自身重力都是已知的量，唯有流体对浮子的动压力是随来流流速的大小而变化的。因此当来流流速变大或变小时，转子将做向上或向下的移动，相应位置的流动截面积也发生变化，直到流速变成平衡时对应的速度，转子就在新的位置上稳定。对于一台给定的转子流量计，转子在锥管中的位置与流体流经锥管的流量的大小成一一对应的关系。

流量计使用时，应先缓慢开启上游阀门至全开，然后用流量计下游的调节阀调节流量。转子流量计的误差是按引用误差表示的，为保证测量有足够的精确度，被测流体的常用流量应选择在流量计流量上限值的60%以上。

转子流量计具有结构简单、工作可靠、适用范围广、测量准确、安装方便等特点，并且耐高温、耐高压。适用于小管径、低流速的系统。

2)电磁流量计

电子流量计的优点是量程范围宽、双向测量、可靠性高，可应用于腐蚀性流体。电磁流量计是一种体积流量测量仪表，在测量过程中，它不受被测介质的温度、黏度、密度以及电导率在一定范围内的影响。

电磁流量计的量程范围极宽，同一台电磁流量计的量程比可达1∶100。

电磁流量计无机械惯性，反应灵敏，可以测量瞬时脉动流量，而且线性好。因此，可将测量信号直接用转换器线性地转换成标准信号输出，可就地指示，也可远距离传送。

GBA005 投药设施的维护保养

4. 投药设施的维护保养

投药设施日常保养项目、内容应符合下列规定：

(1)应每日检查投药设施运行是否正常，储存、配制、传输设备有否堵塞、泄漏。

(2)应每日检查设备的润滑、加注和计量是否正常，并应进行清洁保养及场地清扫。

定期维护项目、内容应符合下列规定：

每年检查储存、配制、传输和加注计量设备一次，做好清洗、修漏、防腐和附属机械设备解体检修工作，钢制栏杆、平台、管道应按色标进行油漆。

大修理项目、内容、质量应符合下列规定：

(1)仓库构筑物(屋面、内外墙壁、地坪、门窗、内外池壁等)应每5年大修一次，质量应符合建筑工程有关标准的规定。

(2)储存设备应重做防腐处理。

二、浮沉工艺

GBB001 常见沉淀池的适用条件

(一)沉淀工艺

1. 常见沉淀池优缺点及适用条件

1)平流式沉淀池

优点：

(1)处理水量大小不限，沉淀效果好。

(2)对水量和温度变化的适应能力强。

(3)平面布置紧凑，施工方便。

缺点：

(1)进、出配水不易均匀。

(2)多斗排泥时，每个斗均需设置排泥管(阀)，手动操作，工作繁杂，采用机械刮泥时，易锈蚀。

适用条件：

(1)适用于地下水位高、地质条件较差的地区。

(2)大、中、小型净水厂均可采用。

2)竖流式沉淀池

优点：

(1)占地面积较小。

(2)排泥方便，管理简单。

(3)适用于絮凝性胶体沉淀。

缺点：

(1)池深度大，施工困难，造价高。

(2)对水量冲击负荷和水温度变化适应能力不强。

(3)池径不宜过大。

适用条件：

适用于小型净水厂。

3)辐流式沉淀池

优点：

(1)对大型净水厂较为经济。

(2)机械排泥设备已定型系列化。

缺点：

(1)排泥设备复杂，操作管理技术要求较高。

(2)施工质量要求高。

适用条件：

(1)适用于地下水位较高的地区。

(2)适用于大中型净水厂。

4)斜流式沉淀池

优点：

(1)生产能力大，处理效率高。

(2)停留时间短，占地面积小。

缺点：

(1)构造复杂；斜板、斜管造价高，需定期更换；易堵塞。

(2)固体负荷不宜过大，耐冲击负荷能力较差。

适用条件：

(1)适用于中小型净水厂的二次沉淀池。

(2)可用于已有平流沉淀池的挖潜改造。

GBB002 沉淀池进出口的形式

2. 沉淀池进出口形式

沉淀池池体平面为矩形，进口设在池长的一端，一般采用淹没进水孔，水由进水渠通过均匀分布的进水孔流入池体，进水孔后设有挡板，使水流均匀地分布在整个池宽的横断面。沉淀池的出口设在池长的另一端，多采用溢流堰，以保证沉淀后的澄清水可沿池宽均匀地流入出水渠，堰前设浮渣槽和挡板以截留水面浮渣。水流部分是池的主体，池宽和池深要保证水流沿池的过水断面布水均匀，依设计流速缓慢而稳定地流过。池的长宽比一般不小于4，池的有效水深一般不超过3m。污泥斗用来积聚沉淀下来的污泥，多设在池前部的池底以下，斗底有排泥管，定期排泥。

为避免短流，一是在设计中尽量采取一些措施（如采用适宜的进水分配装置，以消除进口射流，使水流均匀分布在沉淀池的过水断面上，降低紊流并防止污泥区附近的流速过大，采用指形出水槽以延长出流堰的长度；沉淀池加盖或设置隔墙，以降低池水受风力和光照升温的影响；高浓度水进行预沉，以减少进水悬浮固体浓度高产生的异重流等）；二是加强运行管理，在沉淀池投产前应严格检查出水堰是否平直，发现问题，要及时修理。在运行中，浮渣可能堵塞部分溢流堰口，致使整个出流堰的单位长度溢流量不等而产生水流抽汲，操作人员应及时清理堰口上的浮渣；用塑料加工的锯齿形三角堰因时间关系，可能发生变形，管理人员应及时维修或更换，以保证出流均匀，减少短流。通过采取上述措施，可使沉淀池的短流现象降低到最小限度。

沉淀池进出口处均应设置挡板，挡板需高出水面0.1~0.15m，进口处挡板淹没深度不应小于0.25m，一般为0.5~1.0m，出口处挡板淹没深度一般为0.3~0.4m，进口处挡板距进水口0.5~1.0m，出口处挡板距出水堰板0.25~0.5m。入口要有整流措施，常用的入流方式有溢流堰-穿孔整流墙板式、底孔入流-挡板组合式、淹没孔入流-挡板组合式和淹没孔入流-穿孔整流墙板组合式4种。使用穿孔整流墙板式时整流墙上的开孔总面积为过水断面的 6%~20%，孔口处流速为 0.15m/s，孔口应当做成渐扩形状。

GBB003 斜板(管)沉淀池的设计要点

3. 常见沉淀池

1) 斜板(管)沉淀池

斜板(管)沉淀池是根据浅池沉淀理论设计出的一种高效组合式沉淀池，也统称为浅池沉淀池。

(1) 斜板(管)沉淀池的设计要点。

为提高斜板(管)沉淀池的沉淀效果，设计时主要考虑的因素有：①斜板(管)倾角 θ 的影响。从理论上讲，斜板(管)倾角 θ 越小则沉淀面积越大，截留速度越小，沉淀效果越好。但为排泥通畅，生产上一般都采用倾角 $\theta=60^\circ$。②斜板(管)长度 L 的影响。从理论上讲，斜板(管)长度长些沉淀效果可以增加，这样不仅造价增加，安装制作会有困难。因此不宜过长，一般长度 $L=800\sim1000$mm。③斜板(管)管径的影响。斜板(管)管径越小，则颗粒沉淀距离越短，沉淀效果越好。但管径太小不仅加工困难，而且排泥也受影响，一般内径采用 25~40mm。④斜板(管)中上升流速的影响。斜板(管)中上升流速越小沉淀效果越好，但过小的上升流速显示不出其优点。

斜板(管)沉淀池的清水区布置十分重要，为保证出水均匀，清水区的高度一般为 1.0~1.5m。斜板(管)上部的清水区高度不宜小于 1.0m，较高的清水区有利于出水均匀、减少日照影响、降低藻类繁殖。斜板(管)沉淀池的表面负荷是一个重要的技术经济参数，采用较小的表面负荷可以提高沉淀池的出水水质。

GBB004 斜板(管)沉淀池的影响因素

(2) 影响斜板(管)沉淀池的因素。

斜板(管)沉淀池在沉降区域设置许多密集的斜板(管)，使水中悬浮杂质在斜管中进行沉淀，水沿斜板(管)上升流动，分离出的泥渣在重力作用下沿着斜板(管)向下滑至池底，再集中排出。

影响斜板(管)沉淀效果的因素：

① 斜管中部为层流，进口段和出口段受进出水影响，存在干扰；

② 斜管中水流稳定性较好，有利于提高沉淀效果；

③ 由于沉淀距离和沉淀时间都很短，要求进入沉淀池前有充分的絮凝；

④ 浑水异重流对上向流的影响最小，上向流适用于高浊度水、下向流适用于低浊度水。

斜板(管)沉淀池沉淀主要影响因素及解决办法见表 2-1-1。

表 2-1-1　影响斜板(管)沉淀池沉淀的主要因素及解决办法

影响情况	分析原因	解决办法
出水浊度超标	(1)斜板(管)沉淀池进口处布水不均匀，进水口附近液体的运动会出现严重的湍流或进水速度加快，致使进口处局部液体流动速度极大，使原来在斜管上沉积下的污泥再度泛起。 (2)局部出现“短流”现象，使絮体的稳定性受到影响，容易导致前期已经形成的絮体重新破碎成细小絮体。	(1)斜管与水平面呈 60°倾斜角放置，在每块斜管的下方引出一排翼片，与水平面仍呈 60°倾斜角。加入的翼片可以显著降低水流流动的雷诺数，明显增强水流流动过程中的黏性力，有利于沉淀；且颗粒物沉降路径缩短，密度大的颗粒有利于沉淀。

续表

影响情况	分析原因	解决办法
出水浊度超标	(3)为了布水均匀,斜板(管)沉淀池花墙开孔范围较小,往往导致过孔流速比平流沉淀池大,使前期形成的矾花二次破碎,并且容易冲起配水孔底部沉积的死泥,造成出水浊度升高	(2)保证配水均匀,采用穿孔花墙配水,配水区起端水平流速宜控制在0.010~0.018m/s。 (3)沉淀池前加一段平流式整流段,使出水堰出水不是立即进入斜管沉淀池,而是先通过平流式整流段(占沉淀池总长的1/3),增加的平流段可增强沉淀池的抗冲击能力,进一步降低水平流速,既能起到整流作用,又能降低斜管池内的上升流速,沉淀效果好,耐冲击负荷强。同时在平流段和斜管段增加导流隔墙,可提高斜管上升流速,增强了沉淀效率
泥斗被堵死,沉淀池排泥不畅	(1)斜板(管)沉淀池采用机械排泥,容易在沉淀池边缘和端部形成刮泥死角,导致该部积泥区内积泥较多。 (2)排泥管设计不合理	(1)改造池型,减少刮泥死角,排泥采用大泥斗重力排泥,局部水流扰动少且不容易堵塞,滑泥角度大于小泥斗,滑泥彻底。 (2)采用刮泥机排泥,增加池底排泥沟数目,以改善排泥效果

GBB006 平流沉淀池的设计要点

2)平流式沉淀池

平流式沉淀池是使用最早的一种沉淀设备,由于它结构简单、运行可靠,对水质适应性强,故目前仍在采用。平流式沉淀池一般是一个矩形结构的池子,常称为矩形沉淀池。平流式沉淀池具有可就地取材、造价低、操作管理方便、施工较简单、适应性强、潜力大、处理效果稳定、带有机械排泥设备时排泥效果好的优点。

平流沉淀池的设计要点:

(1)混凝沉淀时,出水浊度宜小于10mg/L,特殊情况下不得大于15mg/L。

(2) 池数或分隔数一般不小于2。

(3)沉淀时间一般为1.0~3.0h,当处理低温低浊水或高浊度水时可适当延长。

(4)沉淀池内平均水平流速一般为10~25mm/s。

(5)有效水深一般为3.0~4.0m。

(6)池的长宽比应不小于4,每隔宽度或导流墙间距一般采用3~8m,最大为15m,当采用虹吸式或泵吸式行车机械排泥时,池子分格宽度还应结合桁架的宽度。

(7)池长深比应不小于10。

(8)进水区采用穿孔花墙配水时,穿孔墙距进水墙池壁的距离应不小于1~2m,同时在沉淀面以上0.3~0.5m处至池底部分的墙不设孔眼。

(9)采用穿孔墙配水或溢流堰集水,溢流率可采用$500m^3/(m·d)$。

(10)池泄空时间一般不大于6h。

(11)雷诺数一般为4000~15000,弗劳德数一般为$1×10^{-4}$~$1×10^{-5}$。

设计平流沉淀池的主要控制指标是表面负荷和停留时间。

平流沉淀池运行中主要控制池中的水平速度、水力停留时间、出水堰板溢流负荷3个参数在要求的范围之内。

GBB005 影响平流式沉淀池的因素

影响平流式沉淀池的因素:

平流沉淀池的构造分四部分:进水区,将反应池的水引入沉淀池。沉淀区,是沉淀池的主体,沉淀作用就在这里进行,其主要尺寸取决于水厂净水构筑物的高程布置。出口区,作用是将沉淀后的清水引出。存泥区,作用是积存下沉污泥,这部分构造与排泥方法有关。

影响平流式沉淀池沉淀效果的因素有:

① 水流状况的影响(主要为短流的影响)。

a. 进水的惯性作用;

b. 出水堰产生的水流抽吸;

c. 较冷或密度较大的进水产生的异重流;

d. 风浪引起的短流;

e. 池内存在的导流板和刮泥设施等。

② 凝聚作用的影响。

由于实际沉淀池的沉淀时间和水深所产生的絮凝过程均影响了沉淀效果,实际沉淀池也就偏离了理想沉淀池的假定条件。

GBB007 水力循环澄清池的特点

3)水力循环澄清池

水力循环澄清池是利用泥渣回流进行接触絮凝,借进水管的水压在喉管处产生真空,吸入泥渣引起回流。为了改善水力循环和泥渣回流条件,水力循环澄清池池底宜做成圆锥形。

水力循环澄清池结构简单,不用机械动力,但泥渣回流量难以控制,且因絮凝室容积较小,絮凝时间较短,回流泥渣接触絮凝作用的发挥受到影响,故水力循环澄清池处理效果较机械加速澄清池差,耗药量大,属于泥循环型澄清池。水力循环澄清池对原水水量、水质和水温的变化适应性较差,且因池子直径和高度有一定比例,直径越大,高度也较大,故水力循环澄清池一般适用于中、小型水厂。

GBB008 辐流式沉淀池的设计要点

4)辐流式沉淀池

辐流沉淀池可作为高浊度水的预沉池,它的池底有一定坡度,其最小坡度不小于 0.05,并应向池中心逐渐加大。辐流沉淀池进水系统对沉淀效果影响较大,应创造均匀的配水条件,在进水竖管外加装整流套筒可以减小短流造成的不利影响。

辐流沉淀池的优点是管理方便、工作可靠、便于机械刮泥、如投加聚丙烯酰胺絮凝,净化效率较高。缺点是基建投资及经常费用大;刮泥机维护管理较复杂,耗用金属材料多;施工较平流式困难。

辐流式沉淀池设计要点:

(1) 池子直径(或正方形一边)与有效水深的比值一般采用 6~12。

(2) 池径不宜小于 16m。

(3)池底坡度一般采用 0.05~0.10。

(4)一般均采用机械刮泥,也可附有空气提升或静水头排泥设施。

(5)当池径(或正方形的一边)较小(小于 20m)时,可采用多斗排泥。

(6)进出水的布置方式可分为:中心进水周边出水、周边进水中心出水、周边进水周边出水。

(7)池径小于 20m 时,一般采用中心转动的刮泥机,其驱动装置设在池子中心走道板上;池径大于 20m 时,一般采用周边传动的刮泥机,其驱动装置设在桁架的外缘。

(8)刮泥机的旋转速度一般为1~3r/h,外周刮泥板的线速不超过3m/min,一般采用1.5m/min。

(9)在进水口的周围应设置整流板,整流板的开口面积为过水断面积的6%~20%。

(10)浮渣用浮渣刮板收集,刮渣板装在刮泥机桁架的一侧,在出水堰前应设置浮渣挡板。

(11) 周边进水的辐流式沉淀池是一种沉淀效率较高的池型,与中心进水、周边出水的辐流式沉淀池相比,其设计表面负荷可提高1倍左右。

GBB009 脉冲澄清池的特点

5)脉冲澄清池

脉冲澄清池是在悬浮澄清池基础上加以改进的一种澄清池,其净水原理与悬浮澄清池相同。它的特点是澄清池的上升流速发生周期性的变化,这种变化是由脉冲发生器引起的。当上升流速较小时,泥渣悬浮层收缩、浓度增大而使颗粒排列紧密;当上升流速较大时,泥渣悬浮层膨胀,悬浮层不断产生周期性的收缩和膨胀,不仅有利于微粒絮凝,还可以使悬浮层的浓度分布在全池内趋于均匀,防止颗粒在池底沉积。

脉冲澄清池的排泥要根据悬浮层的沉降比来决定,每次排泥时间不超过10min。脉冲澄清池澄清区上升流速一般设计为0.8~1.2mm/s。脉冲澄清池需简单的虹吸设备,混合充分,布水均匀。

脉冲澄清池的优点是生产效率高、构造简单、布置灵活、操作管理方便,维修工作量少。

GBB010 刮泥排泥的运行管理

4.刮(排)泥的运行管理

当沉淀池出水浊度超过5NTU时,若无其他原因,应对沉淀池进行排泥,排泥周期根据原水浊度进行确定。排泥出水无黑泥水排出时排泥机停止排泥,一个排泥周期结束。随时注意排泥管运行情况,有堵塞现象要及时进行冲洗。排泥结束时,观察排泥管虹吸是否破坏,如没破坏可手动破坏虹吸。

沉淀池刮泥和排泥操作有两种形式,即间歇刮(排)泥和连续刮(排)泥。平流沉淀池采用桁车刮泥机时,一般采用间歇刮泥。若排泥不及时,池内积砂或浮渣太多,将直接影响出水浊度。

GBB011 气浮工艺的形式

(二)气浮工艺

1.气浮工艺的形式

气浮净水工艺已开发出多种形式,按其产生气泡方式可分为布气法气浮(包括转子碎气法、微孔布气法,叶轮散气气浮法等)、电解气浮法、生化气浮法(包括生物产气浮法,化学产气气浮)、溶解空气气浮(包括真空气浮法,压力气浮法的全溶气式、部分溶气式及部分回流溶气式),其中最常见的是布气气浮工艺。

布气法气浮是利用机械剪切力将混合于水中的空气碎成细小的气泡以进行气浮的方法。按粉碎气泡方法的不同,布气气浮又分为水泵吸水管吸气浮、射流气浮、扩散板曝气浮及叶轮气浮4种。

1)水泵吸水管吸气浮

水泵吸水管吸气浮这是最简单的一种气浮方法。由于水泵工作特性的限制,吸入的空气量不宜过多,一般不大于吸水量的10%(按体积计),否则将破坏水泵吸水管的负压工作。这种方法用于处理通过除油池后的含油废水时除油效率一般为50%~65%。

2）射流气浮

射流气浮是采用以水带气射流器向废水中混入空气进行气浮的方法。射流器由喷嘴射出的高速水流使吸入室形成负压，并从吸气管吸入空气，在水气混合体进入喉管段后进行激烈的能量交换，空气被粉碎成微小气泡，然后进入扩散段，动能转化为势能，进一步压缩气泡、增大了空气在水中的溶解度，最终进入气浮池中进行气水分离。射流器各部位的尺寸及有关参数一般都是通过试验来确定的。

3）扩散板曝气气浮

这种布气浮比较传统，压缩空气通过具有微细孔隙的扩散板或扩散管，使空气以细小气泡的形式进入水中，但由于扩散装置的微孔过小易堵塞。若微孔板孔径过大，必须投加表面活性剂方可形成可利用的微小气泡，从而导致该种方法使用受到限制。但近年研制开发的弹性膜微孔曝气器克服了扩散装置微孔易堵或孔径大等缺点。

4）叶轮气浮

叶轮在电动机的驱动下高速旋转，在盖板下形成负压吸入空气，废水由盖板上的小孔进入，在叶轮的搅动下，空气被粉碎成细小的气泡，并与水充分混合成水气混合体经整流板稳流后，在池体内平稳地垂直上升，进行气浮，形成的泡沫不断地被缓慢转动的刮板刮出槽外。

叶轮直径一般多为200~400mm，最大不超过600~700mm。叶轮的转速多采用900~1500r/min，圆周线速度则为10~15m/s。气浮池充水深度与吸气量有关，一般为1.5~2.0m，但不超过3m。叶轮与导向叶片间的间距也能够影响吸气量的大小，实践证明，此间距超过8mm将使进气量大大降低。

叶轮气浮设备适用于处理水量小而污染物质浓度高的废水，除油效果一般可达80%左右。

布气气浮的优点是设备简单，易于实现。但其主要的缺点是空气被粉碎的不够充分，形成的气泡粒度较大，一般都不小于0.1mm。这样，在供气量一定的条件下，气泡的表面积小，而且由于气泡直径大，运动速度快，气泡与被去除污染物质的接触时间短，这些因素都使气浮达不到高效的去除效果。

2. 气浮工艺的影响因素

GBB012 气浮工艺的影响因素

影响气浮的因素有水温、混凝条件、絮凝条件等。

1）水温

原水水温的降低对气浮效果有不利的影响，原因有以下几点：(1)无机盐混凝剂水解是吸热反应，在低温水中混凝剂水解困难，特别是硫酸铝，水温降低10℃则水解速度常数约降低2~4倍，当水温在5℃左右时，硫酸铝水解速度已极其缓慢；(2)低温水的黏度大，使水中杂质颗粒布朗运动强度减弱，不利于胶粒脱稳凝聚，同时水的黏度大时水流剪力增大，影响絮凝体的成长，而且水黏度的增大会增加絮体与微气泡的聚合体上升时的阻力，从而使其上升速度减小，进而影响气浮的效果；(3)水温低时胶体颗粒水化作用增强，妨碍胶体凝聚，水化膜内的水黏度和密度增大，影响颗粒间的黏附强度；(4)水温与水的pH值有关，水温低时水的pH值增高。研究发现，当水温从20~25℃下降到0~5℃时，气浮对浊度的去除率从70%降为56%。

2）混凝条件

（1）对于气浮工艺，一般情况下铁盐混凝剂的性能要优于铝盐混凝剂，而当采用聚合混凝剂时，则能在不降低出水水质的情况下减少混凝剂投量，并且聚合混凝剂对原水水温、pH值的适应性相对较强。（2）在原水温度较低时，常需要引入助凝剂以改善气浮效果。（3）静态混合器可使混凝剂在水中快速有效地分散，所以除了水力堰沟之外，静态混合器已逐渐替代快速旋转的搅拌器而被广泛应用。

3）絮凝条件

（1）通过合适的絮凝条件使絮体颗粒粒径小于100μm时，可以获得较高的上升速度，理论上认为絮体颗粒粒径应在10～30μm，而5min的絮凝时间可以达到这个效果。（2）气浮工艺絮凝段的水流流态通常应该是紊动推流式，这样既可以保证达到所需的絮凝强度（一般速度梯度G值为$70s^{-1}$最优），又可以较大限度地减少短流的出现，因此絮凝段常由2～3个分隔池组成，并且每个池中的速度梯度常常是相同的，而不是逐步减弱。（3）由于水力絮凝缺乏灵活性，所以一般采用垂直机械搅拌混合器来达到预期的絮凝效果。

4）空气注入量的控制

空气注入量的控制是气浮过程中影响效率的一个重要因素，在一个标准大气压下，空气在水中的溶解量大约为水量的3%，随着压力的增加，空气在水中的溶解度有一定的升高，使用气液混合泵注入空气时，溶解量为水量的7%～8%。当在溶气罐中有大量未溶解的气体时，减压释放未溶解的气体会产生大量的大气泡扰乱气浮系统，影响气浮效果。一般认为空气注入量稍微大于空气在水中的溶解度，使得空气在水中处于过饱和状态是比较适宜，如果气体的进气量小就会导致产生的气泡量不够而不利气浮。同时还要根据污水水质、混凝剂和减压释放器的类型控制进气量。

5）原水流态对气浮的影响

分离池液体流态对挟气污粒混合体的上浮速度有一定的影响，层流浮速较紊流浮速小很多，液体紊流状态有利于提高净水效果。反应室的流态受反应室的表面负荷影响很大，表面负荷越大，液体紊流越强，足够的紊流可以增加气泡和絮体的碰撞机会，使两者在反应室里能够充分接触，有利于气泡和絮体黏附，过于猛烈的紊流碰撞会打破絮体和气泡，造成浪费。

6）回流量

在气浮系统主要为空压机和溶气罐的气浮净水工艺中，回流量的确定直接影响气浮效果、设备投资及系统运行能耗，如何降低气浮回流量是气浮研究的一个重要课题。影响回流量的因素很多，包括溶气压力、温度、溶气条件、微细泡的大小、溶气水水质等。由于原水水质的多样性等因素的影响，可通过实验方法对原水进行各种条件的实测来确定回流比。目前国内外在给水净化中采用的回流比多在5%～10%，废水处理工程中的回流比多在15%～30%。在加压溶气装置中采用气液混合泵溶气，回流比的大小根据泵的型号和压力确定，如果流量很小压力就达不到要求，在气液混合泵的气浮装置中回流量仅作为参考因素，主要看泵的压力。

7）释气系统

释气过程影响释气气泡的尺寸和数量，释气系统的关键装置是释放器，溶气释放器对提高气浮净水效果和减少运行费用有至关重要的作用。最早的释放器是一个普通的减压阀，由于它不能均匀分布释气水，且释放出来的气泡的直径较大，现很少采用。理论和实验的研究认为，溶气水的压力影响释气效率，低压时形成的较多的直径较大的气泡不利于气浮。有关低压释放器的研究表明，通过合理设计释放器的结构，低压释气可以达到产生大量直径较小的微气泡和使溶气水中的气体充分释放的综合释气效果。

8）排渣方式

溶气气浮池的排渣方式主要分为两种：机械刮渣和水力溢渣。机械刮渣是借助刮渣机进行定期刮渣。水力溢渣与目前普遍使用的刮渣机相比，具有造价低、维修简单、可以实现自动化等优点，而且该装置无须在气浮设备上设置轨道，无须电动机，降低了运转费用，提高了出水水质。

9）溶气压力

在加压溶气气浮系统中，溶气系统的运行费用占整个气浮净水系统的50%~90%，气浮成本大部分取决于溶气系统产生的电耗，合理的选择溶气压力不仅可以降低电耗，减少气浮机运行成本，而且还可以提高水质。内循环式射流加压溶气方法是一种采用空气内循环及水流内循环两方面有机结合的一种新的溶气方式，不需要空压机供气，通过内循环压力差使溶气水饱和溶解，其溶气效率可达90%以上，并且采用此种方式比水泵压水射流系统节能30%左右。如溶气水的压力为0.3MPa时，循环泵的压力在0.16~0.20MPa就能满足自动进气的要求，并且其电耗约为工作泵的10%左右。通过亨利定律可知随着溶气压力的增大，溶解在水中的空气越多，溶气量越大释放时产生的细微气泡尺寸越小，数量越多，相应地去除率就增加。在气浮工艺中，一般压力范围选择在0.25~0.44MPa比较合理。气液混合泵工作时，气液同时在泵的入口处被吸入，通过泵叶轮的切割、分散作用及泵内的高压力使气体溶解于水中实现溶气，工作压力一般在0.7MPa以下。采用气液混合泵进行加压溶气省去了空压机、溶气罐等设备，具有体积小、压力高、结构简单、工作噪声小、坚固耐用等系列优点，但由于该设备溶气量较小，一般仅应用于小规模净水工程。

三、过滤工艺

GBC004 微絮凝直接过滤

（一）微絮凝直接过滤

微絮凝直接过滤，国内统称直接过滤，是指在原水中加入絮凝剂之后，经快速混合形成肉眼看不见的微絮凝体时，就直接进入滤池进行过滤，滤前不设沉淀（或澄清）设备，是省去沉淀过程而将混凝与过滤过程在滤池内同步完成的一种新型接触絮凝过滤工艺技术。

在直接过滤处理系统中，为了达到接触絮凝的目的，在滤前投加少量絮凝剂，主要是为了形成微絮凝体，以利于进入滤池后与滤料之间的吸附，故微絮凝体的尺寸一般不大于40~60μm。

在这种过滤系统中，滤池不仅起常规过滤作用，而且起絮凝和沉淀作用。

直接过滤以接触絮凝作用为主，以机械过滤及沉淀作用为辅。微絮凝体通过滤料孔隙进入滤层后，与滤料进行接触絮凝，从而将絮凝物从水中截留而去除。

微絮凝过滤的原理：在原水中投加少量混凝剂后，经过混合设备（如管道混合器）快速均匀的混合后，胶体颗粒通过脱稳形成微小的絮凝体，微絮体的尺寸一般为10~50μm，水流进入过滤池后微絮体向滤层深部透入。因微絮体尺寸小，惯性也小，增加了同滤料表面的接触机会，形成与滤料的全表面附着，而且一旦附着，在一般滤速的条件下不易脱落，提高了滤料中的纳污能力，有利于滤层截留更多的杂质。

直接过滤对原水水质和絮凝剂有一定的要求：

（1）原水在正常情况下不能有过高的浑浊度，一般以60~100NTU为宜。在特殊情况下，不得超过200~300NTU，以利于直接进入滤池过滤，并保证有一定过滤周期。但根据目前的发展，对常年浑浊度200NTU左右、短期浑浊度300NTU以下的原水，只要措施得当，一般均可采用直接过滤。

基于上述要求，水库或湖泊水是直接过滤的理想水源。它们的特点是常年浑浊度低，一般在10~20NTU以下，只有在暴雨或大风（浅水库）时，才出现较高浑浊度（200~300NTU），但时间短（从几小时到3~5天）；另外，藻类及浮游生物的滋生，也是水库、湖泊的特点，但一般具有季节性，且多在秋季发生，持续1~2周或更长一些。

（2）控制投药量是滤前处理的关键，它直接影响过滤效果。因为投药量的多少决定了颗粒表面的电性及有效碰撞率。为控制投量，常采用恒压定量投药装置。

直接过滤中，常用的絮凝剂是精制硫酸铝（含16% Al_2O_3）或聚合氯化铝、三氯化铁等。助凝剂一般用聚丙烯酰胺（阴离子型），也可用活化硅酸（水玻璃），其中 SiO_2 含量为30%。

直接过滤技术不仅可简化水厂处理流程，降低投资费用，减少运行费用，而且还可延长过滤周期，提高产水量及出水水质，尤其适用于水库水、湖泊水等低温低浊水质的净化处理，其净化效果比传统工艺好得多。随着水体污染的日趋严重，国内外越来越多的城市以蓄积水库、湖泊作为饮用水源。

直接过滤中颗粒的去除效率主要取决于传输和黏附过程，悬浮颗粒大小是过滤效率和性能的最基本决定因素。

过滤中的化学条件及颗粒物脱稳与絮凝最佳条件一致，而且絮凝中有效的化学影响在过滤中也有效。

絮凝剂的加入是影响水体化学特性的主要因素之一，絮凝剂的选择应用直接影响着微絮凝直接过滤工艺的实际运行效果及运行费用。

由于原水絮凝过程部分地在滤床孔隙内完成，因此，选择最佳絮凝剂对直接过滤效果具有十分重要的意义。这主要体现在有效增加滤层絮体沉积速率及絮体在滤层内的穿透深度，防止过早堵塞而使水头损失减少到最小程度，以此显著提高过滤运行周期和产水率。采用无机高分子絮凝剂有较好的处理效果，如聚合氯化铁和聚合氯化铝。与传统铁盐凝聚剂相比，在相同出水质量条件下，聚合氯化铁可延长运行周期，提高产水率30%~40%。

直接过滤工艺主要具有设计简单、节省占地面积以及减少投资和运行费用等优点，不需要建造沉淀池和污泥收集装置。因采用管道凝聚絮凝，不需要建造大的絮凝反应池，设计简单且可显著地节省基建投资。由于直接过滤中絮体颗粒不需要生成很大，因此，絮凝剂投加量也显著减少，据估算可节省10%~30%的药剂。另外，絮池絮体微粒浓缩和脱水也较容易，后续处理设备简单，从而大大降低了操作和维护费用。

直接过滤的缺点在于受截污量的限制，不能处理高浊度、高色度或浊度色度都很高的水质，而且由于原水经混凝后直接过滤，没有传统的沉淀缓冲作用，滤床熟化慢而停留时间短，因此，对絮凝及其化学条件要求严格，故设计中要通过大量中试实验确定好控制絮凝过程及选择合适的药剂及其投加量，而且实际生产中需要进行连续监测及自动化控制系统。

直接过滤在使用中，常按照投加混凝剂后的水在过滤池中的流向细分为直流混凝过滤和接触混凝过滤两类。

1. 直流混凝过滤

投加混凝剂后的原水由上而下通过过滤池，特点是水添加药剂后直接进入滤池，在池中只经过混凝过程。另外在这个过程中不一定需要设一座正式的絮凝设备，可将絮凝剂直接添加到进水管道内，为了保证混凝剂在进入滤池前很好地与水混合完成水解过程，加药地点设在水进入滤池前的一段距离处，例如用硫酸铝作混凝剂时，应加在离滤池尚有 50 倍管道直径的位置，使硫酸铝在管道内进行水解，水进入滤池时，流速大减，在水层中形成絮状体。随后的过程就是絮状体和水中的悬浮物一同进入滤层中，完成过滤过程。此过程中絮状体的作用与澄清池中以泥渣作为接触介质相同，只是这里的接触介质密度更大了，因此加药量可以比澄清池中要少一些，因为药剂的作用只是用来减少水中杂质的稳定性，使杂质更易于黏附于无烟煤滤料颗粒的表面上。直流混凝过滤存在的问题是，由于水是由上而下流过单层滤料，过滤作用主要发生在滤层的表面，因此滤层的截污能力比较小，适用于水中悬浮物含量不超过 100mg/L 的水体。

2. 接触混凝过滤

接触混凝过滤是直流混凝过滤的另一种形式，其特点是投加混凝剂后的原水自下而上通过滤层，所以水流先遇到粗滤料后遇到细滤料，可以使悬浮物和混凝过程都深入到滤层中进行过滤，提高了滤层的截污能力，减缓了水头损失增长的速度，发挥理想滤层的优点。由于这种过滤的上述特点，将其称为接触混凝过滤，强调发挥接触絮凝的作用。接触滤池滤层的厚度约为单滤层的 3 倍，使滤层能截流更多的悬浮物。接触混凝过滤存在的问题有三点，一是滤速不能太快，应小于 5m/s，否则滤层出现流化现象；二是截留在滤层底部的大量悬浮物难以冲洗干净；三是不适用于大面积的滤池。接触混凝过滤适用于悬浮物含量不超过 150mg/L 的水体。直接过滤强调发挥接触絮凝的作用，是让原水中的胶体经凝聚阶段（即脱稳）后即进入滤池，由于直接过滤所产生的絮状体很小，因此直接过滤也称为微絮凝过滤，在此过滤过程中胶体吸附在滤料表面上，是一种接触絮凝的作用，故又称为接触过滤。

3. 原水直接过滤注意事项

(1) 原水浊度和色度较低且水质变化较小。

(2) 通常采用双层、三层或均质材料，滤料粒径和厚度适当增大，否则滤层表面孔隙易被堵塞。

(3) 原水进入滤池前，无论是接触过滤或微絮凝过滤，均不应形成大的絮凝体以免很快堵塞滤层表面孔隙。

(4) 滤速应根据原水水质决定。

GBC008 翻板滤池的概念

（二）滤池

1. 翻板滤池

翻板滤池是瑞士苏尔寿(Sulzer)公司采用的一种滤池布置形式。由于该滤池在反冲洗排水时排水阀在0°~90°翻转，故被称为翻板滤池。翻板滤池的工作原理与其他类型气水反冲滤池相似：原水通过进水渠经溢流堰均匀流入滤池，水以重力渗透穿过滤料层，并以恒水头过滤后汇入集水室，滤池反冲洗时，先关进水阀门，然后按气冲、气水冲、水冲各阶段开关相应的阀门，一般重复两次后关闭排水阀，开进水阀门，恢复到正常过滤工况。

由于采用了先进的反冲洗工艺和技术先进的翻板阀，在气冲、气水混合冲、水冲3个阶段中翻板阀始终是关闭的，可以提高反冲强度，加大滤料的碰撞和反冲水的清洗强度，这样既提高了滤池的反冲效率又避免了滤料的流失，同时又使反冲水得到了重复利，用减少了反冲水的用量。由于翻板排水阀是在反冲洗结束20s后才逐步开启，而且第一排水时段中翻板阀只开启45°，所以，积聚在滤池内的反冲水和悬浮物仅上部的可以排出，而池内的滤料由于密度大、沉降速度快不会流失。另外，翻板滤池排水初期水头较高，更有利于水面漂浮物的排出。

翻板滤池的配水系统属于小阻力配水系统，采用独特的上下双层配气配水层形式，由横向配水管、竖向配水管和竖向配气管组成。这种独特的结构特点使得翻板滤池获得较其他类型滤池更均匀的配水配气性能。翻板滤池的反冲洗方式也与其他类型气水反冲洗滤池不同，翻板阀滤池采用闭阀冲洗方式，冲洗过程分为气冲、气水联冲、单独水冲，无论气水冲还是水冲，都不向外排水，整个反冲洗阶段结束后，静止数十秒后再排水，因此翻板阀滤池基本不会出现滤料流失现象。

1）翻板滤池的主要特点

（1）滤料、滤层可多样化选择。

根据滤池进水水质与对出水水质要求的不同，可选择单层均质滤料或双层、多层滤料，也可更改滤层中的滤料。一般单层均质滤料采用石英砂（或陶粒）；双层滤料为无烟煤滤料与石英砂（或陶粒与石英砂）。当滤池进水水质差，如原水受到微污染，含有机物较高时，可用颗粒活性炭置换无烟煤滤料等。

（2）滤料流失率比其他滤池低。

对于翻板滤池来说，由于它具有以下设计特点，因此滤料流失率比其他滤池低。

① 排水舌阀的内侧高于滤料层0.15~0.20m。

② 排水舌阀在反冲洗结束，滤料沉降20s后再逐步开启，从而保证轻质滤料不至于通过排水舌阀（板）流失。

③ 滤料反冲洗净度高、周期长与容污能力强。

翻板滤池反冲洗的水冲段（第三阶段）强度达15~16L/(m^2·s)，使滤料膨胀成浮动状态，从而冲刷和带走前两阶段（气冲段、气水冲段）洗擦下来的截留污物和附在滤料上的小气泡。一般经两次反冲洗过程，滤料中截污物遗留量少于0.1kg/m^3，从而使翻板滤池的运行周期延长。通常情况下，翻板阀滤池的过滤周期为36~72h（滤前水浊度按5NTU计）。

（3）出水水质好。

有关资料表明，当进入滤池的浊度小于5NTU时，双层滤料滤池的出水水质可达

0.2NTU 的概率为 95%，出水水质小于 0.5NTU 的概率为 100%。

(4)反冲洗水耗低、水头损失小。

翻板滤池的水冲强度、滤料膨胀率与普通快滤池相近；但它的水冲时间短(共 2 次，每次 2.2min)，反冲洗周期长(进水浊度 5NTU 时，反冲洗周期为 36～72h)，故反冲洗水耗量少，一般约为 3～4.5m^3/m^2，相应的反冲泵耗电量也较小。据运行表明，滤层厚 1.5m、滤速为 9m/h 时，滤料层产生的水头损失约为 0.35～0.40m。

(5)双层气垫层，保证布水、布气均匀。

滤池在底板上、下形成两个均匀的气垫层，从而保证布水、布气均匀，避免气水分配出现脉冲现象，影响反冲洗的效果。

(6)气水反冲系统结构简单，施工进度快。

翻板滤池的反冲洗系统具有综合普通快滤及 V 形滤池的设计特点，但对滤池底板施工要求的平整度不很严格，即使每格滤池中间安装布气、布水管部分的池底，对水平误差的要求是不大于 10mm。这样可降低施工难度、缩短施工周期，较明显地减少施工费用。

该型滤池的布气、布水立管一般采用不锈钢管，配水、配气横管采用 PE 塑料制作。配水、配气横管的水平度施工中容易调整，使滤池的整个滤料层能均匀地达到反冲洗，去污效果好，避免了局部滤料结污、结块现象，滤池的使用寿命较长，减少维护工作与运行费用。

2)翻板滤池使用注意事项

GBC009 翻板滤池使用中的注意事项

(1)反冲洗过程的控制是翻板滤池成败的关键，翻板滤池在整个反冲洗过程完成后才一次性排污，因此重点是掌握反冲洗时排水舌阀的启闭时机。排污过早，上层悬浮滤料随废水流失，过晚则废水中悬浮的污物又重新沉淀到滤料表面，影响冲洗效果。一般设计为冲洗完成后静置 20～30s 再逐步开启排水舌阀，废水在 60～80s 内排完，此时反冲洗水中细微污泥颗粒仍呈悬浮状态。

(2)翻板滤池是在整个反冲洗过程完成后才一次性排污，其排水舌阀又处于滤池的端头，排水时浮在水面上的泡状污物无法在液面处于排废水状态的短时间内流出，因此应在排水舌阀对面滤池壁上安装一排喷水头，在废水面接近排水舌阀时，将表层杂物冲向排水舌阀，推动上层污物的排除，或者在反冲洗二次排水后，增加一个低强度冲洗程序，边冲洗边排污(使污物被冲走，而滤料不流失)，这样排污将更彻底，滤料的洁净度将更高。

(3)由于翻板滤池的反冲洗强度较高，所以要选择强度高的滤料，否则滤料表面磨损较大；当采用双层或多层滤料时，应在试验的基础上科学合理地选择滤料的级配，以减少滤池反冲洗后滤料之间发生的混层现象。

GBC010 V形滤池的操作维护

2. V 形滤池

V 形滤池因其进水槽形状呈 V 字形而得名，是快滤池的一种，滤料采用均质滤料，整个滤料层在深度方向上分布基本均匀，在底部采用的是带有长柄滤头底板的排水系统，进水槽和排水槽分别设在滤池的两侧，池子可以沿着长度方向发展延伸。

1)V 形滤池的操作及维护

V 形滤池的运行周期分为两个部分，分别为过滤与反冲洗系统，二者交替运行。

在过滤周期运行时，V 形滤池两侧的配水渠是沉清水进入单池的渠道，进入单池后经历滤池的恒速过滤，并将过滤后的水汇于中央管廊下的干渠，最后进入清水池。恒载恒位的运行方式使得各单元池的负荷是一致的,运行速度是均匀的,这样就可以有效避免因为起始滤速过高引起的过滤水质量下降、自耗水率增大和运行周期缩短等不良影响。由此可见,恒载恒位的设计是优化运行的关键所在,也是V形滤池的一个主要工艺特点。

反冲洗周期的进入需要一定的前提条件,一般有两种情况,一是过滤周期达到某个提前设定的时限,二是滤层堵塞程度达到设定的水头损失。反冲洗过程中容易产生水力分级,不仅影响深层截污,而且可能造成垢污分离重复黏附于滤料,为了避免产生这种后果,一般采用气、水三段冲洗的方式。先气冲使滤料表面的垢污被破碎,得到彻底的剥落,在采用经气水混合冲洗,使剥离的垢污传至滤层表面,最后用低强度清水反冲漂洗,将杂质彻底清除,获得明显优越于其他类型的滤池过滤效果。

V形滤池运行的自动控制是满足其水处理工艺要求的必要内容,自动控制包括两个方面:一是自动控制恒水位等速过滤,简称过滤控制;二是每组滤池符合设计冲洗条件的同时,具备各自的自动运行反冲洗系统,并在冲洗结束时自动恢复正常过滤状态,简称反冲洗控制。自动控制的实现一般是采用可编程逻辑控制器和工控机组成的集散型控制系统。

过滤控制:一般是在滤池相应部位安装水头损失传感器和超声波液位仪,通过这些装置测出滤池的水位和水头损失,并将测量的值和滤后水阀门的开启度信息送入下一个专用模块,调整阀门的开启度,以达到滤池进出水的平衡状态,从而实现恒水位、恒滤速的自动控制。反冲洗控制:一般由公共的PLC来控制,当达到过滤周期和滤池压差的设定值时,滤池就会收到反冲洗请求,PLC会根据滤池的优先级别进行排序,组成一个反冲洗请求的队列。在反冲洗请求得到应答后,对应的滤池进入反冲洗,PLC会自动实施整个反冲洗的过程,一般只能同时进行一个滤池的反冲洗,其他请求信号会被暂时存储在公用的PLC中并排序。

2)V形滤池加强管理措施

对于V形滤池的运行,离不开一些必要的图档资料,特别是运行过程中出现的问题和解决方案。具体需要详细记载和保管的图档资料,可以概括为下列4个方面:

(1)V形滤池的施工材料和竣工验收材料,主要包括施工的方案、时间安排、竣工验收时各方面参数的详细记录。

(2)V形滤池的设备性能测试和检测资料。

(3)V形滤池的操作方法和维修手册。

(4)V形滤池中每组滤池滤料的筛分曲线。

建立V形滤池运行维修档案制度,是为了在出现问题时可以快捷方便地找到相关资料,并根据数据记录判断问题来源的可能性,然后将问题的范围缩小到较小的范围,加快解决问题的进度和效率。

3)V形滤池优化运行

V形滤池的运行与其他各种行业和机构的运行一样,需要根据实际要求采取一些改善运行效率和效果的方案。根据V形滤池的特点,V形滤池优化运行的概念可以这样理解:在保证滤池出水的水质符合标准并方便生产管理安全运行的前提下,尽可能把滤池运行的成本降到最低的一种方案。由此可见,V形滤池的优化运行是系统工程,因此在考虑优化运行时必须从多个方面综合考虑,而不能只是从一个单一的方面片面地考虑,在生产的具体运行中,一般需要综合考虑的方面如下:

(1)待滤水和滤后水的水质标准,根据水厂的工艺生产流程状况和国家的水质标准合理确定,不能够过低使水质达不到需要的干净程度,也不能盲目追求不必要的至高程度,而造成成本的大幅度增长,因小失大;

(2)V形滤池反冲洗控制参数过滤时间以及堵塞值的设定,综合考虑滤后水的水质、堵塞值和滤料再生等来确定过滤时间,因为过滤时间是V形滤池在常态下生产的主要控制参数,所以需要考虑的因素较多,而堵塞值是在非常态下的应急控制参数,可以根据经验和相关标准直接确定;

(3)V形滤池反冲洗步骤的设定,在V形滤池的反冲洗过程,首先要做的是关闭进水气动闸板阀,并等到水位降至砂面以上5cm后,再打开反冲洗排水阀和进水闸板阀,这样就开始了反冲洗过程,这样的步骤避免了砂面以上待滤水被排放,达到降低运行成本的目的。

4)V形滤池维修保养

V形滤池维修保养的具体工作是3个方面的内容,即日常巡检、定期维护保养和大修检查。

V形滤池的日常巡检具体事项有2个,一是随时在线监测滤后水浊度、过滤时间、水头损失和滤池运行状态;二是每隔2h对滤池过滤、控制柜的运行状况和发冲洗设备进行检查和记录。

V形滤池的定期维护保养具体事项有7个方面,分别为:

(1)每周检查压缩空气的压力并清理过滤器;

(2)每半年校核液压计、调节阀角度转换器和堵塞计的信号输出值;

(3)定期对鼓风机和空压机的润滑油进行更新;

(4)每年检测一次V形滤池的自控系统;

(5)每年检测一次滤池的配水均匀性;

(6)每年对滤池的滤速、反冲洗强度等进行一次技术测定;

(7)每年定期检查V形滤池的混凝土构筑物。

V形滤池大修检查的具体事项有4个,分别是滤头更换、滤料补充、滤料置换和机械设备的大修理检查。

5)V形滤池常见故障

GBC011　V形滤池的常见故障

V形滤池的常见故障及处理办法见表2-1-2。

表2-1-2　V形滤池常见故障及其处理办法

常见故障	可能原因	处理办法
过滤周期过短	待滤水中悬浮固体过多	检查待过滤水,提高沉淀水质量
	有藻类生长	加氯或其他化学药品,及时除藻
	反冲洗不充分	进行一次或多次的连续反冲洗
反冲洗期间滤砂损失	反冲洗流量过大	降低反冲洗流量
	堰的水平度	检查堰口是否平整,如不平整将其磨平或抹灰
	表面扫洗水流过大	检查水流,必要时降低水流

续表

常见故障	可能原因	处理办法
气冲不正常	滤头堵塞	清洗或更换有缺陷的滤头,并更换垫圈
	滤头损坏	更换滤头并更换新垫圈
	密封缺陷	将有缺陷的密封周围的砂移开,重新密封
	滤板漏气	对泄漏部分进行抹灰处理
过滤期间滤砂损失	滤头有缺陷(过滤过程中可看见焊缝或反冲洗过程中气泡密集)	检查滤板并更换有缺陷的滤头,在插入滤头之前检查固定孔是否清洁,更换密封环并用力将滤头拧紧
启动时水头损失不正常	过滤速度改变	检查澄清水进入滤池时是否均匀,检查工作中滤池的数目
	滤砂被藻类或有机物淤塞	进行加氯处理

GBC013 V形滤池的设计要点

6) V 形滤池的设计要点

(1)滤层表面以上水深不应小于 1.2m。

(2)两侧进水槽的槽底配水孔口至中央排水槽边缘的水平距离宜在 3.5m 以内,最大不得超过 5m,表面扫洗配水孔的预埋管纵向轴线应保持水平。

(3)水槽断面应按非均匀流满足配水均匀性要求计算确定,其斜面与池壁的倾斜度宜采用 45°~50°。

(4)进水系统应设置进水总渠,每格无烟煤滤料滤池进水应设可调整高度的堰板。

(5)反冲洗空气总管的管底应高于滤池的最高水位。

(6)长柄滤头配气配水系统的设计应采取有效措施,控制同格滤池所有滤头、滤帽或滤柄顶表面在同一水平,其误差不得大于±5mm。

(7)冲洗排水槽顶面宜高出滤料层表面 500mm。

(8)V 形滤池的布置可分为单排及双排布置;就单池而言,可分为单格及双格布置。当滤池的个数少于 3 个时,宜采用单排布置,超过 4 个采用双排布置。单池内的分格布置一般采用双格对称布置。

(9)溢流堰设置于进水总渠,堰顶高度根据设计允许的超负荷要求确定。

(10)进水孔一般应有 2 个,即主进水孔及扫洗进水孔,主进水孔一般设气动或电动闸板阀,表面扫洗孔也可设手动闸板。

(11)进水堰的堰板宜设计为可调式,以便调节单池进水量,使各池进水量相同。

(12)进水堰的底面应与 V 形槽底平,不得高出。

(13)V 形槽在滤池过滤时处于淹没状态。槽内设计始端流速不大于 0.6m/s,V 形槽底部的水平布水孔内径一般为 20~30mm,过孔流速为 2m/s 左右,孔中心一般比用水单独冲洗时池内水面低 50~150mm。V 形滤池滤层厚度在 0.95~1.5m。V 形滤池配水孔孔底应平池底,孔口流速为 1.0~1.5m/s。

GBC012 普通快滤池的设计要点

3. 普通快滤池

1)滤池个数和单池面积

根据设计流量和滤速求出所需滤池总面积后,便需确定滤池个数和单池面积,滤池个数多,单池面积小,反之亦然。滤池个数直接涉及滤池造价、冲洗效果和运行管理。个数多,则冲洗效果好,运转灵活,强制滤速低,但造价高,操作管理较麻烦。滤池个数应不少于 2 个。

单池平面可为正方形或矩形,滤池长宽比决定构筑物总体布置,同时也与造价有关,应通过技术经济比较确定。

2)管廊布置

集中布置滤池的管渠、配件及阀门的场所称管廊。管廊中的管道一般用金属材料,也可用钢筋混凝土渠道。管廊布置应力求紧凑,要留有设备及管配件安装、维修的必要空间,要有良好的防水、排水及通风、照明设备,要便于与滤池操作室联系,设计中,往往根据具体情况提出几种布置方案,经比较后决定。

滤池数少于 5 个时,宜采用单行排列,管廊位于滤池一侧;超过 5 个时,宜用双行排列,管廊位于两排滤池中间。后者布置较紧凑,但管廊通风、采光不如前者,检修也不太方便。

管廊的布置有多种形式,列举以下几种供参考:

(1)进水、清水、冲洗水和排水渠全部布置于管廊内,其优点是渠道结构简单、施工方便、管渠集中紧凑,但管廊内管件较多,通行和检修不太方便。

(2)冲洗水和清水渠布置于管廊内,进水和排水以渠道形式布置于滤池另一侧。这样布置可节省金属管道及配件和阀门,管廊内管件简单,施工安装和检修方便。

(3)进水、冲洗水及清水管均采用金属管道,排水渠单独设置。

(4)对于较大型滤池,为节约阀门,可以用虹吸管代替排水和进水支管,冲洗水管和清水管仍用阀门。

GBC006 快滤池的管理

3)快滤池管理

在快滤池的运行中,做好快滤池的管理工作十分重要,它是快滤池始终保持良好运行状态的保证。

快滤池的管理工作,包括以下 3 个方面内容:

(1)对快滤池进行技术状态定期进行测定分析并提出改进措施;

(2)按照运行操作规程进行操作,对运行过程中出现的各种故障进行分析处理;

(3)定期对滤池进行维修保养。

当滤池水头损失达到规定值或滤后水水质超过标准时,要及时对滤池进行反冲洗以恢复滤池的过滤功能。反冲洗时,滤池内水位应降低到滤层面以上 10~20cm,然后按操作规程进行。反冲洗时应注意观察冲洗布水是否均匀,排水是否出现壅水或不均匀排水现象。冲洗结束时,池内残余水浑浊度应低于 20mg/L。冲洗结束后,还应做好记录。反冲洗后,一般待滤料层稳定后再投入运行,稳定时间至少要 30min。刚投入运行的滤池,由于滤料得到清洗,滤池滤层孔隙率大,因此应通过清水闸的调节,适当放慢滤速,以确保滤后水质。

在双层滤池采用无烟煤和石英砂时,煤砂混杂与否或是否出现分层,主要取决于煤砂相对密度与粒径。快滤池水头损失增长过快的原因有滤池反冲洗效果长期不好、气阻、滤速控制不当。

4. 评价滤池的技术指标

GBC001 评价滤池的技术指标

1)滤速

滤速是表示滤池工作强度的一项重要指标,是指过滤时水流通过滤层水位下降的速度,或者可以说是滤池单位面积上的流量负荷，即指每平方米滤池面积在一个小时内滤过的水量，单位以 m/h 表示。因此滤速不是指在滤料颗粒间的实际流速，其计算公式为：滤速（m/h）= 测定时间内水位下降值（m）/测定时间（s）×3600。

2）滤层膨胀率

在反冲洗水流作用下，滤料层逐渐膨胀起来，滤层膨胀后所增加的厚度与膨胀前厚度之比称为滤层的膨胀率，即滤层膨胀率 =（滤层膨胀后厚度－滤层膨胀前厚度）/滤层膨胀前厚度×100%。滤层的膨胀率一般控制在 45%左右。

3）水头损失

水头损失是指滤池过滤时滤层上面水位与滤后水在集水管出口处的高差，采用水柱高度（m）表示。

在实际运行管理中，水头损失用来表明滤池在整个工作过程中水所受到的阻力。

滤池在过滤时，随着时间的延续，滤层中截留的杂质不断增加，滤层孔隙率小，因此总的水头损失也在不断增加。

GBC002 滤池运行中需注意的问题

5. 滤池运行中注意问题

1）气阻

气阻是由于某种原因在滤层中积聚大量空气而产生的现象，其表现为冲洗时有大量空气气泡上升，过滤时水头损失明显增大，滤速急剧降低，甚至滤层出现裂缝和承托层被破坏，滤后水质恶化。造成气阻的原因主要有：（1）滤干后，未把空气赶掉，随即进水过滤而滤层含有空气；（2）过滤周期过长，滤层中出现负水头，使水中溶解空气溢出积聚在滤层中，导致滤层中原来用于截留泥渣的孔隙被空气占据造成气阻。

解决气阻的办法是不使滤层产生负水头。若过滤周期长引起负水头，则适当缩短过滤周期；如果因滤料表层滤粒过细，则采取调换表面滤料，增加大滤料粒径，提高滤层孔隙率的办法，降低水头损失值以降低负水压幅度；有时可以适当增加滤速，使整个滤层内截污较均匀。在滤池滤干的情况下，可采用清水倒压的方法赶跑滤层中空气后再投产，也可采用加大滤层上部水深的办法，防止滤料滤干。此外，应经常检查清水阀密封程度，以防因清水阀泄漏而造成滤池滤干。

2）滤层产生裂缝

滤层产生裂缝的主要原因：滤料层含泥量过多，滤层中积泥不均匀引起局部滤层滤速快，而局部则滤速慢。产生裂缝多数在滤池壁附近，也有在滤池中部出现的开裂现象。产生裂缝后，使过滤的水直接从裂缝中穿透使滤后水质恶化。

解决裂缝的方法：首先要加强冲洗措施，如适当提高冲洗强度、缩短冲洗周期、延长冲洗历时等方法，也可以设置辅助冲洗设施，如表面冲洗设施，提高冲洗强度，使滤层含泥量降低，同时，还应检查滤池配水系统是否有局部受阻现象，一旦发现要及时维修排除。

3）滤层含泥率高，出现泥球

滤层中含泥率高，出现泥球，会使整个滤层出现级配混乱，降低过滤效果。滤层含泥量一般不能大于 3%。造成含泥率高的原因主要是长期冲洗不均匀，冲洗废水不能排清或待滤水浑浊度偏高。日积月累，残留污泥互相黏结，体积不断增大，再因水压作用而变成不透水的泥球，大的泥球直径可达几厘米。滤料层中的矾花等颗粒杂质颗粒不能完全冲洗干净时，可能导致滤料颗粒结合在一起，增大滤料的尺寸、形成泥球、滤料结块。

处理方法：(1)改造冲洗条件，通过测定滤层膨胀率和废水排除情况，适当调整冲洗强度和延长冲洗历时；(2)检查配水系统，寻找配水不均匀的原因，加以纠正；(3)有条件时可采用表面冲洗方法或压缩空气冲洗等辅助冲洗方法；(4)采用化学处理方法，利用强氧化剂破坏黏结泥球的有机物，然后再反冲洗。如果滤层积泥、泥球严重时，必须采用翻池或更换滤料的办法解决。

4)跑砂、漏砂

如果冲洗强度过大、滤层膨胀率过大或滤料级配不当，反冲洗时会冲走大量相对较细的滤料，特别当用煤和砂做双层滤料时，由于两种滤料对冲洗强度要求不同，往往以冲洗砂的冲洗强度冲洗煤层，相对细的煤会被冲走。另外，如果冲洗水分布不均，承托层发生移动，从而促使冲洗水分布更加不均，最后某一部分承托层被掏空，使滤料通过配水系统漏进清水池内。如出现上述情况，应检查配水系统，并适当调整冲洗强度。

6. 滤料铺装方法

GBC005 滤料的铺装方法

准备：

(1)配水系统安装完毕以后，先将滤池内杂物全部清除，并疏通配水孔眼和配水缝隙，用反冲洗法检查配水系统是否符合设计要求。

(2)在滤池内壁按承托料和滤料的各层顶高画水平线，作为铺装高度标记。

(3)仔细检查不同粒径范围(三层滤料滤池中还要检查不同种类)的承托料，按其粒径范围从大到小依次清洗，以备铺装。

铺装：

(1)铺装最下一层承托料时应注意避免损坏滤池的配水系统。待装承托料应吊运到池内再行铺撒；或者使池内充水至排水槽顶，再向水中均匀撒料，然后排水，使水面降至该层顶面高度水平线、用铁锹铺匀，铺装人员不应直接在承托料上站立或行走，而应站在木板上操作，在池内的操作人员应尽量少，以免造成承托料的移动。在下一层铺装完成后，才能铺装上一层承托料。

(2)每层承托料的厚度应准确、均匀，用锹或刮板刮动表面，使其接近于水平面，高度应与铺装高度标记水平线相吻合。

(3)在铺毕粒径范围不大于2~4mm的承托料后，应用该滤池上限冲洗强度冲洗，停止冲洗前，应先逐渐降低冲洗强度，以完成有效的水力分级，使轻物质升至承托料的表面，再排水、刮除轻物质。

(4)承托料全部分层铺装就位后，采用从池顶向水中均匀撒料的方法撒入预计数量的滤料(包括应刮除的轻物质和小于指定下限粒径的细颗粒)。

(5)进行冲洗，冲洗后刮除轻物质和小于指定下限粒径的颗粒。按上述方法操作后如滤料厚度达不到规定的数值，应重复上述操作直到符合要求为止。如果是双层或三层滤料滤池，则冲洗下层滤料并完成刮除轻物质和小于指定下限粒径颗粒后，才能铺装上一层滤料。无烟煤滤料投入滤池后，应在水中浸泡24h以后，方可进行冲洗和刮除的操作。

7. 滤池保养

GBC007 滤池的保养

滤池日常保养项目、内容应符合下列规定：

每日检查滤池、阀门、冲洗设备（水冲、气水冲洗、表面冲洗）、电气仪表及附属设备（空压机系统等）的运行状况，并做好设备、环境的清洁工作和传动部件的润滑保养工作。

定期维护项目、内容应符合下列规定：

(1)应每月对阀门、冲洗设备、电气仪表及附属设备等检修一次，并及时排除各类故障。

(2)每季测量一次砂层厚度，砂层厚度下降10%时，必须补砂（一年内最多一次）。

(3)应每年对阀门、冲洗设备、电气仪表及附属设备等解体检修一次或部分更换；每年铁件应油漆一次。

大修理项目、内容、质量应符合下列规定：

(1)滤池、土建构筑物、机械应在5年内进行大修一次，考虑的原则为：

① 滤层含泥量超过3%。

② 滤池冲洗不均匀，大量漏砂。

③ 过滤性能差，滤后水浊度长期超标。

④ 结构损坏等。

(2)滤池大修内容应包括下列各项：

① 检查滤料、承托层，按情况更换。

② 检查、更换集水滤管、滤砖、滤板、滤头、尼龙网等（根据损坏情况决定）。

③ 控制阀门、管道和附属设施的恢复性检修。

④ 土建构筑物的恢复性检修。

⑤ 行车及传动机械解体检修或部分更新。

⑥ 钢制排水槽刷漆调整。

⑦ 清水渠检查，清洗池壁、池底。

(3)滤池大修理质量应符合下列规定：

① 滤池壁与砂层接触面的部位凿毛。

② 滤池排水槽高程偏差小于±3mm。

③ 滤池排水槽水平度偏差小于±2mm。

④ 集水滤管或滤砖、滤头、滤板安装应平整、完好，固定牢固。

⑤ 配水系统铺填滤料及承托层前，进行冲洗以检查接头紧密状态及孔口、喷嘴的均匀性，孔眼畅通率应大于95%。

⑥ 滤料及承托层应按级配分层铺填，每层应平整，厚度偏差不得大于10mm。

⑦ 滤料经冲洗后，表层抽样检验，不均匀系数应符合设计的工艺要求。

⑧ 滤料全部铺设后应进行整体验收，经过冲洗后的滤料应平整，并无裂缝和与池壁分离的现象。

⑨ 新铺滤料洗净后还需对滤池消毒，反冲洗，然后试运行，待滤后水合格后方可投入运行。

⑩ 冲洗水泵、空压机、鼓风机等附属设施及电气仪表设备的检修按相关规定要求进行。

GBC003 助滤剂的使用

（三）助滤剂

助滤剂的主要原理是通过加入助滤剂改变进入滤池之前的颗粒或滤料表面性质、电性与尺寸。改变滤料表面性质可提高颗粒向滤料迁移速度与黏附效率；改变进入滤池悬浮颗粒的表面性质与尺寸可提高颗粒黏附效率。按照该机理形成的聚合物－颗粒絮体，使颗粒和黏附作用都得到加强。形成的絮体尺寸比较大，颗粒之间或颗粒与滤料之间结合紧密，可抵抗滤池对水流的剪切力，使滤池工作周期延长。投加助滤剂后，能有效地降低滤速突然变化引起的悬浮颗粒穿透程度，保障滤后水水质。

常用的助滤剂主要有聚丙烯酰胺、活化硅酸和聚合氯化铝。使用助滤剂时，滤池需有表面冲洗或气水反冲等强化反冲方法。助滤剂投加点可在滤池进水管之前，也有少数投加在滤池的进水渠处，应根据药剂的反应时间或进水条件确定最佳投加点。助滤剂适用于双层滤料和均质滤料滤池。美国规定滤池出水浑浊度小于0.1NTU，助滤剂使用较多。

助滤剂种类：(1)有机与无机高分子，如活化硅酸、聚丙烯酰胺、骨胶等。(2)pH值调节剂，如盐酸、硫酸和碱石灰。(3)无机颗粒，如黏土、微砂。(4)氧化剂，如高锰酸钾、二氧化氯等。

聚丙烯酰胺絮凝剂(PAM)又称三号絮凝剂，是由丙烯酰胺单体聚合而成的有机高分子聚合物，无色无味、无臭、易溶于水，没有腐蚀性，在常温下比较稳定，高温、冰冻时易降解，且絮凝效果降低，故其储存与配制投加时，温度控制在2～55℃时，絮凝效果为佳，否则会降低使用效果。

聚丙烯酰胺产品按纯度来分，有粉剂和胶体两种，粉剂产品为白色或微黄色颗粒或粉末，固含量一般在90%以上，胶体产品为无色或微黄色透胶体，固含量为8%～9%。

聚丙烯酰胺产品按离子型来分，有阳离子型、阴离子型和非离子型3种。阳离子型一般都含有微量毒性，不适宜在给排水工程中使用。

聚丙烯酰胺的絮凝机理：聚丙烯酰胺具有极性酰胺基团，酰胺基团易于借氢键作用在泥沙颗粒表面吸附。另外，聚丙烯酰胺絮凝剂有很长的分子链，很大数量级的长链在水中具有巨大的吸附表面积，絮凝作用好，还可利用长链在絮凝颗粒之间架桥，形成大颗粒絮凝体，加速沉降。

水处理剂聚丙烯酰胺的絮凝机理有别于三氯化铁、硫酸铝、碱式氯化铝等混凝剂的Zeta电位凝聚概念，所以，聚丙烯酰胺不能称混凝剂，因其机理以吸附架桥为主，只能称絮凝剂。

聚丙烯酰胺在NaOH等碱类作用下，极易起水解反应，使部分聚丙烯酰胺生成聚丙烯酸钠，丙烯酸钠分子在水中不稳定，被离解成$RCOO-Na^+$。因此，聚丙烯酰胺水解体是聚丙烯酰胺和聚丙烯酸钠的共聚物，由于RCOO-(羟基)的作用，使聚丙烯酰胺水解体成为阴离子型高分子絮凝剂，而非水解的聚丙烯酰胺絮凝剂为非离子型高分子絮凝剂。聚丙烯酰胺部分水解后，其性能从非离子型转变为阴离子型，在RCCO-(羟基)基团的离子静电斥力作用下，使聚丙烯酰胺主链上呈卷曲状的分子链展开拉长，增加其吸附面积，提高架桥能力，所以部分水解体的聚丙烯酰胺的絮凝效果要优于非离子型聚丙烯酰胺。

处理高浊度水的聚丙烯酰胺，一般都应采用部分水解体产品，最佳水解度(水解度是指聚丙烯酰胺分子中，酰胺基团转化为羟基的百分数)的聚丙烯酰胺沉降速度是非水解体的2～9倍。但聚丙烯酰胺絮凝剂中水解度过高或过低的产品，其絮凝效果都不理想，因为水解度过低，吸附架桥能力不强，水解度过高则加强了产品的阴离子性能，增大了与泥土颗粒的排斥能力。经过大量试验证实，聚丙烯酰胺絮凝剂最佳水解度应为25%～35%。

聚丙烯酰胺絮凝剂产品溶解时间：

聚丙烯酰胺絮凝剂在使用中,遇到的最大难题是产品的溶解时间,由于产品溶解度的不佳,直接影响到使用效果,而且还容易堵塞投加设备。因此,国标第二项规定的指标,就是溶解时间。一般水解体产品容易溶解,溶解时间为 60~120min,非离子型产品为 90~240min。另外,溶解时间随产品的相对分子质量大小变化也有所不同,所以在水处理中聚丙酰胺絮凝剂产品相对分子质量控制在 200 万~500 万为佳。

聚丙烯酰胺溶液的搅拌速度和搅拌时间:

聚丙烯酰胺溶液制配一般采用机械搅拌。机械搅拌速度对溶液配制时间有较大的影响,但过大的搅拌速度会引起聚丙酰胺溶液的降解,使部分聚丙烯酰胺长链断裂,影响沉降效果,所以必须严格控制机械搅拌速度。在 1m 直径的搅拌桶内转速不得大于 800r/min,1.5~2m 直径的搅拌捅内转速不得大于 600r/min。提高搅拌溶液的温度可减少溶解时间,但水温最高不超过 55℃,否则也会引起降解作用,影响使用效果。

聚丙烯酰胺溶液的投加浓度越小,效果越好,较小的投加浓度能使溶液在水中迅速扩展、充分混合,防止产生浓度过高的胶体保护现象,影响用效果。但浓度太小会增加投加设备,一般投加浓度以 0.5%~1%为宜,配制浓度以 2%为宜。

在处理高浊水中,聚丙烯酰胺絮凝剂分批投药比一次投药的絮凝效果为佳。如以浑液面沉速为比较值,则前者为后者的 3 倍多。所谓分批投药,就是将投药量分成两部分分别投加于水中,先加入一部分絮凝剂后使之与水迅速混合,1~2min 后,加入另一部分絮凝剂,再与水迅速混合。由于分批投药能避免过高的絮凝剂浓度与泥沙结合造成活性基团被封闭的后果,因而可达到较佳的效果。分批投药时,一般先投加 60%,然后再投加 40%。给水工程设计时在有条件的情况下,应尽量采用分批投药的措施。

聚丙烯酰胺作为助凝剂使用时,一般的投加顺序是在投加混凝剂之后投加。如单独作为处理高浊度水絮凝剂时,则应先投加聚丙烯酰胺絮凝剂,否则会影响使用效果。在投药间设计时应考虑到投加顺序变化的措施。

四、深度处理工艺

(一)膜

GBD001 膜材料的特点

1. 膜材料

膜材料要具有良好的成膜性、热稳定性、化学稳定性,耐酸、碱、微生物侵蚀和氧化。为得到高水通量和抗污染能力,反渗透、超滤、微滤用膜最好为亲水性;电渗析用膜则特别强调膜的耐酸、碱性和热稳定性;适用有机溶剂分离的膜材料必须要有耐溶剂性。

GBD002 膜的制备

2. 膜的制备

聚砜类膜的制备方法:界面聚合法主要用来制备聚砜膜;涂敷法主要用来制备聚砜/聚丙烯酸、聚砜/聚丙烯亚胺膜;浸没沉淀相转化法主要用来制备聚醚砜酮、醋酸纤维素、醋酸丁酸纤维素膜;浸渍凝胶法主要用来制备醋酸纤维素、三醋酸纤维素、聚砜和聚砜酰胺膜;相转化法主要用来制备三醋酸纤维素膜;溶剂蒸发凝胶法主要用来制备醋酸纤维素和三醋酸纤维素膜。

GBD003 膜的组件

3. 膜的组件

将一定面积的膜以某些形式组装成的器件称为膜组件,水处理中常用的膜组件有 4 种

形式:管式、中空纤维、板框式和卷式。组件的结构设计是连接膜丝特点和操作参数的中间纽带。组件的结构需要考虑的因素包括:

(1)尽量提高膜的填充密度,增加单位体积的产水量;

(2)尽量减少浓差极化的影响;

(3)组件内部有良好的流量分布,对进水水质的要求越宽越好;

(4)便于清洗;

(5)制造成本低,能量消耗节省。

管式组件的特点:(1)流道较宽,抗粒子堵塞污染强,可处理高浊度水。(2)便于化学和机械清洗。(3)装填密度低,占地面积大。(4)能耗高。

中空纤维组件的特点:(1)装填密度高,占地面积小。(2)可用反洗清洗。(3)能耗低。(4)需要预处理。(5)不宜处理黏度高的水样。(6)装膜筒体未标准化,互换性差。

卷式组件的特点:(1)安装和操作方便。(2)建设费用低。(3)能耗低。(4)膜的黏合减少了膜的有效面积,同时进水流道宽,导致装填密度比中空纤维小。(5)端帽、抗伸缩件以及管接头等构件未标准化,互换性差。

板框式组件的特点:(1)模板和模块可就地更换,并可对卸下的模板进行擦洗。(2)每个模板在其支撑板上均有产水出口,单独用软管接出,可单独检修。(3)膜材料选择范围广泛。(4)膜的周边密封及膜的进出水口孔处与支撑板、隔网的密封复杂、困难;填装密度小。(5)膜更换费时。(6)组件拆而复装时,很难精确复位,易泄漏。(7)隔网处易被颗粒物堵塞污染。

GBD004 膜技术的特点

4. 膜技术的特点

(1)膜分离过程不发生相变,和其他方法相比能耗较低。

(2)膜分离过程是在常温下进行的,因而特别适用于热敏感的物质,如果汁、酶、药品等的分离、分级、浓缩与富集等。

(3)膜分离技术不仅适用于有机物和无机物,而且还适用于许多特殊溶液体系的分离,如大分子与无机盐的分离,一些共沸物或近沸点物系的分离等。

(4)膜分离装置简单,操作容易且易控制,便于维修且分离效率高。

GBD005 膜技术的问题

5. 膜技术的问题

(1)就目前的技术水平而言,膜材料的制备费用较高。

(2)膜法净水工艺的优化运行问题是膜法工程运行中的一个主要问题。

(3)膜处理过程中的膜污染一直是困扰工程界的问题。膜工艺在保证水质的前提下更重要的是控制膜污染与加强膜清洗。

(二)超滤

GBD006 超滤的特点

1. 超滤的特性

1)超滤的特点

超滤膜大都是非对称膜,由致密的表皮层和多孔的支撑层组成。超滤膜的孔径一般为0.05μm~1nm,去除分子或粒子的大小范围是0.01~0.1μm。超滤属于压力驱动型膜分离技术,超滤膜的操作压力为0.1~1.0MPa,但一般控制在0.2~0.4MPa。超滤膜的材料可分为无机材料和有机高分子材料两大类。有机高分子材料主要有纤维素酯类、聚砜类、聚烯烃类、氟材料和聚氯乙烯等。无机材料主要有陶瓷、玻璃、氧化铝、氧化锆和金属等。

GBD007 超滤膜的表征

2）超滤膜的表征

超滤对水中的微粒、胶体、细菌有较好的去除效果，但它几乎不能截留无机离子。超滤膜不发生相变，无须加热，特别适用于处理热敏物质。超滤膜的性能表现在理化性能和分离透过性能。理化性能包括结构强度耐化学品、耐热温度范围和适用 pH 值范围。分离透过性能主要指透水速率和截留相对分子质量、截留率等。

3）中空纤维膜的分类

中空纤维膜因其较突出的优势成为超滤的主要形式。根据膜层位置不同，中空纤维滤膜可分为内压膜、外压膜两种。外压式膜的进水流道在膜丝之间，膜丝存在一定的自由活动空间，因而更适合原水水质较差、悬浮物含量较高的情况；内压式膜的进水流道是中空纤维的内腔，为防止堵塞，对进水的颗粒粒径和含量都有较严格的限制，因而适合原水水质较好的工况。根据运行方式的不同，中空纤维滤膜又可分为压力式和浸没式，两者的区别见表 2-1-3。

表 2-1-3　压力式中空纤维膜与浸没式中空纤维膜的差别

序号	比较内容	压力式	浸没式
1	构造与形式	膜壳+机架排列	敞开式水槽
2	单组膜堆或膜池最大能力，m^3/d	2500~4000	20000~27000
3	驱动力	由泵产生的正向压力	由泵产生的真空抽吸压力
4	跨膜压差	40~150kPa	-85~-20kPa，较小跨膜压差容易恢复到初始压力和膜通量
5	膜通量，$L/(m^2 \cdot h)$	40~90（100%）	30~7（75~95%）
6	过滤精度/截留效果	0.01~0.2μm/相同或相当	0.01~0.2μm/相同或相当
7	预处理的要求	≤500μm，较高	≤1~2mm，较低
8	系统集成要求	辅助配套较为复杂，较多压力阀和配件与管路	较简化
9	运行控制方式	全自动	全自动
10	过滤周期，min	20~60	20~60
11	反冲洗方式	600kPa 压缩空气+水冲洗，膜损坏的危险性较大	24kPa 低压空气+水冲洗，膜损坏的危险性小
12	反冲洗频率	每隔 20~60min，历时 2~3min	每隔 20~60min，历时 2~3min
13	反冲洗效果	相同或相当	相同或相当
14	化学清洗形式和频率	相同或相当	相同或相当，但在略低于膜通量的条件下运行，跨膜压差上升较缓，可延长化学清洗间隔

GBD008 超滤的流程模式

4）超滤膜的流程模式

超滤的流程模式分为死端过滤、错流过滤和半死端半错流过滤。错流过滤由于要保持膜内高速水流，故其能耗较死端过滤高。死端过滤需要定期进行反冲洗来维持系统的能力，故死端过滤与错流过滤相比反洗频次多。死端过滤的水回收率一般为90%～99%。

GBD009 超滤膜的性能指数

2. 超滤的性能参数

膜的分离透过性能主要是指截流相对分子质量、截留率、滤液通量。膜的分离特性中两个最重要的参数是膜的透水通量和截留相对分子质量。

截留率是指对一定相对分子质量的物质膜所能截留的程度。

透水量是指在一定压力和温度下，单位膜面积单位时间内所透过的水量。

截留比例是留在膜的进水口一边的水中杂质所占的体积分数。

滤液体积流量是单位时间内过滤出的水的体积。

面积负荷，又称滤液通量、渗透通量，即滤液体积流量与过滤所用的膜面积的比。

滤液体积流量是单位时间内过滤出的水的体积。

出水率是过滤出的滤液与原水的体积比。

膜内外压差是膜的进水口也即浓缩液一侧与滤液一侧的压强差。膜的渗透性与膜内外压差和温度都有关系。

GBD010 超滤膜的面积负荷

膜的面积负荷是膜分离特性的重要参数，面积负荷公式为：

$$Flux=\frac{Q\times1000}{A} \tag{2-1-1}$$

式中　Q——产水流量，m^3/h；

A——超滤膜面积，m^2。

跨膜压差TMP公式：

$$TMP=\frac{1}{2}(p_t+p_b)-p_p \tag{2-1-2}$$

式中　p_t——膜组件顶部处出口的压力，bar；

p_b——膜组件底部处进口的压力，bar；

p_p——产品水或渗透液处的压力，bar。

面积负荷是在一定的温度、压力下，单位面积膜在单位时间内的透过水量，随着压力的升高，膜的面积负荷增加。随着过滤的进行，膜的面积负荷减少。一般膜的透水通量降至最大通量60%左右，膜需进行反洗。

GBD011 超滤膜的透过机理

3. 超滤膜的透过机理

超滤膜的分离机理包括膜表面及微孔内吸附、在孔中停留、膜表面的机械截留。超滤膜对溶质的分离效果取决于膜表面的化学特性和膜孔径的大小。超滤膜分离的主要机理就是物理筛分。超滤膜可以截留比膜孔径大、比膜孔径小和与膜孔径相同的物质。超滤膜对溶质的分离效果取决于膜孔径的大小和膜表面的化学特性。

4. 超滤净化机理

GBD012 超滤膜的除浊性能

1）超滤膜的除浊性能

天然水体中的颗粒物质一般有不同的粒径分布，在给水处理领域中，主要是去除产生浊度的物质，这些颗粒物质主要是呈胶体和悬浮固体状态的杂质颗粒。当进水浊度为6~20NTU时，超滤体现出优越的除浊性能，产水浊度稳定地保持在0.1NTU以下，最佳条件下产水浊度最低可达到0.002NTU时，超滤膜组件对浊度的截留率在99%以上。在超滤运行过程中，原水浊度和运行条件（制水周期、透水通量、化学清洗周期）的变化对超滤去除浊度的效能几乎没有影响。

GBD013 超滤膜的除菌性能

2）超滤膜的除菌性能

在超滤运行中，膜组件对细菌的截留率达到99%以上，而且膜出水的细菌指标基本不受原水细菌总数、运行方式的影响，持续保持稳定。理论上超滤膜对大肠杆菌的截留率为100%。超滤膜对贾第鞭毛虫和隐孢子虫的截留率可达到99%，对细菌噬菌体和大肠杆菌噬菌体也能达到90%以上的去除率。虽然有些病原体的尺寸大小与膜孔径相近或小于膜孔径，超滤也往往能达到较好的去除效果。可以看出除了筛分外，膜的吸附截留也是主要的分离机理，而且当小的病原体吸附到大的载体颗粒时，它们被截留的概率大大增加。

GBD014 超滤膜的截留有机物性能

3）超滤膜的截留有机物性能

原水中有机物含量和温度等条件变化对超滤膜去除有机物的效果有较大影响。实验和实际运行数据显示，超滤膜组件对有机物的截留率还是比较低的，基本保持在10%~30%。天然有机物大多是疏水性的，而目前所用的膜材料亲水性较多，所以超滤膜组件对有机物的截留主要是靠机械筛分作用，截留效果取决于膜孔径及截留相对分子质量的大小。不同的水源、不同的季节，水中天然有机物的性质也有所差别，但总体来说，相对分子质量基本上较小，这正是超滤膜对有机物去除率不高的原因所在。

GBD015 膜污染的机理

5. 膜污染理论

1）膜污染的机理

Mark R. Wiesner描述了污染物沉积在膜孔内部的过程，膜表面和膜孔内部通常带负电，由于静电作用，吸引许多正电荷，在膜孔内部表面形成双电层，双电层中的正电荷浓度高于主体溶液，当带负电荷的有机物进入膜孔时，由于正电荷的作用，失去稳定性，或相互碰撞，形成大颗粒，将膜孔堵塞，或沉积在膜孔内部，使孔径变小。

GBD016 影响膜污染的主要因素

2）影响膜污染的主要因素

影响膜污染的因素包括天然水中有机物的种类、天然水的物化性能以及膜本身的性能。

对膜污染影响较大的因素是水中有机物、高价阳离子、离子强度和pH值，悬浮物质对膜污染的影响较小。对膜污染影响最大的是中性有机物。悬浮物和有机物混合后，随着悬浮物的增加，膜通量增加。

腐殖酸占天然水中有机物的80%，是水中主要的有机污染物，是造成膜污染的主要因素。膜与有机物之间的相互作用是决定膜污染的主要因素。膜污染可以引起膜的透水通量衰减，压力增大，分离效果降低。造成膜污染的步骤主要有3个：（1）溶解性有机物被膜所吸附以及在膜孔内部的沉积；（2）杂质在膜表面的积累；（3）水力冲洗将一部分黏附力较弱的杂质剥离。

GBD017 膜污染的种类

3）膜污染的种类

膜污染的种类分为沉淀（无机）污染、吸附（有机）污染和生物污染。在膜生物反应器中保持水的紊流对于降低膜表面的沉淀(无机)污染是很重要的。在膜生物反应器中保持水的流动、静止和层流对于降低膜表面的无机污染作用很小。微生物通过向膜面的传递积累在膜面形成生物膜,当生物膜积累到一定程度引起膜通量的明显下降时便形成生物污染。膜的无机污染是指碳酸钙与钙(钡、锶)硫酸盐及硅酸盐等结垢物质的污染。

GBD018 克服浓差极化的方法

4)克服浓差极化的方法

浓差极化是指分离过程中,料液中的溶液在压力驱动下透过膜,溶质(离子或不同相对分子质量溶质)被截留,在膜与本体溶液界面或临近膜界面区域浓度越来越高;在浓度梯度作用下,溶质又会由膜面向本体溶液扩散,形成边界层,使流体阻力与局部渗透压增加,从而导致溶剂透过通量下降。在膜分离过程中,浓差极化是经常发生的现象,是影响膜分离技术在某些方面应用的瓶颈之一,但浓差极化产生的作用是可逆的,通过增加主体溶液的湍流程度可减轻浓差极化现象的影响。降低浓差极化的方法包括降低压力、降低膜表面的浓度、降低溶质在料液中的浓度。降低膜表面浓度的方法包括增加流速、缩短液流周期、增加扩散。

GBD019 防止膜污染的措施

5)防止膜污染的措施

由于有机物是造成膜污染的主要因素,因此,使膜避免接触有机物是防止膜污染的关键,预处理是有效的工艺措施。目前有两条技术路线,一是尽可能地去除有机物,使接触膜的有机物尽可能的少,这种工艺措施主要是混凝和活性炭;二是在膜表面形成滤饼层,将有机物截留在滤饼层,这种工艺措施主要是预涂层。混凝能有效地去除相对分子质量较大的有机物,因而可以防止膜污染。从实际效果看,混凝剂投加量较大对防止膜污染的效果较好。尽管预处理能去除一些有机物,但许多实验和应用实践结果表明,预处理对膜污染的减轻不明显甚至反而加重。这就促使人们进行更加深入的研究。

项目二 配制聚丙烯酰胺溶液

一、准备工作

(一)设备

溶药池 1 座。

(二)工具、材料

工服 1 套,工鞋 1 双,记录本 1 个,钢笔 1 只,聚丙烯酰胺 50kg。

(三)人员

1 人操作,持证上岗,劳动保护用品穿戴齐全。

二、操作规程

序号	工序	操作步骤
1	准备工作	选择工具、用具及材料
2	巡视检查	(1)检查清水管道。 (2)检查配药池。 (3)检查搅拌机

续表

序号	工序	操作步骤
3	配制	(1)计算配制一定量聚丙烯酰胺溶液所需水量(即溶液总质量减去聚丙烯酰胺质量)。 (2)向配药池放水。 (3)开启搅拌机。 (4)投加聚丙烯酰胺。 (5)调整浓度
4	记录	做好配制和投加记录
5	清理场地	清理实验场地,收工具

三、技术要求

(1)按0.1%质量分数计算,即溶液质量×(1-0.01%)。

(2)缓慢投加聚丙烯酰胺。

四、注意事项

向配药池放水略少于所需水量。

项目三　确定最佳药剂投加量

一、准备工作

(一)设备

搅拌器1套,2100N浊度仪1台,AB204-E天平1台。

(二)工具、材料

500mL容量瓶1个,200℃温度计1个,2mL、5mL、10mL吸量管各1个,1000mL、50mL烧杯各1个,300mm玻璃棒1根,吸耳球1个,混凝剂(固体)50g。

(三)人员

1人操作,持证上岗,劳动保护用品穿戴齐全。

二、操作规程

序号	工序	操作步骤
1	准备工作	选择工具、用具及材料
2	测水温度、浊度	测量原水的温度、浊度
3	配制药剂	(1)根据所选仪器、玻璃器皿规格及确定投加浓度计算固体药用量(固体药用量等于所选容器规格承载的溶液质量与投加浓度相乘)。 (2)用电子天平称量固体药剂(盛装药剂的容器可以是小表面皿、小烧杯或碗形容器、电光纸等)。 (3)将固体药剂放在小烧杯中用少量水溶解。 (4)将溶解的液体药剂转移到容量瓶中定容并摇匀

续表

序号	工序	操作步骤
4	计算投加量,投加混凝剂	(1)计算投加量(投加量为设定单耗/100×浓度)。 (2)用吸量管吸取所需体积药液分别放入投药小瓶内
5	启动搅拌器观察矾花生成情况	(1)设置反应程序,启动搅拌仪。 (2)观察矾花生成及沉淀情况
6	取上清液测量浊度	(1)用小烧杯分别取上清液。 (2)逐一测量浊度并记录结果
7	确定最佳投药量	根据实验现象、结果确定最佳投加量(生成絮体明显、密集,沉后水浊度小于并接近3NTU)
8	清理场地	清理实验场地,收工具

三、技术要求

(1)将溶解的液体药剂转移到容量瓶中定容并摇匀。

(2)要用吸量管吸取所需体积药液分别放入投药小瓶内。

四、注意事项

(1)确定投加浓度。

(2)逐一测量浊度并记录结果。

项目四　使用混凝搅拌器

一、准备工作

(一)设备

SC2000-6 混凝搅拌器 1 台。

(二)工具、材料

软毛刷 1 把,5mL 吸量管 1 个,吸球 1 个,工业混凝剂 200g,抹布 1 条。

(三)人员

1 人操作,持证上岗,劳动保护用品穿戴齐全。

二、操作规程

序号	工序	操作步骤
1	准备工作	选择工具、用具及材料
2	检查混凝搅拌器	(1)检查混凝搅拌器是否完好,电气和机械部分是否正常。 (2)检查搅拌杯、取样阀有无损坏。 (3)检查混凝搅拌器各部位有无灰尘或水渍,如有用抹布擦拭干净,擦拭时要轻

续表

序号	工序	操作步骤
3	使用混凝搅拌器	(1)接通电源,开机。 (2)运行程序“查阅”。 (3)运行程序“设定”,新建1个程序。 (4)设定混合搅拌转速和时间。 (5)设定沉淀搅拌转速和时间。 (6)设定絮凝搅拌转速和时间。 (7)保存并返回主菜单。 (8)选择程序并运行程序
4	清理场地	清理实验场地,收工具

三、技术要求

(1)运行搅拌器程序设定,新建1个混凝搅拌程序。

(2)保存并返回主菜单,选择程序并运行程序。

四、注意事项

(1)操作过程中注意不要损坏仪器设备。

(2)操作过程中轻拿轻放,小心打碎玻璃器皿,注意不要将水淋到仪器面板。

项目五　绘制沉淀池剖面图

一、准备工作

(一)设备

2号绘图板1个,桌子1张、凳子1把。

(二)工具、材料

A4绘图纸若干。绘图仪1套,量角器1个,300mm三角板1套,900mm丁字尺1把,HB铅笔若干。

(三)人员

1人操作,持证上岗,劳动保护用品穿戴齐全。

二、操作规程

序号	工序	操作步骤
1	选择图纸画边框线	(1)选择A4图纸。 (2)绘制边框线,边框线距装订边25mm,距其他边5mm
2	根据所给平面图绘剖面图	(1)平面图中标出剖线。 (2)用文字说明积泥区作用(收集污泥)。 (3)用文字说明斜板区作用(去除水中的絮体,从而获得高质量的澄清水)。 (4)用文字说明清水区作用(收集沉后水)。

续表

序号	工序	操作步骤
2	根据所给平面图绘剖面图	(5)用文字说明配水区作用(使水流均匀分布)。 (6)标注清水区,标注斜板区,标注配水区,标注积泥区。 (7)图面规范、整洁。 (8)剖面图内容齐全。 (9)检查质量,线条粗细均匀,比例适当
3	清理现场	清理现场,收工具

三、技术要求

(1)先设置框型图形,待整个图的框架定位后再进行连线,尽量避免更改。

(2)先将所有的图形及其格式设置好,定位之后再添加文字。

四、注意事项

(1)在规定时间内完成,到时停止答卷。

(2)图图面干净整洁,布局合理。

项目六　测定滤料含泥量

一、准备工作

(一)设备

滤池1套,101A-1烘箱1台。

(二)工具、材料

1L取样瓶1个,10%盐酸1瓶,清水若干,蒸发皿4个,计时表1个,分析天平1个,计算器1个。

(三)人员

1人操作,持证上岗,劳动保护用品穿戴齐全。

二、操作规程

序号	工序	操作步骤
1	准备工作	选择工具、用具及材料
2	取滤料样品	滤料取样:在滤池冲洗后,于滤池四角及中央部分的滤料表面层下10cm和20cm处各取滤料样品,约200g
3	烘干样品	烘干样品:将两处深度的砂样分别在温度为105℃的烘箱中烘干,烘干时间为1h
4	称量	(1)称取:给天平配平。 (2)用镊子夹取砝码,用天平各称取其中100g砂样
5	清洗样品	(1)将称取的100g砂样仔细地用10%盐酸冲洗。 (2)酸洗后用清水漂洗

续表

序号	工序	操作步骤
6	烘干称量	(1)将清洗过的样品再次烘干。 (2)将烘干后的样品再次称重
7	计算	(1)含泥量计算公式： $$e=\frac{W_1-W}{W_1}\times 100\%$$ 式中 e——含泥量； W_1——滤料冲洗前的质量，g； W——滤料冲洗后的质量，g； (2)将数据代进公式计算结果
8	清理场地	操作完成后，摆放好用具

三、技术要求

(1)冲洗滤料时注意不要跑砂。

(2)烘干时间要充足。

(3)检查烘干箱电源电压，电源接线无误后，才可通电使用。

四、注意事项

(1)使用盐酸时小心，避免腐蚀皮肤。

(2)使用烘干箱注意烫伤。

项目七　测定滤池反冲洗强度

一、准备工作

(1)设备

桌子1张，凳子1把。

(2)工具、材料

计时表1个，计算器1个，碳素笔1个，答题纸若干。

(3)人员

1人操作，持证上岗，劳动保护用品穿戴齐全。

二、操作规程

序号	工序	操作步骤
1	准备工作	选择工具、用具及材料
2	进行反冲洗	(1)找一座待冲洗滤池。 (2)关闭滤池进水阀及出水阀，进行反冲洗

续表

序号	工序	操作步骤
3	测定反冲洗强度	(1)在滤池内用标尺标定一段固定高度。 (2)滤池进行反冲洗时,迅速关闭排水阀。 (3)水流稳定后,用秒表测定事先标定好的一段固定高度水流上升所需的时间,重复操作3次,取所用时间平均值
4	计算	利用冲洗强度公式计算结果: $q=1000H/t$ 式中　q——冲洗强度,$L/(s \cdot m^2)$; H——滤池内标定的高度,m; t——水位上升H时所需的时间,s
5	清理场地	操作完成后,摆放好用具

三、技术要求

(1)操作过程中随时监测水质,若发现水质恶化,应停止操作。

(2)操作时认真记录数据,注意单位。

四、注意事项

(1)注意高处安全,防止坠落。

(2)计算结果注意保留小数点位数,注意题干给定条件的单位,需要转换单位的要注意转换。

项目八　测定滤池膨胀率

一、准备工作

(一)设备

桌子1张,凳子1把。

(二)工具、材料

计时表1个,计算器1个,碳素笔1个,答题纸若干。

(三)人员

1人操作,持证上岗,劳动保护用品穿戴齐全。

二、操作规程

序号	工序	操作步骤
1	准备工作	选择工具、用具及材料
2	滤池进行反冲洗	(1)找一座待冲洗滤池。 (2)关闭滤池进水阀及出水阀,进行反冲洗

续表

序号	工序	操作步骤
3	测定膨胀率	(1)测定时,测棒牢固竖立在排水槽边,棒底刚好碰至砂面,敞口水瓶对着砂面。 (2)按操作规程进行反冲洗,待冲洗水浊度接近或达到滤前水浊度时,关闭反冲洗水进水阀门,结束反冲洗。 (3)将测棒取出,测量小瓶中存在砂粒的测棒底的高度,这就是滤料膨胀的高度
4	计算	利用膨胀率公式计算: $e=\frac{L-L_0}{L_0}\times 100\%$ 式中 e——滤层膨胀率; L_0——滤层膨胀前的厚度,cm; L——滤层膨胀后的厚度,cm
5	清理场地	操作完成后,摆放好用具

三、技术要求

(1)操作过程中随时监测水质,若发现水质恶化,应停止操作。

(2)操作时认真记录数据,注意单位。

四、注意事项

(1)注意高处安全,防止坠落。

(2)计算结果注意保留小数点位数,注意题干给定条件的单位,需要转换单位的要注意转换。

项目九　测定滤池滤速

一、准备工作

(一)设备

桌子1张,凳子1把。

(二)工具、材料

计时表1个,计算器1个,碳素笔1个,答题纸若干。

(三)人员

1人操作,持证上岗,劳动保护用品穿戴齐全。

二、操作规程

序号	工序	操作步骤
1	准备工作	选择工具、用具及材料
2	滤池保持高液位	找一座正常运行的滤池,将滤池水位控制在正常液位以上50~100mm

续表

序号	工序	操作步骤
3	测定滤速	(1)检查滤池工作状态,确保进水状态正常、滤水状态正常。 (2)利用标尺选取固定距离,或将标尺固定在池中,标定固定距离。 (3)迅速关闭进水阀,用秒表记录水位下降固定距离的时间,反复操作3次
4	计算	利用滤速公式计算滤速: $v=60h/T$ 式中 v——滤速,m/h; h——多次测定水位下降值,m; T——下降 h 水位时所需的时间,min
5	清理场地	操作完成后,摆放好用具

三、技术要求

(1)操作过程中随时监测水质,若发现水质恶化,应停止操作。

(2)操作时认真记录数据,注意单位。

四、注意事项

(1)注意高处安全,防止坠落。

(2)计算结果注意保留小数点位数,注意题干给定条件的单位,需要转换单位的要注意转换。

项目十　更换膜组件

一、准备工作

(一)工具、材料

垫圈2个,甘油1盒,连接件若干,膜组件1个,活动扳手1把,链式管钳1把,平口螺丝刀1把,十字螺丝刀1把。

(二)人员

1人操作,持证上岗,劳动保护用品穿戴齐全。

二、操作规程

序号	工序	操作步骤
1	准备工作	准备垫圈、甘油、膜组件、工具
2	拆除旧的膜组件	(1)正确使用工具。 (2)拆除连接件、垫圈。 (3)去除渗透液塞子。 (4)去除塑料端盖

续表

序号	工序	操作步骤
3	安装新的连接件	(1)润滑膜组件。 (2)安装底盖连接件。 (3)对齐连接件。 (4)安装端盖连接件。 (5)紧固连接件
4	清理现场	清理操作现场

三、技术要求

(1)膜组件安装时,必须清理安装环境。

(2)确保膜组件之间紧密排列。

(3)仔细检查膜组件,保证膜组件表面无划伤或断丝。

四、注意事项

(1)操作过程中要求佩戴劳保用品。

(2)确保人员和设备安全。

模块二　管理净水辅助工艺

项目一　相关知识

一、预处理工艺

预处理方法按对污染物的去除途径不同可分为氧化法和吸附法。

GBE001 氧化预处理技术的分类

(一)氧化预处理技术

氧化预处理法可分为化学氧化预处理法和生物氧化预处理。

GBE002 化学预氧化的方法

1. 化学氧化预处理

化学氧化预处理技术是指依靠氧化剂的氧化能力,分解破坏水中污染物的结构,达到转化或分解污染物的目的。由于氧化剂与水中多种成分作用,在一定条件下会产生某些副产物,不是所有的氧化剂都能够作为预处理药剂用于水处理。

化学氧化预处理可分为氯气氧化预处理、高锰酸钾氧化预处理、紫外光氧化预处理、臭氧氧化预处理和二氧化氯氧化预处理。

臭氧、二氧化氯、高锰酸钾均不是绿色氧化剂。

其中氯气氧化预处理是应用最早的和目前应用最广泛的方法,二氧化氯虽然是一种弱氧化剂,但却是一种与氯效果相当的强消毒剂。二氧化氯不能大量消除三卤甲烷前体物,但通常认为投加二氧化氯后能降低三卤甲烷的生成。而臭氧作为预处理药剂,不会产生有机卤化物。

高锰酸钾氧化预处理不会降低水的致突变活性。高锰酸钾氧化预处理的缺点:接触时间长,投加过量会引起出厂水色度升高,若长期过量投加,反应产物水含二氧化锰易使滤料板结。高锰酸钾在不同 pH 值条件下的氧化性及还原产物有很大差异。在强酸性溶液中(0.1mol 及以上)$KMnO_4$ 与还原剂作用,MnO_4^- 被还原为 Mn^{2+},在微酸性、中性或弱碱性溶液中,MnO_4^- 被还原成 MnO_2,在碱性溶液中,被还原为 MnO_4^{2-}。可见高锰酸钾的氧化还原能力随 pH 的升高而降低,即在酸性介质中具有强氧化性,而在中性和碱性介质中,氧化能力减弱。

GBE003 生物预处理的目的

2. 生物氧化预处理

生物氧化预处理的目的就是去除那些常规处理方法不能有效去除的污染物,如可生物降解的有机物、人工合成的有机物和氨氮、亚硝酸盐氮、铁和锰等,即生物预处理的主要对象是总有机碳(TOC)及其危害、氮及其危害、氨及硝酸盐、铁和锰。

生物处理最好是作为预处理设置在常规处理工艺的前面,这样既可以充分发挥微生物对有机物的去除效果,又可以增加生物处理带来的饮用水可靠性,如生物处理后的微生物、颗粒物和微生物的代谢产物等都可以通过后续处理加以控制。

常见的给水处理工艺,即混凝、沉淀和过滤,主要是去除相对分子质量小于10000以上的有机物,对低相对分子质量有机物去除率较低,特别是对相对分子质量小于500的有机物,几乎没有去除能力,甚至有所增加。

目前在饮用水处理中采用的生物处理系统大多数是生物膜类型。微生物利用水中营养基质进行生长繁殖,在载体表面形成薄层结构的微生物聚合体,产生生物膜。利用水中天然有机物形成的生物膜处理系统可较好地去除微量污染物、臭味及色度物质。生物滤池污染物去除效率高,污泥产量少,处理效果稳定。有机物和氨的生物氧化可以降低配水系统中使微生物繁殖的有效基质,减少臭味。

生物预处理在饮用水处理中具有以下特点:

(1)能有效地去除原水中可生物降解有机物;

(2)使整个处理工艺出水更安全可靠;

(3)对低浓度的有机物有好的去除效果;

(4)能去除氨氮、铁、锰等污染物。

GBE004 吸附预处理的方法

(二)吸附预处理技术

1. 活性炭吸附

活性炭(GAC)吸附是去除水中的色度和臭味、天然和合成溶解有机物、微污染物质等的有效措施。活性炭也可降低总有机碳(TOC),总有机卤化物(TOX)和总三卤甲烷(TTHM)等指标。虽然粉末活性炭和颗粒活性炭的粒径不同,但是吸附性质并没有多大差别。粉末活性炭投加量的多少与水的浊度大小和产生臭味物质的浓度有关。当粉末活性炭投加50mg/L时,水库水有机物的去除率在60%~70%。

粉末活性炭常用于微污染水源的预处理。粉末活性炭与高锰酸钾连用具有互补性,可取得较两者单独使用对水中有机物更好的去除效果,在高锰酸钾的作用下,水中易被氧化的有机污染物在活性炭表面发生氧化聚合,提高了活性炭的吸附量;此外,高锰酸钾在氧化过程中被活性炭等还原物质还原生成具有氧化性和吸附活性的新生态水合二氧化锰,可提高对COD_{Mn}(用高锰酸钾做氧化剂时的耗氧量)的去除效率。

GBE005 微污染水中有机物的去除方法

1)微污染水混凝法去除有机物

混凝去除有机物的机理有3个方面:

(1)带正电的金属离子与带负电的有机物胶体发生中和而脱稳凝聚。

(2)金属离子与溶解性有机物分子形成不溶性复合物而沉淀。

(3)有机物在矾花表面的物理化学吸附。有机物形态不同,其去除机理也不一样。对于相对分子质量大于10000的有机物,其形态呈胶体状态,主要靠机理(1)和(3)的作用去除,相对分子质量越大,憎水性越强,越易吸附在矾花表面,去除率越高。对于相对分子质量在1000~10000的有机物,其形态可能处于胶体和真溶液之间,去除机理主要是脱稳凝聚、聚合沉淀和表面吸附的综合作用,去除不彻底。相对分子质量小于1000的有机物亲水性强,只能靠(2)和(3)机理去除一小部分。

2)活性炭

活性炭根据外观形状、制造方法、孔径大小以及用途功能的不同,可以分为不同种类;从原料可以分为木质、煤质、石油焦和树脂活性炭;从形态可以分为颗粒活性炭和粉状活性炭,而颗粒活性炭又可分为无定形和定形两大类；从制造方法，又分为化学法、物理法和物理化学法活性炭；根据使用功能的不同又可以分为气体吸附、催化性能、液体吸附活性炭。

(1)活性炭的物理结构。

活性炭的主要特点在于其发达的孔隙结构，活性炭的孔隙分布对吸附容量有很大影响，因为它具有分子筛作用，或类似排斥色谱的作用，即具有一定尺寸的吸附质分子不能进入比其直径小的孔隙。活性炭的孔隙按大小分为过渡孔、大孔、微孔。活性炭的孔径特点决定了活性炭对不同分子大小的有机物的去除效果。

(2)活性炭的化学性质。

活性炭中化学组分的影响，一种是如氧和氢等以化学键结合的元素，使活性炭的表面上有了各种有机官能团新形式的氧化物及碳化物。这些氧化物和碳化物使活性炭与吸附质分子发生化学作用，显示出活性炭在吸附过程中的选择吸附特性；另一种是灰分，它随活性炭种类不同而异，椰壳炭灰分小于3%，而煤质活性炭灰分可高达20%～30%。活性炭的灰分对活性炭吸附水溶液中有些电解质和非电解质有催化作用。活性炭是有效的化学还原剂，可以还原化合氯、二氧化氯、臭氧和高锰酸钾。

(3)活性炭的吸附性质。

活性炭的吸附分为物理吸附、化学吸附和变换吸附，以物理吸附为主。活性炭对相对分子质量为500～3000的有机物有十分好的去除效果，对于相对分子质量大于3000和小于500的有机物没有去除效果，对于相对分子质量小于500的有机物没有去除效果甚至增加的原因是相对分子质量小于500的有机物亲水性较强，易被相对分子质量比其更大而憎水性强的能进入活性炭微孔内的有机物所取代。因此，活性炭主要吸附小相对分子质量有机物特别是相对分子质量在500～3000的有机物，因此有过常规处理后这一相对分子质量区间的有机物含量相对较多则可以选择活性炭处理，否则采用活性炭处理技术不能达到有效去除有机物的效果。活性炭的吸附性能不但取决于活性炭的孔隙结构，还取决于其表面化学性质。

GBE006　活性炭的分类

(4)活性炭性能指标分析。

碘值：在活性炭吸附性能指标中，碘值是孔隙结构的相对性示值，用于估算活性炭的比表面积。

强度和摩擦系数：因为在粒状活性炭实际应用中，要考虑其在运输、反冲洗和再生时的破碎情况，主要有3种力可使活性炭机械破裂而形成粉末，造成出水浊度升高，即冲击力、积压力和磨损力，强度和摩擦系数分别代表了冲击积压力和磨损力，反映出活性炭的耐破损能力，因此将强度和摩擦系数作为选择活性炭的首要控制指标，要尽量选取高强度和低摩擦系数的活性炭。

GBE007　粉末活性炭的应用

(5)粉末活性炭的应用。

粉末活性炭最初应用于水厂的目的是为了去除氯酚产生的臭味，但随后的研究发现，它对水中的色、臭、味、有机质的去除效果也都非常显著。

(6)粉末活性炭的投加。

① 粉末活性炭的投加点。根据粉末活性炭炭种选择实验结果，采用以下3种投加点进行实验比较：第1种为吸水井投加；第2种为混合池投加；第3种为絮凝初期投加。

现有研究结果表明,预氧化前投加时,活性炭颗粒可有效地吸附低相对分子质理的有机物,而对混凝可去除的有机物去除率不高,从而可以在保证充分的吸附时间的同时,又可有效地避免与混凝的竞争。

混合池投加时,粉末活性炭对有机物的去除效果也很好,可解释为由于粉末活性炭被絮体包裹的程度与混凝剂的投加量有很大的关系。混合池投加时,水中颗粒仅以脱稳胶体或微絮体形式存在,絮体对粉末活性炭的包裹作用很小,使得粉末活性炭对水中有机物初期的强烈吸附作用得以较充分的发挥。

反应池投加效果较差,一方面是絮体对粉末活性炭的包裹作用增强,另一方面,由于活性炭颗粒带负电(零点电荷为6.5),不利于絮体的生长,影响了混凝对有机物的去除效果,从而此处投加对有机物的总体去除效果不高。

不同投炭点具有的水力条件不一样,导致粉末活性炭的吸附效果不一样。在取水口投加活性炭可使活性炭与水保证有足够长的接触时间。快速混合投加活性炭可达到良好的混合效果。因此,在滤池前端投加粉末活性炭的效果最好。

根据混凝、吸附静态实验的结果,初步确定粉末活性炭适宜的投加点为预氧化前(即吸水井),投加量为15mg/L。

GBE008 粉末活性炭投加点的选择

在选择粉末活性炭投加点时,一般按照如下原则:

a. 具有良好的炭水混合条件;

b. 保持充分的炭水接触时间以吸附污染物;

c. 水处理药剂对粉末活性炭的吸附性能干扰最少;

d. 不损害处理后的水质;

e. 尽量避免吸附与混凝竞争;

f. 能有效去除水中残余的细小炭粒。

GBE009 粉末活性炭的投加方式

② 粉末活性炭的投加方式。目前自来水厂投加粉末活性炭有两种常见的工艺方式,一种是将粉末活性炭配置成浓度为10%左右的浆液,由计量泵输送至投加点,此种方式被称为湿式投加方式;另一种是将粉末活性炭由定量给料设备直接定量(计量)投加到水射器中,由水射器将炭粉投加至投加点中。

a. 投加精度的比较。湿法工艺采用制备活性炭浆液,由计量泵定量输送至加药点的方式,活性炭浆液采用计量泵投加,活性炭浆液的投加量可以控制得非常精确,但对于活性炭浆液制备的精度要求较高,主要是对炭粉的投加量和供水量的控制,如活性炭浆液的浓度的精度较低,则虽然计量泵输送浆液的流量精确,也不能得到精确的活性炭粉的投加量;干法工艺直接由给料设备将炭粉投入到水射器中,通过水射器将炭粉投加到投加点中,粉炭的计量是通过给料设备完成的,只要保证给料设备的投加精度即能保证粉炭的投加精度(湿法和干法工艺的炭粉给料设备均属于定量给料设备),同时干法工艺仅考虑炭粉的投加精度,而不考虑(制备炭浆)水流量,仅考虑水射器出口端压力,故在控制炭粉的投加精度方面,较湿式工艺更容易保证精度。

b. 粉炭投加后在原水中均匀性的比较。一般认为湿法工艺投加后的均匀性较好,主要考虑的因素为炭粉和水在混合罐内经过搅拌可以得到混合非常均匀的浆液,故经过计量泵输送至加药点中(取水管路)后,炭粉在管路中的分散均匀性较好。其实不能认为活性炭浆液的混合均匀度高，即可达到活性炭在取水管路中的分散均匀性就高的效果，况且干法工艺中炭粉在经过射流器后，其（在射流水中）均匀度也很高。

c. 设备成本和运行成本比较。湿法工艺比干法工艺增加了混合罐、搅拌机、供水控制系统、计量泵等，而干法工艺仅增加了射流器（和增压泵），故湿法工艺的设备成本和运行成本（及占地面积）均较干法工艺高很多。

GBE010 粉末活性炭的使用管理

（7）粉末活性炭的使用管理。

① 投加粉末活性炭的注意事项。

投加粉末活性炭应注意粉末活性炭与水处理药剂之间的相互作用问题。活性炭是有效的化学还原剂，可以还原游离氯和化合氯、二氧化氯、臭氧和高锰酸钾，可能会增加这些药剂的使用量和制水成本。活性炭与氯发生反应将减少其吸附容量，同时，氯被粉末活性炭破坏后，为了达到消毒目的必须增加氯的用量（投加管内的流速不能小于1.5（m/s）。

② 活性炭使用管理。

a. 炭尘有潜在的爆炸性，在可能和粉尘接触的情况下需用防爆电动机，凡与湿活性炭接触的金属部件都需用不锈钢。

b. 湿活性炭能吸附空气中的氧，应单独存放于可防风雨的屋内。炭浆池附近或其他封闭处含氧量可能较低，凡进入这些地方的工作人员应带氧气表，以检查氧的浓度，并佩戴安全带，如发生危险时可将其拉到安全地带。

2. 黏土吸附

黏土吸附的主要机理是黏土颗粒对水中有机物的吸附作用和交换作用。同时，通过投加黏土也改善和提高了后续混凝沉淀效果。黏土吸附对水源水中的有机物有较好的去除效果，但对氨氮无明显去除作用。

GBE011 藻类对水体的危害

（三）水体富营养化

富营养化现象是湖泊水库的主要环境问题，会造成多方面的危害，而其对饮用水生产的影响是最引人注目的，因为在许多国家和城市，湖泊水、水库水是重要的甚至唯一的饮用水水源。富营养化给饮用水生产带来的问题主要是由藻类和有机物引起的。藻类对给水处理有很多危害，当藻类大量繁殖时，会给水带来臭味，增加色度，引起水处理的困难，主要表现为妨碍絮凝过程，影响消毒效果；有机物降解后的腐殖类物质与氯反应生成三卤甲烷，增加水中的致癌物质，以及在水处理中未去除的藻还在管网及运行构筑物上生长繁殖，堵塞滤池和管网，污染水质等；动物通过直接或饮用含有藻毒素的水可能会死亡。

1. 对水质的不利影响

水体富营养化对水质的不利影响主要表现在水的感官性状和饮水安全性两个方面。

1）藻类致臭

许多富营养化的湖泊都存在着不同程度的臭味。水中产生臭味的微生物主要是放线菌、藻类和真菌。在藻类大量繁殖的水中，藻类一般是主要的致臭微生物。藻类产生的臭味用常规净水工艺很难去除，常使城市供水中出现不愉快的气味。水中藻类的存在，使制水成本提高，增加了水中消毒副产物的含量，降低了饮水安全性。

2）藻类产生毒素

某些藻类在一定的环境下会产生毒素，这些毒素对健康有害，能产生毒素的藻类多为蓝藻，最主要的是铜绿微囊藻、水华鱼腥藻和水华束丝藻。

微囊藻毒素（Microcystins，简称 MCYST）是分布最广、最复杂的一种毒素，对其研究也最为深入。芬兰学者 K. Himberg 等人研究发现，传统水处理工艺对藻毒素的去除效率较低，而活性炭过滤或臭氧处理则几乎可以完全去除水中藻毒素。

3）藻类和有机物是消毒副产物的前提物

水中有机物是产生消毒副产物的母体物质，在氯消毒过程中不但会产生挥发性较强的三卤甲烷（THMs），而且会产生危害更大、沸点较高的卤乙酸（HAAs）等“三致性”强的卤代有机物，使饮水致突变性升高，饮水安全性下降。

GBE012 藻类对水厂运行的不利影响

2. 对水厂运行的不利影响

1）藻类堵塞滤池

淡水藻类通常可分为蓝藻门、绿藻门、红藻门、隐藻门、硅藻门、金藻门、裸藻门、甲藻门、黄藻门和褐藻门。藻类尺寸变化很大，通常在几微米到几百微米。一般来说，饮用水生产方面关心的多是微小藻类（几微米到几十微米），由于水中微小藻类的密度小，因而不易在混凝沉淀过程中去除。大量在混凝沉淀过程中未被去除的藻类进入滤池时，常常会造成滤池较早堵塞，使滤池运行周期缩短，反冲水量增加，严重时可能导致水厂被迫停产。据镜检观察，常见的引起滤池堵塞的藻类主要包括硅藻门的直链藻、舟形藻、小环藻、星杆藻、针杆藻、脆杆藻、桥穹藻、等片藻、平板藻，绿藻门的小球藻、水绵藻、胶群藻，蓝藻门的颤藻、项圈藻、蓝束藻等。硅藻的繁殖速度快，因而最容易引起滤池堵塞。

2）药耗增加

水中大量藻类、有机物和氨氮的存在使得混凝剂和消毒剂用量大大增加：（1）有机物是影响胶体稳定和混凝的控制性因素，天然有机物所含羧基和酚基使得有机物所具有的负电荷是黏土矿物颗粒阳离子交换容量的几十倍，因而使混凝剂消耗大量增加；（2）有机物和氨氮与氯反应，使得为了维持管网中余氯含量所投加的氯量增加，不仅使制水成本提高，更增加了水中消毒副产物的含量，降低了饮水安全性。

因此，藻类不仅会堵塞滤池，使药耗增加，还会造成经济损失，严重时会导致水厂停产。

GBE013 剑水蚤的生物去除方法

（四）水生动物的灭活及去除技术

饮用水中出现的动物性污染物种类大概可分为两大类，一类是人们习惯称为“水蚤”的浮游动物，另一类是人们习惯上称之为“红虫”的底栖动物和阶段性底栖动物。

GBE014 剑水蚤的化学杀灭方法对比

1. 生物法除蚤

剑水蚤是一种分布地域极为广泛、食性复杂、能适用多种生存环境的甲壳型桡足类浮游动物，正因为其分布的广谱性使之成为水源水中浮游动物的代表。水体的富营养化为剑水蚤类的大量繁殖提供了生存空间。而人类的过度捕鱼又成为剑水蚤迅猛增长的动力。自20世纪80年代以来，一些国内外学者就利用“生物操纵”技术来治理水体的富营养化，并取得了一定的成效和经验。

生物法除蚤是从水源入手，采用生态学手段，致力建立水体中正常的食物链关系，利用生态系统中食物链的摄取原理和生物的相生相克关系。在水体中存在着两条典型的食物链：

（1）牧食食物链：浮游植物→浮游动物→鱼类。

(2)碎屑食物链:死亡有机物→细菌、底栖动物→浮游动物→鱼类。

这两条食物链彼此交错进而形成食物网。生物操纵就是通过上级营养者——鱼类的生物作用来抑制剑水蚤的滋生并达到改善水质的目的。

用生物法去除剑水蚤,可以保护生态平衡、有效灭杀剑水蚤、降低水源富营养化程度及保护水源食物链完整。

2. 化学药剂杀蚤

剑水蚤具有游动性,其活体较难在水处理中去除,因此,利用化学氧化法杀灭剑水蚤类浮游动物,将其灭活,是国内外普遍采取的除蚤措施。

在水厂常规处理工艺基础上,增加化学预氧化除蚤,其作用可能体现在两个方面:一是利用氧化剂对其进行有效灭活;二是通过过氧化作用来降低其活性,在混凝沉淀和过滤工艺的协同作用下使之得到有效去除。

一般来讲,作为一种合适的灭活蚤类的氧化剂应具备如下条件:

(1)氧化性很强,灭活效率高,所需投量低,毒副作用小;

(2)不会与水处理系统内的其他药剂发生化学反应,不产生干扰作用;

(3)水源水的水质条件,如 pH 值、温度、COD 对其影响小;

(4)使用安全、方便、经济性好。

研究表明氯气、二氧化氯、氯胺、臭氧、过氧化氢、臭氧/过氧化氢等几种水处理中常见的氧化剂对剑水蚤有杀灭作用。

几种氧化剂的杀蚤及水处理效果对比见表 2-2-1。

表 2-2-1　几种氧化剂杀蚤及水处理效果对比

常用氧化剂	使用范围	杀蚤及水处理效果	优势与不足
液氯	应用广泛	杀蚤所需投药量高	经济实用、可操作性强,但会导致氯化消毒副产物增加
氯胺	应用较广	杀蚤效果好	经济可靠、氯化消毒副产物少,可操作性强,需按比例配制
二氧化氯	应用很少	杀蚤效果明显,在低投加量下即可完全杀灭剑水蚤	杀菌作用明显,检测手段不完善,需要现场制备,副产物对人体有害
臭氧	应用很少	杀蚤效果最明显,增加水中溶解氧,有效去除有机物、藻类等	成本高,制取困难,含溴离子时会形成一些有毒有害甚至致癌、致突变的副产品
臭氧/过氧化氢	应用很少	杀蚤效果明显,受 pH 值影响较小,随有机物浓度增加,剑水蚤的灭活率下降	成本高,制取困难
高锰酸钾	应用很少	杀蚤效果不理想,能去除有机物和藻类	操作方便

GBF001　二氧化氯消毒的应用

二、消毒工艺

(一)消毒剂

消毒剂是指用于杀灭传播媒介上病原微生物,使其达到无害化要求的制剂。

由于水源污染的加剧和水质要求的提高,形成了两种或多种消毒剂协同消毒的方式,即先采用一种消毒剂进行初级消毒，快速灭活水中的微生物，再采用另一种消毒剂进行次级消毒，以保证管网水的持续消毒能力。

消毒剂的基本作用是灭活水中的致病微生物，但却不是唯一的作用。一般来说，消毒剂同时是一种氧化剂，在饮用水处理中往往同时起着多种功能，如控制水生生物如藻类和贝类的繁殖、铁和锰等还原性物质的氧化、臭味和色度等的化学氧化去除、管网中细菌的再生长以及改善混凝和过滤等处理工艺的效率等。

1. 二氧化氯

二氧化氯在常温下为黄绿色到橙黄色、有辛辣味的有毒气体，是在自然界中完全或几乎完全以单体游离原子团整体存在的少数化合物之一，熔点为-59℃，沸点为11℃（由于它的沸点只有11℃，这就决定了它在水中可能是溶解的气体或与水作为溶剂的液体），二氧化氯易被硫酸吸收但不与硫酸反应，还能溶于冰醋酸和四氯化碳之中，这一点在水处理上非常重要。

GBF002 影响二氧化氯消毒效果的因素

1）影响二氧化氯消毒效果的因素

影响二氧化氯效果的主要因素有环境条件和二氧化氯消毒条件，前者包括体系pH值、水温、悬浮物含量等，后者包括二氧化氯投加量、接触时间等。

（1）pH值。

pH值对二氧化氯灭活微生物效果的影响机理较为复杂，目前也尚未明了。

（2）温度。

与液氯消毒类似，温度越高，二氧化氯的杀菌效力越大。一般二氧化氯对微生物的灭活效率随体系温度的上升而提高。温度低时二氧化氯的消毒能力较差，大约5℃时要比20℃时多消毒剂31%~35%。在同等条件下，当体系温度从20℃降到10℃时，二氧化氯对隐孢子虫的灭活效率降低4%。

（3）悬浮物。

悬浮物被认为是影响二氧化氯消毒效果的主要因素之一，因为悬浮物能阻碍二氧化氯直接与细菌等微生物接触，从而不利于二氧化氯对微生物的灭活。

（4）二氧化氯投加量与接触时间。

二氧化氯对微生物的灭活效果随其投加量的增加而提高。消毒剂对微生物的总体灭活效果取决于残余消毒剂浓度与接触时间的乘积，因此延长接触时间也有助于提高二氧化氯的灭菌效果，但出水余量不可过高，否则易产生异味和提高出水色度。

（5）光。

二氧化氯化学性质不稳定，见光极易分解，以稳定性液体二氧化氯的衰减为例，二氧化氯初始浓度为1mg/L，衰减时间为20min，阳光直射、室内有光、室内无光下的二氧化氯残余率分别为12.12%（实测值）、88.55%（实测值）、99.85%（计算值）。

GBF003 二氧化氯消毒的副产物

2）二氧化氯消毒的副产物

二氧化氯的无机副产物主要有以下几种来源：一是源于二氧化氯的制备过程，二是源于二氧化氯的自身歧化，三是源于二氧化氯与其他还原性物质的反应。

GBF004 二氧化氯的制备方法

3）二氧化氯制备方法

二氧化氯的制备方法较多，主要可分为化学法（还原法和氧化法）和电化学法（电解法）两大类。

化学法包括还原法和氧化法。

(1)还原法:

① 硫酸法(Mathieson 法),还原剂为二氧化硫,因酸性介质为硫酸而得名。

② 甲醇法(Solvey 法),还原剂为甲醇,反应介质为硫酸。

③ 二氧化硫法(R1 法),还原剂为二氧化硫,但反应的酸性条件由二氧化硫提供。该法可节省硫酸,但副反应较多,而且产品中含有二氧化硫气体,工艺装置复杂。

④ 食盐法(R2 法),在酸性条件下,用食盐的氯离子还原氯酸钠。

⑤ 食盐单容器法(R3 法),该法的反应原理同 R2 食盐法,区别在于设备。

⑥ 盐酸法(Kesting 法、R5 法),还原剂为盐酸中的氯离子。

⑦ 氯酸钠-甲醇法(R8 法),该法是甲醇法和 R3 法的结合,在酸性条件下用甲醇还原氯酸钠产生二氧化氯,气体经冷却后以水吸收制得的二氧化氯溶液。

⑧ 过氧化氢法,在酸性介质中进行,常采用高浓度的过氧化氢和硫酸。

(2)氧化法:

① 氯-亚氯酸盐法,在 pH 值低于 3.5 的条件下用氯与亚氯酸钠制取,反应式为:

$$2NaClO_2+Cl_2 \rightarrow 2ClO_2+2NaCl \qquad (2-2-1)$$

式(2-2-1)中将亚氯酸钠中的氯转化成二氧化氯的理论转化率为 100%,相关研究表明实践中可达到 97%~98%。

② 盐酸-亚氯酸盐法(亚氯酸自身氧化法),在 pH 值低于 3.5 的条件下,亚氯酸会产生歧化反应而生成二氧化氯,常用盐酸与亚氯酸钠制取,反应式如下:

$$5NaClO_2+4HCl \rightarrow 4ClO_2+5NaCl+2H_2O \qquad (2-2-2)$$

式(2-2-2)中将亚氯酸钠中的氯转化成二氧化氯的理论转化率为 80%。

电化学方法包括食盐电解法及其他电解法:

(1)食盐电解法,常用隔膜电解法用食盐生成二氧化氯。

(2)其他电解法,如氯酸盐电解,直接电解氯酸盐制备二氧化氯,其反应式为:

$$2ClO_3^-+2H^+ \rightarrow 2ClO_2+1/2O_2+H_2O \qquad (2-2-3)$$

式(2-2-3)可以制备纯度 90%以上(据称最高可达 98%)的二氧化氯。

此外,还可用紫外线辐射生产二氧化氯。用紫外线照射亚氯酸盐溶液,在 pH 值=4 时可以获得约 24%的转化率。二氧化氯的生成量与亚氯酸盐浓度、紫外线照射剂量成正比,该方法的特点是能够很方便地通过控制紫外线的照射量来控制二氧化氯的生成量。

4)二氧化氯使用注意事项

GBG006 二氧化氯的使用安全

二氧化氯在使用时应注意的安全问题:

(1)制备车间和库房内不允许有高温源或明火、单座建筑物内的药量不宜过多,应设置人员抢救装置;

(2)二氧化氯气体浓度需控制在防爆浓度 10%以下;

(3)二氧化氯生产原料的运输工作应由具有危险品运输资质的单位承担;

(4)二氧化氯反应器、气路系统、吸收系统应确保气密性,并应防止气体进入;

(5)二氧化氯原料中的氧化剂、酸等应选择通风、避光和阴凉的地方分别存放;

（6）二氧化氯制备间应有设计水喷淋系统，便于吸收事故气体；

（7）二氧化氯制备药剂储存池和混合池应有设置冲洗装置。

GBF005 臭氧氧化在水处理中的应用

2. 臭氧

臭氧一般常投加在处理流程的头部进行氧化和消毒，气水比通常不超过20%。臭氧在水处理应用中受到重视的原因是氧化消毒能力强、杀菌效果显著，作用迅速、臭氧消毒效果受水质影响小、广谱高效、消毒处理的副作用较小、生成条件简单、消毒处理的感官作用较舒适、消毒处理对健康的影响较小。

1）臭氧应用技术要求

饮用水消毒杀菌处理考虑杀菌消毒时的臭氧投加计量一般为1～3mg/L，兼考虑除臭除色时的臭氧投加计量为2～4mg/L。

臭氧和二氧化氯的联用：在含有剩余臭氧的水中投加二氧化氯，亚氯酸根会被臭氧氧化成二氧化氯，再被氧化成氯酸。所以在臭氧化的水中投加二氧化氯维持消毒效果时，二氧化氯的投加点与臭氧处理设施应有足够的距离，投加量要有良好的控制措施。

如果水中含有卤素离子，臭氧可以将其氧化成可以杀菌的化合物，例如将溴离子氧化成次溴酸。

臭氧用于滤后与活性炭联合深度处理时投加量为1～2mg/L，用于混凝前的氧化一般投加2～3mg/L，与水质有关。

世界卫生组织建议消毒时维持水中臭氧剩余浓度0.2～0.4mg/L，接触时间为4min。

2）臭氧应用途径

（1）臭氧可以用来对汽车制造厂综合废水（一级处理后的出水）进行深度处理，且处理效果明显；

（2）臭氧对印染废水的COD_{Cr}值（采用重铬酸钾作为氧化剂测定出的化学耗氧量，即重铬酸钾指数）去除率不高，而对色度的去除效果显著，与传统的氯气氧化、吸附、混凝等脱色方法相比，用臭氧脱色有着脱色程度高、无二次污染等优点。

（3）游泳池消毒处理，通常游泳池循环水是经过过滤以后再加臭氧消毒的，大致上消毒$70m^3$容积的游泳池的臭氧消耗量是20g/h。

（4）臭氧作用于水中有机物主要有两种途径：一种是在pH值比较低的情况下直接氧化，另一种是在pH值比较高的情况下间接氧化，臭氧通过分解产生羟基自由基和水中有机物作用。

GBF006 臭氧的消毒特点

3）臭氧特点

（1）臭氧是一种强氧化剂，由3个氧原子组成。

（2）在常温下，臭氧是淡蓝色的具有强烈刺激性的气体。

（3）臭氧既有消毒作用也有氧化作用。

（4）杀菌和除病毒效果好，接触时间短，能除臭、去色、除酚，可氧化有机物、铁、锰、硫化物等，可去除水中的色味、臭味。

（5）臭氧在水中不稳定容易消失，不能在管网中保持持久的杀菌能力，且投加费用较高，限制了臭氧的应用。

4)臭氧预氧化反应装置

氧化的目的是去除微量有机污染物、除藻、除臭味以及去除铁、除锰等,接触氧化的装置对氧化效率至关重要。

(1)接触设备概述。

接触设备是提供消毒药剂和水中的微生物充分作用时间的设施。一般接触设备的气体传递效率为85%~98%,常达90%以上。接触设备工作的设计电压是微低压。

(2)接触设备选型。

接触设备的选型与臭氧的反应性质有关。对于反应速度较慢、处理对象浓度较高的情况,由于反应主要发生在溶液本体,所以接触设备以气泡式为宜,接触设备宜有较大在液相容积,以保证一定的臭氧浓度作用适当的时间,如采用各种微孔气体扩散器、筛板塔等,气液比用得小一些,这时在接触水池中的搅拌混合对反应速度促进不大。气液传递较慢的反应可采用逆流接触方式或多级逆流接触,保证有充分的接触时间。目前净水厂用于大规模的臭氧处理中使用最广的接触设备在接触水池的池底布置了用钛、青铜、陶瓷或刚玉等耐蚀材料制造的气泡扩散器。

5)影响臭氧消毒效果的因素

一般认为臭氧是最强大的消毒剂,臭氧的强氧化性使之有个特殊的杀菌特点,即在某个临界浓度以下时消毒效果很差或几乎没有,超过该浓度时杀灭效果显著,这是由于处理水存在着所谓臭氧需要量,它由下列因素组成:

(1)臭氧在投加环境内的分解量;

(2)臭氧转化为羟基自由基的数量,这在高pH值时比较显著;

(3)臭氧与水中的还原性物质反应的数量,通常认为占臭氧需要量的主体。

由于水中的杂质会消耗很多臭氧,因此使用臭氧进行原水预处理时消毒效果很差,在使用臭氧进行饮用水消毒时,水前处理效果有很显著的影响。

通常认为臭氧的消毒过程受传递速度控制,但影响臭氧的消毒效果的因素较复杂,除了反应物的浓度和接触时间以外,pH值会影响臭氧的分解速度;碳酸盐和碳酸氢盐会消耗羟基自由基;还原性有机物会消耗臭氧,某些杂质会催化臭氧的分解;卤素浓度影响消毒副产物;浊度会掩蔽微生物等。温度升高可以提高自由基反应的速度,对氧化消毒有利,但也降低了臭氧的溶解度,增加了臭氧的分解速度,减少了羟基自由基的生成。因此通常温度对臭氧消毒反应的综合影响效果并不明显。

GBF007 臭氧尾气破坏的主要方法

6)臭氧尾气破坏的主要方法

臭氧的尾气必须进行处理后才能安全排放,尾气的处理有以下方法:

(1)催化分解法。催化分解法常用于中小型臭氧系统,优点是设备小,基本上不耗费药剂,运行费用较低。

(2)加热-催化分解法。由于尾气中的水分常会使催化剂失效,采用加热法可以避免水分的凝结,该方法常用于锰类催化剂。

(3)热分解法。该法适用于一般用于大型臭氧系统。

(4)尾气回收。回收尾气用作原水的预臭氧化,该方法增加了耐腐蚀的管道、增压设备和很多能耗,使系统的造价和运行费用升高。

(5)活性炭湿式过滤处理。该法分为活性炭能吸附和分解气相中的臭氧,也可以去除水中溶解的臭氧。

(6)药剂还原法。该法采用烟道气、亚铁盐、亚硫酸盐、亚氯酸盐、硫代硫酸盐等物质进行还原处理,去除水中的臭氧。

(7)大气稀释扩散排放。这种处置方式能耗最少,为 8~10W·h/m^3 尾气。

GBF008 次氯酸钠的制备

(二)原料的制备及安全使用规定

1. 次氯酸钠

1)次氯酸钠基本性质

固态次氯酸钠是很容易分解和潮解的白色粉末,受热迅速分解,有爆炸的危险。工业次氯酸钠水溶液含有效氯 5%~15%,密度为 1.075~1.205kg/L,应避光保存。

2)次氯酸钠制备

(1)氯气与氢氧化钠反应,用于大规模生产次氯酸钠。

(2)食盐水电解,常用于小型装置现场生产供消毒使用,食盐水的浓度一般为 3%~7%。

(3)当有条件取得海水时,可以电解海水来制造次氯酸钠。

3)次氯酸钠应用

由于次氯酸是弱酸,所以次氯酸钠盐的水溶液因水解而呈现碱性,产品次氯酸钠溶液的 pH 值为 10.6~11.2。

GBF009 盐酸的安全使用规定

2. 盐酸

盐酸主要成分为 31%的氯化氢。

1)盐酸运输及储存

(1)盐酸供应厂商的运输车辆应该有消防部门易燃易爆化学品准运证;

(2)储存库房阴凉通风,库房温度不超过 30℃;

(3)盐酸储存的库房相对湿度不超过 85%,保持容器密封,盐酸储罐的间距的是 1m;

(4)储区应备有渗漏应急处理设备和合适的收容材料;

(5)易泄漏有害介质的管道及设备应尽量露天布置,便于毒气扩散,防止有害气体积累,布局排风,加强排风排毒;

(6)盐酸储存处的管理人员要经过消防安全培训合格,熟知危险品性质和安全管理知识。

2)接触盐酸后急救措施

(1)皮肤接触后立即脱去被污染的衣着,用大量流动清水冲洗至少 15min;

(2)眼睛接触后立即提起眼睑,用大量流动清水冲洗至少 15min;

(3)吸入后迅速脱离现场至空气新鲜处,保持呼吸道通畅;

(4)食用盐酸后饮足量温开水,催吐、就医。

3)盐酸泄漏应急处置

(1)当盐酸罐或管线有酸雾或围堰内有大量积液现象,佩戴好防护用品并启动室内排风系统。

(2)如果罐体与出口阀门之间的管线泄漏,应及时切换备用盐酸溶液储罐,倒空泄漏的盐酸罐后,对泄漏处进行修复。

(3)如果盐酸输送管线泄漏,应及时关闭相关阀门予以更换。

(4)关闭阀后,必须将所查明泄漏的管线或阀门予以更换。

(5)根据盐酸泄漏状况及范围通知厂区及附近人员撤离到安全范围地带上风处,并在泄漏范围内设置警戒线,无关人员禁止入内。

(6)当发生盐酸伤人事故时,应立即将受伤者移到新鲜空气处输氧,清洗眼睛和脸部及鼻腔,并用2%的苏打水漱口;溅到皮肤上时,应立即用大量水冲洗5~10min,在烧伤表面涂上苏打浆,严重者送医院治疗。

3. 氯酸钠

GBF010 氯酸钠的配制要求

1)氯酸钠配制要求

(1)氯酸钠配制时,工作人员应穿戴好防护用具(防酸碱工作服、护目镜、口罩、防酸碱手套、长筒胶鞋。

(2)配制过程中严禁吸烟及明火;如果氯酸钠结块,需用木槌敲成粉末,不许使用摔砸等方法,因为铁锤与氯酸钠猛烈撞击能产生爆炸。

(3)配制过程必须按照氯酸钠与水按1∶2的比例混合。

GBF011 氯酸钠的安全使用规定

2)氯酸钠安全使用规定

(1)常压下氯酸钠为无色或白色立方晶系结晶,相对密度为2.490g/m^3,熔点为255℃,易溶于水,加热到300℃以上易分解放出氧气,有极强的氧化能力,与硫、磷及有机物混合或受撞击易引起燃烧和爆炸;有潮解性,在湿度很高的空气中能吸水气而形成有毒溶液。

(2)粉尘能刺激皮肤、黏膜和眼睛,如不慎将氯酸钠溶液溅入眼睛或皮肤上,应立刻用大量清水冲洗干净。若吸入氯酸钠粉尘,因积累在体内而引起中毒,会出现恶心、大量呕吐、下泻、呼吸困难、肾损害等症状;误食时,要立即饮服食盐水或温肥皂水使其吐出,然后速送医院治疗。

(3)应储存在阴凉、通风、干燥的库房内,注意防潮,不得与糖类、油类、木炭等有机物,硫黄、赤磷等还原剂,酸类(尤其是硫酸)和一切易燃物品共储,装卸时要轻拿轻放,防止摩擦,严禁撞击。失火时,先用砂土,再用雾状水和各种灭火器扑救,但不可用高压水。

4. 亚氯酸钠

GBF012 亚氯酸钠的配制要求

1)亚氯酸钠配置要求

(1)亚氯酸钠配制水的温度应在50℃以内,不易过高;

(2)亚氯酸钠在130℃甚至更低会分解产生氧气;

(3)制备亚氯酸钠时,不能放置在密闭容器中,不允许与有机物质接触;

(4)亚氯酸钠本身挥发,操作时不得用手接触它,一定要戴橡胶手套防护;

(5)亚氯酸钠搅拌的时候不能过于剧烈,以防粘到身上。

GBF013 亚氯酸钠的安全使用规定

2)亚氯酸钠安全使用规定

(1)亚氯酸钠是一种雪片状的盐,有强氧化性,应存放在密闭的钢筒内。亚氯酸钠在封闭或溶液状态下是稳定的,但在有机物存在时十分易燃,因此不能允其溶液在地上干燥,必须用水冲洗,尽量不溅起水花,不能与木屑、有机物、磷、炭、硫等物质接触。

(2)亚氯酸钠在温度高于175℃时会迅速分解,水溶液浓度超过30%会爆炸。

(3)亚氯酸钠库房内应设置有快速冲洗设施,在加药间和药库附近应设置紧急喷淋装置,并且供水装置应与报警系统联动。

GBG001 二氧化氯发生器的维护保养

（三）消毒设备

1. 二氧化氯发生器

1）二氧化氯发生器维护保养要求

（1）二氧化氯设备日常保养项目中规定：每日检查二氧化氯原料储备库房情况，确保无异常（不应有溢水、烟雾、异常、上升），每日检查二氧化氯发生设备、投加设备、计量设备；

（2）每月对亚氯酸钠管路及相关设备进行一次冲洗；

（3）每季度对二氧化氯工艺系统的阀、进料管路、过滤器进行清洗；若出现堵塞，随时进行清洗；

（4）计量泵每运行 5000h 或 1 年以后，更换驱动润滑油、紧固泵头螺栓，更换计量泵出口塑料软管；

（5）每半年对计量泵输出流量进行校正，粘贴校准合格标识；

（6）定期（但至少每年一次）且在每次再次开始使用前由专家对二氧化氯发生器的安全性进行检查；

（7）定期（但至少每年一次）完成对所有传感器探头的校正；

（8）二氧化氯设施检修应制定相关的技术方案，由专业人员进行检修，每月检查，在方案中落实维修人员及运行的相关协助人员，同时制定相应的安全措施；

（9）计量泵每运行 8000h，更换油封、隔膜；

（10）二氧化氯反应装置、投加管路每年进行一次检修；

（11）二氧化氯投加和计量装置的大修项目可以按液氯的投加和计量装置的大修理项目规定进行（3 年 1 次），检维修完成后，应按技术标准验收，保证检维修质量。

2）二氧化氯发生器运行中要求

（1）操作人员必须经过专门培训，严格按发生器的使用说明书进行操作；

（2）操作时，应穿戴好防护用品（耐酸碱工作服，护目镜、口罩、胶皮手套、长筒胶鞋等）；

（3）作业现场安全标识齐全、清晰，室内配置的轴流风机、酸雾吸收装置、报警器等安全防护装置正常运行；

（4）使用的盐酸和亚氯酸钠或氯酸钠严禁在发生器以外的地方接触，杜绝混用混储；

（5）复合型二氧化氯发生器的进气口、设备运行时的空气通道保持与大气相通；

（6）亚氯酸钠固体或氯酸钠固体搬运应轻拿轻放，严禁摔砸，配制过程中严禁吸烟及使用明火；

（7）装卸盐酸溶液时，原料溶液倒运过程中严格采用出口淹没进入工艺方式，以防止溶液飞溅产生汽溶胶状腐蚀气体，造成环境污染；

（8）二氧化氯发生装置严禁使用浓亚氯酸钠溶液；

（9）停水时应及时关闭二氧化氯发生装置；

（10）发生器产生的二氧化氯液体应现用现生产，生产过程防止有害气体聚集；

（11）生产的产品应放置在无爆炸介质、无易燃、无障碍、通风良好的场所；

（12）发生器制造、使用以及危险化学品储存场所的空气中有害气体最大允许浓度应当符合 GBZ 2. 1—2017《工业场所有害因素职业接触限值 第 1 部分：化学有害因素》的要求。

3）二氧化氯发生器运行中常见故障

GBG002 二氧化氯发生器运行的常见故障

二氧化氯发生器运行的常见故障有设备无负压、盐酸抽不进、水温过高和温控器通电后不加热等。

二氧化氯发生器反应效率过低故障原因及解决方法：进料比例不对，需采取校计量泵及调整背压阀、清洗原料管线过滤器的方法来排除；原料、进气温度过低，反应不充分，检查温度控制器是否加热，根据故障进行处理，更换加热管或清除加热管水垢；反应釜液位过低，反应时间不足，应降低水吸器吸力，提高反应釜液位。

二氧化氯发生器计量泵不能启动的故障原因包括接线有误或接线不良，电压低，没有按START/STOP 键，控制单元的电路损坏。故障排除方式有纠正接线，追查原因并使电压上升到指定水平，按 START/STOP 键，更换整个单元。

GBG003 二氧化氯发生器计量泵的工作原理

2. 二氧化氯发生器计量泵

1）计量泵基本工作原理

计量泵是往复式泵的一种，属于容积泵，主要包括电动机、泵头部件、传动机座部件。净水厂常用的计量泵为隔膜式计量泵及液压式隔膜计量泵。

计量泵主要由动力驱动、流体输送和调节控制三部分组成，动力驱动装置经由机械连杆系统带动流体输送隔膜实现往复运动，隔膜于冲程的前半周将被输送流体吸入并于后半周将流体排出泵头，所以改变冲程的往复运动频率或每一次往复运动的冲程长度即可达到调节流体输送量的目的。

2）隔膜式计量泵工作原理

隔膜式计量泵利用特殊设计加工的柔性隔膜取代活塞，在驱动机构作用下实现往复运动，完成吸入、排出过程，由于隔膜泵的隔离作用，在结构上真正实现了被计量流体与驱动润滑机构之间的隔离。

3）液压式隔膜计量泵工作原理

液压式隔膜泵采用了液压平均地驱动隔膜，克服了机械直接驱动方式下泵隔膜受力、过分集中的缺点，提升了隔膜寿命和工作压力上限。

GBG004 二氧化氯发生器水射器的工作原理

3. 二氧化氯发生器水射器

水射器由喷嘴、吸入室、扩压管三部分组成，是根据射流原理设计的一种抽气组件。

工作原理：水射器是根据射流原理而设计的一种抽气组件，当动力水经水射器时，其内部产生负压，外部气体在压差作用下被吸入水射器，从而实现吸气，使反应器形成负压，生成的二氧化氯被吸入水射器，在此与水充分混合，形成消毒液。

GBG005 脉动阻尼器的工作原理

4. 脉动阻尼器的工作原理

脉动阻尼器又名脉动缓冲器，是计量泵必须配备的附件，是消除管路脉动的常用组件。安装时应在脉动阻尼器周围预留足够的空间，便于脉动阻尼器预充气体及日后的维护、调整。安装过程中，应避免发生碰撞，以防壳体破裂。

脉动阻尼器膜片材质为聚四氟乙烯衬橡胶（PTFE），不能预充氧化性气体（如氧气、空气），否则会加快橡胶的氧化速度，减少膜片的使用寿命，使用前应预充氮气或氩气，若长期不用应放掉预充气体，以延长膜片寿命。

脉动阻尼器由装有可挠弹性内胆的压力容器组成，此内胆的上部腔中的压缩气体和下部腔中的被输送的流体隔离开。当计量泵进入排出行程,被输送的液体被压入管器,使得管路压力升高,如果此压力超过脉动阻尼器上所预充的压力,在排出行程的剩余物料被压入阻尼器,内胆被物料压着向上运动直到气体和被输送的流体压力平衡,此容积通常为泵行程容积的一半,当泵排出行程结束,在泵的吸入行程,管路压力下降并保持低值,这段时间,气体腔中的压力大于管路压力,于是,内胆被气体压回其原始的位置并将物料压回管路中,通过这种方式在每个完整的泵循环里,泵每个行程中过多的流量由阻尼器吸收又回到管路中从而有效地缓和了被输流体的脉动流动,使流动状态接近于层流状态。

项目二　更换二氧化氯发生器背压阀

一、准备工作

(一)设备

二氧化氯发生器1套,背压阀及管路1套。

(二)工具、材料

300mm 管钳1把,240mm 活动扳手2把,生料带1卷,塑料水桶1个。

(三)人员

1人操作,持证上岗,劳动保护用品穿戴齐全。

二、操作规程

序号	工序	操作步骤
1	准备工作	选择工具、用具及材料
2	检查新背压阀	(1)检查新背压阀有无裂痕。 (2)检查新背压阀规格是否与被换背压阀一致
3	拆卸旧背压阀	(1)停止二氧化氯发生器。 (2)用管钳将阀门两侧活接慢慢打开,待压力释放后再用手将活接全部打开。 (3)用扳手将背压阀拆下
4	更换背压阀	(1)判断背压阀安装方向。 (2)用生料带在短节上缠1~2圈后,用扳手将背压阀两端上紧。 (3)将检查合格的背压阀按正确方向进行安装,活接处先用手简单固定。 (4)用管钳紧固活接
5	检查	更换完成后进行通水试验,无泄漏为合格
6	清理场地	清理场地,收工具

三、技术要求

(1)操作前必须停止二氧化氯发生器。

(2)拆卸背压阀时要将压力全部释放完后才能操作。

四、注意事项

(1)正确使用工具。

(2)要求严格遵守操作规程进行操作。

项目三　判断二氧化氯发生器运行故障

一、准备工作

(一)设备

桌子1张,凳子1把。

(二)工具、材料

计时表1个,碳素笔1支。

(三)人员

1人操作,持证上岗,劳动保护用品穿戴齐全。

二、操作规程

序号	工序	操作步骤
1	准备工作	选择工具、用具及材料
2	判断设备突然停机故障原因	(1)检查是否停电。 (2)检查是否水压不足,设备自动保护。 (3)检查是否工艺水不足
3	判断不产气或产气量不足故障原因	(1)检查是否原料不符合要求。 (2)检查是否配料不符合标准(浓度低)。 (3)检查是否原料罐吸料软管不畅通或有气塞现象。 (4)检查是否原料罐的过滤器堵塞。 (5)检查是否水射器堵塞。 (6)检查是否计量泵不供料
4	判断安全塞开启故障原因	(1)检查是否动力水压低。 (2)检查是否投药点阀门开关有误。 (3)检查是否水射器(混合器)不射流。 (4)检查是否输送管路较远、水射器后的弯路太多
5	清理场地	清理场地,收工具

三、技术要求

(1)如果发生停电,必须待正常供电后才能启动设备。

(2)水压不足,要求正常供水后才能启动设备。

(3)更换的原料必须符合要求。

(4)配料应符合标准,浓度不能过低。

(5)动力水压应保持充足。

四、注意事项

(1)正确使用工具。

(2)要严格遵守操作规程进行操作。

项目四 更换二氧化氯发生器计量泵

一、准备工作

(一)设备

二氧化氯发生器1套,DN25计量泵及管路1套。

(二)工具、材料

240mm活动扳手2把,水桶1个。

(三)人员

1人操作,持证上岗,劳动保护用品穿戴齐全。

二、操作规程

序号	工序	操作步骤
1	准备工作	选择工具、用具及材料
2	检查计量泵	检查新计量泵外观有无缺陷,规格是否一致
3	拆卸旧计量泵	(1)检查计量泵是否处于关闭状态,电气接线是否已拆掉。 (2)关闭计量泵进口及出口阀门。 (3)用手先将计量泵进口活接慢慢打开,释放液体后,全部打开。 (4)将计量泵出口活接慢慢打开、待压力释放后再将活接全部打开。 (5)用扳手将计量泵四角螺栓松开,拆下计量泵
4	更换计量泵	(1)将新计量泵放到泵座对应位置。 (2)用扳手将四角螺栓旋紧,注意对角紧固。 (3)用手将计量泵进口及出口活接紧固
5	检查	更换完成后进行通水试验,无泄漏为合格
6	清理场地	清理场地,收工具

三、技术要求

(1)新计量泵的外观和规格要符合要求。

(2)拆卸之前要关闭进出口阀门并释放里面的液体。

(3)计量泵出口压力要慢慢释放,不可过快。

(4)紧固螺栓要符合要求。

四、注意事项

(1)正确使用工具。

(2)要严格遵守操作规程进行操作。

项目五 清洗二氧化氯发生器

一、准备工作

(一)设备

二氧化氯发生器1套。

(二)工具、材料

水适量。

(三)人员

1人操作,持证上岗,劳动保护用品穿戴齐全。

二、操作规程

序号	工序	操作步骤
1	准备工作	选择工具、用具及材料
2	停止二氧化氯发生器	停在用二氧化氯发生器计量泵电源,关闭进料阀门
3	清洗二氧化氯发生器	(1)用水射器带走反应釜内反应液。 (2)将防爆塞打开,打开排污阀将反应液排净。 (3)用胶皮堵住进气口,打开冲洗水阀将二氧化氯发生器注满水。 (4)浸泡20min。 (5)打开排污阀,将水排净。 (6)反复操作几次,直至排出液无色,关闭排污阀。 (7)盖上防爆塞,取下进气口胶皮。 (8)关闭冲洗水阀门
4	清理场地	清理场地,收工具

三、技术要求

(1)清洗前必须停机。

(2)反应釜内的反应液要用水射器带走。

(3)浸泡时间要满足要求。

四、注意事项

(1)应按照二氧化氯发生器清洗周期进行清洗。

(2)要严格遵守操作规程进行操作。

模块三　管理维护设备

项目一　相关知识

一、转子流量计

(一)概述

转子流量计,又称浮子流量计,是通过量测设在直流管道内的转动部件的位置来推算流量的装置,是变面积式流量计的一种。

GBH001 转子流量计的读数

(二)转子流量计读数方法

转子流量计主要由一根自下而上扩大的锥形玻管和一只随流体流量大小上下移动的附子组成,如图 2-3-1 所示。流体自下而上流经锥管时,流体动能在浮子上产生的升力 S 和流体的浮力 A 使浮子上升,当升力 S 与浮力 A 之和等于浮子自身重力 G 时,浮子处于平衡,稳定在某一高度位置上,锥管上的刻度则指示流体的流量值。

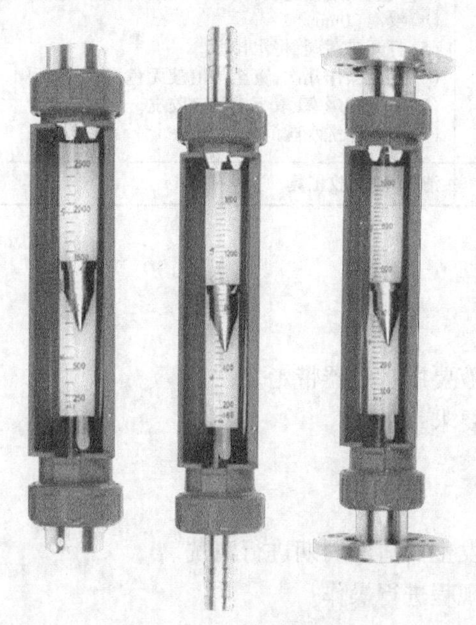

图 2-3-1　转子流量计

当转子流量计的浮子稳定平衡后,眼睛齐平浮子的上端平面读刻度,从 0 刻度方向开始。在转子流量计上读出的数据为瞬时流量,应为体积流量或质量流量,如为质量流量,应先换算为体积流量(m^3/s),然后再根据转子流量计的口径用体积流量除以截面积即可估算流量计的流速。

(三)转子流量计安装及使用注意事项

GBH002 转子流量计的更换方法

为了能让转子流量计正常工作且能达到一定的测量精度,在安装和使用流量计时要注意以下几点:

(1)转子流量计必须垂直安装在无振动的管道上。安装时不应有明显的倾斜,流体自下而上流过仪表,且垂直度优于2°,水平安装时水平夹角优于2°,中心线与铅垂线夹角一般不超过5°。

(2)为了方便检修和更换流量计、清洗测量管道,安装在工艺管线上的金属管转子流量计应加装旁路管道和旁路阀;更换安装时,实际的系统工作压力不得超过流量计的工作压力。

(3)转子流量计入口处应有5倍管径以上长度的直管段,出口应有250mm直管段。

(4)如果介质中含有铁磁性物质,应安装磁过滤器;如果介质中含有固体杂质,应考虑在阀门和直管段之间加装过滤器。

(5)当用于气体测量时,应保证管道压力不小于5倍流量计的压力损失,以使转子稳定工作。

(6)为了避免管道引起的流量计变形,配合的法兰必须在自由状态对中以消除应力。

(7)工艺管线的法兰必须与流量计的法兰同轴并且相互平行,应避免管道振动,减小流量计的轴向负荷,测量系统中控制阀应安装在流量计的下游。

(8)测量气体时,如果气体在流量计的出口直接排放大气,则应在仪表的出口安装阀门,否则将会在转子处产生气压降而引起数据失真。

(9)安装PTFE衬里的仪表时,法兰螺母不要随意不对称拧得过紧,以免引起PTEF衬里变形。

(10)带有液晶显示的仪表,要尽量避免阳光直射显示器,以免降低液晶使用寿命;带有锂电池供电的仪表,要尽量避免阳光直射、高温环境(≥65℃)以免降低锂电池的容量和寿命。

二、计量泵及配套阀门

(一)计量泵

计量泵又称定量泵或比例泵,是一种可以满足各种严格的工艺流程需要,流量可以在0~100%范围内无级调节,用来输送液体(特别是腐蚀性液体)特殊容积泵。

计量泵的突出特点是可以保持与排出压力无关的恒定流量。使用计量泵可以同时完成输送、计量和调节的功能,从而简化生产工艺流程。使用多台计量泵,可以将几种介质按准确比例输入工艺流程中进行混合。由于其自身的突出特点,计量泵如今已被广泛地应用于石油化工、制药、食品等各工业领域中。

GBH003 计量泵阀门的分类

1. 计量泵分类方法

(1)根据过流部分分类,计量泵可分为柱塞、活塞式、机械隔膜式、液压隔膜式计量泵。

(2)根据驱动方式分类,计量泵可分为电动机驱动、电磁驱动计量泵。

(3)根据工作方式分类,计量泵可分为往复式、回转式、齿轮式计量泵。

(4)根据泵特点分类,计量泵可分为特大机座、大机座、中机座、小机座、微机座计量泵。

(5)其他的分类方式:计量泵可分为电控型、气控型、保温型、加热型、高黏度型等。

2. 计量泵的安装及阀门的使用注意事项

(1)吸入管路建议采用自灌式安装,泵的吸液端低于储液池的最低液位。如必须采用吸入提升式安装方式,必须在吸入管口加装脚阀。

(2)建议在吸入管路中安装过滤器,以便检查和清洗,同时必须有必要的截止阀和管路活接,以便日后维护。

(3)计量泵出口管路中必须安装脉动缓冲器、安全阀。如压力低于 0.3MPa 时,建议加装背压阀,以免管路产生虹吸现象,在计量泵的出口加装脉冲阻尼器配合背压阀使用可以有效地吸收计量泵的峰值流量。

(4)吸入管路的管径必须大于计量泵入口阀尺寸。确定管径尺寸必须考虑计量泵的峰值流量、管路长度和物料黏度等参数。当出口管路未安装脉动缓冲器时,也必须参照吸入管径的选择来确定管径尺寸。

(5)在距离泵出口最近的阀门前加装安全阀,可以有效地避免因偶然关闭阀门造成泵的损坏。

GBH004 设定计量泵安全阀/背压阀压力的方法

(二)设定计量泵安全阀/背压阀压力方法

(1)准备工作:设定过程中,先设定安全阀,再设定背压阀。设定前必须保证整个系统处于无压状态。设定前用清水将药液管线清洗干净。

(2)安全阀的压力设定:打开计量泵进口阀门,关闭计量泵出口阀、标定柱进口阀;将安全阀、背压阀的压力调解螺栓逆时针完全松开(即安全阀、背压阀设定压力为零);启动计量泵(此时介质应从安全泄压阀管路流出);顺时针调节安全阀上部螺栓,增加压力,同时观察压力表,直到压力表显示数值为实际系统工作压力的 1.15~1.2 倍(压力表读数不能高于计量泵额定压力);打开计量泵出口阀门。

(3)背压阀的压力设定:顺时针调整背压阀上部螺栓,增加压力,同时观察压力表,显示数值应为 0.1~0.15MPa。设定背压阀压力时,具体背压值可视现场情况而定,但要低于安全阀设定压力。

三、PE 管线

(一)概述

聚乙烯(polyethylene,简称 PE)是乙烯经聚合制得的一种热塑性树脂,是最基础的一种塑料,塑料袋、保鲜膜等都是 PE,HDPE 是一种结晶度高、非极性的热塑性树脂。原态 HDPE 的外表呈乳白色,在微薄截面呈一定程度的半透明状。

PE 管有中密度聚乙烯管和高密度聚乙烯管,根据壁厚分为 SDR11 和 SDR17.6 系列,SDR11 系列者适用于输送气态的人工煤气、天然气、液化石油气,SDR17.6 系列主要用于输送天然气。与钢管相比,PE 管施工工艺简单,有一定的柔度,更主要的是不用作防腐处理,将节省大量的工序;缺点是器械性不如钢管,施工中应特别的注意热力供暖的安全间距,并且不能裸露于空气中阳光下,并且对化学物品敏感,且应防止污水管道的泄漏造成伤害。

GBH005 PE管的性能特点

(二)PE 管性能特点

(1)良好的卫生性能:PE 管加工时不添加重金属盐稳定剂,材质无毒性,无结垢层,不滋生细菌,很好地解决了城市饮用水的二次污染。

(2)化学性能稳定:除少数强氧化剂外,可耐多种化学介质的侵蚀;无电化学腐蚀,能够成为很多化学溶液输送或排放的理想选择。

(3)长久的使用寿命:在额定温度、压力状况下,PE管道可安全使用50年以上,使用寿命高于钢管、铁管。

(4)较好的耐冲击性:PE管韧性好,耐冲击强度高,重物直接压过管道,不会导致管道破裂。

(5)可靠的连接性能:PE管热熔或电熔接口的强度高于管材本体,接缝不会由于土壤移动或活载荷的作用而断开。

(6)良好的施工性能:管道质轻,焊接工艺简单,施工方便,工程综合造价低。

(7)不透光:能够很好地抑制藻类、细菌和真菌的生长。

GBH006 PE管线的连接方法

(三)PE管连接方法及注意事项

(1)管道连接前,应对管材和管件及附属设备按设计要求进行核对,并应在施工现场进行外观检查,符合要求方可使用,主要检查项目包括耐压等级、外表面质量、配合质量、材质的一致性等。

(2)应根据不同的接口形式采用相应的专用加热工具,不得使用明火加热管材和管件。

(3)采用熔接方式相连的管道,宜使用同种牌号材质的管材和管件,性能相似的必须先经过试验,合格后方可进行。

(4)管材和管件应在施工现场放置一定的时间后再连接,以使管材和管件温度一致。

(5)在寒冷气候(-5℃以下)和大风环境条件下进行连接时,应采取保护措施或调整连接工艺。

(6)管道连接时管端应洁净,每次收工时管口应临时封堵,防止杂物进入管内。

(7)管道连接后应进行外观检查,不合格者应立刻返工。

四、三相异步电动机

(一)概述

电动机是将电能转换成机械能的装置,广泛应用于现代各种机械中作为驱动,按结构和工作原理可分为直流电动机、异步电动机、同步电动机,其中异步电动机包括三相异步电动机、单相异步电动机等。与单相异步电动机相比,三相异步电动机运行性能好,可节省各种材料。

GBI001 三相异步电动机的铭牌读取

(二)主要性能指标

三相异步电动机的铭牌一般形式如图2-3-2所示。

1. 型号

“Y112M-4”中“Y”表示Y系列三相异步电动机(“YR”表示绕线式异步电动机),“112”表示电动机的中心高为112mm,“M”表示中型机座(“L”表示长型机座,“S”表示短型机座),“4”表示4极电动机。

举例说明:“Y160M-4”中“Y”表示异步电动机,“160”表示机座中心高为160mm,即电动机轴的中心距底座高度为160mm,“M”表示中型机座(“L”为长型,“S”为短型),主要指

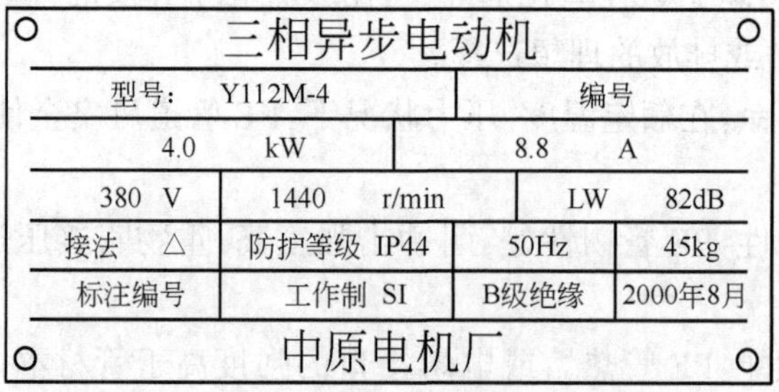

三相异步电动机			
型号：Y112M-4		编号	
4.0 kW		8.8 A	
380 V	1440 r/min	LW 82dB	
接法 △	防护等级 IP44	50Hz	45kg
标注编号	工作制 SI	B级绝缘	2000年8月
中原电机厂			

图 2-3-2 三相异步电动机铭牌示意图

定子铁芯长短，“4”表示磁极数。

有些电动机型号在机座代号后面还有一位数字，代表铁芯号，如型号“Y132S2-2”中“S”后面的“2”表示 2 号铁芯长（1 为 1 号铁芯长）。

2. 额定功率

电动机在额定状态下运行时，其轴上所能输出的机械功率称为额定功率，图 2-3-2 中“4. 0kW”为额定功率。

3. 额定速度

在额定状态下运行时的转速称为额定转速，图 2-3-2 中“1440r/min”为额定转速。

4. 额定电压

额定电压是电动机在额定运行状态下，电动机定子绕组上应加的线电压值，图 2-3-2 中“380V”为额定电压。Y 系列电动机的额定电压都是 380V。凡功率小于 3kW 的电动机，其定子绕组均为星形连接，4kW 以上都是三角形连接。

5. 额定电流

电动机加以额定电压，在其轴上输出额定功率时，定子从电源取用的线电流值称为额定电流，图 2-3-2 中“8. 8A”为额定电流。

6. 防护等级

防护等级指防止人体接触电动机转动部分、电动机内带电体和防止固体异物进入电动机内的防护等级。

图 2-3-2 中防护标志“IP44”的含义：“IP”表示特征字母，为“国际防护”的缩写；“44”表示 4 级防固体（防止大于 1mm 固体进入电动机）、4 级防水（任何方向溅水应无害影响）。

7. LW 值

LW 值指电动机的总噪声等级，LW 值越小表示电动机运行的噪声越低，噪声单位为 dB。图 2-3-2 中“82dB”为 LW 值。

8. 工作制

工作制指电动机的运行方式，一般分为“连续”（代号为“SI”）、“短时”（代号为“SⅡ”）、“断续”（代号为“SⅢ”），则图 2-3-2 中的工作制为连续。

9. 额定频率

电动机在额定运行状态下，定子绕组所接电源的频率称为额定频率。我国规定的额定频率为 50Hz。

10. 接法

接法表示电动机在额定电压下，定子绕组的连接方式（星形连接和三角形连接）。当电压不变时，如将星形连接接为三角形连接，线圈的电压为原线圈的$\sqrt{3}$，这样电动机线圈会因电流过大而发热。如果把三角形连接的电动机改为星形连接，电动机线圈的电压为原线圈的 $1/\sqrt{3}$，电动机的输出功率就会降低。

（三）使用方法

1. 调速

调速就是在同一负载下能得到不同的转速以满足生产过程的要求。

（1）变频调速：此方法可获得平滑且范围较大的调速效果，且具有硬的机械特性；但需有专门的变频装置——由可控硅整流器和可控硅逆变器组成，设备复杂，成本较高，应用范围不广。

（2）变级调速：此方法不能实现无级调速，但它简单方便，常用于金属切割机床或其他生产机械上。

（3）转子电路串电阻调速：在绕线式异步电动机的转子电路中串入一个三相调速变阻器进行调速。此方法能平滑地调节绕线式电动机的转速，且设备简单、投资少，但增加了变阻器损耗，故常用于短时调速或调速范围不太大的场合。

以上可知，异步电动机的各种调速方法都不太理想，所以异步电动机常用于要求转速比较稳定或调速性能要求不高的场合。

2. 制动

制动是给电动机一个与转动方向相反的转矩，促使它在断开电源后很快地减速或停转，这时的转矩称为制动转矩。

（1）反接制动：当电动机快速转动而需停转时，改变电源相序，使转子受一个与原转动方向相反的转矩而迅速停转。在反接制动时，采用对称制电阻接法，可以在限制制动转矩的同时也限制制动电流。当转子转速接近零时，应及时切断电源，以免电动机反转。

这种方法比较简单，制动力强，效果较好，但制动过程中的冲击也强，易损坏传动器件，且能量消耗较大，频繁反接制动会使电动机过热。某些中型车床和铣床的主轴的制动可采用这种方法。

（2）能耗制动：电动机脱离三相电源的同时，给定子绕组接入一个直流电源，使直流电流通入定子绕组。于是在电动机中便产生一方向恒定的磁场，使转子受一个与转子转动方向相反的力的作用，于是产生制动转矩，实现制动。直流电流的大小一般为电动机额定电流的 0.5~1 倍。由于这种方法是用消耗转子的动能（转换为电能）来进行制动的，所以称为能耗制动。

这种制动能量消耗小，制动准确而平稳，无冲击，但需要直流电流。某些机床中采用这种制动方法。

（3）发电反馈制动：当转子的转速 n 超过旋转磁场的转速 n_0 时，这时的转矩也是用来制动的，如当起重机快速下放重物时，重物拖动转子，使其转速 $n>n_0$，重物受到制动而等速下降。

3. 电动机拆卸

将拆卸的每一个过程按顺序的形式记录下来，以便重新装配时做参考，以下是一般过程：

(1) 断开所有电源、仪表、监视装置及接地装置连接电缆及引线。

(2) 对于使用滑动轴承的电动机，排放两只轴承的油，如果轴承有另外的供油系统，断开油路管道。

(3) 拆除整个顶罩装置（如有）。

(4) 拆除端盖、罩板、百叶窗及管道。

(5) 拆除电动机地脚螺栓及定位销钉并脱开对接的轴。

(6) 从轴身上拆下联轴节。

(7) 拆除所有轴承盖及所有轴承处温度计、热电偶等，然后拆除上半轴承室（滑动轴承）或轴承套（滚动轴承）。

(8) 对于绕线转子，拆开机集电环与转子接线盒之间的引线，从刷握内拆下电刷，外装集电环还应拆下集电环及罩座。

(9) 从端盖上拆下螺栓，然后借助于起盖落空拆下端盖，用吊盘螺栓将两只端盖调走。

(10) 用专用工具从轴上拆除紧固挡圈，然后拆下滚动轴承。

(11) 使用滑动轴承的电动机应先拆除轴瓦上的销及螺栓，拧紧吊攀螺栓并吊开上半轴瓦，然后拆去油环，在转子两端同时提高转子，刚好使下半瓦不承受负载，借助于下半轴瓦的螺孔将下半轴瓦翻到顶部位置并吊走，拆去下半轴承室的螺栓，从端盖密封的止口处拆除下半轴承室并移走。

(12) 在定子孔内插入胶木板或硬纸板，并将转子下放到地定子孔内。

(13) 从轴上移去内密封环等装置。

(14) 小心吊起定子装配（转子留在定子内），并移离基础放到便于储放或工作的地方

(15) 在转子抽离定子前，先拆除风扇及挡板。

(16) 转子抽离定子时确保定子、转子装置周围有足够的空间以便抽出转子，包好轴颈以免受损。

GBI002 三相异步电动机的日常维护方法

（四）维修与维护

为了保障连续安全可靠运行，要经常检查润滑系统，应检查所有油标的油位，一般电动机运行 5000h 左右即应补充或更换润滑脂；更换润滑脂时，应当清除旧的润滑油，并用汽油洗净轴承及轴承盖的油槽；通过观察油环视察窗查看油环的旋转情况，如果发现漏油，应查找根源并修复，监视润滑油的变色及污染状况；若出现噪声或振动过大或突然增大，应检查轴承，及时更换轴承，并在定期运行期间定期检查轴承温度；使用环境应经常保持干燥；电动机表面应保持清洁。

1. 日常维护

(1) 绕线式异步电机应清扫滑环和刷架。

(2) 清扫绕组线圈和通风沟。

(3) 清扫机座外壳。

(4) 测定电动机绝缘电阻。

(5)检查地脚螺栓、端盖和轴承螺钉及接地装置。

(6)绕线式异步电动机应调整电刷压力,更换磨坏的电刷或研磨电刷。

(7)检查轴承间隙和启动装置。

(8)清扫附属设备和启动装置。

(9)更换损坏的小部件并换油。

2. 每周检查

(1)用测温装置测量定子绕组、冷却空气及轴承温度子绕组(埋入式电阻车温组件)。

(2)察听整个电动机是否有不正常的声响(例如摩擦或敲击声)。

(3)当具有水-空热交换装置时,检查水管是否漏水。

(4)采用过滤器应检查过滤器的黏污程度。

(5)在测温装置处测量并记录轴承温度。

3. 每月检查

(1)用仪器测量电动机振动。

(2)检查所有电缆线、连接线及其紧固情况。

(3)如果是绕线转子,检查集电环、导电螺杆及其电刷装置处灰尘积尘程度,需要时清除积灰。检查电刷磨损情况及刷握中自由活动情况,如果需要则更换电刷。

(4)有过滤器时,在过滤器监视动作后(如压差开关)应清洗或更换过滤器。

(5)检查油环润滑的轴承中油环运转是否平稳以及带油情况;检查轴承密封是否漏油,如果已弄脏,则清除脏物;检查供油设备。

4. 每季检查

(1)测量定子、转子绕组的绝缘电阻。

(2)用额定电压为500V的摇表测量绝缘的轴承或轴承座与钢的基础之间绝缘电阻。

(3)检查电动机内部积灰程度。

(4)检查电源线、仪表线及控制接线的积灰程度。

(5)检查接地电刷(如果有),确保电刷的压力。

5. 定期检查

按照使用条件每年或每半年对电动机进行检查,保证每半年对下列各项进行检查:

(1)电动机周围环境是否存在以下情况:

① 腐蚀性或导电性的灰尘。

② 棉绒(环境非常脏)。

③ 化学的烟雾、蒸气、盐雾或油雾。

④ 潮湿或者非常干燥、辐射热、动物侵扰或导致霉菌生长的环境。

⑤ 不正常的冲击、振动或者外来的机械负荷。

(2)电动机是否运行在以下状态运行:

① 与额定电压(频率)的偏差超过标准值。

② 房间通风差,环境温度超过40℃。

③ 电动机承受扭转冲击负载、反复过载或者转动惯量过大造成长时间加速。

(3)按照下列各项要求做好检查清单,确保正常运行:

① 清洗轴承，更新润滑油（脂），如果发现轴承有异常情况，则检查轴承。

② 采取措施阻止轴承密封处漏油。

③ 拆除端盖及顶罩，检查是否有凝露或积水、锈蚀。

④ 检查灰尘及其积灰。

⑤ 检查零部件，特别是绝缘是否有过热的迹象，其表现为起泡、变色、碳化；检查所有绝缘的电气连接，是否有绝缘的磨损，绝缘漆的开裂或者线圈移动，测量定子绕组的绝缘电阻。

⑥ 检查所有的连接是否有接触不紧密现象，是否有过热、飞弧或腐蚀的迹象。

⑦ 检查所有的紧固螺栓及螺母，特别是转子的紧固件，由于松动会落入电动机的紧固件尤其重要。

6. 绕组检查和清理

拆去端盖或挡风板（如果有）以便于检查，为了全面检查定子，必须抽出转子。

（1）干擦：用无绒布擦去干灰，谨记不能用带绒的布，尤其是高压电动机。

（2）擦刷和抽吸；可以用短而硬的毛刷扫除干灰尘，要用真空抽吸干净，以免灰尘散布并沉积在其他设备上。

7. 绝缘电阻检查

（1）测量绝缘电阻。

（2）如果绝缘电阻低于允许值，在排污清理之后按照下列方法进行干燥：

① 铜耗加热法：把电动机转子堵住，定子绕组接成工作时的接法，绕线型转子的电动机还要把转子绕组短接，然后在定子绕组上施以10%～15%额定电压（按相应接法而定的三相工频的交流电压），使定子的电流达到其额定值的60%～70%，这样电动机即因铜耗而变热，注意避免绕线型转子碳刷的损坏。

② 鼓风机干燥法：用热鼓风机干燥。

五、电气设备

GBI003 电气设备的分类

（一）电气设备分类

电气设备是电力系统中对发电机、变压器、电力线路、热继电器等设备的统称。

（1）电气设备按电压等级分为高压电气设备和低压电气设备。

低压电器是指工作在交流1000V、直流1500V以下的电器。低压电器可分为保护电器和控制电器。控制电器有刀开关、低压断路器、电磁控制器、磁力启动器等，用来控制线路、用电设备运行。保护电器有熔断器、热继电器等，用来保护线路、用电设备正常运行。

高压电气设备可分为一次设备、二次设备。通常把生产、变换、输送、分配和使用电能的设备称为一次设备，如发电机、变压器和热继电器、隔离开关等。对一次设备和系统的运行状态进行测量、控制、监视和保护的设备称为二次设备。

（2）电气设备按用途分类可分为工业电气设备和家用电气设备。

（3）电气设备按控制类型分类可分为传动类设备（如电动机、变频器、直流调速装置等）、控制系统设备（如PLC）、电气仪表设备、供配电设备（变压器、高低压配电柜等）。

(二)电气设备安全

1. 电气火灾的原因

电气火灾和爆炸的原因,除了设备的缺陷或安装不当等设计、制造和施工方面的原因外,还有在运行中产生的热量和电火花或电弧等直接原因。

1)电气设备过热

电气设备过热主要是电流的热效应造成的。由于导体存在电阻,电流通过时就要消耗一定的电能,这部分能量以发热的形式消耗掉,并加热其周围的其他材料。当温度超过电气设备及其周围材料的允许温度达到起燃温度时就可能引发火灾。引起电气设备过热主要原因有:

(1)短路:线路发生短路时,线路中电流将增加到正常工作电流的几倍甚至几十倍,使设备温度急剧上升,尤其是连接部分接触电阻等处。如果温度达到可燃物的起燃点,就会引起燃烧。引起线路短路的原因很多,可能是长期运行、绝缘自然老化或者强度不符合要求或者是绝缘受外力损伤等引起的短路事故,也可能是运行中误操作造成的弧光短路。还有可能是小动物误入带电间隔造成短路、鸟禽跨越裸露的相线之间造成短路。发生短路后,应以最快的速度切除故障部分,以保证线路安全。

(2)过负荷:导线截面和设备选择不合理,或运行中电流超过设备的额定值,超过设备的长期允许温度,都会引起发热。

(3)接触不良:导线接头连接不牢靠、活动触头(开关、熔丝、接触器、插座、灯泡与灯座等)接触不良,导致接触电阻很大,电流通过导致接头过热。

(4)铁心过热:变压器、电动机等设备的铁心过饱和,或非线性负载引起高次谐波造成铁心过热。

(5)散热不良:设备的散热通风措施遭到破坏,设备运行中产生的热量不能及时有效地散发,从而造成设备过热。

2)电弧和电火花

电弧和电火花是一种常见的现象,电气设备正常工作时或正常操作时也会发生电弧和电火花。直流电动机电刷和整流子滑动接触处、交流电动机电刷与滑环滑动接触处在正常运行中就会有电火花产生,开关断开电路时会产生很强的电弧,拔掉插头或接触器断开电路时都会有电火花产生,电路发生短路或接地事故时产生的电弧更大,绝缘不良电器等都会有电火花、电弧产生。电火花、电弧的温度很高,特别是电弧,温度可高达6000℃,这么高的温度不仅能引起可燃物燃烧,还能使金属熔化、飞溅,构成危险的火源。在有爆炸危险的场所,电火花和电弧更是十分危险的因素。

电气设备自身也会发生爆炸,例如变压器、油断路器、电力电容器、电压互感器等充油设备。

电气设备周围空间在下列情况下会发生爆炸:(1)周围空间有爆炸性混合物,当遇到电火花和电弧时就可能引起空间爆炸。(2)充油设备的绝缘油在电弧作用下分解和汽化,喷出大量的油雾和可燃性气体,遇到电火花、电弧或环境温度达到危险温度时也可能发生火灾和爆炸事故。(3)氢冷发电机等设备如果发生氢气泄漏,形成爆炸性混合物,当遇到电火花、电弧或环境温度达到危险温度时也会引起爆炸和火灾事故。

GBI004 电气设备防火的方法

2. 电气设备防火和防爆措施

发生电气设备火灾和爆炸的原因可以概括为两条:现场有可燃易爆物质、现场有引燃物引爆的条件,所以应从两方面采取防范措施防止电气火灾和爆炸事故发生。防火防爆措施应从改善现场环境条件着手,设法从空气中排除各种可燃易爆物质,或使可燃易爆物质浓度减小,同时加强对电气设备的维护、监督和管理,防止电气火源引起火灾和爆炸事故。

1)排除可燃易爆物质

保持良好通风,使现场可燃易爆的气体、粉尘和纤维浓度降低到不致引起火灾和爆炸的限度内。加强密封,减少和防止可燃易爆物质的泄漏。有可燃易爆物质的生产设备、储存容器、管道接头和阀门应严格密封,并经常巡视检测。

2)排除电气火源

设计、安装电气装置时,应严格按照防火规程的要求来选择、布置和安装。易燃易爆场所中禁止使用非防爆型的电气设备。易燃易爆场所安装的电气设备和装置应该采用密封的防爆电器。另外,易燃易爆场所应尽量避免使用携带式电气设备。在容易发生爆炸和火灾危险的场所内,电力线路的绝缘导线和电缆的额定电压不得低于电网的额定电压,低压供电线路不应低于500V。要使用铜芯绝缘线,导线连接应保证良好可靠,应尽量避免接头。在易燃易爆场所内,工作零线的截面和绝缘应与相线相同,并应在同一护套或管子内,导线应采用阻燃型导线(或阻燃型电缆)穿管敷设。在突然停电有可能引起电气火灾和爆炸的场所,应有两路及两路以上的电源供电,几路电源能自动切换。容易发生爆炸危险场所的电气设备的金属外壳应可靠接地(或接零)。在运行管理中要对电气设备进行维护、监督,防止发生设备事故。

3)其他措施

(1)合理布置电气设备。合理地布置电气设备,是防火防爆的重要措施之一。室外变配电站与建筑物、堆场、储室的防火间距应满足GB 50016—2014《建筑设计防火规范(2018版)》的规定。装置的变配电室应满足GB 50160—2008《石油化工企业设计防火标准[2018版]》的规定。

(2)保证安全供电的措施。安全供电是保证工农业生产的重要环节。电气设备运行中的电压、电流、温度等参数不应超过额定允许值。要特别注意线路的接头或电气设备进出线连接处的发热情况。在有气体或蒸气爆炸混合物的环境中,电气设备表面温度和温升应符合规定的要求。在有粉尘或纤维爆炸性混合物的环境中,电气设备表面温度一般不应该超过125℃。应保持电气设备清洁,尤其在纤维、粉尘爆炸混合物环境的电气设备,要经常进行清扫,以免堆积的脏污和灰尘引起火灾。在爆炸危险区域,导线允许载流量不应该低于导线熔断器额定电流的1.25倍、自动开关延时脱扣器整定电流的1.25倍。1kV以下鼠笼电动机干线允许载流量不应小于电动机额定电流的1.25倍。1kV以上的线路应按短路电流热稳定进行校验。电气设备通风应满足相关的要求。

GBJ001　自动控制系统的概述

六、自动控制系统

（一）概述

自动控制系统是在无人直接参与的情况下可使生产过程或其他过程按期望规律或预定程序进行的控制系统，是实现自动化的主要手段，简称自控系统。

1. 常用术语

（1）被控对象：需要实现控制的设备、机械或生产过程，简称对象。

（2）被控变量：对象内要求保持一定数值（或按某一规律变化）的物理量。被控变量即为对象的输出变量。

（3）控制变量（操纵变量）：受执行器控制，用以使被控变量保持一定数值的物料或能量，又称为操纵变量。

（4）干扰（扰动）：除控制变量以外，作用于对象并引起被控变量变化的一切因素。

（5）设（给）定值：工艺规定被控变量所要保持的数值。

（6）偏差：本应是设定值与控制变量的实际值之差，但能获取的信息是被控变量的测量值而非实际值，因此，在控制系统中通常把设定值与测量值之差定义为偏差。

2. 组成

用图2-3-3的方块图来表示自动控制系统，每个方块表示组成系统的一个环节，两个方块之间用一条带箭头的线条表示其相互间的信号联系，箭头表示进入还是离开这个方块，线上的字母表示相互间的作用信号。

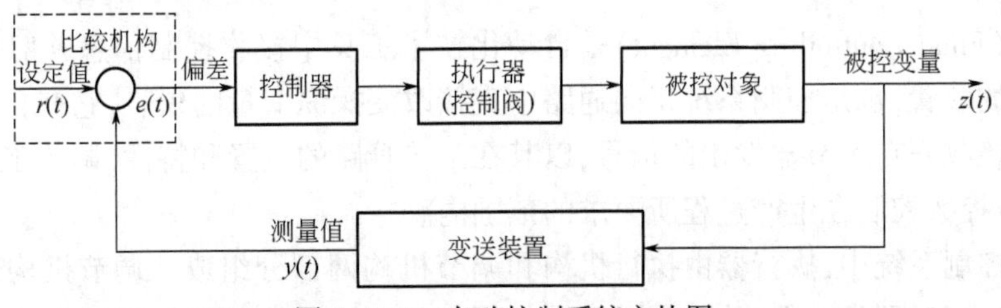

图2-3-3　自动控制系统方块图

由图2-3-3可知，自动控制系统由比较机构、控制器、执行器、被控对象及测量/变送环节四部分组成。事实上，图2-3-3所示的结构只是一个典型的简单控制系统的基本组成。

（1）检测与变送环节：测量被控变量 $z(t)$，并将被控变量转换为特定的信号 $y(t)$。

（2）比较机构及控制器：接收来自变送器的信号，与设定值进行比较得出偏差 $e(t)=r(t)-y(t)$，并根据一定的规律进行运算，然后将运算结果用特定的信号发送出去。比较机构是控制器的一个组成部分。

（3）执行器：根据控制器送来的信号相应地改变控制变量，以达到控制被控变量的目的。

GBJ002　自动控制系统的分类

（二）分类

由于自动控制技术的广泛应用以及自动控制理论的发展，使得自动控制系统具有各种各样的形式，但总的来说可分为两大类，即开环系统和闭环系统。

1. 开环控制系统

自动控制系统的输出信号（被控变量）不反馈到系统的输入端，因而也不对控制作用产生影响的系统称为开环控制系统。

开环控制系统又分为两种，一种是按设定值进行控制的系统，另一种是按扰动量进行控制的系统，即前馈控制。

2. 闭环控制系统

系统的输出（被控变量）通过测量变送环节又返回到系统的输入端，与给定的信号比较，以偏差的形式进入控制器，对系统起控制作用，整个系统构成了一个封闭的反馈回路，这种控制系统被称为闭环控制系统，或反馈控制系统。

闭环控制系统中，按照设定值的情况不同，又可分为 3 种类型：

（1）定值控制系统：这类控制系统的给定值是恒定不变的。定值控制系统的基本任务是克服扰动对被控变量的影响，即在扰动作用下仍能使被控变量保持在设定值（给定值）或在允许范围内。

（2）随动控制系统：又称为自动跟踪系统，这类控制系统的设定值是一个未知的变化量。这类控制系统的主要任务是使被控变量能够尽快地、准确无误地跟踪设定值的变化，而不考虑扰动对被控变量的影响。

（3）程序控制系统：又称为顺序控制系统，这类控制系统的设定值也是变化的，但它是时间的已知函数，即设定值按一定的时间程序变化。

GBJ003 执行器的概述

（三）执行器

执行器（Final Controlling Element）是自动化技术工具中接收控制信息并对受控对象施加控制作用的装置，也是控制系统正向通路中直接改变操纵变量的仪表，它在自动控制系统中的作用是接收来自调节器发出的信号，以其在工艺管路的位置和特性，调节工艺介质的流量，从而将被控数控制在生产过程所要求的范围内。

在过程控制系统中，执行器由执行机构和调节机构两部分组成。调节机构通过执行元件直接改变生产过程的参数，使生产过程满足预定的要求。执行机构则接收来自控制器的控制信息把它转换为驱动调节机构的输出（如角位移或直线位移输出），它也采用适当的执行元件，但要求与调节机构不同。

执行器按其能源形式可分为气动、电动和液动三大类。气动执行器习惯称为气动调节阀，它以压缩空气为能源，具有结构简单、动作可靠、平稳、输出推力大、本质防爆、价格便宜、维修方便等独特的优点，大大优于液动、电动执行器、因此，气动调节阀被广泛应用在石油、化工等工业场所。

在生产现场，执行器直接控制工艺介质，尤其是高温、高压、低温、强腐蚀、易燃易爆、易渗透、剧毒及高黏度、易结晶等介质的情况下，若选择或使用不当，往往会给生产过程自动化带来困难，导致调节质量下降，甚至会造成严重的生产事故。因此对执行器的正确使用、安装和维护各个环节都应十分重视。

项目二　使用转子流量计

一、准备工作

(一)工具、材料

生料带若干,250mm 活动扳手 2 把。

(二)设备

DN25mm 玻璃转子流量计 1 个。

(三)人员

1 人操作,持证上岗,劳动保护用品穿戴齐全。

二、操作规程

序号	工序	操作步骤
1	准备工作	选择工具、用具及材料
2	安装转子流量计	(1)检查转子流量计玻璃管是否完好,将防止浮子跳动的填充物取出,检查浮子能否自由上下滑动。 (2)将转子流量计垂直安装在管道上,流向自下而上
3	使用转子流量计调节液体流量	(1)检查转子流量计锥管和浮子是否沾污,若沾污则及时清洗,检查浮子的工作直径(读数边)是否完好。 (2)缓慢开启上游阀门至全开排出流量计内空气。 (3)缓慢开启下游阀门,读取数据并调节至目标流量。 (4)使用完后,先缓慢关闭上游阀门,再关闭下游阀门,最后关闭流量调节阀
4	清理场地	清理场地,收工具

三、技能要求

(1)使用时应避免被测流体压力的急剧变化,应缓慢开启、调节阀门。

(2)若浮子的工作直径(读数边)损伤或磨损,应重新标定。

(3)使用中流量计如有渗漏,应均匀地紧固压盖螺栓,应避免过分紧固而夹碎锥管,若上述方法不起作用,一般是密封填料失效,应更换锥管密封填料。

(4)被测流体的状态(密度、温度、压力、黏度等)与流量计分度状态不同时,必须对示值进行修正。

四、注意事项

使用扳手时应轻拿轻放,避免砸伤。

项目三　更换转子流量计

一、准备工作

（一）工具、材料

转子流量计 1 个，8L 水桶或水盆 1 个，300mm 活动扳手 2 个。

（二）设备

转子流量计系统 1 套。

（三）人员

1 人操作，持证上岗，劳动保护用品穿戴齐全。

二、操作规程

序号	工序	操作步骤
1	准备工作	选择工具、用具及材料
2	检查流量计	检查转子流量计外观，检查转子流量计的规格型号、合格证
3	拆卸流量计	（1）启用备用流量计：先打开出口阀，再打开进口阀。 （2）调节转子流量计的调节螺钉，流量不得低于出厂设定值。 （3）停流量计：先关闭进口阀，再关闭出口阀。 （4）拆卸流量计：用扳手将流量计两端法兰上螺栓全部拆下，取下流量计
4	安装流量计	（1）用手简单固定流量计上、下端法兰盘上的螺栓。 （2）用扳手按对角顺序紧固流量计螺栓
5	清理场地	清理场地，收工具

三、技能要求

（1）更换安装前应检查转子流量计量程规格是否一致、有无合格证、是否经过校验。

（2）安装过程中应缓慢匀速按照先后顺序开启、关闭阀门，避免快速开关流量过大损坏流量计。

（3）安装完后应紧固各部位螺栓，安装后不得有渗漏。

四、注意事项

应佩戴手套，防止扳手等工具滑落砸伤。

项目四　更换计量泵膜片

一、准备工作

（一）工具、材料

300mm 内六角扳手 1 把，水桶 1 个，膜片 1 个。

(二)设备

计量泵及管路1套。

(三)人员

1人操作,持证上岗,劳动保护用品穿戴齐全。

二、操作规程

序号	工序	操作步骤
1	准备工作	选择工具、用具及材料
2	拆卸计量泵	(1)停止计量泵。 (2)调节冲程长度到0%位置。 (3.松开计量泵泵头的4个螺栓,取下泵头
3	更换膜片	(1)向外拉液力端使螺栓从插孔内脱离。 (2)抓住液体端逆时针旋转,旋下隔膜。 (3)计量泵隔膜被取下后,检查计量泵的安全隔膜,确保计量泵完好。 (4)取新隔膜,顺时针旋转背板和隔膜直到贴紧,调节背板,使漏液排出孔位于泵的最底端。 (5)旋转冲程长度至100%位置,当液力端连同背板位置调好之后,盖上泵头,4个螺栓以对角方式拧紧
4	检查	更换完成后启动计量泵试验,无泄漏为合格
5	清理场地	清理场地,收工具

三、技能要求

(1)保证电磁轴有足够的压力,保持其连接稳固,确保可以旋下隔膜。

(2)拧紧、拆卸螺栓时应用匀力,避免损坏螺栓,更换完成后检查螺栓是否紧固。

(3)更换完成后应启动计量泵进行试验,不得有泄漏。

(4)取下膜片后应检查计量泵的安全隔膜,确保其是完好的,没有任何损坏。

(5)安装泵头时确保吸液阀与漏液排出孔对齐,液力端的螺栓与相应的4个孔对齐。

四、注意事项

正确使用扳手,拿稳,防止掉落砸伤。

项目五　标定计量泵流量

一、准备工作

(一)工具、材料

A4计算纸若干,秒表1块,钢笔1支。

(二)设备

计量泵系统1套。

(三)人员

1人操作,持证上岗,劳动保护用品穿戴齐全。

二、操作规程

序号	工序	操作步骤
1	准备工作	熟练掌握计量泵的启停及工艺流程
2	启停计量泵	(1)打开计量泵进出口阀门。 (2)启动计量泵将计量泵冲程调节到100%。 (3)停泵打开标定柱进口阀门,直到标定柱内充满介质,关闭计量泵进口阀门
3	标定计量泵100%冲程时流量	(1)启动计量泵。 (2)打开秒表,同时记录标定柱内液位下降到一定刻度所需时间。 (3)打开计量泵进口阀门,关闭标定柱进口阀门。 (4)计算单位时间内计量泵的流量。 (5)重复以上过程3次,取计算平均值,即为计量泵在100%冲程时该计量泵的最大流量
4	标定计量泵50%、30%冲程时流量	(1)分别将计量泵冲程调节至50%、30%,重复工序2、3。 (2)比较计量泵流量旋钮在100%、50%、30%时测量的结果是否呈线性关系
5	清理场地	清理场地,收工具

三、技能要求

(1)启动计量泵后,确定管路中已没有空气存在,流量已经达到稳定。

(2)计量泵使用时有可能在加药管里产生空气,使阻垢剂不能加入或加入量不足,需要手动排气,将排气阀门旋转打开直至排气管中有液体流出。

四、注意事项

(1)开启阀门应缓慢匀速,不得用力过大,避免造成阀门损伤。

(2)标定过程中应保持计量泵加注口压力一定且不超过计量泵额定压力。

(3)标定前应检查泵头是否已灌满溶液、排出管和单向阀是否已装好以及排出压力、液体黏度和吸头等是否达到要求。

项目六 在 Word 中录入文字

一、准备工作

(一)设备

计算机1台,打印机1台。

(二)工具、材料

签字笔1支,A4纸1张。

(三)人员

1人操作,持证上岗。

二、操作规程

序号	工序	操作步骤
1	录入考生信息	(1)录入考试日期。 (2)录入现场考号。 (3)录入考生性别
2	录入考题内容	(1)录入汉字。 (2)录入标点符号。 (3)录入英文字母
3	设置文字	(1)设置字体。 (2)设置字号。 (3)设置字间距。 (4)加粗内容。 (5)加下划线。 (6)设置段落格式
4	保存文件	(1)文件设置为 A4 纸、竖版。 (2)命名文件。 (3)建立文件夹。 (4)保存文件
5	打印文件	打印 Word 文件

三、技术要求

(1)掌握新建文件夹、新建 Word 文档操作。

(2)掌握 Word 文档中文字录入的基本操作。

四、注意事项

操作完成后要保存。

项目七 用 Excel 制作表格

一、准备工作

(一)设备

计算机 1 台,打印机 1 台。

(二)工具、材料

签字笔 1 支,A4 纸 1 张。

(三)人员

1 人操作,持证上岗。

二、操作规程

序号	工序	操作步骤
1	录入考生信息	(1)录入考试日期。 (2)录入现场考号。 (3)录入考生性别
2	制作表格	(1)输入标题内容。 (2)设置表格的合并。 (3)设置表格的行数、列数。 (4)设置表格的行高、列宽。 (5)设置表格的边框。 (6)录入表格内容。 (7)设置内容格式。 (8)设置表头格式。 (9)加底纹
3	保存文件	(1)文件设置为A4纸、竖版。 (2)命名文件。 (3)建立文件夹。 (4)保存文件
4	打印文件	打印文件

三、技术要求

(1)掌握新建文件夹、新建Excel文档操作。

(2)掌握Excel制作表格的基本操作。

四、注意事项

操作完成后要保存。

项目八 用Excel建立图表

一、准备工作

(一)设备

计算机1台,打印机1台。

(二)工具、材料

签字笔1支,A4纸1张。

(三)人员

1人操作,持证上岗。

二、操作规程

序号	工序	操作步骤
1	录入考生信息	(1)录入日期。 (2)现场考号。 (3)考生性别
2	制作表格	(1)录入表格标题(字体、字号、格式)。 (2)录入内容。 (3)加内、外边框
3	生成饼图	(1)生成指定的饼图。 (2)按要求产生系列。 (3)录入饼图标题。 (4)设置图例位置。 (5)设置数据百分比标签。 (6)设置百分比标签位置 (7)设置饼图颜色
4	保存文件	(1)命名文件。 (2)建立文件夹。 (3)保存文件
5	打印文件	(1)设置排版样式(A4、竖版)。 (2)打印文件

三、技术要求

(1)掌握 Excel 饼图的建立方法。

(2)掌握排版方式。

四、注意事项

(1)操作完成后要保存。

(2)注意排版样式。

第三部分

技师操作技能及相关知识

模块一　管理净水主体工艺

项目一　相关知识

一、混凝工艺

JBA001　絮凝实验的主要用途

(一)絮凝实验

1. 絮凝实验用途

烧杯絮凝实验是水厂生产管理中需要经常进行的一项基本操作,其主要用途如下。

(1)比较各种混凝剂的混凝效果。

混凝剂品种繁多,合理选用混凝剂是保证水质、降低成本的重要工作之一。判断混凝效果首先看水质处理效果,主要是浑浊度的去除率,而作为全面衡量还应包括色度、耗氧量、pH 值适度范围等。

(2)确定最佳的混凝剂投加量。

最佳混凝剂投加量有两种含义:一是指水质达到最优时的混凝剂投加量;二是达到既定水质目标要求时的最小混凝剂投加量。

(3)优化混合条件。

在混凝剂投加量、絮凝搅拌条件和沉淀条件相同情况下,寻求最佳的混合搅拌强度和时间组合。

(4)优化絮凝条件。

在混凝剂投加量、混合搅拌条件和沉淀条件相同情况下,寻求最佳的絮凝搅拌强度和时间组合。

(5)探求混合、絮凝、沉淀工艺之间的合理组合。

混合、絮凝和沉淀之间有着相互补充和相互制约的关系,这可用絮凝试验来探求三者之间的最佳组合。

(6)探索使用助凝剂效果。

助凝剂试验需要在不同典型的水质条件下进行,助凝剂和混凝剂先后添加或同时加注可能取得不同的效果。

(7)试验调整 pH 值、碱度、混凝剂浓度等条件对净水效果的影响。

各种混凝剂除浊均有其合适的 pH 值范围,不同的处理要求,更有其不同于去除浊度的合适的 pH 值范围。用絮凝试验可以试验调整 pH 值、碱度及浓度的必要性和合理性。

(8)对受污染原水进行添加氧化剂、吸附剂处理效果试验。

在原水受到有机物或其他污染时,首先要利用搅拌试验对投加预加氯、预臭氧、高锰酸钾、粉末活性炭等进行净水效果试验，取得投加量、投加点、投加方法等才有把握运用到生产实际中去。

JBA002 絮凝实验的基本方法

2. 絮凝实验基本要求

烧杯絮凝试验用的试验设备和仪器主要有搅拌器、搅拌杯、计时器、温度计和浊度仪等。

絮凝实验搅拌器一般为多联搅拌器，宜采用单平直式叶桨，桨叶在各个搅拌杯中的几何位置允许偏差为±4mm，搅拌器选用时应符合以下要求：

(1)选用可同时搅拌几个搅拌杯的多联搅拌器；

(2)底部应有观察絮体的照明装置，且照明装置不应引起水样温度升高；

(3)应有加注药剂的小试管和放置试管的支架，且能同时对搅拌杯投加药剂；

(4)搅拌产生的速度梯度值应在 1000~20s^{-1} 范围内可调；

(5)搅拌桨宜采用无级调速，否则其转速不应小于 5 挡。转速应能控制，有显示，精度为±2%，当一个或几个桨叶停止或启动搅拌时，不应影响其他桨叶的转速；

(6)搅拌时间应能控制，精度为±1‰，有显示；

(7)宜采用单平直式叶桨；

(8)所有桨叶的材质应相同且均匀，形状和尺寸应相同，精度为±1mm，径向摆动应不大于 2mm，应具有化学稳定性、耐腐蚀性，对试验不产生影响；

(9)各桨叶轴中心线应铅垂，允许偏差为±2mm；

(10)桨叶在各个搅拌杯中的几何位置应相同(桨叶上缘距水面、边缘距杯壁、下缘距杯底的距离相同)，允许偏差为±2mm；

(11)搅拌过程中桨叶应全部淹入水体中；

(12)桨叶应能自由放下和提升；

(13)搅拌时整套装置应保持平稳，严禁桨叶在转动时扭弯。

搅拌杯的选用应符合下列要求：

(1)应具有相同的材质、尺寸和形状，并且有化学稳定性、耐腐蚀性，对试验不产生影响；

(2)材料应采用透明塑料或有机玻璃，形状宜为方形，宽深比(有效宽度与有效水深之比)宜为 1∶1~1∶1.2，有效容积应不小于 1000mL；

(3)有固定的取样口，取样口可设于距水面 1/2 水深处；

(4)搅拌杯上的体积刻度误差应不大于 2%。

其他要求：

(1)搅拌器和搅拌杯应为配套产品，搅拌功率应由生产商标明；

(2)温度计允许偏差应不大于±1℃；

(3)浊度仪应分辨率高，需要的水样少；

(4)在混凝搅拌试验中，试验水样的水温需和水厂生产时的水温接近；

(5)去除有机物的最佳 pH 值为 5~6；

(6)混凝烧杯试验絮凝阶段的 G 值应在 100~20s^{-1}；

(7)水质检验方法应符合 GB/T 5750.1~13—2006《生活饮用水标准检验方法》、CJ/T 51—2018《城镇污水水质标准检验方法》等规定。

3. 絮凝实验操作步骤

JBA003 絮凝实验中的有关测定

(1)将实验水样倒入搅拌杯至刻度线,根据需要测定水温值、浊度、色度和碱度等水质参数;

(2)将搅拌杯放置于搅拌器的设定位置,再把桨叶放入搅拌杯中,对准桨叶与搅拌杯的中心;

(3)根据实验水样水质设定药剂投加量,先用刻度吸管加到加药试管中,再加适量稀释水使各加药管中的体积相等并摇匀;

(4)设定实验操作参数,混合搅拌转速和时间、絮凝搅拌转速和时间、沉淀时间;

(5)启动搅拌器按钮,当搅拌达到设定混合转速时,按药剂的投加量和投加顺序同时向每个搅拌杯内加药,并同步开始记录搅拌时间,观察混凝状况;

(6)混凝搅拌完成后,立即从搅拌杯中提出桨叶,同步记录沉淀时间,观察沉淀状况;

(7)沉淀完成后,先从搅拌杯的取样口排掉少许水样,再取水样测定浊度和 pH 值等水质参数;

(8)将实验结果记录下来填入表格以比较效果;

通过絮凝实验可以确定最佳投加量,加深对絮凝沉淀的特点、基本概念及沉淀规律的理解,掌握絮凝实验方法,并能利用实验数据绘制絮凝沉淀静沉曲线。

(二)计量泵

计量泵由电动机、传动箱、缸体三部分组成,缸体部件由泵头、吸入阀组、排出阀组、柱塞和填料密封件组成。

1. 计量泵操作方法

JBA004 计量泵的运行

1)启泵前准备工作

(1)检查泵的安装是否符合要求,需要根据各厂家对此的要求进行确定。(2)计量泵属于动设备,则其运动部件就涉及润滑的问题,开启前,需要确定传动箱体是否按要求注入润滑油,柱塞式计量泵只需要确认这一点,液压隔膜式计量泵还需要在液压腔中注入液压油;(3)检查泵的进出口阀门是否全开;(4)确认电动机旋转方向是否正确。

2)泵开启

上述基本项确定后即可启泵。将计量泵的冲程调至零位,开启进口阀灌泵,排净气体后打开出口阀,戴绝缘手套合闸送电,按启动按钮,启动计量泵。

3)开启后确认工作

新泵和检修后泵开启时,需要重新对泵进行校准:(1)柱塞零位校准;(2)当是液压隔膜计量泵时,需要对液压油腔进行排气工作,单隔膜计量泵一般需要人工进行,双隔膜泵一般是泵自动进行。双隔膜计量泵还涉及双隔膜间排气,这需要根据每个厂家的要求进行操作。当这两方面都确认后,计量泵才正确开启。

2. 计量泵初次启动注意事项

(1)将调量转盘逆时针旋转至 0 位(泵最小行程处),将调量表对零后重新装入并固定,再将柱塞行程调至最大行程的 30%~40%;

(2)初次启动时,待泵运行 10~20s 后停泵 20~30s,重复 10 次以上以便灌满隔膜油腔,在此运行期间,注意听电动机或其他运动件有无异常的噪声,若有应及时排除故障;

(3)在零压下，泵运行 1h 左右再逐步增大行程，检查排出管路流量大小，将机座油温预热；

(4)将流量调节设定在流量的 100%，并将压力逐步升至额定压力，运行 30~60min。检查柱塞填料密封处的漏损(计量泵运行时填料密封处的漏损量每分钟不能超过 8~15 滴。)和各运动部分的温升(长期连续运行时润滑油温度不得超过 60℃)。

3. 背压阀

计量泵等容积泵在低系统压力下工作时，都会出现过量输送现象。为防止类似问题，计量泵的进出口至少必须要有 0.07MPa 的背压，通过在计量泵出口管道中安装背压阀就能达到目的。

1)背压阀的主要功能

(1)为背压阀两端管路提供压力差；

(2)在要求不是很严格的系统中可作为安全阀使用；

(3)和脉动阻尼器配合使用减小水锤对系统的危害，减小流速波动的峰值，保护管路、弯头、接头，使其不受压力波动的冲击；

(4)为计量泵创造良好的工作环境并改善泵的工作性能。

2)背压阀使用注意事项

(1)避免与系统发生共振；

(2)与脉动阻尼器同时使用时，脉动阻尼器应安在泵与背压阀之间，以吸收泵与背压阀之间的流量峰值，减缓背压阀的磨损速度；

(3)室外使用时应加防护棚或防护罩；

(4)对背压阀进行任何维护前，应停止运转设备，释放压力，关闭背压阀与系统相连的阀门，同时确认脉动阻尼器内没有压力，维修时防止被输送液体伤害；

(5)若背压阀进出口接反，背压将会成倍增加，给系统带来危害并可能发生危险；

(6)运转中发现背压阀发生故障应及时切断电源；

(7)调节背压阀的压力，不要超过计量泵的最大工作压力。

4. 计量泵安装与运行要求

(1)出口高于进口，避免虹吸现象；

(2)泵头与注射阀要求竖直安装；

(3)所附管件用手旋紧即可，勿使用工具，螺纹处不可使用生料带；

(4)电源电压稳定并且接地；

(5)安装环境整洁宽敞，通风良好；

(6)计量泵运行时应每日检查曲轴箱及隔膜室润滑油油位；

(7)计量泵运行 2000~3000h 后应拆开检查内部零件，对连杆衬套等易磨损件进和维修或更换；

(8)计量泵流量的使用范围在计量泵额定流量范围在 30%~100%较好；

(9)在泵头计量液体时，必须考虑的影响因素有液体的黏度、密度、蒸气压和温度。当计量泵在吸液端有压力时，泵的排出端的压力至少要比吸入端的压力高 0.1MPa。如果输送的液体不是水，吸升高度的计算是将计量泵的额定吸升高度除以计量液体的密度。

JBA005 计量泵运行中的常见故障

5. 计量泵运行中常见故障

计量泵运行中的常见故障见表3-1-1。

表3-1-1 计量泵运行中常见故障

故障描述	故障原因	故障的排除
不能吸液	(1)吸入管中有空气吸入。 (2)没安装阀垫片。 (3)阀的安装方向错误。 (4)泵发生气锁。 (5)泵的冲程距离太短。 (6)进出单向阀异物堵塞。 (7)阀球卡在阀座上	(1)正确配管。 (2)安装阀垫片。 (3)重新安装阀。 (4)进行排气操作。 (5)使泵在冲程距离为100%情况下运行,重新设置冲程距离。 (6)拆开、检查和清洁。 (7)拆开、检查和清洁
吐出不稳定	(1)进出单向阀异物堵塞。 (2)阀球表面粗糙度大,阀垫片老化。 (3)泵中有气泡。 (4)吐出量过大。 (5)膜片损坏	(1)拆开、检查和清洁。 (2)更换阀球和阀垫片。 (3)进行排气和提高原料料罐液位。 (4)调整背压阀背压(背压不宜过高,否则影响膜片使用寿命)。 (5)更换膜片

6. 计量泵隔膜更换方法

(1)取下固定泵头的4个螺栓,螺栓在计量泵的背面。

(2)拆换计量泵隔膜,调节冲程长度到0%位置;如液压计量泵流量变小或不准确,应打开放气阀;安装计量泵泵头,确保吸液阀与漏液排出孔对齐。

(3)向外拉液力端使螺栓从插孔内脱离;抓住液体端逆时针旋转;稍有阻力,旋下隔膜。

(4)一旦隔膜被取下,检查计量泵的安全隔膜,确保其是完好的,没有任何损坏;安装新的隔膜,顺时针旋转背板和隔膜直到贴紧;调节背板,使漏液排出孔位于泵的最底端。

(5)隔膜安装完毕且背板漏液排出孔置于垂直位置后,安装泵头,确保吸液阀与漏液排出孔对齐,液力端的螺栓与相应的4个孔对齐。

(6)旋转到冲程长度100%位置,使整套部件旋转至背板漏液排出孔与泵的最底端对齐;在泵运行过程中调整液力端和隔膜至合适的位置。

(7)当液力端连同背板位置调好之后,4个螺栓以对角方式拧紧,直到合适为止,完成这项工作时应用力均匀。

JBA006 计量泵的维护保养

7. 计量泵维护保养

(1)检查计量泵管路及结合处有无松动现象。用手转动计量泵,试看计量泵是否灵活。

(2)向轴承体内加入轴承润滑机油,计量泵油位应在油标的中心线处,润滑油应及时更换或补充。

(3)拧下计量泵泵体的引水螺塞,灌注引水(或引浆)。

(4)关闭计量泵出水管路的闸阀、出口压力表和进口真空表。

(5)启动电动机,试看电动机转向是否正确。

(6)启动电动机,当计量泵正常运转后,打开出口压力表和进口真空泵,当其显示出适当压力后,逐渐打开闸阀,同时检查电动机负荷情况。

(7)尽量将计量泵的流量和扬程控制在标牌上注明的范围内,以保证计量泵在最高效率点运转,获得最大的节能效果。

(8)计量泵在运行过程中,轴承温度不能超过环境温度35℃,最高温度不得超过80℃。

(9)如发现计量泵有异常声音应立即停车检查原因。

(10)计量泵要停止使用时,先关闭闸阀、压力表,然后停止电动机。

(11)计量泵在第1个工作月内,经100h应更换润滑油,以后每500h,换油1次。

(12)经常调整计量泵填料压盖,保证填料室内的滴漏情况正常(以成滴漏出为宜)。

(13)定期检查计量泵轴套的磨损情况,磨损较大后应及时更换。

(14)计量泵在寒冬季节使用时,停车后,需将泵体下部放水螺塞拧开将介质放净,防止冻裂。

(15)计量泵长期停用时,需将泵全部拆开,擦干水,将转动部位及结合处涂以油脂装好,妥善保管。

(16)使用计量泵时,应定期检查管线与阀的连接处是否有泄漏情况产生,阀件应每3个月清洁1次,以免造成堵塞(清洁时间可根据药剂属性来调整,如使用高结晶度的药剂,至少每个月需清洁1次),当计量泵长期没有运作时,使用前也应进行清洁动作。

JBB001 沉淀池进出口流量计算

二、浮沉工艺

(一)沉淀工艺

水中悬浮颗粒依靠重力作用,从水中分离出来的过程称为沉淀。沉淀是原水经过加药、混合、反应后的水,在沉淀设备中依靠颗粒的重力作用进行泥水分离的过程。

沉淀按水中固体颗粒的性质分类可分为:

(1)自然沉淀。原水中不加混凝剂,完全借助颗粒自身重力作用在水中下沉,这个过程称为自然沉淀。在处理高浑浊度原水时,由于原水含泥量很高,采用预沉池使大量泥沙沉降下来,这种工艺就属于自然沉淀。

(2)混凝沉淀。原水中常有细小悬浮物或胶体杂质,它们不能靠自身下沉,这时要向水中投加混凝剂,经过混凝可形成大而重的矾花,借助重力在水中下沉,这个过程称为混凝沉淀。

(3)化学沉淀。在某些特殊水的处理中,投加药剂使水中溶解杂质结晶后沉淀的过程称化学沉淀。

沉淀池是应用沉淀作用去除水中悬浮物的一种构筑物,在废水处理中广为使用。

1. 沉淀池设计

沉淀池按水流方向可分为普通沉淀池和浅层沉淀池两大类。按照水在池内的总体流向,普通沉淀池又有平流式、竖流式和辐流式3种型式。普通沉淀池可分为入流区、沉降区、出流区、污泥区和缓冲区5个功能区。入流区和出流区的作用是进行配水和集水,使水流均匀地分布在各个过流断面上,为提高容积利用系数和固体颗粒的沉降提供尽可能稳定的水力条件。沉降区是可沉颗粒与水分离的区域。污泥区是泥渣储存、浓缩和排放的区域。缓冲区是分隔沉降区和污泥区的水层,防止泥渣受水流冲刷而重新浮起。以上各部分相互联系,构成一个有机整体,以达到设计要求的处理能力和沉降效率。

沉淀池的设计要求:(1)沉淀池个数或分格数不应少于2个,宜按并联系列设计。(2)沉淀池的直径一般不小于10m,当直径大于20m时,应采用机械排泥。(3)沉淀池有效水深不大于4m,池子直径与有效水深比值不小于6。(4)池子超高至少应为0.3m。(5)为了使布水均匀,进水管四周设穿孔挡板,穿孔率为10%~20%;出水堰应用锯齿三角堰,堰前设挡板,拦截浮渣。(6)池底坡度不小于0.05。(7)用机械刮泥机时,生活污水沉淀池的缓冲层上缘高出刮板0.3m,工业废水沉淀池的缓冲层高度可参照生活污水沉淀池选用,或根据产泥情况适当改变其高度。(8)当采用机械排泥时,刮泥机由桁架及传动装置组成;当池径小于20m时用中心传动,当池径大于20m时用周边传动,转速为1.0~1.5m/min(周边线速),将污泥推入污泥斗,然后用静水压力或污泥泵排除;作为二沉池时,沉淀的活性污泥含水率高达99%以上,不可能被刮板刮除,可选用静水压力排泥。(9)进水管有压力时应设置配水井,进水管应由井壁接入不宜由井底接入,且应将进水管的进口弯头朝向井底。

1)沉淀池进出口设计要求

沉淀池的设计包括功能构造设计和结构尺寸设计,前者是指确定各功能分区构件的结构形式以满足各自功能的实现;后者是指确定沉淀池的整体尺寸和各构件的相对位置。设计良好的沉淀池应满足以下3个基本要求:有足够的沉降分离面积;有结构合理的入流区和出流区,能均匀布水和集水;有尺寸适宜、性能良好的污泥和浮渣的收集和排放设备。进行沉淀池设计的基本依据是废水流量、水中悬浮固体浓度和性质及处理后的水质要求。因此,必须确定有关设计参数,其中包括沉降效率、沉降速度(或表面负荷)、沉降时间、水在池内的平均流速以及泥渣容重和含水率等。这些参数一般需要通过试验取得;若无条件,也可根据相似的运行资料,因地制宜地选用经验数据。

入流区和出流区设计的基本要求是使废水尽可能均匀地分布在沉降区的各个过流断面,既有利于沉降,也使出水中不携带过多的悬浮物。

紧靠池壁内侧是一条横向配水槽,其后是入流装置可以有3种不同组合。溢流堰的堰口要确保水平;底孔应沿池宽等距离分布且大小相等;为了减弱射流对沉降的干扰,整流墙的开孔率应在10%~20%,孔口的边长或直径应为50~150mm,最上一排孔口的上缘应在水面以下0.12~0.15m处,最下一排的下缘应在泥层以上0.3~0.5m处;挡板需高出水面0.15~0.2m,淹没深度不小于0.2m,距离进水口0.5~1.0m。

出流口常采用溢流堰和淹没潜孔。前者可为自由堰,也可为锯齿形三角堰,堰前设置挡板,用以稳流和阻挡浮渣,挡板淹没深度为0.3~0.4m,距溢流堰0.25~0.5m。出水溢流堰不仅控制着池内水面的高度,而且对水流的均匀分布和出入水质重要影响,由此堰口必须严格水平,以保证堰负荷(即单位堰长在单位时间的排水量)适中且各处相等。在采用淹没潜孔时,要求孔径相等,并应沿池子宽度上均匀分布,淹没深度为0.15~0.2m。

JBB002 沉淀池排泥时间的要求

2）沉淀池排泥

沉淀效果与混凝效果密切相关，良好的混凝效果是保证良好沉淀效果的必要条件，可去除水中80%~90%的悬浮杂质，沉淀池去除率与沉淀池的表面积有关，而与深度无关，沉淀池运行管理中排泥至关重要，是保证沉淀池正常运行的必要条件，应根据原水浊度和排泥水浑浊确定合理的排泥周期，运行人员应每小时巡视观察沉淀效果，检测记录沉淀池出水浑浊度，确保浑浊度小于3NTU。

初次沉淀的池排泥周期一般不宜超过2日，二次沉淀池排泥周期一般不宜超过2h，当排泥不彻底时应停池（放空）采用人工冲洗的方法清泥。

JBB003 沉淀池的排泥计算

进行排泥计算时：（1）表面负荷取0.8~2$m^3/(m^2 \cdot h)$，沉淀效率40%~60%。（2）池子直径一般大于10m，有效水深大于3m。（3）池底坡度一般采用0.05。（4）进水处设阀门调节流量，进水中心管流速大于0.4m/s，进水采用中心管淹没或潜孔进水，过孔流速为0.1~0.4m/s，潜孔外侧设穿孔挡板或稳流罩，保证水流平稳；出水处应设置浮渣挡板，挡渣板高出池水面为0.15~0.2m，排渣管直径大于0.2m，出水周边采用双边90°三角堰，汇入集水槽，槽内流速为0.2~0.6m/s。（5）排泥管设于池底，管径大于200mm，管内流速大于0.4m/s，排泥静水压力水头1.2~2.0m，排泥时间大于10min。

JBB005 理想沉淀池的计算

2. 理想沉淀池

所谓理想沉淀池，应符合以下3个假定：

（1）颗粒处于自由沉淀状态；

（2）水流沿水平方向流动；

（3）颗粒沉到池底即认为已被去除，不再返回水流中。

与悬浮颗粒在理想沉淀池自由沉降有关的是直径大小、重力加速度、水温，与表面积、流量、沉降速度无关。

沉淀池的表面负荷[Q/A，单位为$m^3/(m^2 \cdot h)$]越大，沉淀池容积越小，沉淀效果越差；反之，表面负荷越小，沉淀池容积越大，沉淀效果越好。平流沉淀池的表面负荷一般为1.5~3.0 $m^3/(m^2 \cdot h)$，水力停留时间为1~3h。水处理量Q一定时，增加沉淀池表面积，Q/A减小，则表面负荷就小，意味着更小的颗粒可在沉淀池中去除，从而提高沉淀效果。

3. 平流式沉淀池

1）组成

平流沉淀池可分为进水区、沉淀区、存泥区和出水区四部分。

（1）进水区。

进水区的作用是将反应后的水引入沉淀池。沉淀池的进口布置要尽量做到在进水断面的水流均匀分布，避免已形成的絮体破碎，一般采用穿孔墙布置。沉淀池进口穿孔墙的穿孔流速一般小于0.08~0.1m/s，孔口总面积也不宜过大，洞口的断面形状宜沿水流方向渐次扩大，以减少进口的射流。

（2）沉淀区。

沉淀区是沉淀池的主体，沉淀作用在这里进行，其主要尺寸取决于水厂净水构筑物的高程布置，沉淀区的高度一般为3~4m，沉淀区的长度l决定于水平流速v和停留时间t，即$l=vt$，沉淀区的宽度决定于流量Q，池深h和水平流速v，即$b=Q/(hv)$。根据经验，为了取得较好的沉淀效果，长宽比宜小于4，长深比宜大于10，但还应核算表面负荷。采用导流墙将平流式沉淀池进行纵向分格可减小水力半径。降低池中水流的 *Re* 数和提高水流的 *Fr* 数，可改善水流条件。

(3)出水区。

平流沉淀池沉淀后的水应尽量在出水区均匀流出，一般采用堰口布置或采用淹没式出水孔口。沉淀池出口要求在池宽方向均匀集水，因此不宜采用穿孔板、出水堰板、导流墙出水。平流沉淀池比较宽时，常用墙沿纵向分隔，目的是增加水流稳定性、降低絮动性、提高沉淀效率。

(4)存泥区和排泥措施。

存泥区的作用是积存下沉污泥，排泥方式有斗形底排泥、穿孔管排泥及机械排泥等。若采用斗形底或穿孔管排泥，则需存泥区，但目前平流沉淀池基本上采用机械排泥装置，故设计中往往不考虑存泥区，池底水平但略有坡度以便放空。机械排泥装置可充分发挥沉淀池容积利用率，且排泥可靠，一般应用于大中型水厂。

JBB004　平流式沉淀池设计参数的选择

2)设计参数的选择

平流沉淀池的雷诺数(*Re*)一般为4000~15000，平均水平流速一般为10~25mm/s。水流部分是平流式沉淀池的主体，池宽和池深要保证水流沿池的过水断面布水均匀，依设计流速缓慢而稳定地流过。池的有效水深一般不超过3m。平流沉淀池沉淀时间一般为1.5~3.0h，溢流率不宜超过300m^3/(m·d)。

JBB006　沉淀工艺条件的控制

4.沉淀池工艺条件控制

沉淀池运行管理的基本要求是保证各项设备安全完好，及时调控各项运行控制参数，保证出水水质达到规定的指标。为此，应着重做好以下几方面工作。

1)避免短流

进入沉淀池的水流在池中停留的时间通常并不相同，一部分水的停留时间小于设计停留时间，很快流出池外；另一部分则停留时间大于设计停留时间，这种停留时间不相同的现象称为短流。短流使一部分水的停留时间缩短，得不到充分沉淀，降低了沉淀效率；另一部分水的停留时间可能很长，甚至出现水流基本停滞不动的死水区，减少了沉淀池的有效容积，总之短流是影响沉淀池出水水质的主要原因之一。形成短流现象的原因很多，如进入沉淀池的流速过高、出水堰的单位堰长流量过大、沉淀池进水区和出水区距离过近、沉淀池水面受大风影响、池水受到阳光照射引起水温的变化、进水和池内水存在密度差，以及沉淀池内存在的柱子、导流壁和刮泥设施等，均可形成短流形象。

2)加混凝剂

当沉淀池用于混凝工艺的液固分离时，正确投加混凝剂是沉淀池运行管理的关键之一。要做到正确投加混凝剂，必须掌握进水水质和水量的变化。以饮用水净化为例，一般要求2~4h测定一次原水的浊度、pH值、水温、碱度。在进水水质变化频繁的季节，要求1~2h进行一次测定，以了解进水泵房开停状况，根据水质水量的变化及时调整投药量。特别要防止断药事故的发生，因为即使短时期停止加药了也会导致出水水质的恶化。

3)及时排泥

及时排泥是沉淀池运行管理中极为重要的工作。污水处理中的沉淀池中所含污泥量较大，有绝大部分为有机物，如不及时排泥，就会产生厌氧发酵，致使污泥上浮，不仅破坏了沉淀池的正常工作，而且使出水质恶化，如出水中溶解性 BOD（生物需氧量，指在一定条件下，微生物分解存在于水中的可生化降解有机物所进行的生物化学反应过程中所消耗的溶解氧的数量）上升、pH 值下降等。机械排泥的沉淀池要加强排泥设备的维护管理，一旦机械排泥设备发生故障，应及时修理，以避免池底积泥过度，影响出水水质。

4）防止藻类

在给水处理中的沉淀池，原水藻类含量较高会导致藻类在池中滋生，尤其是在气温较高的地区，沉淀池中加装斜管时，这种现象可能更为突出。藻类滋生虽不会严重影响沉淀池的运转，但对出水的水质不利，防止措施是：在原水中加氯以抑制藻类生长；采用三氯化铁混凝剂对藻类也有抑制作用。

JBB007 气浮设计的要点

（二）气浮工艺

1. 气浮设计要点

（1）要求原水浊度不大于 100NTU 及含有密度小的悬浮物质；

（2）气浮池的单格宽度不宜大于 10m，池长一般小于 15m；

（3）絮凝时间宜取 10~15min；

（4）接触室的水上升流速一般取 10~20mm/s；

（5）接触室内水停留时间不得小于 60s；

（6）进入接触室的流速宜小于 0.1m/s；

（7）分离室的水流向下流速一般取 1.5~2.5mm/s，即分离室的液面负荷为 5.4~9.0$m^3/(m^2 \cdot h)$；

（8）溶气压力可为 0.2~0.4MPa；

（9）回流比取 5%~10%；

（10）气浮池有效水深一般为 2.0~2.5m；

（11）穿孔集水管的最大流速宜在 0.5m/s 左右；

（12）刮渣机的行车速度不宜大于 5m/min；

（13）压力溶气罐设计数据：罐总高度为 3.0m；罐内填料高度一般取 1.0~1.5m；罐的截面水力负荷可采用 100~150$m^3/(m^2 \cdot h)$。

平流式溶气气浮机是污水处理行业最常用的一种固液分离设备，能够有效地去除污水中的悬浮物、油脂、胶类物质，是污水前期处理的主要设备。

JBB008 平流式溶气气浮机的安装调试

2. 平流式溶气气浮机安装调试

1）安装

（1）设备安装前，必须夯实地基，并用混凝土砂浆垫高 100~150mm，也可架空安装，但基础必须能承担设备运行时的重量。

（2）设备就位后需调整水平。

（3）设备需设清洗用下水道，可挖明渠，也可直接采用管道接至调节池，以便冲洗气浮池的水排出去。

（4）待处理水进口与反应池之间的连接管道要求越短越好，以免絮凝体在管道中被破坏。

(5)清水出口可接通下水道排放,如需进入下道处理工序,可直接与下道处理设备相接。

(6)污泥出口可接至污泥槽或污泥处理设备。

(7)电气箱一般应设置在扶梯侧面,环境应干净、清洁。

2)调试

设备调试前,应做好以下准备工作:

(1)要清洗水池内所有的脏物、杂物。

(2)对水泵及空压机等需要润滑部位进行加油润滑。

(3)接通电源,启动水泵,检查转向是否与箭头所标方向一致,用手动控制启动空压机,检查空压机运转是否正常,发现异常情况应及时查清原因。

(4)按下刮沫机开关,使其向溶气系统一端行走,运行到头后在行程撞块作用下,刮沫机反向行走,直到污泥槽,行程撞块将刮板翻起,按下停止按钮,停止刮沫。

3)试运行

(1)加水:使气浮机水位达到距污泥池隔板上沿为20~50mm,气浮池水位的高低可用集水器调节。

(2)溶气系统运行:关闭所有控制阀,将电器旋钮开关旋至自动位置,启动水泵,此时空压机也进入自动工作状态,然后顺序打开清水泵进水阀、出水阀、控制阀,压力表压力逐渐上升,一般应达到0.4~0.5MPa。此时打开溶气罐出水控制阀门,使溶气水通过释放器释放至气浮池内,气浮池内出现大量的微细气泡,使清水变成乳白色,溶气系统即为正常,溶气压力越高,释放的溶气水泡密度越高。溶气系统的气体由空压机提供。由于溶气水不断将罐内空气带走,罐内空气逐渐减少,水位上升,当水位上升到一定位置时,浮球液位计将控制空压机工作,使罐内有足够的空气量。

(3)气浮运行:溶气系统运行正常后,将加药反应后的污水送至气浮混合池,流量先小一些,正常后逐渐增至额定值。

(4)溶气水:溶气水先用自来水作回流水,正常后,改用处理后的清水作回流水,如废水中洗涤剂量大,泡沫多,影响气浮效果,可一直用清水。

(5)浮渣积聚到一定厚度后,启动刮沫机。

(6)设备停机时,应先关闭污水控制阀,再关闭污水泵,将沫刮净,停刮沫机,然后打开清水阀,通入自来水运行30min,关闭溶气出水进水控制阀,最后停清水泵。

三、过滤工艺

JBC001　滤速的测定

(一)滤池运行指标测定

1. 滤速测定

滤速是指过滤时水流通过滤层水位下降的速度,或者可以说是滤池单位面积上的流量负荷,指每平方米滤池面积在一个小时内滤过的水量(m^3),单位以m/h表示。其计算公式为:滤速(m/h)=测定时间内水位下降值(m)÷测定时间(s)÷3600。

滤速分等速过滤和变速过滤,滤速随过滤时间而逐渐减小的过程称变速过滤,移动罩滤池就是变速过滤的一种。无阀滤池和虹吸滤池属于等速过滤,平均滤速相同时,减速过滤出水水质较好。

滤池在工作了一段时间后,滤层内孔隙率减小,滤速达不到原有水平。在相同出水量条件下,滤速选用大些,滤池面积可以相应小些,投资可以节省,但滤速过高,若不采取相应措施,将可能引起滤后水水质不合格、工作周期缩短、冲洗次数增加等问题。因此,滤速是控制投资及影响水质和运行管理的重要指标。

滤速的具体测定方法:

(1)检查滤池工作状态,确保进水状态正常、滤水状态正常;

(2)利用标尺选取固定距离,或将标尺固定在池中标定固定距离;

(3)迅速关闭进水阀,用秒表记录水位下降固定距离的时间,反复操作3次;

(4)运用滤速公式计算:

$$v=60h/T \tag{3-1-1}$$

式中 v——滤速,m/h;

h——多次测定水位下降值,m;

T——下降 h 水位时所需的时间,min。

JBC002 滤料层含泥量的测定

2. 滤料层含泥量测定

滤料含泥率是指滤池经反冲洗后,在滤料层表面下10~20cm处滤料的含泥量。滤料含泥率是衡量反冲洗效果的重要依据,含泥量达到3.0%~10.0%的滤料不够理想。无烟煤滤料要求含泥量低于3%,石英砂滤料要求含泥量低于1%,高密度矿石滤料要求含泥量低于2.5%。测定滤料含泥量不能在滤池过滤时、反冲洗时、长期停运时进行。

滤料层含泥量具体测定方法:

滤池经正常反冲洗后,在滤料表面下10~20cm处取样品500g,在恒温箱内105℃恒温烘干至恒重,然后称取一定量(一般为200g)的试样,仔细用10%的盐酸和清水清洗,在清洗时要防止滤料损失。将清洗干净后的滤料重新置于恒温箱内在105℃下恒温烘干至恒重,再称量。滤料清洗前后的质量差,即为滤料的含泥量。滤料的含泥率的计算公式:含泥率e=(滤料清洗前质量-清洗后质量)/清洗前质量×100%。

JBC003 滤池反冲洗强度的测定

3. 冲洗强度测定

测定冲洗强度的目的,是检查滤池工作了一段时间后,冲洗强度是否有变化,对于一定的滤池滤料层和承托层,它们要有相应的冲洗强度,过大或偏小都不好。冲洗强度的大小通常通过冲洗阀门的开度来决定。通过测定冲洗强度来校定阀门开度,可保证滤池冲洗的合理性。

滤池冲洗的目的是清除滤层中所截留的污物,使滤池恢复过滤能力,单位面积滤层所通过的冲洗流量称为冲洗强度,单位以L/(m^2·s)表示。反冲洗强度与滤层膨胀率、滤料颗粒的大小、滤料相对密度、水温等因素有关。

滤池的反冲洗方法:

(1)水反冲洗。启动反冲泵,以一定的强度冲洗滤池。

(2)用水反冲洗辅助以表面冲洗。表面冲洗是指从滤池上部用喷射水流向下对上层滤料进行清洗的操作,利用喷嘴所提供的射流冲刷作用,使滤料颗粒表面的污泥脱落去除。喷嘴孔径一般为3~6mm。由理论计算可知,表面冲洗对滤料表面沉积的悬浮颗粒具有较大的剥离作用。表面冲洗设备主要有固定管式和旋转管式两种形式，适用于各种滤池、冲洗水头应通过计算确定一般为0.2MPa、穿孔管底距滤池砂面高50~75mm水源受工业废水污染，黏度高，会使滤层结球、板结或穿孔，宜采用有表面冲洗的水反冲洗。

(3)用气、水联合反冲洗。滤池各种反冲洗方法中应用较多、效果较好的是用气、水联合反冲洗。气、水反冲洗有3种操作方式：①先用空气反冲，然后再用水反冲。在气冲结束与水冲开始之间，有些被空气擦洗下来的污物可能会失去悬浮状态而下沉，必须采用较高的冲洗流速。②先用气、水同时反冲，然后再用水反冲。气、水同时反冲不存在污水下沉的问题，故水冲强度可减小，但有滤料流失问题。③先用空气反冲，然后用气、水同时反冲，最后再用水冲。这种方式的效果最好，但需控制好冲洗强度。

冲洗强度测定的计算公式：$冲洗强度=\dfrac{水量}{滤池面积\times测定时间}$。

冲洗强度具体测定步骤：

当采用水箱(塔)冲洗时，冲洗水位上升到滤池排水槽顶时开始计时，记录水箱(塔)内水位下降值，每分钟记录1次，连续记录几分钟，取其平均值。滤池反冲洗时，冲洗阀门从开启到预定开度，其开启过程时间不应小于30s，使冲洗水量从小到大逐渐增加到设计冲洗强度，滤层又开始松动、膨胀，最后达到设计膨胀高度。通过水箱(塔)下降的高度计算水量，通过水量计算冲洗强度。

当采用水泵冲洗时，上述计算冲洗强度公式中“$\dfrac{水量}{沉淀时间}$”可直接简化为水泵流量。

JBC004　滤池膨胀率的测定

4. 滤池膨胀率测定

滤池膨胀率是指滤料层在反冲洗时的膨胀程度，以冲洗前的滤料厚度与冲洗时滤料膨胀后的厚度之比表示，是检验冲洗强度大小的指标，计算公式如下：

$$e=(H-H_0)/H_0\times100\% \tag{3-1-2}$$

式中　e——膨胀率；

H_0——滤料膨胀前的厚度，m；

H——滤料膨胀后的厚度，m。

测定膨胀率可自制一个专用的测棒，测棒上设有若干间隔2cm的敞口小瓶，在滤池反洗前，将测棒固定在滤池的壁上，并测量出反洗前的滤层高度。在滤池反洗时，由于水力的冲击作用，滤层发生膨胀，将滤料上升到相应高度的小瓶中。待反洗结束后，将测棒取出检查，有滤料的最高小瓶的高度，就是滤层膨胀的高度，由此就可以计算出滤层的膨胀率。

(二)冲洗强度滤层膨胀率和冲洗时间的选择

冲洗水由下而上流经滤层时，实质上是一种反向过滤，开始为砂层逐步膨胀、污浊水开始流出的挤压出流阶段；当冲洗水达到一定流速后，滤层膨胀，砂粒悬浮于水中，处于一种不停地运动的动平衡状态，即达到固定膨胀阶段，此时砂粒表面被水流冲刷，砂粒之间互相碰撞，小颗粒在上面，大颗粒在下面。冲洗水流速越大，滤层膨胀率越大。

无论是水反冲洗或气、水联合的反冲洗，无烟煤滤料截留在滤层中的污物，在水流剪切力和滤料颗粒间碰撞摩擦双重作用下，从滤料表面脱落下来，然后被冲洗水带出过滤装置。

剪切力与冲洗流速和滤层膨胀率有关,冲洗流速过小,滤层孔隙中水流剪切力小,冲洗流速过大,滤层膨胀率过大,滤层孔隙中水流剪切力也会降低。另外,反冲洗时滤料颗粒间相互碰撞摩擦概率也与滤层膨胀率有关,膨胀率过大,由于滤料颗粒过于离散,碰撞摩擦概率会减少;膨胀率过小,水流紊动强度过小,同样也会导致碰撞摩擦概率的下降。因此,应控制合适的滤层膨胀率,保证有足够大的水流剪切力和滤料颗粒间的碰撞摩擦概率,从而获得良好的反冲洗效果。

在一定的总膨胀率下,上层小粒径滤料和下层大粒径滤料的膨胀率相差甚大。由于上层细滤料截留污物较多,因此反冲洗时应尽量满足上层滤料对膨胀率的要求,即总膨胀率不宜过大。但为了兼顾下层粗无烟煤滤料的清洗效果,必须使下层最大颗粒的滤料达到最小流化程度,即刚开始膨胀的程度。生产实践表明,一般单层石英砂滤料膨胀率采用45%左右,煤-砂双层滤料选用50%左右,三层滤料取55%左右,可取得良好的反洗效果。

滤层膨胀率对冲洗效果影响很大,在一定的膨胀率下,悬浮于上升水流中的滤料颗粒通过相互碰撞和摩擦洗去砂粒表面的污泥。当膨胀率小,则滤料颗粒间的碰撞摩擦概率减小,而导致清洗不彻底;膨胀率过大,严重时会造成滤料随水流失。一般滤层的膨胀率为40%~50%为宜,当水温升高,水的黏度和密度下降时,则必须用更大的反洗强度,才能使滤层达到同样的膨胀率。

必须控制合适的滤层膨胀和反洗强度,才能获得良好的清洗效果。当然反洗强度的大小与滤料的密度也有关,滤料的密度越大,则需要的反洗强度越大。例如密度大的石英砂的反洗强度一般为12~15L/(m^2·s),而密度较小的无烟煤滤料为10~12L/(m^2·s)。当反冲洗强度或膨胀率符合要求,但反洗时间不足时,也不能充分洗净包裹在滤料表面上的污泥,同时冲洗下来的污物也因排除不尽而导致污泥重返滤层。长此下去,滤层表面将形成泥膜。因此,必须保证一定的反洗时间。实际生产中,冲洗强度、滤层膨胀率和冲洗时间根据滤料层不同可按表3-1-2选择。

表3-1-2 冲洗强度、滤层膨胀率和冲洗时间的选择方法

滤层	冲洗强度,L/(m^2·s)	膨胀率	冲洗时间,min
单层石英砂滤料	12~15	45%	5~7
煤-砂双层滤料	13~16	50%	5~7
三层滤料	16~17	55%	6~8

JBC005 普通快滤池的运行管理

(三)影响过滤的主要因素

1. 滤料的粒径和滤层的高度

在过滤设备的运行中,悬浮颗粒穿透滤层的水处理是通过一系列水处理设备将被污染的工业废水或河水进行净化处理,以达到国家规定的水质标准的操作。水处理中过滤是去除悬浮物,特别是去除浓度比较低的悬浊液中微小颗粒的一种有效力法,过滤时,含悬浮物的水流过具有一定空隙率的过滤介质,水中的悬浮物被截留在介质表面或内部而除去。

水处理常用滤料有石英砂滤料、无烟煤滤料、锰砂滤料、陶粒滤料、卵石滤料等,使用这些颗粒滤料目的是将水源内的悬浮颗粒物质或胶体物质清除干净,在选择滤料时应满足:足够的机械强度、足够的化学稳定性、合适的颗粒粒径级配和空隙率、较低的成本。处理废水时,由于废水水质复杂,悬浮物浓度高、黏度大,因此要求粒径更大些、机械强度更高些,在同样的运行工况下，粒径越大，穿透滤层的深度和滤层的截污能力越大，也利于延长过滤周期。增加滤层的高度，同样有利于增大滤层的截污能力，但截污能力越大，反洗的困难也同样增大。

2. 滤料的形状和滤层的空隙率

滤料的形状会影响滤料的表面积，滤料的表面积越大，滤层的截污能力越大，过滤效率越高，如采用多棱角的破碎粒滤料，由于其表面积较大，因而可提高滤层的过滤效率。一般来说，滤料的表面积与滤层的空隙率成反比，空隙大，滤层的截污能力大，但过滤效率较低。

3. 过滤流速

一般所指的滤速，是在无滤料时水通过空过滤设备的速度，也称为“空塔速度”。过滤设备的滤速不宜过慢或过快，滤速慢意味着单位过滤面积的出力小，因此为了达到一定的出力，必须增大过滤面积，这样将大大增加投资；滤速太快会使出水水质下降，而且水头损失较大，使过滤周期缩短。在过滤经过混凝澄清处理的水时，滤速一般取 8~12m/h。

4. 滤层截污能力

滤层的截污能力（又称泥渣容量），是指单位滤层表面或单位滤料体积所能除去悬浮物的质量，可用每平方米过滤截面能除去泥渣的千克数（kg/m^2），或每立方米滤料能除去泥渣的千克数（kg/m^3）表示。

5. 水流的均匀性

过滤设备在过滤或反洗过程中，要求沿过滤截面水流分布均匀，否则就会造成偏流，影响过滤和反洗效果。在过滤设备中，对水流均匀性影响最大的是配水系统，为了使水流均匀，一般都采用低阻力配水系统。

JBC006　普通快滤池常见故障的原因分析

（四）普通快滤池故障及排除方法

普通快滤池在运行中常见的故障大多是运行中操作不当，管理不善所造成的。

JBC007　普通快滤池故障的排除方法

1. 气阻

气阻是由于某种原因在滤层中积聚大量空气形成的，其表现为冲洗时有大量气泡冒出，过滤时水头损失明显增大，滤速急剧降低，甚至滤层出现裂缝、承托层被破坏，滤后水质恶化。

造成气阻的主要原因：(1)滤干后，未把空气赶掉即进水过滤而滤层含有空气；(2)过滤周期过长，滤层中出现负水头，使水中溶解空气溢出，积聚在滤层中，导致滤层中原来用于截留泥渣的孔隙被空气占据造成气阻。

解决气阻的办法是不使滤层产生负水头，可适当缩短过滤周期；如果因滤料表层滤粒过细，则采取调换表面滤料，增加大滤料粒径，提高滤层空隙率的办法，降低水头损失值以降低负水压幅度；有时可以适当增加滤速，使整个滤层内截污较均匀。在滤池滤干的情况下，可采用清水倒压，赶跑滤层中空气后再投产，也可采用加大滤层上部水深的办法防止滤料滤干。此外，应经常检查清水阀密封程度，以防因清水阀泄漏而造成滤池滤干。

2. 跑砂、漏砂

滤池漏砂、跑砂的主要原因是气阻、配水系统局部堵塞、滤水管破裂等，另外滤料级配不当，也可导致跑砂、漏砂。滤料承托层的作用是防止滤料从配水系统中消失，同时均布冲洗水。如果冲洗水分布不均,承托层发生移动,从而促使冲洗水分布更加不均,最后某一部分承托层被掏空,使滤料通过配水系统漏进清水池内。如出现上述情况,应检查配水系统,并适当调整冲洗强度。

3. 滤层含泥率高,出现泥球

滤层中含泥率高,出现泥球,会使整个滤层出现级配混乱,降低过滤效果。滤层含泥量一般不能大于3%。造成含泥率高的原因主要是长期冲洗不均匀,冲洗废水不能排清或待滤水浑浊度偏高。日积月累,残留污泥互相黏结,使体积不断增大,再因水压作用而变成不透水的泥球,大的泥球直径可达几厘米。

处理方法:(1)改造冲洗条件,通过测定滤层膨胀率和废水排除情况,适当调整冲洗强度和延长冲洗历时;(2)检查配水系统,寻找配水不均匀的原因,加以纠正;(3)有条件时可采用表面冲洗或压缩空气冲洗等辅助冲洗方法。(4)采用化学处理方法,利用强氧化剂破坏黏结泥球的有机物,然后再反冲洗。如果滤层积泥、泥球严重时,必须采用翻池或更换滤料的办法解决。

4. 滤层出现负水头现象

在过滤过程中,当滤层截留了大量杂质,以至滤料层下某一深度处的水头损失超过该处水深时,便出现"负水头"现象。负水头可增加滤层的局部阻力,增加水头损失,使溶解于水中的气体释放出来,形成气囊,当气囊穿过滤料层上升到滤池表面时,可以很容易地把轻质滤料带走。

避免出现负水头的方法是增加沙面上的水深,或令滤池出口位置等于或高于滤池表面(虹吸滤池和无阀滤池不会出现负水头现象)。

5. 过滤效率低,滤后水质浑浊度不达标

过滤的沉淀水过滤性能差,虽然浑浊度很低,但过滤后,浑浊度降低很少,甚至出现进出水浑浊度基本差不多的情况,即所谓"三进三出水"。

如滤后水质达不到标准,可采用降低沉淀池出口浊度、降低初滤滤速、检查配水系统等方法进行排除;滤池滤速太慢,菌藻滋生,可采用提高滤速和预氯化的方法进行处理。

6. 水生物繁殖

滤池不但可以去除浊度,同时可以去除一部分细菌、病毒。在夏季炎热季节,水温较高,沉淀水中常有多种藻类及水生物极易被带进滤池中繁殖,这些生物的体积很小,带有黏性,往往会使滤层堵塞。

为抑制滤层微生物滋生可在过滤前加氯进行杀菌灭藻处理,如已发生,应经常洗刷池壁和排水槽,同时根据水生物的种类,采用不同浓度的硫酸铜溶液或氯进行杀灭。

JBC008 普通快滤池的改造途径

(五)普通快滤池改造

当滤池滤层中结泥球、滤层表面出现裂缝、滤料流失等情况说明滤池冲洗状况不佳,需进行滤池改造。普通快滤池改造的目的是,在保证达到滤后水质的前提下,提高滤速、延长过滤周期、减少过滤池反冲洗耗水量。

改进和改造普通快滤池的主要途径有:(1)滤料结构的改进;(2)操作机构的改进;(3)冲洗控制的改进;(4)运行参数的有效控制;(5)助滤剂的应用。

普通快滤池改进成"双阀滤池""无阀滤池"不仅节约了阀门的购置成本,降低了动力消耗,还简化了操作步骤。

配水系统的改造:配水系统的作用在于使反冲洗水在整个过滤装置平面上均匀分布,同时过滤时可均匀收集过滤出水。我国目前针对水厂配水系统的改造多是将旧滤池管道拆除换上新管道,以此升级配水系统。首先要去除原滤池中的滤料层和砾石承托层,然后聘请专业的施工人员手动切割原水厂配置的配水主干管,更换为新的配水主干管,同时移除主干管两端的配水分支管,保留每个滤池格间的进水管口端的法兰,维持原有的配水主管道和配水分支管道中的口径、数量、孔眼参数,以原装图样为参考依据,在此基础上加工制作,将整个配水系统更换上高质量、安全系数强的新型管材。在滤池内部建构起滤梁,并安装上高质量、高精度的预制混凝土滤板,要用专业的滤板密封胶泥粘连。

因为滤料层和承托层在一定期限后,对水体的过滤效果会大大降低,此时若不立即更换滤料,则会降低水厂出厂水质,危害到居民的用水安全。因此水厂应在一定时间范围内应对滤池中的滤料层和承托层进行全面更换,要以配水系统的设计要求为依据,确定滤层级配,严格按照级配采购。

JBC009　真空系统的构成

(六)真空系统

由于虹吸滤池进水时用小虹吸管,而冲洗水排出时用大虹吸管,其运行均靠真空系统来完成,因此真空系统是虹吸滤池的重要组成部分。

1. 真空系统的构成

真空系统由真空泵、PLC 程序控制系统、吸气管路、气水分离器、真空表等组成部分。

1)真空泵

真空泵是指利用机械、物理、化学或物理化学的方法对被抽容器进行抽气而获得真空的器件或设备。通俗来讲,真空泵是用各种方法在某一封闭空间中改善、产生和维持真空的装置。滤池真空系统中应用最广的真空泵是水环式真空泵,该泵主要由泵壳、侧盖、泵轴、叶轮、轴套、轴套锁母、轴承、填料压盖、填料、联轴器等基本零件构成。

真空泵运行的要求:开启时泵腔内应有一定量的循环液,不宜过多或过少,选择流动性较好、受温度影响较小的循环液,泵排气口的管路不得高于 1m;真空泵要停止使用时,先关闭闸阀、压力表,然后停止电动机。

以 SZB-4 型水环式真空泵为例,介绍真空泵型号标注方法:

(1)S 表示水环式;

(2)Z 表示真空泵;

(3)B 表示悬臂式;

(4)4 表示当压力为 520mmHg 时的抽气量为 4L/s。

2)PLC 程序控制系统

PLC(Programmable Logic Controller,可编程逻辑控制器),是一种专门为在工业环境下应用而设计的数字运算操作电子系统。它采用一类可编程的存储器,用于其内部存储程序,执行逻辑运算、顺序控制、定时、计数与算术操作等面向用户的指令,并通过数字或模拟式输入/输出控制各种类型的机械或生产过程,是工业控制的核心部分。

3)吸气管路

吸气管路安装要求:

(1)选择合理的管路方案。

① 真空系统出口与泵的入口之间距离越短越好;

② 管路拐弯越少越好;

③ 进口管路应高于泵的入口中心线,出口管应避免有引起较大阻力的因素,如出口管上爬、直角拐弯等;

④ 配接进出口管直径应与产品的进出口直径一致,如真空系统较小,进出口配接管直径可以小,但不得小于产品进出口直径的70%,且出口直径应大于或等于入口管直径;

⑤ 管路的拐弯处应圆滑过渡;

⑥ 水环式真空泵的进水管路要安装阀门,用来调节进水量的多少,进水量的多少对真空度有影响,调节进水量时通过观察真空表的指针来控制阀门。

(2)安装或维修管路时,防止掉进异物。

(3)管路的接头要加密封垫,不得有漏气、漏水现象。

(4)真空系统的吸气口处安装真空表,以便掌握真空的变化情况。

(5)吸气口的管路上安装阀门。当真空度达到极限时会产生很大的噪声,称为汽蚀声,通过阀门来调节真空度,真空度高时,试压爆破检测仪,打开阀门放掉适量的气体,汽蚀声立刻消失,真空度下降时关闭阀门。

(6)循环水的一个重要作用是用来冷却工作的真空泵,当循环水的水温超过40℃时,真空度会降低,应及时补充或更换冷水来降低循环水的温度。

4)气水分离器

与真空泵配合安装的气水分离器主要作用是避免水泵中的水与杂质进入真空泵。真空泵构成的抽气系统中的气水分离器位于真空泵进气口与吸气管路之间。气水分离器必须安装于水平管线上,排水口垂直向下,所有口径的气水分离器均带安装支架,以减小管道承载。为确保被分离的液体迅速排放,应在气水分离器底部的排水口连接一套合适的疏水阀组合,这类阀门在管道中一般水平安装。

5)真空表

真空表分为压力真空表和真空压力表。真空压力表是以大气压力为基准,用于测量小于大气压力的压力的仪表。压力真空表是以大气压力为基准,用于测量大于和小于大气压力的压力仪表。

压力有两种表示方法:一种是以绝对真空作为基准所表示的压力,称为绝对压力;另一种是以大气压力作为基准所表示的压力,称为相对压力。由于大多数测压仪表测得的压力都是相对压力,故相对压力也称表压力。当绝对压力小于大气压力时,可用容器内的绝对压力不足一个大气压的数值来表示,称为“真空度”。

绝对压力、大气压力、相对压力、真空度的关系:绝对压力=大气压力+相对压力;真空度=大气压力-绝对压力。我国法定的压力单位为Pa,称为帕斯卡,简称帕。由于此单位太小,因此常采用它的10^6倍单位MPa(兆帕)。

JBC010 真空泵的常见故障及原因

2. 真空泵常见故障及原因

真空泵常见的故障有以下几种:

(1)真空泵启动后不抽气或抽气量小,主要原因有叶轮损坏、循环水太多或太少、填料处漏气严重等。真空泵启动时不允许打开与待引水水泵并联的运行水泵的抽气阀。

(2)真空泵启动困难,主要原因有电源故障、轮卡死、填料压得过紧等。

(3)泵启动无力,一般是由电动机缺相引起的。

(4)达不到需要的真空或达到真空的时间变长,一般由真空管路泄漏,管路上的放气阀或调气阀调节错误,油被污染(最常见原因),油箱内无油或缺油,排气过滤器堵塞,油滤堵塞(油通过旁路流动,未经过过滤),进气、排气管路堵塞或直径太大、太小、太长,油管损坏或泄漏,油封泄漏。

(5)叶轮叶片损坏或卡死,主要原因是硬质颗粒吸入真空泵泵体内。

(6)真空泵吸气管路的泄漏,检查方法:启动真空泵关闭水泵抽气阀,看真空表是否上升;启动真空泵关闭水泵抽气阀,用烟火检查管路;关闭真空泵吸气口阀门和水泵抽气阀门,向管道注水打压。可能的原因是机械密封装配不当,O 形密封圈安装错误,机封冷却水压力过大,动静环密封面破裂以及管路腐蚀渗漏等。气水分离器漏水会导致吸气管路漏气,降低管路的真空度。

(7)真空泵运行时有异响,可能是轴承损坏、油中积炭堵塞油路、叶片损坏造成的。

3. 真空泵维修

JBC011　真空泵的维修方法

(1)真空泵吸入异物:应拆开侧盖将异物清除。

(2)真空泵吸气管路阀门漏气:真空泵吸气管路阀门的漏气点通常在阀门填料部分,应主要检查此部分。

(3)真空泵真空度不足:活塞环太脏或破损,更换活塞环。

(4)真空泵漏油:主要原因是放油塞处漏油、密封室漏油、视窗孔漏油,需先放出泵油,拆开泄漏处以调换密封件。

(5)水环式真空泵叶轮与侧盖摩擦:应调整叶轮位置、安装加厚侧盖密封垫、修磨叶轮叶片等,不能采用打磨侧盖内壁的方法排除。

4. 真空泵相关参数

1)极限压强

泵的极限压强指泵在入口处装有标准试验罩并按规定条件工作,在不引入气体正常工作的情况下,趋向稳定的最低压强,单位为 Pa。

2)抽气速率

泵的抽气速率指泵装有标准试验罩,并按规定条件工作时,从试验罩流过的气体流量与在试验罩指定位置测得的平衡压强之比,简称泵的抽速,单位是 m^3/s 或 L/s。

3)抽气量

真空泵的抽气量指泵入口的气体流量,单位是 m^3/h 或 L/s。

4)启动压强

真空泵的启动压强指泵无损坏启动并有抽气作用时的压强,单位为 Pa。

5)前级压强

真空泵的前级压强指排气压强低于一个大气压的真空泵的出口压强,单位为 Pa。

6)最大前级压强

真空泵口最大前级压强指超过了能使泵损坏的前级压强,单位为 Pa。

7）最大工作压强

真空泵的最大工作压强指对应最大抽气量的入口压强，单位为 Pa，在此压强下，泵能连续工作而不恶化或损坏。

8）压缩比

压缩比指泵对给定气体的出口压强与入口压强之比。

9）何氏系数

何氏系数指泵抽气通道面积上的实际抽速与该处按分子泻流计算的理论抽速之比。

10）抽速系数

抽速系数指泵的实际抽速与泵入口处按分子泻流计算的理论抽速之比。

11）返流率

泵的返流率指泵按规定条件工作时，通过泵入口单位面积的泵流质量流率，单位为 $g/(cm^2 \cdot s)$。

12）水蒸气允许量

水蒸气的允许量指泵在正常环境条件下，气泵在连续工作时能抽除的水蒸气的质量流量，单位为 kg/h。

13）最大允许水蒸气入口压强

最大允许水蒸气入口压强指在正常环境条件下，气镇泵在连续工作时所能抽除的水蒸气的最高入口压强，单位是 Pa。

四、深度处理工艺

（一）超滤

JBD001 超滤系统的产水率

1. 超滤系统产水率

所谓产水率即原水的利用率，在进水浊度小于 20NTU 的条件下，PVC 复合材质内压式中空纤维超滤膜的产水率可达到 85%～95%。产水率的提高过程比较复杂，简单的延长单位制水周期、提高透水通量以及延长化学清洗周期都可以提高产水率，但是无论以何种方式提高回收率，都会在一定程度上增加膜阻和膜耗，相应地，需要在一定程度上延长反洗时间，增大反洗通量甚至延长化学清洗时间，从而又导致产水率下降。一般情况下，清洗膜组件产生的污水沉降性良好，经过沉降可以回收 90%以上继续作为原水，这样可以大大减少水资源的浪费，同时增加系统产水率。超滤系统总的产水率包括一次产水率加上反洗水回收率。

JBD002 透水量对超滤系统的影响

2. 超滤系统运行稳定性的影响因素

1）透水量

透水通量越高，超滤系统的产水率越高，但系统的稳定性随之降低。高的透水通量意味着单位时间内单位面积膜具有更大的处理水量、更高的产水率以及更大的经济效益。但同时也会导致膜承受更高的工作负荷，长时间高负荷运行会使原水中更多的污染物被膜组件截留，浓差极化趋于严重，吸附层密度增加，严重的会造成滤饼层的固化，使膜组件内部产生不可逆的污染。随着透水通量增高，单位制水周期内跨膜压差的增量增加，能耗升高。采用较低的透水通量可使超滤系统运行稳定、能耗较高通量降低。

2) 制水周期

JBD003　制水周期对超滤系统的影响

延长制水周期可以在很大幅度上提高超滤系统的产水率，但一味地延长制水周期，是以膜组件的污染和消耗为代价的，当膜组件长时间处于工作状态，而又没有相应的清洗或排污程序配合时，过多的污染物会随着超滤系统的运行沉积在膜表面或膜孔内，导致浓差极化加重和膜组件的不可逆污染，在不同制水周期下，制水周期内的过膜压差总体呈增长趋势，所以无限制地延长制水周期是不可取的，必须以保证膜组件通量的恢复和过膜压差的降低为前提。

JBD004　化学清洗周期对超滤系统的影响

3) 化学清洗周期

化学清洗是对膜组件进行在线浸泡，当化学清洗周期变化范围为 2～24h，浸泡时间为 10～20min 时，可通过考察不同化学清洗周期下过膜压差的恢复情况来评价超滤系统的运行稳定性，并引入过膜压差恢复系数 K 表征过膜压差的恢复情况。

过膜压差恢复系数的计算公式：

$$K=(p_1-p_2)/(p_1-p_0) \tag{3-1-3}$$

式中　p_0——初始过膜压差，bar；

p_1——清洗前过膜压差，bar；

p_2——清洗后过膜压差，bar。

延长化学清洗周期，可以提高超滤系统产水率，但会导致过膜压差恢复性降低。当化学清洗周期设定较为合理时，过膜压差恢复系数可大于 80%。

JBD005　温度对超滤系统的影响

4) 温度

随着水温的降低，原水的很多物理特性发生变化，导致超滤系统运行情况发生变化。在透水通量等条件保持一定的条件下，超滤系统的过膜压差与原水黏度成正比。当原水温度从 30℃变化至 0℃时，原水黏度增加一倍多，相应的过膜压差随着温度下降而迅速上升。当水温高于 5℃时超滤系统的运行几乎不受水温影响，而在水温低于 5℃的低温条件下，过膜压差上升异常明显，水温在 0～5℃之间每下降 1℃，则过膜压差上升 10%左右。原水温度降低后，膜组件的清洗效果变差。温度影响超滤系统的过程中，造成超滤系统稳定性降低的因素不只是水温降低，还有在水温降低的影响下，清洗效果的不理想。恒压模式可以较好地解决原水低温对膜污染的影响。

JBD006　超滤工艺的预处理

3. 超滤工艺的预处理

为了尽可能地避免膜污染和劣化现象，先对原水进行预处理，然后再进行膜分离，有效地减缓了膜组件的消耗。超滤系统前端采用的预处理设备一般为细格栅和盘式过滤器。膜前预处理选用的絮凝剂一般为三氯化铁。在超滤系统中，原水预处理可以实现降低膜污染、降低过膜压差、增加膜通量、延长膜冲洗周期的效果。

在超滤系统运行过程中，超滤膜组件透水通量设定较低值，可以很好地保持系统的稳定性，并且可以降低能耗。但是较低的透水通量意味着相同产量需要更多的膜组件、更大的初期投资。所以，在设计超滤工艺时要综合考虑这方面因素，选择最合理的操作方式。

JBD007 超滤系统的清洗

4. 超滤系统清洗方式

在超滤过程中，预处理只是延缓了膜污染的速度，但膜污染仍不可避免。因此需要定期对膜进行清洗。

膜的清洗分为物理清洗和化学清洗两大类型。膜的物理清洗包括等压冲洗、空气冲洗、机械清洗。在膜丝的原水侧加入一定浓度和特殊效果的化学药剂，通过循环、浸泡清洗膜的方式是分散化学清洗。

1）物理清洗

（1）等压冲洗：关闭产水阀门，打开浓水出口阀门，靠增大流速冲洗膜表面。

（2）空气冲洗：即采用压缩空气进行冲洗。

（3）机械清洗：外加清洗水泵，采用高于超滤原水泵压力的方式进行水冲洗，也可配合空气冲洗一并进行，特别适用于以有机胶体为主要污染物的超滤膜的清洗。

JBD008 超滤系统的化学清洗

2）化学清洗

当膜通量由于不可逆污染的影响下降到一定程度后，需要进行化学清洗来恢复。化学清洗是利用某种化学药品与膜面有害杂质进行化学反应来达到清洗膜的目的的。选择化学药品的原则：一是不能与膜及其他组件材质发生任何化学反应；二是不能因为使用化学药品而引起二次污染。

（1）酸溶液清洗法：常用的酸是盐酸、草酸、柠檬酸等。所配制酸溶液的 pH 值依膜材料类型而定，例如对 CA 膜清洗液 pH 值 = 3 ~ 4，其他膜（如 PS、SPS、PSA、PAN、PVDF 等）的 pH 值为 1 ~ 2。利用水泵循环操作或浸泡 0.5 ~ 1h，对无机杂质去除效果好。

（2）碱溶液清洗法：常用的碱主要有氢氧化钠和氢氧化钾。所配制酸溶液的 pH 值也是依膜材料类型而定，例如对 CA 膜，清洗液 pH 值约等于 8，对其他耐腐蚀膜则 pH 值 = 12。同样利用水泵循环操作或浸泡 0.5 ~ 1h，对去除有机杂质及油脂有效。

（3）氧化性清洗法：利用 1% ~ 3% 的 H_2O_2、500 ~ 1000mg/L NaClO 等水溶液清洗超滤膜，既去除污垢又杀灭细菌。

（4）加酶洗涤法：例如加入 0.5% ~ 1.5% 胃蛋白酶、胰蛋白酶等，对去除蛋白质、多糖、油脂类污染物质有效。

超滤系统的化学清洗主要采用在线浸泡方式。当在线化学浸泡不能较好地恢复透水通量、降低过膜压差时，可对膜组件进行离线清洗。所谓离线清洗，就是根据膜组件的污染情况，选择一定的化学药剂并结合适当物理清洗方式对膜组件进行循环清洗。

JBD009 超滤系统的故障分析

5. 超滤系统故障分析

超滤系统故障的主要表现是产水能力快速下降和过膜压差迅速增大。超滤膜组件进水压力低产生的原因是进水水泵及配件故障。超滤膜产水浊度高的主要原因是膜泄漏。超滤膜压差过高的原因是膜受到污染。

JBD010 超滤系统组件的完整性检测

6. 超滤系统组件完整性检测

膜丝完整的超滤膜出水浊度保持在 0.1NTU 以下，如果产水浊度大于 0.1NTU，则说明膜丝有断漏，需检测补漏或更换。不同材质的超滤膜有不同的受压范围，一般情况过膜压差在膜的受压范围内膜丝不会断裂。完整性测试试验是当中空纤维发生破裂后，找出破裂的纤维，并将其永久隔离。

1)超滤膜完整性测试步骤

(1)停止进水。

(2)排尽组件内存水。

(3)组件充入无油空气,压力控制在0.07~0.1MPa。

(4)保压/测衰减速率。

(5)查找气泡点。

2)组件修复步骤

(1)找出并确定有断丝的组件。

(2)将该组件从模块中取下来。

(3)水平放置后,使用专用检测工具检测。

(4)找出连续的大气泡发出点。

(5)用聚砜堵栓和N-甲级吡咯烷酮进行黏合修复或插入针栓(两端都要检测)。

7. 超滤系统的控制

JBD011 超滤系统的操作状态

1)超滤系统的操作状态

超滤系统的操作状态可分为8个部分。膜的反洗过程是在生产模式下,按照一个预设并可调节的时间间隔自动运行的。当超滤系统状态选择“自动”时,整个超滤系统联动,由自控系统控制自动运行。在生产状态下,操作人员可以选择的控制方式是压力控制和流量控制。漂洗状态中,检测漂洗结果的指示指标是pH值。

JBD012 超滤系统的控制方式

2)超滤系统的控制方式

超滤系统的运行方式有自动运行和手动运行。当超滤系统状态选择“自动”时,整个超滤系统联动,由自控系统控制自动运行。当系统状态选择“手动”时,每个超滤机组均可独立控制。在运行状态下,超滤系统设备可根据自动控制系统的指令自动运行。

JBD013 超滤系统的自动控制

3)超滤系统的自动控制

超滤控制系统主要由PLC系统和人机界面两部分组成。系统设中央控制和现场监控两级,中央控制为PLC系统以及触摸屏,PLC能够完成系统的参数采集、故障检测和流程控制功能,触摸屏可以进行参数修改、故障报警、系统状态信息显示等功能。系统需要采集模拟量、开关量。模拟量包括液位、液位差、流量、压力、pH值等;开关量包括各种设备的运行状态与保护装置的工作状态。

在超滤膜的自动控制系统中,PLC过程控制分为两部分:第一部分是顺序逻辑控制。超滤系统中用到的进水泵、反冲泵及众多的阀门都是根据规定的时间周期、工艺参数条件及相互间的状态逻辑关系进行开停或开闭的。第二部分是反馈控制。超滤的工艺过程需要在一定的压力、流量、液位等条件下进行,在线仪表将监控的数据返回PLC,PLC对其进行处理分析后实现泵组、阀门的逻辑控制,完成系统的数字PID调节功能。

JBD014 超滤系统的工艺运行特性

4)超滤系统的工艺运行特性

超滤系统的运行方式可分为全量过滤和错流过滤两种方式。早期多采用全量过滤方式,尤其是在被分离的物质浓度很低时,为了降低能耗,很多工艺仍采用这种静态操作的方式。当料液中能被膜截留的物质浓度很高时,膜的过滤阻力增长很快,此时多采用错流过滤的方式。错流过滤的主要优点是膜的过滤阻力增长慢。当来水悬浮物浓度或黏度高时,可采用错流过滤方式。

全量过滤的优点是回收率高,但膜污染严重;错流过滤尽管能减少污染,但回收率低。综合这两种操作方式的优点,开发出了全量/错流联合流程。超滤系统生产中,该流程可根据需要交错使用全量过滤和错流过滤,这样既可以获得较高的回收率,又能维持较高的膜通量。

JBD015 混凝和超滤膜联用去除有机物的效果

8. 超滤系统与其他工艺的联用

1)混凝—超滤联用

超滤对有机物的去除效果较差,在工程实际中可以采用混凝和超滤膜联用的技术提高有机物的去除效果。混凝过程中通过混凝剂的化学反应(主要是电性中和)和矾花的吸附作用将水中溶解性的有机物转化成固体形式,然后通过超滤膜截留所有固体物质,混凝可以很好地去除水中疏水性有机物。混凝—超滤系统对有机物的去除最主要因素是混凝时的化学反应。在混凝—超滤系统中,影响有机物去除的因素有混凝剂投加量增加和 pH 值变化。

JBD016 混凝剂提高量对膜过滤的影响

投加混凝剂能有效地提高膜过滤通量,降低膜阻力。混凝剂对水中有机物的去除,可以使膜的操作性能提高,也是混凝对膜污染减少的主要原因,但其程度与投加量有密切的关系。适当的投加量能最大限度地增加通量,而过量的投加反而会导致通量下降。强化混凝能够使常规工艺对有机物的去除率升高,从而使膜污染减少。相同时间内,膜通量降低最少的混凝剂投加量是过量混凝。混凝剂—超滤联用工艺中,在达到最佳混凝剂投加量之前,呈下降趋势的指标是浓差极化阻力和吸附阻力,同时,混凝剂投加量升高,膜的通量下降降低。

JBD017 粉炭投加量对超滤膜透过性能的影响

2)粉炭—超滤联用

增加粉末活性炭投加量提高超滤膜通量的机理:粉末活性炭吸附有机物以及粉末活性炭在膜表面形成滤饼层。粉末活性炭在原水的投加,有效地降低了水中有机物,但对膜污染降低影响不大。与混凝相比,粉末活性炭对降低膜污染的贡献较小。随着粉末活性炭投加量的增加,超滤系统去除率增加的指标有 DOC(可溶性有机碳)、UV254(水中一些有机物在 254nm 波长紫外光下的吸光度,反映的是水中天然存在的腐殖质类大分子有机物以及含有 C=C 双键和 C=O 双键的芳香族化合物的多少)和 THMFP(三卤甲烷生成势)。粉末活性炭—超滤系统中,粉末活性炭投加量升高,膜污染的情况基本不变。

JBD018 活性炭的吸附容量

(二)活性炭及炭滤池

1. 活性炭相关指标

1)活性炭吸附容量

活性炭的吸附效果一般用吸附容量和吸附速度两方面的性能来衡量,它与活性炭颗粒大小、形状、被吸附物质溶液的浓度及温度等有关。吸附容量是指单位重量活性炭所能吸附的溶质的量。吸附速度是指单位重量活性炭在单位时间内所吸附物质的量。活性炭的吸附能力以物理吸附为主。活性炭的吸附量不仅与比表面积有关,更主要的是与空隙种类的匹配有关。

JBD019 活性炭滤池的表面负荷率

2)活性炭滤池表面负荷率

如果传质过程取定于活性炭颗粒中的吸附速率和运输速率,表面负荷就并不重要,许多不容易吸附的化合物就是这种情况。因为水中到活性炭孔内的传质速率很快,表面负荷可以大一些。活性炭滤池的水力负荷或表面负荷为5~24m/h,常用的是5~15m/h。因为从水中到活性孔内的传质速率很快,表面负荷可以大一些。如果传质过程决定于活性炭颗粒中的吸附速率和运输速率,表面负荷就并不重要,许多不容易吸附的化合物就是这种情况。活性炭滤池吸附性最好的化合物字母简写为SOCs。

JBD020 活性炭的利用率

3)活性炭利用率

炭池的运行费用可在减小炭池容积而增加再生频率,或增加炭池容积而减小再生频率之间进行技术经济比较。滤层高度的选择既和活性炭池的容积也和再生频率等有关。炭的利用率和空床接触时间对活性炭滤池的基建和运行费用有较大的影响。活性炭利用率可以确定炭的耗竭速率、炭需要更换的时间以及整个再生系统的规模。去除有机物时,可进行小型吸附柱试验,求出活性炭的吸附等温线,进一步得出炭的利用率。

JBD021 活性炭的再生

2. 活性炭再生

活性炭的再生是用特殊的方法(物理或化学的方法),将吸附在活性炭上的污染物从活性炭的孔隙中除去,而且尽量不破坏活性炭本身的结构,使其恢复吸附性能,达到重新使用的目的。

再生频率是指先后两次再生的间隔时间,炭的耗竭率是单位时间内耗竭的炭量,和再生频率成反比。炭的再生率与再生系统的规模有很大关系,再生率取决于活性炭滤池的炭负荷和炭利用率。再生方法有两种,即厂家再生和就地再生。就地再生活性炭的费用很贵,对小水量处理时往往丢掉耗竭的废炭,更换新炭,大厂应考虑再生后回用。因为活性炭比砂和白煤的价格高,所以将其再生和回用通常是值得的。

JBD022 活性炭在饮用水处理中的应用方法

3. 粉末活性炭在饮用水处理中的应用

粉末活性炭价格便宜,基建投资省,不需增加特殊设备和构筑物,应用灵活,尤其适合于水质季节变化大、有机污染较为严重的原水预处理。粉末活性炭可与预氧化工艺结合,对于特定水质可取得两者协同作用。对特定TOC去除目标,混凝与粉末活性炭联用所需药剂费用最低,而且产生的污泥量也最少。

氧与氯反应后可在粉末活性炭表面形成一层致密的氧化物,导致炭表面氧化还原状态遭到破坏,影响粉末活性炭的吸附能力。如果预氯化与粉末活性炭投加点间隔一定的时间,副作用会降低。

JBD023 活性炭滤池的运行维护内容

4. 活性炭滤池运行维护

活性炭滤池日常保养包括阀门、冲洗设备和电气仪表的保养,应每月对阀门、冲洗设备、电气仪表及附属设备等检修一次,并及时排除各类故障。活性炭滤池大修项目包括检查清水渠,清洗池壁、池底。活性炭滤池大修质量应符合:(1)滤池壁与滤料层接触面的部位凿毛,滤料及承托层按级配分层铺填,每层应平整,滤料全部铺设后进行整体验收,经过冲洗后的滤料应平整,无裂缝和与池壁分离的现象,滤料经冲洗后抽样检验,不均匀系统数应符合设计的工艺要求;(2)滤前对滤池清洗、消毒,新铺滤料后进行反冲洗,然后试运行,待滤后水合格后方可投入运行;(3)炭滤料的装填或卸出宜采用专用设备或水射器方式进行,水和滤料的体积比宜大于4∶1;输送管道的转弯半径大于5倍的管径,且每格滤池一次装卸的时间不宜大于24h。

JBD024 臭氧—活性炭的处理效果

5. 臭氧—活性炭处理效果

预臭氧化可以使处理后水中的氧量饱和，降低过滤水的浑浊度和水头损失增长率，延长滤池的工作周期。臭氧—活性炭处理效果主要表现在：(1)对有机物的去除率在50%以上，比常规处理提高20%以上；(2)有效提高对色度和嗅阈的去除率，改善了水质的感官性指标；(3)对氨氮和三卤甲烷前体物的去除率可达90%以上，减少了后氯化的投氯量，降低了三卤甲烷的生成量；(4)有效去除AOC(生物可同化有机碳，是指饮用水中有机物能被细菌同化成生物体的部分，是衡量饮用水生物稳定性，即细菌在饮用水中生长潜力的水质参数)、蛋白氨氮、提高了处理出水的水质稳定性；(5)国内常规加氯工艺出水的Ames试验(污染物致突变性检测)结果多为阳性，而臭氧生物活性炭处理出水则为阴性，有效降低了出水的致突变性。

JBD025 生物活性炭滤池的生物活性

6. 生物活性炭滤池

生物过滤的关键是在滤池中繁殖大量微生物，以达到良好的去除微污染物的性能。微生物细胞是附着在滤料表面上形成很薄一层生物膜，生物膜能较好地去除有机物，例如慢滤池、生物活性炭滤池等。由于活性炭层中的生物活性作用和生物活性，使这种滤池有很好的水处理效果。

JBD026 生物活性炭滤池的缺点

1)生物活性炭滤池缺点

生物活性炭滤池运行条件要求较高，可以影响活性炭滤池运行的因素有温度、进水水质、反冲洗强度、反冲洗周期。生物活性炭滤池受温度、水质波动以及反冲洗不及时影响容易造成水中溶解氧降低。活性炭滤池的有机物负荷较高，可以滋生多种微生物。随着水温升高，活性炭滤池中缺氧会出现厌氧菌，产生像硫化氢那样的臭味物质，或生长有害微生物。活性炭滤池停水1h后，滤池中就会有厌氧菌，所以活性炭滤池不应断水。为保证配水管网中细菌不会再生长，菌落计数越少越好。

JBD027 生物活性炭滤池中的菌落计数

2)生物活性炭滤池中菌落计数

一般情况下，活性炭滤池布置在水处理流程的终端，水经消毒后即供应用户，因此并不希望活性炭滤池中的菌落计数有所增加。生物活性炭滤池中的菌落计数不受滤池面积因素的影响。在相同空床接触时间和滤速下，活性炭滤料上的细菌计数可比非活性炭或砂滤池高出1.5~2倍，所以生物活性也强得多。当滤速在4~20m/h时，活性炭滤层内的菌落计数差别不大。在活性炭滤池的出水中，经常可以检测出很高的菌落计数，特别是进水水质变化时和进水水质稳定时。菌落计数的多少受到运行时间、空床接触时间、滤速、反冲洗、滤料种类和处理后水质等因素的影响。经过生物活性炭滤池过滤的水，随着不断耗氧而使水中的菌落计数增加，同时也会明显增加水中的浮游生物。

JBD028 人工固定化生物活性炭的工艺原理

3)人工固定化生物活性炭工艺原理

固定化生物活性炭技术是在生物活性炭技术之上形成的，它针对生物活性炭的不足，采用人工培养驯化高效的优势菌，对新活性炭进行固定化，形成人工固定化活性炭的技术。与普通生物活性炭相比，固定化生物活性炭能够迅速有效地降解目标污染物，并且具有更好的抗冲击负荷性能，由于能够加快系统启动，使得活性炭的吸附能力可以均匀释放，将活性炭的使用寿命大大延长，降低运行成本。构成人工固定化活性炭技术的3个基本部分是活性炭、微生物、臭氧。活性炭为微生物生长提供载体和食物微生物主要分布在活性炭颗粒外表面。臭氧通过把三卤甲烷前体物质变成低分子物质提高生物分解性能；通过把疏水性物质亲水化提高生物分解性能；溶解氧的供给。

在人工固定化生物活性炭技术中，生物活性炭去除大量溶解性有机碳，主要是利用活性炭的吸附和微生物的降解协同作用。根据活性炭吸附和微生物降解作用，水中的有机物可分为4种（以DOC的形式表示）：能够吸附水中的ADOC、能够生物降解的BDOC、既能被活性炭吸附又能被微生物降解的A&BDOC、既不能被吸附又不能被降解的NRDOC。

JBD029　生物活性炭滤池中微生物降解能力的评价方法

4）微生物降解能力评价方法

在生物降解效果评价过程中，能够反映生物降解性能，并对毒物敏感的检测方法是测定脱氢酶活性，评价微生物氧化微量有机物能力的大小的可靠方法是测定TOC，反映生物的活性以及活性生物量的多少的方法是测定ATP（腺嘌呤核苷三磷酸，供人体能量的物质）。在微生物生物降解能力的评价方法中，需要通过测定耗氧量的评价方法有生物氧化率、呼吸线以及相对耗氧速度曲线。

JBD030　固定化生物活性炭的净水性能

5）固定化生物活性炭净水性能

在正常运行情况下，人工固定化生物活性炭滤池出水指标可能比进水高的是碱度和硬度，出水碱度指标较进水略高的原因是微生物生命活动旺盛。

人工固定化生物活性炭滤池与普通活性炭滤池净水效果相比，指标优于后者的有UV254、氨氮、COD_{Mn}和TOC，去除氨氮和亚硝酸氮效果优于普通活性炭滤池的原因是菌种合理，水中溶解氧充足。人工固定化生物活性炭滤池运行初期，对UV254的去除率可达到80%。

项目二　筛选药剂

一、准备工作

（一）设备

搅拌器1台，浊度仪1台，天平1台。

（二）工具、材料

500mL容量瓶1个，温度计1个，2mL吸管2个，5mL吸管2个，1000mL烧杯2个，玻璃棒1根。

（三）人员

1人操作，持证上岗，劳动保护用品穿戴齐全。

二、操作规程

序号	工序	操作步骤
1	准备工作	选择工具、用具及材料
2	测水温度、浊度	用温度计测量原水的温度浊度，将待测水样倒入样品瓶中测量

续表

序号	工序	操作步骤
3	配制药剂	(1)用天平称量混凝剂，用烧杯配制初配浓度。 (2)取5mL放入容量瓶中配制到复配浓度。 (3)重复上述步骤，配制另外两种混凝剂
4	计算投加量，投加混凝剂	(1)计算投加量投加量为$\frac{1000\times 单耗}{复配浓度}$。 (2)根据各个烧杯计算所得数值，用吸量管分别吸取所需药液放入各个投药小瓶内
5	启动搅拌器	(1)根据设备中文提示新建一个程序，并设置反应程序步骤相应参数。 (2)启动搅拌仪(同时做3种药剂，每个药剂用2个烧杯，做3组较为合适)
6	观察矾花生成情况	(1)搅拌结束后静沉15min。 (2)观察矾花生成及沉淀情况
7	取上清液测量浊度	(1)静沉后取各个烧杯上清液。 (2)测量浊度并记录结果
8	确定最佳药剂	根据3种药剂的实验现象、结果，确定最佳药剂
9	清理场地	清理场地，收工具

三、技术要求

(1)选用可同时搅拌几个搅拌杯的多联搅拌器。

(2)搅拌时间应能控制，精度为±1%。

(3)搅拌过程中桨叶应全部淹入水体中。

(4)浊度仪应分辨率高，需要的水样少。

四、注意事项

(1)仪器使用前要求预热30min。

(2)稀释药液要用容量瓶。

项目三　排除计量泵不起压故障

一、准备工作

(一)设备

计量泵1台。

(二)工具、材料

8号活动扳手1把，管钳1把，压力表1个。

(三)人员

1人操作,持证上岗,劳动保护用品穿戴齐全。

二、操作规程

序号	工序	操作步骤
1	准备工作	选择工具
2	检查压力表	(1)检查压力表手阀,没打开则打开压力表手阀。 (2)检查压力表,不好用更换压力表
3	检查储药池液位	检查储药池液位,不应过低
4	检查入口管线	(1)检查入口管线,堵塞则处理入口管线。 (2)检查入口阀,全开入口阀。 (3)检查入口单向阀,损坏则更换单向阀
5	检查行程	检查泵行程是否过小
6	排气	通过排气阀排放泵腔中的气体
7	清理场地	清理场地,收工具

三、技术要求

检查压力应打开压力表手阀。

四、注意事项

检查入口单向阀,损坏则更换单向阀。

项目四　计算沉淀池排泥量

一、准备工作

(一)设备

桌子1张,凳子1把。

(二)工具、材料

计时表1个,碳素笔1支,计算器1个,答题纸若干。

(三)人员

1人操作,持证上岗,劳动保护用品穿戴齐全。

二、操作规程

序号	工序	操作步骤
1	确定相关参数	(1)查阅原水检验记录,确定原水平均浊度。 (2)查阅原水检验记录,确定原水平均色度。 (3)查阅加药报表,确定平均加药量。 (4)根据多组实测数据确定原水悬浮固体与浊度的相关关系式。 (5)根据要求确定水厂的设计供水量
2	计算沉淀池排泥量	(1)计算排泥水干泥量: $DS=SS+0.2C+1.53A+1.9F$ 式中 DS——设计干固体含量,mg/L; SS——所去除的原水中的悬浮固体含量(一般 SS/NTU 的比值变化范围为 0.5~2.0),mg/L; C——所去除的色度,NTU; A——铝盐投加率(以 Al_2O_3 计),mg/L; F——铁盐投加率(以 Fe^{2+}计),mg/L。 (2)通过烘干实验确定平均含固量(含固量为$\frac{干重}{初始重量}$)。 (3)计算排泥水总量排泥水总量为$\frac{干泥量}{平均含固量}$
3	清理场地	清理场地,收工具

三、技术要求

(1)测定原水浊度、色度一定要准确。

(2)正确确定加药量。

四、注意事项

(1)正确测量排泥水干泥量。

(2)正确计算排泥水总量。

项目五　处理滤层含泥量升高问题

一、准备工作

(一)设备

滤池 1 座。

(二)工具、材料

工作梯 1 架,木板 1 块。

(三)人员

1 人操作,持证上岗,劳动保护用品穿戴齐全。

二、操作规程

序号	工序	操作步骤
1	准备工作	劳保用品穿戴齐全,工具、设备准备齐全
2	检查滤池情况	(1)检查滤层表面泥层情况。 (2)检查滤层表面是否有裂缝、砂坑
3	处理滤层含泥	(1)检查反冲洗泵出口各阀门是否开启正常。 (2)对滤池进行反冲洗,适当调整反冲洗强度、延长反冲洗历时。 (3)冲洗后检查滤层表面情况,判断泥球产生原因。 (4)检查配水系统,寻找配水不均匀的原因加以纠正,有条件时可采用表面冲洗方法或压缩空气冲洗等辅助冲洗方法;严重时采用大修翻砂或更换滤料的办法解决
4	清理场地	清理场地,收工具

三、技术要求

(1)操作时不得影响滤池出水水质。

(2)判断泥球产生原因要准确。

四、注意事项

(1)进入滤池前一定要保证滤池滤干无积水。

(2)工作梯一定要结实牢固,确保进入滤池人员安全。

(3)进入滤池的人员要穿好工作服,戴好安全帽。

项目六　测定炭滤池滤速

一、准备工作

(一)设备

炭滤池1座。

(二)工具、材料

标尺1个,计时表1块,计算器1个。

(三)人员

1人操作,持证上岗,劳动保护用品穿戴齐全。

二、操作规程

序号	工序	操作步骤
1	准备工作	劳保用品穿戴齐全,工具、设备准备齐全
2	检查滤池滤水状态	检查滤池工作状态,确保进水状态正常、过滤状态正常
3	放置标尺	利用标尺选取固定距离,或将标尺固定在池中,标定固定距离

续表

序号	工序	操作步骤
4	关闭进水阀门，记录水位高度	迅速关闭进水阀，用秒表记录水位下降固定距离的时间，反复操作 3 次
5	计算	运用滤速公式计算： $$v=60h/T$$ 式中 v——滤速，m/h； h——多次测定水位下降值，m； T——下降 h 水位时所需的时间，min
6	清理场地	清理场地，收工具

三、技术要求

（1）要选择合适的炭滤池。

（2）确定炭滤池工作状态正常。

（3）测定距离必须固定。

（4）进水阀关闭必须迅速。

四、注意事项

（1）操作过程中要求佩戴劳保用品。

（2）计算结果需准确。

项目七　测定炭滤池膨胀率

一、准备工作

（一）设备

炭滤池 1 座。

（二）工具、材料

ϕ1cm、长 5cm 小试管 15 个，宽 10cm、长 2cm 木板 1 块，12 号铁丝若干，手钳 1 把，细绳若干，计算器 1 个。

（三）人员

1 人操作，持证上岗，劳动保护用品穿戴齐全。

二、操作规程

序号	工序	操作步骤
1	准备工作	劳保用品穿戴齐全，工具、设备准备齐全
2	制作测试棒	（1）将 15 个小试管固定在测试棒上，管口上沿每个相差 2cm。 （2）把测试棒从底部开始做好刻度，刻度要做到 40cm 左右

续表

序号	工序	操作步骤
3	开始反冲洗	反冲洗时注意观察,整个池子中的水面应该均匀上升,不应有泉涌现象
4	测试膨胀率	(1)对要冲洗的滤池进行测试,测试时把测试棒沿排水槽边竖立放好,使棒底刚好接触滤料。 (2)把放好的测试棒固定好。 (3)待反冲洗结束后,取出测试棒。观察小试管中的滤料,以最上一个试管高度为最大膨胀率
5	计算	若最高试管中的高度为 h_1,滤料的厚度为 h,则膨胀率 $e=h_1/h\times100\%$
6	判断	膨胀率一般要求为 25%~30%,如果大于 30%或小于 25%,则要进行调整
7	清理场地	清理场地,收工具

三、技术要求

(1)要选择合适的炭滤池。

(2)测试棒制作保证刻度清晰,试管布置均匀。

(3)反冲洗时进水保持均匀上升时测定。

(4)测定棒位置固定。

四、注意事项

(1)操作过程中要求佩戴劳保用品。

(2)计算结果需准确。

项目八　巡回检查超滤系统

一、准备工作

(一)设备

超滤系统 1 套,测温仪 1 台,测振仪 1 台。

(二)工具、材料

250mm 活动扳手 1 把,200mm 螺丝刀 2 把,手钳 1 把。

(三)人员

1 人操作,持证上岗,劳动保护用品穿戴齐全。

二、操作规程

序号	工序	操作步骤
1	准备工作	劳保用品穿戴齐全,工具、设备准备齐全
2	检查机泵	(1)测温、测振。 (2)检查机泵是否空转。 (3)检查机泵有无渗漏

续表

序号	工序	操作步骤
3	检查膜组件	(1)检查膜的操作条件。 (2)检查膜的清洗方法、效果。 (3)检查停运的膜是否按规定保存
4	检查电气元件	(1)检查仪表读数是否正确。 (2)检查压力开关的设定是否正确。 (3)检查并及时更换损坏元件
5	检查附属设备	(1)检查设备、支架安装是否牢固。 (2)检查管线阀门是否渗漏
6	清理场地	清理场地,收工具

三、技术要求

(1)确定测温仪和测振仪完好。

(2)确保运行和停运的离心泵均能达到完好状态。

(3)确保膜组件无泄漏。

(4)确保所有电气元件密闭性良好,不与外界的水接触。

(5)确保管线支撑牢固,无渗漏。

四、注意事项

(1)穿戴好劳保用品。

(2)确保人员设备安全。

项目九　投运膜处理系统

一、准备工作

(一)设备

浊度仪 1 台,pH 值检测仪 1 台。

(二)工具、材料

运行记录 1 本。

(三)人员

1 人操作,持证上岗,劳动保护用品穿戴齐全。

二、操作规程

序号	工序	操作步骤
1	准备工作	劳保用品穿戴齐全,工具、设备准备齐全

续表

序号	工序	操作步骤
2	开机前准备	(1)使用在线浊度仪检测进水浊度。 (2)使用在线pH值检测仪检测pH值。 (3)系统检查。检查系统内所有阀门状态是否正常(无报警状态为正常)、检查所有附属设备管线是否正常(无跑冒滴漏为正常)、检查超滤进水池液位是否达到可运行液位(高于原水泵取水口为正常)。 (4)仪表检查。检查所有仪器仪表状态是否正常(正常显示数据,无报警状态为正常)
3	启动系统	(1)试启动。超滤膜组开启手动模式,启动手动运行并停止,测试膜组及附属设施可运行状态。 (2)正式启动。超滤膜组开启自动模式,根据液位控制自动运行
4	运行系统	(1)填写运行记录。填写膜组产水量、进水压力、跨膜压差、产水浊度等参数。 (2)运行中检查。检查所有运行数据是否正常(产水量、进水压力、跨膜压差、产水浊度、反洗压力),检查所有设备、仪器、仪表状态是否正常(无报警状态为正常)
5	清理现场	清理操作现场,收工具

三、技术要求

(1)确保超滤系统进水符合要求。
(2)确保超滤系统完好。
(3)认真记录超滤运行状况。

四、注意事项

(1)穿戴好劳保用品。
(2)确保过程安全。

项目十　停超滤系统

一、准备工作

(一)设备

超滤系统1套。

(二)工具、材料

运行记录1本。

(三)人员

1人操作,持证上岗,劳动保护用品穿戴齐全。

二、操作规程

序号	工序	操作步骤
1	准备工作	劳保用品穿戴齐全,工具、设备准备齐全
2	停机准备	(1)降低系统压力。 (2)降低系统过膜压差
3	系统停运	(1)停泵。 (2)关闭阀门。 (3)填写运行记录
4	后期维护	(1)停运少于24h不做处理。 (2)24h~7天,做CIP清洗(原位清洗)。 (3)设备长期停运应对设备进行彻底清洗和消毒,并注入膜保护剂和抑菌剂。 (4)设备中的超滤膜要长期保持润湿,不可脱水
5	清理场地	清理场地,收工具

三、技术要求

(1)停机时超滤系统处于低压冲洗状态。

(2)配制一定比例化学清洗溶液,清洗超滤组件,如需多种清洗剂清洗,每次清洗后必须排尽洗液,方可使用另一种清洗剂清洗。

(3)超滤系统停运时不能长期处于酸性或碱性状况下。

四、注意事项

(1)穿戴好劳保用品。

(2)确保过程安全。

项目十一 操作超滤系统进行反冲洗

一、准备工作

(一)设备

超滤系统1套。

(二)工具、材料

运行记录1本。

(三)人员

1人操作,持证上岗,劳动保护用品穿戴齐全。

二、操作规程

序号	工序	操作步骤
1	准备工作	劳保用品穿戴齐全,工具、设备准备齐全
2	模式转换	将超滤系统自动反洗模式转换为手动
3	判断清洗时机	(1)对比产水量。 (2)对比给水压力。 (3)对比过膜压差
4	反洗	(1)顺冲,将超滤膜孔中的浓水排尽。 (2)反冲,将膜表面的污物冲散或剥落。 (3)等压冲洗,将膜内冲落的污物排除。 (4)判断膜组件是否需要化学冲洗
5	清理场地	清理场地,收工具

三、技术要求

(1)准确判断清洗时机。
(2)准确掌握冲洗方法。
(3)手动反洗时,注意开关阀门的顺序,保证冲洗时间。

四、注意事项

(1)穿戴好劳保用品。
(2)确保过程安全。

项目十二　操作超滤膜系统进行化学清洗

一、准备工作

(一)设备

超滤系统1套。

(二)工具、材料

运行记录1本。

(三)人员

1人操作,持证上岗,劳动保护用品穿戴齐全。

二、操作规程

序号	工序	操作步骤
1	准备工作	劳保用品穿戴齐全,工具、设备准备齐全
2	转换模式	将超滤系统自动反洗模式转换为手动

续表

序号	工序	操作步骤
3	判断清洗时机	(1)对比产水量。 (2)对比给水压力。 (3)对比跨膜压差。 (4)对比反洗后通量恢复情况
4	化学加强洗	(1)酸洗，采用2%的柠檬酸清洗。 (2)碱洗，采用0.5%的氢氧化钠清洗。 (3)清洗液循环浸泡。 (4)漂洗，去除膜内残留的化学药剂
5	清理场地	清理场地，收工具

三、技术要求

(1)准确判断清洗时机。

(2)准确掌握冲洗方法。

(3)清洗剂的配制浓度要准确。

(4)手动反洗时，注意开关阀门的顺序，保证冲洗时间，不残留化学药剂。

四、注意事项

(1)穿戴好劳保用品。

(2)确保过程安全。

模块二　管理净水辅助工艺

项目一　相关知识

一、预处理工艺

JBE001　预处理工序的质量控制规定

（一）预处理工序质量控制规定

1. 预处理工序质量控制一般规定

（1）生物预处理技术应根据水源、水质、水温变化，依据设计要求，控制水力停留时间、运行水位、冲洗周期、气水比、生化水力负荷和排泥周期等工艺参数。

（2）粉末活性炭投加量、投加点和投加方式应符合下列要求：

① 粉末活性炭的投加点应在考虑粉末活性炭与其他药剂相互抵消和协同作用的影响后合理确定。粉末活性炭的投加点应与氯等氧化剂的投加点保持一定的距离，投加点的位置还应保证足够的吸附时间。

② 投加粉末活性炭时必须采取防粉尘爆炸措施。当采用干式投加时，应以粉末活性炭在水中快速均匀分散开、减少结团、提高粉末活性炭利用率为原则。当采用湿式投加时，应有专用设备，并应先配成浆状，搅拌均匀后再投加。

③ 投加量应根据原水水质进行搅拌试验后合理确定，实际投加量还应依据水力条件进行适当的调整。

（3）预氧化（包括预氯化、高锰酸钾和臭氧氧化）使用的各种氧化剂，应根据水源水质和试验结果确定药剂投加量、投加方式和投加点。同时，应定期监测消毒副产物的影响，当副产物有超标现象时应采取相应的措施。

（4）当原水浑浊度较高时，应采取预沉淀措施使高浑浊度降到常规工艺可接受的浑浊度标准。

（5）当原水 pH 值偏离混凝剂适宜范围，或为去除某种污染物时，均应经实验确定合理的 pH 值调值量。pH 值应能使混凝剂充分发挥其药效，并使污染物去除效果达到最佳。

2. 高锰酸盐预氧化相关规定

（1）高锰酸盐预氧化时，应根据原水特点和出水要求适量投加，避免过量投加造成出水色度超标。

（2）高锰酸钾预氧化时，投加量小于 11kg/d，通常将高锰酸钾先在溶解池内溶解。

JBE002　预处理设施的运行规定

（二）预处理设施运行规定

1. 氧化预处理设施运行一般规定

（1）氧化剂应主要采用氯气、臭氧、高锰酸盐、二氧化氯等。

(2)所有与氧化剂或溶解氧化剂的水体接触的材料必须耐氧化腐蚀。

(3)氧化预处理过程中的氧化剂的投加点和加注量应根据原水水质状况并结合试验确定,但必须保证有足够的接触时间。

2. 预臭氧接触池运行规定

(1)臭氧接触池应定期清洗。

(2)当接触池人孔盖开启后重新关闭时,应及时检查法兰密封圈是否破损或老化,如发现破损或老化应及时更换。

(3)臭氧投加一般剂量为0.5~4mg/L,实际投加量根据实验确定。

(4)接触池出水端应设置余臭氧监测仪,臭氧工艺需保持水中剩余臭氧浓度在0.2mg/L以内。

3. 高锰酸钾预处理池运行规定

(1)高锰酸钾宜投加在混凝剂投加点前,且接触时间不低于3min,高锰酸钾投加量应控制在0.5~2.5mg/L,实际投加量应通过烧杯搅拌试验确定。

(2)高锰酸钾配制浓度应为1%~5%,且应计量投加,配制好的高锰酸钾溶液不宜长期存放。

4. 生物预处理规定

(1)生物预处理进水浑浊度不宜高于40NTU。

(2)生物预处理池出水溶解氧应在2.0mg/L以上,曝气量应根据原水水质中可生物降解有机物、氨氮含量及进水溶解氧的含量而定,气水比宜为0.5∶1~1.5∶1。

(3)生物预处理初期挂膜时水力负荷减半,应以氨氮去除率大于50%为挂膜成功的标志。

(4)生物预处理池应观察水体中填料的状态,应无水生物生长,填料流化应正常,填料堆积有无加剧,水流应稳定,出水应均匀,并减少短流及水流堵塞等情况发生,布水应均匀。

(5)运行时应对原水水质及出水水质进行检测,有条件的应设置自动检测装置。测试项目应包括水温、DO(环境监测氧参数)、NH_4^+-N(铵态氮)、NO_2-N(亚硝态氮)等。

(6)反冲洗周期不宜过短,冲洗前的水头损失控制在1~1.5m,过滤周期宜为5~10天。

(7)反冲洗强度应根据所选填料确定,应为10~20L/(m^2·s),反冲洗时间应符合普通快滤池的反冲洗规定,当为颗粒填料时,膨胀率应控制在10%~20%。

JBE003 预处理设施的维护保养

(三)预处理设施维护保养

1. 生物预处理设施

1)日常保养项目

(1)每日检查生物预处理池、进出水阀门、排泥阀门及排泥设施运行情况,检查易松动、易损部件,减少阀门的滴、漏情况。

(2)每日检查生物滤池的曝气设施、反冲洗设施、电器仪表及附属设施的运行状况,做好设备、环境的清洁工作和传动部件的润滑保养工作。

2)大修理质量规定

(1)生物填料性能、填充率及填料的承载设施应符合工艺设计要求。

(2)配水系统应配水均匀,配水阻力损失应符合设计要求。

(3)曝气设备完好,布气设施连接完好,接触部位连接紧密,曝气气泡符合设计要求;鼓风机应按照设备有关修理规定进行。

(4)生物预处理排泥设施应符合相关设计规范和要求。

3)大修理项目规定

(1)对滤池曝气设施进行全面检修,检查曝气设施的曝气性能,防止曝气不均匀,并对损坏设施进行检修或更换。

(2)检查填料生物承载能力、填料物理性能,并适当补充或更换填料。

(3)检修或更换集水和配水设施。

(4)检修或更换控制阀门、管道及附属设施。

2. 高锰酸钾预氧化设施

1)日常保养项目

(1)每日检查高锰酸钾配制池、储存池及附属的搅拌设施运行状况,并进行相应的维护保养。

(2)检查高锰酸钾混合处理设施运行状况,并进行相应的维护保养。

(3)每日检查投加管路上各种阀门及仪表的运行状况,并相应进行必要的清洁和保养工作。

2)定期维护项目

(1)每1~2年对高锰酸钾溶解稀释设施放空清洗一次,并进行相应的检修。

(2)每月对稀释搅拌设施、静态混合设施进行一次检修。

(3)每月按照相应的规范和设备维护手册要求对投加管路法兰连接、阀门、仪器、仪表进行检查和校验一次。

(4)每月对相应的电器、仪表设施进行一次检查和校验。

3)大修理项目

(1)定期将高锰酸钾配制、投加相关的阀门解体,更换易损部件,对溶解配制池进行全面检修,并重新进行防腐处理。

(2)每1~2年对投加管路、管路混合设施进行一次解体检修。

(3)对提升泵、计量泵及附属设施每年解体检修一次,更换易损部件、润滑脂。

(4)对系统中的暴露铁件每年进行一次防腐处理。

3. 臭氧发生器

臭氧发生器在维护保养方面应注意监测臭氧接触池是否处于负压、及时清洗或更换空气过滤棉、定期校验仪表准确性、定期检测尾气破坏装置是否正常。

(四)生物预处理

JBE004　生物预处理的方法

1. 生物预处理的方法

生物预处理的方法主要包括:(1)生物滤池,生物滤池是目前生产上常用的生物处理方法,有淹没式生物滤池、煤砂生物滤池及慢滤池;(2)生物塔滤;(3)生物接触氧化法;(4)生物转盘反应器;(5)生物流化床反应器。

生物转盘反应器需要的接触时间较短,因转盘上生物量丰富,不会出现生物滤池中滤料堵塞情况,容易清理与维修管理。

生物流化床反应器的优点是可解决固定填料床中常出现的堵塞问题。

生物滤池运行中需补充一定量的压缩空气，通过固定生长技术在填料表面形成生物膜，有机物可被生物膜吸收利用而被去除。生物滤池处理出水在有机物、臭味、氨氮、铁、细菌等方面均有不同程度的降低，使后续常规工艺的混凝剂耗量与消毒用氯耗量减少。

塔滤的优点：对水量、水质突然变化的适应性较强，在受冲击负荷后，一般只是上层滤料的生物膜受影响。缺点：负荷低、占地面积大、动力消耗大，对浊度、色度的去除效果不好。

生物接触氧化法的优点是处理能力大，对冲击负荷有较强的适应性、污泥生成量少，能保证出水水质、易于维护管理；缺点是因生物膜更新速度慢而容易引起堵塞。

生物过滤工艺中有机物及氨氮的去除除了受原水水质影响外，反应器内生物膜总量是决定生物降解效果的重要因素。

JBE005 生物预处理的特点

2. 生物预处理的特点

（1）能有效地去除原水中可生物降解有机物。

（2）使整个处理工艺出水更安全可靠。

（3）对低浓度有机物有好的去除作用。

（4）能去除氨氮、铁、锰等污染物。

JBE006 饮用水中臭味的来源

（五）饮用水中臭味控制

1. 饮用水中臭味的来源

（1）饮用水中臭味可能是水源水发生异臭引起的。水源水异臭可分为两类：一类是自然发生的异臭，主要由水中生物（如藻类）引起。一类是人为产生的异臭，由工业废水或生活污水直接排入水体引起。

（2）水中臭味也可能是由水中的腐殖质等有机物、藻类、放线菌和真菌以及过量投氯引起的，例如藻类腐败产生青草、鱼腥、霉臭气味，硫菌能产生臭鸡蛋味的物质，大剂量的加氯一般不会有明显的臭味产生，当氯与有机物反应或氯与氨反应时会有臭味。

JBE007 水体臭味的控制方法

2. 水体臭味控制方法

（1）化学氧化法。用于除臭的氧化剂主要有高锰酸钾、自由氯、二氧化氯和臭氧。

（2）活性炭吸附法。粉末活性炭是去除水臭最有效的吸附剂，使用粉末活性炭除臭的优点是建设与管理费用低、吸附能力强、可以再生重用。粉末活性炭一般适用于短期的间歇除臭处理且投加量不高时。

（3）生物处理法。生物处理对臭味的去除效率是50%~80%。

（4）联合法。

JBE008 水体色度的去除方法

（六）水体色度去除方法

造成水中色度升高的物质是溶解性有机物、悬浮胶体、铁、锰。

1. 高锰酸盐

对微污染水中色度的强化去除效果最好的是高锰酸钾复合药剂预处理工艺，高锰酸钾去除色度的机理是高锰酸钾的还原性强。

2. 生物活性炭臭氧系统

生物活性炭臭氧系统去除色度的机理主要是臭氧氧化作用、活性炭表面的吸附作用、生物降解作用。

3. 臭氧

臭氧有突出的脱色能力，天然水中的色度来源于腐殖酸中的发色团，臭氧并不能使引起色度的有机物被彻底氧化为 CO_2 和 H_2O，但能使发色团受到破坏。

JBE009　藻类的去除方法

(七)藻类去除方法

(1)化学药剂法。水厂除藻并不是由某一单元工艺单独完成的，而是贯穿于整个净水工艺。预氯化常用于水处理工艺，来杀死藻类，但预氯化使水中消毒副产物增加，是一种不得已而使用的方法。

(2)微滤机除藻。

(3)气浮除藻。气浮用于除藻的缺点是除藻效率高、藻渣难以处理、操作环境差。

(4)直接过滤除藻。

(5)强化混凝沉淀除藻。常用的强化混凝除藻的方法是调节 pH 值、加入一定的活性硅酸、加入有机高分子助凝剂。

(6)生物处理除藻。生物处理藻类有赖于原生动物的捕食作用。

JBE010　藻毒素的去除方法

(八)藻毒素去除方法

容易引起自然水体中藻毒素升高的因素是微生物积累、生物积累、颗粒物吸附。常规水处理工艺的一些处理阶段可能导致藻毒素的释放，容易引起藻毒素浓度增加的处理方法是投加硫酸铜、混凝剂刺激藻细胞、藻类堵塞滤料。

藻毒素的主要去除方法是活性炭吸附。光分解、光催化也可用于藻毒素的去除，光催化氧化是比光降解更为有效的降解藻毒素的方法。使用常规处理工艺去除藻毒素的去除率在30%；高锰酸盐也是能够有效去除藻毒素毒性的氧化剂。

二、消毒工艺

JBF001　使用二氯化氯的经济分析

(一)使用二氧化氯的经济性分析

(1)对二氧化氯消毒的经济情况进行分析，其中投资费用包括土建、设备两大部分。

(2)二氧化氯消毒的运行成本主要包括折旧费、填挖土方费用。

(3)几种常用的投加二氧化氯方法中，稳定性二氧化氯的成本明显高于化学法现场制备二氧化氯的成本。

(4)不同的二氧化氯发生器的运行成本中最低的是电解法。

(5)采用氯酸钠发生法二氧化氯发生器净化饮用水的成本低于臭氧。

(6)许多成本分析表明，二氧化氯消毒成本高于氯消毒成本。

JBF002　控制消毒副产物的工艺研究

(二)二氧化氯消毒副产物及其来源

(1)二氧化氯用于饮用水消毒时，将在水中产生无机副产物(亚氯酸盐、氯酸盐)。

(2)GB 5749—2006《生活饮用水卫生标准》中明确规定亚氯酸盐、氯酸盐的出厂水中限值是 0.7mg/L。

(3)在原水水质等其他实验条件相同的情况下，亚氯酸盐生成量随二氧化氯投加量的增加而增加。

二氧化氯的无机副产物主要来源：

(1)二氧化氯的制备过程。

(2)二氧化氯的自身歧化。

(3)源于二氧化氯与其他还原性物质的反应。

JBF003 管网二氧化氯残余量的控制

(三)管网二氧化氯残余量控制

1. 管网二氧化氯残余量控制要求

(1)确定合适的出厂水二氧化氯残余量需要针对一定的出厂水管网、水质情况。

(2)出厂水的二氧化氯残余量至少需满足二氧化氯在管网中的消耗量、管网末梢的残余量。

(3)管网水中的消毒剂会因其和管材、沉积物、出厂水及外部入侵物质的反应而逐渐减少。

(4)在自来水管网末梢水中维持较低浓度的二氧化氯,可通过持续消毒抑制微生物的二次繁殖。

(5)在实际应用中,管网末梢水二氧化氯残余量应高于 0.02mg/L 时,管网末梢水的微生物指标和理化指标应基本达到国家饮用水卫生标准。

(6)按一般实践中人体的感觉反应,水中二氧化氯的最大浓度在 0.4~0.45mg/L 时,对水没有异臭味的影响。

2. 管网二氧化氯残余量的控制方法

(1)提高二氧化氯产品的纯度,改善工艺提高控制的精准度。

(2)改进水处理工艺,如采用避光、减少跌水、缩短工艺流程时间等措施。

(3)去除消毒副产物,例如在水中投加亚铁。

(4)去除过量的消毒剂,例如在水投加 CO_2 进行碳酸化处理。

3. 影响消毒剂残余量的因素

影响消毒剂残余量的因素主要是出厂水水质、管网现状、消毒剂的消毒性能和水质标准。

JBF004 二氧化氯间的管理

(四)二氧化氯间管理

(1)二氧化氯的投加方式:一般采用负压管道抽吸二氧化氯气体。

(2)二氧化氯的制备车间应设计水喷淋系统以便吸收事故时泄漏的气体。

(3)未稀释的亚氯酸钠溶液不能与浓酸混合。

(4)制备车间和库房内不允许有高温源或明火。

(5)每个房间独立设置对外开的门和窗。

(6)二氧化氯间有监测和报警系统。

(7)二氧化氯间应考虑溢出的有害气体或废液的收集处理。

(8)二氧化氯间有人员抢救装置。

(9)氯酸钠应存放在干燥、通风、避光处,严禁与易燃物品如木屑、硫黄、磷等物品共同存放,严禁挤压、撞击。

(10)二氧化氯发生器设备所用原料氯酸钠和盐酸应分开单独存放。

(11)二氧化氯消毒系统应采用包括原料调制供应、二氧化氯发生、投加的成套设备,必须有相应有效的各种安全设施。

(12)二氧化氯与水应充分混合,有效接触时间不少于 30min。

(13)二氧化氯的制备、投加设备及管道、管配件必须有良好的密封性和耐腐蚀性;操作台、操作梯及地面均应有耐腐蚀的表层处理。设备间内应有每小时换气8~12次的通风设施,并应配备二氧化氯泄漏的检测仪和报警设施以及稀释泄漏溶液的快速水冲洗设施。设备间应与储存库房毗邻。

三、消毒设备

JBG001 二氧化氯发生系统的维护保养

(一)二氧化氯发生系统维护保养

1. 日常保养项目

(1)每日检查二氧化氯发生设备、投加设备、计量设备是否运行正常。

(2)每日检查二氧化氯原料储备库房情况,查看是否有异常。

(3)每日检查管道、接口等的密封情况,并注意环境卫生。

2. 定期维护项目

(1)每年对二氧化氯发生设备进行一次维护检修。

(2)定期维护二氧化氯投加和计量设备,可按液氯投加和计量设备进行维护。

(3)每年对二氧化氯投加管路进行检修维护。

3. 大修理项目

(1)每3年对二氧化氯发生装置维修一次。

(2)每1~3年对二氧化氯管路进行检修维护,必要时进行全面更换。

(3)二氧化氯投加和计量装置的大修理项目,可按液氯的投加和计量装置的大修理项目规定进行。

(二)臭氧发生系统运行维护

JBG002 臭氧发生器的运行维护内容

1. 臭氧发生器的运行维护

(1)臭氧发生系统的操作运行必须由经过严格专业培训的人员进行。

(2)臭氧发生系统的操作运行必须严格按照设备供货商提供的操作手册中规定的步骤进行。

(3)臭氧发生器启动前必须保证与其配套的供气设备、冷却设备、尾气破坏装置、监控设备等完好且状态正常。

(4)操作人员应定期观察臭氧发生器运行过程中的电流、电压、功率和频率,臭氧供气压力、温度、浓度,冷却水压力、温度、流量,并做好记录,同时还应定期观察室内环境臭氧和氧气浓度值,以及尾气破坏装置运行是否正常。

(5)设备运行过程中,臭氧发生器间和尾气设备间内应保持一定数量的通风设备处于工作状态;当室内环境温度大于40℃时,应通过加强通风措施或开启空调设备来降温。

(6)当设备发生重大安全故障时,应及时关闭整个设备系统。

JBG003 臭氧发生器气源系统的运行维护内容

2. 臭氧发生器气源系统运行维护

(1)空气气源系统的操作运行应按臭氧发生器操作手册所规定的程序进行。操作人员应定期观察供气的压力和露点是否正常;同时还应定期清洗过滤器、更换失效的干燥剂并检查冷凝干燥器是否正常工作。

(2)租赁的氧气气源系统(包括液气和现场制氧)的操作运行应由氧气供应商远程监控、供水厂生产人员不得擅自进入该设备区域进行操作。

(3)供水厂自行采购并管理运行的氧气气源系统,必须取得使用许可证,由经专门培训并取得上岗证书的生产人员负责操作、操作程序必须按照设备供应商提供的操作手册进行。

(4)供水厂自行管理的液氧气源系统运行过程中,生产人员应定期观察压力容器的工作压力、液位刻度、各阀门状态、压力容器以及管道外观情况等,并做好运行记录。

(5)供水厂自行管理的现场制氧气源系统运行过程中,生产人员应定期观察风机和泵组的进气压力和温度、出气压力和温度、油位以及振动值、压力容器的工作压力、氧气的压力、流量和浓度、各阀门状态等,并做好运行记录。

JBG004 臭氧接触池的运行维护内容

3. 臭氧接触池运行维护

(1)应定期清洗接触池。

(2)接触池排空之前必须确保进气和尾气排放管路已切断。切断进气和尾气管路之前必须先用压缩空气将布气系统及池内剩余臭氧气体吹扫干净。

(3)接触池压力人孔盖开启后重新关闭时,应及时检查法兰密封圈是否破损或老化,当发现破损或老化时应及时更换。

(4)接触池出水端应设置水中余臭氧监测仪,臭氧工艺应保持水中剩余臭氧浓度在0.2mg/L。

(5)臭氧尾气处置应符合下列规定:

① 臭氧尾气消除装置应包括尾气输送管、尾气中臭氧浓度监测仪、尾气除温器、抽气风机、剩余臭氧消除器以及排放气体臭氧浓度监测仪及报警设备等。

② 臭氧接触池尾气消除装置的处理气量应与臭氧发生装置的处理气量一致。抽气风机宜设有抽气量调节装置,并可根据臭氧发生装置的实际供气量适时调节抽气量。

③ 应定时观察臭氧浓度监测仪,尾气最终排放臭氧浓度不应高于0.1mg/L。

项目二　更换隔膜计量泵油

一、准备工作

(一)设备

隔膜计量泵1套。

(二)工具、材料

机油1桶,液压油1桶,黄油1kg,抹布2块。

(三)人员

1人操作,持证上岗,劳动保护用品穿戴齐全。

二、操作规程

序号	工序	操作步骤
1	准备工作	选择工具、用具及材料
2	选择油种类	(1)根据隔膜泵的要求,从所给的样品油中选择适合的油种类。 (2)确认三级过滤工作已完成

续表

序号	工序	操作步骤
3	判断是否加油	(1)缺油：通过油位观察孔看缺油情况，油位在1/2~2/3处较为适宜。 (2)油变质：目测油的颜色及油内有无杂质来判断油的性质。 (3)保养期：通过泵的运行时间来判断
4	缺油加油	(1)两个油箱依次加油，打开油盖。 (2)选择油的种类，缓缓加入油箱内。 (3)通过油位观察孔确定油位
5	油变质加油	(1)通过泵底端放空阀将变质的油放尽，清理油箱。 (2)关闭放空阀，打开油盖。 (3)将正确的油缓缓加入油箱内，通过油位观察孔确定油位
6	保养加油	判断油质、油位，若油变质，按油变质加油步骤操作，若缺油按缺油加油步骤操作
7	清理场地	将泵周围擦拭干净，所有物品放回原位

三、技术要求

(1)要选择合适的油品。
(2)换油前要将变质的油彻底清空。
(3)加油速度不能过快，要缓缓加入油箱。

四、注意事项

(1)更换前要确认三级过滤工作已完成。
(2)更换前要确认泵的保养周期。

项目三 设定计量泵安全阀、背压阀压力

一、准备工作

(一)设备

计量泵系统1套。

(二)工具、材料

6号活动扳手1把，螺丝刀1把，安全阀若干，背压阀若干。

(三)人员

1人操作，持证上岗，劳动保护用品穿戴齐全。

二、操作规程

序号	工序	操作步骤
1	准备工作	(1)熟练掌握计量泵的启停及工艺流程。 (2)设定过程中先设定安全阀，再设定背压阀。 (3)设定前必须保证整个系统处于无压状态。 (4)设定前用清水将药液管线清洗干净

续表

序号	工序	操作步骤
2	安全阀的压力设定	(1)打开计量泵进口阀门,关闭计量泵出口阀,标定柱进口阀。 (2)将安全阀、背压阀的压力调解螺栓逆时针完全松开。 (3)启动计量泵。 (4)顺时针调节安全阀上部螺栓,增加压力,同时观察压力表,直到压力表显示数值为实际系统工作压力的 1.15~1.2 倍。 (5)打开计量泵出口阀门
3	清理场地	将泵周围擦拭干净,所有物品放回原位

三、技术要求

(1)设定前系统必须处于无压状态。

(2)安全阀、背压阀设定压力为零。

(3)压力表读数不能高于计量泵额定压力。

四、注意事项

要严格遵守操作规程。

项目四　检修计量泵进出口单向阀

一、准备工作

(一)设备

计量泵 1 台,计量泵进出口单向阀 2 个。

(二)工具、材料

8 号活动扳手 1 把,管钳 1 把,耐酸碱手套 1 副。

(三)人员

1 人操作,持证上岗,劳动保护用品穿戴齐全。

二、操作规程

序号	工序	操作步骤
1	准备工作	选择工具、用具及材料
2	拆除进出口单向阀	(1)将泵的行程调至 50%,拆开出入口法兰或连接锁母。 (2)拧下入口阀本体,取出入口阀球。 (3)拧下出口阀本体,取出出口阀球。 (4)清洗进入口阀本体,检测阀球、阀座的配合严密性
3	安装进出口单向阀	(1)装好出口阀,拧紧螺母。 (2)装好入口阀,拧紧螺母。 (3)连接出入口法兰或连接锁母。 (4)打开进口阀门进行排空,检查连接点是否泄漏
4	清理场地	将泵周围擦拭干净,所有物品放回原位

三、技术要求

(1)泵行程要调节正确。

(2)安装进出口单向阀时要注意安装方向。

(3)打开进出口阀门时要排气。

四、注意事项

要严格遵守操作规程。

模块三　管理维护设备

项目一　相关知识

一、PVC 管线

（一）概述

PVC 管（PVC-U 管）是由聚氯乙烯树脂与稳定剂、润滑剂等配合后用热压法挤压成型的，是最早得到开发应用的塑料管材。PVC 管抗腐蚀能力强、易于粘接、价格低、质地坚硬，但是由于有 PVC 单体和添加剂渗出，只适用于输送温度不超过 45℃ 的给水系统。

（二）性能特点

（1）耐腐蚀性强，不受腐蚀性土壤和各种饮用水的影响；（2）内壁光滑，比常规材料摩擦阻力小；（3）管道及配件永不生锈，因而其内部不会发生侵蚀及收缩的变化；（4）建筑物外墙不会因管道生锈而污染，保证建筑物价值不致受损；（5）管道配件款式繁多、齐全，可适合各种设计及安装要求；（6）安装方便，无须定期保养维修；（7）质量为铸铁管的 1/5，易于运输和操作；（8）采用胶水粘接，简易快捷，经济高效；（9）无味、无臭、无毒；（10）可耐广泛的化学物品，包括强酸和强碱；（11）不受细菌的侵害；（12）抗白蚁、耐风化；（13）比常规材料价格低廉；（14）在正常使用条件下寿命可达 50 年以上。

JBH001　PVC 管线的连接方法

（三）PVC 管线连接方法

PVC 管的连接方式主要有密封胶圈、粘接和法兰连接 3 种。管径不小于 100mm 的管道一般采用密封胶圈连接方式；管径小于 100mm 的管道则一般采用粘接接头，也有的采用活接头。管道在跨越下水道或其他管道时，一般都使用金属管，这时塑料管与金属管采用法兰连接。阀门前后与管道的连接也都是采用法兰连接。热软化扩口承插连接法适用于管道系统设计压力不大于 0.15MPa 的同管径管材的连接。

JBH002　PVC 管线连接的注意事项

（四）PVC 管线连接注意事项

（1）粘接剂等易燃物品应远离火源。

（2）PVC 管待粘接的插口部分需用板锉锉成 15°~30°的坡口。

（3）盛放粘接剂的棉纱和材料应在每日施工结束后及时清除。

（4）PVC 管粘接静置固化速度太快，易使胶层变脆，粘接强度下降。

（5）避免粘接剂与眼睛、皮肤的接触，一旦发生接触，必须立即清洗。

（6）冬季施工时如发现粘接剂冻结，应用温水加热，不得以明火烘烤。

（7）外界施工环境温度低于-20℃时，不得粘接 PVC 管线。

（8）PVC 管粘接过程中管道插接完毕应保持施压一段时间，待胶剂初步固化后方可松开，以免接口滑脱。

JBH003 PVC管与PE管的区别

(五)PVC管线与PE管线的区别

(1)PE管平均摩尔质量为10^4~10^6,颗粒状,柔软性好,比水轻,耐腐蚀性强,无毒;PVC管平均摩尔质量为$1.5×10^5$~$1.2×10^5$,粉末状,机械强度高,耐热性低,耐酸碱性强;化学稳定性好,140℃分解。

(2)PVC管的耐热性强于PE管的耐热性;PVC管的耐低温性弱于PE管;PE管常用温度限制在-40~100℃,适宜在较强于寒冷地区使用。

(3)PE管着火点为340℃,属于缓燃性物料,在缺氧状况下着火点燃不燃烧,可用作输送燃气、水等管线,可以采用热熔连接。

(4)PVC管耐寒性差,低温易碎,生产中要添加剂,不好控制。

(5)PVC管的抗压强度性能强于PE管。

(6)PVC管的耐冲击强度弱于PE管,遭受重物直接冲击易碎裂。

二、液位计

JBH004 液位计的概述

(一)概述

在工业生产过程中,常遇到大量的液体物料和固体物料,它们占有一定的体积,堆成一定的高度,把生产过程中罐、塔、槽等容器中存放的液体表面位置称为液位;把料斗、堆场仓库等储存固体块、颗粒、粉料等的堆积高度和表面位置称为料位;两种互不相容的物质的界面位置称为界位。液位计是对液位进行测量的仪表。

液位测量的主要目的有两个,一是通过液位测量来确定容器中的原料,以保证连续供应生产中各个环节所需的液体或进行经济核算;二是通过液位测量,了解液位是否在规定的范围内,以便使生产过程正常运行,保证产品的质量、产量和安全生产。

液位检测总体上可分为直接检测和间接检测两种方法。直接测量是一种最为简单、直观的测量方法,它利用连通器的原理,将容器中的液体引入带有标尺的观察管中,通过标尺读出液位高度。间接测量是将液位信号转化为其他相关信号进行测量,如压力法、浮力法、电学法、热学法等。

JBH005 液位计的分类

(二)分类

(1)直读式液位仪表:玻璃管液位计、玻璃板液位计等。玻璃液位计可用于测量敞口容器和密封容器的液位。

(2)差压式液位仪表:利用液柱或物料堆积对某定点产生压力的原理而工作,如差压液位计。

(3)浮力式液位仪表:利用浮子高度或浮力随液位高度而变化的原理工作。

① 恒浮力式液位计:恒浮力式液位计是利用浮子本身的重量和所受的浮力均为定值,使浮子始终漂浮在液面上并跟随液面的变化而变化的原理来测量液位的,如浮球式液位计。

② 变浮力式液位计:变浮力式液位计的检测组件是沉浸在液体中的浮筒,它随液位变化而产生浮力的变化去推动气动或电动组件,发出信号给显示仪表,以指示被测液面值,也可作液面报警的控制,如浮筒式液位计(又称沉筒式液位计)。

(4)电磁式液位仪表:使液位变化转换为一些电量的变化,如电容式液位计。

(5)核辐射液位仪表:利用射线透过液体时其强度随物质层的厚度而变化的原理工作。

(6)声波式液位仪表:液位的变化引起声阻抗的变化、声波的遮断和声波反射的不同,测出这些变化就可测知液位,根据工作原理分为声波遮断式、反射式和阻尼式。

三、变频器

JBI001 变频器的概述

(一)概述

变频器(Variable-frequency Drive,VFD)是应用变频技术与微电子技术,通过改变电动机工作电源频率的方式来控制交流电动机的电力控制设备。变频器主要由整流(交流变直流)、滤波、逆变(直流变交流)、制动单元、驱动单元、检测单元微处理单元等组成。变频器靠内部 IGBT(绝缘栅双极型晶体管)的开断来调整输出电源的电压和频率,根据电动机的实际需要来提供其所需要的电源电压,进而达到节能、调速的目的,另外,变频器还有很多的保护功能,如过流、过压、过载保护等。随着工业自动化程度的不断提高,变频器得到了非常广泛的应用。

(二)分类

1. 按变换环节分类

1)交-交变频器

交-交变频器又称周波变流器,把频率固定的交流电源直接变换成频率可调的交流电,又称直接式变频器,属于直接变频电路,广泛用于大功率交流电动机调速传动系统,实际使用的主要是三相输出交变变频电路(由三组输出电压相位各差120°的单相交交变频电路组成)。交-交变频器过载能力强、效率高、输出波形好,但输出频率低、使用功率器件多、输入无功功率大、高次谐波对电网影响大。

2)交-直-交变频器

交-直-交变频器先把频率固定的交流电整流成直流电,再把直流电逆变成频率连续可调的交流电,又称间接式变频器。目前,通用型变频器绝大多数是交-直-交变频器,电压器变频器最为通用。交-直-交变频器由整流电路(交-直交换)、直流滤波电路(能耗电路)及逆变电路(直-交变换)组成。交-直-交变频器结构简单、输出频率变化范围大、功率因数高、谐波易于消除、可使用各种新型大功率器件。

2. 按电压的调制方式分类

1)PAM(脉幅调制)变频器

PAM 变频器输出电压的大小通过改变直流电压的大小来进行调制,在中小容量变频器中,这种方式几近绝迹。

2)PWM(脉宽调制)变频器

PWM 变频器输出电压的大小通过改变输出脉冲的占空比来进行调制,目前普通应用的是占空比按正弦规律安排的正弦脉宽调制(SPWM)方式。

3. 按直流环节的储能方式分类

1)电流型

电流型中间直流环节采用大电感 LF 作为储能环节,直流内阻较大。

2)电压型

电压型中间直流环节的储能元件采用大电容 CF,直流电压比较平稳,直流电源内阻较小。

4. 按供电电压分类

变频器可分为低压变频器、中压变频器和高压变频器。

5. 按用途分类

变频器可分为通用型变频器、工程型变频器、特殊变频器、一体化变频器。

(三)工作原理

变频器是一种电源变换装置,要实现变频调速,必须有频率可调的交流电源,但电力系统却只能提供固定频率的交流电源,因此需要一套变频装置来完成变频的任务。历史上曾出现过旋转变频机组,但由于存在许多缺点现在很少使用。现代的变频器都是由大功率电子器件构成的,相对于旋转变频机组,被称为静止式变频装置,是构成变频调速系统的中心环节。

一个变频调速系统主要由静止式变频装置、交流电动机和控制电路三大部分组成。静止式变频装置的输入是三相式单相恒频、恒压电源,输出则是频率和电压均可调的三相交流电。至于控制电路,变频调速系统要比直流调速系统和其他交流调速系统复杂得多,这是被控对象——感应电动机本身的电磁关系以及变频器的控制均较复杂所致,因此变频调速系统的控制任务大多由微处理机承担。控制电路是给异步电动机供电(电压、频率可调)的主电路提供控制信号的回路,由频率、电压的"运算电路",主电路的"电压、电流检测电路",电动机的"速度检测电路",将运算电路的控制信号进行放大的"驱动电路",以及逆变器和电动机的"保护电路"组成。

(1)运算电路:将外部的速度、转矩等指令同检测电路的电流、电压信号进行比较运算,决定逆变器的输出电压、频率。

(2)电压、电流检测电路:与主回路电位隔离检测电压、电流等。

(3)驱动电路:驱动主电路器件的电路,与控制电路隔离使主电路器件导通、关断。

(4)速度检测电路:以装在异步电动机轴机上的速度检测器的信号为速度信号,送入运算回路,根据指令和运算可使电动机按指令速度运转。

(5)保护电路:检测主电路的电压、电流等,当发生过载或过电压等异常时,可防止逆变器和异步电动机损坏。

变频器的主电路是给异步电动机提供调压调频电源的电力变换部分,变频器的调压调频过程是通过控制调制波进行的。一般的通用变频器包含整流电路、逆变电路、控制电路、制动电路和中间直流电路。变频器的主电路大体上可分为电压型和电流型两类。电压型是将电压源的直流变换为交流的变频器,直流回路的滤波是电容。电流型是将电流源的直流变换为交流的变频器,其直流回路滤波是电感。

1. 整流器

为了产生可变的电压和频率,首先要把电源的交流电(AC)变换为直流电(DC),这一过程称为整流。该过程可使用二极管变流器,它把工频电源变换为直流电源,也可用两组晶体管变流器构成可逆变流器,由于其功率方向可逆,可以进行再生运转。

2. 平波回路

在整流器整流后的直流电压中,含有电源 6 倍频率的脉动电压,此外,逆变器产生的脉动电流也使直流电压变动,为了抑制电压波动,可采用电感和电容吸收脉动电压(电流)。

装置容量小时，如果电源和主电路构成器件有余量，可以省去电感采用简单的平波回路。

3. 逆变器

同整流器相反，逆变器可将直流功率变换为所要求频率的交流功率，以所确定的时间使6个开关器件导通、关断就可以得到3相交流输出。

JBI002 变频器的优缺点

（四）优点

变频调速已被公认为是最理想、最有发展前途的调速方式之一，采用通用变频器构成变频调速传动系统的主要目的，一是为了满足提高劳动生产率、改善产品质量、提高设备自动化程度、提高生活质量及改善生活环境等要求；二是为了节约能源、降低生产成本。变频器具有以下优点：

（1）变频器可最大限度地限制电动机的启动电流，减少电网压降，可实现恒转矩及变转矩启动，即变频器可实现软启动。工频状况下电动机直接启动时，电流是电机额定电流的4~7倍，若多台大功率的电动机同时启动，将对电网造成很大冲击。采用变频器后，电动机只需在额定电流下就可启动，电流平滑无冲击，减少了启动电流对电动机和电网的冲击，延长了电动机的使用寿命。

（2）变频器可实现全范围调速，其节能效果较大。采用变频调速后，风机、泵类负载的节能效果最明显，据有关资料节电率可达到20%~60%，这是因为风机水泵的耗用功率与转速的三次方成比例，当用户需要的平均流量较小时，风机、水泵的转速较低，其节能效果十分可观。由于这类负载很多，约占交流电动机总容量的20%~30%，因此它们的节能具有非常重要的意义。

（3）变频器可以最大限度地减少无功功率。无功功率不但增加线损和设备的发热，更主要的是无功功率的存在会导致电网有功功率的降低，而使用变频器调节后，由于变频器内滤波电容的存在，使得功率因素接近为1，增大了电网的有功功率。从而节省了无功功率消耗的能量。

（4）变频器通过PID、PLC进行闭环调节，这种调节可以是连续的，也可以是跳跃的，并能实现自动控制和手动控制两者之间的方便切换，实现对电动机转速的自动调节。

（5）变频器采用过流、过压、瞬时断电、短路、欠压、缺相等多种保护，保留原有的工频回路与变频回路互锁控制并加以完善，作为变频故障应急措施，在变频器发生故障后可以尽快恢复。

（五）变频调速在电动机运行方面的优缺点

变频调速很容易实现电动机的正、反转。只需要改变变频器内部逆变管的开关顺序即可实现输出换相，也不存在因换相不当而烧毁电动机的问题。变频调速系统启动大都是从低速开始，频率较低。加、减速时间可以任意设定，故加、减速时间比较平缓，启动电流较小，可以进行较高频率的启停。变频调速系统制动时，变频器可以利用自己的制动回路，将机械负载的能量消耗在制动电阻上，也可回馈给供电电网，但回馈给电网需增加专用附件，投资较大。除此之外，变频器还具有直流制动功能，需要制动时，变频器给电动机加上一个直流电压，进行制动，无须另加制动控制电路。

变频调速的缺点主要表现在对使用环境的要求较为严格，其使用的环境要求粉尘、温度和湿度必须符合变频器运行条件，环境温度要求在0~40℃，最好能够控制在25℃左右，湿度不超过 95%，且无凝结或水雾，所在配电室尽量不用湿布拖地，以使室内能够保持长期干燥的状态。

JBI003 变频器的作用

（六）功用

变频器的功用是将频率固定（通常为工频 50Hz）的交流电（三相的或单相的）交换成频率连续可调的三相交流电源。如图 3-3-1 所示，变频器的输入端（R，S，T）接至频率固定的三相交流电源，输出端（U，V，W）输出的是频率在一定范围内连续可调的三相交流电，接至电动机。VVVF（Variation Voltage Variation Frequency）表示频率可变、电压可变。

1. 变频节能

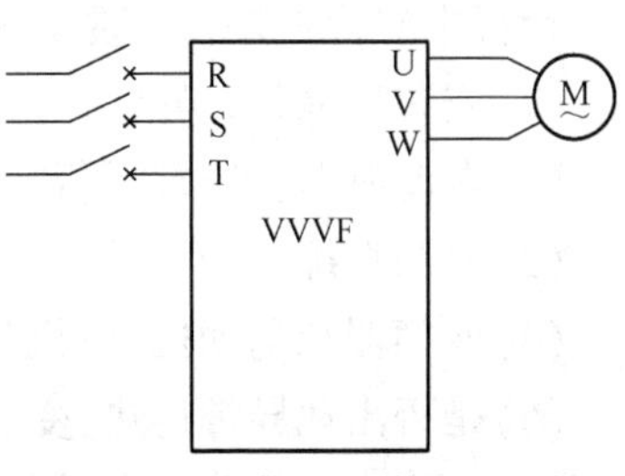

图 3-3-1　变频器工作过程示意图

变频器节能主要表现在风机、水泵的应用上。为了保证生产的可靠性，各种生产机械在设计配用动力驱动时，都留有一定的富余量。当电动机不能在满负荷下运行时，除达到动力驱动要求外，多余的力矩增加了有功功率的消耗，造成电能的浪费。风机、泵类等设备传统的调速方法是通过调节入口或出口的挡板、阀门开度来调节给风量和给水量，其输入功率大，且大量的能源消耗在挡板、阀门的截流过程中。当使用变频调速时，如果流量要求减小，通过降低泵或风机的转速即可满足要求。为了提高电动机的转速控制精度、适应多台电动机的比例运行控制，变频器设置了频率增益功能。

变频器在工频下运行，具有节电功能的前提条件是：

（1）大功率并且为风机/泵类负载；

（2）装置本身具有节电功能（软件支持）；

（3）长期连续运行。

2. 功率因数补偿节能

使用变频调速装置后，变频器内部滤波电容的作用，减少了无功损耗，增加了电网的有功功率。

3. 软启动节能

电动机硬启动对电网造成严重的冲击，而且它对电网容量要求过高，启动时产生的大电流和振动对挡板和阀门的损害极大，对设备、管路的使用寿命极为不利，而使用变频节能装置后，变频器的软启动功能将使启动电流从零开始，最大值也不超过额定电流，减轻了对电网的冲击和对供电容量的要求，延长了设备和阀门的使用寿命，节省了设备的维护费用。

（七）维护保养

1. 操作注意事项

（1）变频器为高压危险装置，任何操作人员必须严格遵守操作规程。

（2）必须先给控制部分上电，得到高压合闸允许后，再上高压电。

（3）使用液晶屏时，只需用手指轻触即可，严禁使劲敲击或用硬物点击。

（4）严禁无关人员任意指点液晶屏，以防产生误操作。

（5）变频器运行时不要随便打开柜门，否则系统将进行报警。

（6）变频器故障后需要手动旁路时，旁路开关的倒换要在完全断电的情况下进行。

（7）操作变频器系统旁路开关时，必须严格遵守操作规程，在变频器输入和输出隔离开关全部拉开后方可闭合旁路开关，以确保变频器安全。

（8）变频器所有参数在设备交付运行前都已进行合理设置，用户不得随意更改。

（9）对于变频器调速系统的调试工作，大体应遵循“先重载、继轻载、后空载”的原则。

变频器通常允许在变频器通常允许在±15%的额定电压下正常工作。

JBI004 变频器的维护方法

2. 日常维护

运行中应检查是否出现下述异常现象：

（1）安装环境是否异常。

（2）电动机是否正常运行。

（3）冷却系统是否异常。

（4）变频器和电动机、风机是否有异常振动、异常声音，变频器噪声应不高于75dB。

（5）是否出现异常过热、变色现象。

（6）高压室的环境温度是否异常。由于变频器安装地点的环境温度冬夏温差很大，应随时注意室内的温度，保持在0~40℃，值班人员或维护人员要定期对变压器进行巡视、检查，记录变压器绕组的温度值。

（7）变频器的运行对环境的要求较高，因此应对温度、湿度、空气进行监控。

（8）散热风机是否正常转动，界面应无报警提示；环境的冷却装置（空调、风道、水空冷器）是否工作正常。

（9）变频器、电动机、变压器、风机等是否有过热、变色现象或是否有异味。

（10）运行时应重点检查变频器的电压、电流、温度。

（八）常见故障

（1）在运行中频繁出现的自动停机现象，并伴随着一定的故障显示代码，其处理措施可根据随机说明书上提供的指导方法进行处理和解决。这类故障一般是由于变频器运行参数设定不合适或外部工况、条件不满足变频器使用要求所产生的一种保护动作现象。

（2）由于使用环境恶劣、高温、导电粉尘引起的短路和潮湿引起的绝缘能力降低或击穿等突发故障（严重时，会出现打火、爆炸等异常现象）。这类故障发生后，一般会使变频器无任何显示，其处理方法是先对变频器解体检查，重点查找损坏件，根据故障发生区进行清理、测量、更换，然后全面测试，再恢复系统，空载试运行，观察触发回路输出侧的波形，当6组波形大小、相位差相等后，再加载运行，达到解决故障的目的。

（3）变频器整流块的损坏也是变频器的常见故障之一，整流块损坏后一般会出现变频器不能送电、熔断器熔断、三相输入或输出端呈低阻值或短路（正常时其阻值达到兆欧以上）等现象。更换整流块时，要求其在与散热片接触面上均匀地涂上一层传热性能良好的硅导热膏，再紧固螺栓。如果没有同型号整流块时，可用同容量的其他类型的整流块替代，其固定螺孔必须重新钻孔、再安装、接线。

（4）充电电阻易损坏。原因可能是主回路接触器吸合不好，造成通电时间过长而烧坏，或充电电流太大而烧坏电阻；也可能是重载启动时，主回路通电和RUN（运行）信号同时接通，使充电电阻既要通过充电电流，同时又要通过负载逆变电流，故被烧坏。

充电电阻损坏一般表现为烧毁、外壳变黑、炸裂等损坏痕迹，也可根据万用表测量其电阻（不同容量机器的阻值不同，可参考同一种机型的阻值大小确定）判断。

(5)逆变器模块烧坏。中小型变频器一般用三组IGBT；大容量的机种均采用多组IGBT并联，故测量检查时应分别逐一进行检测。IGBT的损坏也可引起变频器OC（过电流）保护功能动作。损坏原因输出负载发生短路；负载过大，大电流持续运行；负载波动很大，导致浪涌电流过大；冷却风扇效果差，致使模块温度过高，导致模块烧坏、性能变差、参数变化等问题，引起逆变器输出异常。

四、自动控制系统

污水处理厂工艺过程中要用到大量的阀门、泵、风机及吸、刮泥机等机械设备，它们常常要根据一定的程序、时间和逻辑关系定时开、停，例如在采用氧化沟处理工艺的污水处理厂，氧化沟中的转刷要根据时间、溶解氧浓度等条件定时启动或停止；在采用活性污泥法的污水处理厂，初沉池的排泥，消化池的进、排泥也要根据一定的时间顺序进行。另外，污水处理的工艺过程同其他工艺过程类似，也要在一定的温度、压力、流量、液位、浓度等工艺条件下进行，但是，由于种种原因，这些数值总会发生一些变化，与工艺设定值发生偏差。为了保持参数设定值，就必须对工艺过程施加一个作用以消除这种偏差而使参数回到设定值上来，例如，消化池内的污泥温度需要控制在一定的范围内，鼓风机的出口压力需要控制在一个定值，曝气池内的溶解氧浓度要根据工艺要求控制在一定的范围内等。

JBJ003　自控系统的功能

（一）自动控制系统应具备功能

污水处理厂的自动控制系统主要是对污水处理过程进行自动控制和自动调节，使处理后的水质指标达到预期要求。自动控制系统具有如下功能：

(1)控制操作：在中心控制室能对被控设备进行在线实时控制，如启停某一设备，调节某些模拟量输出的大小，在线设置PLC控制器的某些参数等。

(2)显示功能：用图形实时地显示各现场被控设备的运行工况以及各现场的状态参数等。

(3)数据管理：利用实时数据库和历史数据库中的数据进行比较和分析，可得出一些有用的经验参数，有利于优化处理过程和参数控制。

(4)报警功能：当某一模拟量（如电流、压力、液位等）测量值超过给定范围或某一开关量（如电动机故障、阀门开关故障等）发生变位时，可根据不同的需要发出不同等级的报警。

(5)打印功能：可以实现报表和图形打印以及各种事件和报警实时打印。打印方式可以采用定时打印或事件触发打印。

(6)通信功能：中控室所有信息均可传送公司并接收公司总调度室的指令。

(7)建立网络服务器：所有实时数据和统计分析数据均可通过企业内部网或互联网查询，各部门可共享生产运行信息。

（二）控制功能实现途径

1. 逻辑控制功能

逻辑控制一般指控制器的开关量控制，对于自动化控制来说，逻辑控制是最基本也是最广泛的应用,在水处理现场不仅对单台设备适用,对多台设备也同样适用。逻辑控制是作为保护控制的最基本的组成部分。

2. 模拟量控制功能

在工厂的自动化控制中,有许多连续变化的量,例如温度、压力、流量、液位或者速度等,都是在随着工艺流程不断变化的量,称为模拟量。但是要实现对这些模拟量的控制就必须进行模拟量与数字量的转换,即 A/D 转换。所以,控制器均配备了 A/D 和 D/A 转换模块,可以方便地用于对系统模拟量的监测及控制。

3. 过程控制功能

过程控制是指对温度、压力、流量等模拟量进行的闭环控制。对于复杂的系统控制,控制器能编制各种各样的控制算法程序,完成闭环控制。PID 调节是一般闭环控制系统中用得较多的调节方法。大中型 PLC 都有 PID 模块,目前许多小型 PLC 也具有此功能模块。PID 处理一般是运行专用的 PID 子程序。

4. 数据处理功能

现代的 PLC 控制器具有数学运算、数据传送、数据转换、排序、查表、位操作等功能,可以完成数据的采集、分析及处理。这些数据可以与存储在存储器中的参考值比较,完成一定的控制操作,也可以利用通信功能传送到别的智能装置,或将它们打印制表。

5. 通信及联网功能

PLC 通信含 PLC 间的通信及 PLC 与其他智能设备间的通信。随着计算机控制的发展,控制器的网络通信也得到了迅猛发展,有多种网络通信方式,并且接口灵活,因此自动控制系统在网络组建方面变得灵活方便。

JBJ004 PID控制系统的概述

(三)PID 控制系统

当今的闭环自动控制技术都是基于反馈的概念以减少不确定性的。反馈理论的要素包括 3 个部分:测量、比较和执行。测量关键的是被控变量的实际值与期望值相比较,用这个偏差来纠正系统的响应,执行调节控制。在工程实际中,应用最为广泛的调节器控制规律为比例、积分、微分控制,简称 PID 控制,又称 PID 调节。

PID 控制器(比例-积分-微分控制器)是一个在工业控制应用中常见的反馈回路部件,由比例单元 P、积分单元 I 和微分单元 D 组成。PID 控制的基础是比例控制;积分控制可消除稳态误差,但可能增加超调;微分控制可加快大惯性系统响应速度以及减弱超调趋势。

PID 控制器由于用途广泛、使用灵活,已有系列化产品,使用中只需设定 3 个参数,Kp(比例系数)、Ti(积分时间常数)和 Td(微分时间常数)即可。在很多情况下,并不一定需要全部 3 个单元,可以取其中的 1~2 个单元,但比例控制单元是必不可少的。

PID 控制系统优缺点:

(1)PID 应用范围广。虽然很多工业过程是非线性或时变的,但通过对其简化可以变成基本线性和动态特性不随时间变化的系统,这样 PID 就可控制了。

(2)PID 参数较易整定。也就是说,PID 参数 Kp、Ti 和 Td 可以根据过程的动态特性及时整定。如果过程的动态特性变化,例如可能由负载的变化引起系统动态特性变化,PID 参数就可以重新整定。

(3)PID在控制非线性、时变、耦合及参数和结构不确定的复杂过程时,工作得不是太好。最重要的是,如果PID控制器不能控制复杂过程,无论怎么调参数都没用。

虽然有这些缺点,但简单的PID控制器有时却是最好的控制器。

目前,PID控制及其控制器或智能PID控制器已经很多,产品已在工程实际中得到了广泛的应用,有各种各样的PID控制器产品,各大公司均开发了具有PID参数自整定功能的智能调节器(intelligent regulator),其中PID控制器参数的自动调整是通过智能化调整或自校正、自适应算法来实现。目前已研发利用PID控制实现的压力、温度、流量、液位控制器,能实现PID控制功能的可编程控制器(PLC),以及可实现PID控制的PC系统等。可编程控制器(PLC)是利用其闭环控制模块来实现PID控制,而可编程控制器(PLC)可以直接与ControlNet相连,利用网络来实现其远程控制功能。

JBJ001 可编程逻辑控制器的概述

(四)可编程逻辑控制器

1.概述

可编程序逻辑控制器(Programmable Logic Controller)简称PLC,是在继电器控制技术和计算机技术的基础上开发出来的,并逐渐发展成为以微处理器为核心,将自动化技术、计算机技术、通信技术融为一体的新型工业控制装置。

可编程逻辑控制器是一种数字运算操作的电子系统,专为在工业环境下的应用而设计。它采用可编程序的存储器,用来在其内部存储执行逻辑运算、顺序控制、定时、计数和算术运算等操作的指令,并通过数字式和模拟式的输入和输出,控制各种类型的机械或生产过程。

2.组成

PLC的硬件主要由中央处理器(CPU)、存储器、输入单元、输出单元、通信接口、扩展接口电源等部分组成。其中,CPU是PLC的核心,输入单元与输出单元是连接现场输入/输出设备与CPU之间的接口电路,通信接口用于与编程器等外设连接。

1)CPU

中央处理单元(CPU)主要由运算器、控制器、寄存器及实现它们之间联系的数据、控制、地址及状态总线构成,还包括外围芯片、总线接口及有关电路。它确定了进行控制的规模、工作速度、内存容量等。CPU的控制器控制CPU工作,由它读取指令、解释指令及执行指令,但工作节奏由振荡信号控制。CPU的运算器用于进行数字或逻辑运算,在控制器指挥下工作。CPU的寄存器参与运算,并存储运算的中间结果,它也在控制器的指挥下工作。CPU虽然划分为以上几个部分,但PLC中的CPU芯片实际上就是微处理器。

PLC中所配置的CPU随机型不同而不同,常用的有3类:通用微处理器(如Z80、8086、80286等)、单片微处理器(如8031、8096等)和位片式微处理器(如AMD29W等)。小型PLC大多采用8位通用微处理器和单片微处理器;中型PLC大多采用16位通用微处理器或单片微处理器;大型PLC大多采用高速位片式微处理器。

目前,小型PLC为单CPU系统,而中大型PLC则大多为双CPU系统,甚至有些PLC中多达8个CPU。对于双CPU系统,一般一个为字处理器,一般采用8位或16位处理器,另一个为位处理器,采用由各厂家设计制造的专用芯片。字处理器为主处理器,用于执行编程器接口功能,监视内部定时器,监视扫描时间,处理字节指令以及对系统总线和位处理器进行控制等。位处理器为从处理器,主要用于处理位操作指令和实现PLC编程语言向机器语言的转换。位处理器的采用,提高了 PLC 的速度,使 PLC 可更好地满足实时控制要求。

在 PLC 中,CPU 按系统程序赋予的功能指挥 PLC 有条不紊地进行工作,归纳起来主要有以下几个方面:

(1)接收从编程器输入的用户程序和数据。

(2)诊断电源、PLC 内部电路的工作故障和编程中的语法错误等。

(3)通过输入接口接收现场的状态或数据,并存入输入映象寄存器或数据寄存器中。

(4)从存储器逐条读取用户程序,经过解释后执行。

(5)根据执行的结果,更新有关标志位的状态和输出映象寄存器的内容,通过输出单元实现输出控制。有些 PLC 还具有制表打印或数据通信等功能。

2)存储器

存储器主要有两种:一种是可读/写操作的随机存储器 RAM,另一种是只读存储器 ROM、PROM、EPROM 和 EEPROM。在 PLC 中,存储器主要用于存放系统程序、用户程序及工作数据。

系统程序是由 PLC 的制造厂家编写的,和 PLC 的硬件组成有关,完成系统诊断、命令解释、功能子程序调用管理、逻辑运算、通信及各种参数设定等功能,提供 PLC 运行的平台。系统程序关系到 PLC 的性能,而且在 PLC 使用过程中不会变动,所以由制造厂家直接固化在只读存储器 ROM、PROM 或 EPROM 中,用户不能访问和修改。

用户程序是根据 PLC 的控制对象而定的,由用户根据对象生产工艺的控制要求而编制的应用程序。为了便于读出、检查和修改,用户程序一般存于 CMOS 集成电路静态 RAM 中,用锂电池作为后备电源,以保证断电时不会丢失信息。为了防止干扰对 RAM 中程序的破坏,当用户程序运行正常,不需要改变,可将其固化在只读存储器 EPROM 中。现在有许多 PLC 直接采用 EEPROM 作为用户存储器。

工作数据是 PLC 运行过程中经常变化、经常存取的一些数据,存放在 RAM 中,以适应随机存取的要求。在 PLC 的工作数据存储器中,设有存放输入输出继电器、辅助继电器、定时器、计数器等逻辑器件的存储区,这些器件的状态都是根据用户程序的初始设置和运行情况而确定的。根据需要,部分数据在断电时用后备电池维持其现有的状态,这部分在断电时可保存数据的存储区域称为保持数据区。

由于系统程序及工作数据与用户无直接联系,所以在 PLC 产品样本或使用手册中所列存储器的形式及容量是指用户程序存储器。当 PLC 提供的用户存储器容量不够用,许多 PLC 还提供有存储器扩展功能。

3)输入/输出单元

输入/输出单元通常也称 I/O 单元或 I/O 模块,是 PLC 与工业生产现场之间的连接部件。PLC 通过输入接口可以检测被控对象的各种数据,以这些数据作为 PLC 对被控制对象进行控制的依据;同时 PLC 又通过输出接口将处理结果送给被控制对象,以实现控制目的。

由于外部输入设备和输出设备所需的信号电平是多种多样的,而 PLC 内部 CPU 的处理的信息只能是标准电平,所以 I/O 接口要实现这种转换。I/O 接口一般都具有光电隔离和滤波功能以提高 PLC 的抗干扰能力。另外,I/O 接口上通常还有状态指示,工作状况直观,便于维护。

PLC 提供了多种操作电平和驱动能力的 I/O 接口,有各种各样功能的 I/O 接口供用户选用。I/O 接口的主要类型有数字量(开关量)输入、数字量(开关量)输出、模拟量输入、模拟量输出等。

常用的开关量输入接口按其使用的电源不同有 3 种类型:直流输入接口、交流输入接口和交/直流输入接口。

JBJ002 可编程逻辑控制器的特点

3. 特点

可编程控制器与传统的继电器控制线路相比具有许多优点:

(1)应用灵活:PLC 为标准的积木式硬件结构,现场安装十分简便。各种控制功能通过软件编程完成,因而能适应各种复杂情况下的控制要求,也便于控制系统的改进和修正,特别适应各种工艺流程变更较多的场合。

(2)功能完善:PLC 既有开关量输入/输出,也有模拟量输入/输出,还具有逻辑运算、算术运算、定时、计数、顺序控制、PID 调节、各种智能快、远程 I/O 模块、人机对话、自诊断、记录、图形显示和组态等功能。除了适用于离散型开关量控制系统外,它也能用于连续的流程控制系统,几乎所有的控制要求均能满足。

(3)操作方便,维修简单:PLC 采用工程技术人员习惯的梯形图形式编程,易懂易学,编程和修改程序方便。PLC 还具有完善的显示和诊断功能,故障和异常状态均有显示,便于操作人员、维修人员及时了解出现的故障。出现故障后可通过更换模块或插件迅速排除故障。

(4)节点利用率高,成本低:传统继电器控制电路中一个继电器只能提供几个节点用于联锁,在 PLC 中,一个输入中的开关量或程序中的一个“线圈”可提供用户所需用的任意的联锁节点,即节点在程序中可不受限制地使用。PLC 提供的继电器节点、计时器、计数器、顺控器的数量与实际数量的继电器、计时器、计数器、顺控器相比要便宜得多。

(5)安全可靠:PLC 是适应于工业环境下应用的数字电路产品,具有很强的抗干扰能力,PLC 产品一般平均无故障时间可达几万小时。

项目二 粘接 PVC 管道

一、准备工作

(一)工具、材料

DN20mm PVC 管 2m,手套 1 副,PVC 胶水 1 桶,清洗剂 1 瓶,抹布若干,砂布 1 张,标识笔 1 支,卷尺 1 把。

(二)设备

切割机 1 台。

(三)人员

1 人操作,持证上岗,劳动保护用品穿戴齐全。

二、操作规程

序号	工序	操作步骤
1	准备工作	选择工具、用具及材料
2	粘接前准备工作	(1)量好待切管道的长度,做好标识,将管道放置在切割机处固定,启动切割机,一刀切断管道。 (2)对刚切割的管道进行磨边。 (3)用砂纸将两粘接面磨花、磨粗糙
3	粘接	(1)在管件内均匀地涂上胶水,然后在两待粘接面上打上胶水,管道端口长约 1cm 需均匀涂厚一点胶水,而后 1~2.5cm 处均匀地涂一层薄胶水。 (2)将管道轻微旋转着插入管件,完全插入后,需要固定 15s。 (3)把滴到瓶子的胶水擦拭干净,把瓶身、刷柄上的干胶撕掉,使瓶子保持干净整洁
4	清理场地	清理场地,收工具

三、技能要求

(1)必须保证切割片与管道垂直、切割口的整齐。

(2)要对刚切割的管道进行磨边,磨边时对管端进行 2~3mm 的倒角,以免粘接时胶水被刮入承口内,造成粘接面减小使管道粘接部位泄漏。

(3)要根据管道尺寸来磨花粘接面,不能过大或过小。

(3)完成粘接后,必须扭紧胶水瓶盖子,防止胶水挥发。

四、注意事项

操作时必须佩戴手套,避免胶水灼伤皮肤。

项目三　热熔插接 PP-R 管

一、准备工作

(一)工具、材料

DN20mm 的 PP-R 管 2m,管子剪 1 把,2 砂布 1 张,标识笔 1 支,卷尺 1 个,抹布若干。

(二)设备

热熔器 1 台。

(三)人员

1 人操作,持证上岗,劳动保护用品穿戴齐全。

二、操作规程

序号	工序	操作步骤
1	准备工作	接通热熔器电源,工作温度指示灯亮后方能开始操作
2	热熔插接前准备工作	(1)使管材端面垂直于管轴线。 (2)对管材、管件进行清洁。 (3)用卷尺和标识笔在管端测量并标绘出热熔深度
3	粘接	(1)把管端导入加热套内,插入到标志的深度,再把管件推到加热头上,达到规定标志处。 (2)达到加热时间后,立即把管材与管件从加热套与加热头上同时取下,迅速插入到所标深度,使接头处形成均匀凸缘。 (3)校正刚熔接好的接头。 (4)冷却熔接好的管材
4	清理场地	清理场地,收工具

三、技能要求

(1)连接管材的连接端应切割垂直,并保证管材与管件连接端面清洁、干燥、无油。

(2)插接管线时不得旋转管材,达到加热时间后应迅速无旋转地、沿直线均匀地将管件插入所标深度。

(3)在规定的冷却时间内应扶好管材、管件,使它不受扭、受弯和受拉。

(4)热熔插接适用于直径125mm以下聚乙烯管材管件的连接,直径63mm(含)以上应使用承插焊机,直径小于63mm可以用手动承插焊接。

(5)承插连接前,应校直两个对应的待连接处,使其在同一轴线上。

(6)加热完毕,待连接件应迅速脱离承插连接加热工具,并应用均匀外力插至标记深度,在焊接时间内保持该位置不变,在至少10min的附加冷却时间内不能让接头承受过大应力。

四、注意事项

(1)操作时必须佩戴手套,避免胶水灼伤皮肤。

(2)使用管子剪时需轻拿轻放,避免砸伤。

项目四　检查变频器功率模块

一、准备工作

(一)工具、材料

万用表1个,手套1副。

(二)设备

变频器1台。

(三)人员

1人操作,持证上岗,劳动保护用品穿戴齐全。

二、操作规程

序号	工序	操作步骤
1	检查万用表	(1)观察表针,进行机械调零。 (2)选择转换开关位置
2	检查变频器功率模块	(1)断开变频器外接电源和电动机。 (2)选用万用表电阻挡,红表笔放在P接线柱上,黑表笔分别测R、S、T接线柱,测得阻值应较小且3个阻值相近。 (3)红表笔放在N接线柱上,黑表笔分别测R、S、T接线柱,测得阻值应较大且阻值逐渐增大。 (4)黑表笔放在P接线柱上,红表笔分别测R、S、T接线柱,测得阻值应较大。 (5)黑表笔放在N接线柱上,红表笔分别测R、S、T接线柱,测得阻值应较小
3	清理场地	清理场地,收工具

三、技能要求

(1)正确选择万用表转换开关位置,使其与被测物量程范围相同。

(2)检查前,必须滤波电容放电以后才能进行检测。

四、注意事项

检查过程中必须佩戴手套,防止发生触电。

模块四 综合管理

项目一 相关知识

一、QC小组

JBK001 QC小组活动的概述

(一)概述

QC小组是运用质量管理理论和方法开展活动的小组,参加的人员是企业的全体员工,无论是高层领导,还是一般员工都可以组建QC小组。QC小组活动的目的是提高人的素质和发挥人的积极性和创造性、改进质量、降低消耗、提高经济效益,特点是明显的自主性、广泛的群众性、高度的民主性、严密的科学性。QC小组活动可以围绕企业的经营战略、方针目标和现场存在的问题来选题,要遵循PDCA(计划、执行、确认、处置)的工作流程。

JBK002 QC小组课题的类型

(二)QC小组课题类型

QC小组的课题来源一般有三个方面:一是上级下达的指令性课题;二是质量部门推荐的指导性课题;三是自主性课题。根据所选课题的特性、内容的不同,可将小组活动课题分为五种,即现场型、服务型、攻关型、管理型和创新型。将QC小组活动课题进行分类,是为了突出小组活动的广泛性、多样性,便于分类发表交流,评价优选。

现场型课题是以稳定工序质量、改进产品质量、降低消耗、改善生产环境为目的的课题;服务型课题通常以推动服务工作标准化、程序化、科学化、提高服务质量和效益为目的;攻关型课题通常以解决技术关键问题为目的;管理型课题是以提高工作质量、解决管理中存在的问题、提高管理水平为目的的课题;创新型课题是以运用新思维、采用新方法、开发新产品而实现预期目标的课题。创新型课题与前四类课题的活动步骤有所不同,它有一套单独的程序。

JBK003 QC小组活动的方法

(三)QC小组活动方法

QC小组实施改进、解决问题除运用专业技术外,所涉及的管理技术主要有三个方面:一是是遵循PDCA循环;二是以事实为依据,用数据说话;三是统计方法的应用。通常所说的QC小组活动的"四个阶段,八个步骤"的四个阶段就是指PDCA。P(计划)阶段包含4个步骤,即找出所存在的问题,分析问题产生的原因,确定主要原因,制定对策措施;D(执行)阶段有1步,即实施制定的对策;C(确认)阶段有1步,即检查确认活动的成效;A(处置)阶段包含着2个步骤,即制定巩固措施防止问题再发生,提出遗留问题及下一步打算。QC小组活动过程中的课题确定、目标制定、问题分析、要因确认、对策措施的制定和效果评价等,都要有证据来说明,因此,QC小组成员要在活动过程中观察、记录、积累数据，并进行整理和分析，做到以事实为依据，用数据说话。在数据收集过程中，收集的数据有有效数据也有无效数据，需要用统计方法进行甄别筛选。

JBK004 QC小组活动的推进

(四)QC小组活动推进

QC小组是组织的自主行为，推进活动的健康持久发展，是领导和有关管理部门的责任。QC小组活动一般从5方面进行推进：

(1)教育培训：QC小组活动涉及面广，参加者众，能否取得成功，关键在于人的积极性创造性能否发挥出来，通过教育培训，QC小组成员可以增强质量意识、问题意识、改进意识和参与意识，更加自觉地参加QC小组活动，例如对QC小组组长的培训内容可以设定为领导力的提升、管理能力的提升、人际沟通技巧、应用两图一表等。

(2)环境条件提供：QC小组推进的环境条件包括时间、地点、相应的资源等。

(3)活动计划。

(4)活动管理与指导。

(5)评价激励：QC小组能够持续发展的最为重要的条件是高层管理者的认可与激励。

二、培训

JBL001 培训计划的编制方法

(一)培训计划的编制方法

年度培训计划一般应从四个主要方面来综合考虑，即对培训需求的界定和确认、设计年度培训计划、辅助资料采购计划和预算控制。把全年的培训项目完整地计划好后，培训工作便可开始实施。培训计划首先要确定培训要达到的目标，培训要达成的目标必须服从企业目标。一般来说，在目前的企业内部培训中，培训的对象确定常常是比较容易和明确的，较难的是确定培训的内容。培训计划最基本的内容是为什么培训、谁接受培训、如何培训、用多少资源。在培训正式实施前，如果能够通盘考虑，制定出有计划性的培训方案，不仅能够明确培训目标，最为重要的是，合理的培训计划可以使培训管理水平得以不断提升。

JBL002 教案的编制方法

(二)教案编制方法

组成培训教案的要素是培训主题、培训提纲、培训素材。培训教案的编写过程中，主题是培训教案的灵魂，提纲是教案的血脉，素材是培训教案的血肉。员工在培训过程中获取培训信息的第一渠道是培训主题。主题应是开宗明义的，是整个培训教案的实质性内容，是员工在培训过程中获取培训信息的第一渠道，主题鲜明、深刻有助于加深员工的记忆效果，提高培训的效率。其次是构思培训提纲，条理清晰的培训提纲有助于员工加深对培训主题的理解，提高培训效率。主题、提纲构思好后，就应考虑从什么样的信息渠道去搜集素材，占有素材。素材到位后，接下来就是将主题、提纲、素材进行有机的融合，一般采用AIDA模型来组织编写培训教案，A(Attention，注意)——主题的提炼要鲜明，言简意赅，并要确保能充分引起培训对象的注意，I(Interesting，兴趣)——围绕主题将素材进行取舍整合，力求将素材提炼成能引起培训对象感兴趣的培训内容，D(Desire，欲望)——培训内容要能激发培训对象的求知、占有的欲望，A(Action，行动)——培训教案的终极目标是学有所思，思有所得，学于致用。

JBL003 净水工教案重点内容的设计

(三)净水工教案重点内容设计

1. 制订教学目标

(1)教学目标的设计应体现客观性。(2)教学目标要全面、要做到知识、能力以及情感、态度、价值观三方面目标的内在统一。(3)要因材施教,确立面向全体学员的意识,根据学员的实际水平制订不同层次的教学目标。(4)目标要有弹性,要体现教学过程的“生成性”和“创造性”,给学员留下发挥主体性的空间与时间。

2. 确定教学的重点和难点

(1)教学重点是指教材中经常出现、目前和今后非常有用的知识。(2)教学难点是学员在接受知识、能力过程中遇到的主要障碍,以及情感、态度、价值观形成中碰到的困惑。

3. 选择教法

(1)要符合学员实际,如年龄、能力、心理发展水平等。(2)要符合教员个性,力戒千篇一律。(3)要端正教学思想,贯彻课程理念,尽量让学员主动参与、乐于探究,合作互动,达到提高学员素质的目的。

4. 设计教学环节

(1)教学环节设计的主要内容有导入新课。(2)新课教学。(3)新课小结。(4)作业布置。

5. 设计板书

(1)板书的目的要鲜明。(2)板书体系要完整,概括地反映一节课的教学内容。(3)板书的内容要有条理,有系统。(4)板书的书写要规范。

项目二 建立管理型 QC 小组活动

一、准备工作

(一)设备

教室 1 间。

(二)工具、材料

A4 纸 1 张,碳素笔 1 支。

(三)人员

1 人操作,持证上岗,劳动保护用品穿戴齐全。

二、操作规程

序号	工序	操作步骤
1	准备工作	纸张、碳素笔准备齐全

续表

序号	工序	操作步骤
2	论述内容	P 1.选择课题 2.现状调查 3.设定目标 4.分析原因 5.确定主要原因 6.制定对策 D 7.按对策实施 C 8.检查效果 达到目标? 否 是 A 9.制定巩固措施 10.总结和下一步打算
3	清理场地	清理场地,收工具

三、技术要求

掌握 PDCA 循环方法及内容。

四、注意事项

书写规范。

项目三　设计净水工教案重点内容

一、准备工作

(一)设备

教室 1 间。

(二)工具、材料

A4 纸 1 张,碳素笔 1 支。

(三)人员

1 人操作,持证上岗,劳动保护用品穿戴齐全。

二、操作规程

序号	工序	操作步骤
1	准备工作	纸张、碳素笔准备齐全
2	论述内容	(1)制订教学目标： ①教学目标的设计应体现客观性。 ②教学目标要全面，要做到知识、能力以及情感、态度、价值观三方面目标的内在统一。 ③要因材施教，确立面向全体学员的意识，根据学员的实际水平制订不同层次的教学目标。 ④目标要有弹性，要体现教学过程的“生成性”和“创造性”中，给学员留下发挥主体性的空间与时间。 (2)确定教学的重点和难点： ①教学重点是指教材中经常出现、目前和今后非常有用的知识。 ②教学难点是学员在接受知识、能力过程中遇到的主要障碍，以及情感、态度、价值观形成中碰到的困惑。 (3)选择教法： ①要符合学员实际，如年龄、能力、心理发展水平等。 ②要符合教员个性，力戒千篇一律。 ③要端正教学思想，贯彻课程理念，尽量让学员主动参与、乐于探究，合作互动，达到提高学员素质的目的。 (4)设计教学环节： ①教学环节设计的主要内容有导入新课。 ②新课教学。 ③新课小结。 ④作业布置。 (5)设计板书： ①板书的目的要鲜明。 ②板书体系要完整，概括地反映一节课的教学内容。 ③板书的内容要有条理，有系统。 ④板书的书写要规范
3	清理场地	清理场地，收工具

三、技术要求

注意过程衔接。

四、注意事项

书写规范。

项目四　用 Excel 建立数据透视表

一、准备工作

(一)设备

计算机 1 台，打印机 1 台。

(二)工具、材料

签字笔1支,A4纸1张。

(三)人员

1人操作,持证上岗。

二、操作规程

序号	工序	操作步骤
1	录入打印信息	(1)录入日期。 (2)录入现场考号。 (3)录入考生性别
2	录入、绘制表格内容	(1)录入表格标题(设置字体、字号、格式)。 (2)绘制内边框、外边框。 (3)录入文字
3	根据表格生成数据透视表	(1)生成数据透视表。 (2)录入数据透视表标题。 (3)设置数据选定区域。 (4)在布局选项中选择布局方式。 (5)在汇总选项中选择汇总方式
4	保存文件	(1)命名文件。 (2)建立文件夹。 (3)保存文件
5	打印文件	(1)设置排版样式(A4、竖版)。 (2)打印Excel文件

三、技术要求

(1)掌握Excel数据透视表的建立方法。

(2)掌握布局、汇总方式。

四、注意事项

(1)操作完成后要保存。

(2)注意排版样式。

(3)保存后进行打印。

理论知识练习题

中级工理论知识练习题及答案

一、单项选择题(每题有4个选项,只有1个是正确的,将正确的选项号填入括号内)

1. AA001　来自污染源的污水如不能充分处理就排入天然的、洁净的水体中,就是(　　)。
   A. 水质污染　B. 人为污染　C. 自然污染　D. 环境污染
2. AA001　水体在人为条件下的污染称为(　　)。
   A. 水质污染　B. 人为污染　C. 自然污染　D. 环境污染
3. AA001　水体的自净作用包括物理、化学和(　　)作用。
   A. 降解　B. 理化　C. 生化　D. 生物
4. AA002　藻类大量繁殖的水体属于(　　)。
   A. 耗氧性有机物污染　B. 植物营养污染
   C. 石油类污染物污染　D. 生物污染
5. AA002　水体富营养化主要是指水体中(　　)含量的升高。
   A. 有机物　B. 无机物　C. 氮、磷　D. 致病微生物
6. AA002　下列选项中不属于水中耗氧有机物含量测定指标的是(　　)。
   A. BOD　B. pH　C. TOC　D. COD
7. AA003　耗氧性有机污染物主要来源于(　　)。
   A. 生活污水和工业废水　B. 生活污水和农业废弃物
   C. 含油水的排放　D. 食品业废水
8. AA003　植物类营养污染物主要来源于(　　)。
   A. 生活污水和工业废水　B. 生活污水和农业废弃物
   C. 含油水的排放　D. 藻类暴发
9. AA003　医院污水、生物制品废水能造成水体的(　　)。
   A. 耗氧性有机物污染　B. 植物营养物污染
   C. 石油类污染物污染　D. 生物污染
10. AA004　下列选项中不属于胶体的结构的是(　　)。
    A. 胶核　B. 吸附层　C. 扩散层　D. 承托层
11. AA004　胶体颗粒的主要成分一般为(　　)。
    A. 二氧化硅　B. 二氧化锰　C. 碳酸钙　D. 碳酸镁
12. AA004　胶粒一般所带电荷为(　　)。
    A. 中性电荷　B. 正电荷　C. 负电荷　D. 任意电性电荷
13. AA005　当水分不蒸发、温度不改变时,溶液放置较长时间后,溶质(　　)。
    A. 会沉降下来　B. 不会分离出来
    C. 会浮上水面　D. 部分形成沉淀

14. AA005　(　　)作为溶质。

A. 只有固体可以　　B. 只有液体可以

C. 只有气体可以　　D. 气、液、固都可以

15. AA005　实验室里，许多化学反应都是在溶液中进行的，其主要原因是(　　)。

A. 操作简便　　B. 反应较慢　　C. 反应进行得快　　D. 节省人力

16. AA006　饮用水的浑浊度是水源水中(　　)未经滤除造成的。

A. 悬浮颗粒物　　B. 有机物　　C. 细菌　　D. 腐殖质

17. AA006　化学法处理饮用水或废水时，一般用(　　)来控制化学药剂的投加量。

A. 电导率　　B. pH 值　　C. 浊度　　D. 色度

18. AA006　NTU 是(　　)浑浊度单位的英文缩写。

A. 透射　　B. 反射　　C. 折射　　D. 散射

19. AA007　余氯是指用(　　)消毒时，接触一定时间后，水中所剩余的消毒剂量。

A. 氯气　　B. 二氧化氯　　C. 氯胺　　D. 臭氧

20. AA007　饮用水中余氯的作用是(　　)。

A. 杀灭微生物　　B. 抑制水中微生物生长

C. 降低色度　　D. 提升口感

21. AA007　GB 5749—2006《生活饮用水卫生标准》中规定饮用水管网末梢余氯含量(　　)。

A. 不得低于 0.02mg/L　　B. 不得低于 0.03mg/L

C. 不得低于 0.04mg/L　　D. 不得低于 0.05mg/L

22. AA008　水的硬度主要指水中(　　)的浓度。

A. 阴离子　　B. 钙、镁离子　　C. 硫酸根离子　　D. 阳离子

23. AA008　下列选项中属于暂时硬度物质的是(　　)。

A. $CaSO_4$、$Mg(HCO_3)_2$　　B. $Ca(HCO_3)_2$、$MgSO_4$

C. $CaSO_4$、$MgSO_4$　　D. $Ca(HCO_3)_2$、$Mg(HCO_3)_2$

24. AA008　水的硬度换算中，1mg 当量相当于(　　)。

A. 1mg/L $CaCO_3$　　B. 2.8mg/L $CaCO_3$

C. 50mg/L $CaCO_3$　　D. 10mg/L $CaCO_3$

25. AA009　碱度的测定值因终点(　　)不同而有很大的差异。

A. 颜色　　B. pH 值　　C. 浑浊度　　D. 温度

26. AA009　构成水碱度的物质不包括(　　)。

A. 氢氧化物　　B. 硅酸盐　　C. 硫酸盐　　D. 碳酸盐

27. AA009　测定水的碱度时，先加酚酞指示剂，如呈红色表示(　　)存在。

A. 只有氢氧化物　　B. 有碳酸氢盐和碳酸盐

C. 只有碳酸盐　　D. 有氢氧化钠或碳酸盐

28. AB001　水资源年内分布极不均匀，可能导致(　　)缺水问题，影响经济发展，诱发环境生态恶化。

A. 季节性　　B. 长期　　C. 短期　　D. 不定期

29. AB001 水资源空间分布不均,会造成农业、工业发展及环境状况(   )。
A. 相互干扰 B. 极不平衡 C. 一片混乱 D. 分布失控

30. AB001 北方大部分地表水资源(   ),处理难度加大,影响使用。
A. 含碱量高 B. 含泥量高 C. 含沙量高 D. 含铁量高

31. AB002 在多泥沙河流上,应采用有效的(   )措施,防止有害泥沙进入渠道,以免引起渠道淤积,以及对水轮机、水泵叶片的磨损。
A. 防泥 B. 防水 C. 防沙 D. 防尘

32. AB002 取水工程附近的上下河道应因地制宜地进行(   ),使河床保持稳定,保证取水口引水顺畅。
A. 改造 B. 挖掘 C. 围护 D. 整治

33. AB002 取水工程设计应造价低,便于运行管理,并尽可能采用(   )的管理设施。
A. 现代化 B. 模式化 C. 工厂化 D. 大众化

34. AB003 水域功能类别高的标准值严于水域功能类别低的标准值,同一水域兼有多类使用功能的,执行(   )功能类别对应的标准值。
A. 最高 B. 同等 C. 最低 D. 高于最低

35. AB003 主要适用于集中式生活饮用水地表水源地二级保护区、鱼虾类越冬场、洄游通道、水产养殖区等渔业水域及游泳区的是(   )水域功能。
A. Ⅰ类 B. Ⅱ类 C. Ⅲ类 D. Ⅳ类

36. AB003 主要适用于集中式生活饮用水地表水源地一级保护区、珍稀水生生物栖息地、鱼虾类产卵场、仔稚幼鱼的索饵场等的是(   )水域功能。
A. Ⅰ类 B. Ⅱ类 C. Ⅲ类 D. Ⅳ类

37. AB004 水功能区划的主要工作是在对水系水体进行调查研究和系统分析的基础上,确定水体的(   )。
A. 重要性 B. 主要功能 C. 保护范围 D. 整治目标

38. AB004 通过正确地进行水功能区划,科学地确定水域允许(   )。
A. 纳污量 B. 排污量 C. 含沙量 D. 活动范围

39. AB004 达到入河排污口的优化分配和综合整治的目标不需要做的是(   )。
A. 科学地划定水域功能区,计算允许纳污量
B. 制定入河排污口排污量控制规划
C. 提出入河排污口布局、限期治理和综合整治的意见
D. 制定水质目标和水质标准

40. AB005 保护现状水源水质较好的水库、长江干流和大型跨流域调水线路,为未来经济社会的发展提供高水质的供水水源,是(   )原则。
A. 可持续发展的 B. 前瞻性
C. 综合分析、统筹兼顾、突出重点的 D. 合理利用水环境容量

41. AB005 下列选项中不属于按相似性原则进行功能区划分的是(   )。
A. 自然条件相似性 B. 污染现状相似性
C. 使用目标相似性 D. 使用功能相似性

42. AB005　水功能区划时将(　　)统一考虑，是水资源的开发利用与保护辩证统一关系的体现。

A. 水质和水量　　B. 用途和功能

C. 取水和排水　　D. 设计和建设

43. AB006　主要是采用系统分析的理论和方法，把区划对象作为一个系统，分清水功能区划的层次，进行总体设计的是(　　)。

A. 系统分析法　　B. 定性判断法

C. 定量计算法　　D. 综合决策法

44. AB006　主要是采用水质数学模型，以定性划分的初步方案为基础，进行水功能区水质模拟计算的是(　　)。

A. 系统分析法　　B. 定性判断法

C. 定量计算法　　D. 综合决策法

45. AB006　对水功能区划方案进行综合决策，提出水功能区划报告、水功能区划图及登记表的是(　　)。

A. 系统分析法　　B. 定性判断法　　C. 定量计算法　　D. 综合决策法

46. AB007　地表水环境质量标准基本项目中溶解氧在Ⅰ类水体中的含量(　　)。

A. 不得低于7.5　　B. 不得低于6　　C. 不得低于5　　D. 不得低于3

47. AB007　地表水环境质量标准基本项目中化学需氧量(COD)在Ⅱ类水体中的含量(　　)。

A. 不得高于15　　B. 不得高于20　　C. 不得高于30　　D. 不得高于40

48. AB007　地表水环境质量标准基本项目中粪大肠菌群在Ⅱ类水体中的含量(　　)。

A. 不得高于200个/L　　B. 不得高于2000个/L

C. 不得高于10000个/L　　D. 不得高于20000个/L

49. AB008　地下水的优点是(　　)。

A. 矿化度和硬度较低　　B. 不易污染

C. 铁、锰等含量低　　D. 水质具有季节性

50. AB008　地下水的缺点是(　　)。

A. 易污染　　B. 径流变化大　　C. 取水条件复杂　　D. 硬度大

51. AB008　地表水的优点是(　　)。

A. 矿化度和硬度较低　　B. 水质较好

C. 不易污染　　D. 流量相对较为稳定

52. AB009　选择水源地确定水源、取水地点和取水量等时，应取得(　　)机构以及卫生防护等有关部门的书面同意。

A. 水资源管理　　B. 卫生监督　　C. 供水管理　　D. 卫生检测

53. AB009　水源地应水量充沛可靠，并应考虑(　　)的变化和发展。

A. 水厂　　B. 工艺设施　　C. 远期　　D. 短期

54. AB009　水源地选择的一般原则是可靠、可行、经济、(　　)、合法。

A. 优质　　B. 安全　　C. 连续　　D. 合理

55. AB010　下列选项中关于保护给水水源的一般措施表述错误的是(　　)。

A. 配合有关部门制定水资源开发利用规划

B. 加强水资源利用管理

C. 记录当天取水流量和总取水量

D. 进行流域内的水土保持工作

56. AB010　国家颁布的《中华人民共和国水污染防治法》和《中华人民共和国水法》是防止(　　),做好水源保护工作的法律依据。

A. 水源侵占　　B. 水源污染　　C. 水源流失　　D. 水源分化

57. AB010　开发、利用水资源,应当首先满足城乡居民生活用水,并兼顾农业、工业、(　　)用水以及航运等的需要。

A. 生态环境　　B. 渔业　　C. 牧业　　D. 水环境

58. AB011　在弯曲河段上,取水构筑物位置宜设在河流的(　　)。

A. 前段　　B. 后段　　C. 凹岸　　D. 凸岸

59. AB011　取水构筑物应避开河流中的回流区和(　　),以减少进水中的泥沙和漂浮物。

A. 死水区　　B. 活水区　　C. 浅水区　　D. 深水区

60. AB011　在保证取水安全的前提下,取水构筑物应尽可能靠近(　　),以缩短输水管线的长度,减少输水管的投资和输水电费。

A. 主要农业灌溉地区　　B. 主要用水地区

C. 主要工业用水地区　　D. 无人居住区

61. AB012　进水间一般由进水室和(　　)两部分组成。

A. 出水室　　B. 进水阀门　　C. 吸水室　　D. 出水阀门

62. AB012　岸边式取水构筑物进水间内的附属设备有格栅、(　　)、排泥、启闭和起吊设备等。

A. 取水头部　　B. 进水孔　　C. 排污泵　　D. 格网

63. AB012　岸边式取水构筑物格栅由金属框架和(　　)组成,框架外形与进水孔形状相同。

A. 网格　　B. 栅条　　C. 金属网　　D. 槽钢

64. AB013　在地基条件较差,不宜做阶梯布置以及安全性要求较高、取水较大的情况下,可以采用开挖或沉井法施工的条件是(　　)。

A. 底板呈阶梯布置　　B. 底板水平布置(采用卧式泵)

C. 底板呈水平布置(采用立式泵)　　D. 底板呈水平面布置(采用潜水泵)

65. AB013　下列选项中不适合采用合建式岸边式取水构筑物的是(　　)。

A. 取水量大　　B. 安全性要求较高

C. 水下施工困难　　D. 河岸坡度较陡,岸边水流较深

66. AB013　选择岸边式取水构筑物的位置时,除了满足水量充沛,水质、地质条件较好,水位变化幅度不大的条件外,还应满足(　　)等条件。

A. 江河岸边较陡,主流近岸,岸边有足够水深

B. 江河岸边平坦,风浪不大,河床有足够水深

C. 江河岸边平坦,水流顺直,岸边有足够场地

D. 江河岸边较陡,主流冲顶,岸边有足够水深

67. AB014　河床式取水构筑物由泵房、集水间、进水管和(　　)等部分组成。

A. 出水管　B. 取水头部　C. 出口闸　D. 管线

68. AB014　自流管取水构筑物集水间与泵房分建时没有的构造是(　　)。

A. 取水头部　B. 自流管　C. 集水间　D. 阀门井

69. AB014　河床式取水构筑物取水头部进水孔布置在取水头部的侧面和(　　)。

A. 正面　B. 下面　C. 下游面　D. 上游面

70. AB015　当河床稳定、河岸较平坦、枯水期主流离岸较远、岸边水深不够或水质不好,而河中又具有足够水深或较好的水质时,适宜采用(　　)取水构筑物。

A. 岸边式　B. 河床式　C. 斗槽式　D. 低坝式

71. AB015　宜在大河含沙量较高、取水量较大、岸坡平缓、岸边无建泵房条件的情况下采用的是(　　)。

A. 虹吸管取水　B. 自流管取水　C. 桥墩式取水　D. 水泵直接吸水

72. AB015　下列选项中关于自流管取水的适用条件表述错误的是(　　)。

A. 洪水期含砂量较大,水位涨落不频繁的河流

B. 河床较稳定,河岸平坦,主流距河岸较远,河岸水深较浅的河流

C. 岸边水质较差的河流

D. 水中悬浮物较少的河流

73. AB016　斗槽式取水构筑物中适用于含泥沙甚多,而冰凌不严重河流的是(　　)斗槽。

A. 顺流式　B. 逆流式　C. 双流式　D. 单流式

74. AB016　斗槽式取水构筑物中适用于冰凌严重,而泥沙较少河流的是(　　)斗槽。

A. 顺流式　B. 逆流式　C. 双流式　D. 单流式

75. AB016　斗槽式取水构筑物中适用于含沙量较高的河流的是(　　)斗槽。

A. 顺流式　B. 逆流式　C. 双流式　D. 侧坝进水逆流式

76. AB017　浮船式取水构筑物具有投资少、(　　)、易于施工,有较大的适应性和灵活性、能经常取得含沙量少的表层水等优点。

A. 工程量小　B. 建设快　C. 工艺简单　D. 维修少

77. AB017　下列选项中关于缆车式取水构筑物的特点表述错误的是(　　)。

A. 施工较固定式简单,水下工程最小,施工期短

B. 投资小于固定式,但大于浮船式

C. 只能取岸边表层水,水质较好

D. 比浮船式稳定,能适应较大风浪

78. AB017　下列选项中关于潜水泵直接取水的特点表述正确的是(　　)。

A. 施工简单方便,水下工程量小,投资较省　B. 施工复杂,工程量大

C. 安全性差　D. 工作条件较差

79. AB018　缆车取水构筑物位置应选择在河岸地质条件较好,并有(　　)的岸坡处为宜。

A. 5°~10°　B. 10°~28°　C. 30°~40°　D. 45°~60°

80. AB018 下列选项中关于浮船式取水构筑物适用条件的表述正确的是(　　)。
A. 河水水位涨落幅度在 10~35m
B. 河岸工程地质条件较好,岸坡适宜倾角一般在 10°~28°
C. 由于牵引设备的限制,泵车不宜过大,故取水量较小
D. 无冰凌、漂浮物少的河流,没有浮筏、船只和漂木等撞击的可能

81. AB018 浮船采用摇臂式连接时的适用条件表述错误的是(　　)。
A. 需短时停止取水　　B. 不需要拆换接头
C. 不用经常移船　　D. 适应河流水位猛涨猛落

82. AB019 由于山区河流枯水期流量很小,因此取水量所占比例往往很大,有的高达(　　)以上。
A. 50%~60%　　B. 60%~70%　　C. 70%~80%　　D. 95%

83. AB019 由于(　　)推移质多,粒径大,因此修建取水构筑物时,要考虑能将推移质顺利排除,不致造成淤塞或冲击。
A. 平常期　　B. 枯水期　　C. 平枯水期　　D. 洪水期

84. AB019 根据山区河流取水的特点,取水构筑物常采用(　　)。
A. 低坝式或缆车式　　B. 低坝式或底栏栅式
C. 底栏栅式或斗槽式　　D. 缆车式或斗槽式

85. AB020 海水的腐蚀性甚强,硬度很高,海水中的盐分主要是(　　)。
A. 氯化钠　　B. 氯化镁　　C. 硫酸镁　　D. 硫酸钙

86. AB020 海水中的生物会造成取水头部、格网和管道堵塞,不易清除,特别是(　　)极易大量黏附在管壁上,使管径缩小,降低输水能力。
A. 牡蛎　　B. 海红　　C. 海蛭　　D. 海藻

87. AB020 海水取水构筑物宜设在(　　)的位置,并对潮汐和风浪造成的水位波动及冲击力有足够的考虑。
A. 有风　　B. 避风　　C. 有浪　　D. 避浪

88. AB021 明渠蓄水池综合取水实际上是(　　)和蓄水池取水两种形式的综合。
A. 自流明渠引水　　B. 海底自流管渠引水
C. 岛式泵房取水　　D. 岸边直接取水

89. AB021 利用海水涨落规律,供水安全可靠的是(　　)。
A. 自流明渠引水　　B. 蓄水池自动逆止闸板门取水
C. 海底自流管渠引水式　　D. 岛式泵房取水

90. AB021 适用于取水量很大,海滩平缓、潮差大而低潮位离海岸远,海湾条件恶劣(如风大、浪高、流急)的地区的是(　　)。
A. 岸边直接取水　　B. 自流明渠引水
C. 明渠蓄水池综合取水　　D. 海底自流管渠引水式

91. AB022 管井施工建造一般包括钻井孔、井管安装、填砾石、管外封闭、洗井等过程,最后进行(　　)。
A. 抽水试验　　B. 交接工作　　C. 出水试验　　D. 施工验收

92. AB022　钻凿井孔采用回转钻进，根据泥浆流动的方向和钻头形式，下列选项中分类不正确的是（　　）。

A. 一般回转（正循环）钻进　　B. 反循环回转钻进

C. 岩心回转钻进　　D. 水钻回转钻进

93. AB022　洗井不能采用的方法是（　　）。

A. 活塞洗井　　B. 压缩空气洗井　　C. 直接冲洗洗井　　D. 联合洗井

94. AB023　管井验收时，施工单位不需要提交的资料是（　　）。

A. 管井施工说明书　　B. 管井使用说明书　　C. 钻进中的岩样　　D. 售后保障合同

95. AB023　管井在使用过程中，往往会有出水量减少的现象，下列选项中原因表述不正确的是（　　）。

A. 抽水设备故障

B. 因细菌繁殖造成堵塞

C. 过滤器表面及周围填砾、含水层被细小泥沙堵塞

D. 管井自身结垢堵塞

96. AB023　水源引起管井出水量减少，下列选项中处理方法不正确的是（　　）。

A. 虹吸法　　B. 真空井法　　C. 爆破法　　D. 酸处理法

97. AB024　渗渠的埋深一般为4~7m，很少超过（　　）。

A. 10m　　B. 12m　　C. 15m　　D. 20m

98. AB024　渗渠通常只适用于开采埋藏深度小于2m，厚度小于（　　）的含水层。

A. 9m　　B. 8m　　C. 7m　　D. 6m

99. AB024　下列选项中不属于开采渗渠项目的是（　　）。

A. 在地面开挖　　B. 铺设防水层

C. 集取地下水的渠道　　D. 水平埋设在含水层中的集水管渠

100. AB025　渗渠应选择在河床冲积层（　　）、颗粒（　　）的河段，并应避开不透水的夹层。

A. 较厚，较细　　B. 较薄，较细　　C. 较厚，较粗　　D. 较薄，较粗

101. AB025　渗渠应选择在河流水力条件良好的河段，避免设在有（　　）的河段和（　　）河段的凸岸。

A. 壅水，顺直　　B. 壅水，弯曲　　C. 急水，顺直　　D. 急水，弯曲

102. AB025　集取河床地下水的渗渠不能采用的布置方式是（　　）。

A. 平行于河流布置　　B. 垂直于河流布置

C. 平行和垂直组合布置　　D. 交叉于河流布置

103. AC001　CJ 3020—1993《生活饮用水水源水质标准》规定二级水源水耗氧量（$KMnO_4$法）不得超过（　　）。

A. 3mg/L　　B. 4mg/L　　C. 6mg/L　　D. 8mg/L

104. AC001　CJ 3020—1993《生活饮用水水源水质标准》规定二级水源水硝酸盐（以氮计）的含量不应超过（　　）。

A. 20mg/L　　B. 10mg/L　　C. 30mg/L　　D. 15mg/L

105. AC001　CJ 3020—1993《生活饮用水水源水质标准》规定一级水源水浑浊度不应超过(　　)。

A. 1NTU　　B. 3NTU　　C. 15NTU　　D. 100NTU

106. AC002　水质检验中浓度的单位是(　　)。

A. mg/L 或 μg/L　　B. mg/L　　C. μg/L　　D. g/L

107. AC002　分析天平称量物品质量时,精确到(　　)。

A. 0. 01g　　B. 0. 001g　　C. 0. 0001g　　D. 0. 00001g

108. AC002　用量筒取水样或试液称为(　　)。

A. 称取　　B. 量取　　C. 移取　　D. 吸取

109. AC003　采集江河水样时,采集器需沉入水面以下(　　)。

A. 10cm　　B. 70cm　　C. 20~30cm　　D. 60~80cm

110. AC003　为满足常规水质强化分析需要,需采集(　　)水样。

A. 1L　　B. 2~3L　　C. 5~8L　　D. 10~60L

111. AC003　采集供卫生细菌学检验用水样前,所用容器需进行(　　),并保证水样在运送、保存过程中不受污染。

A. 灭菌　　B. 冲洗　　C. 清洗　　D. 刷洗

112. AC004　有 4 个学生分别用下面的操作方法配制 0. 1mol/L $CuSO_4$ 溶液,其中正确的是(　　)。

A. 量取 25g 胆矾溶解在 1L 水中

B. 称取 16g $CuSO_4$ 溶解在 1L 水中

C. 称取 25g 胆矾溶解在 10mL 水中,再加入 90mL 水

D. 量取 500mL 0. 2mol/L $CuSO_4$ 溶液,加水至 1L

113. AC004　称好的碳酸氢钠固体配制 1. 00mol/L $NaHCO_3$ 溶液时,需使用的仪器是(　　)。

A. 量筒　　B. 容量瓶　　C. 烧瓶　　D. 酸管

114. AC004　配制一定物质的量浓度的氢氧化钠溶液时,造成所配溶液浓度偏高的原因是(　　)。

A. 所用的氢氧化钠已潮解

B. 有少量的氢氧化钠溶液残留在烧杯中

C. 容量瓶使用前,用氢氧化钠溶液润洗过

D. 向容量瓶中加水超过刻度线

115. AC005　作为粪便污染的指示菌,(　　)检出的意义最大。

A. 菌落总数　　B. 总大肠菌群　　C. 耐热大肠菌群　　D. 大肠埃希氏菌

116. AC005　水中(　　)可作为评价水质清洁程度和考核净化效果的指示。

A. 菌落总数　　B. 总大肠菌群　　C. 耐热大肠菌群　　D. 大肠埃希氏菌

117. AC005　生活饮用水卫生标准中规定菌落总数限值为每毫升水样不超过(　　)。

A. 25CFU　　B. 50CFU　　C. 100CFU　　D. 150CFU

118. AC006　GB 5749—2006《生活饮用水卫生标准》中规定砷的限值为(　　)。

A. 0. 01mg/L　　B. 0. 03mg/L　　C. 0. 05mg/L　　D. 0. 1mg/L

119. AC006　GB 5749—2006《生活饮用水卫生标准》中规定汞的限值为(　　)。

A. 0. 01mg/L　B. 0. 001mg/L　C. 0. 005mg/L　D. 0. 1mg/L

120. AC006　GB 5749—2006《生活饮用水卫生标准》中规定硝酸盐的限值为(　　)。

A. 1mg/L　B. 3mg/L　C. 5mg/L　D. 10mg/L

121. AC007　贾第鞭毛虫是寄生于人类和动物(　　)的有鞭毛的原生动物。

A. 皮肤　B. 肠道　C. 呼吸道　D. 胃部

122. AC007　隐孢子虫是寄生于很多动物的胃肠道和(　　)细胞内的球虫,分布于世界各地。

A. 皮肤　B. 肝脏　C. 呼吸道　D. 肌肉

123. AC007　可导致隐孢子虫失去活性的环境温度是(　　)。

A. 0℃以下或45℃以上　B. 0℃以下或30℃以上

C. 10℃以下或45℃以上　D. 30℃以下或45℃以上

124. AC008　游离氯包括次氯酸、(　　)和溶解的元素氯。

A. 氯离子　B. 氯胺　C. 次氯酸根离子　D. 氯气

125. AC008　GB 5749—2006《生活饮用水卫生标准》中规定出厂水余氯的最大值为(　　)。

A. 0. 3mg/L　B. 1mg/L　C. 2mg/L　D. 4mg/L

126. AC008　总氯包括游离氯和(　　)。

A. 氯气　B. 氯胺　C. 元素氯　D. 氯离子

127. AC009　浓度与溶质的溶解度可以换算的是(　　)。

A. 饱和溶液　B. 稀溶液　C. 浓溶液　D. 任何溶液

128. AC009　在500mL硫酸溶液中含49g H_2SO_4,则该硫酸溶液的物质的量浓度是(　　)。

A. 0. 5mol/L　B. 1mol/L　C. 0. 5g/mL　D. 0. 1mol/L

129. AC009　下列选项中关于质量浓度单位的叙述错误的是(　　)。

A. g/L　B. mg/L　C. mg/mL　D. mL/mg

130. AC010　下列选项中对化学平衡无影响的是(　　)。

A. 温度　B. 反应物的浓度　C. 催化剂　D. 反应物的性质

131. AC010　在水中,当 $Mg(OH)_2 = Mg^{2+} + 2OH^-$ 达到平衡时,为使 $Mg(OH)_2$ 固体减少,可加入的试剂是(　　)。

A. NH_4NO_3　B. NaOH　C. $Mg(NO_3)_2$　D. KCl

132. AC010　下列选项中决定一个化学反应进行快慢的主要因素是(　　)。

A. 反应温度　B. 反应物的浓度　C. 催化剂　D. 反应物的性质

133. AC011　EDTA和金属指示剂铬黑T分别与 Ca^{2+},Mg^{2+} 形成络合物,这4种络合物的稳定顺序为(　　)。

A. $Cay^{2-}>Mgy^{2-}>CaIn^->MgIn^-$　B. $Mgy^{2-}>Cay^{2-}>CaIn^->MgIn^-$

C. $CaIn^->MgIn^->Cay^{2-}>Mgy^{2-}$　D. $MgIn^->CaIn^->Cay^{2-}>Mgy^{2-}$

134. AC011　当用EDTA标准溶液测定水的硬度时,EDTA先与游离的 Ca^{2+} 和 Mg^{2+} 反应,再与 $CaIn^-$ 与 $MgIn^-$ 反应,释放出来的(　　)使溶液呈蓝色。

A. Ca^{2+}　B. Mg^{2+}　C. In^-　D. EDTA

135. AC011　我国 GB 5479—2006《生活饮用水卫生标准》中水的硬度单位是(　　)。
A. mmol/L　B. 德国度
C. mg/L(以 CaO 计)　D. mg/L(以 $CaCO_3$ 计)

136. AC012　铁是水中常见的杂质,本身并无毒性,它是(　　)。
A. 人体必需的营养元素之一　B. 人体不需要的元素
C. 对人体无害无益的元素　D. 对人体可有可无的元素

137. AC012　用二氮杂菲分光光度计法测定水中总铁时,要向水样中加入(　　)将高价铁还原为低价铁。
A. 硫代硫酸钠　B. 盐酸　C. 磷酸　D. 盐酸羟胺

138. AC012　用二氮杂菲测定水中的铁,若取 50mL 水样,则最低检测浓度为(　　)。
A. 0. 01mg/L　B. 0. 05mg/L
C. 0. 10mg/L　D. 0. 50mg/L

139. AC013　过硫酸铵分光光度法测定水中锰的原理是在硝酸银存在下,二价锰离子可被(　　)氧化成紫红色的高锰酸银,其颜色的深度与锰含量成正比。
A. 硝酸银　B. 过硫酸铵　C. 硫酸钠　D. 硫酸汞

140. AC013　在生活用水方面,锰含量高的水使洗涤衣服或器具上沾有黄褐色斑点,并使水有(　　)。
A. 铁腥味　B. 刺激性气味　C. 苦咸味　D. 甘甜味

141. AC013　用过硫酸铵测定水中的锰时,向水样中加入硝酸银的目的是(　　)。
A. 沉淀氯离子　B. 氧化二价锰　C. 还原七价锰　D. 做催化剂

142. AC014　由分析操作过程中某些经常发生的原因造成的误差称为(　　)。
A. 绝对误差　B. 相对误差　C. 系统误差　D. 偶然误差

143. AC014　由试验方法本身造成的误差称为(　　)。
A. 绝对误差　B. 相对误差　C. 系统误差　D. 偶然误差

144. AC014　下列属于系统误差的是(　　)。
A. 天平零点稍有变化　B. 试样未经充分混合
C. 称量中使试样吸潮　D. 称量时读错砝码

145. AD001　下列选项中属于影响液体运动因素的是(　　)。
A. 易流性　B. 黏滞性　C. 压缩性　D. 作用液体的力

146. AD001　质量力又称为(　　)。
A. 体积力　B. 黏滞力　C. 面积力　D. 剪切力

147. AD001　表面力又称为(　　)。
A. 体积力　B. 黏滞力　C. 面积力　D. 剪切力

148. AD002　静水压强的方向(　　)的特性称为静水压强基本特性。
A. 与受压面方向相反　B. 垂直指向受压面
C. 与受压面相切　D. 平行于受压面

149. AD002　静水压强内部任意一点在各个方向上压强的大小是(　　)的。
A. 相等　B. 不同　C. 大约相等　D. 相差很大

150. AD002　作用于静止液体质点上的力有表面力和(　　)。

A. 黏滞力　B. 质量力　C. 面积力　D. 剪切力

151. AD003　计入大气压强所得的压强为(　　)。

A. 绝对压强　B. 相对压强　C. 静压强　D. 压力

152. AD003　不计入大气压强所得的压强值为(　　)。

A. 绝对压强　B. 静压强　C. 相对压强　D. 压力

153. AD003　静水压强的单位为帕,符号为"(　　)"表示。

A. N　B. Pa　C. kgf　D. kg

154. AE001　直流电的频率是(　　)。

A. 1Hz　B. 0Hz　C. 50Hz　D. 无穷大

155. AE001　直流电的功率因数为(　　)。

A. 感性大于 1　B. 容性小于 1　C. 0　D. 1

156. AE001　(　　)直流电方向不变,但大小随时间变化。

A. 脉动　B. 恒定　C. 恒流　D. 脉冲

157. AE002　我国工频交流电的频率为(　　)。

A. 60Hz　B. 50Hz　C. 50V　D. 220V

158. AE002　工频交流电的变化规律是随时间按(　　)规律变化。

A. 正弦函数　B. 抛物线　C. 正切函数　D. 余切函数

159. AE002　正弦交流电的三要素是(　　)。

A. 电压、电流、频率　B. 最大值、周期、初相位

C. 周期、频率、角频率　D. 瞬时值、最大值、有效值

160. AE003　计算机中的 CPU 又称(　　)。

A. 显示器　B. 主机

C. 中央处理器　D. 存储器

161. AE003　整个计算机的核心是(　　)。

A. 存储器　B. 控制器

C. 显示器　D. 中央处理器

162. AE003　计算机中负责整个系统指令的执行、数据的算术与逻辑运算、数据传送以及输入输出的控制的是(　　)。

A. CPU　B. 运算器　C. 软件　D. 存储器

163. AE004　主板对整个计算机的(　　)起十分重要的作用。

A. 性能　B. 稳定性　C. 处理能力　D. 内存

164. AE004　计算机的主板属于(　　)的一部分。

A. 软件　B. 硬件　C. CPU　D. 存储器

165. AE004　计算机主板又称为(　　)。

A. CPU　B. 内部存储器　C. 系统板　D. 硬件

166. AF001　悬挂及攀登作业安全带按(　　)分为单腰带式、双背带式、攀登式 3 种。

A. 原理　B. 重量　C. 形状　D. 结构

167. AF001 安全带按品种系列,采用汉语拼音字母,依前后顺序分别表示,TPG 表示通用攀登( )安全带。

A. 活动式 B. 固定式 C. 单腰带式 D. 双腰带式

168. AF001 安全带的护腰带( )不小于 80mm。

A. 长度 B. 厚度 C. 宽度 D. 高度

169. AF002 安全带腰带必须是一整根,其( )为 40~50mm。

A. 长度 B. 高度 C. 宽度 D. 厚度

170. AF002 安全带中安全绳的( )不应小于 13mm。

A. 全长 B. 周长 C. 半径 D. 直径

171. AF002 金属配件圆环、半圆环、三角环、8 字环、品字环、三道联不许焊接,边缘应成( )。

A. 方形 B. 梯形 C. 圆弧形 D. 三角形

172. AF003 安全带金属配件上应打上( )标志。

A. 制造厂代号 B. 永久字样商标 C. 合格证 D. 生产年月

173. AF003 安全带合格证上应注明制造厂( )。

A. 代号 B. 永久商标 C. 单位名称 D. 住址

174. AF003 每条安全带应装在一个塑料袋内,袋上应印有制造厂( )标志。

A. 代号 B. 永久字样商标 C. 名称 D. 检验员姓名

175. AF004 MF2 型灭火器技术参数有重量、压力、有效喷射时间、( )、灭火级别、电绝缘性等。

A. 有效距离 B. 泡沫面积 C. 有效高度 D. 灭火强度

176. AF004 MF2 型灭火器有效喷射时间( )8s。

A. 小于 B. 不小于 C. 不大于 D. 约为

177. AF004 干粉灭火器是一种新型高效灭火器,其内部干粉( )、无腐蚀性、不导电,因此可用于扑救带电设备的火灾。

A. 无色 B. 无毒 C. 无味 D. 无形

178. AF005 泡沫灭火器在使用时应( )。

A. 拉出插销 B. 对准火源按下压把

C. 防止冻伤 D. 将灭火器颠倒过来

179. AF005 冬季使用二氧化碳灭火器时应该注意的是( )。

A. 拉出插销 B. 对准火源按下压把

C. 防止冻伤 D. 将灭火器颠倒过来

180. AF005 干粉灭火器使用时的操作关键是( )。

A. 拉出插销 B. 开启提环

C. 轻轻抖动几下 D. 将灭火器颠倒过来

181. AF006 安全电压是为了( )而采用的特殊电源供电的电压。

A. 不烧熔断器 B. 电路负荷

C. 保证设备功率 D. 防止触电事故

182. AF006 安全电压系列的上限,即两导体间或任一导体与地之间的电压,在任何情况下,都不超过交流(　　)50V。

A. 有效值　　B. 最大值　　C. 最小值　　D. 平均值

183. AF006 安全电压是以人体允许电流与(　　)为依据而定的。

A. 线路熔断器大小　　B. 电路负荷大小　　C. 人体电阻的乘积　　D. 人体不导电

184. AF007 安全标志由安全色、几何图形和(　　)构成。

A. 标示牌　　B. 警示灯　　C. 图形符号　　D. 路标

185. AF007 安全标志分为禁止标志、(　　)、指令标志和提示标志4类。

A. 符号标志　　B. 警示标志　　C. 警戒标志　　D. 警告标志

186. AF007 安全色是表达安全信息的颜色,安全色规定为(　　)4种颜色。

A. 红、蓝、黄、绿　　B. 红、黄、黑、绿　　C. 红、黄、蓝、黑　　D. 红、白、黄、绿

187. AF008 机械伤害是指由于(　　)的作用而造成的事故。

A. 机械性外力　　B. 机械性内力　　C. 气候　　D. 环境条件

188. AF008 机械伤害人体最多的部位是(　　)。

A. 头部　　B. 脚　　C. 手　　D. 腿

189. AF008 机械伤害分为(　　)和机械设备的损坏。

A. 环境破坏　　B. 人身的伤害　　C. 自然灾害　　D. 违规操作

190. AF009 常见的触电方式中最危险的是(　　)触电。

A. 直接　　B. 跨步电压　　C. 剩余电荷　　D. 感应电压

191. AF009 为防止触电,在接线或接触带电设备时,应避免同时接触(　　)。

A. 两根火线和一根零线　　B. 一根火线和一根零线

C. 一根火线　　D. 两根火线

192. AF009 人接触到(　　)发生的触电称为单相触电。

A. 两根火线　　B. 一根火线和一根零线

C. 一根火线　　D. 两根火线和一根零线

193. AF010 若发现有人触电,首先进行的操作是立即(　　)。

A. 汇报领导　　B. 用手拉开触电人　　C. 切断电源　　D. 叫救护车

194. AF010 若触电者脱离电源,应立即进行(　　)。

A. 送往医院　　B. 移到通风的地方　　C. 汇报领导　　D. 人工呼吸

195. AF010 如果触电者触及断落在地上的带电高压导线,且尚未确证线路无电,救护人员在未做好安全措施前,不能接近断线点8~10m范围内,防止(　　)电压伤人。

A. 短路　　B. 跨步　　C. 交流　　D. 接地

196. AF011 低压配电柜的操作人员需通过(　　)相关部门培训、考核并获得进网证和操作证。

A. 国家　　B. 企业　　C. 地方　　D. 基层单位

197. AF011 配电房维修必须挂相关(　　),2人进行,1人操作,1人监护,巡检可以1人进行,但必须通知其他当班人员,与被检设备保持0.7m以上的距离。

A. 工作牌　　B. 指示牌　　C. 警示牌　　D. 操作牌

198. AF011　低压设备检修时,其刀闸操作把手上挂(　　)标示牌。
A.“禁止合闸,有人工作!”　　B.“在此工作!”
C.“止步,高压危险!”　　D.“从此上下!”

199. AF012　控制(　　)是防火防爆的一项基本措施。
A. 明火　　B. 可燃物　　C. 石油　　D. 天然气

200. AF012　隔绝空气和(　　)可以防止构成燃烧助燃的条件。
A. 氧化剂　　B. 可燃物　　C. 助燃物　　D. 催化剂

201. AF012　加强通风可降低形成爆炸混合物的(　　),达到防爆的目的。
A. 物理反应　　B. 化学反应　　C. 浓度　　D. 燃烧

202. AF013　当天然气管线或设备漏气遇到(　　)时可引起火灾。
A. 打火机　　B. 氧气　　C. 汽油　　D. 明火

203. AF013　天然气是(　　)物质,容易引起火灾。
A. 易燃　　B. 爆炸　　C. 有毒　　D. 有害

204. AF013　天然气和(　　)混合后,温度达到550℃左右就会燃烧。
A. 氧气　　B. 空气　　C. 氢气　　D. 甲烷

205. AF014　天然气泄漏区应切断所有(　　),严禁携带手机,对讲机要防爆。
A. 水源　　B. 燃煤　　C. 燃油　　D. 电源

206. AF014　天然气泄漏未燃时,处置人员应着封闭式防化服(或浇湿衣服)、佩戴空气呼吸器,占领(　　)或侧上风阵地。
A. 左侧　　B. 右侧　　C. 上风　　D. 下风

207. AF014　天然气泄漏或着火时,应首先切断(　　),关闭阀门时,应防止产生负压引起回火。
A. 水源　　B. 气源　　C. 燃油　　D. 燃煤

208. AF015　限制和停止可燃物质进入燃烧区、将可燃物质撤离燃烧区属于(　　)灭火。
A. 隔离法　　B. 冷却法　　C. 窒息法　　D. 抑制法

209. AF015　灭火时,降低着火温度,消除燃烧条件的方法称为(　　)。
A. 隔离法　　B. 窒息法　　C. 冷凝法　　D. 冷却法

210. AF015　使可燃物与助燃物隔绝,燃烧物得不到空气中的氧,不能继续燃烧是(　　)灭火。
A. 抑制法　　B. 隔离法　　C. 窒息法　　D. 冷却法

211. BA001　饮用水化学药品带入饮用水的有毒物质是 GB 5749—2006《生活饮用水卫生标准》中规定的物质时,该物质的允许限值不得大于相应规定值的(　　)。
A. 5%　　B. 10%　　C. 15%　　D. 20%

212. BA001　饮用水化学处理剂带入饮用水中的有毒物质在 GB 5749—2006《生活饮用水卫生标准》中未做规定的,可参考国内外相关标准判定,其容许限值不得大于相应限值的(　　)。
A. 5%　　B. 10%　　C. 15%　　D. 20%

213. BA001　饮用水化学药品有毒物质分 4 类:金属、无机物、有机物和(　　)。
A. 微生物　　B. 放射性物质　　C. 溶解性总固体　　D. 总硬度

214. BA002　低温时无机盐混凝剂水解困难，因其水解是（　　）。

A. 吸热反应　　B. 放热反应　　C. 分子运动　　D. 胶体运动

215. BA002　为提高混凝效果常投加高分子助凝剂，它对胶体起（　　）作用。

A. 电性中和　　B. 吸附架桥　　C. 网捕　　D. 卷扫

216. BA002　混凝剂投入水中后由于水解作用，（　　）数量会增加。

A. 氢氧根离子　　B. 氯离子　　C. 碳酸根离子　　D. 氢离子

217. BA003　混凝剂溶解常用方法有（　　）。

A. 电动搅拌和人工搅拌　　B. 人工搅拌和水力搅拌

C. 水力搅拌和机械搅拌　　D. 机械搅拌和人工搅拌

218. BA003　下列选项中不与设备发生接触的溶解方式是（　　）。

A. 水力搅拌　　B. 机械搅拌

C. 人工搅拌　　D. 压缩空气搅拌

219. BA003　溶药池设备一用一备，药剂的配制浓度可控制在（　　）。

A. 5%~10%　　B. 5%~15%　　C. 5%~20%　　D. 10%~20%

220. BA004　混凝剂的投加方式有（　　）。

A. 重力投加法、吸入投加法、压力投加法

B. 重力投加法、吸入投加法、机械投加法

C. 人工投加法、机械投加法、压力投加法

D. 重力投加法、人工投加法、机械投加法

221. BA004　药剂投加投药管出口应与水流方向一致，插入深度为（　　）管道直径。

A. 1/2~1/3　　B. 1/3~2/3　　C. 1/2~2/3　　D. 1/3~1/4

222. BA004　当取水泵距水厂处理构筑物较远时，不易采用（　　）。

A. 高位水池重力投加　　B. 水射器投加

C. 泵前投加　　D. 泵投加

223. BA005　水以一定的流速在隔板之间通过而完成絮凝过程的絮凝池称为（　　）絮凝池。

A. 折板　　B. 涡流　　C. 隔板　　D. 多级旋流

224. BA005　水在水力或机械搅拌下产生流体运动，造成水中颗粒碰撞从而形成大颗粒密实絮凝体，这是水处理工艺中的（　　）阶段。

A. 混合　　B. 絮凝　　C. 澄清　　D. 过滤

225. BA005　水中颗粒相互碰撞的动力来自两方面，即（　　）。

A. 布朗运动和重力　　B. 布朗运动和流体紊动

C. 流体紊动和重力　　D. 流体紊动和浮力

226. BA006　隔板絮凝池有（　　）两种。

A. 往复式与回转式　　B. 竖流式与回转式

C. 机械式与往复式　　D. 同波式与异波式

227. BA006　当流量变化大时，隔板絮凝池的絮凝效果（　　）。

A. 好　　B. 差　　C. 不稳定　　D. 稳定

228. BA006　隔板絮凝池一般的设计流速为(　　)。

A. 0.6～0.1m/s　　B. 0.6～0.2m/s　　C. 0.8～0.1m/s　　D. 0.8～0.2m/s

229. BA007　折板絮凝池有多种布置形式,按水流在折板间流动的情况又分为(　　)。

A. 单通道和多通道　　B. 单通道和双通道

C. 双通道和多通道　　D. 双通道和三通道

230. BA007　折板絮凝池板间流速较之隔板式絮凝池较小,一般为(　　)。

A. 0.4～0.1m/s　　B. 0.4～0.2m/s

C. 0.3～0.1m/s　　D. 0.3～0.2m/s

231. BA007　折板絮凝池通常采用(　　)。

A. 平流式　　B. 竖流式　　C. 旋流式　　D. 横流式

232. BA008　网格絮凝池中的网格应每(　　)检查清理一次。

A. 3 个月　　B. 6 个月　　C. 12 个月　　D. 24 个月

233. BA008　网格絮凝池是在全池约(　　)的分格内,垂直水流方向放置网格。

A. 1/3　　B. 2/3　　C. 1/2　　D. 1/4

234. BA008　絮凝应达到絮体(　　)、与水体分离性好、易沉淀的效果。

A. 松散而且大　　B. 松散而且小　　C. 密实而且大　　D. 密实而且小

235. BA009　使用机械絮凝池时,搅拌强度取决于(　　)。

A. 搅拌器转速　　B. 桨板面积

C. 搅拌器转速与桨板面积　　D. 电动机功率

236. BA009　机械絮凝池的絮凝时间一般宜为(　　)。

A. 10～15min　　B. 15～20min　　C. 20～25min　　D. 25～30min

237. BA009　通常应用于大型水厂的机械絮凝池是(　　)。

A. 水平轴式　　B. 垂直式　　C. 涡轮式　　D. 摆动梁式

238. BA010　絮凝设施要达到良好的絮凝作用,必须控制两个主要因素,即(　　)。

A. 表面负荷和停留时间　　B. 表面负荷和水流速度

C. 水流速度和停留时间　　D. 水流速度和池表面积

239. BA010　混合絮凝设备定期维护要求机械电器应(　　)检查修理一次。

A. 每日　　B. 每周　　C. 每月　　D. 每季度

240. BA010　混合絮凝设备日常保养的内容不包括(　　)。

A. 检查电动机、变速箱、搅拌装置运行状况

B. 检修静态混合器

C. 加注润滑油

D. 做好环境和设备的清洁工作

241. BA011　结团絮凝由于生成絮凝体密度大,单位浊质产生的(　　)小,这才有可能对高浊度原水直接进行澄清处理。

A. *GT* 值　　B. 泥渣量　　C. 浊度　　D. 最大流速

242. BA011　絮凝过程中,当絮粒大于(　　)时,布朗运动消失。

A. 1μm　　B. 5μm　　C. 10μm　　D. 20μm

243. BA011　絮凝池的构造应该使流速从进口到出口（　）。
A. 逐渐增大　B. 逐渐减小　C. 保持不变　D. 先小后大
244. BA012　计量泵是往复泵的一种，属于（　）。
A. 叶片泵　B. 转子泵　C. 容积泵　D. 水轮泵
245. BA012　柱塞式计量泵日常检查内容不包括（　）。
A. 油位　B. 压力　C. 冲程和频率　D. 曲轴是否磨损
246. BA012　投药设施应（　）检查投药设施运行是否正常，储存、配制、传输设备有否堵、漏现象。
A. 每季度　B. 每月　C. 每周　D. 每日
247. BA013　计量泵的组成部分不包括（　）。
A. 动力驱动　B. 流体输送　C. 安全系统　D. 调节控制
248. BA013　计量泵运行过程中，决定泵工作能力大小的主要因素是（　）。
A. 柱塞的直径及往复次数　B. 柱塞的直径
C. 电动机的转速　D. 往复次数
249. BA013　消除管路脉动的常用元件是（　）。
A. 背压阀　B. 脉动阻尼器　C. 安全阀　D. 单向阀
250. BA014　当计量泵在吸液端有压力时，泵排出端的压力至少要比吸入端的压力高（　）。
A. 0. 1MPa　B. 0. 01MPa　C. 0. 2MPa　D. 0. 02MPa
251. BA014　液压隔膜式计量泵由泵头、（　）、隔膜、阀球等部件组成。
A. 安全阀　B. 单向阀　C. 背压阀　D. 截止阀
252. BA014　脉动阻尼器的主要功能不包括（　）。
A. 减小除去水锤对系统的危害
B. 减小流速波动的峰值
C. 和背压阀等配合使用可以使管路的压力波动接近为零
D. 设备操作不当的泄压途径
253. BB001　斜板（管）沉淀池进水区的作用是使（　）后的水进入沉淀池。
A. 过滤　B. 混合　C. 反应　D. 混凝
254. BB001　衡量斜板（管）沉淀池效能的重要参数是（　）。
A. 水平流速　B. 表面负荷率　C. 停留时间　D. 沉淀面积
255. BB001　斜管沉淀池的底部配水区高度不宜小于（　）。
A. 1. 0m　B. 1. 5m　C. 2. 0m　D. 2. 5m
256. BB002　决定小间距斜板沉淀池最终出水水质的关键因素是（　）。
A. 大颗粒矾花的相对运动　B. 矾花浓度
C. 斜板间水流的脉动　D. 小矾花是否沉淀下来
257. BB002　斜板沉淀池按水流方向可以分为（　）3 种。
A. 上向流、下向流、平向流　B. 上向流、下向流、异向流
C. 上向流、下向流、侧向流　D. 上向流、下向流、同向流

258. BB002　斜管沉淀池的清水区布置十分重要,为保证出水均匀,清水区的高度一般为(　　)。

A. 0.5~1.0m　　B. 1.0~1.5m　　C. 2.0~2.5m　　D. 2.5~3.0m

259. BB003　下列选项中关于斜管沉淀池的说法不正确的是(　　)。

A. 水进入斜管沉淀池应有整流措施

B. 为集水均匀,清水区深度一般在1.0~1.5m

C. 斜管沉淀池的配水区无特别要求

D. 斜管沉淀池的排泥可采用穿孔管、小斗虹吸、机械排泥

260. BB003　下列选项中不是影响斜板沉淀效果因素的是(　　)。

A. 斜板倾角　　B. 斜板数量　　C. 斜板长度　　D. 斜板间距

261. BB003　下列选项中关于斜板长度影响的说法正确的是(　　)。

A. 斜板长些,沉淀效果可以增加　　B. 斜板短些,沉淀效果较理想

C. 斜板较短,制作安装困难　　D. 斜板的长短对沉淀效果没有影响

262. BB004　沉淀按水中固体颗粒的性质可分为(　　)、混凝沉淀与化学沉淀。

A. 自由沉淀　　B. 拥挤沉淀　　C. 自然沉淀　　D. 流动沉淀

263. BB004　悬浮颗粒在水中的沉淀,根据分离过程的特性可分为(　　)。

A. 自由沉淀与自然沉淀　　B. 自由沉淀与拥挤沉淀

C. 静止沉淀与流动沉淀　　D. 混凝沉淀与化学沉淀

264. BB004　沉淀池的计算理论是在(　　)理论基础上形成的。

A. 静水沉淀　　B. 动水沉淀　　C. 自由沉淀　　D. 拥挤沉淀

265. BB005　当铝盐或铁盐混凝剂投量很大而形成大量氢氧化物沉淀时,可以(　　)水中胶粒以致产生沉淀分离。

A. 中和　　B. 吸附　　C. 网捕、卷扫　　D. 排斥

266. BB005　如果能够降低胶体的(　　),就可以使胶体间的静电斥力下降,从而降低胶体间的最大排斥能峰。

A. 电动电位　　B. 总电位　　C. 反离子　　D. 吸附层

267. BB005　使用硫酸铝的最佳 pH 值范围为(　　)。

A. 5~7　　B. 6~9　　C. 5.5~8　　D. 6.5~7.5

268. BB006　下列混凝剂中对去除水源水中有机物最有效的是(　　)。

A. 铝盐　　B. 有机高分子　　C. 二价铁盐　　D. 三价铁盐

269. BB006　阴离子型高分子混凝剂的混凝机理是(　　)。

A. 吸附架桥　　B. 压缩双电层　　C. 电性中和　　D. 网捕和卷扫

270. BB006　混合工艺过程主要控制条件是(　　)。

A. 搅拌强度和池体容积　　B. 搅拌强度和反应时间

C. 水流速度　　D. 停留时间

271. BB007　气浮适用于(　　)的原水,这种杂质颗粒细小,加混凝剂后形成的矾花少而小,易被气泡托起。

A. 高浊度　　B. 温度变化小

C. 硬度小　　D. 低浊度、含藻类较多

272. BB007 气浮法效果的关键是( ),它要求产生的气泡细微、均匀且稳定。

A. 溶气释放器 B. 溶气缸 C. 回流泵房 D. 气浮池

273. BB007 溶气压力是气浮的关键之一,溶气压力的大小与( )有关。

A. pH 值 B. 水温 C. 浊度 D. 碱度

274. BB008 气浮过程是水、气泡、( ),即液、气、固三相接触的作用过程。

A. 颗粒 B. 胶体 C. 悬浮物 D. 矾花

275. BB008 气浮过程中,向水中投加适量的混凝剂从而形成憎水性矾花,这种矾花易与表面带( )的微气泡黏附,形成矾花与水的分离。

A. 正电荷 B. 负电荷 C. 电中和 D. 离子

276. BB008 气浮工艺净水需要一定的回流溶气水,一般采用出水量的( ),同时要投加适量的混凝剂混凝。

A. 1%~5% B. 5%~10% C. 10%~15% D. 15%~20%

277. BB009 气浮法的气泡直径宜为( )。

A. 10~30μm B. 20~40μm C. 30~50μm D. 45~60μm

278. BB009 气浮法可用于被污染的水,能降低( )。

A. 臭味和色度 B. 浊度 C. 溶解氧 D. pH 值

279. BB009 气浮法溶气压力为( )。

A. 0. 1~0. 2MPa B. 0. 2~0. 4MPa C. 0. 3~0. 5MPa D. 0. 4~1. 0MPa

280. BB010 气浮絮凝时间通常为( )。

A. 10~20min B. 20~30min C. 30~50min D. 40~60min

281. BB010 采用气浮工艺时,为避免打碎絮体,絮凝池宜与( )连建。

A. 原水泵 B. 排渣槽 C. 气浮池 D. 集水管

282. BB010 水流在气浮室内的停留时间不宜小于( )。

A. 30s B. 60s C. 90s D. 120s

283. BB011 TJ 型溶气释放器材质为( )。

A. 全铸铁 B. 全不锈钢 C. 铸铁内衬不锈钢 D. 全陶瓷

284. BB011 气浮法溶气罐根据不同直径需配置不同尺寸的填料,填料高度一般为( )。

A. 0. 5m B. 1m C. 1. 5m D. 2m

285. BB011 圆形气浮池大多采用( )刮渣机。

A. 桥式 B. 行星式 C. 半桥式 D. 单臂式

286. BB012 溶气罐水位一般为( )。

A. 30~60cm B. 60~100cm C. 100~120cm D. 100~150cm

287. BB012 采用气浮工艺,在冬季水温过低时,除增加投药量外,还可以( )。

A. 降低进水量 B. 增加回流水量

C. 降低溶气压力 D. 增加刮渣次数

288. BB012 刮渣时,为使排渣顺畅,可以略为( )。

A. 提高溶气压力 B. 调低刮板插入深度

C. 调高刮板翘起高度 D. 抬高池内水位

289. BB013 下列关于水力循环澄清池的说法错误的是(   )。

A. 无机械循环设备 B. 一般为圆形池子

C. 适用于大中型水厂 D. 投药量较大

290. BB013 下列选项中澄清池,进水悬浮物短时间可以达到3000~5000mg/L的是(   )。

A. 机械搅拌澄清池 B. 水力循环澄清池 C. 脉冲澄清池 D. 悬浮澄清池

291. BB013 下列选项中对进水量和水温要求最严格的澄清池是(   )。

A. 机械搅拌澄清池 B. 水力循环澄清池 C. 脉冲澄清池 D. 悬浮澄清池

292. BB014 机械搅拌澄清池投运前应进行原水的烧杯试验,取得(   )。

A. 最佳混凝剂和最佳投药量 B. 最大排渣周期

C. 原水水质数据 D. 最佳负荷

293. BB014 机械搅拌澄清池投运初始进水量应为设计水量的(   )。

A. 1/4~1/2 B. 1/2~2/3 C. 2/3~4/5 D. 1/3~2/3

294. BB014 当澄清池停运8~24h重新启动时,进水量应(   )。

A. 先大后小 B. 先小后大 C. 始终正常 D. 先大后小再正常

295. BC001 双阀滤池与普通快滤池相比,其优点是(   )。

A. 配水系统好,无水头损失

B. 反冲洗强度大

C. 省去进水阀门、排水阀门,操作管理上较方便

D. 省去冲洗水箱或水塔

296. BC001 双阀滤池有(   )两种型式。

A. 鸭舌式和双虹吸式 B. 鸭舌式和重力式

C. 压力式和重力式 D. 双虹吸式和压力式

297. BC001 下列选项中关于鸭舌滤池的说法正确的是(   )。

A. 过滤阶段洗砂排水槽不起进水和配水作用

B. 洗水槽低于进水鸭舌阀

C. 进水鸭舌阀的阀板不能浮于水面

D. 冲洗时水从上部自上而下反冲洗

298. BC002 虹吸滤池的配水系统是(   )。

A. 大阻力配水系统 B. 中阻力配水系统 C. 小阻力配水系统 D. 等速配水系统

299. BC002 虹吸滤池的设计冲洗强度一般为(   )。

A. 5~7L/(s·m^2) B. 8~9L/(s·m^2)

C. 10~15L/(s·m^2) D. 15~20L/(s·m^2)

300. BC002 下列选项中虹吸滤池优点的叙述错误的是(   )。

A. 不需要大型阀门 B. 不需冲洗水泵或冲洗水箱

C. 变水头等速过滤 D. 易于自动化操作

301. BC003 无阀滤池是应用较为普遍的一种滤池,可分为(   )。

A. 重力式与压力式 B. 鸭舌式与双虹吸式

C. 虹吸式与重力式 D. 压力式与虹吸式

302. BC003　下列选项中关于无阀滤池优点的叙述不正确的是(　　)。

A. 运行全部自动,管理方便　　B. 运转中滤料层内不会出现负水头现象

C. 结构简单,省去大阀门,造价低　　D. 更换滤料困难,只能从人孔中进出

303. BC003　无阀滤池的工作周期是由辅助虹吸管口的标高与冲洗水箱溢流口标高位差,即(　　)来确定的。

A. 负水头　　B. 期终水头损失

C. 扬程　　D. 反冲洗强度

304. BC004　移动冲洗罩滤池优点是(　　)。

A. 省去大型阀门和冲洗水塔,造价低,占地面积小

B. 冲洗罩的维修工作量较大

C. 一格滤池发生问题会影响其他格滤池的运行

D. 需加强维护,增加维修负担

305. BC004　下列关于移动冲洗罩滤池的说法正确的是(　　)。

A. 冲洗周期是固定的

B. 移动冲洗罩滤池是等速过滤

C. 冲洗罩滤池正常运行的关键是冲洗罩移动定位和密封

D. 移动冲洗罩滤池不会产生负水头

306. BC004　反冲洗水是来自本组其他滤格的滤后水的滤池是(　　)。

A. 普通快滤池　　B. 双阀滤池　　C. V 形滤池　　D. 移动冲洗罩

307. BC005　V 形滤池可采用(　　),反冲洗效果好,且滤层含污能力高。

A. 单层滤料　　B. 双层滤料　　C. 三层滤料　　D. 均匀滤料

308. BC005　V 形滤池反冲洗采用的是(　　)方式。

A. 高速水流冲洗　　B. 水冲洗辅以表面冲洗

C. 气水联合冲洗　　D. 水反冲洗辅助以空气擦洗

309. BC005　V 形滤池的缺点不包括(　　)。

A. 滤池结构复杂

B. 施工安装要求高

C. 对冲洗泵、鼓风机、气路管道和阀门质量要求较高

D. 过滤效果一般

310. BC006　目前应用最广泛的滤料是(　　)。

A. 无烟煤　　B. 石英砂　　C. 矿石粒　　D. 陶粒

311. BC006　通过滤料质量 10%的筛孔径即 d_{10} 又称为(　　)。

A. 最大粒径　　B. 最小粒径　　C. 有效粒径　　D. 不均匀系数

312. BC006　三层滤料滤池的滤速一般可采用(　　)。

A. 10～15m/h　　B. 16～18m/h　　C. 18～20m/h　　D. 20～22m/h

313. BC007　滤池冲洗的废水由(　　)排出。

A. 冲洗排水槽和配水系统　　B. 废水渠和配水系统

C. 废水渠和排空管　　D. 冲洗排水槽和废水渠

314. BC007　普通快滤池供给冲洗水的方式有两种,分别是(　　)。
A. 冲洗水泵和高压水　　B. 冲洗水泵和冲洗水塔或冲洗水箱
C. 冲洗水箱和高压水　　D. 冲洗水箱和排水渠
315. BC007　气水同时反冲,易导致(　　),所以必须严格控制反冲洗操作规程操作。
A. 滤池跑砂　　B. 反冲洗不均匀
C. 承托层走动　　D. 气阻现象
316. BC008　气水联合反冲洗的缺点不包括(　　)。
A. 增加气冲设备　　B. 滤池操作复杂
C. 池子结构复杂　　D. 冲洗后滤料出现水力分层
317. BC008　冲洗方法简便,池子结构和设备简单的滤池的反冲洗方法是(　　)。
A. 高速水流冲洗　　B. 水反冲洗辅助以表面冲洗
C. 水反冲洗辅助以空气擦洗　　D. 气水联合反冲洗
318. BC008　滤池冲洗后排水浊度很高,(　　)后,浊度迅速下降,逐渐变清。
A. 1~3min　　B. 2~4min　　C. 3~5min　　D. 1~2min
319. BC009　水环式真空泵中水环是(　　)。
A. 泵体内一个金属环
B. 泵壳内一个环状结构
C. 叶轮旋转将水甩至泵壳四周形成的旋转水环
D. 泵运转时有水在泵体内循环
320. BC009　水环式真空泵工作时向泵内注水的作用是(　　)。
A. 形成水环并冷却　　B. 作用介质带走空气
C. 便于引水　　D. 防止真空泵漏气
321. BC009　由真空泵构成的抽气系统中气水分离器位于(　　)。
A. 真空泵进气口与吸气管路之间　　B. 真空泵排气口与排气管之间
C. 循环水管进口与真空泵之间　　D. 循环水管出口与真空泵之间
322. BC010　水环式真空泵叶轮上的叶片一般是呈(　　)分布。
A. 螺旋状　　B. 放射状
C. 放射状并与轴线成一定角度　　D. 圆弧形并与轴线成一定角度
323. BC010　水环式真空泵结构特点为(　　)。
A. 叶轮为偏心式结构,位于泵体中心　　B. 叶轮为对称结构,位于泵体中心
C. 叶轮为对称结构,位于泵体偏心位置　　D. 叶轮为偏心结构,位于泵体偏心位置
324. BC010　真空泵引水真空系统中不包括(　　)。
A. 吸气管路　　B. 真空泵　　C. 气水分离器　　D. 储气罐
325. BC011　下列选项中不是水环式真空泵的型号的是(　　)。
A. SZ 型　　B. SK 型　　C. SZZ 型　　D. SA 型
326. BC011　下列选项中关于 SZB-4 型真空泵型号的描述错误的是(　　)。
A. “S”代表水环式　　B. “Z”代表真空泵
C. “B”代表并联式　　D. “4”代表抽气量为 4L/s

327. BC011　下列选项中关于不影响 SZ 型真空泵轴承的部分是(　　)。
A. 电动机　B. 联轴器　C. 填料压盖　D. 键
328. BC012　SZ 型真空泵铭牌上未标注(　　)。
A. 汽蚀余量　B. 最大真空度
C. 抽气量　D. 水消耗量
329. BC012　水环式真空泵的水耗量指(　　)。
A. 每分钟进入泵内循环的水量　B. 每分钟排出泵体的循环水量
C. 每分钟正常工作所需的水量　D. 每分钟由吸气口吸入的水量
330. BC012　水环式真空泵启动前需向循环水箱内注水,水位应(　　)。
A. 略高于进水管　B. 略高于出水管
C. 略高于泵轴中心线　D. 略低于泵轴中心线
331. BD001　按性质分类,膜可分为生物膜和(　　)两大类。
A. 合成膜　B. 有机膜　C. 无机膜　D. 多孔膜
332. BD001　按结构分类,膜可分为多孔膜和(　　)两大类。
A. 合成膜　B. 有机膜　C. 无机膜　D. 致密膜
333. BD001　多孔膜主要用于微滤和(　　)。
A. 纳滤　B. 超滤　C. 反渗透　D. 电渗析
334. BD002　膜分离的性能可根据膜的孔径或截留(　　)来评价。
A. 悬浮物　B. 胶体　C. 相对分子质量　D. 有机物
335. BD002　孔径范围在 0.1~10μm 的膜属于(　　)。
A. 微滤膜　B. 超滤膜　C. 纳滤膜　D. 反渗透膜
336. BD002　主要用于医药用水制备的膜是(　　)。
A. 微滤膜　B. 超滤膜　C. 纳滤膜　D. 反渗透膜
337. BD003　膜分离技术是通过膜的(　　)透过实现的。
A. 直接　B. 间接　C. 选择性　D. 非选择性
338. BD003　膜分离技术是以(　　)为推动力进行分离。
A. 压力　B. 重力　C. 孔径　D. 黏滞力
339. BD003　微滤分离除膜表面截留作用外,还有吸附截留和(　　)截留。
A. 电性中和　B. 黏滞　C. 重力　D. 架桥
340. BD004　膜集成技术需要具备(　　)两方面的条件。
A. 软件和硬件　B. 原则和经验　C. 技术和水平　D. 经济和场地
341. BD004　集成膜水处理技术以(　　)为核心。
A. 离子交换　B. 膜处理　C. 蒸发　D. 电渗析
342. BD004　反渗透和电除盐技术属于(　　)。
A. 膜处理技术　B. 全膜处理技术
C. 膜处理与离子交换技术的合成　D. 膜处理与蒸发技术的合成
343. BD005　孔径范围在 0.01~0.1μm 的膜属于(　　)。
A. 微滤膜　B. 超滤膜　C. 纳滤膜　D. 反渗透膜

344. BD005 在超滤过程中，由于被截留的杂质在膜表面上不断积累，会产生(　　)现象。

A. 透水量增大　B. 拥挤透过　C. 浓差极化　D. 压差极化

345. BD005 超滤膜去除水中杂质的过程属于(　　)过程。

A. 阻碍　B. 筛分　C. 沉淀　D. 渗透

346. BD006 正常工作时透过滤膜的那部分水称为(　　)。

A. 原水　B. 产水　C. 过程水　D. 滤后水

347. BD006 单位时间内单位膜面积的产水量称为(　　)。

A. 通量　B. 产量　C. 过水量　D. 透水量

348. BD006 在中空纤维膜膜丝外侧即原水侧加入具有一定浓度和特殊效果的化学药剂，通过循环流动、浸泡等方式，将膜外表面在过滤过程中形成的污物清洗下来的方式，称为(　　)。

A. 正洗　B. 反洗　C. 化学清洗　D. 分散清洗

349. BD007 继纤维素之后，产量最大的膜材料是(　　)。

A. 陶瓷　B. 聚砜类　C. 聚氯乙烯　D. 含氟聚合物

350. BD007 聚砜类膜材料包括(　　)。

A. 聚醚砜　B. 聚砜酰胺　C. 聚氯乙烯　D. 聚乙烯醇

351. BD007 聚烯烃类膜材料不包括(　　)。

A. 聚丙烯腈　B. 聚氯乙烯　C. 聚砜酰胺　D. 聚乙烯醇

352. BD008 炭本来是疏水性物质，但随着表面(　　)的增加，极性也有增加的趋势。

A. 酸性物质　B. 碱性物质　C. 氧化物　D. 硫化物

353. BD008 适当调节(　　)，对含酸性表面氧化物的炭吸附作用会有影响。

A. pH 值　B. 酸度　C. 碱度　D. 分子结构

354. BD008 活性炭的吸附能力一般以(　　)吸附为主，没有极性，是可逆的。

A. 化学　B. 物理　C. 分子　D. 离子

355. BD009 下列选项中不属于活性炭细孔分类的是(　　)。

A. 大孔　B. 小孔　C. 过渡孔　D. 微孔

356. BD009 水中大分子有机物的吸附量主要取决于活性炭的(　　)，而不是活性炭的比表面积。

A. 碘值　B. 亚甲基蓝值

C. 四氯化碳值　D. 孔径分布

357. BD009 评价活性炭对水中污染物净化效能更直接的办法就是用配水或现场水做吸附试验，分析高锰酸钾指数、UV_{254}、浊度、溶解氧等项目，以评价对浊度、(　　)和微污染物的去除效果。

A. 化学需氧量(COD)　B. 色度

C. 天然有机物(NOM)　D. 生化需氧量(BOD)

358. BD010 活性炭是一种(　　)，对水中非极性、弱极性有机物质有很好的吸附能力。

A. 非极性吸附剂　B. 极性吸附剂

C. 弱极性吸附剂　D. 强极性吸附剂

359. BD010　物理吸附的(　　),可以多层吸附,脱附相对容易,这有利于活性炭吸附饱和后的再生。

A. 吸附空间小　　B. 吸附空间大　　C. 选择性低　　D. 选择性高

360. BD010　活性炭在制备过程中,炭的表面形成了多种(　　),对水中的部分离子有化学吸附作用。

A. 吸附膜　　B. H^+的基团　　C. OH^-的基团　　D. 官能团

361. BD011　因原水水质和活性炭产品的性能差异较大,活性炭选型时必须进行(　　),以选择活性炭的规格及最佳的炭层厚度等工艺参数。

A. 闭水试验　　B. 吸附试验　　C. 透水试验　　D. 表面张力试验

362. BD011　下列选项中不属于活性炭选择时应考虑的因素是(　　)。

A. 吸附性能　　B. 颗粒直径　　C. 机械性能　　D. 经济性指标

363. BD011　活性炭表面化学性质的重要表征指标是指(　　),它对活性炭吸附性能起到重要作用。

A. 灰分　　B. 可溶物　　C. pH 值　　D. 形状

364. BD012　后吸附过滤,即活性炭池放在(　　)之后,这种布置用得最多。

A. 常规混凝池　　B. 常规快滤池　　C. 常规沉淀池　　D. 常规清水池

365. BD012　过滤和吸附在一个滤池中完成的滤池,称为(　　)。

A. 快滤池　　B. 合建滤池　　C. 吸附滤池　　D. 双层滤池

366. BD012　进入炭池水的大部分杂质已在砂滤池中截留,活性炭池只需要去除溶解性有机物是(　　)过滤的优点。

A. 普通滤池　　B. 双层滤池　　C. 前吸附　　D. 后吸附

367. BD013　反冲洗的目的是使活性滤层(　　)以便擦洗炭粒上的黏附杂质。

A. 膨胀　　B. 缩小　　C. 升高　　D. 降低

368. BD013　如果原来的快滤池采用砂-煤双层滤料,因(　　),反冲洗系统可不必做很大的改动。

A. 无烟煤和活性炭的质量相近　　B. 无烟煤和活性炭的体积相近

C. 无烟煤和活性炭的密度相近　　D. 无烟煤和活性炭的容积率相近

369. BD013　活性炭很轻,设计时可考虑 75%~100% 的膨胀率,但通常按(　　)膨胀率考虑。

A. 50%　　B. 75%　　C. 90%　　D. 100%

370. BD014　活性炭滤池空床接触时间用字母(　　)表示。

A. EBCT　　B. BECT　　C. EBTC　　D. BETC

371. BD014　活性炭滤池接触时间可以按活性炭层的高度除以(　　)计算。

A. 活性炭所占容积　　B. 滤池的流量

C. 滤速　　D. 滤层的空隙率

372. BD014　活性炭池运行过程中,需要更换活性炭的时间或再生频率都和空床接触时间有关,水处理时的空床接触时间在(　　)。

A. 30min　　B. 5min 以内　　C. 10min 以上　　D. 5~25min

373. BE001　化学预氧化是在给水处理工艺前端投加(　　)以强化处理效果的一类预处理方法。

A. 混凝剂　B. 助凝剂　C. 化学氧化剂　D. 催化剂

374. BE001　化学预氧化技术是依靠氧化剂的(　　)能力分解破坏水中污染物的结构,达到转化或分解污染物的目的。

A. 转化　B. 催化　C. 分解　D. 氧化

375. BE001　衡量氧化剂氧化能力的指标是(　　)。

A. 质量　B. 相对分子质量

C. 标准氧化还原电位　D. 得电子的数目

376. BE002　下列选项中关于化学预氧化的目的的说法不正确的是(　　)。

A. 去除微量有机污染物　B. 去除无机物

C. 除藻　D. 除臭味

377. BE002　使用二氧化氯作为预氧化剂,为了控制二氧化氯副产物亚氯酸盐含量,我国规定余二氧化氯含量不得超过(　　)。

A. 0. 4mg/L　B. 0. 5mg/L　C. 0. 6mg/L　D. 0. 7mg/L

378. BE002　既能够被用作预氧化剂,又能提高混凝效果的是(　　)。

A. 氯　B. 臭氧　C. 二氧化氯　D. 高锰酸钾

379. BE003　水中藻类数量(　　)时,不会引起滤池堵塞。

A. <500 个/mL　B. 为 500~1000 个/mL

C. 为 1000~2000 个/mL　D. >2000 个/mL

380. BE003　下列选项中耗氧有机物特点的叙述不正确的是(　　)。

A. 易为生物分解　B. 消耗水中溶解氧　C. 具有毒性　D. 引起水体富营养化

381. BE003　水源水中人工合成有机物大多都是(　　)。

A. 无毒有机物　B. 有毒有机物　C. 耗氧有机物　D. 腐殖质

382. BE004　水体富营养化的原因是水体接纳了过多的(　　)等营养物,导致藻类及其他水生生物过量繁殖。

A. 氮、磷　B. 硫化物　C. 铁、锰　D. 矿化物

383. BE004　湖泊相对于其他水体,富营养化问题比较严重,原因是(　　)。

A. 氮、磷含量高　B. 流速缓慢,水体更新周期长

C. 溶解氧含量高　D. 水体容积小

384. BE004　水体富营养化严重,水华大量发生,草食性鱼类摄食作用下,沉水植物消失,湖泊进入浮游植物占优势的状态,被称为(　　)湖泊。

A. 富营养化　B. 微污染　C. 草型　D. 藻型

385. BE005　富营养化水体中藻类的大量生长使水体(　　)。

A. 水质变好　B. 水体透明度升高　C. 感官性状下降　D. 有机物浓度降低

386. BE005　水体富营养化对水厂运行的不利影响有(　　)。

A. 药耗降低　B. 藻类堵塞滤池

C. 降解死的有机物　D. 同化可溶性有机物

387. BE005　最容易引起滤池堵塞的藻类是(　　)。

A. 绿藻　B. 蓝藻　C. 硅藻　D. 颤藻

388. BE006　下列选项中关于富营养化水源水主要特点的叙述不正确的是(　　)。

A. 藻类含量高　B. 无机物含量高　C. 有机物含量高　D. 氮、磷含量高

389. BE006　湖泊中藻类死亡后沉入水底,使水体(　　)。

A. 悬浮物浓度降低　B. 水质变清　C. 溶解氧含量增加　D. 色度、臭味增加

390. BE006　湖泊富营养化时,水中存在“三致”物质,下列选项中不属于“三致”的是(　　)。

A. 致癌　B. 致畸　C. 致死　D. 致突变

391. BE007　藻类的共同祖先是(　　)。

A. 中核生物　B. 光合原核生物　C. 真核生物　D. 细胞

392. BE007　下列选项中关于藻类作用说法错误的是(　　)。

A. 有些藻类产生藻毒素,不利水体安全

B. 数量越大,对水处理越有利

C. 氧化塘进行废水处理中,释放氧气给其他好氧微生物,以利于水处理

D. 可能引起赤潮或水华现象

393. BE007　原水中藻类达到(　　)以上时,就会对净水工艺产生不利影响。

A. 10^2　B. 10^3　C. 10^4　D. 10^5

394. BE008　在繁殖过程中,出现特殊的复大孢子繁殖的藻类是(　　)。

A. 硅藻　B. 鞘藻　C. 蓝藻　D. 刚毛藻

395. BE008　水源水中藻类垂直分布的决定性因素是(　　)。

A. 浊度　B. 光照　C. 流速　D. 水体化学性质

396. BE008　体内含淀粉的绿藻遇碘后即会呈现(　　)。

A. 红褐色　B. 紫黑色　C. 黄色　D. 青色

397. BE009　无典型细胞核的是(　　)藻类。

A. 裸藻门　B. 蓝藻门　C. 绿藻门　D. 硅藻门

398. BE009　下列选项中不属于真核生物的是(　　)。

A. 裸藻门　B. 蓝藻门　C. 绿藻门　D. 金藻门

399. BE009　下列选项中不进行细胞分化的是(　　)。

A. 裸藻门　B. 蓝藻门　C. 绿藻门　D. 金藻门

400. BE010　某些藻类在一定的环境下会产生毒素,能产生毒素的藻类多为(　　)。

A. 硅藻　B. 蓝藻　C. 绿藻　D. 红藻

401. BE010　水中不会产生臭味的污染物是(　　)。

A. 无机物　B. 放线菌　C. 藻类　D. 真菌

402. BE010　下列选项中不属于藻类对常规净水工艺造成的主要影响的是(　　)。

A. 干扰混凝过程　B. 堵塞滤池　C. 沉淀效果不理想　D. 延长反冲洗周期

403. BE011　藻类生命活动能量的主要来源是(　　)。

A. 水　B. 纤维素　C. 光　D. 葡萄糖

404. BE011 对于大多数藻类来说,最适合生长的温度为(　　)。
A. 4~10℃　B. 11~17℃　C. 18~25℃　D. 30~35℃

405. BE011 藻类在代谢过程中易产生(　　)的前驱物质,它是对人体具有潜在危害的致癌性物质。
A. 三卤甲烷　B. 水　C. 二氧化碳　D. 氧气

406. BE012 下列选项中关于微囊藻毒素特性的表述不正确的是(　　)。
A. 非常稳定,不挥发　B. 抗 pH 值变化
C. 不易溶于水　D. 不易被吸附于颗粒悬浮物或沉积物中

407. BE012 影响微囊藻毒素合成的环境因子中,影响不明显的是(　　)。
A. 温度　B. pH 值　C. 光照　D. 氮和碳

408. BE012 微囊藻毒素作用的器官为(　　)。
A. 肺部　B. 心脏　C. 肝脏　D. 胃

409. BE013 在(　　)中,水体的富营养化程度比较高,水蚤含量增多。
A. 江河水　B. 水库、湖泊水　C. 海水　D. 泉水

410. BE013 剑水蚤具有很强的抗氧化性的原因是(　　)。
A. 有非常坚硬且厚的体表甲壳　B. 游动性很强
C. 有明显的趋光性　D. 对溶解氧要求不高

411. BE013 剑水蚤能够穿透滤池的最主要原因是(　　)。
A. 有非常坚硬且厚的体表甲壳　B. 游动性很强
C. 有明显的趋光性　D. 对溶解氧要求不高

412. BE014 杀灭剑水蚤最有效的药剂是(　　)。
A. 臭氧　B. 二氧化氯　C. 液氯　D. 氯氨

413. BE014 影响混凝沉淀工艺去除效率的因素主要是水蚤的(　　)。
A. 数量　B. 种类　C. 大小　D. 活性

414. BE014 水蚤在滤池中滋生,下列选项中对滤池的影响的说法错误的是(　　)。
A. 堵塞滤料　B. 缩短反冲洗周期　C. 延长反冲洗时间　D. 滤后水蚤密度增加

415. BE015 摇蚊虫暴发需要一些适宜的气候条件,下列选项中不正确的是(　　)。
A. 降水　B. 温度　C. 湿度　D. 光照

416. BE015 摇蚊幼虫对水环境的适应范围非常广,只要有充足的(　　),都能发现摇蚊及其幼虫。
A. 矿物质　B. 糖　C. 蛋白质　D. 有机质

417. BE015 供水系统摇蚊虫污染不可能来自(　　)。
A. 原水　B. 周边环境　C. 二次供水水箱　D. 大气降水

418. BE016 为了杜绝摇蚊幼虫在构筑物中的越冬现象,消除内源性污染,每年(　　)应彻底清洗反应池、沉淀池和清水池一次。
A. 1~2 月　B. 3~4 月　C. 7~8 月　D. 11~12 月

419. BE016 超声波对红虫有明显的杀灭作用,对(　　)幼虫杀灭效果最好。
A. 一龄　B. 二龄　C. 三龄　D. 四龄

420. BE016　基本上能达到杜绝摇蚊在沉淀池壁上产卵目的的摇蚊防治方法是(　　)。
A. 光诱吸蚊　B. 喷雾驱蚊　C. 紫外光灭蚊　D. 超声波灭蚊

421. BF001　消毒剂的基本作用是灭活水中(　　)。
A. 悬浮物　B. 有机物　C. 致病微生物　D. 胶体颗粒

422. BF001　消毒剂能够改变细胞壁和细胞膜的(　　)性能。
A. 保护　B. 渗透　C. 物理　D. 化学

423. BF001　大多数常用消毒剂能够破坏对生物功能至关重要的(　　)。
A. 代谢系统　B. 呼吸系统　C. 酶系统　D. 消化系统

424. BF002　饮用水消毒主要通过(　　)完成。
A. 絮凝　B. 过滤　C. 粉末活性炭　D. 消毒剂

425. BF002　细胞壁一般带(　　)。
A. 负电　B. 正电　C. 交流电　D. 强电

426. BF002　(　　)消毒方式对细胞壁起作用。
A. 紫外线　B. 乙醇　C. 氯系制剂　D. 氯已定

427. BF003　消毒副产物的形成量主要与水中的(　　)有关。
A. 铁含量　B. 矿化度含量　C. 有机物含量　D. 总硬度

428. BF003　消毒副产物的前体物质在水中的状态是(　　)。
A. 固态　B. 气态　C. 溶解态　D. 液态

429. BF003　消毒剂的氧化还原电位越高,生成的副产物(　　)。
A. 越多　B. 越少　C. 为零　D. 无法确定

430. BF004　提高灭菌温度(　　)杀灭微生物的速度。
A. 可以减缓　B. 可以加快　C. 不影响　D. 正比于

431. BF004　过滤方法除菌能耗和费用(　　)。
A. 较高　B. 较低　C. 为零　D. 极高

432. BF004　超声波灭菌的经济费用(　　)。
A. 较高　B. 较低　C. 为零　D. 极低

433. BF005　氧化型消毒剂(　　)。
A. 来源广泛　B. 来源较窄　C. 稀少　D. 昂贵

434. BF005　非氧化型消毒剂杀菌能力(　　)。
A. 强　B. 弱　C. 为零　D. 极强

435. BF005　消毒剂可以采用大规模工业生产的产品提供,这样能(　　)消毒成本。
A. 提高　B. 降低　C. 保证　D. 消除

436. BF006　次氯酸形式的氯与次氯酸根离子的杀菌效率相比,(　　)。
A. 次氯酸形成的氯高　B. 次氯酸形成的氯低
C. 二者相同　D. 二者无法比较

437. BF006　当氯化合物所处环境的 pH 值升高时,其水解程度一般(　　)。
A. 降低　B. 升高
C. 保持不变　D. 无法确定

438. BF006 当温度升高时,次氯酸与生物酶的作用(　　)。

A. 减慢　B. 加快　C. 保持不变　D. 消失

439. BF007 三氯甲烷在中性和碱性条件下的生成量与酸性条件下的生成量相比,(　　)。

A. 前者高　B. 前者低　C. 三者相同　D. 无法比较

440. BF007 pH 值升高,生成三氯甲烷的速度(　　)。

A. 越慢　B. 越快　C. 不变　D. 趋势无法确定

441. BF007 增加氯的投加量,消毒副产物(　　)。

A. 产生得更多　B. 产生得更少　C. 产量不变　D. 产量无法确定

442. BF008 加氯量必须(　　)需氯量,才能保证一定的剩余氯。

A. 高于　B. 低于　C. 等于　D. 不高于

443. BF008 一般地表水混凝前的加氯量为(　　)。

A. 1.0~2.0mg/L　B. 3.0~4.0mg/L　C. 0.1~0.8mg/L　D. 0.01~0.10mg/L

444. BF008 从感官角度出发,一般氯量宜在(　　)。

A. 1.2~2.0mg/L　B. 0.6~1.0mg/L

C. 2.1~3.0mg/L　D. 3.1~4.0mg/L

445. BF009 先氯后氨杀菌效果(　　)。

A. 稍差　B. 稍好　C. 与其他方法相同　D. 无法确定

446. BF009 先氨后氯(　　)氯与水中有机物生成的消毒副产物。

A. 可以减少　B. 可以增加　C. 不影响　D. 完全消除

447. BF009 防止氯酚臭时,氯/氨的投加比例不得大于(　　)。

A. 1　B. 2　C. 3　D. 4

448. BF010 二氧化氯用于出厂饮用水消毒最终处理时一般投加(　　)。

A. 0.01~0.08mg/L　B. 1.8~2.4mg/L

C. 0.1~1.4mg/L　D. 0.03~0.09mg/L

449. BF010 水温较低时,二氧化氯的投加量应(　　)。

A. 增大　B. 减少　C. 保持不变　D. 根据具体情况确定

450. BF010 建设部 CJ/T 206—2005《城市供水水质标准》中建议管网末梢水二氧化氯剩余浓度不低于(　　)。

A. 0.1mg/L　B. 0.5mg/L　C. 0.02mg/L　D. 0.8mg/L

451. BF011 二氧化氯预处理时的投加点一般设在混凝剂加注前(　　)。

A. 10min　B. 5min　C. 15min　D. 20min

452. BF011 预处理时二氧化氯的投加点根据二氧化氯与被去除物质所需的反应时间确定,接触时间为(　　)。

A. 15~30min　B. 40~60min　C. 3~5min　D. 6~8min

453. BF011 二氧化氯除臭时投加点设在(　　)。

A. 滤前　B. 滤中　C. 滤后　D. 随意位置

454. BF012 二氧化氯投加时溶液浓度不易过高,一般控制在(　　)。

A. 1~3mg/L　B. 10~20mg/L　C. 6~8mg/L　D. 25~30mg/L

455. BF012　二氧化氯投加时气体浓度控制在防爆浓度(　　)以下。
A. 10%　　B. 5%　　C. 15%　　D. 20%

456. BF012　二氧化氯投加时与其接触的管材和设备可用(　　)。
A. 铁　　B. 铜　　C. 铝　　D. 玻璃钢

457. BF013　盐酸储存的库房温度不得超过(　　)。
A. 20℃　　B. 30℃　　C. 10℃　　D. 15℃

458. BF013　盐酸储存的库房相对湿度不得超过(　　)。
A. 70%　　B. 80%　　C. 85%　　D. 50%

459. BF013　盐酸储存装置应标识明确,储罐间距至少为(　　)。
A. 2m　　B. 2. 5m　　C. 3m　　D. 1m

460. BF014　常压下氯酸钠加热到(　　)易分解放出氧气。
A. 300℃　　B. 90℃　　C. 120℃　　D. 200℃

461. BF014　眼睛接触氯酸钠后应用清水或(　　)冲洗。
A. 生理盐水　　B. 酸性水　　C. 碱性水　　D. 油类

462. BF014　氯酸钠在酸性环境、有催化剂存在的情况下为(　　)。
A. 中性试剂　　B. 强氧化剂　　C. 还原剂　　D. 碱性试剂

463. BF015　亚氯酸钠存放于密闭的(　　)。
A. 木容器中　　B. 纸容器中　　C. 铁容器中　　D. 不锈钢容器中

464. BF015　常温下亚氯酸钠易溶于水形成(　　)溶液。
A. 橙褐色　　B. 红色　　C. 蓝色　　D. 无色

465. BF015　亚氯酸钠在温度高于(　　)时会迅速分解。
A. 50℃　　B. 80℃　　C. 175℃　　D. 90℃

466. BF016　臭氧发生器的供气系统能耗占整个消毒系统的(　　)。
A. 15%~40%　　B. 5%~10%　　C. 50%~70%　　D. 8%~12%

467. BF016　臭氧的气源是(　　)。
A. 空气　　B. 氮气　　C. 一氧化碳　　D. 二氧化硫

468. BF016　臭氧发生器及其供电系统占整个消毒系统的(　　)以上。
A. 20%　　B. 30%　　C. 40%　　D. 60%

469. BF017　臭氧生产方法较多,目前主要是(　　)。
A. 光化学法　　B. 物理分离法　　C. 放电法　　D. 酸化法

470. BF017　紫外线法生产的臭氧浓度可达(　　)。
A. $1g/m^3$　　B. $3g/m^3$　　C. $1.8g/m^3$　　D. $6g/m^3$

471. BF017　电晕放电法生产臭氧的能耗为紫外线法的(　　)。
A. 13%~18%　　B. 20%~30%　　C. 30%~40%　　D. 2%~8%

472. BF018　次氯酸钠水溶液呈(　　)。
A. 酸性　　B. 碱性　　C. 中性　　D. 强酸性

473. BF018　次氯酸钠是很容易分解的(　　)粉末。
A. 黄色　　B. 白色　　C. 紫红色　　D. 黑色

474. BF018 次氯酸钠通过水解产生消毒所需的(   )。
A. 次氯酸 B. 盐酸 C. 氯化钠 D. 硫酸

475. BF019 紫外线灯管的最佳工作温度是(   )。
A. 20℃ B. 30℃ C. 50℃ D. 41℃

476. BF019 越薄的水层对紫外线的衰减越少,杀菌效率(   )。
A. 越低 B. 越高 C. 不变 D. 变为零

477. BF019 为达到杀菌效果,水流平均速度一般不低于(   )。
A. 1m/s B. 0.6m/s C. 0.3m/s D. 1.5m/s

478. BF020 高锰酸钾水溶液为(   )。
A. 紫色 B. 棕黄色 C. 无色 D. 蓝色

479. BF020 高锰酸钾固体大量储存时有(   )危险。
A. 燃烧 B. 氧化 C. 潮解 D. 还原

480. BF020 高锰酸钾常配成(   )溶液备用。
A. 1%~6% B. 10%~20% C. 20%~30% D. 30%~40%

481. BF021 水中有机物的存在对高锰酸钾消毒效果(   )。
A. 影响较大 B. 影响较小 C. 无影响 D. 几乎无影响

482. BF021 普通情况下,2mg/L 浓度(   )接触时间可获得满意的消毒。
A. 2h B. 8h C. 12h D. 24h

483. BF021 高锰酸钾消毒能力与臭氧相比,(   )。
A. 高锰酸钾消毒能力高 B. 高锰酸钾消毒能力低
C. 二者相同 D. 二者无法比较

484. BF022 高锰酸钾消毒会使水的致突变活性(   )。
A. 升高 B. 降低 C. 不变 D. 变为零

485. BF022 反应产物水和二氧化锰有一定的(   ),有利于去除水中浊度。
A. 氧化作用 B. 还原作用 C. 吸附作用 D. 离解作用

486. BF022 高锰酸钾应用时宜(   )絮凝剂的投加。
A. 先于 B. 后于 C. 同时于 D. 避免

487. BF023 下列选项中不属于余氯测定方法的是(   )。
A. 碘量法 B. DPD 法
C. 膜分离法 D. 电位滴定法

488. BF023 碘量法是指在酸性条件下,次氯酸将碘离子氧化成元素碘,析出的元素碘用(   )还原滴定。
A. 氯胺 B. 硫酸 C. 硫化氢 D. 硫代硫酸钠

489. BF023 邻联甲苯胺比色法可在(   )条件下被氯、氯胺和其他氧化剂氧化成黄色化合物。
A. 碱性 B. 酸性 C. 弱碱性 D. 中性

490. BF024 吸收光谱法是通过(   )的变化来定量测定二氧化氯浓度。
A. 甲酚红 B. 电流 C. 显色 D. 吸光度

491. BF024　检测二氧化氯的 DPD 指示剂显色不稳定是导致数据精密度下降的主要原因，因此需（　　）各操作步骤的速度。

A. 加快　B. 减慢　C. 稳定　D. 平衡

492. BF024　下列选项中不属于水中二氧化氯检测方法的是（　　）。

A. 电化学法　B. OTM 法　C. DPD 滴定法　D. 吸收光谱法

493. BG001　二氧化氯发生器的结构材料具有极强的（　　）。

A. 耐高温性　B. 耐氧化性　C. 耐腐蚀性　D. 耐冻胀性

494. BG001　设计合理的常规双原料发生器的产率为（　　）。

A. 20%　B. 40%　C. 50%　D. 90%

495. BG001　在常规双原料发生器中，必须仔细控制酸投加量，以维持二氧化氯溶液的 pH 值在（　　）。

A. 2~3　B. 6~8　C. 7~9　D. 9~12

496. BG002　当动力水经水射器时，其内部产生（　　）。

A. 正压　B. 负压　C. 高压　D. 低压

497. BG002　计量泵的作用是输送原料和（　　）。

A. 调节流量　B. 加盐酸　C. 排气　D. 排水

498. BG002　温度控制器是二氧化氯投加系统（　　）控制机构，可保证原料反应的最佳温度。

A. 制冷　B. 动力　C. 加热　D. 进料

499. BG003　安全阀为二氧化氯发生设备操作运行不当时特定的（　　）途径。

A. 泄压　B. 增压　C. 反应　D. 输送

500. BG003　安全阀工作后，需将（　　）重新塞紧。

A. 进料口　B. 安全塞　C. 出料口　D. 水射器

501. BG003　安全阀故障会引起发生器（　　）。

A. 短路　B. 停电　C. 过热　D. 爆炸

502. BG004　当二氧化氯发生系统压力比设定压力小时，背压阀膜片在弹簧弹力的作用下（　　）管路。

A. 堵塞　B. 疏通　C. 加热　D. 冷却

503. BG004　当二氧化氯发生系统压力比设定压力大时，背压阀膜片压缩弹簧，（　　）管路。

A. 堵塞　B. 接通　C. 加热　D. 冷却

504. BG004　背压阀能（　　）虹吸产生的流量及压力的波动。

A. 消减　B. 加剧　C. 增加　D. 无影响

505. BG005　电接点压力表位于水射器（　　）。

A. 之后　B. 之前　C. 中间　D. 下方

506. BG005　电接点压力表与（　　）联动。

A. 安全阀　B. 水射器　C. 进料泵　D. 背压阀

507. BG005　电接点压力表故障时，可能导致二氧化氯发生器（　　）。

A. 短路　B. 断电　C. 泄压　D. 爆炸

508. BG006　二氧化氯发生器通过(　　)将原料投入反应器。

A. 水射器　B. 计量泵　C. 背压阀　D. 进气口

509. BG006　二氧化氯消毒液主要通过(　　)作用形成。

A. 安全阀　B. 水射器　C. 进料泵　D. 背压阀

510. BG006　亚氯酸钠酸分解法制备二氧化氯是(　　)反应。

A. 氧化　B. 还原　C. 自氧化还原　D. 中和

511. BG007　氯瓶的功能是在内部的压力作用下将(　　)氯输送给氯蒸发器。

A. 液态　B. 气态　C. 固态　D. 自由

512. BG007　当加氯量较大时,蒸发器内部的气压会(　　)。

A. 升高　B. 下降　C. 保持不变　D. 降为零

513. BG007　歧管系统的主要作用是(　　)各个氯瓶的压力。

A. 提高　B. 降低　C. 平衡　D. 消除

514. BG008　泄压阀的作用是当误操作时(　　)超压气体。

A. 增加　B. 压缩　C. 释放　D. 吸入

515. BG008　通常采用牺牲阳极的方法保护蒸发器的内胆,阳极材料为(　　)。

A. 镁　B. 钢　C. 铜　D. 锌

516. BG008　漏氯吸收系统要在(　　)内处理 1 个氯瓶的泄漏量。

A. 2h　B. 1h　C. 3h　D. 0. 5h

517. BH001　在管道工程质量检查与验收中,一般给水管道管径小于(　　)时,只进行降压试验,不做漏水量试验。

A. 400mm　B. 500mm　C. 600mm　D. 700mm

518. BH001　管道降压试验标准是指在规定试验压力下观察 10min 后,压力表落压不超过(　　)时为合格。

A. 29kPa　B. 39kPa　C. 49kPa　D. 59kPa

519. BH001　管道试压分段长度不宜过长,一般在(　　)左右,管线穿越特殊地段时,可单独进行试压。

A. 1000m　B. 1500m　C. 2000m　D. 2500m

520. BH002　电磁流量计的简称为(　　)。

A. EMF　B. EFM　C. DMF　D. DFM

521. BH002　电磁流量计是应用(　　)原理工作的。

A. 电磁感应　B. 超声波　C. 磁性　D. 磁生电

522. BH002　电磁流量计主要由(　　)、测量导管、电极、外壳、衬里和转换器等部分组成。

A. 传感器　B. 磁路系统　C. 电路系统　D. 以上都是

523. BH003　电磁流量计的流通能力与水表相比,(　　)。

A. 电磁流量计大　B. 二者相同　C. 电磁流量计小　D. 二者无法比较

524. BH003　下列选项中对电磁流量计的说法错误的是(　　)。

A. 一般工业用被测介质流速在 2~4m/s　B. 使用范围广

C. 可选流量范围宽　D. 测量范围小

525. BH003　下列选项对电磁流量计的说法错误的是(　　)。

A. 测量管内基本无压损,不易堵塞

B. 具有防酸、防碱、防腐蚀能力

C. 仅可应用于食品、造纸等领域,不可应用于石油、化工产业

D. 测量范围大

526. BH004　压力表主要由溢流孔、(　　)、玻璃面板、节流阀等构成。

A. 拉紧弹簧管　B. 指针　C. 齿轮　D. 铅封

527. BH004　用于测量小于或大于大气压力的仪表是(　　)。

A. 压力表　B. 压力变送器　C. 压力传感器　D. 差压变送器

528. BH004　压力表的测量是利用了内部敏感元件的(　　)。

A. 压力形变　B. 弹性形变　C. 热敏性　D. 压敏性

529. BH005　能够将被测压力转换成各种电量信号,并根据这些信号的变化来间接测量压力的压力表是(　　)。

A. 精密压力表　B. 数显电节点压力表

C. 电磁流量计　D. 压力变送器

530. BH005　下列选项中不属于按其测量介质特性分类的压力表是(　　)。

A. 弹簧管压力表　B. 真空压力表　C. 波纹管压力计　D. 防爆电接点压力表

531. BH005　常见的弹性式压力表有(　　)、波纹管式、弹簧管式。

A. 膜片式　B. 斜管式　C. 活塞式　D. 电阻式

532. BH006　压力表表盘上写有“Y-60”,其中“60”是指(　　)。

A. 压力表　B. 结构形式　C. 精度等级　D. 公称直径

533. BH006　精度等级相同,压力表量程越大,测得压力值的绝对值允许误差(　　)。

A. 越大　B. 越小　C. 相等　D. 无法比较

534. BH006　压力表的表盘上“圈 1.0”指的是(　　)。

A. 精度等级　B. 压力表外径　C. 准确度等级　D. 压力表径向

535. BH007　压力表的一般检定周期为(　　)。

A. 3 个月　B. 半年　C. 1 年　D. 1 个月

536. BH007　当压力表在运行中发现失准时,应(　　)。

A. 及时更换　B. 继续使用　C. 送检　D. 拆下

537. BH007　压力表本身(　　)。

A. 危险性很高　B. 无危险性　C. 危险性很低　D. 危险性无法确定

538. BH008　下列选项中对于阀门日常维护的说法正确的是(　　)。

A. 可随意搁置　B. 室外堆放即可　C. 应分类摆放整齐　D. 不可以放在地面上

539. BH008　下列选项中关于阀门使用的说法不正确的是(　　)。

A. 使用维护的目的在于延长阀门寿命和保证启闭可靠

B. 不经常使用的阀门也要定期转动手轮

C. 需要定期清洁

D. 不经常使用的阀门不需要维护

540. BH008　阀门的阀杆(　　)。

A. 不需要维护　　B. 需定期拆卸检查

C. 要经常擦拭　　D. 要定期更换

541. BH009　造成阀门的阀体与阀盖处有泄漏现象的原因可能是(　　)。

A. 填料选用不对　　B. 填料圈数不足

C. 垫片选用不对　　D. 阀体和阀盖本体上有缺陷

542. BH009　阀门垫片处产生泄漏的原因可能是(　　)。

A. 垫片选用不对　　B. 填料选用不对　　C. 填料圈数不足　　D. 密封面关闭不严

543. BH009　下列情况不是造成密封圈连接处的泄漏的原因是(　　)。

A. 密封圈碾压不严　　B. 密封圈与本体焊接、堆焊结合不良

C. 密封圈连接螺纹松动　　D. 密封面研磨不平

544. BH010　阀杆及有关部位变形会导致(　　)。

A. 阀门损坏　　B. 阀杆操作不灵　　C. 密封面泄漏　　D. 驱动装置故障

545. BH010　阀杆操作不灵活的原因可能是(　　)。

A. 阀杆弯曲　　B. 手轮、手柄或扳手的紧回件松脱

C. 关闭件脱落　　D. 密封圈连接面被腐蚀

546. BH010　填料压得过紧将会导致(　　)。

A. 填料处泄漏　　B. 密封面损坏　　C. 阀杆抱死　　D. 关闭件连接不牢固

547. BI001　直流电动机、交流电动机和三相交流电动机是根据(　　)来划分的。

A. 转子结构　　B. 电源性质　　C. 工作原理　　D. 电动机结构

548. BI001　同步电动机和异步电动机是根据(　　)来划分的。

A. 转子结构　　B. 电源性质　　C. 工作原理　　D. 电动机结构

549. BI001　依靠直流工作电压运行的电动机是(　　)。

A. 鼠笼式电动机　　B. 绕线式电动机　　C. 三相电动机　　D. 直流电动机

550. BI002　电动机的输出功率和输入功率之比称为电动机的(　　)。

A. 功率　　B. 额定效率　　C. 效率　　D. 转动惯量

551. BI002　异步电动机在刚启动时的电流称为(　　)。

A. 额定电流　　B. 最大电流　　C. 启动电流　　D. 工作电流

552. BI002　代表电动机从启动到稳定转速所需的时间的是(　　)。

A. 额定转矩　　B. 最大转矩　　C. 标准转矩　　D. 转动惯量

553. BI003　电动机的运行电流(负载电流)不得超过铭牌上规定的(　　)。

A. 标准电流　　B. 额定电流　　C. 额定电压　　D. 标准电压

554. BI003　监视(　　)是监视电动机运行状况的直接可靠的办法。

A. 升温　　B. 湿度　　C. 降温　　D. 噪声

555. BI003　一般电动机要求电源电压的变化不得超过额定电压的(　　)。

A. ±5%　　B. ±6%　　C. ±7%　　D. ±8%

556. BI004　测量直流电流通常用(　　)安培表。

A. 电磁式　　B. 磁电式　　C. 电动式　　D. 整流式

557. BI004 测量交流电流通常用(　　)安培表。

A. 电磁式　　B. 磁电式　　C. 电动式　　D. 整流式

558. BI004 测量直流电压通常用(　　)伏特表。

A. 电磁式　　B. 磁电式

C. 电动式　　D. 整流式

559. BI005 串联电路中两端总电压(　　)。

A. 等于各元器件两端电压　　B. 等于各元器件两端电压之和

C. 等于电源内部电压　　D. 等于电源电压

560. BI005 并联电路的电源电压(　　)。

A. 等于所有支路电压之和　　B. 等于所有元器件两端电压之和

C. 等于各支路两端电压　　D. 等于电源内电压

561. BI005 将 4 节 1.5V 的干电池串联，总电压为(　　)。

A. 6V　　B. 4V　　C. 2V　　D. 1.5V

562. BI006 保护接零适用于(　　)供电系统。

A. 1000V 以下的中性点接地良好的三相四线制

B. 1000V 以下的中性点不接地的三相四线制

C. 1000V

D. 任何

563. BI006 下列选项中对施工现场保护接零工作的叙述错误的是(　　)。

A. 施工现场是电气系统严禁利用大地作相线或零线

B. 保护零线可以兼作他用

C. 保护零线不得装设开关或熔断器

D. 重复接地线应与保护零线相连接

564. BI006 下列选项中关于接地保护的叙述中错误的是(　　)。

A. 接地线和零线在短路电流作用下符合热稳定要求

B. 中性点直接接地的低压配电网的接地线、零线宜与相线一起敷设

C. 携带式电气设备可以利用其他用电设备的零线接地

D. 保护零线应单独敷设不做他用

565. BI007 电能表可以分为(　　)和电子式两大类。

A. 手动式　　B. 电磁式　　C. 电阻式　　D. 感应式

566. BI007 火表指的是(　　)。

A. 兆欧表　　B. 钳形表　　C. 电阻摇表　　D. 电度表

567. BI007 电度表是用来测量(　　)的仪表。

A. 电能　　B. 电压　　C. 电流　　D. 电磁

568. BI008 外供用户的电能表精度不低于(　　)。

A. 1.0 级　　B. 0.5 级　　C. 1.5 级　　D. 2.0 级

569. BI008 电能表的铭牌上电能的计量单位是(　　)。

A. kW　　B. kW · h　　C. kJ · h　　D. kJ

570. BI008 电能表从表盘上( )读数。
A. 直接 B. 计算 C. 间接 D. 无法

571. BJ001 运算器的主要作用是( )。
A. 算术运算 B. 加、减、乘、除
C. 逻辑运算 D. 算术运算和逻辑运算

572. BJ001 存储器主要用来( )。
A. 存放数据 B. 存放程序 C. 存放数据和程序 D. 存放微程序

573. BJ001 计算机硬件系统主要是由( )组成的。
A. CPU、存储器、输入和输出设备
B. CPU、运算器、控制器
C. CPU、控制器、输入和输出设备
D. 主机、显示器、鼠标和键盘

574. BJ002 计算机的软件系统是指( )。
A. 程序和指令 B. 操作系统和文档
C. 程序、数据和文档 D. 命令和数据

575. BJ002 最重要的系统软件是( )。
A. 数据库 B. 操作系统 C. 因特网 D. 数据总线系统

576. BJ002 下列选项中不是系统软件的是( )。
A. 系统服务程序 B. 操作系统
C. 数据库管理系统 D. 应用软件

577. BJ003 以下设备中不属于输出设备的是( )。
A. 显示器 B. 打印机 C. 扫描仪 D. 绘图仪

578. BJ003 以下不属于输入设备的是( )。
A. 鼠标 B. 键盘 C. 扫描仪 D. 数据投影设备

579. BJ003 下列设备中都是输入设备的是( )。
A. 键盘、打印机、显示器 B. 扫描仪、鼠标、光笔
C. 键盘、鼠标、绘图仪 D. 绘图仪、打印机、键

580. BJ004 按照用户数目分类,计算机操作系统可分为( )。
A. 单用户和多用户操作系统 B. 批处理和单处理操作系统
C. 小型和大型计算机操作系统 D. 通用操作系统和单用户操作系统

581. BJ004 计算机中最基本、最重要的系统软件是( )。
A. Word B. 操作系统 C. 寄存器 D. CPU

582. BJ004 计算机操作系统属于计算机的( )。
A. 硬件 B. 软件 C. 总线 D. 输入系统

583. BJ005 计算机病毒是( )。
A. 一个软件 B. 一个程序 C. 一个硬件 D. 以上都是

584. BJ005 下列不属于计算机病毒的特性的是( )。
A. 隐蔽性 B. 潜伏性 C. 传播性 D. 安全性

585. BJ005　下列对计算机病毒说法错误的是(　　)。
A. 有独特的复制能力　　B. 破坏计算机功能
C. 对计算机无影响　　D. 破坏数据

586. BJ006　下列选项中对计算机的工作地点说法错误的是(　　)。
A. 通风良好　　B. 有利散热　　C. 稳定　　D. 封闭

587. BJ006　下列选项中对计算机使用及维护的说法错误的是(　　)。
A. 免阳光直接照射到主机及显示器上,防止机器老化及保护操作人员的视力
B. 计算机工作环境应保持在10~30℃,以免影响电脑设备的可靠性
C. 开机时应检查电源电压是否稳定及电源的接地情况
D. 当盘片不能弹出时,用力敲打或强行取出

588. BJ006　应控制工作环境的湿度为(　　),避免电子线路短路或电子元件生锈。
A. 10%~20%　　B. 20%~30%
C. 40%~80%　　D. 30%~50%

589. BJ007　可以快速地设计出各类书籍、杂志、报刊的排版效果的 Office 系列办公组件之一的软件是(　　)。
A. PPT　　B. Excel　　C. Word　　D. 以上都是

590. BJ007　Word 是具有(　　)功能的计算机软件。
A. 编程　　B. 文字编辑　　C. 处理数据　　D. 制作课件

591. BJ007　下列选项中不属于 Word 的功能的是(　　)。
A. 编译程序　　B. 快速构建文档　　C. 多媒体混排　　D. 制表

592. BJ008　Word 文档文件的扩展名是(　　)。
A. txt　　B. wps　　C. doc　　D. word

593. BJ008　为了避免在编辑操作过程中突然掉电造成数据丢失,应(　　)。
A. 在新建文档时即保存文档　　B. 在打开文档时即做存盘操作
C. 在编辑时每隔一段时间做一次存盘　　D. 在编辑完时立即保存文档

594. BJ008　要将文字进行复制,应按(　　)。
A. Ctrl+Home 键　　B. Ctrl+C 键　　C. Ctrl+V 键　　D. Home 键

595. BJ009　下列选项中不属于 Excel 的功能的是(　　)。
A. 表中计算　　B. 制作表格　　C. 图表制作　　D. 编辑排版

596. BJ009　用户可以方便地将数据表格生成各种二维或三维的图表,如柱形图、条形图、折线图等,这个软件是(　　)。
A. PPT　　B. Excel　　C. Word　　D. 以上都是

597. BJ009　可以进行繁琐的表格处理和数据分析的一种电子表格软件是(　　)。
A. PPT　　B. Excel　　C. Word　　D. 以上都是

598. BJ010　退出 Excel 的快捷键是(　　)。
A. Alt+F4　　B. Ctrl+N　　C. Ctrl+O　　D. Alt+F2

599. BJ010　系统默认一个工作簿包含(　　)工作表。
A. 1 个　　B. 2 个　　C. 3 个　　D. 4 个

600. BJ010　新建工作簿可单击工具栏上的(　　)按钮,或者选择“文件”菜单中的“新建”命令。

A. 编辑　　B. 格式　　C. 新建　　D. 插入

二、判断题(对的画“√”,错的画“×”)

(　　)1. AA001　水体对排入的污水有一定的自净能力,湖泊、水库的自净能力较强。

(　　)2. AA002　水体富营养化可造成鱼类生活空间变小。

(　　)3. AA003　造纸、皮革、制糖和印染厂排出的污水可导致耗氧性有机污染物升高。

(　　)4. AA004　布朗运动是天然水中胶体微粒稳定性的因素之一。

(　　)5. AA005　通常不指明溶剂的溶液,一般指的是水溶液。

(　　)6. AA006　理论上讲,饮用水的浑浊度越低越好。

(　　)7. AA007　生活饮用水在未受污染时,可以不消毒。

(　　)8. AA008　总硬度是指永久硬度。

(　　)9. AA009　铝盐或铁盐与给水原水所含碱度反应,起混凝作用。

(　　)10. AB001　水资源在地域上和时间上分布不均匀造成有些地方或某一时间内水资源富余而另一地方或时间内水资源贫乏,不利于充分利用,所拥有水资源的价值降低。

(　　)11. AB002　取水工程设计在有漂浮物的河流上,应采取措施,防止漂浮物及冰凌进入渠道。

(　　)12. AB003　Ⅰ类水域功能主要适用于源头水、国家自然保护区。

(　　)13. AB004　水功能区划是水资源保护规划及投资的重要依据,也是科学经济合理地进行水资源保护的要求。

(　　)14. AB005　水功能区划要优先考虑达到功能水质保护标准,对于渔业用水、农业用水、工业用水实行统筹安排,执行统一用水标准。

(　　)15. AB006　水功能区划的定性判断法就是根据模拟计算成果对功能的水质标准、长度范围等进行复核。

(　　)16. AB007　地表水环境质量标准基本项目中 pH 值的限值为 6~9。

(　　)17. AB008　地下水水源有取水简单、施工容易、管理方便的特点。

(　　)18. AB009　水源地选择应符合城市规划及工业总体布局要求,取水点一般设在城镇和工矿企业的中游。

(　　)19. AB010　重视对水源水量和水质的管理工作,各级水资源管理机构应制定和完善水源管理办法,对地表水源要进行水文观测和预报。

(　　)20. AB011　取水点应尽量设在水质较好的地段。

(　　)21. AB012　岸边分建式进水间由横向隔墙分为进水室和吸水室,两室之间设有平板格网或旋转格网。

(　　)22. AB013　岸边式取水构筑物适用于江河岸边较陡,主流近岸,岸边有足够水深,水质和地质条件较差,水位变幅不大的情况。

(　　)23. AB014　与泵房合建的集水间常布置在泵房的后侧,占用泵房的部分面积。

(　　)24. AB015　河岸较平坦,枯水期主流离岸边又较远的情况下,洪水期含砂量较大、水位涨落不频繁的河流适宜采用自流管及设进水孔集水井取水。

(　　)25. AB016　斗槽式取水构筑物适宜在河流含沙量大、冰絮较严重、取水量较大、地形条件合适时采用。

(　　)26. AB017　浮船式取水构筑物浮船受到水流、风浪、航运等的影响,但安全可靠性较好。

(　　)27. AB018　在水源水位变幅大,供水要求急和取水量不大时,可考虑采用移动式取水构筑物。

(　　)28. AB019　在山区浅水河流的开发利用中,既要考虑到使河水中的推移质能顺利排除,不致大量堆积,又要考虑到使取水构筑物不被大颗粒推移质损坏。

(　　)29. AB020　海水含有较高的盐分,一般为3.5%,如不经处理,一般只宜作为工业冷却用水。

(　　)30. AB021　自流明渠引水多适用于海岸陡峻、引水口处海水较深、高低潮位差值较小、淤积不严重的石质海岸或港口、码头地区。

(　　)31. AB022　抽水试验前应测出静水位,抽水时应测定与出水量相应的动水位。

(　　)32. AB023　对于季节性供水的管井,在停运期间,应不定期抽水,以防长期停用使电动机受潮和加速井管腐蚀与沉积。

(　　)33. AB024　采用渗渠集取河床潜流水作为饮用水水源,虽然净化工艺复杂,但降低了水处理费用。

(　　)34. AB025　集取河床潜流水的渗渠的位置不仅要考虑水文地质条件,还要考虑河流水文条件。

(　　)35. AC001　CJ 3020—1993《生活饮用水水源水质标准》规定:生活饮用水一级水源水质良好,不经处理就可饮用。

(　　)36. AC002　水质检验中放射性指标的单位是mg/L。

(　　)37. AC003　水样中加酸可防止金属沉淀和抑制细菌对一些检测项目的影响。

(　　)38. AC004　用直接法配制标准溶液的物质必须符合足够纯、质量稳定两个条件。

(　　)39. AC005　水中只要检测出总大肠菌群,就证明水体已受到粪便污染。

(　　)40. AC006　GB 5749—2006《生活饮用水卫生标准》中规定三价铬的限值为0.05mg/L。

(　　)41. AC007　贾第鞭毛虫只可通过饮用水传播。

(　　)42. AC008　试样中的游离氯与DPD直接反应,可生成无色化合物。

(　　)43. AC009　体积比浓度是指A体积液体溶质与B体积溶剂相混的体积比。

(　　)44. AC010　平衡常数与反应物起始浓度有关,与温度无关。

(　　)45. AC011　用EDTA测定水中总硬度,终点时溶液呈蓝色,这是铬黑T与钙镁离子形成的络合物的颜色。

(　　)46. AC012　二氮杂菲与高价铁离子生成橙红色络合物,可以据此比色定量。

(　　)47. AC013　用过硫酸铵法测定水中锰时,如果水中有机物过多,则需对水样进行蒸馏。

(　　)48. AC014　在分析过程中,由于环境温度变化、气压及电压波动而引起的误差称为偶然误差。

(　　)49. AD001　表面力又称为面积力和接触力。
(　　)50. AD002　静水压强的方向垂直指向作用面。
(　　)51. AD003　某点的绝对压强小于一个大气压强时即称该点产生了真空。
(　　)52. AE001　直流电的大小和方向都恒定不变。
(　　)53. AE002　交流电表测得的数值是交流电的最大值。
(　　)54. AE003　CPU 的运行速度直接决定着整台计算机的运行速度。
(　　)55. AE004　计算机的整体运行速度和稳定性在很大程度上是由主板性能的优劣决定的。
(　　)56. AF001　高处作业工人预防坠落和伤亡的防护用品,由带子、绳子和金属配件组成,总称安全带。
(　　)57. AF002　根据使用条件的不同,安全带可分为 3 类,即围杆作业安全带、区域限制安全带、坠落悬挂安全带。
(　　)58. AF003　安全带应高挂低用,注意防止摆动碰撞。
(　　)59. AF004　MFZ8 型储压式干粉灭火器的有效距离为不小于 3.5m,电绝缘性为 500V。
(　　)60. AF005　使用二氧化碳灭火器灭火时,一定要握住胶木柄,以防止冻伤。
(　　)61. AF006　根据生产和作业场所的特点,采用相应等级的安全电压,是防止发生触电伤亡事故的根本性措施。
(　　)62. AF007　指令标志是强制人们必须做出某种动作或采用防范措施的图形标志,其基本形式是正方形边框,颜色为蓝底白图案。
(　　)63. AF008　预防机械伤害的原则是操作管理机械设备的岗位工人必须懂设备的性能、用途,会操作,会检查,会排除故障,必须持有上岗操作证。
(　　)64. AF009　采用保护接地后,人触及漏电设备外壳时人体电阻与接地装置电阻是并联连接的。
(　　)65. AF010　矿井、多导电、粉尘场所应使用 36V 灯。
(　　)66. AF011　低压回路停电更换熔断器后,恢复操作时,必须戴手套和护目镜。
(　　)67. AF012　物质的自燃点是衡量物质火灾危险性的重要特性指标,自燃点越高,着火危险性越大。
(　　)68. AF013　天然气失火时,未按“先开气,后点火”的程序操作可引起火灾。
(　　)69. AF014　排除进入管道井、下水道等地下设施天然气时,应打开入口盖板,使其自然散开。
(　　)70. AF015　窒息灭火法是将化学灭火剂喷入燃烧区参与燃烧反应,使燃烧过程中产生的游离烃消失,形成稳定分子或低活性的游离烃,从而使燃烧的化学反应中断,停止燃烧。
(　　)71. BA001　每批净水剂在新进厂和久存后投入使用前必须按照有关质量标准进行抽检。
(　　)72. BA002　水温低时,胶体颗粒水化作用减弱,妨碍胶体凝聚。
(　　)73. BA003　混凝剂的溶解方式分为水力、机械和压缩空气搅拌。

( )74. BA004 混凝剂的最佳投药量是既定水质目标的最大混凝剂投量。

( )75. BA005 絮凝池要有一定的体积,是为了增强沉淀效果。

( )76. BA006 隔板絮凝池构造简单,管理方便,但流量变化小时不易使用。

( )77. BA007 折板絮凝池具有容积小、反应时间短的优点。

( )78. BA008 网格絮凝池的优点是降低凝聚剂量并缩短絮凝时间。

( )79. BA009 机械絮凝池的絮凝效果好,且不受水量变化影响。

( )80. BA010 絮凝设施概括起来分为水力搅拌式与机械搅拌式两大类。

( )81. BA011 常规的快滤流程对于处理高浊度水是不合理的。

( )82. BA012 计量泵是一种具有投加功能的计量设备,通过改变柱塞的行程长度和往复频率来调节流量。

( )83. BA013 计量泵柱塞在泵缸内从一顶端位置移至另一顶端位置,这两顶端之间的距离称为频率。

( )84. BA014 按照计量泵的构造,计量泵分为柱塞式计量泵和叶片式计量泵两种。

( )85. BB001 沉淀区是沉淀池的主体部分,沉淀作用主要在这里进行。

( )86. BB002 从水流条件来讲,斜管沉淀池要比斜板效果好。

( )87. BB003 斜板(管)沉淀池的表面负荷是一个重要的技术经济参数,采用较小的表面负荷可以提高沉淀池的出水水质。

( )88. BB004 隔板沉淀池通常用于大中型水厂,构造简单,管理方便。

( )89. BB005 一般来说,铁盐比铝盐更适用于低温水。

( )90. BB006 冬季水温低,黏度增大,阻碍了颗粒的沉淀,这时需减少混凝剂的投量。

( )91. BB007 气浮中,矾花结构松散,间隙多,对吸附气泡有利。

( )91. BB008 气浮池单位面积的产水量小,且增加了清水与泥渣的分离时间,使池子占地面积减少。

( )93. BB009 经过絮凝的藻类,絮凝颗粒清,且黏附气泡的性能好,十分利于气浮。

( )94. BB010 气浮工艺一般不存在“跑矾花”现象。

( )95. BB011 TS 型溶气释放器,是根据 TJ 型溶气释放器的原理,为了扩大单个释放器出流量及作用范围而设计的。

( )96. BB012 在气浮池投入运行时,除对各种设备进行常规检查外,还需对溶气罐及管道进行多次清洗。

( )97. BB013 泥渣层的流速和水的上升流速相适应时,泥渣层可保持平衡稳定状态。

( )98. BB014 澄清池投运时,在形成泥渣过程中,应定期取样测定池内各部位的泥渣沉降比,若第一反应室及池底部泥渣沉降比逐步提高,可逐步减少加药量。

( )99. BC001 双阀滤池省去了进水和排水阀门,从而节省了滤池的造价,降低了动力消耗,简化了操作步骤。

( )100. BC002 虹吸滤池需其他格滤后水进行反冲洗,这就要求滤后水位低于滤层面,因而避免了气阻的产生。

( )101. BC003 无阀滤池在每次冲洗后,必须先充满水箱后才能出水进清水池。

( )102. BC004 移动冲洗罩滤池的作用与无阀滤池伞形顶盖相同,冲洗时使滤格处于封闭状态。

( )103. BC005 V 形滤池水位稳定,砂层下部产生负水压。

( )104. BC006 三层滤料滤池的下层滤料粒径大而密度小。

( )105. BC007 排水槽总平面面积不宜超过滤池总平面积的 30%。

( )106. BC008 采用气、水反冲洗方法既能提高冲洗效果,又节省冲洗水量。

( )107. BC009 水环式真空泵工作时抽气量随管路真空度增高而增大。

( )108. BC010 SZ 型真空泵的进排气口分别位于泵两侧盖顶端。

( )109. BC011 SZL 型真空泵标注中的“L”表示泵体加长。

( )110. BC012 SZ 型真空泵铭牌标注的排气量一般为 520mmHg 时的流量。

( )111. BD001 膜的作用机理与膜在结构上的分类有密切的关联。

( )112. BD002 超滤膜主要用于饮用水处理以及海水淡化的预处理。

( )113. BD003 膜的分离就是利用膜的筛分作用将不同大小的物质分离。

( )114. BD004 集成膜技术就是膜与离子交换技术的联合使用。

( )115. BD005 超滤膜可截留相对分子质量小于 10000D 的物质。

( )116. BD006 产水侧和原水进出口压力平均值差异称为透膜压差。

( )117. BD007 金属和玻璃都可以作为膜材料制作膜。

( )118. BD008 活性炭在 pH 值高的碱性条件下对带正电荷的有机物吸附较差,而在 pH 值低的酸性条件下则相反。

( )119. BD009 对小分子吸附能力强的活性炭,对大分子物质的吸附一定好。

( )120. BD010 活性炭不可以去除重金属离子。

( )121. BD011 因为活性炭品种较多、性能不一、用途各异、价格昂贵,而所处理水质又各不相同,可能会因选型不当而出现活性炭使用周期缩短、更换频繁、经济费用巨大的现象,所以用于饮用水处理的活性炭的选定就显得尤为重要。

( )122. BD012 为了满足更为严格的饮用水水质要求,在饮用水处理流程中,往往在快砂滤池之后再建造活性炭滤池,专门用以处理有机微污染物。

( )123. BD013 活性炭滤池的冲洗过程和普通快滤池相同。

( )124. BD014 活性炭滤池过滤时,由于空隙逐渐堵塞,发生变化,从计算方便的角度考虑,用实际停留时间而不用空床接触时间。

( )125. BE001 氧化剂的氧化能力强,它的消毒能力就一定强。

( )126. BE002 二氧化氯既是强氧化剂,又是强消毒剂。

( )127. BE003 当水体受到有机物污染时,胶体的性质会发生变化。

( )128. BE004 藻类污染是伴随水环境的有机污染形成的。

( )129. BE005 水中大量藻类、有机物和氨氮的存在,使混凝剂和消毒剂用量大大增加。

( )130. BE006 水体富营养化对水质的不利影响主要表现在水的感官性状这一方面。

( )131. BE007 蓝藻可产生孢子进行无性繁殖。

(　　)132. BE008　藻类涵盖了原核生物、原生生物界和植物界。

(　　)133. BE009　红藻是由蓝藻发展而来的,两者有亲缘关系。

(　　)134. BE010　藻类在光合作用下,使水中的溶解氧增加,矾花密度降低,沉淀去除率下降。

(　　)135. BE011　影响藻类生命活动的光因子有光周期、光质和光照强度。

(　　)136. BE012　微囊藻毒素进入肝细胞后,能够降低蛋白酶的活性,造成细胞内一系列生理生化反应的紊乱,从而引起肝细胞骨架破坏,导致肝脏出血坏死最终引起死亡。

(　　)137. BE013　水蚤是鱼类的天然食料,人类过量捕捉鱼类,可以导致各类浮游动物过量繁殖。

(　　)138. BE014　影响药剂灭活水蚤效果的主要因素是药剂浓度。

(　　)139. BE015　红虫是对水中生长的多种红色微型水生动物的俗称,这些生物的体表都呈现红色。

(　　)140. BE016　紫外技术是一种光学辐射作用,灭活红虫不会向水中增加任何化学药剂。

(　　)141. BF001　某些消毒剂会抑制细胞壁物质的合成,使细胞溶解死亡。

(　　)142. BF002　对于常用的化学消毒剂而言,消毒机理至少涉及两个阶段。

(　　)143. BF003　天然地表水体中一般都含有很多有机物。

(　　)144. BF004　物理消毒方法会产生副产物,影响水的饮用安全。

(　　)145. BF005　氧化型消毒剂不容易与环境物质生成有害的消毒副产物。

(　　)146. BF006　管网末梢化合性余氯不低于 1~2mg/L。

(　　)147. BF007　对于挥发性副产物,温度升高时三卤甲烷的浓度会降低。

(　　)148. BF008　氯的投加量随温度的升高而降低。

(　　)149. BF009　氯胺的氧化性较强,消毒时能去除水中一些能产生臭味的有机物。

(　　)150. BF010　二氧化氯可以与氯联合使用。

(　　)151. BF011　采用氯作为主消毒剂,在滤后水中加二氧化氯,该法较单独使用二氧化氯的成本低。

(　　)152. BF012　投加二氧化氯的水射器和扩散装置可采用钢铁材料。

(　　)153. BF013　盐酸储存库房的温度不能超过 30℃。

(　　)154. BF014　氯酸钠在农业上用作除草剂。

(　　)155. BF015　亚氯酸钠有强氧化性,应存放在密闭的容器中。

(　　)156. BF016　高温的空气不会影响臭氧的生产。

(　　)157. BF017　电晕放电法是目前大量生产臭氧的主要方法。

(　　)158. BF018　由于次氯酸钠溶液具有一定的腐蚀性,溶解次氯酸钠的容器可为混凝土制造。

(　　)159. BF019　紫外线穿透水层的深度与水质有很大关系。

(　　)160. BF020　高锰酸钾固体对钢铁具有腐蚀性。

(　　)161. BF021　不是所有有机物都能被高锰酸钾氧化。

(　　)162. BF022　高锰酸钾对有机物的氧化十分彻底，不会产生中间产物。
(　　)163. BF023　碘量法在氯浓度低于 10mg/L 时的滴定终点很难被确定。
(　　)164. BF024　DPD 滴定法检测二氧化氯，对水样只滴定一次，具有一定的准确性。
(　　)165. BG001　二氧化氯发生器由供料系统、反应系统、吸收系统、安全系统和控制系统构成。
(　　)166. BG002　二氧化氯投加系统的主要部件有水射器、计量泵、温度控制器、进气口安全阀电接点压力表等构成。
(　　)167. BG003　安全阀泄压后，不必采取任何操作即可恢复运行。
(　　)168. BG004　安全阀能够在计量泵的出口保持一定的压力。
(　　)169. BG005　电接点压力表是保护设备安全运行的部件之一。
(　　)170. BG006　常规双原料发生器专利设计的差别通常体现在投入物的先后顺序等。
(　　)171. BG007　实际运行中，各个并联供氯的氯瓶温度可以不同。
(　　)172. BG008　液态输氯管上每对应一个氯瓶应设一套膨胀室安全装置，不必装设压力开关。
(　　)173. BH001　安装较长的管道时，应采取整体试压，否则管内空气难以排净，影响试压的准确性。
(　　)174. BH002　电磁流量计应用的是电磁感应原理。
(　　)175. BH003　电磁流量计比水表测量流速范围宽、量程大。
(　　)176. BH004　压力表为了保持溢流孔的正常性能，需在表后面留出至少 10mm 的空间，不能改造或塞住溢流孔。
(　　)177. BH005　普通压力表具有远程传送显示、调节等功能。
(　　)178. BH006　看压力表时，应使眼睛对准表盘刻度，眼睛、指针和刻度三者成垂直于表盘的直线，待压力稳定后读数。
(　　)179. BH007　表盘玻璃破碎或表盘刻度模糊不清的压力表应停止使用。
(　　)180. BH008　对于短期内暂不使用的阀门，应取出石棉填料，以免产生电化学腐蚀，损坏阀杆。
(　　)181. BH009　铸铁件阀体和阀盖本体上有砂眼、松散组织、夹碴等缺陷，常使阀体和阀盖产生泄漏。
(　　)182. BH010　阀杆弯曲、螺母松脱、阀杆与传动装置连接处松脱等原因可能导致阀杆操作不灵活而无法开启阀门。
(　　)183. BI001　交流电动机可分为单相和三相两大类，目前使用最广泛的是单相电动机。
(　　)184. BI002　启动转矩太小，会使电动机不能带负荷启动。
(　　)185. BI003　电动机运行中如发现金属外壳带电，说明设备已漏电，应立即停车处理。
(　　)186. BI004　电磁仪表是用来测量交流电压和交流电流的。
(　　)187. BI005　电路中任意两点间的电位差称为两点的电压。
(　　)188. BI006　城市低压公用配电网内应采用保护接零。

( )189. BI007 感应式电能表的好处是直观、动态连续、停电不丢数据。

( )190. BI008 电能表铭牌上“5(40)A”表示电能表的基本(额定)电流和最大电流。

( )191. BJ001 计算机硬件的基本功能是接受计算机程序的控制来实现数据输入、运算、数据输出等一系列根本性的操作。

( )192. BJ002 系统软件负责管理计算机系统中各种独立的硬件,使得它们可以协调工作。

( )193. BJ003 输入设备是用户和计算机系统之间进行信息交换的主要装置之一,键盘、鼠标、扫描仪、打印机都属于输入设备。

( )194. BJ004 操作系统按照计算机类型可分为微型计算机操作系统、小型计算机操作系统、大型计算机操作系统。

( )195. BJ005 计算机病毒有独特的复制能力,它们能够快速蔓延,又常常难以根除。

( )196. BJ006 当硬盘在读写操作时(指示灯会闪烁),不要直接关闭电源。

( )197. BJ007 Word 属于计算机软件。

( )198. BJ008 Word 中进行打印预览的快进键是 Ctrl+F2。

( )199. BJ009 Excel 属于计算机硬件。

( )200. BJ010 Excel 创建新工作簿的快捷键为 Ctrl+N。

答　　案

一、单项选择题

1. A　2. B　3. D　4. D　5. C　6. B　7. A　8. B　9. D　10. D
11. A　12. C　13. B　14. D　15. C　16. A　17. C　18. D　19. A　20. B
21. D　22. B　23. D　24. C　25. B　26. C　27. D　28. A　29. B　30. C
31. C　32. D　33. A　34. A　35. C　36. B　37. B　38. A　39. D　40. B
41. D　42. A　43. A　44. C　45. D　46. A　47. A　48. B　49. B　50. D
51. A　52. A　53. C　54. B　55. C　56. B　57. A　58. C　59. A　60. B
61. C　62. D　63. B　64. B　65. C　66. A　67. B　68. D　69. C　70. B
71. C　72. A　73. A　74. B　75. D　76. B　77. C　78. A　79. B　80. D
81. A　82. C　83. D　84. B　85. A　86. C　87. B　88. A　89. B　90. D
91. A　92. D　93. C　94. D　95. D　96. A　97. A　98. D　99. B　100. C
101. B　102. D　103. C　104. A　105. B　106. A　107. C　108. B　109. C　110. B
111. A　112. D　113. B　114. C　115. D　116. A　117. C　118. A　119. B　120. D
121. B　122. C　123. A　124. C　125. D　126. B　127. A　128. B　129. D　130. C
131. A　132. D　133. A　134. C　135. D　136. A　137. D　138. B　139. B　140. A
141. D　142. C　143. C　144. A　145. D　146. A　147. C　148. B　149. A　150. B
151. A　152. C　153. B　154. B　155. D　156. A　157. B　158. A　159. B　160. C
161. D　162. A　163. B　164. B　165. C　166. D　167. B　168. C　169. C　170. D
171. C　172. A　173. C　174. C　175. A　176. B　177. B　178. D　179. C　180. B
181. D　182. A　183. C　184. C　185. D　186. A　187. A　188. C　189. B　190. A
191. D　192. C　193. C　194. D　195. B　196. A　197. C　198. A　199. B　200. A
201. C　202. D　203. A　204. B　205. D　206. C　207. B　208. A　209. D　210. C
211. B　212. B　213. B　214. A　215. B　216. D　217. C　218. D　219. C　220. A
221. D　222. C　223. C　224. B　225. B　226. A　227. C　228. B　229. A　230. C
231. B　232. C　233. B　234. C　235. C　236. B　237. A　238. C　239. C　240. B
241. B　242. A　243. B　244. C　245. D　246. D　247. C　248. A　249. B　250. A
251. B　252. D　253. C　254. B　255. B　256. D　257. A　258. B　259. C　260. B
261. A　262. C　263. B　264. A　265. C　266. A　267. D　268. B　269. A　270. B
271. D　272. A　273. B　274. D　275. B　276. B　277. D　278. A　279. B　280. A
281. C　282. B　283. C　284. B　285. B　286. B　287. B　288. D　289. C　290. A
291. D　292. A　293. B　294. D　295. C　296. A　297. A　298. C　299. C　300. C
301. A　302. D　303. B　304. A　305. C　306. D　307. D　308. C　309. D　310. B

311. C　312. C　313. D　314. B　315. C　316. D　317. A　318. A　319. C　320. A
321. A　322. B　323. C　324. D　325. D　326. C　327. C　328. A　329. C　330. C
331. A　332. D　333. B　334. C　335. A　336. D　337. C　338. A　339. D　340. A
341. B　342. C　343. B　344. C　345. B　346. B　347. A　348. D　349. B　350. A
351. C　352. C　353. A　354. B　355. B　356. D　357. C　358. A　359. C　360. D
361. B　362. B　363. C　364. B　365. C　366. D　367. A　368. C　369. A　370. A
371. C　372. D　373. C　374. D　375. C　376. B　377. D　378. D　379. A　380. C
381. B　382. A　383. B　384. D　385. C　386. B　387. C　388. B　389. D　390. C
391. D　392. B　393. D　394. A　395. B　396. B　397. C　398. C　399. B　400. B
401. A　402. D　403. C　404. C　405. A　406. C　407. D　408. C　409. B　410. A
411. B　412. B　413. D　414. C　415. A　416. D　417. D　418. A　419. A　420. B
421. C　422. B　423. C　424. D　425. A　426. C　427. C　428. B　429. A　430. B
431. B　432. A　433. A　434. B　435. B　436. A　437. B　438. B　439. A　440. B
441. A　442. A　443. A　444. B　445. B　446. A　447. A　448. C　449. A　450. C
451. B　452. A　453. C　454. C　455. A　456. D　457. B　458. C　459. D　460. A
461. A　462. B　463. D　464. A　465. C　466. A　467. A　468. D　469. C　470. C
471. A　472. B　473. B　474. A　475. D　476. B　477. C　478. A　479. A　480. A
481. A　482. D　483. B　484. B　485. C　486. A　487. C　488. D　489. B　490. D
491. A　492. B　493. C　494. D　495. A　496. C　497. A　498. C　499. A　500. B
501. D　502. A　503. B　504. A　505. B　506. C　507. C　508. B　509. B　510. C
511. A　512. B　513. C　514. C　515. A　516. B　517. A　518. C　519. A　520. A
521. A　522. B　523. A　524. D　525. C　526. B　527. A　528. B　529. D　530. B
531. A　532. D　533. A　534. C　535. B　536. A　537. C　538. C　539. D　540. C
541. D　542. A　543. D　544. B　545. A　546. C　547. B　548. C　549. D　550. C
551. C　552. D　553. B　554. A　555. C　556. B　557. A　558. B　559. B　560. C
561. A　562. A　563. B　564. C　565. D　566. D　567. A　568. A　569. B　570. A
571. D　572. C　573. A　574. C　575. B　576. D　577. C　578. D　579. B　580. A
581. B　582. B　583. B　584. D　585. C　586. D　587. D　588. C　589. C　590. B
591. A　592. C　593. C　594. B　595. D　596. B　597. B　598. A　599. C　600. C

二、判断题

1.×　正确答案:水体对排入的污水有一定的自净能力,湖泊、水库的自净能力较弱。　2.√　3.√　4.√　5.√　6.√　7.×　正确答案:生活饮用水必须经过消毒处理。　8.×　正确答案:总硬度是指暂时硬度和永久硬度的总和。　9.√　10.√　11.√　12.√　13.√　14.×　正确答案:水功能区划要优先考虑达到功能水质保护标准,对于渔业用水、农业用水、工业用水实行统筹安排,分别执行专业用水标准。　15.×　正确答案:水功能区划的定量计算法是根据模拟计算成果对功能的水质标准、长度范围等进行复核。　16.√　17.√　18.×　正确答案:水源地选择应符合城市规划及工业总体布局要求,取水点一般设在城镇和工矿企业的上游。 19. √ 20. √ 21. × 正确答案:岸边分建式进水间由纵向隔墙分为进水室和吸水室,两室之间设有平板格网或旋转格网。 22. × 正确答案:岸边式取水构筑物适用于江河岸边较陡,主流近岸,岸边有足够水深,水质和地质条件较好,水位变幅不大的情况。 23. × 正确答案:与泵房合建的集水间常布置在泵房的前侧,占用泵房的部分面积。 24. √ 25. √ 26. × 正确答案:浮船式取水构筑物浮船受到水流、风浪、航运等的影响,安全可靠性较差。 27. √ 28. √ 29. √ 30. √ 31. √ 32. × 正确答案:对于季节性供水的管井,在停运期间,应定期抽水,以防长期停用使电动机受潮和加速井管腐蚀与沉积。 33. × 正确答案:采用渗渠集取河床潜流水作为饮用水水源,能简化净化工艺,降低水处理费用。 34. √ 35. × 正确答案:CJ 3020—1993《生活饮用水水源水质标准》规定:生活饮用水一级水源水质良好,地下水只需消毒处理,地表水经简易净化处理、消毒后即可饮用。 36. × 正确答案:水质检验中放射性指标的单位是 Bq/L。 37. √ 38. × 正确答案:用直接法配制标准溶液的物质必须符合足够纯、质量稳定、物质的组成与化学式完全符合三个条件。 39. × 正确答案:水中检测出总大肠菌群,还需进一步检测大肠埃希氏菌或耐热大肠菌群来确定水体是否受粪便污染。 40. × 正确答案:GB 5749—2006《生活饮用水卫生标准》中规定六价铬的限值为 0. 05mg/L。 41. × 正确答案:贾第鞭毛虫可通过饮用水、娱乐用水、食物以及人与人接触传播。 42. × 正确答案:试样中的游离氯与 DPD 直接反应,可生成红色化合物。 43. √ 44. × 正确答案:平衡常数与反应物起始浓度无关,与温度有关。 45. × 正确答案:用 EDTA 测定水中总硬度,终点时溶液呈蓝色,这是游离出来的铬黑 T 的颜色。 46. × 正确答案:二氮杂菲与低价铁离子生成橙红色络合物,可以据此比色定量。 47. × 正确答案:用过硫酸铵法测定水中锰时,如果水中有机物过多,可加入较多过硫酸铵,并延长加热时间。 48. √ 49. √ 50. √ 51. √ 52. × 正确答案:直流电的大小不定,但方向恒定不变。 53. × 正确答案:交流电表测得的数值是交流电的有效值。 54. √ 55. √ 56. √ 57. √ 58. √ 59. × 正确答案:MFZ8 型储压式干粉灭火器的有效距离不小于 4. 5m,电绝缘性为 50kV。 60. √ 61. √ 62. × 正确答案:指令标志是强制人们必须做出某种动作或采用防范措施的图形标志,其基本形式是圆形边框,颜色为蓝底白图案。 63. √ 64. √ 65. √ 66. × 正确答案:低压回路停电更换熔断器后,恢复操作时,可不必戴手套和护目镜。 67. × 正确答案:物质的自燃点是衡量物质火灾危险性的重要特性指标,自燃点越低,着火危险性越大。 68. × 正确答案:天然气失火时,未按“先点火,后开气”的程序操作可引起火灾。 69. √ 70. × 正确答案:抑制灭火法是将化学灭火剂喷入燃烧区参与燃烧反应,使燃烧过程中产生的游离烃消失,形成稳定分子或低活性的游离烃,从而使燃烧的化学反应中断,停止燃烧。 71. √ 72. × 正确答案:水温低时,胶体颗粒水化作用增强,妨碍胶体凝聚。 73. √ 74. × 正确答案:混凝剂的最佳投药量是既定水质目标的最小混凝剂投量。 75. × 正确答案:絮凝池要有一定的体积,是为了使水有足够的停留时间,以便于絮体的形成。 76. × 正确答案:隔板絮凝池构造简单,管理方便,但流量变化大时不易使用。 77. √ 78. √ 79. √ 80. √ 81. √ 82. √ 83. × 正确答案:计量泵柱塞在泵缸内从一顶端位置移至另一顶端位置,这两顶端之间的距离称为冲程。 84. × 正确答案:按照计量泵的构造,计量泵分为柱塞式计量泵和隔膜式计量泵两种。 85. √ 86. √ 87. √

88. √ 89. √ 90. × 正确答案：冬季水温低，黏度增大，阻碍了颗粒的沉淀，这时需增大混凝剂的投量。 91. √ 92. × 正确答案：气浮池单位面积的产水量大，且减少了清水与泥渣的分离时间，使池子占地面积减少。 93. √ 94. √ 95. × 正确答案：TJ 型溶气释放器，是根据 TS 型溶气释放器的原理，为了扩大单个释放器出流量及作用范围而设计的。 96. √ 97. √ 98. √ 99. √ 100. × 正确答案：虹吸滤池需其他格滤后水进行反冲洗，这就要求滤后水位高于滤层面，因而避免了气阻的产生。 101. √ 102. √ 103. × 正确答案：V 形滤池水位稳定，避免砂层下部产生负水压。 104. × 正确答案：三层滤料滤池的下层滤料粒径小而密度大。 105. × 正确答案：排水槽总平面面积不宜超过滤池总平面积的 25%。 106. √ 107. × 正确答案：水环式真空泵工作时，随管路真空度增大，抽气量逐渐减小。 108. √ 109. × 正确答案：SZL 型真空泵标注中的“L”表示直联式。 110. √ 111. √ 112. √ 113. √ 114. × 正确答案：集成膜技术是以膜技术为核心，融合其他水处理技术，不单是与离子交换技术的联合使用。 115. × 正确答案：超滤膜可截留相对分子质量介于 10000~30000D 的物质。 116. √ 117. √ 118. × 正确答案：活性炭在 pH 值高的碱性条件下对带负电荷的有机物吸附较差，而在 pH 值低的酸性条件下则相反。 119. × 正确答案：对小分子吸附能力强的活性炭，对大分子物质的吸附不一定好。 120. × 正确答案：活性炭可以去除多种重金属离子。 121. √ 122. √ 123. √ 124. × 正确答案：活性炭滤池过滤时，空隙由于逐渐堵塞发生变化，从计算方便的角度考虑，用空床接触时间而不用实际停留时间。 125. × 正确答案：氧化剂的氧化能力强，它的消毒能力不一定强，如高锰酸钾氧化性比氯强，但消毒效果不如氯。 126. √ 127. √ 128. √ 129. √ 130. × 正确答案：水体富营养化对水质的不利影响主要表现在水的感官性状和饮水安全性两个方面。 131. √ 132. √ 133. × 正确答案：蓝藻和红藻光合色素相似，都不产生运动细胞，但两者在其他方面特征相差很远，没有亲缘关系。 134. √ 135. √ 136. × 正确答案：微囊藻毒素进入肝细胞后，能够增加蛋白酶的活性，造成细胞内一系列生理生化反应的紊乱，从而引起肝细胞骨架破坏，导致肝脏出血坏死最终引起死亡。 137. √ 138. √ 139. √ 140. √ 141. √ 142. √ 143. √ 144. × 正确答案：物理消毒方法不会产生副产物，不会影响水的饮用安全。 145. × 正确答案：氧化型消毒剂容易与环境物质生成有害的消毒副产物。 146. √ 147. × 正确答案：对于挥发性副产物，温度升高时三卤甲烷的浓度会升高。 148. × 正确答案：氯的投加量随温度的升高而增加。 149. × 正确答案：氯胺的氧化性较差，消毒时一般不能去除水中一些能产生臭味的有机物。 150. √ 151. √ 152. × 正确答案：投加二氧化氯的水射器和扩散装置均采用防腐材料。 153. √ 154. √ 155. √ 156. × 正确答案：高温的空气对臭氧的生产不利，易使产生的臭氧分解。 157. √ 158. √ 159. √ 160. × 正确答案：高锰酸钾固体对钢铁没有腐蚀性。 161. √ 162. × 正确答案：高锰酸钾对有机物的氧化并不十分彻底，往往会产生许多中间产物。 163. × 正确答案：碘量法在氯浓度低于 1mg/L 时的滴定终点很难被确定。 164. √ 165. √ 166. √ 167. × 正确答案：安全阀泄压后，应将安全塞重新塞紧后再恢复运行。 168. × 正确答案：背压阀能够在计量泵的出口保持一定的压力。 169. √ 170. √ 171. × 正确答案：实际运行中，要求各个并联供氯的氯瓶温度相同。 172. × 正确答案：液态输氯管上每对应一个氯瓶应设一套膨胀室安全装置，还应装设压力开关。 173. × 正确答案:安装较长的管道时,应采取分段试压,否则管内空气难以排净,影响试压的准确性。 174. √ 175. √ 176. √ 177. × 正确答案:普通压力表属于就地指示型压力表,就地显示压力的大小,不带远程传送显示、调节功能。 178. √ 179. √ 180. √ 181. √ 182. √ 183. × 正确答案:交流电动机可分为单相和三相两大类,目前使用最广泛的是三相异步电动机。 184. √ 185. √ 186. √ 187. √ 188. × 正确答案:城市低压公用配电网内不应采用保护接零的方式。 189. √ 190. √ 191. √ 192. √ 193. × 正确答案:打印机不属于输入设备。 194. √ 195. √ 196. √ 197. √ 198. √ 199. × 正确答案:Excel 是一种电子表格软件,属于计算机软件。200. √

高级工理论知识练习题及答案

一、**单项选择题**（每题有4个选项，只有1个是正确的，将正确的选项号填入括号内）

1. AA001　丝状微生物包括（　　）。
A. 真菌　　B. 放线菌　　C. 病毒　　D. 藻类

2. AA001　含叶绿素的微生物是（　　）。
A. 真菌　　B. 放线菌　　C. 病毒　　D. 藻类

3. AA002　下列选项中对于微生物特点的说法错误的是（　　）。
A. 分布广、种类多　　B. 繁殖慢
C. 易变异　　D. 易培养

4. AA002　一般的细菌，在适宜的条件下每（　　）就繁殖一代。
A. 20～30min　　B. 3～5h　　C. 10～20h　　D. 24h

5. AA003　细胞在两个互助垂直的平面上分裂，成田字形排列的细菌为（　　）。
A. 单球菌　　B. 双球菌　　C. 四联球菌　　D. 链球菌

6. AA003　结核菌属于（　　）。
A. 单球菌　　B. 分枝杆菌　　C. 球杆菌　　D. 螺旋菌

7. AA004　对细胞起到保护作用的部位是（　　）。
A. 细胞壁　　B. 细胞膜　　C. 细胞质　　D. 细胞核

8. AA004　当细胞处于不利条件下时，某些细胞会在（　　）形成芽孢。
A. 细胞质外　　B. 细胞质内　　C. 细胞壁内　　D. 细胞壁外

9. AA005　细菌要进行新陈代谢，必须从周围环境中选取适当的物质，这些物质称为（　　）。
A. 生长物　　B. 营养物　　C. 核质　　D. 代谢产物

10. AA005　细菌按对氧气的需要可分为（　　）。
A. 需氧菌和厌氧菌　　B. 需氧菌和自养菌
C. 自养菌和异养菌　　D. 厌氧菌和异养菌

11. AA006　细菌的能量转化都是在（　　）的催化作用下完成的。
A. 氧气　　B. 碳水化合物　　C. 酶　　D. 水

12. AA006　污水的生物处理一般都是利用（　　）微生物的作用来完成的。
A. 厌氧　　B. 好氧　　C. 兼性　　D. 异养

13. AA007　耗氧量可作为衡量水体中（　　）相对含量的指标。
A. 金属离子　　B. 非金属离子　　C. 溶解氧　　D. 有机物

14. AA007　耗氧量是1L水中还原性物质在一定条件下被氧化时所消耗的（　　）。
A. 氧毫克数　　B. 氧化剂毫克数　　C. 氧克数　　D. 氧化剂克数

15. AA008 溶解于水中的氧气称为(　　)。
A. 溶气水　B. 溶氧水　C. 溶解氧　D. 游离氧

16. AA008 在一定条件下,氧气在水中的溶解达到动态平衡($V_{溶解}=V_{溢出}$),称为氧气在该条件下的(　　)。
A. 饱和度　B. 溶解度　C. 饱和量　D. 溶解量

17. AA009 氨在水中主要以何种形式存在取决于水的(　　)。
A. pH 值　B. 温度　C. 溶解氧量　D. Cl^-含量

18. AA009 水中氨氮的来源主要为生活污水中(　　)受微生物作用的分解产物。
A. 硝酸盐　B. 亚硝酸盐　C. 含氮化合物　D. 合成氨

19. AA010 菌落总数是指(　　)水在普通琼脂培养基中,于温度 37℃经 24h 培养后,所生成的细菌菌落总数。
A. 1mL　B. 10mL　C. 100mL　D. 1000mL

20. AA010 经过净化、消毒处理的饮用水,菌落总数应不超过(　　)。
A. 每毫升 10CFU　B. 每毫升 100CFU　C. 每升 10CFU　D. 每升 100CFU

21. AB001 良好级水质标准相当于 GB 3838—2002《地表水环境质量标准》中(　　)标准。
A. Ⅱ类和好于Ⅱ类　B. Ⅲ类　C. Ⅳ类　D. Ⅴ类和劣于Ⅴ类

22. AB001 不合格级水质标准相当于 GB 3838—2002《地表水环境质量标准》中(　　)标准。
A. Ⅱ类和好于Ⅱ类　B. Ⅲ类　C. Ⅳ类　D. Ⅴ类和劣于Ⅴ类

23. AB002 人工回灌地下水可保持开采量与(　　)平衡。
A. 水平面　B. 出水量　C. 补充量　D. 地理位置

24. AB002 合理利用水源可以提高(　　)重复利用率。
A. 农业用水　B. 渔业用水　C. 生活用水　D. 工业用水

25. AB003 地表水取水构筑物的设计最高水位一般按设计频率的(　　)确定。
A. 1%　B. 5%　C. 10%　D. 15%

26. AB003 当地表水作为城镇供水水源时. 其设计枯水位和设计枯水流量的保证率一般可采用(　　)。
A. 60%~70%　B. 70%~80%　C. 80%~90%　D. 90%~97%

27. AB004 取水构筑物位置选择应与工业布局和(　　)相适应,全面考虑整个给水系统的合理布置。
A. 城市规划　B. 生活区布局　C. 商业区布局　D. 娱乐区布局

28. AB004 在北方地区的河流上设置取水构筑物时,应避免(　　)的影响。
A. 泥沙　B. 漂浮物　C. 咸潮　D. 冰凌

29. AB005 江河取水构筑物的防洪标准不应低于城市防洪标准,其设计洪水重现期不得低于(　　)。
A. 20 年　B. 30 年　C. 50 年　D. 100 年

30. AB005 通航河道上应根据航运部门的要求在取水构筑物处(　　)。
A. 设置围栏　B. 设置警告　C. 设置标志　D. 设置隔离区

31. AB006　当泵房位在湖泊、水库或海边时,岸边式取水构筑物的泵房地面层的设计标高为设计最高水位加浪高再加(　　),并应设有防止浪爬高的措施。

A. 0.5m　　B. 1m　　C. 1.5m　　D. 2m

32. AB006　取水泵房要受到河水或地下水的浮力作用,因此在设计时必须考虑(　　)。

A. 防水　　B. 防腐　　C. 抗浮　　D. 抗渗透

33. AB007　具有外形圆滑,水流阻力小,防漂浮物、草类效果较好等特点的是(　　)。

A. 喇叭管取水头部　　B. 蘑菇形取水头部

C. 鱼形罩式取水头部　　D. 箱式取水头部

34. AB007　下列选项中关于蘑菇形取水头部特点描述错误的是(　　)。

A. 适用于大型取水构筑物

B. 进水方向是自帽盖底下曲折流入,一般泥沙和漂浮物带入较少

C. 帽盖可做成装配式,便于拆卸检修

D. 施工安装较困难

35. AB008　下列选项中适用于水泵直接吸水式中小型取水构筑物的是(　　)。

A. 鱼形罩式取水头部　　B. 沉船形箱取水头部

C. 岸边隧洞式喇叭口形取水头部　　D. 桩架式取水头部

36. AB008　下列选项中适用于取水量不大、但含沙量较大、粒径较粗并有足够水深的山区河流的是(　　)。

A. 鱼形罩式取水头部　　B. 斜板式取水头部

C. 桩架式取水头部　　D. 沉船形箱取水头部

37. AB009　下列选项中关于软管活动取水头部设计要求描述错误的是(　　)。

A. 采用橡胶管,利用一个浮筒带 2 个取水头,橡胶管一端与取水头连接,一端接入钢制叉形三通,焊接在自流管进口的喇叭口支座上

B. 为保证枯水期取水,取水头下缘距河底的距离不小于 0.5m

C. 注意水流流向的稳定性

D. 吸水头下部开孔进水

38. AB009　下列选项中关于吸浮式活动取水头部设计要求描述错误的是(　　)。

A. 将浮筒连接在吸水头顶上,采用胶管将吸水头与岸上吸水管相连

B. 适用于枯水水深大于 1m 时

C. 吸水头下部开孔进水

D. 取水头伸向河心时需固定,一般在取水口上游的岸边设置手动或电动卷扬机

39. AB010　下列选项中关于固定低坝式取水构筑物适用条件描述错误的是(　　)。

A. 枯水期流量特别小的小型山溪河流

B. 水浅、不通航的小型山溪河流

C. 放筏的小型山溪河流

D. 推移质不多的小型山溪河流

40. AB010　固定低坝式与活动低坝式取水构筑物适用条件不同的是(　　)。

A. 枯水期流量　　B. 水位要求　　C. 是否放筏　　D. 推移质多少

41. AB011　底栏栅式取水构筑物要求截取河床上径流水及河床下潜流水(　　)的流量。

A. 小部分　B. 大部分　C. 全部或大部分　D. 一半

42. AB011　底栏栅取水构筑物适宜在水浅、大粒径推移质较多的山区河流,取水量(　　)时采用。

A. 不大　B. 小　C. 较小　D. 较大

43. AB012　水泵直接吸水在不影响航运时,(　　)可以架空敷设在桩架或支墩上。

A. 水泵　B. 水泵出水口　C. 水泵进水口　D. 水泵吸水管

44. AB012　水泵直接吸水应尽量采用(　　)较大的水泵设备。

A. 吸水深度　B. 吸水宽度　C. 吸水高度　D. 吸水坡度

45. AB013　自流管(渠)采用(　　)材料虽然投资较多,但可减少接头,施工方便。

A. 铸铁管　B. 钢筋混凝土管　C. 钢管　D. 塑料管

46. AB013　设计自流管(渠)时,粗糙系数应选用(　　),以免日后管道阻力增大而降低进水量。

A. 低些　B. 高些　C. 最小值　D. 最大值

47. AB014　格栅与水平面最好成(　　)倾角。

A. 35°~45°　B. 45°~55°　C. 55°~65°　D. 65°~75°

48. AB014　通过格栅的水头损失一般采用(　　)。

A. 0.05~0.5m　B. 0.05~0.1m　C. 0.1~0.5m　D. 0.1~5m

49. AB015　下列选项中关于合建式取水构筑物进水间内防淤措施的叙述错误的是(　　)。

A. 格栅表面搪橡胶材料　B. 减少进水间的几何尺寸

C. 排泥泵清除　D. 自流冲洗

50. AB015　采取水泵倒转反冲时,应对泵倒转速度进行核算,若倒转速度不超过泵额定转速的(　　)时才可采用此法。

A. 1/4　B. 1 倍　C. 1.25 倍　D. 2 倍

51. AB016　在满足选泵原则的前提下,应尽量选大型水泵,这样做的好处是(　　)。

A. 便于安装和检修

B. 便于维护和管理

C. 便于调度和供水可靠性强

D. 机组效率高、占地面积小、土建和维护费用小

52. AB016　所选择的水泵除效率高外还应(　　)好。

A. 抗腐蚀性　B. 坚固性　C. 平衡性　D. 节能、抗汽蚀性

53. AB017　我国东北寒冷地区大多数河流冬季冰情严重,悬浮在水面的冰晶和初冰极易附着在进水窗口的格栅上,(　　),甚至会很快把格栅冻结堵塞,影响取水。

A. 增加水头损失　B. 减小水头损失　C. 增加进水面积　D. 减少进水阻力

54. AB017　我国东北寒冷地区大多数河流冬季冰情严重时,若冰絮流入输水管内,会造成(　　)。

A. 管道流量增加　B. 管道堵塞　C. 管道冻裂　D. 设备冻坏

55. AB018　水泵单位时间内所输送液体的体积或质量称为水泵的(　　)。

A. 流量　B. 扬程　C. 流速　D. 效率

56. AB018　单位重量液体通过水泵后其能量的增加值称为水泵的(　　)。

A. 流量　B. 扬程　C. 功率　D. 效率

57. AB019　离心泵滚动轴承的润滑一般采用(　　)。

A. 浸油润滑　B. 飞溅润滑　C. 钙基脂润滑　D. 钠基脂润滑

58. AB019　除轴承外,离心泵上需润滑的部位有(　　)。

A. 紧固螺栓　B. 轴套　C. 泵轴　D. 填料压盖

59. AB020　离心泵轴封装置起阻水或阻气作用的是(　　)。

A. 密封环　B. 减漏环　C. 水封环　D. 填料

60. AB020　离心泵叶轮与泵壳接缝口处装有(　　)。

A. 轴套　B. 水封环　C. 密封环　D. 填料

61. AB021　下列选项不属于离心泵保养项目的是(　　)。

A. 润滑　B. 紧固　C. 防腐　D. 换填料

62. AB021　冬季停用的离心泵应(　　),以防止冻坏。

A. 解体保养　B. 关闭进出水阀门,放出泵内积水

C. 定期启动　D. 定期盘车

63. AC001　对溶解氧的测定产生负干扰的是(　　)。

A. 余氯　B. Fe^{2+}　C. 有机物　D. 亚硝酸盐

64. AC001　在碘量法测定溶解氧中对氧起固定作用的是(　　)。

A. $Mn(OH)_2$　B. $MnSO_4$　C. KI　D. Na_2SO_3

65. AC002　测定水样碱度时,如只加甲基橙指示剂,用标准酸滴定至橙色,测得的一定是(　　)。

A. 氢氧化物和碳酸盐总量　B. 碳酸氢盐和一半的碳酸盐总量

C. 碳酸盐总量　D. 总碱度

66. AC002　在测定水中碱度时,以酚酞为指示剂,当用标准酸溶液滴至红色刚刚消失时为终点,滴定值相当于(　　)。

A. 氢氧化物的总量　B. 碳酸盐的总量

C. 碳酸氢盐的总量　D. 氢氧化物和一半的碳酸盐

67. AC003　利用滴定过程中 pH 值的变化规律的滴定属于(　　)。

A. 酸碱滴定　B. 沉淀滴定　C. 配位滴定　D. 氧化还原滴定

68. AC003　水中硬度的测定应用的是(　　)。

A. 酸碱滴定　B. 沉淀滴定　C. 配位滴定　D. 氧化还原滴定

69. AC004　在滴定分析中,一般利用指示剂颜色的突变来判断化学计量点的到达,在指示剂颜色突变时停止滴定,这一点称为(　　)。

A. 化学计量点　B. 等当点　C. 滴定终点　D. 滴定误差

70. AC004　酸碱滴定法是以(　　)反应为基础的滴定分析法。

A. 质子传递　B. 置换　C. 电子转移　D. 取代

71. AC005　在直接络合滴定法中,终点时一般情况下溶液显示的颜色为(　　)。

A. 被测金属离子与 EDTA 络合物的颜色

B. 被测金属离子与指示剂配合物的颜色

C. 被测金属离子与 EDTA 络合物和游离指示剂的颜色

D. 游离指示剂的颜色

72. AC005　金属指示剂大多是一种(　　)。

A. 无机染料　B. 有机染料　C. 无机阳离子　D. 有机阳离子

73. AC006　摩尔法测定 Cl^- 含量时,要求介质的 pH 值在 6.5~10.0,若酸性过高,则(　　)。

A. AgCl 沉淀不完全　B. Ag_2CrO_4 沉淀不易形成

C. 形成 Ag_2O 沉淀　D. AgCl 沉淀易胶溶

74. AC006　根据(　　)的不同,银量法分为摩尔法、佛尔哈德法和法扬司法。

A. 被测离子　B. 测定原理　C. 指示终点的方法　D. 滴定剂

75. AC007　在氧化还原反应中,物质间得失(　　)的总数一定相等。

A. 质子　B. 电子　C. 中子　D. 氧原子

76. AC007　氧化还原法的分类是根据(　　)的不同进行分类的。

A. 所用仪器　B. 所用指示剂　C. 分析时条件　D. 所用标准溶液

77. AC008　直接碘量法是利用碘的(　　)作用滴定的。

A. 氧化　B. 还原　C. 沉淀　D. 络合

78. AC008　间接碘量法中加入过量的 KI 的主要目的是(　　)。

A. 加大 I^- 的浓度,增加反应速率　B. 加大 I^- 的浓度,提高反应程度

C. 生成 I_3^- 提高 I_2 的溶解度　D. 保护 I_2 不被还原

79. AC009　重量分析法中,最后进行称重的是(　　)。

A. 沉淀式　B. 称量式　C. 反应后溶液　D. 反应前溶液

80. AC009　重量分析法中,对沉淀式的要求是(　　)。

A. 沉淀式的组成要与化学式完全相符　B. 沉淀式性质要稳定

C. 沉淀式的物质的量要大　D. 沉淀式要纯净,要避免杂质的污染

81. AC010　对氨氮的测定无影响的物质是(　　)。

A. 浊度　B. 色度　C. 铁、锰　D. 硫酸盐

82. AC010　纳式试剂法测定氨氮的最大吸收波长是(　　)。

A. 420nm　B. 460nm　C. 540nm　D. 560nm

83. AC011　用高锰酸钾法测得的耗氧量又称为(　　)。

A. 生化需氧量　B. 生物需氧量

C. 高锰酸盐指数　D. 重铬酸钾指数

84. AC011　当水中含有大量氯化物(30mg/L)时,应用(　　)测定其耗氧量。

A. 酸性高锰酸钾法　B. 碱性高锰酸钾法

C. 酸性重铬酸钾法　D. 碱性重铬酸钾法

85. AC012　如水样高锰酸钾指数值超过(　　)时,则应用水稀释后测定。

A. 4mg/L　B. 5mg/L　C. 8mg/L　D. 10mg/L

86. AC012　下列选项中适用于重铬酸钾法测量耗氧量范围的是(　　)。

A. <5mg/L　B. 5~10mg/L　C. 10~50mg/L　D. >50mg/L

87. AD001　水流质点在单位时间内运动的距离称为(　　)。

A. 流速　B. 平均流速　C. 流量　D. 流程

88. AD001　流量等于(　　)与(　　)的乘积。

A. 流速,过流时间　B. 流速,过流断面积

C. 过流时间,过流断面积　D. 流速,管道直径

89. AD002　如求每小时流过水管的流量,其公式:流量=(　　)×流速×3600。

A. 体积　B. 管子半径　C. 管断面积　D. 管道直径

90. AD002　在泵站中,管道的直径主要由水泵的(　　)大小来确定。

A. 流量　B. 扬程　C. 效率　D. 功率

91. AD003　管道阻力的大小与管道的长度(　　)。

A. 无关　B. 成正比　C. 成反比　D. 成平方关系

92. AD003　在给定管径及流量的情况下,可从水力计算表中查得(　　)。

A. 压力　B. 压力管径

C. 流速和阻力　D. 流速和流量

93. AD004　局部水头损失是指水流通过管道所设阀门、弯管等装置时水流流经的(　　)发生变化使水流形成漩涡区和断面流速的急剧变化,造成水流在局部地区受到比较集中的阻力损失。

A. 流量　B. 流速

C. 过水断面或方向　D. 压力

94. AD004　局部水头损失通常根据管网性质按相应(　　)的一定百分比计算。

A. 总水头损失　B. 局部水头损失　C. 沿程水头损失　D. 阻力损失

95. AE001　梯子横挡间距一般为 30cm,与地面夹角为(　　),顶端与构筑物靠牢,下端应有防滑措施。

A. 30°　B. 40°　C. 60°　D. 80°

96. AE001　在梯子上工作时应使用(　　),物件应用绳子传递,不准从梯上或梯下互相抛递。

A. 安全带　B. 工具袋　C. 安全绳　D. 劳保用品

97. AE002　部分停电工作时,监护人应始终不间断地监护工作人员的(　　),保证其在规定的安全距离内工作。

A. 活动范围　B. 最小活动范围　C. 最大活动范围　D. 各种活动

98. AE002　电气工作开始前,必须完成(　　)。

A. 工作许可手续　B. 安全措施　C. 工作监护制度　D. 停电工作

99. AE003　开关箱与其控制的固定式用电设备的水平距离不宜超过(　　)。

A. 3m　B. 5m　C. 10m　D. 15m

100. AE003　严禁使用容易引发触电事故的(　　)配电箱。

A. 铸铝　B. 不锈钢　C. 冷轧钢板　D. 木质

101. AE004　危险物品的生产、储存单位以及矿山、金属冶炼单位应当有注册(　　)从事安全生产管理工作。

A. 建筑工程师　B. 安全工程师　C. 工艺工程师　D. 质量工程师

102. AE004　劳务派遣单位应当对被派遣劳动者进行必要的(　　)教育和培训。

A. 生产管理　B. 管理理论　C. 安全生产　D. 实践知识

103. AE005　我国的安全生产(　　)是“安全第一,预防为主”。

A. 方针　B. 政策　C. 目标　D. 方法

104. AE005　“预防为主”是实现“安全第一”的(　　)。

A. 前提　B. 保障　C. 基础　D. 结果

105. AE006　安全标志的(　　):不仅安装位置的选择很重要,标志上显示的信息也要正确,而且对于所有的观察者要清晰易读。

A. 内容　B. 适用性　C. 观赏性　D. 可视性

106. AE006　安全标志的安装(　　):通常应安装于观察者水平视线稍高一点的位置,但有些情况置于其他水平位置则是适当的。

A. 高度　B. 距离　C. 形式　D. 范围

107. AE007　强制性行动标志是用于表示需履行某种行为的命令以及需要采取的(　　)。

A. 强制手段　B. 必要措施　C. 强制措施　D. 预防措施

108. AE007　交通标志用于向工作人员表明与交通安全相关的指示和(　　)。

A. 警示　B. 警告　C. 警觉　D. 提醒

109. BA001　混凝剂在水中胶体粒子的作用有 3 种,分为(　　)、吸附架桥、网捕和卷扫。

A. 絮凝反应　B. 双电子层作用　C. 电性中和　D. 胶体保护

110. BA001　混凝剂溶解常用的方法有(　　)。

A. 电动搅拌和人工搅拌　B. 人工搅拌和水力搅拌

C. 水力搅拌和机械搅拌　D. 机械搅拌和人工搅拌

111. BA002　水的 pH 值对混凝效果有一定的影响,采用铝盐去除浊度时,最佳的 pH 值在(　　)。

A. 4.5~5.5　B. 6.5~7.5　C. 8.0~9.5　D. 3.0~4.5

112. BA002　为提高混凝效果常投加高分子助凝剂,它对胶体起(　　)作用。

A. 电性中和　B. 吸附架桥　C. 网捕　D. 卷扫

113. BA003　在絮凝阶段,通常以 G 或 GT 值作为控制指标,G 代表的是(　　)。

A. 液体质量　B. 能量功率　C. 动力黏度　D. 速度梯度

114. BA003　混凝剂的最佳投加量是指达到(　　)的最小混凝剂投加量。

A. 最佳水质　B. 既定水质目标

C. 最大浊度去除率　D. 最大絮体生成

115. BA004　测定混凝剂投注率的试验是(　　)。

A. 沉降比试验　B. 烧杯搅拌试验　C. 膨胀率测定　D. 浓度配比

116. BA004　采用管道混合时,管道内水流流速在(　　)才能使药与水充分混合。

A. 0.5~1.0m/s　B. 1.2~1.5m/s　C. 1.6~2.0m/s　D. 2.1~2.5m/s

117. BA005　采用水泵混合时,将混凝剂投加在水泵(　　)处可达到快速混合的目的。
A. 吸水口　B. 出水口　C. 吸水管或喇叭口　D. 泵体或叶轮
118. BA005　机械絮凝池的搅拌强度取决于(　　)。
A. 搅拌器转速　B. 桨板面积
C. 搅拌器转速与桨板面积　D. 电动机功率
119. BA006　下列混凝剂中的不属于无机盐类混凝剂的是(　　)。
A. 三氯化铁　B. 聚合硫酸铁　C. 聚丙烯酰胺　D. 聚合氯化铝
120. BA006　最早使用的混凝剂是(　　)。
A. 聚合硫酸铁　B. 聚合氯化铝　C. 三氯化铁　D. 明矾
121. BA007　计量泵(柱塞泵)上有调节器并刻有标度显示流量,由调节器调节(　　)以调节药液投量。
A. 阀门控制　B. 柱塞行程　C. 柱塞频率　D. 转速
122. BA007　干式投配设备一般应具有每小时投配(　　)以上的规模。
A. 2kg　B. 5kg　C. 10kg　D. 50kg
123. BA008　转子流量计的误差是按引用误差表示的,为保证测量有足够的精确度,被测流体的常用流量应选择在流量计流量上限值的(　　)以上。
A. 30%　B. 50%　C. 60%　D. 75%
124. BA008　玻璃转子流量计型号为 LZB-40F,其中"F"的含义是(　　)。
A. 防震　B. 防腐　C. 防油　D. 防爆
125. BB001　下列选项中属于平流沉淀池优点的是(　　)。
A. 处理水量大小不限,沉淀效果好　B. 占地面积较小
C. 处理效率高　D. 适用于絮凝性胶体沉淀
126. BB001　下列选项中属于平流沉淀池缺点的是(　　)。
A. 池深度大　B. 施工困难
C. 进、出配水不易均匀　D. 造价高
127. BB002　原水中悬浮物含量无法满足一次沉淀条件时,通常要建造(　　)。
A. 滤前沉淀池　B. 最终沉淀池　C. 污泥浓缩池　D. 预沉池
128. BB002　理想沉淀池中,池内水流是(　　)的,流速在横截面上的分布是均匀相等的。
A. 水平　B. 垂直　C. 相等　D. 抛物线型
129. BB003　斜管沉淀池的清水区布置十分重要,为保证出水均匀,清水区的高度一般为(　　)。
A. 0.5~1.0m　B. 1.0~1.5m　C. 2.0~2.5m　D. 2.5~3.0m
130. BB003　斜管沉淀池与斜板沉淀池原理基本相同,但斜管更优越,因为斜管半径更小,(　　)更低,沉淀效果更显著。
A. 有效系数　B. 表面负荷　C. 雷诺数　D. 水力半径
131. BB004　斜管沉淀池中,当斜管倾角为60°时,斜管内的流速为(　　)。
A. 1.0~2.0mm/s　B. 2.0~2.5mm/s
C. 2.5~3.0mm/s　D. 3.5~5.0mm/s

132. BB004　斜板(管)沉淀池是在沉淀池中加放与水平成一定角度的斜板(管),改变了(　　),从而水处理效果好。

A. 表面负荷　B. 进水速度　C. 沉淀速度　D. 水力半径

133. BB005　公式 $Fr=\frac{v^2}{Rg}$,其中 R 表示水力半径,v 表示水平流速,g 表示重力加速度,则 Fr 称为(　　)。

A. 雷诺数　B. 弗劳德数　C. 运动黏数　D. 表面负荷

134. BB005　平流沉淀池中水流的 Re(雷诺数)一般为 4000~15000,属于(　　)状态。

A. 环流　B. 短流　C. 紊流　D. 层流

135. BB006　设计平流沉淀池的主要控制指标是(　　)。

A. 流量和停留时间　B. 表面负荷和停留时间

C. 水温和流量　D. 表面负荷和流量

136. BB006　设计日产水量为 $8\times10^4m^3$ 的平流沉淀池,水厂本身用水占 5%,采用两组池子,则每组设计流量为(　　)。

A. $3500m^3/h$　B. $1750m^3/h$　C. $875m^3/h$　D. $0.486m^3/h$

137. BB007　为了改善水力循环澄清池的水力循环和泥渣回流条件,池底宜做成(　　)。

A. 平底的形　B. 圆形　C. 圆锥形　D. 伞形

138. BB007　当原水浊度在 200mg/L 以下时,可向水力循环澄清池第一反应室加入(　　),促使活性泥渣层形成。

A. 高锰酸钾　B. 聚丙烯酰胺　C. 黄泥　D. 活性炭

139. BB008　辐流沉淀池池底有一定坡度,其最小坡度不小于(　　),并应向池中心逐渐加大。

A. 0.02　B. 0.03　C. 0.04　D. 0.05

140. BB008　辐流沉淀池进水系统对沉淀效果影响较大,应创造均匀的配水条件,在进水竖管外加装整流套筒,可以减小(　　)造成的不利影响。

A. 层流　B. 紊流　C. 环流　D. 短流

141. BB009　脉冲澄清池的排泥要根据悬浮层的(　　)来决定,每次排泥时间不超过 10min。

A. 浓度　B. 沉降比　C. 厚度　D. 体积

142. BB009　脉冲澄清池澄清区上升流速一般设计为(　　)。

A. 0.4~0.6mm/s　B. 0.6~0.7mm/s　C. 0.8~1.2mm/s　D. 1.2~1.6mm/s

143. BB010　平流沉淀池采用桁车刮泥机时,一般采用(　　)。

A. 间歇刮泥　B. 连续刮泥

C. 定时刮泥　D. 自动刮泥

144. BB010　平流沉淀池排泥不及时,池内积砂或浮渣太多,直接影响(　　)。

A. 表面负荷　B. 水平流速　C. 出水浊度　D. 水力半径

145. BB011　水泵吸水管吸入空气气浮吸入的空气量不宜过多,一般不大于吸水量的(　　)。

A. 10%　B. 20%　C. 25%　D. 30%

146. BB011　气浮池充水深度一般为(　　),但不超过 3m。
A. 1.0~2.0m　B. 1.5~2.0m　C. 0.5~2.5m　D. 1.0~3.0m

147. BB012　溶气气浮工艺絮凝段的水流絮凝强度最佳速度梯度 G 值一般为(　　)。
A. $50s^{-1}$　B. $70s^{-1}$　C. $100s^{-1}$　D. $200s^{-1}$

148. BB012　在一个标准大气压下,空气在水中的溶解量大约为水量的(　　)。
A. 1%　B. 2%　C. 3%　D. 4%

149. BC001　在实际运行管理中,(　　)表明滤池在整个工作过程中水所受到的阻力。
A. 滤速　B. 水头损失　C. 过滤周期　D. 滤层膨胀度

150. BC001　滤池反冲洗时,滤层膨胀后所增加的厚度与膨胀前厚度之比称为(　　)。
A. 冲洗强度　B. 孔隙率　C. 滤层膨胀度　D. 滤料分层数

151. BC002　滤层产生裂缝的原因是(　　)。
A. 滤料层含泥量过多或积泥不均匀　B. 反冲洗强度大
C. 滤层膨胀率大　D. 滤料级配不当

152. BC002　快滤池跑砂、漏砂可用(　　)的方法进行处理。
A. 检查配水系统并适当调整冲洗强度　B. 增加滤速
C. 不使滤层产生负水头　D. 适当缩短过滤周期

153. BC003　使用助滤剂时,滤池需有(　　)或气水反冲等强化反冲方法。
A. 水泵冲洗　B. 水塔冲洗　C. 强制冲洗　D. 表面冲洗

154. BC003　助滤剂投加点可在滤池进水管之前,也有少数投加在滤池的(　　)。
A. 进水管后　B. 进水渠处　C. 进水管中部　D. 表面

155. BC004　在直接过滤系统中,滤池不仅起常规过滤作用,而且起(　　)作用。
A. 消毒　B. 澄清　C. 絮凝和沉淀　D. 电中和

156. BC004　微絮凝中胶体颗粒通过脱稳形成微小的絮凝体,微絮体的尺寸一般在(　　)。
A. 1~5μm　B. 10~50μm　C. 100~500μm　D. 1~50μm

157. BC005　滤池配水系统安装完毕以后,先将池内杂物全部清除,并疏通配水孔眼和配水缝隙,用(　　)检查配水系统是否符合设计要求。
A. 激光扫描　B. 荧光法　C. 反冲洗法　D. 水平仪法

158. BC005　在铺毕粒径范围不小于 2~4mm 的承托料后,应用该滤池(　　)冲洗强度冲洗。
A. 下限　B. 上限　C. 适中　D. 最低

159. BC006　当快滤池水头损失达到规定值或滤后水水质超过标准时,要及时(　　),以恢复滤池的过滤功能。
A. 换滤料　B. 对滤池进行反冲洗
C. 测定滤速　D. 测定周期

160. BC006　双层滤池采用无烟煤和石英砂时,煤砂混杂与否或是否出现分层,主要取决于煤砂的(　　)。
A. 相对密度　B. 粒径
C. 相对密度与粒径　D. 有效直径

161. BC007　下列选项中属于滤池每日检查项目的是(　　)。

A. 砂层厚度　B. 阀门　C. 承托层　D. 滤料含泥量

162. BC007　砂层厚度下降到(　　)时,必须补砂。

A. 3%　B. 5%　C. 8%　D. 10%

163. BC008　翻板滤池在反冲洗排水时排水阀在(　　)翻转,故被称为翻板滤池。

A. 0°~45°　B. 0°~90°　C. 0°~180°　D. 0°~360°

164. BC008　在气冲、气水混合冲、水冲3个阶段中翻板滤池的翻板阀始终是(　　)的。

A. 开启　B. 半开　C. 关闭　D. 全开

165. BC009　翻板滤池一般设计为冲洗完成后静置(　　)再逐步开启排水舌阀。

A. 10~20s　B. 20~30s　C. 30~50s　D. 60~80s

166. BC009　可在翻板滤池排水舌阀对面滤池壁上安装(　　),在废水面接近排水舌阀时,将表层杂物冲向排水舌阀,推动上层污物的排除。

A. 喷气孔　B. 刮板　C. 喷水头　D. 刮渣车

167. BC010　(　　)是V形滤池的一个主要工艺特点。

A. 降速过滤　B. 变速过滤　C. 滤料多样化　D. 恒载恒位

168. BC010　V形滤池过滤控制一般通过装置测出滤池的水位和(　　)。

A. 水压　B. 流量　C. 水头损失　D. 浊度

169. BC011　V形滤池中藻类过多可采取(　　)的措施。

A. 加氯或其他化学药品　B. 降低反冲洗流量

C. 增加反冲洗流量　D. 降速过滤

170. BC011　下列选项中可能引起V形滤池反冲洗滤砂损失的是(　　)。

A. 表面扫洗水流过大　B. 待滤水中过多的悬浮固体

C. 滤头损坏　D. 滤板漏气

171. BC012　快滤池的底部应设(　　),其入口处设栅罩,便于滤池放空。

A. 排空管　B. 取样管　C. 冲洗管　D. 进水管

172. BC012　快滤池的进水管流速应在(　　)。

A. 1.0~1.5m/s　B. 0.8~1.2m/s　C. 1.5~2.0m/s　D. 2.0~2.5m/s

173. BC013　V形滤池滤层厚度在(　　)。

A. 0.8~1.2m　B. 0.95~1.5m　C. 1.0~1.2m　D. 0.6~1.5m

174. BC013　V形滤池采用的是(　　)反冲模式。

A. 单独水洗　B. 表面扫洗　C. 气、水混洗　D. 气+水+表面扫洗

175. BD001　为得到高水通量和抗污染能力,反渗透、超滤、微滤用膜最好为(　　)。

A. 亲水性膜　B. 疏水性膜　C. 耐酸性膜　D. 耐碱性膜

176. BD001　电渗析用膜特别强调膜的耐酸性、耐碱性和(　　)。

A. 亲水性　B. 疏水性　C. 热稳定性　D. 耐溶剂性

177. BD002　制备三醋酸纤维素膜使用的方法是(　　)。

A. 浸没沉淀相转化法　B. 相转化法

C. 溶剂蒸发凝胶法　D. 浸渍凝胶法

178. BD002　制备醋酸丁酸纤维素膜使用的方法是(　　)。
A. 浸没沉淀相转化法　B. 相转化法　C. 溶剂蒸发凝胶法　D. 浸渍凝胶法

179. BD003　可处理高浊度水的膜组件是(　　)。
A. 管式组件　B. 卷式组件　C. 中空纤维组件　D. 板框式组件

180. BD003　膜更换费用最低的膜组件是(　　)。
A. 管式组件　B. 中空纤维组件　C. 板框式组件　D. 卷式组件

181. BD004　膜分离过程大多无(　　)。
A. 质变　B. 量变　C. 相变　D. 浓度变化

182. BD004　膜分离装置简单,容易实现(　　)。
A. 自动控制和维修　B. 手动控制和维修
C. 自动控制,但不易维修　D. 手动控制,但不易维修

183. BD005　膜处理过程中的(　　)问题一直是困扰工程界的问题。
A. 膜成本　B. 膜通量　C. 膜清洗　D. 膜污染

184. BD005　膜法净水工艺的(　　)问题是膜法工程运行中的主要问题。
A. 自动控制　B. 优化运行　C. 经济性　D. 可靠性

185. BD006　超滤去除分子或粒子粒径的大小范围是(　　)。
A. 0.0001~0.001μm　B. 0.001~0.01μm
C. 0.01~0.1μm　D. 任何大小

186. BD006　超滤膜的操作压力一般为(　　)。
A. 100kPa　B. 0.1~1.0MPa　C. 1.0~5.0MPa　D. 5.0~10.0MPa

187. BD007　超滤对水中的微粒、胶体、细菌有较好的去除效果,但它几乎不能截留(　　)。
A. 无机离子　B. 病毒　C. 有机物　D. 藻类

188. BD007　超滤膜的理化性能包括(　　)、耐化学品、耐热温度范围和适用 pH 值范围。
A. 透水速率　B. 截留相对分子质量　C. 结构强度　D. 截留率

189. BD008　死端过滤的运行能耗与错流过滤相比,(　　)。
A. 死端过滤低　B. 死端过滤高　C. 二者相同　D. 二者无法比较

190. BD008　死端过滤水的回收率一般为(　　)。
A. 80%~90%　B. 85%~95%　C. 90%~99%　D. 100%

191. BD009　截留比例是留在膜的进水口一边的水中杂质所占的(　　)百分比。
A. 体积　B. 浓度　C. 质量　D. 个数

192. BD009　滤液体积流量是单位时间内过滤出的水的(　　)。
A. 体积　B. 浓度　C. 质量　D. 浊度

193. BD010　随着压力的升高,膜的透水通量(　　)。
A. 不变　B. 减小　C. 增大　D. 无法确定

194. BD010　一般膜的透水通量降至最大通量(　　)左右,膜需进行反洗。
A. 20%　B. 40%　C. 60%　D. 80%

195. BD011　超滤膜可以截留(　　)的物质。
A. 比膜孔径大　B. 比膜孔径小　C. 与膜孔径相同　D. 以上三项都正确

196. BD011　超滤膜对溶质的分离效果取决于膜孔径的大小和(　　)。
A. 膜表面的化学特性　B. 膜的结构强度
C. 膜的透水量　D. 膜的耐热温度范围

197. BD012　一般情况下,超滤膜产水的浊度可稳定保持在(　　)以下。
A. 1NTU　B. 0. 5NTU　C. 0. 1NTU　D. 0. 01NTU

198. BD012　当原水进水浊度为10~20NTU,超滤膜的除浊率可到达(　　)以上。
A. 85%　B. 90%　C. 95%　D. 99%

199. BD013　超滤膜对细菌的截留率可达到(　　)。
A. 100%　B. 99%　C. 95%　D. 90%

200. BD013　理论上超滤膜对大肠杆菌的截留率为(　　)。
A. 100%　B. 99%　C. 95%　D. 90%

201. BD014　超滤膜对有机物的截留率一般在(　　)。
A. 10%~20%　B. 10%~30%　C. 20%~50%　D. 30%~50%

202. BD014　原水中有机物含量和温度等条件变化对超滤膜去除有机物的效果(　　)影响。
A. 有较小　B. 有很小　C. 没有　D. 有较大

203. BD015　造成膜污染的主要因素是(　　)。
A. 腐殖酸　B. 富里酸　C. 金属离子　D. 无机物

204. BD015　膜与(　　)之间的相互作用是决定膜污染的主要因素。
A. 无机物　B. 有机物　C. 金属离子　D. 水的 pH 值

205. BD016　下列选项中对膜污染影响最小的因素是(　　)。
A. 水中有机物　B. 水中悬浮物
C. 高价阳离子　D. 离子强度和 pH 值

206. BD016　悬浮物和有机物混合后,随着悬浮物的增加,膜通量(　　)。
A. 不变　B. 减小　C. 增大　D. 无法确定

207. BD017　膜面浓度高于主体浓度的现象称为(　　)。
A. 浓差极化　B. 跨膜压差　C. 离子结垢　D. 氧化物沉积

208. BD017　微生物通过向膜面的传递而积累在膜面形成生物膜,当生物膜积累到一定程度引起膜通量的明显下降时便形成(　　)。
A. 浓差极化　B. 离子结垢　C. 氧化物沉积　D. 生物污染

209. BD018　增加主体溶液的(　　)可减轻浓差极化现象的影响。
A. 浓度　B. 压力　C. 膜表面的浓度　D. 湍流程度

210. BD018　排除膜表面浓集物的方法有(　　)。
A. 降低湍流程度　B. 降低压力　C. 机械清洗　D. 静态混合

211. BD019　使膜避免接触(　　)是防止膜污染的关键。
A. 无机物　B. 有机物　C. 金属离子　D. 悬浮物

212. BD019　在膜表面形成滤饼层,避免膜与有机物接触的方式是(　　)。
A. 混凝作用　B. 离子结垢　C. 氧化物沉积　D. 预涂层

213. BE001　应用最早的化学氧化预处理技术是(　　)。
A. 氯气预氧化　B. 高锰酸钾氧化　C. 紫外光氧化　D. 臭氧氧化

214. BE001　生物预处理可有效地去除水中的有机污染物,但对于(　　)的受污染水,生物预处理效果不佳。
A. 存在藻类　B. 可生化性较低　C. 有机物增多　D. 有臭味

215. BE002　下列选项中对高锰酸钾预氧化有很大影响的是(　　)。
A. 温度　B. 浊度　C. 色度　D. pH 值

216. BE002　投加高锰酸钾或其复合药剂进行预氧化,水的(　　)会明显升高,投加量越大就会越高。
A. 温度　B. 浊度　C. 色度　D. pH 值

217. BE003　生物预处理的主要对象是水中的(　　)。
A. 无机物　B. 有机物　C. 胶体　D. 溶解物

218. BE003　生物处理设置在常规工艺的(　　)。
A. 前面　B. 后面　C. 中间　D. 任意位置

219. BE004　粉末活性炭属于化学(　　),能够与水处理药剂相互作用。
A. 氧化剂　B. 还原剂　C. 混凝剂　D. 助凝剂

220. BE004　水处理中经常用(　　)的减少来衡量活性炭的处理效果。
A. 浊度　B. 色度　C. 嗅阈值　D. pH 值

221. BE005　生物处理是利用微生物的作用去除水中有机物的,因而对去除(　　)尤其有效。
A. 浊度　B. 色度　C. 铁锰　D. 微生物营养物

222. BE005　活性炭的吸附作用不能被用于去除水中(　　)。
A. 色度　B. 臭味　C. 浊度　D. TOC 总量

223. BE006　活性炭的(　　)对活性炭的吸附性能起主导作用。
A. 晶格结构　B. 孔隙结构　C. 化学结构　D. 物理结构

224. BE006　活性炭的(　　)对活性炭的催化性能起主导作用。
A. 晶格结构　B. 孔隙结构　C. 化学结构　D. 物理结构

225. BE007　在水处理工艺中,活性炭吸附以(　　)为主。
A. 物理吸附　B. 化学吸附　C. 氧化作用　D. 还原作用

226. BE007　从颗粒活性炭的吸附容量的要求出发,水处理用煤质活性炭的碘数不应低于(　　)。
A. 50mg/g　B. 300mg/g　C. 500mg/g　D. 800mg/g

227. BE008　在取水口投加活性炭的优点是(　　)。
A. 接触时间长　B. 混合不好
C. 可吸附原来可被混凝去除的物质　D. 减少活性炭的投加量

228. BE008　下列选项中属于在快速混合中投加活性炭优点的是(　　)。
A. 受到混凝的影响,减少吸附效果
B. 有良好的混合效果

C. 接触时间短

D. 对某些污染物的接触时间短,达不到应有的吸附效果

229. BE009 活性炭湿法投加工艺与干法投加工艺相比,( )。

A. 设备成本高 B. 运行成本低 C. 炭粉投加精度高 D. 炭粉均匀度高

230. BE009 能够使粉末活性炭发挥最好作用的投加点为( )。

A. 滤池前端 B. 吸水井中 C. 混凝过程中 D. 沉淀池中

231. BE010 下列选项中关于粉末活性炭的使用过程的描述错误的是( )。

A. 根据所要去除污染物的种类和浓度进行吸附试验

B. 操作间禁止吸烟

C. 可以与氧化剂混放

D. 应佩戴口罩

232. BE010 将 PAC 投加在( ),可以消除因混凝或沉淀过程的不完善所引起的"黑水"现象。

A. 水源取水口 B. 沉淀池 C. 滤池 D. 清水池

233. BE011 某些藻类在一定的环境下会产生毒素,( )很少产生藻毒素。

A. 铜银微囊藻 B. 螺旋藻 C. 水华鱼腥藻 D. 水华束丝藻

234. BE011 许多富营养化的湖泊都存在着不同程度的臭味,( )一般是主要的致臭微生物。

A. 藻类 B. 放线菌 C. 真菌 D. 氨氮物质

235. BE012 某些藻类的繁殖速度很快,其中最容易引起滤池堵塞的是藻类是( )

A. 颤藻 B. 硅藻 C. 小球藻 D. 水绵藻

236. BE012 大量在混凝沉淀过程中未被去除的藻类进入滤池时,常常会造成滤池堵塞,造成滤池( )。

A. 运行周期延长 B. 反冲水量增加 C. 滤料板结 D. 滤层裂缝

237. BE013 淹没式生物滤池在池内有人工曝气装置,所以是在( )状态下运行。

A. 好氧 B. 厌氧 C. 缺氧 D. 好氧-厌氧交替

238. BE013 通过( )可以有效地去除水中的剑水蚤。

A. 提高滤料的粒径 B. 提高滤料间的空隙

C. 降低滤池的粒径 D. 提高滤料间产生表面过滤的效果

239. BE014 臭氧用于杀灭剑水蚤及水处理效果的优势是( )。

A. 杀蚤效果明显

B. 增加水中溶解氧

C. 有效去除有机物、藻类

D. 在含溴离子的水中可形成一些有毒有害物质

240. BE014 能够最有效去除剑水蚤的方法是( )。

A. 预氧化 B. 混凝 C. 沉淀 D. 过滤

241. BF001 次级消毒是指投加( )以满足管网中水质标准的要求。

A. 消毒剂 B. 氢氧化钠 C. 盐酸 D. 硫酸铝

242. BF001　二氧化氯在(　　)条件下有较好的稳定性。

A. 强光　B. 黑暗　C. 有氧　D. 厌氧

243. BF002　当微生物聚集成群时,二氧化氯对其的灭活效果(　　)。

A. 升高　B. 降低　C. 无变化　D. 以上答案均不正确

244. BF002　与液氯相似,温度越高,二氧化氯的杀菌效力(　　)。

A. 越强　B. 越弱　C. 无变化　D. 逐渐降为零

245. BF003　采用 ClO_2 与 Cl_2 协同消毒时,必然会产生一定量的(　　)。

A. ClO_3^-　B. OH^-　C. Cl^-　D. H^+

246. BF003　亚氯酸盐发生法获得的二氧化氯纯度与氯酸盐发生法相比,(　　)。

A. 前者高　B. 前者低　C. 二者相同　D. 二者无法比较

247. BF004　二氧化硫法制二氧化氯,可节省硫酸,副反应(　　)。

A. 较多　B. 较少　C. 不存在　D. 以上答案均不正确

248. BF004　氯-亚氯酸钠法制二氧化氯,pH 值低于 3.5 的条件下实际转化率为(　　)。

A. 97%　B. 50%　C. 70%　D. 82%

249. BF005　臭氧一般投加在处理流程的(　　)进行氧化和消毒。

A. 头部　B. 尾部　C. 中间环节　D. 以上答案均不正确

250. BF005　世界卫生组织建议消毒时维持水中臭氧剩余浓度为(　　)。

A. 0.2~0.4mg/L　B. 0.6~0.8mg/L　C. 0.5~0.7mg/L　D. 0.6~0.9mg/L

251. BF006　一般接触设备的气体传递效率为(　　)。

A. 80%~85%　B. 85%~98%　C. 35%~45%　D. 40%~50%

252. BF006　通常认为在水深(　　)的上向同向流接触池中,获得的臭氧瞬时值比较高。

A. 1~2m　B. 3~4m　C. 4~6m　D. 5~7m

253. BF007　催化分解的设备小、运行费用(　　)。

A. 高　B. 低　C. 为零　D. 超高

254. BF007　臭氧尾气回收会导致系统造价和运行费用(　　)。

A. 降低　B. 升高　C. 维持不变　D. 以上答案均不正确

255. BF008　次氯酸钠水溶液呈(　　)。

A. 酸性　B. 碱性　C. 中性　D. 强酸性

256. BF008　氯气与氢氧化钠反应用于(　　)生产次氯酸钠。

A. 大规模　B. 小规模　C. 少量　D. 以上答案均不正确

257. BF009　盐酸储存的库房温度不超过(　　)。

A. 20℃　B. 30℃　C. 10℃　D. 15℃

258. BF009　易泄漏有害介质的管道及设备应尽量(　　)布置,便于毒气扩散。

A. 封闭　B. 露天　C. 规矩　D. 合理

259. BF010 药剂投加工作人员应穿戴好防护用具，包括(　　)、护目镜、口罩、防酸碱手套。

A. 防酸碱工作服　B. 白大褂　C. 普通工作服　D. 棉质工作服

260. BF010 如果氯酸钠结块，需用(　　)敲成粉末。

A. 玻璃锤　B. 气锤　C. 铁锤　D. 木槌

261. BF011 常压下氯酸钠加热到(　　)易分解放出氧气。

A. 300℃　B. 90℃　C. 120℃　D. 200℃

262. BF011 氯酸钠在酸性环境下、有催化剂存在情况下为(　　)。

A. 中性试剂　B. 强氧化剂　C. 还原剂　D. 碱性试剂

263. BF012 亚氯酸钠配制时，水的温度应在(　　)以内，不宜过高。

A. 50℃　B. 60℃　C. 70℃　D. 100℃

264. BF012 亚氯酸钠搅拌的时候不能(　　)，这样不至于粘到身上。

A. 幅度小　B. 慢

C. 过于剧烈　D. 以上答案均不正确

265. BF013 常温下亚氯酸钠易溶于水形成(　　)溶液。

A. 橙褐色　B. 红色　C. 蓝色　D. 无色

266. BF013 亚氯酸钠在温度高于(　　)时会迅速分解。

A. 50℃　B. 80℃　C. 175℃　D. 90℃

267. BG001 二氧化氯设备定期维护项目中规定：(　　)需对二氧化氯投加管路进行检修维护。

A. 每年　B. 每季度　C. 每日　D. 每月

268. BG001 二氧化氯发生器日常清洗时应(　　)一次。

A. 每天　B. 每周　C. 每月　D. 每小时

269. BG002 二氧化氯发生器反应效率过低故障的原因可能是进料比例不对，需采取(　　)及调整背压阀的方法来排除。

A. 校计量泵　B. 拆除阻尼器

C. 加大盐酸供应量　D. 以上选项均不正确

270. BG002 原料、进气温度(　　)，反应不充分是二氧化氯发生器反应效率过低的原因之一。

A. 过高　B. 无变化

C. 过低　D. 以上选项均不正确

271. BG003 二氧化氯发生器计量泵是(　　)调行程的。

A. 不允许　B. 定时

C. 可以　D. 以上选项均不正确

272. BG003 二氧化氯发生器计量泵不能启动的原因是接线有误或接线不良，可以采取(　　)的方法排除。

A. 按 START/STOP 键　B. 使电压上升

C. 更换整个单元　D. 纠正接线

273. BG004　当动力水经过二氧化氯发生器水射器时，其内部（　　）。
A. 产生负压　　B. 产生正负
C. 无压力　　D. 以上选项均不正确

274. BG004　水射器由喷嘴、吸入室、（　　）三部分组成。
A. 薄膜　　B. 扩压管　　C. 隔膜　　D. 减震片

275. BG005　脉动阻尼器安装过程中，应避免发生碰撞，以防壳体（　　）。
A. 污染　　B. 移位　　C. 破裂　　D. 点燃

276. BG005　安装时应在脉动阻尼器周围预留足够的（　　），便于脉动阻尼器预充气体及日后的维护、调整。
A. 空间　　B. 温度　　C. 电源　　D. 水源

277. BG006　二氧化氯气体浓度需控制在防爆浓度（　　）以下。
A. 15%　　B. 20%　　C. 10%　　D. 29%

278. BG006　二氧化氯反应器、气路系统、吸收系统应确保气密性，并应防止气体（　　）。
A. 凝结　　B. 逸出　　C. 进入　　D. 沸腾

279. BH001　转子流量计读数时，眼睛应位于浮子上端平面刻度（　　）。
A. 下方　　B. 上方
C. 齐平位置　　D. 以上选项都可以

280. BH001　当升力 S 与浮力 A 之和（　　）浮子自身重力 G 时，浮子处于平衡。
A. 大于　　B. 等于　　C. 小于　　D. 不小于

281. BH002　更换安装转子流量计时，绝大部分转子流量计必须（　　）安装在无振动的管道上。
A. 水平　　B. 垂直　　C. 倾斜 45°　　D. 倾斜 60°

282. BH002　浮子流量计中心线与铅垂线的夹角一般（　　）。
A. 不超过 2°　　B. 不超过 5°　　C. 等于 5°　　D. 大于 5°

283. BH003　为避免出现虹吸现象，计量泵出口可安装（　　）。
A. 控制阀　　B. 安全阀　　C. 止回阀　　D. 背压阀

284. BH003　为了便于泵的检修，在计量泵的进出口应安装（　　）。
A. 截止阀　　B. 安全阀　　C. 单向止回阀　　D. 背压阀

285. BH004　在设定计量泵安全阀、背压阀压力的过程中，应（　　）。
A. 先设定安全阀，再设定背压阀　　B. 先设定背压阀，再设定安全阀
C. 安全阀与背压阀同时设定　　D. 以上说法均不正确

286. BH004　调整安全阀上部螺栓时，增加压力，同时观察压力表，直到压力表读数为现场实际工作压力的（　　）。
A. 1.0~1.2 倍　　B. 1.15~1.2 倍　　C. 1.2~1.5 倍　　D. 1.0~1.15 倍

287. BH005　PE 管能够成为很多化学溶液理想的输送或排放的选择的主要原因是（　　）。
A. 安全　　B. 卫生　　C. 施工方便　　D. 化学性能稳定

288. BH005　PE 管能够很好地抑制藻类、细菌和真菌的生长的原因是（　　）。
A. 施工方便　　B. 耐腐蚀　　C. 耐磨　　D. 不透光

289. BH006 可用于与不同类型和不同熔体流动速率的 PE 管材或插口管件连接的方法是(　　)。

A. 电熔连接　B. 热熔连接　C. 法兰连接　D. 承插式柔性连接

290. BH006 下列选项中主要用于 PE 管道与金属管道或阀门、流量计、压力表等附属设备的连接是(　　)。

A. 法兰连接　B. 电熔连接

C. 热熔连接　D. 承插式柔性连接

291. BI001 电动机的名牌上“Y112M-4”中的“Y”代表的是(　　)。

A. 绕线式异步电动机 B. 三相异步电动机　C. 电动机　D. 发电机

292. BI001 在额定运行状态下,电动机定子绕组上应加的线电压值称为(　　)。

A. 标准电压　B. 额定电压　C. 电动势　D. 感应电势

293. BI002 三相异步电动机一般运行(　　)左右需要补充或更换润滑脂。

A. 2000h　B. 2500h　C. 3000h　D. 5000h

294. BI002 三相异步电动机不应在(　　)状态下运行。

A. 通风　B. 环境温度超过 40℃

C. 与额定电压的偏差超过标准值　D. 反复过载

295. BI003 低压电器是指工作在(　　)。

A. 交流 1200V、直流 1500V 以下的电器

B. 直流 1200V、交流 1500V 以下的电器

C. 交流 1200V、直流 1200V 以下的电器

D. 交流 1500V、直流 1500V 以下的电器

296. BI003 高压电气设备可分为(　　)。

A. 控制电器和保护电器　B. 工业设备和家用设备

C. 传动类设备和供配电设备　D. 一次设备和二次设备

297. BI004 易燃易爆场所中(　　)使用非防爆型的电气设备。

A. 不宜　B. 应尽量少地　C. 可以　D. 禁止

298. BI004 在有粉尘或纤维爆炸性混合物的环境中,电气设备表面温度一般不应该超过(　　)。

A. 80℃　B. 100℃　C. 120℃　D. 125℃

299. BJ001 需要实现控制的设备、机械或生产过程称为(　　)。

A. 被控对象　B. 被控变量　C. 控制变量　D. 执行机构

300. BJ001 工艺规定被控变量所要保持的数值称为(　　)。

A. 干扰　B. 偏差　C. 设定值　D. 被控变量

301. BJ002 控制系统的输出信号(被控变量)不反馈到系统的输入端的控制系统是(　　)。

A. PID 控制系统　B. 开环控制系统　C. 集散控制系统　D. 闭环控制系统

302. BJ002 闭环控制系统又被称为(　　)。

A. 反馈控制系统　B. 前馈控制系统　C. FCS 系统　D. PID 系统

303. BJ003　自动化技术工具中接收控制信息并对受控对象施加控制作用的装置是（　　）。

A. 自动检测装置　　B. 执行器

C. 自动报警装置　　D. 自动操作装置

304. BJ003　自动控制系统中由执行机构和控制阀组合形成的装置是（　　）。

A. 自动检测装置　　B. 执行器　　C. 自动报警装置　　D. 自动操作装置

305. BK001　如果要将 Word 文档中一部分文本内容复制到别处，首先应该（　　）这部分内容。

A. 复制　　B. 粘贴　　C. 选择　　D. 剪切

306. BK001　在 Word 中，剪切是把删除的文本或图形存放到（　　）。

A. 软盘上　　B. 硬盘上　　C. 剪切板上　　D. 文档上

307. BK002　Word 编辑状态下，如果要设定文档行间距，应该点击（　　）。

A. 文件菜单　　B. 工具菜单　　C. 格式菜单　　D. 窗口菜单

308. BK002　在 Word 的编辑状态，如果窗口显示"首行缩进"的标记，则当前方式（　　）。

A. 一定是大纲视图方式　　B. 一定是普通视图方式

C. 一定是页面视图方式或普通视图方式　　D. 一定是页面视图方式

309. BK003　在 Word 中，为了确定图形的大小，用户在绘图时一般都要切换到（　　）。

A. 大纲视图　　B. 页面视图　　C. 全屏幕视图　　D. 主控文档视图

310. BK003　若想实现图片位置的微调，可以使用（　　）的方法。

A. Shift 键+方向键　　B. Del 键+方向键

C. Ctrl 键+方向键　　D. Alt 键+方向键

311. BL001　Excel 工作表中共有（　　）。

A. 256 列　　B. 215 列　　C. 225 列　　D. 255 列

312. BL001　Excel 中的活动单元格是指（　　）。

A. 可以随意移动的单元格

B. 随其他单元格的变化而变化的单元格

C. 已经改动了的单元格

D. 正在操作的单元格

313. BL002　在 Excel 2000 中，A1：A4 单元格区域的值是"1，2，3，4"，单元格 B1 的公式为"=SUM（A1：A4）"，则 B1 单元格的值为（　　）。

A. 10　　B. 22　　C. 3　　D. 4

314. BL002　在 Excel 2000 中，A1：A4 单元格区域的值是"1，2，3，4"，单元格 B1 的公式为"=MIN（A1：A4）"，则 B1 单元格的值为（　　）。

A. 1　　B. 2　　C.3　　D. 4

315. BL003　在 Excel 中，创建图表是用（　　）菜单中的"图表"命令来完成的。

A. 视图　　B. 工具　　C. 插入　　D. 数据

316. BL003　在 Excel 中，（　　）显示数据系列中第一项占该系列数据总和的比例关系。

A. 条形图　　B. 折线图　　C. 饼图　　D. 柱形图

317. BL004　在 Excel 中,复制的快捷键是(　　)。
A. Alt+C　B. Shift+C　C. Ctrl+C　D. Shift+Alt+C
318. BL004　Excel 中“保存”选项的快捷键是(　　)。
A. Alt+S　B. Shift+S　C. Ctrl+S　D. Shift+Alt+S
319. BL005　在 Excel 中,对数据清单进行排序应当使用的菜单是(　　)。
A. “工具”菜单　B. “文件”菜单　C. “数据”菜单　D. “编辑”菜单
320. BL005　修改列宽时应将鼠标指针指向(　　)。
A. 该列　B. 该列列标
C. 该列顶部列标左边框　D. 该列顶部列标右边框

二、多项选择题(每题有 4 个选项,至少有 2 个是正确的,将正确的选项号填入括号内)

1. AA001　微生物学是研究微生物的构造、生命活动的(　　)与(　　)的一门科学。
A. 生长状态　B. 特征　C. 发展规律　D. 生长环境
2. AA002　微生物随着外界环境的改变,它们的形态、结构也发生改变,这是微生物的(　　)特点。
A. 转化快　B. 易变异　C. 种类多　D. 适应性强
3. AA003　细菌个体的形态有(　　)和螺旋状。
A. 球状　B. 杆状　C. 弧状　D. 条状
4. AA004　细胞的特殊构造主要有(　　)。
A. 荚膜　B. 细胞膜　C. 芽孢　D. 鞭毛
5. AA005　在有氧条件下能生长的是(　　)。
A. 需氧菌　B. 兼性厌氧菌　C. 兼性需氧菌　D. 厌氧菌
6. AA006　细菌在呼吸过程中获得(　　)所需的能量。
A. 生长　B. 繁殖　C. 运动　D. 发育
7. AA007　(　　)与(　　)同时增加时,不能认为水已受到污染。
A. 色度　B. 耗氧量　C. 溶解氧　D. 游离氨
8. AA008　水中的溶解氧的含量与空气中的氧的(　　)、水的(　　)都有密切关系。
A. 分压　B. 同压　C. 温度　D. 流速
9. AA009　氨氮是指水中的以(　　)和(　　)形式存在的氮。
A. 游离氨　B. 游离氮　C. 铵离子　D. 氮离子
10. AA010　菌落总数指在一定条件下每克检样所生长出来的细菌菌落总数,其中一定条件包括(　　)和需氧情况。
A. 营养条件　B. pH 值　C. 培养温度　D. 时间
11. AB001　根据 GB 3838—2002《地表水环境质量标准》,集中式生活饮用水地表水源水质评价的项目应包括(　　)。
A. 基本项目
B. 补充项目
C. 县级以上环境保护行政主管部门选择确定的补充项目
D. 县级以上环境保护行政主管部门选择确定的特定项目

12. AB002　根据《水法》规定，水资源包括(　　)。

A. 淡水　　B. 地表水　　C. 地下水　　D. 海水

13. AB003　下列选项中对江河取水构筑物位置选择的基本要求说法正确的是(　　)。

A. 设置在水质较好地点　　B. 无须靠近主流，有足够水深

C. 具有良好的施工条件　　D. 避免冰凌的影响

14. AB004　取水构筑物应避开桥前水流滞缓段和桥后冲刷段、落淤段，一般设在桥前(　　)或桥后(　　)以外。

A. 1. 0km　　B. 2. 0km　　C. 0. 5~1. 0km　　D. 0. 5~2. 0km

15. AB005　下列选项中关于地表水取水构筑物的论述错误的是(　　)。

A. 进水虹吸管宜采用钢管或塑料管

B. 设计枯水位的保证率应采用90%~97%

C. 岸边式取水构筑物进水孔的过栅流速，有冰絮时宜采用0. 1~0. 3m/s，无冰絮时宜采用0. 2~0. 6m/s

D. 当水源水位变幅大，水位涨落速度大于2. 0m/h，建造固定式取水构筑物有困难时，可以考虑采用活动式取水构筑物

16. AB006　岸边式取水泵房设计选择水泵时，下列选项中做法错误的是(　　)。

A. 水泵型号及台数越多越好

B. 尽量使用大泵，以利调节

C. 以近期水量为主，适当考虑远期发展的可能

D. 条件许可时，可将水泵叶轮换大

17. AB007　固定式取水泵房主要受到(　　)的浮力作用。

A. 河水　　B. 雨水　　C. 地下水　　D. 污水

18. AB008　鱼形罩取水头部在(　　)上开设圆形进水孔。

A. 圆筒表面　　B. 背水圆锥面　　C. 盖帽底部　　D. 桩架

19. AB009　浮船式取水头部的浮船需用(　　)锚固。

A. 摇臂　　B. 缆索　　C. 撑杆　　D. 锚链

20. AB010　下列选项中关于橡胶低坝式取水构筑物适用条件的描述错误的是(　　)。

A. 推移质较多的小型山溪河流　　B. 推移质较少的小型山溪河流

C. 水深、通航的大型山溪河流　　D. 枯水期流量特别小的小型山溪河流

21. AB011　底栏栅式取水构筑物由(　　)组成。

A. 拦河低坝　　B. 底栏栅

C. 沉砂池　　D. 冲砂间

22. AB012　水泵直接吸水式吸水管不应采用吸水高度(　　)的水泵设备。

A. 为零　　B. 为负　　C. 较小　　D. 较大

23. AB013　自流管(渠)根数主要是根据(　　)、操作运转要求等因素综合考虑确定。

A. 施工队伍　　B. 施工条件　　C. 管材　　D. 取水量

24. AB014　格栅一般可采取(　　)加热措施。

A. 电　　B. 蒸汽　　C. 辐射　　D. 热水

25. AB015　为防止泥沙淤积取水头部,可采取的正确措施是(　　)。
A. 取水构筑物位置应选在靠近大坝附近
B. 取水构筑物位置远离支流的汇入口
C. 取水口选在迎风向
D. 取水构筑物位置应选在水深较浅处

26. AB016　选泵主要是确定水泵的(　　)。
A. 型号　B. 台数　C. 材质　D. 厂家

27. AB017　寒冷地区冰凌严重的河流为了防止冰凌堵塞现象,不宜选用(　　)取水。
A. 自流管　B. 水泵直吸式　C. 岸边　D. 虹吸管式

28. AB018　水泵性能参数包括(　　)。
A. 流量　B. 轴功率　C. 效率　D. 径向

29. AB019　下列选项中关于离心泵润滑的描述正确的是(　　)。
A. 齿形联轴器一般采用脂润滑
B. 齿轮部位一般采用油润滑
C. 填料密封的密封端面一般采用填料内夹带的润滑材料润滑
D. 传动负荷和发热量较小的轴承一般采用油润滑,相反采用脂润滑

30. AB020　离心泵的(　　)不是泵轴伸出泵壳处的密封装置。
A. 填料盒　B. 轴套　C. 密封环　D. 口环

31. AB021　下列选项中关于离心泵日常保养项目、内容描述正确的是(　　)。
A. 监测机泵振动,超标时,应查明原因,及时处理
B. 设备名牌标志应清楚
C. 冷却水孔、压力表孔、排气孔畅通
D. 根据运行情况,及时调整填料压盖松紧度

32. AC001　水中溶解氧的含量与(　　)有直接关系。
A. 大气压　B. 水温　C. 氯化物　D. 氟化物

33. AC002　水的碱度主要是由(　　)组成。
A. 磷酸盐　B. 碳酸盐　C. 碳酸氢盐　D. 氢氧化物

34. AC003　根据反应类型不同,滴定分析法主要分为(　　)及络合分析法。
A. 酸碱滴定法　B. 氧化还原法
C. 沉淀滴定法　D. 亚铁盐法

35. AC004　下列选项中有关酸碱反应的说法正确的是(　　)。
A. 反应速率极快　B. 反应较复杂,副反应多
C. 反应进程可以从酸碱平衡关系预计　D. 滴定过程中 H^+浓度发生变化

36. AC005　络合滴定法能用于测定(　　)等物质。
A. 铝　B. 镁　C. 铅　D. 锰

37. AC006　沉淀滴定法中对沉淀反应的要求是(　　)。
A. 沉淀溶解度小　B. 反应按一定的化学式定量进行
C. 有准确确定理论终点的方法　D. 沉淀的摩尔质量要大

38. AC007　用高锰酸钾滴定无色或浅色的还原剂溶液时,指示剂不能用(　　)。
A. 专属指示剂　B. 金属指示剂　C. 自身指示剂　D. 酸碱指示剂
39. AC008　碘法误差的主要来源是(　　)。
A. I_2 的不稳定性　B. 淀粉吸附较多的 I_2　C. I^-的易氧化性　D. I_2 的易挥发性
40. AC009　重量分析法可分为(　　)。
A. 沉淀法　B. 分解法　C. 挥发法　D. 萃取法
41. AC010　用纳氏试剂比色法测定水中氨氮含量时,加入的酒石酸钾钠与水中(　　)反应。
A. Cl^-　B. Ca^{2+}　C. Mg^{2+}　D. 游离氨
42. AC011　耗氧量的意义在于判断水体(　　)和(　　)是否超标。
A. 有机物　B. 无机物　C. 微生物　D. 还原性物质
43. AC012　酸性高锰酸钾法测定水中耗氧量时,不应用(　　)酸化水样。
A. 硫酸　B. 盐酸　C. 磷酸　D. 碳酸
44. AD001　下列选项中关于管道里的流速大小的说法正确的是(　　)。
A. 管径大流速大　B. 管径大流速小　C. 管径小流速大　D. 管径小流速小
45. AD002　在管道的流量计算中,管道的流量是管子的(　　)和(　　)相乘得来的。
A. 半径　B. 直径
C. 横断面的面积　D. 水流的速度
46. AD003　沿程阻力的特征是沿水流长度均匀分布,因而(　　)的大小与(　　)的长短成正比。
A. 沿程损失　B. 半径　C. 流程　D. 水流的速度
47. AD004　局部水头损失是由局部边界急剧改变导致(　　)、(　　)并产生漩涡区而引起的水头损失。
A. 水流结构改变　B. 水量结构改变　C. 流速分布改变　D. 流量分布改变
48. AE001　(　　)等严禁跨越梯子。
A. 电源线　B. 焊线　C. 皮带　D. 工具
49. AE002　在电气设备上工作,保证安全的组织措施:(　　)。
A. 工作票制度　B. 工作许可制度
C. 工作监护制度　D. 工作间断转移和终结制度
50. AE003　临时停电施工项目应制定(　　)。
A. 生产计划　B. 停产计划
C. 安全用电技术措施　D. 电器防护措施
51. AE004　生产经营单位接收中等职业学校、高等学校学生实习的,应当对实习学生进行相应的安全生产(　　),提供必要的劳动防护用品。
A. 科普　B. 演示　C. 教育　D. 培训
52. AE005　"综合治理"就是综合运用(　　)等手段,人管、法治、技防多管齐下,并充分发挥社会、职工、舆论的监督作用,实现安全生产的齐抓共管。
A. 经济　B. 法律　C. 行政　D. 生产

53. AE006　警告不要接触(　　)标志,应设置在它们近旁。
A. 危险源　B. 放射源　C. 开关　D. 其他电气设备

54. AE007　警告标志是通过(　　)来指示危险,表示必须小心行事,或用来描述危险属性。
A. 标记　B. 图形　C. 符号　D. 文字

55. BA001　下列选项中属于压缩空气搅拌药剂的优点的是(　　)。
A. 维修方便　B. 动力消耗小　C. 溶解速度快　D. 没有与溶液接触

56. BA002　下列选项中关于混凝的说法正确的是(　　)。
A. 有效地去除原水中的悬浮物和胶体物质
B. 有效地去除水中微生物、病原菌和病毒
C. 可降低出水浊度和 BOD_5
D. 一般适用于粒度在 10nm~1000μm 的情况

57. BA003　用铝盐作为混凝剂时 pH 值最好能稍低些,目的是多去除一些产生(　　)的天然有机物。
A. 色度　B. 耗氧量　C. 消毒副产物　D. 氨氮

58. BA004　重力投加适用于各种水量的水厂,药剂可投加在(　　)。
A. 水泵吸水管　B. 吸水井　C. 水泵压水管　D. 反应池前端

59. BA005　下列选项中属于混凝剂投加系统的是(　　)。
A. 药剂储存设备　B. 溶解池　C. 溶液池　D. 搅拌桨

60. BA006　混合絮凝的机械混合装置应每日检查(　　)。
A. 电动机　B. 润滑油　C. 变速箱　D. 搅拌装置

61. BA007　下列选项中属于水泵混合优点的是(　　)。
A. 设备简单　B. 混合效果好
C. 不需要土建构筑物　D. 不另消耗动能

62. BA008　下列计量工具不适合用于人工控制的是(　　)。
A. 转子流量计　B. 电磁流量计　C. 苗嘴　D. 计量泵

63. BB001　平流式沉淀池的适用条件为(　　)。
A. 适用于小型污水处理厂
B. 适用于地下水位高、地质条件较差的地区
C. 适用于大中型污水处理厂
D. 大、中、小型污水工程均可采用

64. BB002　沉淀池出水堰有(　　)等形式。
A. 穿孔堰　B. 薄壁堰　C. 三角堰　D. 孔口出流

65. BB003　斜板沉淀池按水流方向可以分为(　　)3 种。
A. 上向流　B. 下向流　C. 侧向流　D. 平向流

66. BB004　斜管沉淀池积泥区高度应根据(　　)等确定。
A. 沉泥量　B. 反应池类型　C. 沉泥浓缩程度　D. 排泥方式

67. BB005　平流沉淀池沉淀区的长度与(　　)有关。
A. 水平流速　B. 流量　C. 池深　D. 停留时间

68. BB006　平流沉淀池运行中主要控制(　　)3 个参数在要求的范围之内。

A. 池中的水平速度　　B. 水力停留时间

C. 表面负荷　　D. 出水堰板溢流负荷

69. BB007　下列选项中属于水力循环澄清池优点的是(　　)。

A. 处理效率高　　B. 无机械搅拌装置

C. 池身较浅、便于布置　　D. 构造较简单

70. BB008　辐流沉淀池出水均匀性影响沉淀效果,下列出水装置符合要求的是(　　)。

A. 多口三角堰　　B. 水平薄壁堰　　C. 淹没孔口　　D. 穿孔墙

71. BB009　澄清池按接触絮凝絮粒形成的方式可分为(　　)。

A. 脉冲澄清池　　B. 悬浮澄清池

C. 泥渣过滤型澄清池　　D. 泥渣循环型澄清池

72. BB010　平流沉淀池中,对提高 *Fr*(弗劳德数)无效的是(　　)。

A. 减少水平速度　　B. 增大水平速度

C. 增大沉淀池容积　　D. 减小水力半径

73. BB011　下列选项中属于布气法气浮的是(　　)。

A. 转子碎气法　　B. 微孔布气法　　C. 叶轮散气浮法　　D. 真空气浮法

74. BB012　下列选项中能够影响气浮工艺回流量的因素是(　　)。

A. 溶气压力　　B. 温度　　C. 溶气条件　　D. 微细泡的大小

75. BC001　下列选项中与滤池工作强度的无关的指标是(　　)。

A. 水头损失　　B. 过滤周期　　C. 冲洗强度　　D. 滤速

76. BC002　滤料层中的矾花等颗粒杂质颗粒不能完全冲洗干净时,可能(　　)。

A. 造成滤料流失

B. 造成滤料颗粒结合在一起,增大滤料的尺寸

C. 形成泥球

D. 造成滤料结块

77. BC003　常用的助滤剂主要有(　　)。

A. 聚丙烯酰胺　　B. 活化硅酸　　C. 聚合氯化铝　　D. 硫酸铜

78. BC004　在使用中,直接过滤常常按照投加混凝剂后的水在过滤池中的流向细分为(　　)。

A. 混流混凝过滤　　B. 直流混凝过滤　　C. 接触混凝过滤　　D. 旋流混凝过滤

79. BC005　下列选项中关于铺装滤料的说法正确的是(　　)。

A. 铺装人员不应直接在承托料上站立或行走,而应站在木板上操作

B. 在池内的操作人员应尽量少,以免造成承托料的移动

C. 在下一层铺装完成后,才能铺装上一层承托料

D. 承托料可直接往池内抖撒

80. BC006　快滤池水头损失增长过快的原因有(　　)。

A. 滤层扰动　　B. 滤池反冲洗效果长期不好

C. 气阻　　D. 滤速控制不当

81. BC007　下列选项中属于滤池大修内容的是(　　)。

A. 检查滤料、承托层,按情况更换　　B. 润滑保养传动部件

C. 恢复性检修控制阀门、管道和附属设施　　D. 恢复性检修土建构筑物

82. BC008　下列选项中选项中属于翻板阀滤池的配水系统的是(　　)。

A. 横向配水管　　B. 竖向配水管　　C. 横向配气管　　D. 竖向配气管

83. BC009　下列选项中关于翻板滤池的说法正确的是(　　)。

A. 反冲洗水耗低、水头损失小

B. 双层气垫层,保证布水、布气均匀

C. 滤料流失率较高

D. 气水反冲系统结构简单,施工进度快

84. BC010　V 形滤池运行维修档案应包括(　　)。

A. V 形滤池的施工材料和竣工验收材料　　B. V 形滤池的设备性能测试和检测资料

C. V 形滤池的操作方法和维修手册　　D. V 形滤池中每组滤池滤料的筛分曲线

85. BC011　V 形滤池过滤周期过短的原因可能是(　　)。

A. 堰的水平度差　　B. 待滤水中过多的悬浮固体

C. 有藻类生长　　D. 反冲洗不充分

86. BC012　对于较大型滤池,不能用作代替排水和进水支管的是(　　)。

A. 明渠　　B. 穿孔墙　　C. 虹吸管　　D. 出水堰

87. BC013　下列选项中属于 V 形滤池特点的是(　　)。

A. 出水优质、稳定　　B. 冲洗膨胀率高　　C. 易跑砂　　D. 冲洗耗水量低

88. BD001　不适用有机溶剂分离的膜需要膜材料具有(　　)。

A. 亲水性　　B. 疏水性　　C. 热稳定性　　D. 耐溶剂性

89. BD002　浸没沉淀相转化法可以制备(　　)。

A. 醋酸丁酸纤维素膜　　B. 三醋酸纤维素膜

C. 聚醚砜酮膜　　D. 聚砜酰胺膜

90. BD003　一般不用于处理高浊度水的膜组件是(　　)。

A. 卷式组件　　B. 管式组件　　C. 中空纤维组件　　D. 板框式组件

91. BD004　膜分离过程主要的变化有(　　)。

A. 质变　　B. 量变　　C. 相变　　D. 浓度变化

92. BD005　膜工艺在保证水质的前提下更重要的是(　　)。

A. 控制膜污染　　B. 增加膜通量　　C. 延长膜寿命　　D. 加强膜清洗

93. BD006　超滤膜一般不采用(　　)。

A. 对称膜　　B. 非对称膜　　C. 多孔膜　　D. 复合膜

94. BD007　有机高分子膜材料包括(　　)。

A. 纤维素类　　B. 聚砜类　　C. 氟材料　　D. 氧化锆

95. BD008　超滤的操作方式可分为(　　)。

A. 死端过滤　　B. 错流过滤

C. 半死端半错流过滤　　D. 直接过滤

96. BD009　膜的分离特性中两个最重要的参数是(　　)。
A. 膜的透水通量　B. 截留比例
C. 截留相对分子质量　D. 跨膜压差
97. BD010　滤液体积流量与过滤所用的膜的面积的比称为(　　)。
A. 原液体积　B. 面积负荷　C. 膜的质量　D. 滤液通量
98. BD011　超滤膜对溶质的分离效果取决于(　　)。
A. 膜表面的化学特性 B. 膜的结构强度　C. 膜的透水量　D. 膜孔径的大小
99. BD012　下列选项中对超滤膜除浊效果影响较小的因素是(　　)。
A. 原水浊度　B. 运行条件的变化
C. 水温　D. 原水中有机物含量
100. BD013　下列选项中对超滤膜除菌效果几乎没有影响的是(　　)。
A. 原水细菌总数　B. 运行方式的变化　C. 原水温度　D. 过滤通量
101. BD014　下列选项中对超滤膜去除有机物的效果影响较大的是(　　)。
A. 原水浊度　B. 原水中有机物含量　C. 温度　D. 运行条件的变化
102. BD015　下列选项中关于膜污染过程的说法正确的是(　　)。
A. 溶解性有机物被膜吸附并在膜孔内部沉积
B. 杂质在膜表面的积累
C. 水力冲洗将一部分黏附力较弱的杂质剥离
D. 原水 pH 值对膜的影响
103. BD016　下列选项中对膜污染影响较大的因素是(　　)。
A. 水中有机物　B. 水中悬浮物
C. 高价阳离子　D. 离子强度和 pH 值
104. BD017　膜的无机污染是指碳酸钙与(　　)硫酸盐及硅酸盐等结垢物质的污染。
A. 钠　B. 钙　C. 钡　D. 锶
105. BD018　降低浓差极化的方法包括(　　)。
A. 降低湍流程度　B. 降低压力
C. 降低膜表面的浓度　D. 降低溶质在料液中的浓度
106. BD019　去除水中有机物的工艺措施主要是(　　)。
A. 混凝　B. 沉淀　C. 活性炭过滤　D. 消毒
107. BE001　下列选项中关于氧化预处理技术的描述错误的是(　　)。
A. 化学氧化预处理依靠氧化剂的氧化能力来分解污染物
B. 高锰酸钾氧化预处理会降低水的致突变活性
C. 氧化预处理不可以处理水中的铁、锰
D. 生物氧化预处理的目的是处理那些常规处理方法不能有效处理的污染物
108. BE002　下列选项中不属于绿色氧化剂的是(　　)。
A. 过氧化氢　B. 臭氧　C. 二氧化氯　D. 高锰酸钾
109. BE003　下列选项中关于生物预处理用于饮用水处理的说法正确的是(　　)。
A. 能有效地去除原水中可生物降解有机物

B. 使整个处理工艺出水更安全可靠

C. 对高浓度有机物有好的去除作用

D. 能去除氨氮、铁、锰等污染物

110. BE004　粉末活性炭的投加量与(　　)有关。

A. 水的浊度　　B. 产生臭味物质的浓度

C. 铁、锰含量　　D. 有机物含量

111. BE005　高剂量的臭氧可以将有机物彻底氧化成(　　)。

A. 小分子的有机物　B. 二氧化碳　C. 氧气　D. 水

112. BE006　活性炭的孔隙按大小分为(　　)。

A. 超微孔　B. 过渡孔　C. 大孔　D. 微孔

113. BE007　生物活性炭的特点是(　　)。

A. 完成生物硝化作用　　B. 增加水中溶解氧

C. 促使活性炭部分再生　　D. 防止藻类在滤池中生长繁殖

114. BE008　下列选项中选择粉末活性炭投加点的原则正确的是(　　)。

A. 具有良好的炭水混合条件

B. 保持充分的炭水接触时间

C. 水处理药剂不会对粉末活性炭的吸附性能产生干扰

D. 能有效去除水中残余的细小炭粒

115. BE009　在控制炭粉的投加精度方面,活性炭干法投加工艺不需要考虑(　　)。

A. 制备炭浆水流量　　B. 计量泵流量

C. 水射器出口端压力　　D. 活性炭浆液浓度

116. BE010　下列选项中粉末活性炭在使用管理中要求的叙述不正确的是(　　)。

A. 和粉尘接触情况下需用普通电动机

B. 与湿炭接触的金属部件需用不锈钢

C. 单独存放于可防风雨的屋内

D. 可长期存放在帆布或塑料布遮盖的板架上

117. BE011　消毒副产物的前体物是(　　)。

A. 藻类　B. 有机物　C. 病毒　D. 细菌

118. BE012　藻类对水厂运行的不利影响有(　　)。

A. 藻类堵塞滤池　　B. 药耗增加

C. 造成经济损失　　D. 严重时造成水厂停产

119. BE013　下列选项中对剑水蚤生物去除方法的描述正确的是(　　)。

A. 可以保护生态平衡　　B. 有效灭杀剑水蚤

C. 降低水源富营养化程度　　D. 保护水源食物链完整

120. BE014　一种合适的灭活剑水蚤的氧化剂应具备的条件是(　　)。

A. 氧化能力强　B. 灭活效率低　C. 毒副作用小　D. 使用安全、方便

121. BF001　二氧化氯可溶于(　　)中。

A. 水　B. 硫酸　C. 冰醋酸　D. 四氯化碳

122. BF002　促使二氧化氯分解的因素是(　　)。
A. 催化剂　B. 热　C. 光照　D. 酸性条件

123. BF003　高剂量的二氧化氯可能会引起人体(　　)。
A. 碘的吸收代谢　B. 抑制甲状腺素分泌　C. 皮肤增生　D. 肝、肾被损害

124. BF004　二氧化氯的制备方法包括(　　)。
A. 化学法　B. 电化学法　C. 紫外线辐射法　D. 氧化

125. BF005　臭氧氧化工艺可广泛应用于(　　)。
A. 汽车制造厂综合废水深度处理　B. 印染废水 COD_{Cr} 的去除
C. 印染废水色度的去除　D. 游泳池消毒处理

126. BF006　影响臭氧消毒效果的因素有(　　)。
A. pH 值　B. 接触时间　C. 反应物浓度　D. 还原性有机物

127. BF007　热分解法处理臭氧尾气不能应用于(　　)臭氧系统。
A. 大型　B. 小型　C. 中型　D. 开放型

128. BF008　次氯酸钠的制备方法有(　　)。
A. 食盐水电解　B. 盐酸电解
C. 氯气与氢氧化钠反应　D. 硫酸与氢氧化钠反应

129. BF009　接触盐酸后的急救措施有(　　)。
A. 皮肤接触后立即脱去被污染的衣着,用大量流动清水冲洗至少 15min
B. 眼睛接触后立即提起眼睑,用大量流动清水冲洗至少 15min
C. 吸入后迅速脱离现场至空气新鲜处,保持呼吸道通畅
D. 食用后饮足量温开水,催吐,就医

130. BF010　下列选项中属于氯酸钠禁配物的是(　　)。
A. 硫　B. 醇类　C. 强酸　D. 磷

131. BF011　下列选项中不能与氯酸钠混合的是(　　)。
A. 还原剂　B. 有机物　C. 易燃物　D. 金属粉末

132. BF012　制备亚氯酸钠时应注意(　　)。
A. 不能放置在密闭容器中
B. 操作时应佩戴橡胶手套和工作服
C. 不允许与有机物质接触
D. 亚氯酸钠的库房内应设置快速冲洗设施

133. BF013　亚氯酸钠不能存放于密闭的(　　)中。
A. 木容器　B. 纸容器　C. 铁容器　D. 不锈钢容器

134. BG001　二氧化氯设备日常保养项目中规定:每日检查二氧化氯原料储备库房情况,不应有(　　)。
A. 溢水　B. 烟雾　C. 异常　D. 上升

135. BG002　二氧化氯发生器运行的常见故障有(　　)。
A. 设备无负压　B. 盐酸抽不进
C. 水温过高　D. 温控器通电后不加热

136. BG003 下列选项中不能应用于计量泵流量调节的因素是(　　)。
A. 口径　B. 行程　C. 频率　D. 长度

137. BG004 二氧化氯发生器在一定温度和负压下充分反应,产出的气体是(　　)。
A. 氯气　B. 二氧化氯　C. 臭氧　D. 盐酸气体

138. BG005 脉动阻尼器使用前应预充(　　)。
A. 氮气　B. 氧气　C. 二氧化碳　D. 氩气

139. BG006 二氧化氯在使用时应注意的安全问题有(　　)。
A. 制备车间和库房内不允许有高温源或明火
B. 单座建筑物内的药量不宜过多
C. 设置人员抢救装置
D. 可以与其他药物混合杂放

140. BH001 下列选项中关于转子流量计读数的说法正确的是(　　)。
A. 从 0 刻度方向开始读数
B. 在转子流量计上读出的数据为瞬时流量
C. 流量计浮子平衡稳定后才可以读数
D. 体积流量的单位为 m^3/s

141. BH002 安装转子流量计时需要注意(　　)。
A. 实际的系统工作压力不得超过流量计的工作压力
B. 不需要考虑环境温度和过程温度
C. 为避免管道振动,管道应有牢固的支架支撑
D. 应保证测量部分的材料、内部材料和浮子材质与测量介质相容

142. BH003 下列选项中是计量泵进出口需要安装阀门的是(　　)。
A. 控制阀　B. 安全阀　C. 单向止回阀　D. 背压阀

143. BH004 调整安全阀时,下列选项中说法正确的是(　　)。
A. 应先顺时针调整安全阀上部螺栓
B. 应先逆时针调整安全阀上部螺栓
C. 增加压力直到读数为实际工作压力的 1. 15~1. 2 倍
D. 压力表读数不能高于计量泵最大额定压力

144. BH005 下列选项中对 PE 管的说法正确的是(　　)。
A. PE 管的材料可以抵抗紫外线,延长使用寿命
B. PE 管内壁摩擦系数极低
C. PE 管不易弯曲
D. PE 管在寒冷天气下不易脆裂

145. BH006 下列选项中说法中不正确的是(　　)。
A. 严禁以任何形式直接在聚乙烯管材、管件上车制管螺纹
B. 严禁采用明火烘烤聚乙烯管材、管件
C. PE 管熔接安全可靠、强度高
D. PE 管最常用的连接方式为密封圈连接

146. BI001　下列选项中关于三相异步电动机的说法正确的是(　　)。
A. Y112M-4 中“112”表示电机的中心高为 112mm
B. 额定转速的单位为 r/min
C. Y 系列电动机的额定电压都是 380V
D. 额定电压是电动机在额定运行状态下电动机定子绕组上应加的线电压值
147. BI002　三相异步电动机的定期维护保养项目包括(　　)。
A. 清洗轴承,更换润滑油
B. 检查零部件,特别是绝缘是否有过热的迹象
C. 采取措施纠正轴承密封处的漏油
D. 检查所有的连接是否有接触不紧密的现象
148. BI003　下列选项中电气设备是一次设备的是(　　)。
A. 发电机　B. 变压器　C. 热继电器　D. 隔离开关
149. BI004　下列选项中属于发生电气火灾和爆炸的原因是(　　)。
A. 有可燃易爆物质　B. 使用防爆型电气设备
C. 有引燃物和引爆条件　D. 保持通风
150. BJ001　受执行器控制,用以使被控变量保持一定数值的物料或能量称为(　　)。
A. 被控对象　B. 控制变量　C. 设定值　D. 操纵变量
151. BJ002　自控控制系统可分为(　　)。
A. 离散控制系统　B. 开环控制系统　C. 闭环控制系统　D. 集散控制系统
152. BJ003　执行器是自动控制系统中的(　　)。
A. 执行机构　B. 控制阀组　C. 控制中心　D. 变送器
153. BK001　在 Word 中的中文输入方式下,通过(　　)组合键切换全角符号。
A. Shift　B. Space　C. Ctrl　D. F9
154. BK002　采用(　　)的做法能增加标题与正文之间的段间距。
A. 增加第一段的段前间距　B. 增加标题的段前间距
C. 增加标题的段后间距　D. 增加标题和第一段的段后间距
155. BK003　在单元格中能够插入(　　)。
A. 制表位　B. 符号　C. 分页符　D. 图片
156. BL001　能把光标移动到下一个单元格的键是(　　)。
A. 右光标键　B. Tab　C. Shift+Tab　D. Enter
157. BL002　找出组 a(共 10 个数)的最小值可以用的函数是(　　)。
A. MIN(a)　B. LARGE(a,10)
C. SMALL(a,1)　D. MAX(a,10)
158. BL003　下列选项中关于“更改图表类型”的说法正确的是(　　)。
A. 对于大部分二维图表,不可以修改数据系列的图表类型
B. 对于气泡图,只能修改整个图表的类型
C. 如果更改了图表或数据系列而使之不再支持相关的趋势线,则原有的趋势线将保留
D. 利用回归分析,可以在图表中扩展趋势线,根据实际数据预测未来数据

159. BL004　Excel 2010 中，快速访问工具栏默认的按钮是（　　）。
　A. 保存　　B. 新建　　C. 撤销　　D. 恢复
160. BL005　Excel 2010 中，单元格设置对话框中，字体栏特殊效果包括（　　）。
　A. 下划线　　B. 上标　　C. 下标　　D. 删除线

三、判断题：（对的画"√"，错的画"×"）

（　　）1. AA001　病毒是微生物的一种。
（　　）2. AA002　排水系统中，可以利用微生物降解水中有害物质，进行污水净化处理。
（　　）3. AA003　球杆菌既是球菌又是杆菌。
（　　）4. AA004　细胞壁和细胞膜一样，都是一种具有选择性吸收的半透膜。
（　　）5. AA005　有些细菌在有氧和无氧的条件下都能生长。
（　　）6. AA006　废水处理中应用的全部是好氧菌，没有厌氧菌。
（　　）7. AA007　耗氧量是一种间接测定有机物的方法。
（　　）8. AA008　水中溶解氧的含量与空气中氧的分压、大气压力、水温和氯化物有密切的关系。
（　　）9. AA009　氨氮对水生生物有较大影响。
（　　）10. AA010　检验细菌的所有器具都必须经过灭菌处理。
（　　）11. AB001　地下水水源地水质现状评价分为优良、良好、较差、极差。
（　　）12. AB002　采用"蓄淡避咸"的措施可充分利用潮汐河流洪水期的水资源。
（　　）13. AB003　当地表水作为工业企业供水水源时，其设计枯水流量的保证率应执行有关部门的规定选取。
（　　）14. AB004　地表水取水构筑物位置的选择要不妨碍航运和排洪，并符合河道、湖泊、水库整治规划的要求。
（　　）15. AB005　在黄河河道上设置取水与水工构筑物时，应征得河务及有关部门的同意。
（　　）16. AB006　矩形泵房布置受力条件较好，当泵房深度较大时，其土建造价比圆形泵房经济。
（　　）17. AB007　沉船形箱取水头部为双层钢丝网水泥船形结构，呈流线型，对河道水流影响较大。
（　　）18. AB008　半淹没式桥墩取水头部适用大中型取水构筑物。
（　　）19. AB009　取水头部宜分设两个或分成两格以便清洗和检修。
（　　）20. AB010　固定低坝式取水构筑物大大减少了坝前泥沙淤积，取水安全可靠。
（　　）21. AB011　拦河低坝用以拦截水流，降低水位。
（　　）22. AB012　由于水泵吸水管直接取水不设集水井，施工简单，土建工程造价一般较低。
（　　）23. AB013　自流管的坡度和坡向应视具体条件而定，可以坡向河心、坡向集水间或水平敷设。
（　　）24. AB014　格栅设于进水口（或取水头部）的进水孔上，以拦截水中粗大的漂浮物及鱼类，栅条厚度或直径一般采用10mm，净距通常采用30~120mm。

(　　)25. AB015　增大进水间尺寸，减小进水间流速，缩短水流在进水间内的停留时间，可减少泥沙沉积量。

(　　)26. AB016　水泵的流量、扬程以及其变化规律是选泵的主要依据。

(　　)27. AB017　冰凌造成管道堵塞严重时会使给水系统陷于停顿状态。

(　　)28. AB018　水泵轴功率表示的是泵轴来自原动机（电动机）所传递来的功率。

(　　)29. AB019　离心泵运动部位润滑目的是避免该部位发热烧蚀。

(　　)30. AB020　水泵填料、轴承和泵轴间的摩擦损失不属于水泵的机械损失。

(　　)31. AB021　紧固填料压盖螺钉压紧填料，减少滴漏量，属于保养中的调整项目。

(　　)32. AC001　碘量法测定溶解氧采用的是直接滴定法。

(　　)33. AC002　水中碳酸盐和氢氧化物两种碱度可以共同存在。

(　　)34. AC003　沉淀滴定法要求生成沉淀物的溶解度要很大。

(　　)35. AC004　如果指示剂的变色范围只有部分位于滴定突越范围之内，则不可以选用。

(　　)36. AC005　EDTA与金属离子以一定的络合比进行络合，络合比与金属离子的化合价有关。

(　　)37. AC006　摩尔法终点是根据分步沉淀的原理确定的。

(　　)38. AC007　K_2CrO_4溶液非常稳定，甚至在稀硫酸中加热煮沸也不会分解。

(　　)39. AC008　可溶性淀粉与I^-生成深蓝色络合物。

(　　)40. AC009　重量分析法中，沉淀法是最常用和最重要的分析方法。

(　　)41. AC010　配制测定氨氮的各项试剂和稀释液，可用普通蒸馏水。

(　　)42. AC011　耗氧量可直接反映出水体是否受污染。

(　　)43. AC012　水样采集后，若不能及时测定耗氧量，应加入硫酸调节至pH值<2，并在0~5℃冷藏。

(　　)44. AD001　管道阻力与流体流速的关系：流速越高，阻力越小。

(　　)45. AD002　单位时间内通过过水断面的水体体积称为水的体积流量。

(　　)46. AD003　当限制流动的固体边界使液体做均匀流动时，水流阻力中只有沿程不变的切应力，称为沿程阻力。

(　　)47. AD004　由于局部阻力做功而引起的水头损失称为局部水头损失。

(　　)48. AE001　人字梯应有坚固的铰链与拉链。

(　　)49. AE002　工作许可人的主要任务是负责审查工作票所列安全措施是否完善，是否符合现场条件。

(　　)50. AE003　为了施工临时用电安全，要求生产单位制定安全用电管理制度。

(　　)51. AE004　生产经营单位应当安排用于配备劳动防护用品、进行生产管理培训的经费。

(　　)52. AE005　安全与生产是主次的关系。

(　　)53. AE006　已安装好的标志不应被任意移动，除非位置的变化有益于标志的警示作用。

( )54. AE007 危险标志只安装于存在直接危险的地方,用来表明存在危险。
( )55. BA001 大型水厂混凝剂的溶解多采用水力搅拌和水泵搅拌。
( )56. BA002 反应池末端絮体松散,沉淀池出口出水浑浊、携带絮体,说明混凝剂投加过量。
( )57. BA003 混凝剂的最佳投药量是既定水质目标的最大混凝剂投量。
( )58. BA004 配制混凝剂时先在溶解池充分分散溶解,再送入溶液池内稀释成规定浓度。
( )59. BA005 机械混合方法是指池式混合与机械搅拌混合两种。
( )60. BA006 原水中碱度不足时,水的 pH 值大幅下降,以致影响混凝剂继续水解,此时应投加相应的碱剂。
( )61. BA007 在计量泵排出阀安装阀弹簧可以改善重复计量精度,但是最有效的改善办法是在管线的末端安装一个背压阀。
( )62. BA008 电磁流量计不可应用于腐蚀性流体。
( )63. BB001 斜流式沉淀池构造复杂,斜板、斜管造价高,需定期更换,易堵塞。
( )64. BB002 沉淀是原水经过加药、混合、反应后的水,在沉淀设备中依靠水流浮力进行泥水分离的过程。
( )65. BB003 斜管沉淀池进水可不做严格要求。
( )66. BB004 斜板沉淀池靠斜板就可满足应有的沉淀水质量。
( )67. BB005 在平流沉淀池中,降低 *Re*(雷诺数)的有效措施是增大水力半径。
( )68. BB006 设计平流沉淀池的主要控制指标是表面负荷与停留时间。
( )69. BB007 脉冲澄清池悬浮层以上清水区面积突然扩大,上升流速突然增大,泥渣和水便于分离。
( )70. BB008 辐流沉淀池出水装置可用水平薄壁堰,堰口应保持在同一水平上,堰口前应设挡板。
( )71. BB009 脉冲澄清池不需任何机械设备,混合充分,布水均匀。
( )72. BB010 平流沉淀池的排泥时间是在排泥开始时,从排泥管定时连续取样测定含固量变化,直至含固量基本为零所需的时间。
( )73. BB011 布气气浮是利用机械剪切力将混合于水中的空气碎成细小的气泡以进行气浮的方法。
( )74. BB012 气浮絮凝段常由 2~3 个分隔池组成,并且每个池中的速度梯度通常是相同的,而不是逐步减弱的。
( )75. BC001 滤池在过滤时,随着时间的延续,滤层中截留的杂质不断增加,滤层空隙率减小,因此总的水头损失也在不断增加。
( )76. BC002 滤层中含泥率高,出现泥球,使整个滤层出现级配混乱,降低过滤效果。
( )77. BC003 聚丙烯酰胺产品按其离子型来分,可分为阳离子型、阴离子型 2 种。
( )78. BC004 水库或湖泊水是直接过滤的理想水源。
( )79. BC005 无烟煤滤料投入滤池后即可进行冲洗和刮除的操作。
( )80. BC006 快滤池的管廊是集中布置管渠、配件及阀门的场所。

( )81. BC007 新铺滤料洗净后还需对滤池消毒、反冲洗,然后试运行,待滤后水合格后方可投入运行。

( )82. BC008 翻板阀滤池基本不会出现滤料流失现象。

( )83. BC009 翻板滤池采用双层或多层滤料时,不必考虑滤料的级配,滤料之间不会发生混层现象。

( )84. BC010 V形滤池的运行周期分为两个部分,分别为过滤与反冲洗系统,二者交替运行。

( )85. BC011 造成V形滤池过滤期间滤砂损失的原因是滤头有缺陷。

( )86. BC012 快滤池初次铺设滤料一般要比设计要求高5~10cm,以备细砂被冲走后保持设计高度。

( )87. BC013 V形滤池的V形槽在滤池过滤时处于露出状态,设计始端流速不大于0.6m/s。

( )88. BD001 对膜材料的要求:具有良好的成膜性、热稳定性、化学稳定性,耐酸、碱、微生物侵蚀和耐氧化性能。

( )89. BD002 纤维素膜材料的制备方法包括涂敷法。

( )90. BD003 中空纤维组件进水需预处理。

( )91. BD004 膜技术适合热敏物质,如果汁、酶、药品的分离。

( )92. BD005 由于膜的低成本工业化制造技术尚未成熟,膜的成本依然偏高。

( )93. BD006 超滤膜大都是对称膜,由致密的表皮层和多孔的支撑层组成。

( )94. BD007 超滤膜不发生相变,无须加热,但不适用于处理热敏物质。

( )95. BD008 死端过滤需要定期进行反冲洗来维持系统的能力。

( )96. BD009 膜内外压差是膜的进水口,即浓缩液一侧与滤液一侧的压强差。

( )97. BD010 运行过程中膜的透水通量保持不变。

( )98. BD011 超滤膜分离的主要机理就是物理筛分。

( )99. BD012 超滤膜的产水浊度最低可达0.1NTU。

( )100. BD013 超滤膜可以去除水中全部的大肠杆菌。

( )101. BD014 超滤对有机物的截留主要靠机械筛分作用。

( )102. BD015 富里酸是造成膜污染的主要因素。

( )103. BD016 疏水性膜通量大,且不易被污染。

( )104. BD017 浓差极化产生的作用是不可逆的。

( )105. BD018 增加膜组件中的水流速可以降低膜表面浓度。

( )106. BD019 试验表明,预处理可以有效防止膜污染。

( )107. BE001 预处理方法按对污染物去除途径的不同可分为氧化法和吸附法。

( )108. BE002 臭氧作为预处理药剂,不会产生有机卤化物。

( )109. BE003 生物预处理的目的就是去除那些常规处理方法不能有效去除的污染物,如有机物、氨氮、亚硝酸盐氮、铁和锰等。

( )110. BE004 黏土吸附对水源水中的有机物、氨氮有较好的去除效果。

( )111. BE005 臭氧是一种强氧化剂,臭氧单独使用即可充分发挥臭氧的优势,取得较好的净水效果。

(　　)112. BE006　活性炭的孔径特点决定了活性炭对不同分子大小的有机物的去除效果。

(　　)113. BE007　活性炭主要用于去除溶解有机碳(DOC),如天然有机物、产生臭味的化合物、消毒副产物、农药和其他有机污染物。

(　　)114. BE008　不同投炭点具有的水力条件不一样,导致粉末活性炭的吸附效果不一样。

(　　)115. BE009　粉末活性炭的湿法投加工艺较干法投加工艺更容易保证精度。

(　　)116. BE010　聚合氯化铝颗粒越小,吸附有机物越快,常为极细粉末。

(　　)117. BE011　藻类产生的臭味用常规净水工艺可以去除。

(　　)118. BE012　由于水中微小藻类的密度小,因而不易在混凝沉淀过程中去除。

(　　)119. BE013　水蚤具有游动性,其活体较难在水处理中除去,因此,需利用物理的、化学的方法杀灭水蚤类浮游动物,使其失活,进而对其进行去除。

(　　)120. BE014　二氧化氯与混凝、沉淀、过滤等工艺相结合可使剑水蚤完全去除。

(　　)121. BF001　二氧化氯可以去除水中的酚类化合物。

(　　)122. BF002　二氧化氯的消毒效果与水中的悬浮物含量无关。

(　　)123. BF003　二氧化氯制备的主要原料是氯酸盐和亚氯酸盐。

(　　)124. BF004　二氧化氯制备方法中化学法指的只是氧化法。

(　　)125. BF005　臭氧可以将卤素离子氧化成可以杀菌的化合物。

(　　)126. BF006　接触设备是提供臭氧与水中微生物充分作用时间的设施。

(　　)127. BF007　臭氧的尾气经过处理后方可排放。

(　　)128. BF008　食盐水电解用于小型装置现场生产次氯酸钠。

(　　)129. BF009　盐酸供应厂商的运输车辆应该有消防部门易燃易爆化学品准运证。

(　　)130. BF010　溶解氯酸钠不能用铁锤敲,因为铁锤与氯酸钠猛烈撞击可能产生爆炸。

(　　)131. BF011　氯酸钠与硫、磷和有机物混合或受撞击,不会引起燃烧和爆炸。

(　　)132. BF012　在一定范围内,亚氯酸钠溶解度随着温度的升高而增大

(　　)133. BF013　亚氯酸钠价格昂贵,一般由进口渠道供应。

(　　)134. BG001　大修理项目规定:每年对二氧化氯发生装置维修一次。

(　　)135. BG002　二氧化氯反应时间不足时可以采取提高反应釜液位的措施。

(　　)136. BG003　计量泵主要由动力驱动,流体输送和调节控制三部分组成。

(　　)137. BG004　水射器是根据射流原理而设计的一种抽气组件。

(　　)138. BG005　脉动阻尼器不是消除管路脉动的常用元件。

(　　)139. BG006　二氧化氯制备间需设计水喷淋系统,便于吸收事故气体。

(　　)140. BH001　转子流量计读数如为质量流量,应先换算为体积流量(m^3/s)。

(　　)141. BH002　转子流量计在安装时为避免管道引起的变形,配合的法兰必须在自由状态对中,以消除应力。

(　　)142. BH003　在计量泵的出口加装脉冲阻尼器配合背压阀使用可以有效地吸收计量泵的峰值流量。

(　　)143. BH004　设定背压阀压力时,具体背压值可视现场情况而定,但要低于安全阀设定压力。

(　　)144. BH005　PE 管加工时不添加重金属盐稳定剂,材质无毒性,无结垢层,不滋生细菌,可用于城市自来水管网系统。

(　　)145. BH006　PE 管的热熔连接可分为对接连接、承插连接、鞍形连接。

(　　)146. BI001　电动机加以额定电压,在其轴上输出额定功率时,定子从电源取用的线电流值称为额定电流。

(　　)147. BI002　清洁三相异步电动机时应用无绒布擦去干灰,尤其是高压电动机。

(　　)148. BI005　低压电器设备可分为一次设备和二次设备。

(　　)149. BI006　保持良好通风,可以使现场可燃易爆的气体、粉尘和纤维浓度降低到不致引起火灾和爆炸的限度内,避免引起电气火灾。

(　　)150. BJ001　自动控制系统是实现自动化的主要手段,简称自控系统。

(　　)151. BJ002　开环控制系统的输出信号(被控变量)不反馈到系统的输入端,不对控制作用产生影响。

(　　)152. BJ003　执行器是自动化技术工具中接收控制信息并对受控对象施加控制作用的装置。

(　　)153. BK001　在 Word 文档中,红色的波浪下划线表示可能有拼写错误。

(　　)154. BK002　Word 文档内移动文本块除了使用鼠标方式外,还可以用菜单方式。

(　　)155. BK003　Word 2000 中,插入图片默认为浮动于文字上方式。

(　　)156. BL001　Excel 2000 中,工作表中的列可以“隐藏”,但该列内容可能会丢失。

(　　)157. BL002　在 Excel 中,输入公式以“:”作为开始。

(　　)158. BL003　在 Excel 2000 中,一个工作簿最多可以打开 3 个工作表。

(　　)159. BL004　在 Excel 中,“插入”菜单下可以进行“页边距”设置。

(　　)160. BL005　在 Excel 2000 中表示第 5 行第五列的单元格为 E5。

四、简答题

1. AA002　简述微生物的特点。
2. AB011　简述底栏栅取水构筑物的适用条件。
3. AB018　简述描述水泵基本性能的参数。
4. AC006　简述沉淀反应应具备的条件。
5. BA003　混凝剂的投加方式有几种？何谓混凝剂的最佳投加量?
6. BB003　简述斜板(管)沉淀池的优缺点。
7. BB005　简述平流沉淀池的构造。
8. BD001　简述目前水处理中主要的膜材料。
9. BD003　简述中空纤维组件的优缺点。
10. BD008　简述滤液通量的定义。
11. BD015　简述决定膜污染的主要因素。
12. BE001　简述氧化预处理技术的分类。
13. BE003　简述生物预处理的目的。
14. BE008　简述粉末活性炭投加点的选择原则。

15. BE009 简述粉末活性炭的使用管理要点。
16. BE012 简述藻类对给水处理的危害。
17. BF001 什么是消毒剂？
18. BF003 简述消毒副产物前体物质在水中的形态。
19. BF004 简述制取 ClO_2 的方法
20. BF005 简述臭氧作用于水中有机物的主要途径。

五、计算题

1. AB018 已知某台水泵在运行时测得流量（Q）为 $150m^3/h$，扬程为 78m，轴功率为 40kW，试求该泵的效率。
2. AD003 某一输水管线长 1100m，管线流量为 $720m^3/h$，试求该管线的沿程水头损失。（阻力系数 $A=6.84\times10^{-2}$，修正系数 $K=1.03$）
3. AD003 某一输水管线长 1000m，内径为 500m，测得管内流速是 1.0m/s，试求该输水管线沿程水头损失。（阻力系数 $A=6.84\times10^{-2}$，修正系数 $K=1.03$）
4. AD004 有一闸阀处于全开状态，测得闸阀处流速为 2m/s，试求闸阀处的局部水头损失。（闸阀阻力系数 $\xi=0.1$，$g=9.81m/s^2$）
5. AD004 有一闸阀处于全开状态，已知该闸阀处的流速为 1.5m/s，试求闸阀处的局部水头损失。（闸阀处的阻力系数 $\xi=0.1$，$g=9.81m/s^2$）
6. BA001 某水厂用 10t 固体药剂配制液体原药，试求可配制多少吨浓度为 20% 的液体原药。
7. BA001 某水厂购进液体原药 10t，浓度为 30%，要将原药稀释成 5% 的药剂，试求需要加多少吨水。
8. BA003 某水厂原水进水量为 $12\times10^4m^3/d$，混凝剂投加量 2600L/h，投加浓度 5%，试求药剂投加量，单位用 mg/L 表示。
9. BA003 某水厂原水进水量为 $12\times10^4m^3/d$，混凝剂投加量 2600L/h，投加浓度 5%，试求混凝剂每天使用的量，单位用 kg 表示。
10. BB005 若已知沉淀池的长度为 20m，水流在沉淀池中的水平流速为 15mm/s，试求水流在沉淀池中停留的时间。
11. BB006 若平流式沉淀池按理想沉淀池考虑，其沉淀池设计流量为 $2500m^3/h$，沉淀池容积为 $7500m^3$，试求其理论停留时间。
12. BB006 设计日产水量 $8\times10^4m^3$ 的平流沉淀池，水厂本身用水占 5%，采用两组池子，试求每组设计流量。
13. BC001 某滤池多次测定过滤时水位下降 50cm 需要 3min，试求其滤速。
14. BC001 某滤池冲洗时，滤层膨胀前的厚度为 1000mm，滤层膨胀后的厚度为 1300mm，试求其膨胀率。
15. BD010 某超滤膜组有 25 只组件，单个组件膜丝面积为 $100m^2$，每日处理水量为 $3600m^3$，试求此膜组的水通量。
16. BD010 某超滤膜组有 50 只组件，单个组件膜丝面积为 $100m^2$，透水通量 $60L/(m^2\cdot h)$，

试求此膜组每日处理水量。

17. BF002　某水厂日处理水量为 $10\times10^4m^3$,每小时投加二氧化氯发生量为 2kg/h,试求二氧化氯的投加率,单位用 mg/L 表示。

18. BF002　某水厂日处理水量为 $10\times10^4m^3$,滤前投加二氧化氯量为 3mg/L,滤后投加二氧化氯量为 1.5mg/L,试求需选用几台 7kg/h 的正压式二氧化氯发生器。

19. BF004　某水厂日处理水量为 $10\times10^4m^3$,每天二氧化氯滤前投加 2mg/L,滤后投加 1.5mg/L,产生效率按 100%计算,试求需使用的亚氯酸钠,单位用 kg 表示。(反应方程式为 $5NaClO_2+4HCl=4ClO_2+5NaCl+2H_2O$)

20. BF004　某水厂日处理水量为 $10\times10^4m^3$,每天二氧化氯滤前投加 2mg/L,滤后投加 1.5mg/L,产生效率按 100%计算,试求需使用的盐酸,单位用 kg 表示。(反应方程式为 $5NaClO_2+4HCl=4ClO_2+5NaCl+2H_2O$)

答　　案

一、单项选择题

1. B　2. D　3. B　4. A　5. C　6. B　7. A　8. B　9. B　10. A
11. C　12. B　13. D　14. A　15. C　16. B　17. A　18. C　19. A　20. B
21. A　22. C　23. C　24. D　25. A　26. D　27. A　28. D　29. D　30. C
31. A　32. C　33. C　34. A　35. A　36. B　37. D　38. B　39. C　40. D
41. C　42. D　43. D　44. C　45. C　46. B　47. D　48. B　49. A　50. C
51. D　52. D　53. A　54. B　55. A　56. B　57. C　58. B　59. D　60. C
61. D　62. B　63. C　64. A　65. D　66. D　67. A　68. C　69. C　70. A
71. C　72. B　73. B　74. C　75. B　76. D　77. A　78. C　79. B　80. D
81. D　82. A　83. C　84. B　85. B　86. D　87. A　88. B　89. C　90. A
91. B　92. C　93. C　94. C　95. C　96. B　97. C　98. A　99. A　100. D
101. B　102. C　103. A　104. C　105. D　106. A　107. D　108. B　109. C　110. C
111. B　112. B　113. D　114. B　115. B　116. B　117. C　118. C　119. C　120. D
121. B　122. B　123. C　124. B　125. A　126. C　127. D　128. A　129. B　130. C
131. D　132. D　133. B　134. C　135. B　136. B　137. C　138. C　139. D　140. D
141. B　142. C　143. A　144. C　145. A　146. B　147. B　148. C　149. B　150. C
151. A　152. A　153. D　154. B　155. C　156. B　157. C　158. B　159. B　160. C
161. B　162. D　163. B　164. C　165. B　166. C　167. D　168. C　169. A　170. A
171. A　172. B　173. B　174. D　175. A　176. C　177. B　178. A　179. A　180. D
181. C　182. A　183. D　184. B　185. C　186. B　187. A　188. C　189. A　190. C
191. B　192. A　193. C　194. C　195. D　196. A　197. C　198. D　199. B　200. A
201. B　202. D　203. A　204. B　205. B　206. C　207. A　208. D　209. D　210. C
211. B　212. D　213. A　214. B　215. D　216. C　217. B　218. A　219. B　220. C
221. D　222. C　223. B　224. C　225. A　226. D　227. A　228. B　229. A　230. A
231. C　232. A　233. B　234. A　235. B　236. B　237. A　238. C　239. A　240. A
241. A　242. B　243. B　244. A　245. A　246. A　247. A　248. A　249. A　250. A
251. B　252. A　253. B　254. B　255. B　256. A　257. B　258. B　259. A　260. D
261. A　262. B　263. A　264. C　265. A　266. C　267. A　268. C　269. A　270. C
271. C　272. D　273. A　274. B　275. C　276. A　277. C　278. C　279. C　280. B
281. B　282. B　283. D　284. A　285. A　286. B　287. D　288. D　289. A　290. A
291. B　292. B　293. D　294. A　295. B　296. D　297. D　298. D　299. A　300. C
301. B　302. A　303. B　304. B　305. C　306. C　307. C　308. C　309. D　310. C

311. A　312. D　313. A　314. A　315. C　316. C　317. C　318. C　319. C　320. D

二、多项选择题

1. BC　2. BD　3. ABC　4. ACD　5. AB　6. ABC　7. BC
8. AC　9. AC　10. ABCD　11. ABD　12. BC　13. ACD　14. AC
15. ABC　16. AB　17. AC　18. AB　19. BCD　20. AC　21. ABC
22. ABC　23. BCD　24. ABD　25. AB　26. AB　27. ABD　28. ABC
29. ABC　30. BCD　31. ABD　32. ABC　33. BCD　34. ABC　35. ACD
36. ABC　37. ABC　38. ABD　39. CD　40. ACD　41. BC　42. CD
43. BCD　44. BC　45. CD　46. AC　47. AC　48. ABC　49. ABCD
50. CD　51. CD　52. ABC　53. ABCD　54. CD　55. AD　56. ABC
57. AC　58. ABC　59. ABC　60. ACD　61. ABD　62. ABD　63. BD
64. BCD　65. ABD　66. BCD　67. AD　68. ABD　69. BD　70. ABC
71. CD　72. ABC　73. ABC　74. ABCD　75. ABC　76. BCD　77. ABC
78. BC　79. ABC　80. BCD　81. ACD　82. ABD　83. ABD　84. ABCD
85. BCD　86. ABD　87. AD　88. ABC　89. ACD　90. ACD　91. ABD
92. AD　93. ACD　94. ABC　95. ABC　96. AC　97. BD　98. AD
99. AB　100. ABCD　101. BC　102. ABC　103. ACD　104. BCD　105. BCD
106. AC　107. BC　108. BCD　109. ABD　110. AB　111. BD　112. BCD
113. ABCD　114. ABCD　115. ABD　116. AD　117. AB　118. ABCD　119. ABCD
120. ACD　121. ABCD　122. ABC　123. ABCD　124. ABC　125. ACD　126. ABCD
127. BCD　128. AC　129. ABCD　130. ABCD　131. ABCD　132. ABCD　133. ABC
134. ABCD　135. ABCD　136. ACD　137. AB　138. AD　139. ABC　140. ABCD
141. ACD　142. BCD　143. ACD　144. ABD　145. D　146. ABCD　147. ABCD
148. ABCD　149. AC　150. BD　151. BC　152. AB　153. AB　154. ACD
155. BCD　156. ABD　157. ABC　158. BCD　159. ACD　160. BCD

三、判断题

1. √　2. √　3. ×　正确答案：球杆菌是杆菌的一种。　4. √　5. √　6. ×　正确答案：废水处理中应用的大部分是好氧菌，有厌氧菌。　7. √　8. √　9. √　10. √　11. ×　正确答案：地下水水源地水质现状评价分为优良、良好、较好、较差、极差。　12. √　13. √　14. √　15. √　16. ×　正确答案：圆形泵房布置受力条件较好，当泵房深度较大时，其土建造价比矩形泵房经济。　17. ×　正确答案：沉船形箱取水头部为双层钢丝网水泥船形结构，呈流线型，对河道水流影响较小。　18. √　19. √　20. ×　正确答案：活动低坝式取水构筑物大大减少了坝前泥沙淤积，取水安全可靠。　21. ×　正确答案：拦河低坝用以拦截水流，抬高水位。　22. √　23. √　24. √　25. ×　正确答案：减小进水间尺寸，增大进水间流速，缩短水流在进水间内的停留时间，可减少泥沙沉积量。　26. √　27. √　28. √　29. ×　正确答案：离心泵运动部位润滑目的是将运动摩擦减至最小。　30. ×　正确答案：水泵填料、轴承和泵轴间的摩擦损失属于水泵的机械损失。 31. √ 32. × 正确答案：碘量法测定溶解氧采用的是间接滴定法。 33. √ 34. × 正确答案：沉淀滴定法要求生成沉淀物的溶解度要很小。 35. × 正确答案：如果指示剂的变色范围只有部分位于滴定突越范围之内，也可以选用，但有时误差大。 36. × 正确答案：EDTA 与金属离子以一定的络合比进行络合，EDTA 与金属离子一般都形成 1 : 1 的络合物。 37. √ 38. √
39. × 正确答案：可溶性淀粉与 I^- 生成深蓝色游离碘。 40. √ 41. × 正确答案：配制测定氨氮的各项试剂和稀释液皆须用无氨蒸馏水，普通蒸馏水氨氮含量较高，切勿使用。
42. √ 43. √ 44. × 正确答案：管道阻力与流体流速的关系：流速越高，阻力越大。
45. √ 46. √ 47. √ 48. × 正确答案：人字梯应有坚固的铰链与限制开度的拉链。
49. √ 50. × 正确答案：为了施工临时用电安全，要求项目经理部制定安全用电管理制度。 51. × 正确答案：生产经营单位应当安排用于配备劳动防护用品、进行安全生产培训的经费。 52. √ 53. √ 54. √ 55. × 正确答案：大型水厂混凝剂的溶解多采用机械搅拌和空气搅拌。 56. × 正确答案：反应池末端絮体松散，沉淀池出口出水清澈、携带絮体，说明混凝剂投加过量。 57. × 正确答案：混凝剂的最佳投药量是既定水质目标的最小混凝剂投量。 58. √ 59. × 正确答案：机械混合方法是指水泵混合与机械搅拌混合两种。 60. √ 61. √ 62. × 正确答案：电磁流量计可应用于腐蚀性流体。 63. √
64. × 正确答案：沉淀是原水经过加药、混合、反应后的水，在沉淀设备中依靠颗粒的重力作用进行泥水分离的过程。 65. × 正确答案：斜管沉淀池进水应有整流措施保证进水均匀。 66. × 正确答案：斜板沉淀池的沉淀效果是建立在良好的混合反应的基础上的。
67. × 正确答案：在平流沉淀池中，降低 Re（雷诺数）的有效措施是减小水力半径。 68. √
69. × 正确答案：脉冲澄清池悬浮层以上清水区面积突然扩大，上升流速突然减小，泥渣和水便于分离。 70. √ 71. × 正确答案：脉冲澄清池需简单的虹吸设备，混合充分，布水均匀。 72. √ 73. √ 74. √ 75. √ 76. √ 77. × 正确答案：聚丙烯酰胺产品按其离子型来分，可分为阳离子型、阴离子型和非离子型 3 种。 78. √ 79. × 正确答案：无烟煤滤料投入滤池后，在水中浸泡 24h 后方可进行冲洗和刮除的操作。 80. × 正确答案：快滤池的管廊是管线布置的场所。 81. √ 82. √ 83. × 正确答案：当采用双层或多层滤料时，应在试验的基础上科学合理地选择滤料的级配，以减少滤池反冲洗后滤料之间发生混层现象。 84. √ 85. √ 86. √ 87. × 正确答案：V 形滤池的 V 形槽在滤池过滤时处于淹没状态，设计始端流速不大于 0.6m/s。 88. √ 89. × 正确答案：纤维素膜材料的制备方法不包括涂敷法。 90. √ 91. √ 92. √ 93. × 正确答案：超滤膜大都是非对称膜，由致密的表皮层和多孔的支撑层组成。 94. × 正确答案：超滤膜不发生相变，无须加热，特别适用于处理热敏物质。 95. √ 96. √ 97. × 正确答案：运行过程中膜的透水通量逐渐减小。 98. √ 99. × 正确答案：超滤膜的产水浊度可稳定的保持在 0.1NTU 以下。 100. √ 101. √ 102. × 正确答案：腐殖酸是造成膜污染的主要因素。 103. ×
正确答案：亲水性膜通量大，且不易被污染。 104. × 正确答案：浓差极化产生的作用是可逆的。 105. √ 106. × 正确答案：试验表明，预处理对膜污染的减轻效果不明显。甚至会加重。 107. √ 108. √ 109. √ 110. × 正确答案：黏土吸附对水源水中的有机物有较好的去除效果，但对氨氮无明显去除作用。 111. × 正确答案：臭氧对水的致突变活性的影响没有确定的规律，只有将臭氧与其他工艺联合使用，才能充分发挥臭氧的优势，取得较好的净水效果。 112. √ 113. √ 114. √ 115. × 正确答案：粉末活性炭的干法投加工艺较湿法投加工艺更容易保证精度。 116. √ 117. × 正确答案：藻类产生的臭味用常规净水工艺很难去除，常使城市供水中出现不愉快的气味。 118. √ 119. √ 120. √ 121. √ 122. × 正确答案：二氧化氯的消毒效果与水中的悬浮物含量有关。 123. √ 124. × 正确答案：二氧化氯的制备方法中的化学法指的是氧化法和还原法。 125. √ 126. √ 127. √ 128. √ 129. √ 130. √ 131. × 正确答案：氯酸钠与硫、磷和有机物混合或受撞击，易引起燃烧和爆炸。 132. √ 133. √ 134. × 正确答案：大修理项目规定：每 3 年对二氧化氯发生装置维修一次。 135. √ 136. √ 137. √ 138. × 正确答案：脉动阻尼器是消除管路脉动的常用元件。 139. √ 140. √ 141. √ 142. √ 143. √ 144. √ 145. √ 146. √ 147. √ 148. × 正确答案：高压电气设备可分为一次设备和二次设备。 149. √ 150. √ 151. √ 152. √ 153. √ 154. √ 155. √ 156. × 正确答案：Excel 2000 中，工作表中的列可以“隐藏”，但该列内容不会丢失。 157. × 正确答案：在 Excel 中，输入公式以“=”作为开始。 158. × 正确答案：在 Excel 2000 中，一个工作簿可以打开 255 个工作表。 159. × 正确答案：在 Excel 中，“页面布局”菜单下可以进行“页边距”设置。 160. √

四、简答题

1. 答：①分布广、种类多；②繁殖快；③易变异；④易培养。

评分标准：答对①②③④各占 25%。

2. 答：①适用于河床较窄、水深较浅、河底纵向坡较大、大颗粒推移质特别多的山溪河流；②要求截取河床上径流水及河床下潜流水之全部或大部分的流量。

评分标准：答对①②各占 50%。

3. 答：①流量；②扬程；③轴功率；④转速；⑤允许吸上真空高度；⑥汽蚀余量。

评分标准：答对①②④⑤各占 20%；答对③⑥各占 10%。

4. 答：①反应速度快，生成沉淀的溶解度小；②反应按一定的化学式定量进行；③有准确确定理论终点的方法。

评分标准：答对①②各占 30%③占 40%。

5. 答：①常用的投加方式有泵前投加、泵投加、高位溶液池重力投加、水射器投加。②混凝剂的最佳投加量是指达到既定水质目标的最小混凝剂投量。

评分标准：答对①②各占 50%。

6. 答：①斜板（斜管）沉淀池优点是沉淀效率高、池体小、占地少。

②缺点是斜板（管）耗用较多材料，老化后尚需更换，费用较高；对原水浊度适应性较平流沉淀池差；不设机械排泥装置时，排泥较困难，设机械排泥时，维护管理较平流沉淀池麻烦。

评分标准：答对①占 40%。答对②占 60%

7. 答：①进水区，将反应池的水引入沉淀池。②沉淀区。是沉淀池的主体，沉淀作用就在这里进行，主要尺寸取决于水厂净水构筑物的高程布置。③出口区，作用是将沉淀后的清水引出。④存泥区,作用是积存下沉污泥,这部分构造与排泥方法有关。

评分标准:答对①②③④各占25%。

8. 答:①纤维素类;②聚砜类;③聚烯烃类;④含氟聚合物等。

评分标准:答对①②③④各占25%。

9. 答:①优点:装填密度高,占地面积小;可以反洗清洗;能耗低。②缺点:原水需要预处理;不宜处理黏稠度高的水样;装膜筒体未标准化,互换性差。评分标准:答对①②各占50%。

10. 答:滤液体积流量与过滤所用的膜的面积的比就是滤液通量,也称为面积负荷。

评分标准:答对100%。

11. 答:决定膜污染的主要因素是膜与有机物之间的相互作用。

评分标准:答对100%。

12. 答:①化学氧化预处理技术,有氯气预氧化、高锰酸钾氧化预处理、紫外光氧化预处理、臭氧预处理。②生物氧化预处理技术。

评分标准:答对①②各占50%。

13. 答:①给水生物处理的主要目的是去除那些常规处理方法不能有效去除的污染物,②如可生物降解的有机物、人工合成的有机物和氨氮、亚硝酸盐氮、铁和锰等。

评分标准:答对①②各占50%。

14. 答:①具有良好的炭水混合条件;②保持充分的炭水接触时间以吸附污染物;③水处理药剂对粉末活性炭的吸附性能干扰最少;④不损害处理后的水质;⑤尽量避免吸附与混凝的竞争;⑥能有效去除水中残余的细小炭粒。

评分标准:答对①②③④⑤各占15%,答案⑥占25%。

15. 答:①炭尘有潜在的爆炸性,在可能和粉尘接触的情况下需用防爆电动机,凡与湿活性炭接触的金属部件都需用不锈钢部件。②湿活性炭能吸附空气中的氧,炭浆池附近或其他封闭处含氧量可能较低,凡进入这些地方的工作都应带氧气表以检查氧的浓度,并佩带安全带,发生危险时可将其拉到安全地带。

评分标准:答对①②各占50%。

16. 答:①当藻类大量繁殖时,会使水带来臭味,增加色度,引起水处理的困难,主要表现为妨碍絮凝过程,影响消毒效果。②有机物降解后的腐殖类物质与氯反应生成三卤甲烷,增加水中的致癌物质,以及在水处理中未去除的藻还在管网及运行构筑物上生长繁殖,堵塞滤池和管网,污染水质等。③动物直接或间接饮用含有藻毒素的水可能会死亡。

评分标准:答对①②各占35%,答对③占30%。

17. 答:消毒剂是指①用于杀灭传播媒介上病原微生物,②使其达到无害化要求的制剂。

评分标准:答对①②各占50%。

18. 答:消毒副产物前体物质在水中的形态呈溶解态、悬浮态和吸附态(吸附在其他悬浮物上)

评分标准:答对①占30%②③各占35%。

19. 答:二氧化氯的制备方法主要分为两大类:①化学法(还原法和氧化法)和②电化学法(电解法)。

评分标准：答对①②各占 50%。

20. 答：臭氧作用于水中有机物主要有两种途径：①一种是在 pH 值比较低的情况下直接氧化，②另一种是在 pH 值比较高的情况下间接氧化，臭氧通过分解产生羟基自由基和水中有机物作用。

评分标准：答对①②各占 50%。

五、计算题

1. 解：

已知 $Q=150\text{m}^3/\text{h}=\dfrac{150}{3.6}\text{L/s}$，$H=78\ \text{m}$，$N=40\text{kW}=40000\text{W}$，$\rho=1\text{kg/L}$，$g=9.81\text{m/s}^2$（10%），则：

$$N_e=\rho gQH=1\times9.81\times\frac{150}{3.6}\times78=31882.5(\text{W})$$

$$\eta=\frac{N_e}{N}\times100\%=\frac{31882.5}{40000}\times100\%=79.7\%$$

答：该泵的效率是 79.7%。

评分标准：公式对得 40%的分，过程对得 40%的分，结果对得 20%的分。无公式、过程，只有结果不得分。

2. 解：

已知 $Q=720\text{m}^3/\text{h}=0.2\text{m}^3/\text{s}$，则：

$$h_f=KALQ^2=1.03\times6.84\times10^{-2}\times1100\times0.2^2=3.1(\text{m})$$

答：该管线的沿程水头损失为 3.1m。

评分标准：公式对得 40%的分，过程对得 40%的分，结果对得 20%的分。无公式、过程，只有结果不得分。

3. 解：

已知 $L=1000\text{m}$，$D=500\text{mm}=0.5\text{m}$，$v=1.0\text{m/s}$，则：

$$Q=\frac{\pi D^2v}{4}=\frac{3.14\times0.5^2\times1.0}{4}=0.2(\text{m}^3/\text{s})$$

$$h_f=KALQ^2=1.03\times6.84\times10^{-2}\times1000\times0.2^2=2.8(\text{m})$$

答：该输水管线沿程水头损失是 2.8m。

评分标准：公式对得 40%的分，过程对得 40%的分，结果对得 20%的分。无公式、过程，只有结果不得分。

4. 解：

已知 $\xi=0.1$，$v=2\text{m/s}$，$g=9.81\text{m/s}^2$，则：

$$h_f=\frac{\xi v^2}{2g}=\frac{0.1\times2^2}{2\times9.81}=0.02(\text{m})$$

答：该闸阀处的局部水头损失为 0.02m。

评分标准：公式对得 40%的分，过程对得 40%的分，结果对得 20%的分。无公式、过程，只有结果不得分。

5. 解：

$$h_f=\frac{\xi v^2}{2g}=\frac{0.1\times1.5^2}{2\times9.81}=0.01(\text{m})$$

答：该闸阀处的局部水头损失为 0.01m。

评分标准：公式对得 40%的分，过程对得 40%的分，结果对得 20%的分。无公式、过程，只有结果不得分。

6. 解：

液体原药 = 固体药÷浓度 = 10÷20% = 50(t)

答：可配制浓度为 20%的液体原药 50t。

评分标准：公式对得 40%的分，过程对得 40%的分，结果对得 20%的分。无公式、过程，只有结果不得分。

7. 解：

稀释后药量 = 原药量×原药浓度/稀释后浓度 = 10×30%÷5% = 60(t)

需加水量 = 60−10 = 50(t)。

答：需加水 50t。

评分标准：公式对得 40%的分，过程对得 40%的分，结果对得 20%的分。无公式、过程，只有结果不得分。

8. 解：

药剂投加量 = 药剂用量/原水进水量

药剂用量 = 2600×5% = 130(kg)

原水进水量 = 120000×24 = 5000(m^3)

投加量 = 130×1000×1000÷(5000×1000) = 26(mg/L)

答：药剂投加量为 26mg/L。

评分标准：公式对得 40%的分，过程对得 40%的分，结果对得 20%的分。无公式、过程，只有结果不得分。

9. 解：

凝剂使用量 = 2600×5%×24 = 3120(kg)

答：混凝剂使用量为 3120kg，投加量增加量为 3250mg/L。

评分标准：过程对得 50%的分，结果对得 50%的分。无过程，只有结果不得分。

10. 解：

$t=L/v$ = 20×1000÷15 = 1333.3s = 22min = 0.37(h)

答：水流在沉淀池中停留时间为 0.37h。

评分标准：公式对得 40%的分，过程对得 40%的分，结果对得 20%的分。无公式、过程，只有结果不得分。

11. 解：

$t=V/Q$ = 7500/2500 = 3(h)

答：其理论停留时间为 3h。

评分标准：公式对得 40%的分，过程对得 40%的分，结果对得 20%的分。无公式、过程，只有结果不得分。

12. 解：

$$Q=8\times10^4(1+5\%)\div24\div2=1750(m^3/h)$$

答：每组设计流量为 $1750m^3/h$。

评分标准：公式对得40%的分，过程对得40%的分，结果对得20%的分。无公式、过程，只有结果不得分。

13. 解：

$$滤速=测定时水位下降值/测定时间$$

已知，测定水位下降值=50cm=0.5(m)，测定时间=3min=3/60h=0.05(h)，则：

$$v=0.5/0.05=10(m/h)$$

答：其滤速为10 m/h。

评分标准：公式对得40%的分，过程对得40%的分，结果对得20%的分。无公式、过程，只有结果不得分。

14. 解：

$$e=(L-L_0)/L_0\times100\%=(1300-1000)/1000\times100\%=30\%$$

答：膨胀率为30%。

评分标准：公式对得40%的分，过程对得40%的分，结果对得20%的分。无公式、过程，只有结果不得分。

15. 解：

$$每小时处理水量=3600\times1000\div24=150000(L)$$

$$水通量=150000\div(25\times100)=60[L/(m^2\cdot h)]$$

答：此膜组的水通量为 $60L/(m^2\cdot h)$。

评分标准：公式对得40%的分，过程对得40%的分，结果对得20%的分。无公式、过程，只有结果不得分。

16. 解：

$$日处理水量=50\times100\times60\times24\times10^{-3}=7200(m^3)$$

答：此膜组每日能处理水量 $7200m^3$。

评分标准：过程对得50%的分，结果对得50%的分。无过程，只有结果不得分。

17. 解：

$$每小时处理水量=10\times10^4\div24=4167(m^3/h)$$

$$二氧化氯投加率=2\times1000\div4167=0.48(mg/L)$$

答：二氧化氯投加率为0.48mg/L。

评分标准：过程对得50%的分，结果对得50%的分。无过程，只有结果不得分。

18. 解：

$$每小时处理水量=10\times10^4\div24=4167(m^3/h)$$

$$滤前投加二氧化氯量=3\times4167/1000=12.5(kg/h)$$

$$滤后投加二氧化氯量=1.5\times4167/1000=6.25(kg/h)$$

则滤前投加二氧化氯发生器发生量7kg/h的2台，滤后3.5kg/h的2台。

答:滤前投加二氧化氯发生器发生量 7kg/h 的 2 台,滤后 3. 5kg/h 的 2 台。

评分标准:过程对得 50%的分,结果对得 50%的分。无过程,只有结果不得分。

19. 解:

$$滤前投加量 = 2\times10\times10^4 \div 1000\times452\div270 = 334(kg)$$

$$滤后投加 = 1.5\times10\times10^4 \div 1000\times452\div270 = 251(kg)$$

$$使用亚氯酸钠量 = 334+251 = 585(kg)$$

答:使用的亚氯酸钠为 585kg。

评分标准:过程对得 50%的分,结果对得 50%的分。无过程,只有结果不得分。

20. 解:

$$滤前投加量 = 2\times10\times10^4 \div 1000\times146\div270 = 108(kg)$$

$$滤后投加量 = 1.5\times10\times10^4 \div 1000\times146\div270 = 81(kg)$$

$$使用盐酸量 = 108+81 = 189(kg)$$

答:使用的盐酸为 189 kg 。

评分标准:过程对得 50%的分,结果对得 50%的分。无过程,只有结果不得分。

技师理论知识练习题及答案

一、单项选择题（每题 4 个选项，只有 1 个是正确的，将正确的选项号填入括号内）

1. AA001　对于河流而言，一般（　　）的细菌较少。

A. 下游　B. 中游　C. 上游　D. 中下游

2. AA001　一般湖底淤泥中的细菌与湖水中相比，（　　）。

A. 前者少　B. 前者多

C. 二者相等　D. 二者无法比较

3. AA002　水中的病毒来自（　　）。

A. 人的排泄物　B. 空气　C. 土壤　D. 污水

4. AA002　原污水中含感染性病毒可达（　　）。

A. 5 万~10 万个/L　B. 3 万~5 万个/L

C. 10 万~50 万个/L　D. 50 万~70 万个/L

5. AA003　下列选项中关于管网中结垢层形成原因的描述错误的是（　　）。

A. 水腐蚀金属管壁形成的　B. 碳酸盐沉淀形成的

C. 水温升高形成的　D. 水中悬浮物的沉淀形成的

6. AA003　水厂出水生物稳定性低会导致管网内（　　）。

A. 细菌滋生　B. 腐蚀结垢

C. 消毒副产物增加　D. 管道堵塞

7. AA004　管网中如有空气侵入，可使水嘴放出的水呈（　　）。

A. 红色　B. 黑色　C. 黄色　D. 白色

8. AA004　出厂水中（　　）含量较高易使管网水产生红水或黑水现象。

A. 铁、锰　B. 藻类　C. 铝离子　D. 空气

9. AA005　在水厂与管网不能做大的改造时，提高管网水质最好的方法是（　　）。

A. 在水中投加防腐剂　B. 在水中投加阻垢剂

C. 提高出厂水的稳定性　D. 保持管网的压力流速不变

10. AA005　为降低管网二次污染，可采取管网分区、（　　）、旧网改造和优化调度等手段。

A. 中途加氯　B. 管网串接

C. 保持管网的压力流速不变　D. 定期检验水质

11. AA006　下列选项中可制作杀虫剂、木材防腐剂的氟化物是（　　）。

A. 氟化氢　B. 氟化铵　C. 氟化钠　D. 氟化钙

12. AA006　自然界中存在最多的氟化物是（　　）。

A. 氟化氢　B. 氟化铵　C. 氟化钠　D. 氟化钙

13. AA007　下列选项中代表氮循环中有机矿化物作用最终氧化产物的是（　　）。

A. 硝酸盐氮　B. 亚硝酸盐氮　C. 蛋白氮　D. 氨氮

14. AA007 如果水中除硝酸盐氮外,并无其他氮类化合物共存,则表示污染物中( )已分解完全,水质较为稳定。

A. 氨氮 B. 蛋白类物质 C. 各种有机物 D. 各种氧化剂

15. AA008 三氯甲烷可用作( ),但现已被安全物质代替。

A. 麻醉剂 B. 镇痛剂 C. 止咳剂 D. 阻燃剂

16. AA008 三卤甲烷在土壤中的转移方式是( )。

A. 渗透 B. 挥发 C. 厌氧生物降解 D. 耗氧生物降解

17. AB001 取水工程设计资料中不属于河流水文、泥沙资料是( )。

A. 流量、水位、坡降、流速资料 B. 悬移质及推移质泥沙资料

C. 漂浮物、封冻、流冰和冰屑资料 D. 河势、河床及河岸的稳定性资料

18. AB001 取水工程设计资料中地质资料包括( )、地层分布、岩石性质及岸坡稳定等。

A. 河床及两岸的地质构造

B. 枢纽工程附近的地形图

C. 温度、降水、蒸发、风、径流情况

D. 有无浅滩、汊道、河湾及它们的演变情况

19. AB002 下列选项中适合于土质好、构筑物埋深不大,或有岩层、砾石层而不宜采用沉井施工的情况的是( )。

A. 浮运下沉法 B. 大开槽施工法 C. 气压沉箱法 D. 围堰施工法

20. AB002 下列选项中施工时在井内挖土,井筒在自重或外加荷重下克服四周土壤的摩阻力而下沉至设计标高,最后进行封底,适用于松散土质地层的是( )。

A. 浮运下沉法 B. 大开槽施工法 C. 沉井施工法 D. 围堰施工法

21. AB003 管井设计步骤(1)确定单井的出水量和对应的水位降落值,进行井群互阻计算,确定管井数目、井距、井群布置方案,确定取水设备型式和容量。(2)进行管井构造设计。(3)水文地质资料搜集和现场查勘。(4)根据含水层埋藏条件、厚度、岩性、水力状况及材料设备、施工条件初步确定管井的形式与构造,选择取水设备形式和考虑井群布置方案。第一步是( )。

A. (1) B. (2) C. (3) D. (4)

22. AB003 管井设计步骤(1)确定单井的出水量和对应的水位降落值,进行井群互阻计算,确定管井数目、井距、井群布置方案,确定取水设备型式和容量。(2)进行管井构造设计。(3)水文地质资料搜集和现场查勘。(4)根据含水层埋藏条件、厚度、岩性、水力状况及材料设备、施工条件初步确定管井的形式与构造,选择取水设备形式和考虑井群布置方案。第三步是( )。

A. (1) B. (2) C. (3) D. (4)

23. AB004 渗渠平行河流布置时,渗渠结构为( )。

A. 河滩下渗渠

B. 河床下渗渠

C. 兼有河滩下渗渠与河床下渗渠两种结构

D. 不含河滩下渗渠与河床下渗渠两种结构

24. AB004 渗渠采用平行垂直河流组合布置时,渗渠夹角宜大于( )。
A. 45° B. 60° C. 90° D. 120°
25. AB005 虹吸进水管设计要求总虹吸高度一般采用( )。
A. 4~6m B. 5~7m C. 6~8m D. 7~9m
26. AB005 虹吸进水管一般采用钢管,管内流速一般应大于( )。
A. 0. 2m/s B. 0. 4m/s C. 0. 6m/s D. 0. 8m/s
27. AB006 集水井的进水室一般用隔墙分成( ),以便检修、清洗和排泥。
A. 2 格 B. 3 格 C. 4 格 D. 5 格
28. AB006 水位变化幅度大和含沙量较高时,可( )进水孔。
A. 用单层 B. 在不同标高设 2~3 层
C. 在相同标高设 2~3 层 D. 用多层
29. AB007 寒冷地区最好的取水形式是( )。
A. 箱式取水 B. 底栏栅取水 C. 低坝取水 D. 水库取水
30. AB007 寒冷地区设计采用低坝取水时坝高要求满足( )。
A. 冰冻层的深度 B. 分层取水要求
C. 取水的深度 D. 吸水井深度
31. AC001 亚硝酸盐是氮循环的( )产物。
A. 最初 B. 最终 C. 中间 D. 循环
32. AC001 在( )条件下,硝酸盐可能形成和积存亚硝酸盐。
A. 缺氧 B. 富氧 C. 氧化 D. 水解
33. AC002 亚硝酸盐重氮化偶合比色法的最大吸收波长为( )。
A. 530nm B. 540nm C. 550nm D. 560nm
34. AC002 水中亚硝酸盐测定时通常采用重氮-偶联反应,生成( )染料。
A. 黄色 B. 紫色 C. 红色 D. 红紫色
35. AC003 氯化物是水和废水中一种常见的无机阴离子,几乎所有的水中都有氯离子存在,它的含量范围( )。
A. 变化不大 B. 变化很大 C. 变化很小 D. 恒定不变
36. AC003 用硝酸银滴定氯离子,以铬酸钾做指示剂,如果水样酸度过高,则会生成( ),不能获得红色铬酸银终点。
A. 酸性铬酸盐 B. 铬酸银 C. 硝酸 D. 硝酸盐
37. AC004 重量法测定水中硫酸根离子时,水样进行酸化是为了防止水中其他离子与( )离子作用而生成沉淀。
A. 硫酸根 B. 碳酸根 C. 氯 D. 钡
38. AC004 在酸性溶液中,铬酸钡与硫酸盐生成硫酸钡沉淀及铬酸根离子,根据硫酸根离子替代铬酸根呈( ),比色定量。
A. 红色 B. 黑色 C. 黄色 D. 绿色
39. AC005 亚甲基蓝比色法测定的阴离子合成洗涤剂的最低检出量为( )。
A. 0. 1mg B. 0. 1μg C. 0. 01mg D. 0. 01μg

40. AC005　对阴离子合成洗涤剂产生负干扰的物质是(　　)。

A. 胺类　B. 硝酸盐　C. 磺酸盐　D. 酚类

41. AD001　各流层水质点互不混掺,水质点的轨迹是直线或有规律的平滑曲线的水流称为(　　)。

A. 层流　B. 紊流　C. 均匀流　D. 混合流

42. AD001　流速沿流向变化缓慢的流动称为(　　)。

A. 无压流　B. 非恒定流　C. 非均匀流　D. 渐变流

43. AD002　渠道进口附近因流速小阻力也小,此时重力沿流动方向的分力大于阻力,于是水流做加速运动,流速沿程增大,水深及过水断面沿程减小,这种流动称为(　　)。

A. 无压流　B. 非恒定流　C. 非均匀流　D. 渐变流

44. AD002　只有在正坡、棱柱体、(　　)的长直明渠中才能产生均匀流。

A. 光滑　B. 粗糙度小　C. 粗糙度大　D. 粗糙不变

45. AD003　在达西公式 $h_f=\lambda(L/D)\times V_2/2g$ 中,“λ”表示的是(　　)。

A. 管道长度　B. 局部阻力系数　C. 沿程阻力系数　D. 管道直径

46. AD003　在达西公式 $h_f=\lambda(L/D)\times(V_2/2g)$ 中,“D”表示的是(　　)。

A. 管道长度　B. 水力半径　C. 沿程阻力系数　D. 管道直径

47. AE001　在高温作业场所,要穿(　　)隔热服。

A. 毛料类　B. 化纤类　C. 白帆布　D. 黑帆布

48. AE001　用来防止腐蚀性液体、蒸气对面部产生伤害的防护用品是(　　)。

A. 护目镜　B. 防护眼镜　C. 防毒面具　D. 面罩

49. AE002　安全生产的重要性要求(　　)也必须是责任人,要全面履行安全生产责任。

A. 主管者　B. 操作者　C. 生产者　D. 经营者

50. AE002　“安全具有否决权”的原则指安全生产工作是衡量工程项目管理的一项基本内容,它要求对各项指标考核、评优创先时首先必须考虑(　　)指标的完成情况。

A. 生产　B. 安全　C. 效益　D. 绩效

51. AE003　在有放射源的受限空间内作业,作业前应对放射源进行(　　)处理。

A. 清除　B. 屏蔽　C. 保护　D. 销毁

52. AE003　受限空间内气体检测(　　)后,仍未开始作业,应重新进行检测。

A. 10min　B. 20min　C. 30min　D. 40min

53. AE004　受限空间原来盛装爆炸性液体、气体等介质的,应使用防爆电筒或电压不大于(　　)的是防爆安全灯。

A. 6V　B. 12V　C. 24V　D. 36V

54. AE004　为防止(　　)危害,应对受限空间内或其周围的设备接地并进行检测。

A. 交流电　B. 直流电　C. 静电　D. 雷电

55. AE005　作业监护人在受限空间(　　)处监护应防止未经授权人员进入。

A. 入口　B. 出口　C. 人孔　D. 开口

56. AE005　进入受限空间的作业人员应熟悉(　　),清楚安全条件和可能存在的危害和风险。

A. 作业空间　B. 作业内容　C. 作业范围　D. 操作流程

57. BA001 判断絮凝试验效果首先看水质处理效果,主要是(　　)的去除率。
A. 浑浊度 B. 色度 C. 味 D. 钙和铁
58. BA001 在混凝剂投加量、絮凝搅拌条件和沉淀条件相同情况下,絮凝试验可以寻求最佳的(　　)组合。
A. 混合、絮凝、沉淀和混凝剂投加量 B. 混合搅拌强度和时间
C. 投加量和投加点 D. 调整 pH 值和混凝剂浓度
59. BA002 混凝烧杯试验搅拌产生的速度梯度 G 值应在(　　)可调。
A. $100\sim10s^{-1}$ B. $5000\sim200s^{-1}$
C. $4000\sim100s^{-1}$ D. $1000\sim20s^{-1}$
60. BA002 混凝烧杯试验搅拌器底部应有照明装置,且照明装置不应引起(　　)。
A. 絮体变色 B. 搅拌杯变形 C. 水样温度升高 D. 桨叶扭弯
61. BA003 在混凝搅拌试验中,试验水样的水温与水厂生产时的水温相比(　　)。
A. 前者略高 B. 前者略低 C. 二者接近 D. 二者无关
62. BA003 去除有机物的最佳 pH 值为(　　)。
A. 5~6 B. 6~7 C. 7~8 D. 8~9
63. BA004 计量泵是可以满足各种严格的工艺流程需要,流量可以在 0~100%范围内无级调节,用来输送液体一种特殊(　　)。
A. 叶片泵 B. 射流泵 C. 容积泵 D. 螺旋泵
64. BA004 根据工艺要求,计量泵泵可以手动调节和(　　)调节流量。
A. 变频 B. 电磁 C. 电动机 D. 冲程
65. BA005 如液压计量泵流量变小或不准确,应采取的措施是(　　)。
A. 打开放气阀 B. 将冲程及频率调至最大再恢复原状态
C. 停机检查 D. 打开排泄阀
66. BA005 安装计量泵泵头时应确保吸液阀与(　　)对齐。
A. 隔膜最底端 B. 隔膜最顶端 C. 漏液排出孔 D. 限位阀
67. BA006 计量泵运行(　　)以后应拆开检查内部零件,对连杆衬套等易磨损件进行维修或更换。
A. 1000~2000h B. 2000~3000h C. 3000~5000h D. 5000~10000h
68. BA006 计量泵流量在计量泵额定流量范围的(　　)较好。
A. 30%~60% B. 30%~100% C. 50%~100% D. 60%~90%
69. BB001 沉淀池的进口布置要尽量做到在进水断面的水流均匀分布,避免已形成的絮体破碎,一般采用(　　)布置。
A. 穿孔墙 B. 配水孔 C. 配水砖 D. 导流墙
70. BB001 沉淀池进口穿孔墙的穿孔流速一般小于(　　)。
A. 0.05~0.1m/s B. 0.08~0.1m/s C. 0.1~0.2m/s D. 0.2~0.5m/s
71. BB002 在某些特殊水的处理中,投加药剂使水中溶解杂质结晶后沉淀,这个过程称为(　　)。
A. 气浮过程 B. 布朗运动 C. 自然沉淀 D. 化学沉淀

72. BB002　斜管沉淀池的去除率与沉淀池的(　　)有关。

A. 流速　B. 宽度　C. 深度　D. 表面积

73. BB003　同样直径的颗粒在拥挤沉淀中,其沉降速度与自由沉淀速度相比,(　　)。

A. 前者大　B. 后者大

C. 二者相同　D. 以上选项均不正确

74. BB003　穿孔管排泥孔眼间距一般采用(　　)。

A. 0. 2~0. 5m　B. 0. 3~0. 6m　C. 0. 2~0. 8m　D. 0. 3~0. 8m

75. BB004　平流沉淀池内平均水平流速一般为(　　)。

A. 10~25mm/s　B. 20~30mm/s　C. 30~50mm/s　D. 50~80mm/s

76. BB004　平流沉淀池雷诺数 Re 一般为(　　)。

A. 1000~2000　B. 3000~5000　C. 4000~15000　D. 10000~20000

77. BB005　用 Q 代表沉淀区流量,A 代表沉淀区的表面积,则 $\frac{Q}{A}$ 代表(　　)。

A. 表面去除率　B. 表面负荷率　C. 流速　D. 截流速度

78. BB005　$E=-\frac{U_1}{Q/A}$ 式中,当 U_1 一定时,要想提高去除率 E,则应(　　)。

A. 增加沉淀池表面积　B. 增大水量　C. 提高流速　D. 增加沉淀池容积

79. BB006　平流沉淀池溢流率不宜超过(　　)。

A. $300m^3/(m \cdot d)$　B. $500m^3/(m \cdot d)$　C. $600m^3/(m \cdot d)$　D. $1000m^3/(m \cdot d)$

80. BB006　平流沉淀池出水堰板溢流负荷太大、堰板不平整、池设计不合理、有死区会造成水流短路,减小沉淀池的(　　)。

A. 表面负荷　B. 有效容积　C. 水平流速　D. 水力半径

81. BB007　气浮设计要求原水浊度不得大于(　　)。

A. 50NTU　B. 100NTU　C. 500NTU　D. 1000NTU

82. BB007　气浮池的单格宽度不宜大于(　　)。

A. 4m　B. 5m　C. 10m　D. 20m

83. BB008　气浮工艺待处理水进口与反应池之间的连接管道要求(　　)。

A. 越高越好　B. 越长越好　C. 越短越好　D. 越粗越好

84. BB008　气浮池水位的高低可用(　　)调节。

A. 集水器　B. 出口阀　C. 控制阀　D. 液位计

85. BC001　单个滤池面积大于 $50m^2$ 时,可考虑设置(　　)。

A. 超越管线　B. 单行排列　C. 反冲洗水塔　D. 中央集水渠

86. BC001　滤层的(　　)多少是衡量反冲洗效果的重要依据,因此必须定期测定。

A. 膨胀率　B. 滤速　C. 反冲洗强度　D. 含泥量

87. BC002　测定滤料含泥量烘干砂样的温度设定为(　　)。

A. 100℃　B. 105℃　C. 110℃　D. 120℃

88. BC002　测定滤料含泥量时,清洗砂样应采用(　　)盐酸。

A. 5%　B. 10%　C. 12%　D. 15%

89. BC003 水源受工业废水污染,黏度高,会使滤层结球、板结或穿孔,宜采用( )。
A. 单独用水反冲洗 B. 有表面冲洗的水反冲洗
C. 有空气辅助擦洗的水反冲洗 D. 有表面扫洗和空气擦洗的反冲洗

90. BC003 滤池冲洗的目的是( )。
A. 清除滤层中所截留的污物,使滤池恢复过滤能力
B. 清除杂物,降低滤速
C. 增加滤料的孔隙,增加滤速
D. 提高滤速,加快水质过滤

91. BC004 理想的膨胀率应以截留杂质的部分滤料完全膨胀起来,或者( )刚浮起来为宜。
A. 整个滤料层 B. 承托层顶部
C. 下层滤料颗粒 D. 中层滤料

92. BC004 反冲洗时滤料颗粒间相互碰撞摩擦概率也与滤层膨胀率有关,膨胀率过大,由于滤料颗粒过于离散,碰撞摩擦概率会( )。
A. 增多 B. 减少 C. 保持不变 D. 成倍增长

93. BC005 普通快滤池配水孔眼总面积与滤池面积之比为( )。
A. 10%~12% B. 15%~20% C. 12%~15% D. 20%~28%

94. BC005 当滤速为 8~12m/h 时,滤层厚度一般采用( )。
A. 0. 80~1. 00m B. 1. 10~1. 20m C. 1. 00~1. 30m D. 1. 20~1. 40m

95. BC006 滤料级配不当可导致( )。
A. 滤层板结 B. 水质下降 C. 跑砂、漏砂 D. 滤层气阻

96. BC006 反冲洗时有大量气泡冒出,说明有( )现象。
A. 滤层气阻 B. 反冲洗强度过大 C. 滤层膨胀率大 D. 产生泥球

97. BC007 滤速随过滤时间而逐渐减小的过程称变速过滤,下列滤池中属变速过滤的是( )。
A. 虹吸滤池 B. 无阀滤池 C. V 形滤池 D. 移动罩滤池

98. BC007 过滤池不但可以去除浊度,同时可以去除一部分( )。
A. 有机物 B. 溶解氧 C. 细菌、病毒 D. 臭和味

99. BC008 衡量滤池效能的一个重要指标是( ),其符号用 δ_{CI} 表示。
A. 过滤周期 B. 膨胀率 C. 反冲洗强度 D. 截泥能力

100. BC008 在滤池进水前投加一定量的助凝剂,能明显改善滤后水质,下列选项中关于助凝剂说法不正确的是( )。
A. 任何一种良好性能的凝聚剂都可作为助凝剂使用
B. 助凝剂必须连续加注,否则会影响滤后水浊度
C. 高分子助凝剂比无机盐助凝剂效果要好
D. 助凝剂可间断加注,就能加速絮凝体沉降

101. BC009 离心泵引水真空系统中真空表安装在( )。
A. 吸气管路上 B. 排气管路上 C. 真空泵上 D. 离心泵出水管上

102. BC009　水环式真空泵的水耗量指(　　)。

A. 每分钟进入泵内循环的水量　　B. 每分钟排出泵体的循环水量

C. 每分钟正常工作所需的水量　　D. 每分钟由吸气口吸入的水量

103. BC010　硬质颗粒吸入真空泵泵体内易造成(　　)。

A. 叶轮叶片损坏或卡死　　B. 抽气量减少

C. 实际功率升高　　D. 真空度降低

104. BC010　下列选项中不属于检查真空泵吸气管路的泄漏方法的是(　　)。

A. 启动真空泵关闭水泵抽气阀,看真空表是否上升

B. 启动真空泵关闭水泵抽气阀,用烟火检查管路

C. 启动真空泵关闭水泵抽气阀,用肥皂水检查管路

D. 关闭真空泵吸气口阀门和水泵抽气阀门,向管道注水打压

105. BC011　清除 SZ 型真空泵内异物不必拆卸(　　)。

A. 吸气管　　B. 侧盖　　C. 轴承　　D. 联轴器

106. BC011　下列选项中不属于水环式真空泵叶轮与侧盖摩擦排除方法的是(　　)。

A. 调整叶轮位置　　B. 打磨侧盖内壁

C. 安装加厚侧盖密封垫　　D. 修磨叶轮叶片

107. BD001　在浊度小于 20NTU 的条件下,PVC 复合材质的内压式中空纤维超滤膜的产水率可达到(　　)。

A. 60%~70%　　B. 70%~80%　　C. 85%~95%　　D. 100%

108. BD001　超滤系统总的产水率包括一次产水率加上(　　)。

A. 反洗水回收率　　B. 反洗水量　　C. 反洗水率　　D. 反洗水排放率

109. BD002　膜的透水通量越大,膜的污染越(　　)。

A. 少　　B. 缓慢　　C. 严重　　D. 以上选项均不正确

110. BD002　随着透水通量增高,单位制水周期内跨膜压差的增量(　　)。

A. 减小　　B. 增加

C. 保持不变　　D. 以上选项均不正确

111. BD003　制水周期延长,膜污染情况(　　)。

A. 减轻　　B. 加重

C. 无法确定　　D. 以上选项均不正确

112. BD003　在不同制水周期下,制水周期内的过膜压差总体呈(　　)趋势。

A. 波动　　B. 降低　　C. 增长　　D. 急剧升高

113. BD004　化学清洗是对膜组件进行(　　)浸泡。

A. 长时间　　B. 短时间　　C. 在线　　D. 离线

114. BD004　过膜压差恢复系数的计算公式为(　　)。

A. $K=(p_1-p_2)/(p_1-p_0)$　　B. $K=(p_1-p_0)/(p_1-p_2)$

C. $K=(p_2-p_1)/(p_1-p_0)$　　D. $K=(p_1-p_2)/(p_2-p_0)$

115. BD005　水温在 0~5℃每下降 1℃,则跨膜压差上升(　　)左右。

A. 40%　　B. 30%　　C. 20%　　D. 10%

116. BD005　原水温度降低后,膜组件的清洗效果(　　)。

A. 变好　B. 不变　C. 变差　D. 无法确定

117. BD006　膜前预处理选用的絮凝剂一般为(　　)。

A. 聚合铝　B. 硫酸铝　C. 复合铝铁　D. 三氯化铁

118. BD006　膜的比透水通量是透水通量与(　　)的比值。

A. 水温　B. 跨膜压差　C. 进水压力　D. 冲洗周期

119. BD007　特别适用于以有机胶体为主要污染物的超滤膜清洗方式是(　　)。

A. 等压冲洗　B. 空气冲洗　C. 负压冲洗　D. 机械清洗

120. BD007　在膜丝的原水侧加入一定浓度和特殊效果的化学药剂,通过循环、浸泡清洗膜的方式是(　　)。

A. 正洗　B. 反洗　C. 化学清洗　D. 分散化学清洗

121. BD008　清洗超滤膜常用的碱是(　　)。

A. 氢氧化钠　B. 氢氧化钙　C. 氢氧化镁　D. 氢氧化锌

122. BD008　超滤系统的化学清洗主要采用(　　)方式。

A. 离线浸泡　B. 在线浸泡

C. 循环冲洗　D. 气水冲洗

123. BD009　超滤系统故障的主要表现是(　　)。

A. 产水能力增加

B. 跨膜压差上升

C. 产水能力下降

D. 产水能力快速下降和跨膜压差迅速增大

124. BD009　超滤膜组件进水压力低产生的原因是(　　)。

A. 原水浊度高　B. 原水浊度低

C. 进水水泵及配件故障　D. 膜通量大

125. BD010　一般超滤膜产水浊度大于(　　)时,则说明膜丝有断漏。

A. 1NTU　B. 0. 5NTU　C. 0. 2NTU　D. 0. 1NTU

126. BD010　膜组件完整性检测过程中,充入的气体是(　　)。

A. 空气　B. 氮气　C. 无油空气　D. 氧气

127. BD011　膜的反洗过程是在生产模式下,按照一个预设并可调节的(　　)自动运行。

A. 压力范围　B. 时间间隔　C. 通量范围　D. 浊度范围

128. BD011　漂洗状态中,检测漂洗结果的指示指标是(　　)。

A. 浊度　B. 跨膜压差　C. pH 值　D. 膜通量

129. BD012　当系统状态选择“手动”时,每个超滤机组均可(　　)。

A. 自动运行　B. 独立控制　C. 连续运行　D. 并联运行

130. BD012　在(　　)状态下,超滤系统设备可根据自动控制系统的指令自动运行。

A. 清洗　B. 反洗　C. 运行　D. 停机

131. BD013　超滤系统采用二级结构,由 PLC 和(　　)组成,需要采集模拟量、开关量。

A. 计算机　B. 检测仪表　C. 变频器　D. 操作台

132. BD013　在超滤膜的自动控制系统中,PLC 系统控制分为顺序逻辑控制和(　　)。

A. 操作控制　B. 倒序逻辑控制

C. 直接控制　D. 反馈控制

133. BD014　错流过滤的主要优点是(　　)。

A. 回收率高　B. 耗能低

C. 膜的过滤阻力增长慢　D. 过滤效果好

134. BD014　当来水悬浮物浓度或黏度高时,可采用(　　)方式。

A. 全量过滤　B. 错流过滤　C. 上向流过滤　D. 下向流过滤

135. BD015　超滤对有机物的去除效果(　　)。

A. 好　B. 较好　C. 较差　D. 无法确定

136. BD015　混凝-超滤系统去除有机物起作用的最主要的因素是(　　)。

A. 混凝时的化学反应　B. 超滤的过滤作用

C. 膜表面的化学反应　D. 混凝和膜过滤

137. BD016　强化混凝能够使膜污染(　　)。

A. 增加较快　B. 增加较慢

C. 减少　D. 以上选项均不正确

138. BD016　相同时间内,膜通量降低最少的混凝剂投加量是(　　)。

A. 欠效混凝　B. 优化浊度混凝　C. 强化混凝　D. 过量混凝

139. BD017　粉末活性炭-超滤系统中,粉末活性炭投加量升高,膜污染的情况(　　)。

A. 减少　B. 增多

C. 基本不变　D. 以上选项均不正确

140. BD017　造成超滤膜污染的有机物粒径一般在(　　)左右。

A. 1μm　B. 0. 1μm　C. 1nm　D. 2nm

141. BD018　活性炭的吸附量不仅与比表面积有关,而更主要的是与(　　)的匹配有关。

A. 孔隙大小　B. 孔隙种类　C. 孔隙直径　D. 孔隙容积

142. BD018　当溶质被活性炭表面吸附的量与该溶质在水中的浓度之间达到了平衡,即为(　　)。

A. 浓度平衡　B. 体积平衡　C. 溶质平衡　D. 吸附平衡

143. BD019　因为从水中到活性孔内的传质速率很快,表面负荷可以(　　)。

A. 小一些　B. 大一些　C. 达到平衡　D. 保持不变

144. BD019　活性炭滤池吸附性最好的化合物字母简写为(　　)。

A. OSCs　B. OSCc　C. SOCc　D. SOCs

145. BD020　活性炭利用率可以确定炭的耗竭(　　)以及炭需要更换的时间,也可据此确定整个再生系统的规模。

A. 速率　B. 容量　C. 方式　D. 流量

146. BD020　去除有机物时可进行小型吸附柱试验,求出活性炭的(　　),进一步得出炭的利用率。

A. 吸附速率　B. 吸附等温线　C. 吸附容积　D. 吸附质量

147. BD021 炭的再生率和再生系统的规模有很大关系,再生率取决于活性炭滤池的(　　)和活性炭利用率。

A. 滤速　B. 反冲洗强度　C. 炭负荷　D. 滤层厚度

148. BD021 再生频率是指先后两次再生的间隔时间,而耗竭率是活性炭需要再生的(　　)。

A. 最大量　B. 最小量　C. 最大速率　D. 最小速率

149. BD022 粉末活性炭可与(　　)工艺结合,对于特定水质可取得两者协同的作用。

A. 混凝　B. 预氧化　C. 过滤　D. 沉淀

150. BD022 粉末活性炭与(　　)反应后在粉末活性炭表面形成一层致密的氧化物,导致炭表面氧化还原状态遭到破坏,影响了粉末活性炭的吸附能力。

A. 氧　B. 氨　C. 氮　D. 氯

151. BD023 下列选项中与活性炭滤池大修项目内容不符的是(　　)。

A. 检查配水系统、滤料并根据情况更换

B. 恢复性检土建构筑物修

C. 检修阀门、冲洗设备、电气仪表及附属设备

D. 检查清水渠、清洗池壁、池底

152. BD023 活性炭滤池日常保养不包括(　　)。

A. 阀门　B. 冲洗设备　C. 土建构筑物　D. 电气仪表

153. BD024 活性炭滤池有很好的(　　),除氨效果取决于水质和活性炭滤池在水处理流程中的位置。

A. 氧化作用　B. 催化作用　C. 氯化作用　D. 硝化作用

154. BD024 臭氧-活性炭池降低可生物降解溶解有机碳或可同化(　　),可以减少配水系统中的微生物生长。

A. 有机碳　B. 有机物　C. 无机物　D. 无机碳

155. BD025 生物过滤的关键是在滤池中繁殖大量微生物以达到良好的去除(　　)的性能。

A. 浊度　B. 有机物　C. 微污染物　D. 重污染物

156. BD025 微生物细胞是附着在滤料表面上形成的(　　)生物膜,例如慢滤池、生物活性炭滤池等。

A. 很薄一层　B. 双层　C. 多层　D. 很厚一层

157. BD026 活性炭滤池的(　　)负荷较高,可以滋生多种微生物。

A. 有机物　B. 无机物　C. 悬浮物　D. 胶体

158. BD026 活性炭滤池停水 1h 后,滤池中就会有(　　)产生,所以活性炭滤池不应断水。

A. 好氧菌　B. 厌氧菌　C. 藻类　D. 红虫

159. BD027 生物活性炭滤池中的菌落计数不受(　　)的影响。

A. 运行时间　B. 滤池面积　C. 空床接触时间　D. 滤速

160. BD027 一般情况下,活性炭滤池布置在水处理流程的(　　),水经消毒后即供应用户,因此并不希望活性炭滤池中的菌落计数有所增加。

A. 前端　B. 中间　C. 终端　D. 随意位置

161. BD028 在人工固定化生物活性炭净水技术中,活性炭颗粒上的微生物主要分布在(   )。
A. 外表面 B. 内表面 C. 孔隙内 D. 任何位置

162. BD028 在人工固定化生物活性炭净水技术中,为微生物生长提供载体和食物的是(   )。
A. 细菌 B. 活性炭 C. 臭氧 D. 有机物

163. BD029 在生物降解效果评价过程中,能够反映生物降解性能并对毒物敏感的检测方法是(   )。
A. 测定 ATP B. 测定 TOC C. 测定脱氢酶活性 D. 测定生物氧化率

164. BD029 评价微生物氧化微量有机物能力大小的可靠方法是(   )。
A. 测定 ATP B. 测定 TOC C. 测定脱氢酶活性 D. 测定生物氧化率

165. BD030 人工固定化生物活性炭滤池运行初期,对 UV_{254} 的去除率可达到(   )。
A. 50% B. 60% C. 70% D. 80%

166. BD030 人工固定化生物活性炭滤池对氨氮和亚硝酸氮的去除效果较高的原因是滤池中(   )。
A. 溶解氧含量高 B. 生物多 C. 细菌种类多 D. 溶解氧含量低

167. BE001 高锰酸盐预氧化时,应根据原水特点和出水要求适量投加,避免过量投加造成(   )的超标。
A. 出水色度 B. 出水浊度 C. COD D. 有机物

168. BE001 预氧化进行预处理时,投加量应根据水源水质和试验结果确定药剂投加量、投加方式和投加点,同时要定期监测(   )的影响。
A. 出水色度 B. 出水浊度 C. 消毒副产物 D. 有机物

169. BE002 生物预处理反冲洗周期不宜过短,冲洗前的水头损失应(   )。
A. 小于 1m B. 控制在 1~1.5m
C. 大于 2m D. 以上选项均不正确

170. BE002 下列选项中关于高锰酸盐预处理运行规定的说法不正确的是(   )。
A. 投加点应设在混凝剂投加点之后
B. 接触时间不低于 3min
C. 高锰酸钾投加量一般控制在 0.5~2.5mg/L
D. 配制好的高锰酸钾溶液不宜长期储存

171. BE003 下列高锰酸盐氧化处理设施日常保养项目、内容不符合规定的是(   )。
A. 每日检查高锰酸盐配制池、储存池运行状况
B. 每日检查附属的搅拌设施运行状况
C. 每日检查投加管路上各种阀门的运行状况
D. 每周检查投加管路上各种仪表的运行状况

172. BE003 下列生物预处理设施日常保养项目、内容不符合规定的是(   )。
A. 每日检查易松动易损部件
B. 每日检查生物滤池的曝气设施
C. 每日检查、进出水阀门、排泥阀门
D. 每月检查电气仪表及附属设施的运行状况

173. BE004　目前生产上常用的生物预处理的方法是(　　)。

A. 生物滤池　　B. 生物接触氧化法

C. 生物转盘反应器　　D. 生物流化床反应器

174. BE004　下列选项中关于生物流化床优点的是(　　)。

A. 解决固定填料床中常出现的堵塞问题　　B. 消耗的动力费用较高

C. 维护管理复杂　　D. 有时出现流化介质跑料现象

175. BE005　下列选项中关于生物预处理在饮用水处理中特点的叙述错误的是(　　)。

A. 能有效去除原水中可生物降解有机物　　B. 使出水更安全可靠

C. 能去除氨、氮、铁、锰等污染物　　D. 对高浓度有机物有好的去除作用

176. BE005　生物塔滤对(　　)的去除效果不好。

A. TOC　　B. COD_{Mn}　　C. 氨氮　　D. 浊度、色度

177. BE006　下列选项中能产生臭鸡蛋味的物质是(　　)。

A. 铁菌　　B. 霉菌　　C. 硫菌　　D. 放线菌

178. BE006　下列选项中不属于用户饮用水中臭味来源的是(　　)。

A. 高层水箱二次污染

B. 给水管网中有机营养基质的存在使细菌再生长

C. 管壁生物膜较多

D. 管内余氯过多

179. BE007　用于除臭的氧化剂中较为有效的是(　　)。

A. 高锰酸钾　　B. 自由氯　　C. 二氧化氯　　D. 臭氧

180. BE007　用于水体臭味的去除方法中，(　　)的运行费用较低，具有一定的优势。

A. 常规水处理工艺　　B. 化学氧化法　　C. 活性炭吸附法　　D. 生物处理法

181. BE008　下列选项中可去除水体色度的方法是(　　)。

A. 吸附　　B. 电解　　C. 混凝　　D. 过滤

182. BE008　对微污染水中色度的强化去除效果最好的是(　　)。

A. 高锰酸钾复合药剂预处理工艺　　B. 预氧化工艺

C. 聚合氯化铝工艺　　D. 聚合硫酸铁混凝工艺

183. BE009　目前水处理工艺中不能用于除藻的是(　　)。

A. 化学药剂法　　B. 沉淀　　C. 气浮　　D. 直接过滤

184. BE009　生物处理藻类有赖于(　　)作用。

A. 生物膜的吸附　　B. 微生物的氧化分解

C. 颗粒填料间生物絮凝与机械截留　　D. 原生动物的捕食

185. BE010　藻毒素的主要去除方法是(　　)。

A. 混凝　　B. 沉淀　　C. 活性炭吸附　　D. 药剂氧化

186. BE010　氧化剂能够去除藻毒素的毒性，去除效果最好的氧化剂是(　　)。

A. 氧气　　B. 高锰酸盐　　C. 氯气　　D. 二氧化氯

187. BF001　几种常见的消毒方法中，(　　)消毒投资的费用最多。

A. 臭氧　　B. 二氧化氯　　C. 液氯　　D. 活性炭

188. BF001　几种常用的投加二氧化氯方法中，稳定性二氧化氯的成本明显(　　)化学法现场制备二氧化氯的成本。
A. 低于　B. 等于　C. 高于　D. 以上选项都不对

189. BF002　GB 5749—2006《生活饮用水水质标准》中明确规定出厂水中亚氯酸盐、氯酸盐含量限值是(　　)。
A. 0.07mg/L　B. 0.7mg/L　C. 1.0mg/L　D. 0.5mg/L

190. BF002　在原水水质等其他实验条件相同的情况下，亚氯酸盐生成量随二氧化氯投加量的增加而(　　)。
A. 降低　B. 增加　C. 上下波动　D. 保持不变

191. BF003　在实际应用中，管网末梢水二氧化氯残余量高于(　　)时，管网末梢水的微生物指标和理化指标基本达到国家饮用水卫生标准。
A. 0.02mg/L　B. 0.005mg/L　C. 0.01mg/L　D. 0.002mg/L

192. BF003　自来水管网末梢水中维持较低浓度的二氧化氯可抑制微生物的(　　)。
A. 副产物　B. 衰减　C. 残余量　D. 二次繁殖

193. BF004　投加二氧化氯时一般采用(　　)管道抽吸二氧化氯气体。
A. 负压　B. 正压　C. 零压　D. 高压

194. BF004　未稀释的亚氯酸钠溶液(　　)与浓酸混合。
A. 可以　B. 不能　C. 需要　D. 必须

195. BG001　二氧化氯发生设备(　　)进行一次维护检修。
A. 3 个月　B. 每年　C. 6 个月　D. 每月

196. BG001　每(　　)对二氧化氯管路进行检修维护，必要时进行全面更换。
A. 1~4 年　B. 2 年　C. 3~5 年　D. 1~3 年

197. BG002　当室内环境温度大于(　　)时，应通过加强通风措施或开启空调设备来降温。
A. 35℃　B. 40℃　C. 50℃　D. 45℃

198. BG002　设备运行过程中，臭氧发生器间和(　　)内一定数量的通风设备应处于工作状态。
A. 尾气设备间　B. 主控制间　C. 配电间　D. 接触池

199. BG003　租赁的氧气气源系统(包括液气和现场制氧)的操作运行应由(　　)远程监控。
A. 氧气供应商　B. 值班人员　C. 生产人员　D. 后勤人员

200. BG003　臭氧发生器气源系统鼓风机、过滤器、干燥器以及供气管路上各种阀门及仪表的运行状况应(　　)检查。
A. 每日　B. 每周　C. 每月　D. 每年

201. BG004　臭氧接触池出水端应设置水中余臭氧监测仪，臭氧工艺应保持水中剩余臭氧浓度在(　　)。
A. 0.02mg/L　B. 0.1mg/L　C. 0.2mg/L　D. 0.5mg/L

202. BG004　臭氧接触池尾气消除装置的处理气量与臭氧发生装置的处理气量相比，(　　)。
A. 二者一致　B. 二者无法比较　C. 前者稍大　D. 前者稍小

203. BH001　管径不小于100mm的PVC管道一般采用(　　)。
A. 密封胶圈连接　B. 法兰连接　C. 粘接　D. 以上选项都可以
204. BH001　阀门前后与PVC管道的连接一般采用(　　)。
A. 密封胶圈连接　B. 法兰连接　C. 粘接　D. 以上选项都可以
205. BH002　PVC管待粘接的插口部分需用板锉锉成(　　)的坡口。
A. 15°~25°　B. 15°~30°　C. 15°~45°　D. 10°~30°
206. BH002　外界施工环境温度低于(　　)时,不得粘接PVC管线。
A. -5℃　B. -10℃　C. -15℃　D. -20℃
207. BH003　PE管属于缓燃性物料,在缺氧状况下着火点燃(　　),可用作输送燃气、水等管线。
A. 不燃烧　B. 燃烧一段时间后会自行熄灭
C. 持续燃烧　D. 融化
208. BH003　PVC管的(　　)性能强于PE管。
A. 抗压强度　B. 韧度　C. 抗冲击强度　D. 阻燃性
209. BH004　生产过程中罐、塔、槽等容器中存放的液体表面位置称为(　　)。
A. 液位　B. 料位　C. 界位　D. 物位
210. BH004　利用连通器的原理,将容器中的液体引入带有标尺的观察管中,通过标尺读出液位高度是液位测量中的(　　)。
A. 直接测量　B. 间接测量　C. 电学法测量　D. 压力法测量
211. BH005　下列选项中属于直读式物位仪表的是(　　)。
A. 差压变送器　B. 玻璃板液位计　C. 浮筒液位计　D. 钢带液位计
212. BH005　下列选项中属于浮力式物位仪表的是(　　)。
A. 差压变送器　B. 压力变送器
C. 沉筒式液位计　D. 双色玻璃板液位计
213. BI001　下列选项中属于按变换环节分类的变频器的是(　　)。
A. 交-交变频器　B. 脉宽调制变频器　C. 电流型　D. 电压型
214. BI001　中间直流环节的储能元件采用大电容,直流电压比较平稳,直流电源内阻较小的变频器是(　　)。
A. 电压型变频器　B. 电流型变频器　C. 交-直-交变频器　D. 交-交变频器
215. BI002　变频器通常允许在(　　)额定电压下正常工作。
A. ±5%　B. ±10%　C. ±15%　D. ±20%
216. BI002　变频器是一种(　　)装置。
A. 驱动直流电机　B. 电源变换　C. 滤波　D. 驱动步进电动机
217. BI003　下列选项中关于变频器软启动的说法正确的是(　　)。
A. 利用变频器的软启动功能将使启动电流从零开始
B. 对电网造成严重的冲击
C. 电网容量要求高
D. 启动时产生的大电流和振动

218. BI003 为了提高电动机的转速控制精度,变频器具有( )功能。
A. 转矩补偿 B. 转差补偿 C. 频率增益 D. 段速控制

219. BI004 变频器调速系统的调试工作大体应遵循的原则是( )。
A. 先空载、继轻载、后重载 B. 先重载、继轻载、后空载
C. 先重载、继空载、后轻载 D. 先轻载、继重载、后空载

220. BI004 变频器充电电阻损坏,其原因可能是( )。
A. 充电电流太大,烧坏电阻 B. 输出负载发生短路
C. 负载过大,大电流持续运行 D. 冷却风扇效果差

221. BJ001 可编程逻辑控制器大都采用模块结构,由( )存储器、输入单元、输出单元、通信接口、扩展接口电源等部分组成。
A. 中央处理器(CPU) B. 开显示器
C. 系统主板 D. 内存储器

222. BJ001 可编程逻辑控制器又称为( )。
A. CPU B. PROTEL C. PLC D. DCS

223. BJ002 采用工程技术人员习惯的梯形图形式编程,易懂易学,编程和修改程序方便的是( )。
A. 中央处理器 B. 可编程逻辑控制器 C. 集散控制系统 D. 存储器

224. BJ002 下列选项中关于 PLC 特点的叙述错误的是( )。
A. 应用灵活 B. 只能用于逻辑、算术运算
C. 成本低 D. 安全可靠

225. BJ003 在中心控制室能对被控设备进行在线实时控制利用了自动控制系统的( )。
A. 控制操作功能 B. 数据管理功能 C. 显示功能 D. 报警功能

226. BJ003 中控室所有信息均可传送到公司并可接收公司总调度室的指令利用了自动控制系统的( )。
A. 通信功能 B. 数据管理功能 C. 显示功能 D. 报警功能

227. BJ004 PID 控制器是( )。
A. 比例-积分-微分控制器 B. 积分-微分控制器
C. 比例-积分控制器 D. 比例-微分控制器

228. BJ004 PID 控制又可以称为( )。
A. 顺序调节系统 B. PID 调节系统
C. 随动调节系统 D. 闭环回路控制系统

229. BK001 QC 小组是运用( )理论和方法开展活动的小组。
A. 哲学 B. 质量管理 C. 数学 D. 自然科学

230. BK001 QC 小组要遵循的工作程序是( )。
A. DLVO B. DVOL C. PACD D. PDCA

231. BK002 以稳定工序质量、改进产品质量、降低消耗、改善生产环境为目的的课题是( )。
A. 现场型课题 B. 管理型课题 C. 攻关型课题 D. 创新型课题

232. BK002　以运用新思维、采用新方法、开发新产品而实现预期目标的课题是(　　)。
A. 现场型课题　B. 管理型课题　C. 攻关型课题　D. 创新型课题

233. BK003　PDCA 循环中“P”是指(　　)。
A. 计划　B. 执行　C. 确认　D. 处置

234. BK003　PDCA 循环中执行阶段的一个步骤是(　　)。
A. 找出所在问题　B. 分析问题原因
C. 实施制定对策　D. 检查活动成效

235. BK004　使 QC 小组成员提高质量意识、问题意识、改进意识和参与意识的方法是(　　)。
A. 教育培训　B. 评价激励　C. 活动管理　D. 提供场地和时间

236. BK004　QC 小组能够持续发展的最为重要的条件是(　　)。
A. 教育培训　B. 提供环境条件
C. 活动管理与指导　D. 高层管理者的认可与激励

237. BL001　培训计划首先要确定培训所要达到的(　　)。
A. 要求　B. 效果　C. 目标　D. 条件

238. BL001　培训所达成的目标必须服从(　　)。
A. 个人意愿　B. 领导要求　C. 计划要求　D. 企业目标

239. BL002　条理清晰的(　　)有助于员工加深对培训主题的理解,提高培训效率。
A. 培训目标　B. 培训计划　C. 培训内容　D. 培训提纲

240. BL002　可以用来组织编写培训教案模型的是(　　)。
A. IADA　B. AIDA　C. AIAD　D. AAID

二、多项选择题(每题有 4 个选项,至少有 2 个是正确的,将正确的选项号填入括号内)

1. AA001　水中的原生物生物可以吞噬细菌,(　　)能抑制一些细菌的生长。
A. 藻类　B. 噬菌　C. 种群　D. 细胞

2. AA002　水中常见的病毒有(　　)和 SARA 冠状病毒。
A. 轮状病毒　B. 肠道病毒　C. 脊髓灰质炎病毒　D. 肝炎病毒

3. AA003　下列选项中关于管网水质变化原因的描述正确的是(　　)。
A. 水中化合物及微生物的作用　B. 水和管材发生化学反应
C. 水中残存的细菌还有可能再繁殖　D. 供水管网压力过高

4. AA004　下列选项中对管网水比出厂水浑浊度高的原因的描述正确的是(　　)。
A. 清水水位太高,水流将池底沉泥带出
B. 管网受到二次污染
C. 管道清洗不及时,一旦流速突增,管底泥沙被冲起
D. 水本身具有腐蚀性,使镀锌钢管的锌溶于水的量超过一定限值

5. AA005　提高出厂水的水质是改善管网水质的一项重要措施,下列选项中措施正确的是(　　)。
A. 降低水的浊度　B. 降低水的 pH 值
C. 提高出厂水余氯　D. 提高出厂水的稳定性

6. AA006　氟化物指负价氟的(　　)。

A. 有机化合物　B. 无机化合物　C. 离子　D. 分子

7. AA007　用二磺酸酚法测定硝酸盐氮利用了(　　)之间相互作用,生成硝基二磺酸酚,所得反应物在碱性溶液中发生分子重排,生成黄色化合物。

A. 二磺酸酚　B. 三硫酸酚　C. 硝酸根离子　D. 硫酸根离子

8. AA008　人对三氯甲烷的摄取主要通过(　　)。

A. 食物　B. 饮用水　C. 吸烟　D. 呼吸

9. AB001　取水工程设计内容包括(　　)等内容。

A. 水源选择　B. 取水方案及位置的确定

C. 取水构筑物形式　D. 药剂投加池计算

10. AB002　与活动式取水构筑物相比,固定式取水构筑物的优点是(　　)。

A. 维护管理简单　B. 不易维护管理　C. 适应范围广　D. 取水可靠

11. AB003　下列选项中属于管井设计步骤的是(　　)。

A. 确定单井的出水量和对应的水位降落值,进行井群互阻计算,确定管井数目、井距、井群布置方案,确定取水设备型式和容量

B. 进行管井构造设计

C. 水文地质资料搜集和现场查勘

D. 根据含水层埋藏条件、厚度、岩性、水力状况及材料设备、施工条件、初步确定管井的形式与构造,选择取水设备形式和考虑井群布置方案

12. AB004　渗渠可用于集取(　　)。

A. 河床地下水　B. 河流表层水　C. 地表渗透水　D. 水库岸边水

13. AB005　虹吸进水管进水时,要求(　　)。

A. 其上缘的淹没深度不小于 0.5m　B. 其上缘的淹没深度不小于 1.0m

C. 避免吸入空气　D. 与通入空气

14. AB006　集水井要求在(　　)作用下不产生渗漏。

A. 水压　B. 风力

C. 拉伸　D. 以上选项均不正确

15. AB007　在冰冻的河流上,为了防止水内冰堵塞进水孔格栅,一般可采用(　　)等措施。

A. 降低进水孔流速　B. 加热格栅

C. 在进水孔下游设置挡冰木排　D. 机械清除

16. AC001　亚硝酸盐的测定方法有(　　)。

A. 胺光法　B. 紫外分光光度法　C. 示波极谱法　D. 分子色谱法

17. AC002　对亚硝酸盐重氮化偶合比色法有明显干扰的物质是(　　)。

A. 氯　B. 硫代硫酸盐　C. 氢氧化铝　D. 三价铁离子

18. AC003　氟化物的测定中会产生(　　)的沉淀。

A. 白色　B. 黄色　C. 红色　D. 褐色

19. AC004　测定水中硫酸盐的重量法适合于(　　)、生活污水及工业废水。

A. 地下水　B. 地表水　C. 含盐水　D. 含铁水

20. AC005　下列选项中对阴离子合成洗涤剂的说法正确的是(　　)。

A. 常用的是烷基苯硫酸钠　　B. 不易产生泡沫

C. 和亚甲蓝作用生成蓝色化合物　　D. 不易被氧化和生物分解

21. AD001　液体的流态分为(　　)。

A. 层流　　B. 紊流　　C. 分流　　D. 湍流

22. AD002　明渠均匀流中(　　)在流动方向的分力平衡。

A. 摩阻力　　B. 水流重力　　C. 压力　　D. 流量

23. AD003　水力学的三大基本方程是(　　)。

A. 连续性方程　　B. 能量方程　　C. 守恒方程　　D. 动量方程

24. AE001　刷涂作业过程中,如感到(　　),应立即停止作业,到户外呼吸新鲜空气。

A. 头痛　　B. 恶心　　C. 心闷　　D. 心悸

25. AE002　“四不放过”原则的具体内容是(　　)。

A. 事故原因未查清不放过　　B. 当事人和群众没有受到教育不放过

C. 事故责任人未受到处理不放过　　D. 没有制定切实可行的预防措施不放过

26. AE003　受限空间内取样应有代表性,应特别注重人员可能工作的区域,取样点应包括受限空间的(　　)。

A. 中部　　B. 底部　　C. 角落　　D. 顶端

27. AE004　根据受限空间作业中存在的(　　),依据相关防护标准,配备个人防护装备并确保正确穿戴。

A. 风险种类　　B. 作业难度　　C. 恶劣环境　　D. 风险程度

28. AE005　作业监护人应清楚受限空间的应急(　　)和外部应急装备的位置。

A. 灭火器　　B. 联络电话　　C. 出口　　D. 报警器

29. BA001　对受污染原水进行添加氧化剂、吸附剂处理效果试验,要取得预处理剂的(　　)等才有把握运用到生产实际中去。

A. 适用 pH 范围　　B. 投加量　　C. 投加点　　D. 投加方法

30. BA002　混凝烧杯试验的主要用途是(　　)。

A. 比较各种混凝剂的混凝效果　　B. 确定最佳投加量

C. 优化混合条件　　D. 优化絮凝条件

31. BA003　判断混凝剂效果首先要看水质处理效果,主要是浑浊度去除率及(　　)。

A. 色度　　B. 耗氧量

C. pH 适度范围　　D. 含泥率

32. BA004　根据工作方式分类,计量泵可分为(　　)。

A. 往复式　　B. 齿轮式　　C. 回转式　　D. 气升式

33. BA005　真空泵运行时有异响,可能的原因是(　　)。

A. 轴承损坏　　B. 油量过少

C. 油中积炭堵塞油路　　D. 叶片损坏

34. BA006　真空泵要停止使用时,应先关闭(　　)闸阀、压力表,然后停止电动机。

A. 捕集器　　B. 闸阀　　C. 干燥阱　　D. 压力表

35. BB001　平流沉淀池比较宽时,常用墙沿纵向分隔,目的是(　　)。
A. 增加水流稳定性　B. 降低絮动性　C. 提高沉淀效率　D. 方便施工
36. BB002　下列选项中属于虹吸式排泥机构成部件的是(　　)。
A. 桁架行车　B. 行车换向装置　C. 虹吸管路　D. 慢动卷扬机
37. BB003　下列选项中关于穿孔管排泥管设计的说法正确的是(　　)。
A. 孔眼间距一般采用 0.3~0.8m
B. 必须采用横向布置
C. 穿孔管不宜过长,一般在 10m 以下
D. 当池底为平底时,管与管的中心距采用 1.5~2.0m
38. BB004　平流沉淀池出水一般采用指形槽,指形槽有(　　)几种形式。
A. 收缩堰　B. 锯齿堰　C. 薄壁堰　D. 孔口出流
39. BB005　下列选项中与悬浮颗粒在理想沉淀池中自由沉降有关的是(　　)。
A. 直径大小　B. 颗粒与水的密度差
C. 重力加速度　D. 水温
40. BB006　在平流沉淀池管理与维护中要着重做好的工作是(　　)。
A. 掌握原水水质和处理水量的变化　B. 观察絮凝效果
C. 及时排泥　D. 定期冲洗斜板
41. BB007　合理的选择溶气压力可以(　　)。
A. 降低电耗　B. 减少气浮机运行成本
C. 缩短絮凝时间　D. 提高出水水质
42. BB008　下列选项中说法正确的是(　　)。
A. 溶气压力越高,释放的溶气水泡密度越高
B. 溶气设备安装前,必须夯实地基,并用混凝土砂浆垫高 100~150mm
C. 安装容器设备需设清洗用下水道,可挖明渠,但不可直接采用管道接至调节池
D. 溶气设备就位后需调整水平
43. BC001　下列选项中关于滤速的说法正确的是(　　)。
A. 分等速过滤和变速过滤
B. 无阀滤池和虹吸滤池属于等速过滤
C. 平均滤速相同时,减速过滤出水水质较好
D. 减速过滤初期,滤池出水阀门开大,避免滤速过高
44. BC002　下列选项中关于含泥量的说法正确的是(　　)。
A. 无烟煤滤料要求含泥量小于 3%　B. 石英砂滤料要求含泥量小于 1%
C. 高密度矿石滤料要求含泥量小于 2.5%　D. 砾石承托层要求含泥量小于 1.5%
45. BC003　下列选项中关于固定式表面冲洗的说法正确的是(　　)。
A. 适用于各种滤池
B. 冲洗强度一般采用 0.2~0.3L/(s·m^2)
C. 冲洗水头应通过计算确定,一般为 0.2MPa
D. 穿孔管底距滤池砂面高 50~75mm

46. BC004 想获得良好的滤池反冲洗效果,必须控制( )。
A. 滤层膨胀度 B. 反冲洗时间
C. 冲洗结束时较低的排水浑浊度 D. 反冲洗强度
47. BC005 下列选项中属于滤池运行主要指标的是( )。
A. 承托层厚度 B. 滤速 C. 冲洗周期 D. 冲洗强度
48. BC006 下列选项中属于滤池漏砂、跑砂主要原因的是( )。
A. 气阻 B. 配水系统局部堵塞
C. 滤水管破裂 D. 滤料强度差、颗粒破裂
49. BC007 滤后水质达不到标准可采用的排除方法是( )。
A. 降低沉淀池出口浊度 B. 降低初滤滤速
C. 检查配水系统 D. 提高滤池水位
50. BC008 下列选项可说明滤池冲洗状况不佳的是( )。
A. 滤速过低 B. 滤层中结泥球
C. 滤层表面出现裂缝 D. 滤料流失
51. BC009 无阀滤池应该保证( )严格不漏气。
A. 虹吸管 B. 虹吸辅助管 C. 出水管 D. 抽气管
52. BC010 下列选项中会造成真空泵启动困难的是( )。
A. 电源故障 B. 叶轮卡死 C. 工作液过少 D. 填料压得过紧
53. BC011 真空泵漏油的主要原因是( )。
A. 放油塞处漏油 B. 箱体内油量过多 C. 密封室漏油 D. 视窗孔漏油
54. BD001 简单提高产水率的方法包括( )。
A. 延长单位制水周期 B. 提高透水通量
C. 延长化学清洗周期 D. 延长反冲洗时间
55. BD002 高透水通量对膜产生的影响有( )。
A. 处理水量增大 B. 产水率增加 C. 膜污染加重 D. 能耗降低
56. BD003 延长制水周期必须以保证( )为前提。
A. 膜组件通量的恢复 B. 过膜压差不变
C. 过膜压差升高 D. 过膜压差降低
57. BD004 延长化学清洗周期对膜产生的影响有( )。
A. 过膜压差恢复性降低 B. 膜污染加重
C. 膜污染减轻 D. 以上选项均正确
58. BD005 对超滤系统影响较大的温度范围是( )。
A. 0~2℃ B. 2~5℃ C. 15~20℃ D. 25~30℃
59. BD006 超滤系统前端采用的预处理设备一般为( )。
A. 微滤膜 B. 细格栅 C. 盘式过滤器 D. 活性炭滤池
60. BD007 用水力方法从膜面上脱除污染物的方法有( )。
A. 正方向冲洗 B. 变方向冲洗
C. 反冲洗 D. 气水混合反冲洗

61. BD008 酸溶液清洗膜的方法中,常用的酸是(   )。

A. 盐酸 B. 草酸 C. 柠檬酸 D. 硫酸

62. BD009 超滤膜压差过高的原因不包括(   )。

A. 产水率增加 B. 清洗频率高 C. 水通量增大 D. 膜受到污染

63. BD010 膜组件完整性测试压力可控制在(   )。

A. 10psi B. 12psi C. 14psi D. 20psi

64. BD011 漂洗状态中,检测漂洗结果的指示指标不包括(   )。

A. 浊度 B. 跨膜压差 C. pH 值 D. 膜通量

65. BD012 超滤系统的控制方式有(   )。

A. 就地控制 B. 远程控制 C. 自动控制 D. 手动控制

66. BD013 超滤控制系统主要由(   )两部分组成。

A. PLC 系统 B. 操作台 C. 变频器 D. 人机界面

67. BD014 当来水悬浮物浓度或黏度高时,超滤系统一般不采用(   )的方式。

A. 全量过滤 B. 错流过滤 C. 上向流过滤 D. 下向流过滤

68. BD015 在混凝-超滤系统中,影响有机物去除的因素有(   )。

A. 混凝剂投加量增加 B. pH 值变化

C. 原水浊度 D. 有机物含量

69. BD016 混凝剂-超滤联用工艺中,在达到最佳混凝剂投加量之前,呈下降趋势的指标是(   )。

A. 膜阻力 B. 滤饼层阻力 C. 浓差极化阻力 D. 吸附阻力

70. BD017 下列选项中属于增加粉末活性炭投加量提高超滤膜通量的机理的是(   )。

A. 粉末活性炭吸附有机物 B. 粉末活性炭在膜表面形成滤饼层

C. 粉末活性炭优化了膜的性质 D. 粉末活性炭改善原水水质

71. BD018 活性炭的吸附效果一般用(   )来衡量,它与活性炭颗粒大小、形状、被吸附物质溶液的浓度及温度等有关。

A. 吸附面积 B. 吸附容量 C. 吸附速度 D. 吸附质量

72. BD019 活性炭滤池的水力负荷或表面负荷率为 5~24m/h,但较常用的是(   )。

A. 5m/h B. 10m/h C. 15m/h D. 20m/h

73. BD020 炭的(   )对活性炭滤池的基建和运行费用有较大的影响。

A. 利用率 B. 滤层厚度 C. 炭再生频率 D. 空床接触时间

74. BD021 炭的再生率和再生系统的规模有很大关系,再生率取决于活性炭滤池的(   )。

A. 滤速 B. 反冲洗强度 C. 炭负荷 D. 炭利用率

75. BD022 对特定 TOC 去除目标,(   )联用所需药剂费用最低,而且产生的污泥量也最少。

A. 沉淀 B. 过滤 C. 混凝 D. 粉末活性炭

76. BD023 活性炭滤池日常保养项目包括(   )。

A. 阀门 B. 冲洗设备 C. 土建构筑物 D. 电气仪表

77. BD024　预臭氧化可以使处理后水中的氧量饱和,降低过滤水的(　　)增长率,延长滤池的工作周期。

A. 浑浊度　B. 水头损失　C. 滤速　D. 膨胀度

78. BD025　由于活性炭层具有(　　),使这种滤池有很好的水处理效果。

A. 生物活性作用　B. 生物膜载体作用　C. 过滤作用　D. 吸附作用

79. BD026　生物活性炭滤池运行条件要求较高,可以影响活性炭滤池运行的因素有(　　)。

A. 温度　B. 进水水质　C. 反冲洗强度　D. 反冲洗周期

80. BD027　在活性炭滤池的出水中经常可以检测出很高的菌落计数,特别是(　　)。

A. 反冲洗前　B. 进水水质变化时　C. 过滤开始时　D. 进水水质稳定时

81. BD028　构成人工固定化活性炭技术的 3 个基本部分是(　　)。

A. 活性炭　B. 有机物　C. 微生物　D. 臭氧

82. BD029　测定 ATP 含量的作用是(　　)。

A. 反映生物的活性　B. 反映活性生物量的多少

C. 反映总有机碳的多少　D. 反映毒物的多少

83. BD030　人工固定化生物活性炭滤池与普通活性炭滤池净水效果相比,指标优于后者的有(　　)。

A. UV254　B. 氨氮　C. COD_{Mn}　D. TOC

84. BE001　下列选项中符合预处理工序质量控制规定的是(　　)。

A. 控制水力停留时间　B. 运行水位

C. 冲洗周期　D. 水头损失

85. BE002　下列选项中关于臭氧预处理运行规定的说法正确的是(　　)。

A. 臭氧接触池应定期排空清洗

B. 接触池人孔盖开启后重新关闭时,应及时检查法兰密封圈是否破损或老化

C. 臭氧投加一般剂量为 5~10mg/L

D. 臭氧工艺需保持水中剩余臭氧浓度在 0.1~0.5mg/L

86. BE003　臭氧发生器在维护保养方面应注意(　　)。

A. 监测臭氧接触池是否处于负压

B. 及时清洗或更换空气过滤棉

C. 定期校验仪表准确性

D. 定期检测尾气破坏装置是否正常

87. BE004　下列选项中关于生物滤池特点的说法正确的是(　　)。

A. 运行中需补充一定量的压缩空气

B. 装有比表面积较小的填料

C. 通过固定生长技术在填料表面形成生物膜

D. 有机物可被生物膜吸收利用而被去除

88. BE005　塔式滤料的主要缺点是(　　)。

A. 负荷低　B. 产水量大　C. 占地面积大　D. 动力消耗大

89. BE006　藻类腐败产生(　　)气味。

A. 青草　　B. 泥土　　C. 鱼腥　　D. 霉臭

90. BE007　用以去除水厂臭味的方法是(　　)。

A. 常规水处理工艺　　B. 化学氧化法

C. 活性炭吸附法　　D. 生物处理法

91. BE008　下列选项中可造成水中色度升高的物质是(　　)。

A. 溶解性有机物　　B. 悬浮胶体　　C. 无机物　　D. 铁、锰

92. BE009　下列选项中属于常用的强化混凝除藻的方法的是(　　)。

A. 提高混凝剂用量　　B. 调节 pH 值

C. 加入一定的活性硅酸　　D. 加入有机高分子助凝剂

93. BE010　容易引起自然水体中藻毒素升高的因素是(　　)。

A. 微生物积累　　B. 生物积累　　C. 颗粒物吸附　　D. 光降解

94. BF001　二氧化氯消毒的运行成本构成主要包括(　　)、维护费、水电费、人工费。

A. 折旧费　　B. 填挖土方费用

C. 铺设管线费用　　D. 设备购置费

95. BF002　二氧化氯用于饮用水消毒时,将在水中产生无机副产物(　　)。

A. 氯气　　B. 亚氯酸盐　　C. 氯酸盐　　D. 氯酸钠

96. BF003　确定合适的出厂水二氧化氯残余量需要针对一定的出厂水(　　)情况。

A. 管网　　B. 避光条件　　C. 水质　　D. 投加量

97. BF004　制备车间和库房内不允许有(　　)。

A. 高温源　　B. 灭火器　　C. 明火　　D. 运输设备

98. BG001　每日检查二氧化氯(　　)、投加设备是否运行正常。

A. 电气设备　　B. 发生设备　　C. 控制设备　　D. 计量设备

99. BG002　臭氧发生器启动前必须保证与其配套的、(　　)、监控设备等状态完好和正常。

A. 供气设备　　B. 冷却设备　　C. 尾气破坏装置　　D. 冲洗水泵

100. BG003　臭氧发生器气源系统的操作人员应定期观察供气的(　　)是否正常。

A. 压力　　B. 开启　　C. 露点　　D. 颜色

101. BG004　臭氧接触池的尾气处理方法有(　　)。

A. 稀释法　　B. 加热使其自动分解法

C. 用金属氧化物催化还原法　　D. 用还原剂的化学还原法

102. BH001　以下选项中对于 PVC 管线密封胶圈连接方法的说法正确的是(　　)。

A. 施工后可立即通水　　B. 水密性高

C. 具有伸缩性　　D. 不受施工环境影响

103. BH002　以下选项中关于 PVC 管粘接的说法正确的是(　　)。

A. 承插接口连接完毕后,应及时将挤出的胶黏剂擦拭干净

B. 插接过程中,严禁使用锤子等直接击打管材端面

C. 粘接后应静置至接口固化,避免受力或强行加载

D. 胶黏剂为凝胶体、有颗粒等杂质时不影响管路粘接

104. BH003　以下选项中说法正确的是(　　)。
A. PVC 管比 PE 管密度小　　B. PE 管的耐冲击强度比 PVC 管高
C. PVC 管与 PE 管原料成分相同　　D. PE 管承压能力小于 PVC 管
105. BH004　液位测量方法总体可分为两个,包括(　　)。
A. 直接测量　　B. 间接测量　　C. 电学法测量　　D. 压力法测量
106. BH005　以下选项中属于利用介质电参数原理的液位计的是(　　)。
A. 射频导纳液位计　　B. 磁翻板液位计　　C. 雷达液位计　　D. 电容液位计
107. BI001　变频器按用途可分为(　　)。
A. 通用型变频器　　B. 工程型变频器　　C. 特殊变频器　　D. 一体化变频器
108. BI002　变频器的运行对环境的要求较高,因此应对(　　)进行监控。
A. 温度　　B. 湿度　　C. 空气　　D. 土壤
109. BI003　变频器可以实现的功能有(　　)。
A. 软启动节能　　B. 风机、泵的调速
C. 功率因数补偿节能　　D. 变频节能
110. BI004　逆变器模块烧坏的原因可能是(　　)。
A. 输出负载发生短路　　B. 负载过大,大电流持续运行
C. 负载波动很大,导致浪涌电流过大　　D. 冷却风扇效果差
111. BJ001　PLC 的信接口用于与(　　)等外设连接。
A. 编程器　　B. 通信接口　　C. 上位计算机　　D. 存储器
112. BJ002　下列选项中属于 PLC 核心部件功能的是(　　)。
A. 接收用户程序和数据　　B. 执行程序
C. 存储程序和数据　　D. 接收被控设备的信号
113. BJ003　污水处理厂的自动控制系统主要是对污水处理过程进行(　　)。
A. PID 调节　　B. 自动调节　　C. 逻辑运算　　D. 自动控制
114. BJ004　一个 PID 控制系统包括(　　)、执行机构、输入输出接口。
A. 控制器　　B. 传感器　　C. 变送器　　D. 显示器
115. BK001　QC 小组活动的目的是提高人的素质和(　　)。
A. 发挥人的积极性和创造性　　B. 改进质量
C. 降低消耗　　D. 提高经济效益
116. BK002　QC 小组活动程序相同的是(　　)。
A. 现场型课题　　B. 管理型课题　　C. 攻关型课题　　D. 创新型课题
117. BK003　PDCA 循环中处置阶段的步骤是(　　)。
A. 制定巩固措施　　B. 提出遗留问题及下一步打算
C. 制定对策措施　　D. 实施制定对策
118. BK004　QC 小组推进的环境条件包括(　　)。
A. 时间　　B. 地点　　C. 相应的资源　　D. 奖励
119. BL001　培训计划最基本的内容是(　　)。
A. 为什么培训　　B. 谁接受培训　　C. 如何培训　　D. 用多少资源

120. BL002 用于编写培训教案的 AIDA 模型是指(　　)。
A. 注意　　B. 兴趣　　C. 欲望　　D. 行动

三、判断题(对的画"√",错的画"×")

(　　)1. AA001 湖泊中的细菌一般湖岸边较多。
(　　)2. AA002 水中的病毒来自人的排泄物。
(　　)3. AA003 管道内生成的结垢层可以阻止管道腐蚀,保护水质。
(　　)4. AA004 当管网中铁锈沉积严重时,一旦改变水的流速或方向,容易将这些沉积物冲起,形成红水。
(　　)5. AA005 管网中存在硫酸盐还原菌,可以消耗余氯,减轻管网腐蚀。
(　　)6. AA006 氰化氢是具有腐蚀性和毒性的物质。
(　　)7. AA007 当水中硝酸盐氮、亚硝酸盐氮和氨氮几种氮化合物共存时,说明水体较为稳定。
(　　)8. AA008 空气中没有三氯甲烷。
(　　)9. AB001 地形资料主要是枢纽工程附近的地形图,上游测至回水末端以上 200~500m,下游测至建筑物以下 200~500m。
(　　)10. AB002 气压沉箱法将沉井构筑物下部切土挖土部分做成密闭的气压工作室,室内通以压缩空气,气压略大于室外水压以阻止河水进入工作室内,在工作室内挖土使沉箱下沉,如遇障碍物则可直接排除。
(　　)11. AB003 管井设计之前要进行现场查勘工作,以了解和核对现有水文地质、地形、地物等资料,初步选择井位及泵站位置,必要时,提出进一步水文地质勘查、地形测量等要求。
(　　)12. AB004 渗渠一般平行河岸铺设,用以集取河流下渗水和河床潜流水。
(　　)13. AB005 河水高于虹吸管顶时需抽真空;河水低于虹吸管顶时可自流进水。
(　　)14. AB006 集水井取水量大时,可每台泵一格,取水量小时,可几台泵一格,据此确定进水室分格数。
(　　)15. AB007 寒冷地区在泥沙含量不大而冰情十分严重的河流中取水时以选用逆流式斗槽为宜。
(　　)16. AC001 配水系统中的硝化作用可以增加亚硝酸盐浓度。
(　　)17. AC002 重氮化-偶合分光光度法测定水中亚硝酸盐含量时,应先用酸或碱将水样调节至中性。
(　　)18. AC003 用硝酸银滴定氯离子时,水中存在碘化物、溴化物、氰化物都会消耗硝酸银,但一般水中含量很少,对测定结果无多大影响。
(　　)19. AC004 用铬酸钡分光光度计法测定水中硫酸盐的原理:在酸性溶液中,铬酸钡与硫酸盐生成硫酸钡沉淀及铬酸根离子,根据硫酸钡沉淀多少,比色定量。
(　　)20. AC005 亚甲基蓝比色法测定阴离子合成洗涤剂时,以蒸馏水为参比,在 650nm 波长下,用 3cm 比色皿测定。

(　　)21. AD001　液体的运动流态分为均匀流和非均匀流。

(　　)22. AD002　只有在正坡、棱柱体、粗糙不变的长直明渠中才能产生均匀流。

(　　)23. AD003　水动力学的基本任务就是研究水的运动要素随时间和空间的变化规律。

(　　)24. AE001　当泄漏现场有人受到化学品伤害时,应立即将伤员小心转移到安全地带进行紧急抢救。

(　　)25. AE002　安全指标没有实现,其他指标顺利完成,也可以实现项目的最优化。

(　　)26. AE003　受限空间凡是有可能存在缺氧、富氧、有毒有害气体、易燃易爆气体、粉尘等,事前应进行气体检测,注明检测时间和结果。

(　　)27. AE004　在进入受限空间进行救援之前,应明确作业人与救援人员的联络方法。

(　　)28. AE005　作业监护人负责监视作业条件变化情况及受限空间内活动过程。

(　　)29. BA001　沉淀水出水浊度和混合、絮凝、沉淀和混凝剂投加量之间有着相互补充和相互制约的关系,可用絮凝实验来探求三者之间的最佳组合。

(　　)30. BA002　混凝沉淀烧杯试验不可以比较各种混凝剂的混凝效果。

(　　)31. BA003　混凝烧杯试验完成后,应立即提出桨叶。

(　　)32. BA004　隔膜式计量泵的主要优点是没有泄漏。

(　　)33. BA005　如果输送的液体不是水,吸升高度计算是将计量泵的额定吸升高度乘以计量液体的密度。

(　　)34. BA006　当计量泵在吸液端有压力时,泵排出端的压力至少要比吸入端的压力高 0.1MPa。

(　　)35. BB001　辐流沉淀池的出水均匀性和进水均匀性一样,很大程度上影响沉淀效果。

(　　)36. BB002　平流沉淀池的刮泥周期长短取决于水质及沉淀效果。

(　　)37. BB003　辐流沉淀池宜在原水浊度低而制水能力小的情况下使用,适用于小型水厂。

(　　)38. BB004　平流沉淀池沉淀后的水尽量在出水区均匀流出,一般采用堰口布置或采用淹没式出水孔口。

(　　)39. BB005　理想沉淀池进口处,每一种颗粒大小的悬浮物在垂直断面上的各点浓度都不相同。

(　　)40. BB006　平流沉淀池工艺控制不合理,主要原因是表面负荷太大或者水力停留时间太短。

(　　)41. BB007　刮渣机的行车速度不宜大于 10m/min。

(　　)42. BB008　试运行溶气系统时,溶气水先用自来水作回流水,正常后,改用处理后的清水作回流水。

(　　)43. BC001　快滤池底部应设排空管,其入口处设栅罩,池底坡度约为 0.005,坡向排空管。

(　　)44. BC002　V 形滤池可采用较厚滤层以增加过滤周期。

(　　)45. BC003　滤池按进出水及反冲洗水的供给和排出方式可分为普通快滤池、虹吸滤池和无阀滤池。

(　　)46. BC004　三层滤料的反冲洗膨胀度应控制在55%左右。
(　　)47. BC005　如果滤速达不到原设计水平,可适当提高反冲洗强度,恢复滤池性能。
(　　)48. BC006　滤层中含泥率高,出现泥球,使整个滤层出现级配混乱,降低过滤效果。
(　　)49. BC007　抑制滤层微生物滋生可在过滤前加氯进行杀菌灭藻处理。
(　　)50. BC008　快滤池的合理有效控制实际上是在保证目标的前提下尽量提高过滤周期。
(　　)51. BC009　真空表应安装在真空泵抽气管路上。
(　　)52. BC010　真空泵启动不允许打开与待引水水泵并联的运行水泵的抽气阀。
(　　)53. BC011　真空泵吸气管路阀门的漏气点通常是在阀门填料部分。
(　　)54. BD001　膜的产水率一次产水率不包括反洗水回收部分。
(　　)55. BD002　透水通量越高,超滤系统的产水率越高,系统的稳定性也随之增高。
(　　)56. BD003　无限延长制水周期会导致膜的不可逆污染。
(　　)57. BD004　化学清洗周期对超滤系统的影响可以通过过膜压差恢复系数表现。
(　　)58. BD005　恒压模式可以较好地解决原水低温对膜污染的影响。
(　　)59. BD006　防止膜性能变化的最佳方法是降低透水通量。
(　　)60. BD007　超滤系统不可以采用空气冲洗。
(　　)61. BD008　加酶清洗法可有效去除超滤系统内的蛋白质、多糖、油脂类污染物。
(　　)62. BD009　清洗箱液位高的主要原因有进口阀门故障和液位指示器故障。
(　　)63. BD010　膜的完整性测试是当中空纤维发生破裂时,找出破裂的纤维,并将其拆除。
(　　)64. BD011　停机是超滤系统操作状态之一。
(　　)65. BD012　当超滤系统系统状态选择“手动”时,每个超滤机组均可独立控制。
(　　)66. BD013　超滤系统一般设中央控制和现场监控两级。
(　　)67. BD014　超滤系统生产中,可根据需要交错使用全量过滤和错流过滤。
(　　)68. BD015　混凝-超滤系统中,强化混凝的主要作用是去除水中有机物。
(　　)69. BD016　混凝-超滤系统中,混凝剂投加量升高,膜的通量下降升高。
(　　)70. BD017　粉炭在原水的投加有效地降低了水中有机物,所以膜污染大幅度降低。
(　　)71. BD018　吸附容量是指单位重量活性炭所能吸附的溶质的量。
(　　)72. BD019　因为从水中到活性炭孔内的传质速率很快,表面负荷可以大一些。
(　　)73. BD020　炭池的运行费用可在减小炭池容积而增加再生频率,或增加炭池容积而减小再生频率之间进行技术经济比较。
(　　)74. BD021　就地再生活性炭的费用很贵,对小水量处理时往往丢掉耗竭的废炭,更换新炭,水厂应考虑再生后回用。
(　　)75. BD022　粉末活性炭价格便宜,基建投资省,不需要增加特殊设备和构筑物,应用灵活,尤其适合于水质季节变化大、有机污染较为严重的原水预处理。
(　　)76. BD023　活性炭滤池定期维护项目包括检查清水渠,清洗池壁、池底。
(　　)77. BD024　原水中的氮包括有机氮、氨、亚硝酸盐和硝酸盐,在饮用水中都不宜存在。
(　　)78. BD025　生物活性炭滤池运行多年还没有再生过,可能是滤池中的生物活性使活

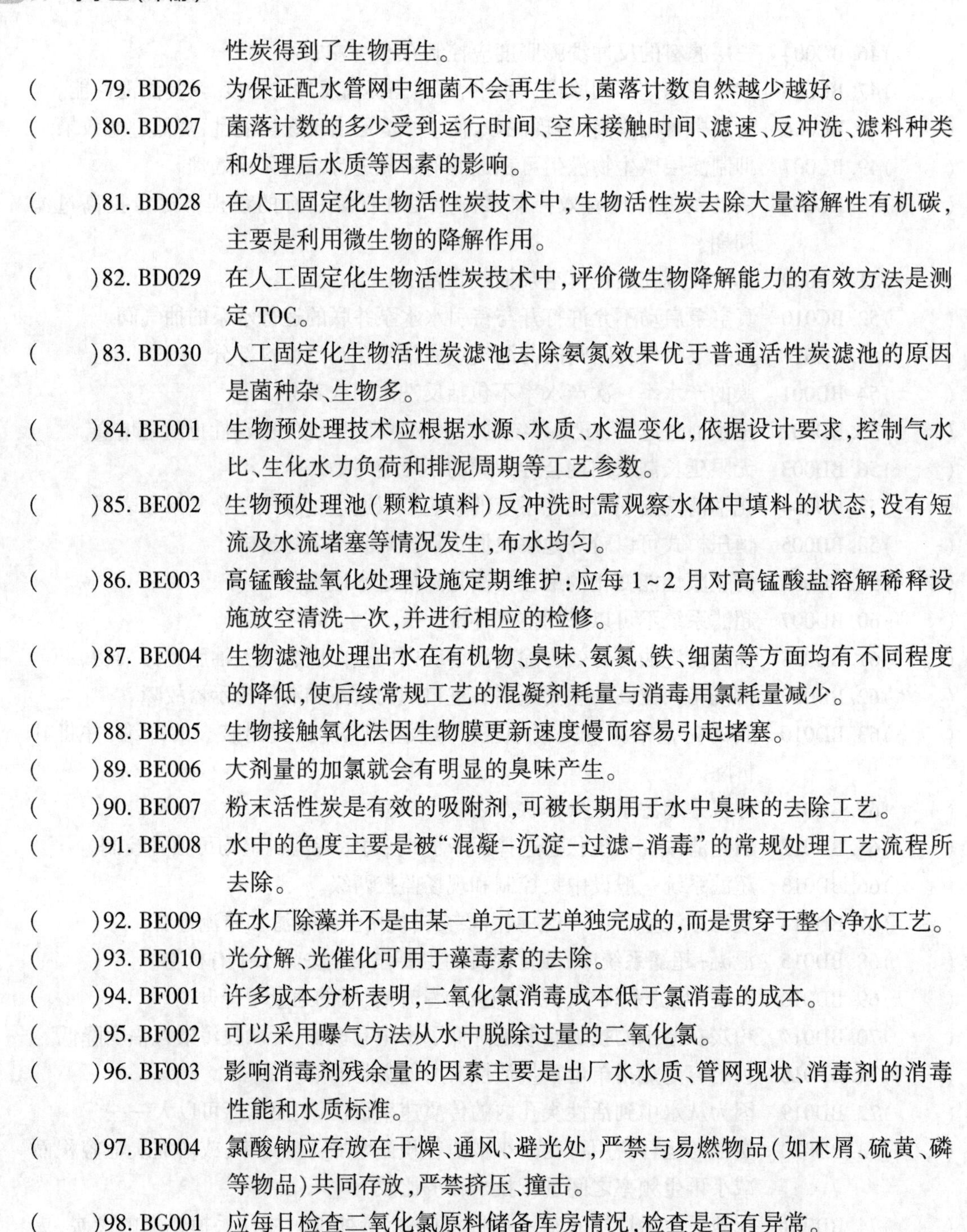

性炭得到了生物再生。

(　　)79. BD026　为保证配水管网中细菌不会再生长,菌落计数自然越少越好。

(　　)80. BD027　菌落计数的多少受到运行时间、空床接触时间、滤速、反冲洗、滤料种类和处理后水质等因素的影响。

(　　)81. BD028　在人工固定化生物活性炭技术中,生物活性炭去除大量溶解性有机碳,主要是利用微生物的降解作用。

(　　)82. BD029　在人工固定化生物活性炭技术中,评价微生物降解能力的有效方法是测定 TOC。

(　　)83. BD030　人工固定化生物活性炭滤池去除氨氮效果优于普通活性炭滤池的原因是菌种杂、生物多。

(　　)84. BE001　生物预处理技术应根据水源、水质、水温变化,依据设计要求,控制气水比、生化水力负荷和排泥周期等工艺参数。

(　　)85. BE002　生物预处理池(颗粒填料)反冲洗时需观察水体中填料的状态,没有短流及水流堵塞等情况发生,布水均匀。

(　　)86. BE003　高锰酸盐氧化处理设施定期维护:应每 1~2 月对高锰酸盐溶解稀释设施放空清洗一次,并进行相应的检修。

(　　)87. BE004　生物滤池处理出水在有机物、臭味、氨氮、铁、细菌等方面均有不同程度的降低,使后续常规工艺的混凝剂耗量与消毒用氯耗量减少。

(　　)88. BE005　生物接触氧化法因生物膜更新速度慢而容易引起堵塞。

(　　)89. BE006　大剂量的加氯就会有明显的臭味产生。

(　　)90. BE007　粉末活性炭是有效的吸附剂,可被长期用于水中臭味的去除工艺。

(　　)91. BE008　水中的色度主要是被"混凝-沉淀-过滤-消毒"的常规处理工艺流程所去除。

(　　)92. BE009　在水厂除藻并不是由某一单元工艺单独完成的,而是贯穿于整个净水工艺。

(　　)93. BE010　光分解、光催化可用于藻毒素的去除。

(　　)94. BF001　许多成本分析表明,二氧化氯消毒成本低于氯消毒的成本。

(　　)95. BF002　可以采用曝气方法从水中脱除过量的二氧化氯。

(　　)96. BF003　影响消毒剂残余量的因素主要是出厂水水质、管网现状、消毒剂的消毒性能和水质标准。

(　　)97. BF004　氯酸钠应存放在干燥、通风、避光处,严禁与易燃物品(如木屑、硫黄、磷等物品)共同存放,严禁挤压、撞击。

(　　)98. BG001　应每日检查二氧化氯原料储备库房情况,检查是否有异常。

(　　)99. BG002　臭氧发生系统的操作运行必须严格按照设备供货商提供的操作手册中规定的步骤进行。

(　　)100. BG003　臭氧发生系统空气气源系统的操作运行应按臭氧发生器操作手册所规定的程序进行。

(　　)101. BG004　臭氧接触池排空之前进气和尾气排放管路可以不必完全切断。

(　　)102. BH001　热软化扩口承插连接法适用于管道系统设计压力不大于 0.2MPa 的任

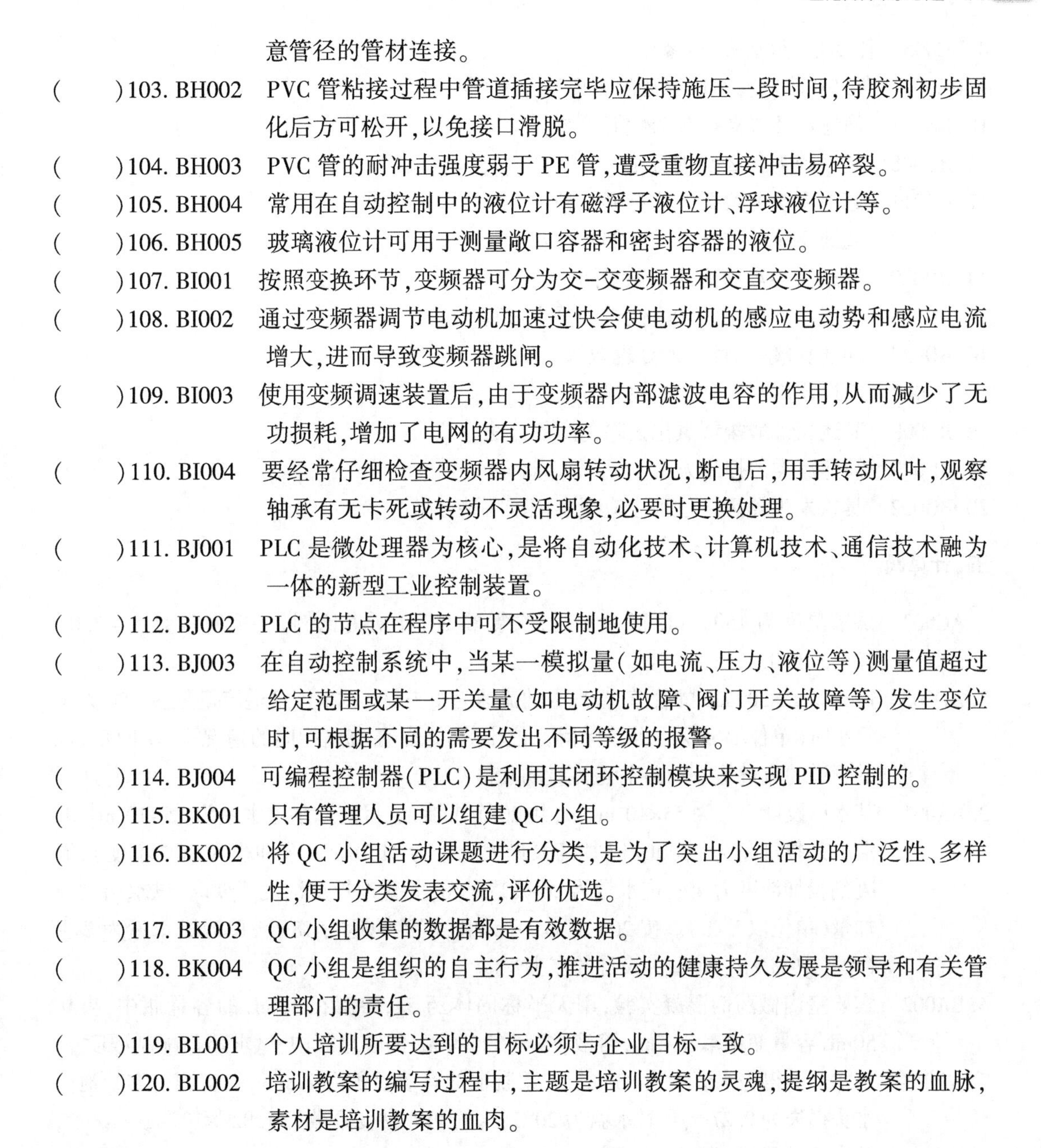

意管径的管材连接。

(　　)103. BH002　PVC 管粘接过程中管道插接完毕应保持施压一段时间,待胶剂初步固化后方可松开,以免接口滑脱。

(　　)104. BH003　PVC 管的耐冲击强度弱于 PE 管,遭受重物直接冲击易碎裂。

(　　)105. BH004　常用在自动控制中的液位计有磁浮子液位计、浮球液位计等。

(　　)106. BH005　玻璃液位计可用于测量敞口容器和密封容器的液位。

(　　)107. BI001　按照变换环节,变频器可分为交-交变频器和交直交变频器。

(　　)108. BI002　通过变频器调节电动机加速过快会使电动机的感应电动势和感应电流增大,进而导致变频器跳闸。

(　　)109. BI003　使用变频调速装置后,由于变频器内部滤波电容的作用,从而减少了无功损耗,增加了电网的有功功率。

(　　)110. BI004　要经常仔细检查变频器内风扇转动状况,断电后,用手转动风叶,观察轴承有无卡死或转动不灵活现象,必要时更换处理。

(　　)111. BJ001　PLC 是微处理器为核心,是将自动化技术、计算机技术、通信技术融为一体的新型工业控制装置。

(　　)112. BJ002　PLC 的节点在程序中可不受限制地使用。

(　　)113. BJ003　在自动控制系统中,当某一模拟量(如电流、压力、液位等)测量值超过给定范围或某一开关量(如电动机故障、阀门开关故障等)发生变位时,可根据不同的需要发出不同等级的报警。

(　　)114. BJ004　可编程控制器(PLC)是利用其闭环控制模块来实现 PID 控制的。

(　　)115. BK001　只有管理人员可以组建 QC 小组。

(　　)116. BK002　将 QC 小组活动课题进行分类,是为了突出小组活动的广泛性、多样性,便于分类发表交流,评价优选。

(　　)117. BK003　QC 小组收集的数据都是有效数据。

(　　)118. BK004　QC 小组是组织的自主行为,推进活动的健康持久发展是领导和有关管理部门的责任。

(　　)119. BL001　个人培训所要达到的目标必须与企业目标一致。

(　　)120. BL002　培训教案的编写过程中,主题是培训教案的灵魂,提纲是教案的血脉,素材是培训教案的血肉。

四、简答题

1. AA003　简述管网中的微生物对水质的影响。
2. AA004　简述水质在管网中变化的原因。
3. AA004　简述管网中产生红水与黑水的原因。
4. AA005　简述改善管网水质的措施。
5. AC002　简述亚硝酸盐重氮化偶合比色法的原理。
6. BB005　理想沉淀池应符合哪些条件?
7. BC003　滤池反冲洗强度与哪些因素有关?

8. BC005　什么是“负水头”现象？
9. BC007　改进和改造普通快滤池的主要途径有哪些？
10. BC011　简述水环式真空泵的性能参数。
11. BD008　膜系统为什么要进行化学清洗？
12. BD011　超滤系统的运行方式有哪几种
13. BD012　超滤系统的控制方式有哪几种？
14. BD020　简述活性炭滤池的接触时间。
15. BD024　简述水处理用粒状活性炭的再生过程。
16. BD024　简述臭氧-活性炭的处理效果。
17. BE007　简述饮用水中臭味的控制方法。
18. BE008　简述高锰酸盐预氧化去除色度的方法。
19. BE009　简述藻类的控制方法。
20. BG002　臭氧发生器运行过程中应观察记录哪些参数？

五、计算题

1. AC003　试求温度为15℃、pH值为6时，次氯酸HClO所占比例。（平衡常数 $K=3.0\times10^{-8}$moL/L）。
2. AD003　已知某DN500mm的管道，管内水的流速为1.5m/s，试求该管道流量是多少立方米每小时（单位取 m^3/h，得数保留一位小数）。若在流速相同的情况下，DN500/mm的管道的流量是DN250管道流量的几倍？
3. BA001　某水厂设计小量为 $55\times10^4m^3/d$，共20个沉淀池，目前原水进水量为 $15\times10^4m^3/d$，混凝剂投加量为2600L/h（加药泵最大流量为8150L/h，泵冲程为80%不变），混凝剂投加浓度为4%，进水量为 $20\times10^4m^3/d$，混凝剂投加浓度不变时，试求药剂投加量（单位取L/h）。按 $20\times10^4m^3/d$ 计算，沉淀池运行18个，单池进水量为多少（单位取 m^3/h），负荷为设计的多少？
4. BA002　实验室内做药剂混凝实验，用天平称固体药5g，溶解在50mL的容量瓶中，再从50mL容量瓶中取出5mL溶液，溶解在500mL的容量瓶中，试求药剂配制浓度。
5. BA003　某水厂测得进水流量为 $833m^3/h$，絮凝池的有效容积为 $278m^3$，经实测得絮凝池内水头损失为0.27m，当时水温为20℃，水的动力黏度系数为 $1.029\times10^{-4}kg\cdot s/m^2$，试求 G 值及 GT 值。
6. BB001　有一净水厂的用水量 $Q=10000m^3/d$，厂自用水是4%，考虑建造平流式沉淀池，沉淀时间 $T=2h$，水平流速 $U=5mm/s$，有效水深为3m试求算池子容积 V 和水流断面 A 及池宽 B（单位用m表示）。
7. BB003　某水厂设计供水能力为 $10\times10^4m^3/d$，设计自耗水量8%，沉淀池排泥自耗水量4%，试求每日沉淀池排泥水量。
8. BB003　某水厂设计处理能力为 $10\times10^4m^3/d$，设计自耗水量8%，沉淀池排泥自耗水量4%，试求每日沉淀池排泥水量。
9. BB004　某水厂沉淀池进水设计流量为 $300m^3/h$，沉淀池池长为25m，池宽为6m，池深为

5m，试求沉淀池表面负荷。

10. BB004 某水厂沉淀池进水设计流量为 90000m^3/h，表面负荷为 1.5m^3/(m^2 · h)，沉淀时间为 1.5h，水平流速为 6.5mm/s，采用平流沉淀池，设计沉淀池长宽及格数。

11. BB005 若平流式沉淀池按理想沉淀池考虑，其理论停留时间为 3h，沉淀池容积为 7500m^3，试求沉淀池设计流量。

12. BB005 已知沉淀池的长度为 20m，水流在沉淀池中的水平流速为 15mm/s，试求水流在沉淀池中停留的时间。

13. BB006 某水厂采用常规水处理工艺，沉淀间共有两组沉淀池，单组沉淀池排泥流量为 90L/s，每次排泥历时为 30min，排泥周期为 4h；过滤间由四格滤池组成，滤池采用水冲洗，冲洗强度为 15L/(m^2 · s)，冲洗历时 8min，单池过滤面积 50m^2，反冲周期 12h，每池冲洗后的 2min 回收反冲洗水；当一泵原水流量为 2000m^3/h 时，试计算一天中的自耗水量、该厂一天可供清水量。如果两组沉淀池分别由转子流量计计量进药量，流量分别为 300L/h 和 350L/h，配制浓度为 30%，试求清水用药单耗。

14. BB006 某水厂设计沉淀池斜管采用厚 0.4mm 塑料板热压成正六角形管，内切圆直径 d=25mm，长 L=1000mm，水平倾角为 60°，斜管内流速为 0.36cm/s，试求斜管中的沉淀时间。

15. BC001 某滤池多次测定过滤时水位下降 70cm 需要 6min，则其滤速是多少？

16. BC001 某滤池的滤速是 10m/h，面积 50m^2，试求过滤 1000m^3 水所需时间。

17. BC002 滤池冲洗结束后取 150g 滤料，经盐酸、清水冲洗烘干后，测得质量为 148.6g，试求其含泥量。

18. BC003 某滤池反冲洗时排水阀关闭后 30s 内水位上升 40cm，试求其冲洗强度。

19. BC011 10Sh-9 型离心泵的安装高度 $H_{吸}$ 为 3m，$H_{泵}$ 为 1m，吸水管直径为 300mm，空气量 W_{300}=0.071，吸水管总长度为 10m，水泵引水时间为 5min，试求需要真空泵的抽气量。

20. BG002 已知某水厂水量为 50000m^3/d，消耗氧气为 1000kg/d，生产浓度为 10%（质量分数），为了满足生产需要，水厂投加臭氧的投加率应为多少？

答 案

一、单项选择题

1. C	2. B	3. A	4. C	5. C	6. A	7. D	8. A	9. C	10. A
11. C	12. D	13. A	14. B	15. A	16. C	17. D	18. A	19. B	20. C
21. C	22. A	23. A	24. D	25. A	26. C	27. A	28. B	29. D	30. C
31. C	32. A	33. B	34. D	35. B	36. A	37. D	38. C	39. C	40. A
41. A	42. D	43. C	44. D	45. C	46. D	47. C	48. D	49. A	50. B
51. B	52. C	53. B	54. C	55. A	56. B	57. A	58. B	59. D	60. C
61. C	62. A	63. C	64. A	65. A	66. C	67. B	68. B	69. A	70. B
71. D	72. D	73. B	74. D	75. A	76. C	77. B	78. A	79. A	80. B
81. B	82. C	83. C	84. A	85. D	86. D	87. B	88. B	89. B	90. A
91. C	92. B	93. D	94. B	95. C	96. A	97. D	98. C	99. D	100. D
101. A	102. C	103. A	104. C	105. D	106. B	107. C	108. A	109. C	110. B
111. B	112. C	113. C	114. A	115. D	116. C	117. D	118. B	119. D	120. D
121. A	122. B	123. D	124. C	125. D	126. C	127. B	128. C	129. B	130. C
131. B	132. D	133. C	134. B	135. C	136. A	137. C	138. D	139. C	140. B
141. B	142. D	143. B	144. D	145. A	146. B	147. C	148. D	149. B	150. D
151. C	152. C	153. D	154. A	155. C	156. A	157. A	158. B	159. B	160. C
161. A	162. B	163. C	164. B	165. D	166. A	167. A	168. C	169. B	170. A
171. D	172. D	173. A	174. A	175. D	176. D	177. C	178. D	179. D	180. D
181. A	182. A	183. B	184. D	185. C	186. B	187. A	188. C	189. B	190. B
191. A	192. D	193. A	194. B	195. B	196. D	197. B	198. A	199. A	200. A
201. C	202. C	203. A	204. B	205. B	206. D	207. A	208. A	209. A	210. A
211. B	212. C	213. A	214. A	215. C	216. B	217. A	218. A	219. A	220. A
221. A	222. C	223. C	224. B	225. A	226. A	227. A	228. B	229. B	230. D
231. A	232. D	233. A	234. C	235. A	236. D	237. C	238. D	239. D	240. B

二、多项选择题

1. AB	2. ABD	3. ABC	4. BCD	5. ACD	6. AB	7. AC
8. BD	9. ABC	10. ACD	11. ABCD	12. AC	13. BC	14. ACD
15. ABD	16. ABC	17. ABD	18. AC	19. ABC	20. ABD	21. AB
22. AB	23. ABD	24. ABCD	25. ABCD	26. ABD	27. AD	28. BCD
29. BCD	30. ABCD	31. ABC	32. ABC	33. ACD	34. BD	35. ABC

36. ABC 37. ACD 38. BCD 39. ACD 40. ABC 41. ABD 42. ABD
43. ABC 44. ABC 45. ACD 46. ABD 47. BCD 48. ABC 49. ABC
50. BCD 51. ABD 52. ABD 53. ACD 54. ABC 55. ABC 56. AD
57. AB 58. AB 59. BC 60. ABCD 61. ABC 62. ABC 63. ABC
64. ABD 65. AB 66. AD 67. ACD 68. AB 69. CD 70. AB
71. BC 72. ABC 73. AD 74. CD 75. CD 76. ABD 77. AB
78. AD 79. ABCD 80. BC 81. ACD 82. AB 83. ABCD 84. ABC
85. ABD 86. ABCD 87. ACD 88. ACD 89. ACD 90. BCD 91. ABD
92. BCD 93. ABC 94. AB 95. BC 96. AC 97. AC 98. BD
99. ABC 100. AC 101. ABCD 102. ABCD 103. ABC 104. AD 105. AB
106. AD 107. ABCD 108. ABC 109. ABCD 110. ABCD 111. AC 112. AB
113. BD 114. ABC 115. ABCD 116. ABC 117. AB 118. ABC 119. ABCD
120. ABCD

三、判断题

1. √ 2. √ 3. × 正确答案:管道内生成的结垢层是细菌滋生的场所,形成“生物膜”。 4. √ 5. × 正确答案:管网中存在硫酸盐还原菌,能把硫酸盐还原成硫化物,加快管网腐蚀速度。 6. √ 7. × 正确答案:当水中硝酸盐氮、亚硝酸盐氮和氨氮几种氮化合物共存时,说明水体正在自净,仍有污染物存在的可能。 8. × 正确答案:水中的三氯甲烷可以分解到空气中。 9. × 正确答案:地形资料主要是枢纽工程附近的地形图,上游测至回水末端以上 200 m,下游测至建筑物以下 200~500 m。 10. √ 11. √ 12. √ 13. × 正确答案:河水高于虹吸管顶时可自流进水;河水低于虹吸管顶时需抽真空。 14. √ 15. √ 16. √ 17. √ 18. √ 19. × 正确答案:用铬酸钡分光光度计法测定水中硫酸盐的原理:在酸性溶液中,铬酸钡与硫酸盐生成硫酸钡沉淀及铬酸根离子,根据硫酸根离子替代铬酸根呈黄色,比色定量。 20. × 正确答案:亚甲基蓝比色法测定阴离子合成洗涤剂时,以氯仿为参比,在 650nm 波长下,用 3cm 比色皿测定。 21. × 正确答案:液体的运动流态分为层流和紊流。 22. √ 23. √ 24. √ 25. × 正确答案:安全指标没有实现,即使其他指标顺利完成,仍无法实现项目的最优化。 26. √ 27. × 正确答案:在进入受限空间进行救援之前,应明确监护人与救援人员的联络方法。 28. × 正确答案:作业监护人负责监视作业条件变化情况及受限空间内外活动过程。 29. √ 30. × 正确答案:混凝沉淀烧杯试验可以比较各种混凝剂的混凝效果。 31. √ 32. √ 33. × 正确答案:如果输送的液体不是水,吸升高度计算是将计量泵的额定吸升高度除以计量液体的比重。 34. √ 35. √ 36. × 正确答案:平流沉淀池的刮泥周期长短取决于污泥的量与质。 37. × 正确答案:辐流沉淀池宜在原水浊度高而制水能力大的情况下使用,适用于大中型水厂。 38. √ 39. × 正确答案:理想沉淀池进口处,每一种颗粒大小的悬浮物在垂直断面上的各点浓度都相同。 40. √ 41. × 正确答案:刮渣机的行车速度不宜大于 5m/min。 42. √ 43. √ 44. √ 45. √ 46. √ 47. √ 48. √ 49. √ 50. × 正确答案:快滤池的合理有效控制实际上是在保证目标的前提下尽量提高截泥能力。 51. √ 52. √ 53. √ 54. √ 55. ×

正确答案：透水通量越高，超滤系统的产水率越高，但系统的稳定性也随之降低。 56. √ 57. √ 58. √ 59. × 正确答案：防止膜性能变化的最佳方法是开发优质膜材料。 60. × 正确答案：超滤系统可以采用空气冲洗。 61. √ 62. √ 63. × 正确答案：膜的完整性测试是当中空纤维发生破裂时，找出破裂的纤维，并将其隔离。 64. √ 65. √ 66. √ 67. √ 68. √ 69. × 正确答案：混凝-超滤系统中，对有机物的去除主要依靠混凝时的化学反应、絮体的吸附。 70. × 正确答案：粉炭在原水的投加有效地降低了水中有机物，但对膜污染降低影响不大。 71. √ 72. √ 73. √ 74. √ 75. √ 76. × 正确答案：活性炭滤池大修项目包括检查清水渠，清洗池壁、池底。 77. √ 78. √ 79. √ 80. √ 81. × 正确答案：在人工固定化生物活性炭技术中，生物活性炭去除大量溶解性有机碳，主要是利用活性炭的吸附和微生物的降解协同作用。 82. √ 83. × 正确答案：人工固定化生物活性炭滤池去除氨氮效果优于普通活性炭滤池的原因是菌种合理，水中溶解氧充足。 84. √ 85. √ 86. × 正确答案：高锰酸盐氧化处理设施定期维护：应每1~2年对高锰酸盐溶解稀释设施放空清洗一次，并进行相应的检修。 87. √ 88. √ 89. × 正确答案：大剂量的加氯一般不会有明显的臭味产生，当氯与有机物反应或氯与氨反应时会有臭味。 90. × 正确答案：粉末活性炭一般宜用于短期的间歇除臭处理且投加量不高时。 91. √ 92. √ 93. √ 94. × 正确答案：许多成本分析表明，二氧化氯消毒成本高于氯消毒的成本。 95. √ 96. √ 97. √ 98. √ 99. √ 100. √ 101. × 正确答案：臭氧接触池排空之前必须确保进气和尾气排放管路已切断。 102. × 正确答案：热软化扩口承插连接法适用于管道系统设计压力不大于0.15MPa的同管径管材连接。 103. √ 104. √ 105. √ 106. √ 107. √ 108. √ 109. √ 110. √ 111. √ 112. √ 113. √ 114. √ 115. × 正确答案：企业的全体员工都可以组建QC小组。 116. √ 117. × 正确答案：QC小组收集的数据有有效数据也有无效数据，需要用统计方法进行甄别筛选。 118. √ 119. √ 120. √

四、简答题

1. 答：①饮用水通常用氯消毒，但管网中容易繁殖耐氯的藻类。②这些藻类消耗余氯，使水中有机物浓度提高，有机物本身又成为细菌、线虫等生物的营养成分。③这些生物一般停留在支管的末梢或管网内水流动性差的管段，导致余氯消失，使水产生异味。

评分标准：答对①②各占30%，答对③占40%。

2. 答：①由水厂输出的水虽然符合国家标准要求，但不是纯净的水，它含有金属元素、某些化合物及微生物。②水在管网内流动时，有些水中化合物会分解，水和管内壁的材质也会发生化学作用，水中残留的细菌还可能再繁殖，有时管网受到外来的二次污染，管网内的水质就会发生变化。

评分标准：答对①②各占50%。

3. 答：①出厂水中铁、锰含量较高，在管网中经氧化生成红水。②出厂水有腐蚀性，使铁管内产生铁锈沉积，一旦管内水流变化，便出现红水。③管内出现黑水的现象通常和红水现象同时发生，主要是出厂水中锰含量高，由于余氯的作用，氧化成二氧化锰微粒，形成泥渣，随水流变化带出，形成黑水。

评分标准:答对①②各占 30%,答对③占 40%。

4. 答:①提高出厂水水质,降低出厂水浊度。②提高出厂水稳定性,调整出厂水的 pH 值为 8~9。③对金属管材的内防腐进行改进,推广水泥砂浆衬里。④中小口径管道推广使用塑料管材。⑤推行管道不停水作业,减少管道停水机会。⑥调整与控制管网流态,减少死水与低流速管段。⑦定期冲洗管内沉积。⑧加强管网管理,消除二次污染。

评分标准:答对①②③④⑤⑥⑦⑧各占 12.5%。

5. 答:当 pH 值为 1.8 时,亚硝酸盐与对氨基苯磺酰胺化合为重氮化合物,再与盐酸 N-(1-萘基)-乙烯二胺作用,形成红偶氮染料,比色定量。

评分标准:答对 100%。

6. 答:①颗粒处于自由沉淀状态;②水流沿水平方向流动;③颗粒沉到池底即认为已被去除,不再返回水流中。

评分标准:答对①占 40%;答对②③各占 30%。

7. 答:反冲洗强度与所要求的①滤层膨胀率、②滤料颗粒的大小、③滤料相对密度及④水温有关。

评分标准:答对①②③④各占 25%。

8. 答:在过滤过程中,①当滤层截留了大量杂质,②以致滤料层下某一深度处的水头损失超过该处水深时,便出现“负水头”现象。

评分标准:答对①占 30%;答对②占 70%。

9. 答:①滤料结构的改进;②操作机构的改进;③冲洗控制的改进;④运行参数的有效控制;⑤助滤剂的应用。

评分标准:答对①②③④⑤各占 20%。

10. 答:水环式真空泵的性能参数①有排气量、②转速、③最大真空度、④水耗量、⑤配用功率等。

评分标准:答对①②③④⑤各占 20%。

11. 答:当反冲不能恢复膜的渗透性能时,必须及时对膜进行化学清洗,以便恢复膜的渗透通量和维持膜的使用寿命。

评分标准:答对 100%。

12. 答:超滤系统的运行方式有自动运行和手动运行两种。

评分标准:答对 100%。

13. 答:超滤系统的控制方式分为远程控制和就地控制两种。

评分标准:答对 100%。

14. 答:活性炭滤池的接触时间①指滤池中活性炭所占的容积除以滤池的流量,②也可以按活性炭层的高度除以滤速计算。

评分标准:答对①②各占 50%。

15. 答:①水处理用粒状活性炭的再生,一般用加热方法,②再生过程大致分为三个阶段:第一阶段为活性炭附着水的蒸发;③第二阶段为活性炭吸附的有机物经焙烧后炭化;④第三阶段为活性炭内烧灼炭化物气化并恢复其活性。

评分标准:答对①②③④各占 25%。

16. 答：①预臭氧化可以使处理后水中的氧量饱和，降低过滤水的浑浊度和水头损失增长率，延长滤池的工作周期，滤池出水的颗粒计数常小于 10 个/mL；②可以降低可生物降解溶解有机碳或可同化有机碳，可以减少配水系统中的微生物生长；③可由硝化作用除氨。

评分标准：答对①②各占 40%；答对③占 20%。

17. 答：①化学氧化法，用于除臭的氧化剂主要有高锰酸钾、自由氯、二氧化氯和臭氧。②活性炭吸附法。③生物处理法。④联合法。

评分标准：答对①②③④各占 25%。

18. 答：①直接去除水体中的此类有机物，如混凝、沉淀、过滤、活性炭吸附等；②氧化破坏有机物的成色基因，如臭氧、氯、高锰酸钾等。

评分标准：答对①②各占 50%。

19. 答：①化学药剂法。②微滤机除藻。③气浮除藻。④直接过滤除藻。⑤强化混凝沉淀除藻。⑥生物处理除藻。

评分标准：答对①②③④⑥各占 15%。答对占⑤25%

20. 答：操作人员应定期观察①臭氧发生器运行过程中的电流、电压、功率和频率；②臭氧供气压力、温度、浓度；③冷却水压力、温度、流量，并做好记录；④还应定期观察室内环境臭氧和氧气浓度值以及⑤尾气破坏装置运行是否正常。

评分标准：答对①②③④⑤各占 20%

五、计算题

1. 解：

$$K=n(H^+)n(ClO^-)/n(HClO)$$

$$=100\div[1+n(ClO^-)/n(HClO)]$$

$$c(HC1O)=100\div[1+K/n(H^+)]$$

$$=100\div(1+3.0\times10^{-8}/10^{-6})$$

$$=100\div(1+3\times10^{-2})$$

$$=97.1\%$$

答：次氯酸占 97.1%。

评分标准：公式对得 40%的分，过程对得 40%的分，结果对得 20%的分。无公式、过程，只有结果不得分。

2. 解：

因为半径 $R=0.5\text{m}/2=0.25\text{m}$，$v=1.5\text{m/s}$，所以管道的横截面积 $S=3.14\times R2=0.19625\text{m}^2$。

根据公式：

$$Q=3600\times S\times v=3600\times0.19625\times1.5=1059.8(\text{m}^3/\text{h})$$

根据公式：

$$Q(DN500)=(500/250)2\times Q(DN250)=4Q(DN250)$$

所以 DN500 的管道流量是 DN250 管道流量的 4 倍。

评分标准：公式对得 40%的分，过程对得 40%的分，结果对得 20%的分。无公式、过程，只有结果不得分。

3. 解：

$$投加量=20\times2600\div15=3466(L/h)$$

$$单池进水量=200000\div24\div18=462.9(m^3/h)$$

$$单池产水量=550000\div24\div20=1145.8(m^3/h)$$

$$负荷=462.9\div1145.8\times100=40.4\%$$

答：药剂投加量为3466L/h，单池进水量为462.9m^3/h，负荷为设计的40.4%。

评分标准：过程对得50%的分，结果对得50%的分。无过程，只有结果不得分。

4. 解：

$$50mL容量瓶药剂配制浓度=(5\div50)\times100\%=10\%$$

$$500mL容量瓶药剂配制浓度=(5\times10\%\div500)\times100\%=0.1\%$$

答：药剂配制浓度为0.1%。

评分标准：公式对得40%的分，过程对得40%的分，结果对得20%的分。无公式、过程，只有结果不得分。

5. 解：

反应时间：

$$T=60\times278\div833=20(min)$$

$$G=\sqrt{\frac{\gamma h}{60\mu T}}$$

$$=\sqrt{\frac{1000\times0.27}{60\times1.029\times0.0001\times20}}$$

$$=47(s^{-1})$$

$$GT=47\times20\times60=56400$$

答：G值为47(s^{-1})，GT值为56400。

评分标准：公式对得40%的分，过程对得40%的分，结果对得20%的分。无公式、过程，只有结果不得分。

6. 解：

$$Q=10000\times1.04\div24=433.3(m^3/h)$$

沉淀池长：

$$L=5\times2\times60\times60\div1000=36(m)$$

横断面(水流断面)：

$$A=Q/L=433.3\times2\div36=24(m^2)$$

沉淀池宽：

已知池深$H=3$m，则：

$$B=A/H=24\div3=8(m)$$

沉淀池容积：

$$V=LA=36\times24=864(m^3)$$

答：沉淀池容积为864m^3，水流断面为24m^2，池宽为8m。

评分标准：公式对得40%的分，过程对得40%的分，结果对得20%的分。无公式、过程，只有结果不得分。

7. 解：

$$排泥水量 = 10\times4\% = 4000(m^3)$$

答：每日沉淀池排泥水量为4000m^3。

评分标准：过程对得50%的分，结果对得50%的分。无过程，只有结果不得分。

8. 解：

$$供水量 = 10\div(1+8\%) = 9.26\times10^4(m^3)$$

$$排泥水量 = 供水量\times10^4\times排泥自耗水 = 9.26\times10^4\times4\% = 3704(m^3)$$

答：每日沉淀池排泥水量为3704m^3。

评分标准：公式对得40%的分，过程对得40%的分，结果对得20%的分。无公式、过程，只有结果不得分。

9. 解：

$$表面负荷 = 流量/沉淀池表面积 = 300\div(25\times6) = 2m^3/(m^2\cdot h)$$

答：沉淀池表面负荷是$2m^3/(m^2\cdot h)$。

评分标准：公式对得40%的分，过程对得40%的分，结果对得20%的分。无公式、过程，只有结果不得分。

10. 解：

$$Q = 90000m^3/h = 1.04(m^3/s)$$

沉淀区有效水深：

$$h_2 = qt = 1.5\times1.5 = 2.25(m) \quad ①$$

沉淀池总面积：

$$A = 3600Q/q = 1.04\times3600\div1.5 = 2496(m^2) \quad ②$$

沉淀池有效容积：

$$V = Ah_2 = 2496\times2.25 = 5616(m^3) \quad ③$$

沉淀区长度：

$$L = 3.6vt = 36\times6.5\times1.5 = 35(m) \quad ④$$

沉淀区总宽度：

$$B = A/L = 2496\div35 = 71.3(m) \quad ⑤$$

取每格沉淀池宽度6m，则：

$$n = B/b = 71.3\div6 = 12(格) \quad ⑥$$

$$L/b = 35\div6 = 5.8>4 \quad ⑦$$

$$L/h_2 = 35\times2.25 = 15.6>8 \quad ⑧$$

因此以上设计符合要求。

答：沉淀池长为35m，池宽为6m，共分为12格。

评分标准：答对①②③各得10%的分，答对④⑤⑥各得20%的分，答对⑦⑧各得5%的分。无公式、过程，只有结果不得分。

11. 解：

$$Q=V/t=7500\div3=2500(\mathrm{m^3/h})$$

答：沉淀池设计流量是 $2500\mathrm{m^3/h}$。

评分标准：公式对得 40%的分，过程对得 40%的分，结果对得 20%的分。无公式、过程，只有结果不得分。

12. 解：

$$t=L/v=20\times1000\div15\div60\div60=0.37(\mathrm{h})$$

答：水流在沉淀池中停留时间为 0.37h。

评分标准：公式对得 40%的分，过程对得 40%的分，结果对得 20%的分。无公式、过程，只有结果不得分。

13. 解：

沉淀池每天排泥次数 $=24\div4=6$(次)

沉淀池每天排泥用水量 $=90\times60\times30\times2\times6\div1000=1944(\mathrm{m^3})$

滤池每天反冲洗次数 $=24\div12=2$(次)

滤池每天反冲洗用量 $=15\times50\times60\times(8-2)\times4\times2\div1000=1080(\mathrm{m^3})$

自耗水用量为沉淀池排泥水量与滤池反冲洗水量之和，则：

$$Q_{自耗}=1944+1080=3024(\mathrm{m^3})$$

水厂每天原水进水量 $=2000\times24=48000(\mathrm{m^3})$

则清水量：

$$Q_{清}=48000-3024=44976(\mathrm{m^3})$$

用药单耗 $=(300+350)\times30\%\times24\times1000\times1000\div(44976\times1000)=104(\mathrm{mg/L})$

答：清水用药单耗为 104mg/L。

评分标准：公式对得 40%的分，过程对得 40%的分，结果对得 20%的分。无公式、过程，只有结果不得分。

14. 解：

$$T=L/v=1000\div(0.36\times10)\div60=4.6(\mathrm{min})$$

答：斜管中沉淀时间为 4.6min。

评分标准：公式对得 40%的分，过程对得 40%的分，结果对得 20%的分。无公式、过程，只有结果不得分。

15. 解：

滤速 = 测定时水位下降值/测定时间

已知测定水位下降值 = 70cm = 0.7m，测定时间 = 6min = 6÷60 = 0.1h，则滤速：

$$v=0.7\div0.1=7(\mathrm{m/h})$$

答：其滤速为 7m/h。

评分标准：公式对得 40%的分，过程对得 40%的分，结果对得 20%的分。无公式、过程，只有结果不得分。

16. 解：

测定时间 = 测定时水位下降值/滤速

$$测定水位下降值=1000\div50=20(m)$$

$$测定时间=20\div10=2(h)$$

答:过滤 1000m^3 水,需要 2h。

评分标准:公式对得 40%的分,过程对得 40%的分,结果对得 20%的分。无公式、过程,只有结果不得分。

17. 解:

$$e_{10}=[(W_1-W)/W_1]\times100\%=[(150-148.6)\div150]\times100\%=0.9\%$$

答:含泥量为 0.9%。

评分标准:公式对得 40%的分,过程对得 40%的分,结果对得 20%的分。无公式、过程,只有结果不得分。

18. 解:

$$q=1000H/t=1000\times0.4\div30=13.3[L/(s\cdot m^2)]$$

答:冲洗强度为 13.3L/(s·m^2)。

评分标准:公式对得 40%的分,过程对得 40%的分,结果对得 20%的分。无公式、过程,只有结果不得分。

19. 解:

$$W_1=0.071\times10=0.71(m^3)$$

吸水口至水泵距离为 2m,则:

$$W_2=0.72\times2=0.142(m^3)$$

K 取 1.05,真空泵抽气量:

$$Q=K\frac{(W_1+W_2)}{t}=1.05\times\frac{0.71+0.142}{5}=0.18(m^3/min)=10.8(m^3/h)$$

答:需要真空泵的抽气量为 10.8m^3/h。

评分标准:公式对得 40%的分,过程对得 40%的分,结果对得 20%的分。无公式、过程,只有结果不得分。

20. 解:

因为 $Mo_2=1000kg/d$,生产浓度为 10%(质量分数),则:

$$Mo_3=1000\times10\%=100(kg/d)$$

又因为水厂水量 $Q=50000m^3/d$,则:

$$投加率=臭氧的质量/水量=100\div50000\times1000=2(mg/L)$$

答:水厂投加臭氧的投加率为 2mg/L。

评分标准:公式对得 40%的分,过程对得 40%的分,结果对得 20%的分。无公式、过程,只有结果不得分。

附 录

附录 1 职业技能等级标准

1. 工种概况

1.1 工种名称

净水工。

1.2 工种代码

6-28-03-01-07。

1.3 工种定义

操作净水设备,在制水过程中添加混凝剂、消毒剂,使水质达到国家规定标准的人员。

1.4 适用范围

水质净化。

1.5 工种等级

本工种共设四个等级,分别为初级(国家职业资格五级)、中级(国家职业资格四级)、高级(国家职业资格三级)、技师(国家职业资格二级)。

1.6 工种环境

大部分操作为室内作业,小部分为室外作业。工作场所存在一定的粉尘及腐蚀性化学品接触。

1.7 工种能力特征

身体健康,具有一定的理解、表达、分析、判断能力和形体知觉、色觉能力,动作协调灵活。

1.8 基本文化程度

高中毕业(或同等学力)。

1.9 培训要求

1.9.1 培训期限

全日制职业学校教育,根据其培养目标和教学计划确定期限。晋级培训:初级不少于280 标准学时;中级不少于 210 标准学时;高级不少于 200 标准学时。

1.9.2 培训教师

培训初、中、高级的教师应具有本工种高级及以上职业资格证书或中级以上专业技术职务任职资格。

1.9.3 培训场地设备

理论培训应具有可容纳30名以上学员的教室,技能操作培训应有相应的设备、工具、安全设施等较为完善的场地。

1.10 鉴定要求

1.10.1 适用对象

(1)新入职的操作技能人员;

(2)在操作技能岗位工作的人员;

(3)其他需要鉴定的人员。

1.10.2 申报条件

具备以下条件之一者可申报初级工:

(1)新入职完成本职业(工种)培训内容,经考核合格人员。

(2)从事本工种工作1年及以上的人员。

具备以下条件之一者可申报中级工:

(1)从事本工种工作5年以上,并取得本职业(工种)初级工职业技能等级证书。

(2)各类职业、高等院校大专及以上毕业生从事本工种工作3年及以上,并取得本职业(工种)初级工职业技能等级证书。

具备以下条件之一者可申报高级工:

(1)从事本工种工作14年以上,并取得本职业(工种)中级工职业技能等级证书的人员。

(2)各类职业、高等院校大专及以上毕业生从事本工种工作5年及以上,并取得本职业(工种)中级工职业技能等级证书的人员。

技师需取得本职业(工种)高级工职业技能等级证书3年以上,工作业绩经企业考核合格的人员。

1.10.3 鉴定方式

分理论知识考试和操作技能考核。理论知识考试采用闭卷笔试方式为主,推广无纸化考试形式;操作技能考核采用现场操作、模拟操作、实际操作笔试等方式。理论知识考试和操作技能考核均实行百分制,成绩皆达60分以上(含60分)者为合格。技师还需进行综合评审,综合评审包括技术答辩和业绩考核。综合评审成绩是技术答辩和业绩考核两部分的平均分。

1.10.4 鉴定时间

理论知识考试90分钟;操作技能考核不少于60分钟;综合评审的技术答辩时间40分钟(论文宣读20分钟,答辩20分钟)。

2. 基本要求

2.1 职业道德

(1)爱岗敬业,自觉履行职责;
(2)忠于职守,严于律己;
(3)吃苦耐劳,工作认真负责;
(4)勤奋好学,刻苦钻研业务技术;
(5)谦虚谨慎,团结协作;
(6)安全生产,严格执行生产操作规程;
(7)文明作业,质量环保意识强;
(8)文明守纪,遵纪守法。

2.2 基础知识

2.2.1 水资源知识

(1)水资源的概念;
(2)水化学知识;
(3)水处理微生物知识。

2.2.2 取水知识

(1)取水工程概述及给水水源;
(2)地下水取水构筑物;
(3)地表水取水构筑物;
(4)取水水泵。

2.2.3 水质检验

(1)饮用水卫生标准;
(2)水质检验基本知识。

2.2.4 水力学知识

(1)水力学基本概念;
(2)水力学的研究对象。

2.2.5 电气知识

(1)电力知识;
(2)计算机知识。

2.2.6 安全知识

(1)安全生产知识;
(2)消防安全知识;
(3)安全用电知识;
(4)现场安全管理知识。

3. 工作要求

本标准对初级、中级、高级、技师的技能要求依次递进，高级别包含低级别的要求。

3.1 初级

<table>
<tr><th>职业功能</th><th>工作内容</th><th>技能要求</th><th>相关知识</th></tr>
<tr><td rowspan="3">一、
管理净水
主体工艺</td><td>（一）
管理混凝工艺</td><td>1. 能识别常用净水剂；
2. 能选用混凝剂；
3. 能进行净水剂投加操作；
4. 能进行加药泵切换操作；
5. 能执行混合要求；
6. 能绘制水处理构筑物简图；
7. 能识别加药系统管件；
8. 能巡回检查加药间</td><td>1. 混凝剂的分类；
2. 净水剂的储存；
3. 选用混凝剂的原则；
4. 各种混凝剂的应用；
5. 混凝剂投加的规范要求；
6. 混合的基本要求；
7. 几种混合方式的特点；
8. 绘制净水工艺流程图的方法；
9. 加药系统管件的名称及作用；
10. 加药泵的操作方法</td></tr>
<tr><td>（二）
管理浮沉工艺</td><td>1. 能识别沉淀池种类；
2. 能解释沉淀池各部位的作用；
3. 能进行沉淀池排泥操作；
4. 能巡回检查沉淀池；
5. 能解释气浮的原理</td><td>1. 沉淀的原理；
2. 沉淀池的分类、构造及特点；
3. 沉淀池各部位作用；
4. 沉淀池排泥方式；
5. 气浮法的原理及特点；
6. 澄清池的工作原理及分类</td></tr>
<tr><td>（三）
管理过滤工艺</td><td>1. 能识别过滤池种类；
2. 能解释滤池各部位的作用；
3. 能进行过滤池反冲洗操作；
4. 能巡回检查滤池</td><td>1. 过滤的概念；
2. 过滤池的分类、构造及特点；
3. 滤池各部位作用；
4. 滤池运行主要工艺参数；
5. 滤池反冲洗的方式</td></tr>
<tr><td rowspan="2">二、
管理净水
辅助工艺</td><td>（一）
管理预处理工艺</td><td>1. 能解释预处理工艺各部分作用；
2. 能识别预处理工艺种类；
3. 能表述微污染水源的特征；
4. 能判断水源污染的原因；
5. 能识别水源污染物的种类；
6. 能识别水中微生物的特性；
7. 能巡回检查预处理间</td><td>1. 预处理工艺的定义及作用；
2. 预处理工艺的几种方式；
3. 微污染水源的特征；
4. 水源污染的原因；
5. 污染物的类型；
6. 水中几种微生物的特性及产生原因；
7. 预处理间巡检要求</td></tr>
<tr><td>（二）
管理氧化
消毒工艺</td><td>1. 能表述饮用水消毒的分类及特点；
2. 能选择消毒方式；
3. 能选用不同消毒剂；
4. 能表述消毒工艺的原理及特点；
5. 能使用酸度计测定水的 pH 值；
6. 能使用二氧化氯分析仪测定余量</td><td>1. 饮用水消毒的分类及特点；
2. 消毒方法的选择；
3. 几种消毒剂的性质原理；
4. 几种消毒工艺的原理及特点；
5. 酸度计的使用方法；
6. 二氧化氯分析仪的使用方法</td></tr>
<tr><td rowspan="2">三、
管理维护
设备</td><td>（一）
管理维护阀门、
管线、仪表</td><td>1. 能识别常用阀门；
2. 能更换 PVC 球阀；
3. 能区分流量计的类别；
4. 能使用水表计量；
5. 能选用给水管线</td><td>1. 阀门的基本知识；
2. 阀门的分类及应用；
3. 流量计的概述；
4. 水表的概述；
5. 水表表盘的读取；
6. 给水管线的分类；
7. 给水管线的特点；
8. 给水管线的连接方式</td></tr>
<tr><td>（二）
操作电气
设备</td><td>1. 能识别串联电路和并联电路；
2. 能识别熔断器、自动开关、空气开关；
3. 能使用触摸屏</td><td>1. 电路的概念；
2. 电流表与电压表的读数；
3. 熔断器的基本知识；
4. 自动开关的基本知识；
5. 触摸屏的基本知识；
6. 空气开关的基本知识</td></tr>
</table>

3.2 中级

职业功能	工作内容	技能要求	相关知识
一、 管理净水主体工艺	(一) 管理混凝工艺	1. 能巡回检查加药间; 2. 能计算混凝剂单耗; 3. 能配制混凝药剂; 4. 能配制聚丙烯酰胺溶液; 5. 能运行维护加药系统; 6. 能操作计量泵	1 加药间巡回检查路线及注意事项; 2. 水厂混凝剂单耗计算方法; 3. 影响混凝的因素; 4. 混凝药剂配制及机理; 5. 混凝剂的溶解方法; 6. 聚丙烯酰胺溶液配制方法; 7. 加药系统运行维护方法; 8. 计量泵的定义; 9. 计量泵的工作原理; 10. 计量泵主要部件的作用
	(二) 管理浮沉工艺	1. 能检查反应沉淀工艺及附属设施; 2. 能进行斜板(管)沉淀池的运行参数简单计算; 3. 能判断沉淀池的形式; 4. 能巡回检查气浮池	1. 沉淀工艺及附属设施的分类; 2. 沉淀工艺及附属设施的特点; 3. 沉淀池主要运行参数计算方法; 4. 沉淀工艺适用条件; 5. 气浮工艺适用条件; 6. 气浮池运行管理的注意事项
	(三) 管理过滤工艺	1. 能解释滤池的特点; 2. 能进行滤料的选择; 3. 能区分滤池的冲洗方式; 4. 能操作真空泵	1. 常见滤池的特点; 2. 选择滤料的方法; 3. 滤池的冲洗用水系统操作方式及特点; 4. 真空泵的工作原理; 5. 真空泵的结构; 6. 真空泵的型号
	(四) 管理深度工艺	1. 能选择活性炭滤料; 2. 能进行炭滤池的反冲洗操作; 3. 能计算炭滤池的接触时间; 4. 能测定炭滤池的反冲洗强度; 5. 能识别膜及膜分离的分类; 6. 能判断超滤膜的材料	1. 活性炭的性质; 2. 活性炭的性能指标; 3. 活性炭的吸附原理; 4. 活性炭的选择方法; 5. 炭滤池反冲洗方法; 6. 炭滤池接触时间计算方法; 7. 炭滤池反冲洗强度测定方法; 8. 膜的分类; 9. 膜分离的分类; 10. 膜技术的原理; 11. 膜的集成; 12. 超滤的基本理论; 13. 超滤的术语; 14. 超滤膜的材料
二、 管理净水辅助工艺	(一) 管理预处理工艺	1. 能解释化学预氧化的作用; 2. 能判断有机物对水处理的影响; 3. 能判断水体富营养化的原因及危害; 4. 能识别水中的藻类来源及种类; 5. 能解释藻毒素的危害; 6. 能防治水中的蚤虫; 7. 能防治水中的红虫	1. 化学预氧化的定义; 2. 化学预氧化的目的; 3. 有机物对水处理的影响; 4. 水体富营养化的成因; 5. 水体富营养化的危害; 6. 水中藻类的来源和分类; 7. 藻类对水体的影响; 8. 影响藻类生长的因素; 9. 水蚤的控制方法; 10. 红虫的防治方法

续表

职业功能	工作内容	技能要求	相关知识
二、 管理净水 辅助工艺	（二） 管理氧化消毒工艺	1. 能解释消毒剂的机理及性质； 2. 能判断影响消毒效果的因素； 3. 能计算加氯量； 4. 能进行氯投加操作； 5. 能进行二氧化氯投加操作； 6. 能检查消毒原料药剂； 7. 能进行臭氧投加操作； 8. 能进行次氯酸钠投加操作； 9. 能进行高锰酸钾投加操作	1. 消毒剂的机理； 2. 氯消毒效果的因素； 3. 饮用水的安全消毒； 4. 氯消毒的副产物； 5. 加氯量的控制； 6. 加氯设备的使用； 7. 氯气使用的安全规定； 8. 氯胺投加量的确定； 9. 化学药品的安全技术说明书； 10. 二氧化氯投加的方法； 11. 二氧化氯投加系统工作原理； 12. 消毒原料的储存； 13. 臭氧的制备方法； 14. 次氯酸钠的应用； 15. 紫外线杀菌的影响因素； 16. 高锰酸钾消毒优缺点及机理
	（三） 操作氧化消毒设备	1. 能清洗二氧化氯发生器过滤器； 2. 能投入运行二氧化氯发生器； 3. 能检查运行的二氧化氯发生器； 4. 能调整二氧化氯投加量； 5. 能切换运行中的计量泵； 6. 能进行臭氧发生器运行前准备	1. 二氧化氯投加系统的主要部件及特性； 2. 二氧化氯发生器部件的工作原理； 3. 二氧化氯发生器过滤器清洗方法； 4. 二氧化氯发生器的运行及检查； 5. 二氧化氯投加量调整方法； 6. 计量泵的切换运行； 7. 臭氧发生器运行前准备工作
三、 操作维护 设备	（一） 管理维护阀门、 管线、仪表	1. 能检查管道质量； 2. 能使用电磁流量计； 3. 能使用压力表； 4. 能维护阀门	1. 管道质量检查方法； 2. 电磁流量计的概述； 3. 电磁流量计的应用； 4. 压力表的分类； 5. 压力表的读数方法； 6. 阀门的维护方法； 7. 阀门的常见故障
	（二） 操作电气设备	1. 能识别电动机； 2. 能对运行中的电动机进行巡护； 3. 能选用电压表、电流表； 4. 能计算电压； 5. 能使用电能表； 6. 能安全接地接零	1. 电动机的分类； 2. 电动机的基本参数； 3. 电动机的巡护方法； 4. 电流、电压的测量选择； 5. 电压的基本知识； 6. 接地接零保护常识； 7. 电能表的基本知识； 8. 电能表的读数方法
	（三） 操作自控设备	1. 能区分计算机的硬件与软件； 2. 能操作计算机； 3. 能使用 Word 和 Excel	1. 计算机系统的组成； 2. 计算机病毒的概述； 3. Word 的基本知识； 4. Excel 的基本知识

3.3 高级

职业功能	工作内容	技能要求	相关知识
一、管理净水主体工艺	(一)管理混凝工艺	1. 能使用助凝剂增强混凝效果； 2. 能正确判断并调整净水剂投加量； 3. 能确定净水剂最佳投量； 4. 能判断矾花形成情况	1. 净水剂的配制方法； 2. 净水剂投加控制方法； 3. 净水剂投加设备的使用方法； 4. 最佳净水剂投加量确定方法
	(二)管理浮沉工艺	1. 能判断沉淀工艺适用条件； 2. 能计算斜板(管)沉淀池的设计工艺参数； 3. 能管理斜板沉淀池； 4. 能管理澄清池； 5. 能进行气浮池的运行调整	1. 常见沉淀池适用条件； 2. 斜板(管)沉淀池的设计方法； 3. 斜板(管)沉淀池的运行管理； 4. 其他沉淀池的相关知识； 5. 澄清池的运行管理知识； 6. 气浮工艺的形式； 7. 气浮工艺的影响因素
	(三)管理过滤工艺	1. 能管理普通快滤池； 2. 能解释普通快滤池的主要设计参数； 3. 能使用助滤剂； 4. 能进行微絮凝直接过滤操作； 5. 能管理翻板滤池； 6. 能管理 V 形滤池	1. 普通快滤池的管理要点； 2. 普通快滤池的设计要点； 3. 助滤剂的使用方法； 4. 微絮凝直接过滤的相关知识； 5. 翻板滤池的管理方法； 6. V 形滤池的管理知识
	(四)管理深度工艺	1. 能辨别膜材料； 2. 能更换膜组件； 3. 能调整超滤系统的运行； 4. 能分析膜污染的情况； 5. 能判断活性炭滤池过滤效果； 6. 能调整臭氧投加比例	1. 膜材料的材质； 2. 膜材料的制备； 3. 膜技术的特点及问题； 4. 超滤的特性； 5. 膜污染机理； 6. 影响膜污染的因素； 7. 防止膜污染的措施； 8. 克服浓差极化的方法； 9. 臭氧投加要求； 10. 活性炭滤池过滤效果的影响因素
二、管理净水辅助工艺	(一)管理预处理工艺	1. 能使用光学显微镜观察微生物； 2. 能选择活性炭种类； 3. 能操作粉末活性炭投加装置； 4. 能处理水中藻类； 5. 能处理水中剑水蚤	1. 光学显微镜的使用方法； 2. 原水预处理的方法； 3. 粉末活性炭投加装置的基本原理； 4. 粉末活性炭投加装置的操作方法； 5. 活性炭的选择方法； 6. 高锰酸钾投加装置的基本原理； 7. 高锰酸钾投加装置的操作方法； 8. 藻类对水处理运行的影响； 9. 藻类的去除方法； 10. 剑水蚤杀灭方法
	(二)管理氧化消毒工艺	1. 能管理二氧化氯消毒工艺； 2. 能制备二氧化氯； 3. 能安全使用二氧化氯； 4. 能减少二氧化氯消毒副产物； 5. 能掌握臭氧消毒特点； 6. 能掌握臭氧尾气破坏的方法； 7. 能配制氯酸钠和亚氯酸钠	1. 二氧化氯消毒的应用； 2. 影响二氧化氯消毒效果的因素； 3. 二氧化氯消毒的副产物； 4. 二氧化氯的制备方法； 5. 二氧化氯的安全规定； 6. 臭氧的消毒特点； 7. 氯酸钠和亚氯酸钠配制方法

续表

职业功能	工作内容	技能要求	相关知识
二、管理净水辅助工艺	（三）操作氧化消毒设备	1. 能处理二氧化氯发生器常见故障； 2. 能更换二氧化氯发生器背压阀； 3. 能判断二氧化氯发生器运行故障； 4. 能更换二氧化氯发生器计量泵； 5. 能清洗二氧化氯发生器	1. 二氧化氯常见故障； 2. 二氧化氯发生器背压阀更换方法； 3. 二氧化氯发生器运行故障排除方法； 4. 二氧化氯发生计量泵的更换方法； 5. 二氧化氯发生器清洗方法
三、管理维护设备	（一）管理维护阀门、管线、仪表	1. 能使用转子流量计； 2. 能更换转子流量计； 3. 能粘接 PE 管线； 4. 能识别计量泵进出口阀门； 5. 能设定计量泵安全阀、背压阀的压力	1. 转子流量计的读数方法； 2. 转子流量计更换方法； 3. PE 管线粘接方法； 4. 计量泵阀门的分类； 5. 设定计量泵安全阀、背压阀压力方法
	（二）操作电气设备	1. 能使用三相异步电动机； 2. 能维护三相异步电动机； 3. 能区分电气设备的类别； 4. 能使用电气安全设备	1. 三相异步电动机使用方法； 2. 三相异步电动机维护方法； 3. 电气设备分类方法； 4. 电气防火的方法
	（三）操作自控设备	1. 能识别自动化控制系统； 2. 能识别执行器	1. 自动控制系统的概念； 2. 自动控制系统的分类； 3. 执行器的概念
四、综合管理	（一）文字录入	1. 能录入文字； 2. 能进行文字排版； 3. 能在文字中插入表格、图片	1. 计算机文字录入方法； 2. 文字排版方法； 3. 文字制表、插图方法
	（二）表格处理	1. 能制作表格； 2. 能制作数据图表	1. 计算机制作表格方法； 2. 计算机制作图表方法

3.4 技师

职业功能	工作内容	技能要求	相关知识
一、管理净水主体工艺	（一）管理混凝工艺	1. 能筛选净水剂； 2. 能计算混合 GT 值； 3. 能进行计量泵换油操作； 4. 能处理计量泵运行中常见故障； 5. 能进行计量泵维护保养	1. 净水剂筛选方法； 2. 混合 GT 值的计算； 3. 计量泵的运行方法； 4. 计量泵常见故障的处理方法； 5. 计量泵维修保养方法
	（二）管理浮沉工艺	1. 能计算沉淀池进出口流量； 2. 能确定沉淀池排泥时间； 3. 能计算沉淀池排泥量； 4. 能设计平流沉淀池尺寸； 5. 能进行理想沉淀池理论计算； 6. 能表述气浮的设计安装要点	1. 沉淀池进出口流量计算方法； 2. 沉淀池排泥时间确定方法； 3. 沉淀池排泥量计算方法； 4. 平流沉淀池设计理论； 5. 理想沉淀池理论计算方法； 6. 气浮的设计要点； 7. 平流式溶气气浮机的安装调试
	（三）管理过滤工艺	1. 能测定滤池滤速； 2. 能测定滤料含泥量； 3. 能测定滤池反冲洗强度； 4. 能测定滤池膨胀率； 5. 能解释过滤机理； 6. 能判断并排除普通快滤池故障； 7. 能提出普通快滤池改造途径； 8. 能判定真空泵常见故障； 9. 能维修真空泵	1. 滤池滤速测定方法； 2. 滤料含泥量测定方法； 3 滤池反冲洗强度测定方法； 4. 滤池膨胀率测定方法； 5. 滤池过滤机理； 6. 普通快滤池故障判断及排除方法； 7. 普通快滤池改造理论； 8. 真空泵常见故障的判断方法； 9. 真空泵的维修方法

续表

职业功能	工作内容	技能要求	相关知识
一、 管理净水主体工艺	(四) 管理深度工艺	1. 能判断超滤系统影响因素； 2. 能操作超滤预处理工艺； 3. 能操作膜系统进行反冲洗； 4. 能判断超滤系统故障点； 5. 能检测超滤系统组件完整性； 6. 能利用混凝提高超滤系统过滤效果； 7. 能计算炭滤池的表面负荷； 8. 能测定炭滤池滤层厚度； 9. 能测定炭滤池 COD 去除率； 10. 能测定炭滤池膨胀率； 11. 能利用固定化生物活性炭滤池进行水处理	1. 超滤系统工作原理； 2. 超滤系统工艺特性； 3. 超滤预处理工艺操作方法； 4. 膜处理反冲洗操作规程； 5. 膜处理反冲洗周期确定方法； 6. 膜处理化学加强洗操作规程； 7. 化学药剂使用操作方法； 8. 超滤系统常见故障分析方法； 9. 超滤系统完整性检测方法； 10. 超滤系统操作方法； 11. 超滤系统控制方式； 12. 混凝对膜系统过滤效果的影响； 13. 炭滤池表面负荷计算方法； 14. 炭滤池滤层厚度检测方法； 15. 炭滤池 COD 去除率计算方法； 16. 炭滤池膨胀率计算方法； 17. 人工固定化生物活性炭的工艺原理； 18. 生物活性炭滤池中微生物降解能力的评价方法； 19. 固定化生物活性炭的净水性能
二、 管理净水辅助工艺	(一) 管理预处理工艺	1. 能控制预处理工序质量； 2. 能进行预处理设施的维护保养； 3. 能操作生物预处理工艺； 4. 能控制水中的臭味； 5. 能去除水中色度； 6. 能控制水中藻类； 7. 能控制藻毒素	1. 预处理工序的质量控制规定； 2. 预处理设施的运行规定； 3. 预处理设施的维护保养； 4. 生物预处理的方法及特点； 5. 饮用水中臭味的来源； 6. 水体臭味的控制方法； 7. 水体色度的去除方法； 8. 原水藻类去除方法； 9. 藻毒素去除方法
	(二) 管理氧化消毒工艺	1. 能分析二氧化氯的使用； 2. 能控制消毒副产物； 3. 能控制二氧化氯残余量； 4. 能管理二氧化氯工艺系统	1. 使用二氧化氯的经济分析； 2. 消毒副产物的控制； 3. 管网二氧化氯余量的控制研究； 4. 二氧化氯工艺系统的管理
	(三) 操作氧化消毒设备	1. 能维护保养二氧化氯工艺设备及附件； 2. 能运行维护臭氧发生器； 3. 能运行维护臭氧发生器气源系统； 4. 能维护臭氧接触池	1. 二氧化氯工艺附属设备及附近件的维护保养； 2. 臭氧发生器的运行维护内容； 3. 臭氧发生器气源系统的运行维护内容； 4. 臭氧接触池的运行维护内容
三、 管理维护设备	(一) 管理维护、阀门管线、仪表	1. 能粘接 PVC 管线； 2. 能识别液位计	1. PVC 管线粘接方法； 2. 液位计的概述； 3. 液位计的分类
	(二) 操作电气设备	1. 能操作变频器； 2. 能更换变频器模块； 3. 能维护变频器	1. 变频器的使用方法； 2. 变频器模块的更换方法； 3. 变频器的维护方法
	(三) 操作自控设备	1. 能操作 PLC； 2. 能操作自动化控制系统	1. 可编程控制器的概述； 2. 可编程逻辑控制器的作用； 3. 自动化控制系统组成； 4. 自动化控制系统的作用

续表

职业功能	工作内容	技能要求	相关知识
四、综合管理	（一）表格处理	能制作 Excel 图表	Excel 图表的制作方法
	（二）质量管理	1. 能组织 QC 小组开展活动； 2. 能编写质量管理报告	1. QC 质量管理内容方法； 2. 质量管理报告编写要求及方法
	（三）培训	1. 能编写培训教学计划； 2. 能编制技术培训教案	1. 教学计划编写方法； 2. 教案编制方法

4. 比重表

4.1 理论知识

项目			初级	中级	高级	技师
基本要求		基础知识	35%	35%	33%	23%
相关知识	管理制水工艺	管理混凝工艺	12%	7%	5%	5%
		管理浮沉工艺	6%	7%	7%	7%
		管理过滤工艺	7%	6%	8%	8%
		管理深度工艺		7%	12%	25%
	管理氧化消毒工艺	管理预处理工艺	10%	8%	9%	8%
		管理消毒工艺	15%	12%	8%	3%
		操作消毒设备		4%	4%	4%
	管理维护设备	管理维护阀门、管线、仪表	10%	5%	4%	4%
		管理电气设备	5%	4%	3%	3%
		操作自控设备		5%	2%	4%
	综合管理	文字录入、处理			2%	
		表格制作、应用			3%	
		质量管理				4%
		培训				2%
合计			100%	100%	100%	100%

4.2 操作技能

项目			初级	中级	高级	技师
操作技能	管理净水主体工艺	管理混凝工艺	30%	30%	13%	10%
		管理浮沉工艺	10%	5%	9%	5%
		管理过滤工艺	10%	5%	17%	5%
		管理深度工艺		10%	4%	35%
	管理净水辅助工艺	管理预处理工艺	10%	10%	4%	10%
		管理消毒工艺	10%	10%		

续表

项目			初级	中级	高级	技师
操作技能	管理净水辅助工艺	操作消毒设备		10%	18%	5%
	管理维护设备	管理维护阀门、管线、仪表	30%	10%	18%	10%
		管理电气设备		10%	4%	5%
	综合管理	Word 操作			4%	
		Excel 操作			9%	5%
		质量管理				5%
		培训				5%
合计			100%	100%	100%	100%

附录2　初级工理论知识鉴定要素细目表

行业：石油天然气　　工种：净水工　　等级：初级工　　鉴定方式：理论知识

行为领域	代码	鉴定范围（重要程度比例）	鉴定比重	代码	鉴定点	重要程度	上岗要求
基础知识 A（35%）	A	水资源知识（9：2：1）	6%	001	水资源的概述	X	√
				002	我国水资源的概况	Z	
				003	水的作用	X	
				004	水的循环	Y	
				005	水的物理性质	X	√
				006	水的化学性质	X	√
				007	天然水的特性	X	√
				008	地面水的特性	X	√
				009	地下水的特性	X	√
				010	天然水中的杂质	X	√
				011	水中溶解性气体对水质的影响	Y	
				012	水的酸碱度	X	
	B	取水知识（21：5：2）	14%	001	取水工程的任务	X	√
				002	取水工程的研究内容	Z	
				003	给水水源的分类	X	√
				004	地表水水源的卫生防护要求	Y	√
				005	地下水水源的卫生防护要求	Y	√
				006	江河水的水源特征	X	
				007	江河取水构筑物的类型	X	
				008	岸边式取水构筑物的基本型式	X	
				009	河床式取水构筑物的基本型式	X	
				010	斗槽式取水构筑物的分类	X	
				011	固定式取水头部的形式	X	
				012	移动式取水构筑物的形式	Y	
				013	水库按构造的分类方法	X	
				014	水库的水质特征	X	
				015	水库取水构筑物的类型	X	
				016	低坝式取水构筑物的组成	Z	
				017	底栏栅取水构筑物的组成	Y	
				018	地下取水构筑物的分类	X	

续表

行为领域	代码	鉴定范围（重要程度比例）	鉴定比重	代码	鉴定点	重要程度	上岗要求
基础知识A（35%）	B	取水知识（21：5：2）	14%	019	地下水的分类	X	
				020	管井的构造	Y	
				021	水泵的定义	X	√
				022	水泵的分类	X	√
				023	离心泵启动前检查的内容	X	√
				024	离心泵的启动步骤	X	√
				025	离心泵运行检查的内容	X	√
				026	离心泵停车的步骤	X	√
				027	离心泵的工作原理	X	√
				028	离心泵的基本结构	X	√
	C	水质检验知识（14：3：1）	9%	001	水源水的日常检验项目	X	√
				002	《生活饮用水水质标准》的起源	Z	
				003	《生活饮用水卫生标准》的作用	X	
				004	《生活饮用水卫生标准》的性质	Y	
				005	饮用水水质标准的发展	Y	
				006	修订《生活饮用水卫生标准》的原则	Y	
				007	《饮用水水质标准》的相关术语	X	√
				008	饮用水不同供水方式的水质指标	X	√
				009	饮用水水质的要求	X	√
				010	新版《生活饮用水卫生标准》的特点	X	
				011	新水质标准与原标准常规指标限值的比较	X	
				012	新水质标准与原标准消毒剂指标限值的比较	X	
				013	新水质标准与原标准非常规指标限值的比较	X	
				014	生活饮用水感观性状的一般化学性指标	X	√
				015	色度测定的意义	X	√
				016	色度的测定方法	X	√
				017	浊度的测定	X	√
				018	pH 值的测定	X	√
	D	水力学知识（2：0：0）	1%	001	水力学的定义	X	
				002	液体的主要物理性质	X	√
	E	电气知识（5：0：0）	3%	001	电流常识	X	√
				002	电压常识	X	√
				003	电功率的概念	X	√
				004	计算机的概念	X	
				005	计算机的组成	X	

续表

行为领域	代码	鉴定范围（重要程度比例）	鉴定比重	代码	鉴定点	重要程度	上岗要求
基础知识A（35%）	F	安全知识（4：1：0）	2%	001	安全生产的目的	Y	√
				002	安全生产管理的概念	X	√
				003	劳动保护的概念	X	√
				004	劳动保护用具的种类	X	√
				005	安全生产知识教育内容	X	√
专业知识B（65%）	A	管理混凝工艺（19：4：1）	12%	001	混凝剂的分类	X	√
				002	聚合氯化铝的检验指标	X	
				003	净水药剂的储存	X	√
				004	选用混凝剂的原则	X	√
				005	无机类混凝剂的应用	X	
				006	高分子混凝剂的应用	X	
				007	铁盐混凝剂的应用	X	
				008	聚合氯化铝的应用	X	√
				009	聚丙烯酰胺的应用	Y	
				010	活化硅酸的应用	Z	
				011	助凝剂的定义	X	
				012	助凝剂的作用	X	√
				013	助凝剂的分类	Y	
				014	混凝的定义	X	√
				015	混凝的原理	X	√
				016	混凝动力学的概念	Y	√
				017	混凝剂的投加基本要求	X	√
				018	混凝剂投加系统的组成	X	√
				019	混凝剂的投加规定	X	√
				020	混合设备	Y	√
				021	混合的基本要求	X	√
				022	混合的基本方式	X	
				023	水力混合的特点	X	
				024	机械混合的特点	X	
	B	管理浮沉工艺（10：2：1）	6%	001	理想沉淀池的机理	X	
				002	沉淀的原理	X	√
				003	沉淀池的类型	X	
				004	排泥系统的组成	X	√
				005	平流沉淀池的构造	X	√
				006	沉淀池集水槽的作用	X	√

续表

行为领域	代码	鉴定范围（重要程度比例）	鉴定比重	代码	鉴定点	重要程度	上岗要求
专业知识B（65%）	B	管理浮沉工艺（10：2：1）	6%	007	沉淀池排泥方式的分类	X	√
				008	斜板（管）沉淀池的类型	X	√
				009	斜板（管）沉淀池的特点	X	√
				010	气浮法的工作原理	X	√
				011	气浮工艺的特点	Y	
				012	澄清池的工作原理	Y	
				013	澄清池的分类	Z	
	C	管理过滤工艺（10：2：1）	7%	001	过滤的概念	X	√
				002	等速过滤的概念	Y	√
				003	变速过滤的概念	Y	√
				004	滤池的分类	X	√
				005	滤池的滤料	X	√
				006	滤料的级配	X	
				007	滤池的承托层	X	
				008	滤速的概念	X	√
				009	滤池配水系统的分类	Z	√
				010	滤池反冲洗周期的概念	X	√
				011	滤池反冲洗强度的概念	X	√
				012	滤料层含泥量的概念	X	√
				013	滤池反冲洗方法的分类	X	√
	D	管理预处理工艺（16：3：1）	10%	001	原水预处理的定义	X	
				002	原水预处理的目的	X	√
				003	原水预处理的方法	X	√
				004	微污染水源的水质特点	X	
				005	河流地表水的污染特征	X	√
				006	湖泊、水库地表水污染的特征	X	√
				007	水源水质的污染原因	X	
				008	污染物的分类	X	
				009	污染源的类型	Y	
				010	有机污染的类型	X	
				011	微生物在水体中的作用	X	
				012	水蚤的特性	X	√
				013	水蚤在水中的危害	X	√
				014	剑水蚤的分类	X	√
				015	剑水蚤的生物学特性	Y	√

续表

行为领域	代码	鉴定范围（重要程度比例）	鉴定比重	代码	鉴定点	重要程度	上岗要求
专业知识B（65%）	D	管理预处理工艺（16：3：1）	10%	016	摇蚊虫的分类	X	√
				017	摇蚊虫的分布	Y	√
				018	摇蚊虫的生活史	Z	√
				019	供水系统滋生摇蚊虫的影响因素	X	√
				020	摇蚊虫的物理化学防治	X	√
	E	管理消毒工艺（24：5：1）	15%	001	饮用水的安全性	Z	√
				002	饮用水的安全消毒	X	√
				003	饮用水物理消毒的分类	X	
				004	饮用水物理消毒的特点	X	√
				005	饮用水化学消毒的分类	X	
				006	饮用水化学消毒的特点	X	√
				007	消毒方法的选择	Y	√
				008	消毒剂的种类	X	√
				009	消毒处理的方式	Y	
				010	氯胺的性质	X	
				011	氯胺的消毒原理	X	√
				012	氯胺消毒的优缺点	X	√
				013	氯气的性质	X	√
				014	氯消毒的特点	X	√
				015	氯消毒的原理	X	√
				016	二氧化氯消毒的优缺点	X	√
				017	二氧化氯的性质	X	√
				018	二氧化氯的氧化原理	X	√
				019	次氯酸钠的性质	X	
				020	过氧化氢消毒的特点	X	
				021	臭氧的性质	X	
				022	臭氧氧化的目的	X	√
				023	臭氧氧化的原理	X	√
				024	紫外线消毒的特点	X	√
				025	紫外线杀菌的原理	X	√
				026	高锰酸钾的理化性质	X	√
				027	高锰酸钾氧化的原理	X	√
				028	盐酸的理化性质	Y	√
				029	氯酸钠的理化性质	Y	√
				030	亚氯酸钠的理化性质	Y	√

续表

行为领域	代码	鉴定范围（重要程度比例）	鉴定比重	代码	鉴定点	重要程度	上岗要求
专业知识B（65%）	F	管理维护阀门、管线、仪表（16：3：1）	10%	001	阀门的概述	X	√
				002	阀门的分类	X	√
				003	阀门的结构	X	√
				004	阀门型号的意义	Y	√
				005	闸阀的概述	X	√
				006	球阀的概述	X	√
				007	蝶阀的概述	X	√
				008	止回阀的概述	X	√
				009	截止阀的概述	X	√
				010	流量计的分类	X	√
				011	水表的概述	X	
				012	水表的分类	X	
				013	水表表盘的读取	X	√
				014	给水金属管的种类	X	
				015	给水金属管的特点	Z	√
				016	给水非金属管的种类	X	
				017	给水非金属管的特点	Y	√
				018	U-PVC 管的性能特点	X	
				019	U-PVC 管的管件连接方式	Y	
				020	PP-R 管的性能特点	X	√
	G	管理电气设备（8：1：1）	5%	001	串联电路的特点	X	
				002	并联电路的特点	X	
				003	电流表的概述	X	√
				004	电流表的读数	X	√
				005	电压表的概述	Y	√
				006	电压表的读数	Z	√
				007	熔断器的概述	X	
				008	空气开关的概述	X	√
				009	触摸屏的概述	X	
				010	触摸屏使用的注意事项	X	√

注：X—核心要素；Y—一般要素；Z—辅助要素。

附录 3　初级工操作技能鉴定要素细目表

行业：石油天然气　　工种：净水工　　等级：初级工　　鉴定方式：操作技能

行为领域	代码	鉴定范围（重要程度比例）	鉴定比重	代码	鉴定点	重要程度	上岗要求
操作技能 A（100%）	A	管理净水主体工艺（10：0：0）	50%	001	绘制常规工艺流程图	X	√
				002	绘制水处理构筑物简图	X	
				003	巡回检查加药间	X	√
				004	加药泵切换操作	X	√
				005	溶液池切换操作	X	√
				006	识别加药系统管件	X	√
				007	巡回检查反应沉淀池	X	√
				008	沉淀池排泥操作	X	
				009	巡回检查滤池	X	√
				010	普通快滤池反冲洗	X	√
	B	管理净水辅助工艺（4：0：0）	20%	001	使用酸度计测定水的 pH 值	X	
				002	使用二氧化氯分析仪测定余量	X	√
				003	测定水样色度	X	√
				004	巡回检查臭氧发生器间	X	√
	C	管理维护设备（3：2：1）	30%	001	识别常用工具	X	
				002	更换 PVC 球阀	X	
				003	使用托盘天平称量物品	Y	
				004	使用光散射浊度仪测量浑浊度	Y	
				005	使用防毒面具	X	
				006	水表的读数	Z	

注：X—核心要素；Y—一般要素；Z—辅助要素。

附录 4　中级工理论知识鉴定要素细目表

行业:石油天然气　　工种:净水工　　等级:中级工　　鉴定方式:理论知识

行为领域	代码	鉴定范围（重要程度比例）	鉴定比重	代码	鉴定点	重要程度
基础知识 A（35%）	A	水资源知识（7：1：1）	4%	001	水质污染	X
				002	水体的主要污染物	X
				003	耗氧污染物的来源	Z
				004	胶体物质的组成	Y
				005	溶液的性质	X
				006	水的浊度	X
				007	水中的余氯	X
				008	水的硬度	X
				009	水的碱度	X
	B	取水知识（19：4：2）	13%	001	水资源利用的困难性	X
				002	取水工程的设计要求	X
				003	地表水水域功能的分类	X
				004	水功能区划的目的	X
				005	水功能区划的基本原则	X
				006	水功能区划的方法	X
				007	地表水环境的基本要求	X
				008	给水水源的特点	X
				009	水源地选择的一般原则	X
				010	保护给水水源的一般措施	X
				011	江河取水构筑物位置的选择要求	X
				012	岸边式取水构筑物的构造	X
				013	岸边式取水构筑物的适用条件	X
				014	河床式取水构筑物的构造	X
				015	河床式取水构筑物的适用条件	Y
				016	斗槽式取水构筑物的适用条件	Y
				017	移动式取水构筑物的特点	X
				018	移动式取水构筑物的适用条件	X
				019	山区浅水河流取水构筑物取水方式的特点	Y
				020	海水取水的特点	Z
				021	海水取水构筑物的分类	Z

续表

行为领域	代码	鉴定范围（重要程度比例）	鉴定比重	代码	鉴定点	重要程度
基础知识A（35%）	B	取水知识（19：4：2）	13%	022	管井的施工内容	X
				023	管井的维修管理	X
				024	渗渠的形式	X
				025	渗渠位置的选择原则	Y
	C	水质检验知识（10：3：1）	7%	001	生活饮用水水源水质标准	X
				002	水质检验的相关名词术语	X
				003	水样的采集保存	Y
				004	标准溶液的配制	Y
				005	常规指标中微生物的相关指标	X
				006	毒理学指标的相关限值	Z
				007	非常规指标中的微生物指标	X
				008	余氯的概念	X
				009	溶液的浓度	X
				010	溶液的化学平衡	X
				011	水中硬度的测定	X
				012	铁的测定	X
				013	锰的测定	X
				014	误差的分类	Y
	D	水力学知识（3：0：0）	2%	001	作用于液体的力	X
				002	静水压强的特性	X
				003	重力作用下静水压强分布规律	X
	E	电气知识（4：0：0）	2%	001	直流电的概念	X
				002	交流电的概念	X
				003	CPU 的概念	X
				004	主板的概念	X
	F	安全知识（10：3：2）	7%	001	安全带的使用要求	X
				002	安全带的配件参数要求	X
				003	安全带的使用注意事项	Y
				004	灭火器的性能参数	Y
				005	灭火器材的使用要求	X
				006	安全电压的概念	X
				007	安全标志的表示方法	Y
				008	机械伤害的概念	Z
				009	触电的概念	X
				010	触电的救护措施	X

续表

行为领域	代码	鉴定范围（重要程度比例）	鉴定比重	代码	鉴定点	重要程度
基础知识A（35%）	F	安全知识（10：3：2）	7%	011	低压设备操作的安全规程	X
				012	防火防爆的措施	X
				013	天然气着火的特点	Z
				014	天然气着火处置措施	X
				015	灭火方法的分类	X
专业知识B（65%）	A	管理混凝工艺（12：1：1）	7%	001	常用净水剂的卫生要求	X
				002	影响混凝的因素	X
				003	混凝剂的溶解方法	X
				004	药剂的投加方式	X
				005	絮凝方式的分类	X
				006	隔板絮凝池的特点	X
				007	折板絮凝池的特点	X
				008	网格（栅条）絮凝池的特点	Y
				009	机械絮凝池的特点	X
				010	絮凝池的分类	X
				011	高浊度水絮凝的方法	Z
				012	计量泵的定义	X
				013	计量泵的工作原理	X
				014	计量泵主要部件的作用	X
	B	管理浮沉工艺（11：2：1）	7%	001	斜板（管）沉淀池各部位的作用	X
				002	小间距斜板沉淀池的优势	X
				003	斜板（管）沉淀池的运行参数	X
				004	沉淀池的选择	Y
				005	悬浮颗粒在静水中的沉降类型	X
				006	各类沉淀池的应用	Z
				007	气浮工艺的适用条件	Y
				008	气浮池的特点	X
				009	气浮法适用的对象	X
				010	气浮法的比较	X
				011	气浮专用的设备	X
				012	气浮池的运行管理	X
				013	澄清池的工作过程	X
				014	机械搅拌澄清池的投运	X

续表

行为领域	代码	鉴定范围（重要程度比例）	鉴定比重	代码	鉴定点	重要程度
专业知识B（65%）	C	管理过滤工艺（8：3：1）	6%	001	双阀滤池的特点	X
				002	虹吸滤池的特点	X
				003	无阀滤池的特点	Y
				004	移动罩冲洗滤池的特点	Y
				005	V形滤池的特点	X
				006	滤料的选择要求	X
				007	滤池的反冲洗用水系统	X
				008	滤池反冲洗过程的控制	X
				009	真空泵的启停	X
				010	真空泵的工作原理	X
				011	真空泵的结构	Y
				012	真空泵的型号	Z
	D	管理深度处理工艺（11：2：1）	7%	001	膜的分类	X
				002	膜分离的分类	X
				003	膜技术的原理	X
				004	膜的集成	Y
				005	超滤的基本理论	X
				006	超滤相关术语	X
				007	超滤膜的材料	X
				008	活性炭的表面化学性质	Y
				009	活性炭的性能指标	X
				010	活性炭的吸附原理	X
				011	活性炭的选择方法	Z
				012	活性炭滤池的布置方式	X
				013	活性炭滤池的反冲洗	X
				014	活性炭滤池的接触时间	X
	E	管理预处理工艺（13：2：1）	8%	001	化学预氧化的定义	X
				002	化学预氧化的目的	X
				003	有机物对水处理的影响	X
				004	水体富营养化形成的原因	X
				005	水体富营养化对水处理的危害	X
				006	湖泊富营养化污染的危害	X
				007	藻类的概念	X
				008	藻类的来源	X
				009	藻类的分类	X

续表

行为领域	代码	鉴定范围（重要程度比例）	鉴定比重	代码	鉴定点	重要程度
专业知识B（65%）	E	管理预处理工艺（13：2：1）	8%	010	藻类的污染	X
				011	影响藻类生长的因素	Y
				012	藻毒素的危害	X
				013	水厂出厂水水蚤增多的原因	X
				014	水蚤的控制方法	X
				015	摇蚊虫的产生	Y
				016	摇蚊虫的防治技术	Z
	F	管理消毒工艺（20：3：1）	12%	001	消毒剂的主要作用机理	X
				002	消毒剂的作用过程	X
				003	消毒副产物的概念	Y
				004	消毒剂主要性质的比较	X
				005	化学消毒剂的分类	X
				006	影响消毒效果的因素	X
				007	氯化消毒的危害	Y
				008	加氯量的控制	X
				009	氯胺投加量的确定	Z
				010	二氧化氯投加量的确定	X
				011	二氧化氯投加点的选择	X
				012	二氧化氯的投加方式	X
				013	盐酸的储存	X
				014	氯酸钠的储存规定	X
				015	亚氯酸钠的储存规定	X
				016	臭氧生产系统的组成	X
				017	臭氧的制备方法	Y
				018	次氯酸钠的应用	X
				019	影响紫外线杀菌的因素	X
				020	高锰酸钾的储存要求	X
				021	高锰酸钾投加量的确定	X
				022	高锰酸钾消毒的优缺点	X
				023	余氯的测定方法	X
				024	二氧化氯的检测方法	X
	G	操作消毒设备（6：1：1）	4%	001	二氧化氯发生器的结构特性	Y
				002	二氧化氯投加系统的主要部件	X
				003	二氧化氯发生器安全阀的工作原理	X
				004	二氧化氯发生器背压阀的工作原理	X

续表

行为领域	代码	鉴定范围（重要程度比例）	鉴定比重	代码	鉴定点	重要程度
专业知识B（65%）	G	操作消毒设备（6∶1∶1）	4%	005	二氧化氯发生器电接点压力表的工作原理	X
				006	二氧化氯发生器的工作原理	X
				007	氯瓶的歧管系统	X
				008	泄压阀的工作原理	Z
	H	管理维护阀门、管线、仪表（8∶1∶1）	5%	001	管道质量检查	X
				002	电磁流量计的概述	X
				003	电磁流量计的特点	X
				004	压力表的概述	X
				005	压力表的分类	X
				006	压力表表盘的读取	Y
				007	压力表的维护	X
				008	阀门的维护	X
				009	阀门的常见故障	X
				010	阀门无法开启的常见原因	Z
	I	操作电气设备（7∶1∶0）	4%	001	电动机的分类	X
				002	电动机的性能指标	X
				003	电动机运行中的巡护	X
				004	电流和电压的测量选择	Y
				005	电压的计算方法	X
				006	接地接零保护常识	X
				007	电能表的概述	X
				008	电能表铭牌的内容	X
	J	操作自控设备（8∶1∶1）	5%	001	计算机硬件系统的组成	X
				002	计算机软件系统的组成	X
				003	输入设备及输出设备的概念	Y
				004	操作系统的概述	X
				005	计算机病毒的概述	X
				006	计算机系统的维护方法	X
				007	Word 的概述	X
				008	Word 的基本操作	Z
				009	Excel 的概述	X
				010	Excel 的基本操作	X

注：X—核心要素；Y—一般要素；Z—辅助要素。

附录5　中级工操作技能鉴定要素细目表

行业:石油天然气　　工种:净水工　　等级:中级工　　鉴定方式:操作技能

行为领域	代码	鉴定范围 (重要程度比例)	鉴定比重	代码	鉴定点	重要程度
操作技能A(100%)	A	管理净水主体工艺(9:1:0)	50%	001	绘制加药间工艺平面图	X
				002	绘制加药间巡回检查路线图	Y
				003	计算水厂混凝剂单耗	X
				004	配制混凝药剂	X
				005	投入运行加药系统	X
				006	停止运行加药系统	X
				007	检查投入运行前反应沉淀池	X
				008	绘制滤池剖面图	X
				009	投运活性炭滤池	X
				010	测定炭滤池的反冲洗强度	X
	B	管理净水辅助工艺(5:0:1)	30%	001	清洗二氧化氯发生器过滤器	Z
				002	检查运行中二氧化氯发生器	X
				003	投运二氧化氯发生器	X
				004	切换运行中计量泵	X
				005	根据需要调整二氧化氯投加量	X
				006	投运臭氧发生器系统前准备	X
	C	操作维护设备(2:1:1)	20%	001	读取压力表	X
				002	更换压力表	X
				003	识别压力表	Y
				004	处理阀门故障	Z

注:X—核心要素;Y—一般要素;Z—辅助要素。

附录6 高级工理论知识鉴定要素细目表

行业：石油天然气　　工种：净水工　　等级：高级工　　鉴定方式：理论知识

行为领域	代码	鉴定范围（重要程度比例）	鉴定比重	代码	鉴定点	重要程度	备注
基础知识A（33%）	A	水资源知识（8：1：1）	6%	001	微生物的概念	X	
				002	微生物的特点	Y	JD
				003	细菌的基本形态	X	
				004	细菌细胞的结构	X	
				005	细菌的生长	X	
				006	细菌的呼吸	Z	
				007	水的耗氧量	X	
				008	水中的溶解氧	X	
				009	水中的氨氮	X	
				010	水中的菌落总数	X	
	B	取水知识（16：3：2）	13%	001	地表水水源地水质现状的评价等级	X	
				002	水源的合理利用	X	
				003	河流特征与取水构筑物的关系	X	
				004	地表水取水构筑物位置的选择要点	X	
				005	地表水取水构筑物设计的一般原则	X	
				006	岸边式取水泵房的设计特点	X	
				007	固定式取水头部的特点	X	
				008	固定式取水头部的适用条件	X	
				009	活动式取水头部的设计要求	X	
				010	低坝式取水构筑物的适用条件	X	
				011	底栏栅取水构筑物的适用条件	X	JD
				012	水泵直接吸水的设计要点	X	
				013	自流管（渠）的设计要点	X	
				014	格栅的设计要点	X	
				015	取水构筑物的防泥沙措施	Y	
				016	水泵选择的原则	Y	
				017	冰凌对取水构筑物的危害	X	
				018	水泵的性能参数	X	JD/JS
				019	离心泵的润滑	Y	
				020	离心泵的密封	Z	
				021	离心泵的保养	Z	

续表

行为领域	代码	鉴定范围（重要程度比例）	鉴定比重	代码	鉴定点	重要程度	备注
基础知识A（33%）	C	水质检验知识（9：2：1）	8%	001	溶解氧的测定	X	
				002	水中碱度的测定	X	
				003	滴定分析的类型	Y	
				004	酸碱滴定法	X	
				005	络合滴定法	X	
				006	沉淀滴定法	X	JD
				007	氧化还原滴定法	X	
				008	碘量法	X	
				009	重量分析法	Z	
				010	氨氮测定的原理	Y	
				011	耗氧量测定的意义	X	
				012	耗氧量测定的原理	X	
	D	水力学知识（4：0：0）	2%	001	液体的流速	X	
				002	液体的流量	X	
				003	沿程水头损失	X	JS
				004	局部水头损失	X	JS
	E	安全知识（5：1：1）	4%	001	梯子的使用要求	X	
				002	保证电工作业的安全措施	X	
				003	施工临时用电安全要求	X	
				004	安全教育培训的要求	X	
				005	安全生产方针的含义	Z	
				006	安全标志的安装位置	Y	
				007	安全标志的使用要求	X	
专业知识B（67%）	A	管理混凝工艺（6：1：1）	5%	001	混凝剂的配制规定	X	JS
				002	投药工序质量控制的规定	X	
				003	药剂投加量的控制	X	JD/JS
				004	药剂投加点的选择	X	
				005	投药设施的维护保养	X	
				006	加药间的工作内容	Y	
				007	净水剂的投加设备	X	
				008	净水剂投加量的计量	Z	
	B	管理浮沉工艺（10：1：1）	7%	001	常见沉淀池的适用条件	X	
				002	沉淀池进出口的形式	X	
				003	斜板（管）沉淀池的设计要点	X	JD
				004	斜板（管）沉淀池的影响因素	X	

续表

行为领域	代码	鉴定范围（重要程度比例）	鉴定比重	代码	鉴定点	重要程度	备注
专业知识B（67%）	B	管理浮沉工艺（10：1：1）	7%	005	影响平流式沉淀池的因素	X	JD/JS
				006	平流沉淀池的设计要点	X	JS
				007	水力循环澄清池的特点	X	
				008	辐流式沉淀池的设计要点	Z	
				009	脉冲澄清池的特点	X	
				010	刮泥排泥的运行管理	Y	
				011	气浮工艺的形式	X	
				012	气浮工艺的影响因素	X	
	C	管理过滤工艺（10：2：1）	8%	001	评价滤池的技术指标	X	JS
				002	滤池运行中需注意的问题	X	
				003	助滤剂的使用	X	
				004	微絮凝直接过滤	X	
				005	滤料的铺装方法	X	
				006	快滤池的管理	X	
				007	滤池的保养	X	
				008	翻板滤池的概念	X	
				009	翻板滤池使用中的注意事项	Y	
				010	V形滤池的操作维护	X	
				011	V形滤池的常见故障	Y	
				012	普通快滤池的设计要点	X	
				013	V形滤池的设计要点	Z	
	D	管理深度处理工艺（15：3：1）	12%	001	膜材料的特点	Y	JD
				002	膜的制备	X	
				003	膜的组件	X	JD
				004	膜技术的特点	X	
				005	膜技术的问题	X	
				006	超滤的特点	X	
				007	超滤膜的表征	Z	
				008	超滤的流程模式	X	JD
				009	超滤膜的性能指数	X	
				010	超滤膜的面积负荷	X	JS
				011	超滤膜的透过机理	X	
				012	超滤膜的除浊性能	X	
				013	超滤膜的除菌性能	Y	
				014	超滤膜的截留有机物性能	X	

续表

行为领域	代码	鉴定范围（重要程度比例）	鉴定比重	代码	鉴定点	重要程度	备注
专业知识B（67%）	D	管理深度处理工艺（15：3：1）	12%	015	膜污染的机理	X	JD
				016	影响膜污染的主要因素	X	
				017	膜污染的种类	Y	
				018	克服浓差极化的方法	X	
				019	防止膜污染的措施	X	
	E	管理预处理工艺（11：2：1）	9%	001	氧化预处理技术的分类	X	JD
				002	化学预氧化的方法	X	
				003	生物预处理的目的	X	JD
				004	吸附预处理的方法	X	
				005	微污染水中有机物的去除方法	Y	
				006	活性炭的分类	X	
				007	粉末活性炭的应用	X	
				008	粉末活性炭投加点的选择	X	JD
				009	粉末活性炭的投加方式	X	JD
				010	粉末活性炭的使用管理	Y	
				011	藻类对水体的危害	X	
				012	藻类对水厂运行的不利影响	X	JD
				013	剑水蚤的生物去除方法	Z	
				014	剑水蚤的化学杀灭方法对比	X	
	F	管理消毒工艺（12：1：0）	8%	001	二氧化氯消毒的应用	X	JD
				002	影响二氧化氯消毒效果的因素	X	JS
				003	二氧化氯消毒的副产物	Y	JD
				004	二氧化氯的制备方法	X	JD/JS
				005	臭氧氧化在水处理中的应用	X	JD
				006	臭氧的消毒特点	X	
				007	臭氧尾气破坏的主要方法	X	
				008	次氯酸钠的制备	X	
				009	盐酸的安全使用规定	X	
				010	氯酸钠的配制要求	X	
				011	氯酸钠的安全使用规定	X	
				012	亚氯酸钠的配制要求	X	
				013	亚氯酸钠的安全使用规定	X	
	G	操作消毒设备（5：1：0）	4%	001	二氧化氯发生器的维护保养	X	
				002	二氧化氯发生器运行的常见故障	X	
				003	二氧化氯发生器计量泵的工作原理	X	

续表

行为领域	代码	鉴定范围（重要程度比例）	鉴定比重	代码	鉴定点	重要程度	备注
专业知识B（67%）	G	操作消毒设备（5∶1∶0）	4%	004	二氧化氯发生器水射器的工作原理	X	
				005	脉动阻尼器的工作原理	Y	
				006	二氧化氯的使用安全	X	
	H	管理维护阀门、管线、仪表（5∶0∶1）	4%	001	转子流量计的读数	X	
				002	转子流量计的更换方法	X	
				003	计量泵阀门分类	X	
				004	设定计量泵安全阀/背压阀压力的方法	X	
				005	PE 管的性能特点	X	
				006	PE 管线的连接方法	Z	
	I	操作电气设备（2∶1∶1）	3%	001	三相异步电动机的铭牌读取	X	
				002	三相异步电动机的日常维护方法	X	
				003	电气设备的分类	Y	
				004	电气设备防火的方法	Z	
	J	操作自控设备（2∶1∶0）	2%	001	自动控制系统的概述	X	
				002	自动控制系统的分类	Y	
				003	执行器的概述	X	
	K	文字录入、处理（2∶1∶0）	2%	001	Word 文档中文字录入方法	X	
				002	Word 文档中文字排版方法	Y	
				003	Word 文档中图片的应用	X	
	L	表格制作、应用（3∶1∶1）	3%	001	Excel 表格的制作	X	
				002	Excel 表格公式的使用	X	
				003	Excel 表格图表的使用	Z	
				004	Excel 表格工具的使用	X	
				005	Excel 表格的格式化	Y	

注：X—核心要素；Y—一般要素；Z—辅助要素。

附录 7　高级工操作技能鉴定要素细目表

行业:石油天然气　　工种:净水工　　等级:高级工　　鉴定方式:操作技能

行为领域	代码	鉴定范围（重要程度比例）	鉴定比重	代码	鉴定点	重要程度
操作技能 A（100%）	A	管理净水主体工艺（8：1：0）	43%	001	配制聚丙烯酰胺溶液	X
				002	确定最佳药剂投加量	X
				003	使用混凝搅拌器	X
				004	绘制沉淀池剖面图	X
				005	测定滤料含泥量	X
				006	测定滤池反冲洗强度	X
				007	测定滤池膨胀率	X
				008	测定滤池滤速	Y
				009	更换膜组件	X
	B	管理净水辅助工艺（4：0：0）	22%	001	更换二氧化氯发生器背压阀	X
				002	判断二氧化氯发生器运行故障	X
				003	更换二氧化氯发生器计量泵	X
				004	清洗二氧化氯发生器	X
	C	管理维护设备（3：1：0）	22%	001	使用转子流量计	X
				002	更换转子流量计	X
				003	更换计量泵膜片	Y
				004	标定计量泵流量	X
	D	综合管理（2：1：0）	13%	001	在 Word 中录入文字	X
				002	用 Excel 制作表格	X
				003	用 Excel 建立图表	Y

注:X—核心要素;Y—一般要素;Z—辅助要素。

附录8 技师理论知识鉴定要素细目表

行业:石油天然气　　工种:净水工　　等级:技师　　鉴定方式:理论知识

行为领域	代码	鉴定范围（重要程度比例）	鉴定比重	代码	鉴定点	重要程度	备注
基础知识A（23%）	A	水资源知识（6∶1∶1）	6%	001	水中细菌的分布	X	
				002	水中常见的病毒	X	
				003	管网中经常出现的水质问题	X	JD
				004	管网中经常产生水质问题的原因	Z	JD
				005	改善管网水质的主要措施	Y	JD
				006	氟化物的含义	X	
				007	硝酸盐的含义	X	
				008	三氯甲烷的含义	X	
	B	取水知识（5∶1∶1）	5%	001	取水工程的设计资料	X	
				002	固定式取水构筑物的施工方法	X	
				003	管井的设计步骤	Z	
				004	集取河床地下水的渗渠的布置方式	Y	
				005	虹吸管的设计要点	X	
				006	集水井的设计要点	X	
				007	寒冷地区设计取水构筑物应注意的问题	X	
	C	水质检验知识（3∶1∶1）	4%	001	亚硝酸盐测定的意义	X	
				002	亚硝酸盐测定的原理	Y	JD
				003	氯化物的测定	X	JS
				004	硫酸盐的测定	X	
				005	阴离子合成洗涤剂的测定	Z	
	D	水力学知识（2∶1∶0）	3%	001	液体的运动流态	X	
				002	明渠均匀流的特性	X	
				003	水动力学的基础	Y	JS
	E	安全知识（4∶1∶0）	5%	001	有毒作业场所的劳动保护	X	
				002	施工安全管理原则	X	
				003	进入受限空间前的准备	X	
				004	进入受限空间作业的安全措施	X	
				005	进入受限空间作业的安全职责	Y	

续表

行为领域	代码	鉴定范围（重要程度比例）	鉴定比重	代码	鉴定点	重要程度	备注
专业知识B（77%）	A	管理混凝工艺（4：1：1）	5%	001	絮凝实验的主要用途	Z	JS
				002	絮凝实验的基本方法	X	JS
				003	絮凝实验中的有关测定	Y	JS
				004	计量泵的运行方法	X	
				005	计量泵运行中的常见故障	X	
				006	计量泵的维护保养	X	
	B	管理浮沉工艺（6：1：1）	7%	001	沉淀池进出口流量计算	X	JS
				002	沉淀池排泥时间的要求	X	
				003	沉淀池的排泥计算	X	JS
				004	平流式沉淀池设计参数的选择	X	JS
				005	理想沉淀池的计算	X	JD/JS
				006	沉淀工艺条件的控制	Z	JS
				007	气浮设计的要点	X	
				008	平流式溶气气浮机的安装调试	Y	
	C	管理过滤工艺（9：2：0）	9%	001	滤速的测定	X	JS
				002	滤料层含泥量的测定	X	JS
				003	滤池反冲洗强度的测定	Y	JD/JS
				004	滤池膨胀率的测定	X	
				005	普通快滤池的运行管理	X	JD
				006	普通快滤池常见故障的原因分析	X	
				007	普通快滤池故障的排除方法	X	JD
				008	普通快滤池的改造途径	X	
				009	真空系统的构成	X	
				010	真空泵的常见故障及原因	X	
				011	真空泵的维修方法	Y	JD/JS
	D	管理深度处理工艺（24：5：1）	24%	001	超滤系统的产水率	X	
				002	透水量对超滤系统的影响	X	
				003	制水周期对超滤系统的影响	X	
				004	化学清洗周期对超滤系统的影响	X	
				005	温度对超滤系统的影响	X	
				006	超滤工艺的预处理	X	
				007	超滤系统的清洗	X	
				008	超滤系统的化学清洗	X	JD
				009	超滤系统的故障分析	X	
				010	超滤系统组件的完整性检测	X	

续表

行为领域	代码	鉴定范围（重要程度比例）	鉴定比重	代码	鉴定点	重要程度	备注
专业知识 B（77%）	D	管理深度处理工艺（24：5：1）	24%	011	超滤系统的操作状态	X	JD
				012	超滤系统的控制方式	X	JD
				013	超滤系统的自动控制	Y	
				014	超滤系统的工艺运行特性	X	
				015	混凝和超滤膜联用去除有机物的效果	Y	
				016	混凝剂提高量对膜过滤的影响	X	
				017	粉炭投加量对超滤膜透过性能的影响	X	
				018	活性炭的吸附容量	X	
				019	活性炭滤池的表面负荷率	X	
				020	活性炭的利用率	X	JD
				021	活性炭的再生	X	
				022	活性炭在饮用水处理中的应用方法	X	
				023	活性炭滤池的运行维护内容	X	
				024	臭氧-活性炭的处理效果	Z	JD
				025	生物活性炭滤池的生物活性	X	
				026	生物活性炭滤池的缺点	X	
				027	生物活性炭滤池中的菌落计数	X	
				028	人工固定化生物活性炭的工艺原理	Y	
				029	生物活性炭滤池中微生物降解能力的评价方法	Y	
				030	固定化生物活性炭的净水性能	Y	
	E	管理预处理工艺（7：2：1）	8%	001	预处理工序的质量控制规定	X	
				002	预处理设施的运行规定	X	
				003	预处理设施的维护保养	X	
				004	生物预处理的方法	Y	
				005	生物预处理的特点	Y	
				006	饮用水中臭味的来源	X	
				007	水体臭味的控制方法	X	JD
				008	水体色度的去除方法	X	JD
				009	藻类的去除方法	X	JD
				010	藻毒素的去除方法	Z	
	F	管理消毒工艺（3：1：0）	3%	001	使用二氧化氯的经济分析	X	
				002	控制消毒副产物的工艺研究	X	
				003	管网二氧化氯残余量的控制	Y	
				004	二氧化氯间的管理	X	

续表

行为领域	代码	鉴定范围（重要程度比例）	鉴定比重	代码	鉴定点	重要程度	备注
专业知识B（77%）	G	操作消毒设备（3∶1∶0）	4%	001	二氧化氯发生系统的维护保养	X	
				002	臭氧发生器的运行维护内容	X	JD/JS
				003	臭氧发生器气源系统的运行维护内容	Y	
				004	臭氧接触池的运行维护内容	X	
	H	管理维护阀门、管线、仪表（4∶1∶0）	4%	001	PVC 管线的连接方法	X	
				002	PVC 管线连接的注意事项	X	
				003	PVC 管与 PE 管的区别	X	
				004	液位计的概述	X	
				005	液位计的分类	Y	
	I	操作电气设备（2∶1∶1）	3%	001	变频器的概述	Z	
				002	变频器的优缺点	Y	
				003	变频器的作用	X	
				004	变频器的维护方法	X	
	J	操作自控设备（2∶1∶1）	4%	001	可编程逻辑控制器的概述	X	
				002	可编程逻辑控制器的特点	Z	
				003	自控系统的功能	Y	
				004	PID 控制系统的概述	X	
	K	质量管理（3∶1∶0）	4%	001	QC 小组活动的概述	X	
				002	QC 小组课题的类型	Y	
				003	QC 小组活动的方法	X	
				004	QC 小组活动的推进	X	
	L	培训（1∶1∶0）	2%	001	培训计划的编制方法	Y	
				002	教案的编制方法	X	

注：X—核心要素；Y——一般要素；Z—辅助要素。

附录 9　技师操作技能鉴定要素细目表

行业：石油天然气　　工种：净水工　　等级：技师　　鉴定方式：操作技能

<table>
<tr><th>行为领域</th><th>代码</th><th>鉴定范围（重要程度比例）</th><th>鉴定比重</th><th>代码</th><th>鉴定点</th><th>重要程度</th></tr>
<tr><td rowspan="20">操作技能 A（100%）</td><td rowspan="11">A</td><td rowspan="11">管理净水主体工艺（10：1：0）</td><td rowspan="11">55%</td><td>001</td><td>筛选药剂试验</td><td>X</td></tr>
<tr><td>002</td><td>排除计量泵不起压故障</td><td>Y</td></tr>
<tr><td>003</td><td>计算沉淀池排泥量</td><td>X</td></tr>
<tr><td>004</td><td>处理滤层含泥量升高问题</td><td>X</td></tr>
<tr><td>005</td><td>测定炭滤池滤速</td><td>X</td></tr>
<tr><td>006</td><td>测定炭滤池膨胀率</td><td>X</td></tr>
<tr><td>007</td><td>巡回检查超滤系统</td><td>X</td></tr>
<tr><td>008</td><td>投运膜处理系统</td><td>X</td></tr>
<tr><td>009</td><td>停超滤系统</td><td>X</td></tr>
<tr><td>010</td><td>操作超滤系统进行反冲洗</td><td>X</td></tr>
<tr><td>011</td><td>操作超滤膜系统进行化学清洗</td><td>X</td></tr>
<tr><td rowspan="3">B</td><td rowspan="3">管理净水辅助工艺（2：1：0）</td><td rowspan="3">15%</td><td>001</td><td>更换隔膜计量泵油</td><td>X</td></tr>
<tr><td>002</td><td>设定计量泵安全阀、背压阀压力</td><td>X</td></tr>
<tr><td>003</td><td>检修计量泵进出口单向阀</td><td>Y</td></tr>
<tr><td rowspan="3">C</td><td rowspan="3">管理维护设备（2：0：1）</td><td rowspan="3">15%</td><td>001</td><td>粘接 PVC 管线</td><td>X</td></tr>
<tr><td>002</td><td>热熔插接 PP-R 管</td><td>X</td></tr>
<tr><td>003</td><td>检查变频器模块</td><td>Z</td></tr>
<tr><td rowspan="3">D</td><td rowspan="3">综合管理（2：1：0）</td><td rowspan="3">15%</td><td>001</td><td>建立管理型 QC 小组活动</td><td>Y</td></tr>
<tr><td>002</td><td>设计净水工教案重点内容</td><td>X</td></tr>
<tr><td>003</td><td>用 Excel 建立数据透视表</td><td>X</td></tr>
</table>

附录 10　操作技能考核内容层次结构表

内容 / 项目 / 级别	操作技能					综合能力		安全生产		合计
	基本技能	资料记录整理分析	装置操作	故障判断及处理	装置管理	培训指导	技术文件编制	安全防护器材使用	健康、安全、环保(HSE)能力	
初级工	20分 20~60 min	15分 10~20 min	25分 20~60 min	10分 20~60 min				15分 20~30 min	15分 10~40 min	100分 100~270 min
中级工	15分 10~30 min	5分 10~15 min	40分 30~60 min	20分 30~60 min				10分 10~20 min	10分 10~30 min	100分 100~215 min
高级工		5分 10~15 min	45分 30~60 min	40分 20~60 min		5分 20~60 min			5分 20~60 min	100分 100~255 min
技师				15分 20~60 min	30分 20~60 min	10分 20~60 min	30分 20~60 min		15分 30~60 min	100分 110~300 min

参考文献

[1] 洪觉民,蒋继申,胡修国,等. 现代化净水厂技术手册. 北京:中国建筑工业出版社,2013.
[2] 中国石油天然气集团公司人事服务中心. 净水工. 北京:石油工业出版社,2007.
[3] 王占生,刘文君,张锡辉. 微污染水源饮用水处理. 北京:中国建筑工业出版社,2016.
[4] 张金松,尤作亮,孙昕,等. 饮用水二氧化氮净化技术. 北京:化学工业出版社,2002.
[5] 上海市政工程设计研究院. 给水排水设计手册 第 3 册 城镇给水. 2 版. 北京:中国建筑工业出版社,2003.
[6] 何文杰,李伟光,张晓健,等. 安全饮用水保障技术. 北京:中国建筑工业出版社,2006.